개정증보판

제대로 알고 쓰는 논문 통계분석

SPSS & AMOS

The proper methods of statistical analysis for dissertation

노경섭 지음

한빛아카데미 Hanbit Academy, Inc.

지은이 **노경섭** edunbiz@gmail.com

현재 연구네트워크 스태티스의 대표이며 경영지도사로 활동 중이다. 정보통신산업진흥원(NIPA), 정보통신기술진흥센터(IITP), 한국산업기술평가관리원(KEIT), 한국정보통신진흥협회(KAIT), 중소기업기술정보진흥원(TIPA), 한국방송통신전파진흥원(KCA)의 심사평가위원으로 활동 중이며 부천대학교 경영과 조교수(겸임)를 지냈다. 세종대학교, 한국과학기술대학교, 경기대학교, 중부대학교 등 여러 대학에서 통계학 및 다수의 경영학 관련 강의와 특강을 진행했다. 관심 연구분야는 SNS, The prediction of network, 데이터 마이닝, 인공지능, 빅데이터, 종합분석기법 등이다. 저서로는 『제대로 알고 쓰는 논문 통계분석 : SPSS & AMOS 21』(한빛아카데미, 2014), 『제대로 시작하는 기초 통계학 : Excel 활용』(한빛아카데미, 2016), 『완벽분석! 사회조사분석사 2급 필기』(한빛아카데미, 2020), 『완벽분석! 사회조사분석사 2급 실기』(한빛아카데미, 2020)가 있다.

- **홈페이지** www.statis.kr
  이 책으로 학습하는 독자 및 논문 작성 과정에서 어려움을 겪는 분들을 위해 유용한 학습 자료와 정보를 제공하는 공간입니다.

- **관련 질문 메일** dr.statis@gmail.com
  이 책을 학습하면서 이해되지 않는 내용이 있다면 메일을 보내주세요. 성심껏 답변해드립니다.

- **저자 직강 동영상** www.youtube.com/c/노경섭
  책만으로는 이해가 되지 않는다면, 저자의 강의를 들어보세요.

제대로 알고 쓰는 **논문 통계분석** : SPSS & AMOS 개정증보판
The proper methods of statistical analysis for dissertation

초판발행 2019년 2월 28일
7쇄발행 2024년 1월 15일

지은이 노경섭 / **펴낸이** 전태호
펴낸곳 한빛아카데미(주) / **주소** 서울시 서대문구 연희로2길 62 한빛아카데미(주) 2층
전화 02-336-7112 / **팩스** 02-336-7199
등록 2013년 1월 14일 제2017-000063호 / **ISBN** 979-11-5664-440-8 93310

총괄 김현용 / **책임편집** 김은정 / **기획** 박현진 / **편집** 박현진, 박수진 / **진행** 김은정
디자인 표지 이아란, 내지 천승훈 / **전산편집** 한진인쇄공사 / **제작** 박성우, 김정우
영업 김태진, 김성삼, 이정훈, 임현기, 이성훈, 김주성 / **마케팅** 길진철, 김호철, 심지연

이 책에 대한 의견이나 오탈자 및 잘못된 내용에 대한 수정 정보는 아래 이메일로 알려주십시오.
잘못된 책은 구입하신 서점에서 교환해 드립니다. 책값은 뒤표지에 표시되어 있습니다.
홈페이지 www.hanbit.co.kr / 이메일 question@hanbit.co.kr

정보가 많더라도 선택은 개인의 몫, 한 번을 하더라도 제대로 된 학습을 하자.

필자가 처음 책을 출간할 때는, 박사과정에서 고생하며 정리했던 것들을 독자들과 공유하여 그들이 적어도 나보다는 덜 고생했으면, 그리고 더 나아가 통계를 배우기 위한 사회적 비용을 줄일 수 있다면 참 좋을 것 같다고 생각했다.

다행히 필자의 마음에 감응해주신 분들이 많았기에 생각보다 과분한 사랑을 받았고, 독자들과 직접 소통할 수 있는 계기가 된 것은 개인적으로 참으로 소중한 시간이었다. 직접 찾아오셔서 질문하시는 독자들의 열정을 마주할 때면, '책을 위한 책이 아닌, 정말 제대로 된 책을 써야 한다'는 생각이 들기도 했다. 특히 해외 유학 중에 이 책과 유튜브 강의를 들으며 공부해서 해당 과목을 무난히 패스했다거나 좋은 결과를 얻었다는 연락을 들을 때면 마치 내 일처럼 기쁘고 고마웠다.

2014년 2월 처음 책이 출간된 이래로 5년 동안 많은 분들의 피드백을 받았다. 그 속에는 질문, 응답, 질책, 고마움 등의 표시가 있었으며, 이는 개정증보판을 집필할 수 있는 중요한 밑거름이 되었다. 본 개정증보판에서는 많은 분들이 질문해 주셨던 내용들을 수정·보완했다. 어려운 것은 아니지만 해보지 않으면 막막하게 느껴지는 '역코딩'과 '다중응답'을 처리하는 방법을 소개하고, 다중집단을 비교·분석하는 방법을 추가했다. 연구모형이 복잡해지면 반드시 필요한 고차 요인분석을 보강하여 이전보다 요인분석을 좀더 자세히 다루었으며, 가장 많은 질문을 받았던 내용인 간접효과의 유의성에 대해 자세하게 다루었다. 더불어 구조방정식모델에서 가장 먼저 생각하는 결과값 CMIN에 대한 설명을 수록하여 추가로 진행하는 연구에서 훨씬 정확하고 세밀한 결과를 얻을 수 있도록 하였다.

초판을 출간할 당시에는 실용서라고 생각했기 때문에 따로 참고문헌을 제시하지는 않았는데, 이번 개정증보판에서는 좀더 심화된 내용을 학습하고자 하는 독자들을 위해 참고문헌을 제시했다. 틀린 방법에 대한 수정과 그에 대한 올바른 내용은 물론, 최근의 방법론에 대한 출처까지 기록했다.

향후 책과 더불어 유튜브(http://www.youtube.com/c/노경섭/), 홈페이지(http://www.statis.kr)를 통해 독자들과 지속적인 소통을 이어나갈 예정이며, 새로운 방법론 및 연구에 필요한 다양한 정보를 제공할 것을 약속드린다.

감사의 글

이번에도 남다른 애정으로 출간을 마무리할 때까지 고생해주신 박현진 차장님, 고지연 팀장님 및 관계자분, 최신버전의 프로그램을 지원해 준 (주)데이타솔루션 관계자께도 감사의 말씀을 전합니다. 남편을 믿고 지원해주는 아내와 이제는 제법 어엿하게 자란 현준, 형준, 희원 3남매에게 다시 한 번 사랑한다는 말을 전합니다.

지은이 **노경섭**

이 책을 쉽게 보는 방법

학습목표 / 다루는 내용

해당 장을 학습함으로써 얻는 목표와 주요 내용을 소개한다.

Chapter 08 연관성분석

학습목표
1) 연관성분석의 개념을 이해하고, 그 종류를 살펴본다.
2) 상관분석의 절차와 상관분석에서 사용되는 변수의 생성 및 분석 과정을 살펴본다.
3) 상관분석에서 변수 생성의 오류(추출 방법별, 회전 방법별)로 인해 발생하는 분석 결과들의 차이를 이해한다.

다루는 내용
- 연관성분석의 개념과 종류
- 상관분석의 개념과 방법의 이해
- 요인추출과 요인회전
- 요인추출과 회전방법에 따른 결과의 차이

본문

논문 작성에 필요한 기본 지식 및 통계 이론의 핵심을 간결하게 설명한다.

8.1 연관성분석

연관성분석은 변수들이 서로 독립적(연관성=0)인지, 아니면 어떠한 연관이 있어서 영향을 주고받는지(0<연관성≤1)를 알기 위한 분석 방법이다.

연관성분석은 크게 4가지 분석 방법으로 나뉘는데, 어떤 척도를 사용하는가에 따라 적용 방법이 달라진다. 여기서 살펴볼 피어슨(Pearson) 상관분석은 변수 간의 인과성을 확인하는 회귀분석까지의 진행 과정에서 실시되는 분석 방법이다. 일반적으로 '상관분석'이라 하면 기타 변수의 개입이 없는 피어슨 상관분석을 지칭한다.

[표 8-1] 연관성분석의 구분

구분	사용 척도	분석 방법	기타 변수의 개입 여부
		피어만 서열 상관분석	
		피어슨 상관분석	×
		편상관분석	○
		교차분석	

8.2.1 상관분석 1 : 부정확하지만 많이 사용하는 방법

Step 1 따라하기 상관분석 1 준비파일 : 요인분석.xls

01 SPSS Statistics를 구동하여 '요인분석.xls' 파일을 불러온다.

02 먼저 변수를 변환하기 위해 [그림 8-1]과 같이 데이터 편집 창에서 변환 ▶ 변수 계산을 클릭한다.

[그림 8-1] 변수 계산 메뉴 선택

TIP 요인분석으로 추출한 요인들을 구성하는 문항들에 대한 평균값을 구하기 위해서 변수를 변환한다.

03 ❶ 변수 계산 창의 목표변수에 요인명인 '구전의도'를 입력하고, ❷ 함수 집단의 '모두'를 클릭한다. ❸ 함수 및 특수변수에서 평균을 의미하는 'Mean'을 찾아 더블클릭하면 숫자표현식 란에 'MEAN(?,?)'이 표시된다. ❹ 숫자표현식 란의 (?,?)에 문항을 넣어 'MEAN(@13번,@14번,@15번)'과 같이 입력한 후 ❺ 확인을 클릭한다.

NOTE 23 변환 메뉴를 이용하여 산술평균으로 변수를 만드는 방법의 위험성

이 방법은 다수의 통계서적에서 소개되고 있는데, 요인으로 구분된 문항들의 산술평균값으로 상관분석을 진행하는 방식이다. 하지만 요인분석에서 변수의 내재적 특성을 반영한 '변수로 저장' 기능을 이용하는 경우가 아닌, 단순한 산술평균을 이용하는 경우에는 요인의 특성이 무시될 수밖에 없다. 즉 변인에 내재된 특성을 완전히 무시하기 때문에 변수들 간에 상관성이 존재한다는 특성인 '다중공선성'을 고려하지 못한 채 분석 결과를 내놓을 수밖에 없다.

따라하기

툴(SPSS/AMOS)을 활용하여 데이터를 분석하는 과정을 단계별로 제시한다.

TIP

참고로 알아두면 좋을 내용, 실습하면서 주의할 사항 등을 설명한다.

NOTE

연구자들이 자주 혼동하는 개념, 반드시 확인해야 하는 사항들을 제시한다.

Step 2 결과 분석하기 신뢰도분석

■ '13번, 14번, 15번' 문항에 대한 신뢰도분석

케이스 처리 요약

		N	%
케이스	유효	325	100.0
	제외됨ª	0	.0
	전체	325	100.0

a. 목록별 삭제는 프로시저의 모든 변수를 기준으로 합니다.

신뢰도 통계량

Cronbach의 알파	항목 수
.814	3

항목 통계량

	평균	표준화 편차	N
13번	3.49	.863	325
14번	3.26	.772	325
15번	3.39	.773	325

항목 총계 통계량

	항목이 삭제된 경우 척도 평균	항목이 삭제된 경우 척도 분산	수정된 항목-전체 상관계수	항목이 삭제된 경우 Cronbach 알파
13번	6.66	2.004	.610	.809
14번	6.88	2.201	.629	.781
15번	6.75	1.972	.770	.640

척도 통계량

평균	분산	표준화 편차	항목 수
10.14	4.239	2.059	3

[그림 7-10] **신뢰도분석 결과 : 문항 13, 14, 15**

- **[케이스 처리 요약]** : 표본의 수(N)를 확인할 수 있다. 결측치가 있다면 '제외됨' 행에서 확인할 수 있다.
- **[신뢰도 통계량]** : 13, 14, 15번 항목에 대해 크론바흐의 알파계수가 .814로 표시된다.
- **[항목 통계량]** : 13, 14, 15번 항목에 대한 평균과 표준화 편차, 표본의 수(N)가 표시된다.
- **[항목 총계 통계량]** : 해당 항목의 문항이 삭제된 경우

결과 분석하기

도출된 결과를 보여주며 각각의 표가 무엇을 의미하는지, 어떤 데이터를 살펴봐야 하는지를 제시한다.

Step 3 논문에 표현하기 상관분석 2

상관분석 결과를 논문에 실을 때 그 결과를 하나의 표로 작성하면 지면 낭비도 줄일 수 있고, 직관적으로 비교 판단하기도 좋다. 따라서 아래 예와 같은 형식으로 정리하면 된다.

실제로는 '상관관계'의 '1, 2, 3, 4, 5'에서 '5'열에 해당하는 열을 삭제하고 논문에 올리는 경우도 많다. '5'열은 '유용성-유용성'의 상관관계를 확인하는 것으로 당연히 1이란 결과가 나오므로 굳이 표현하지 않아도 되기 때문이다.

예 [표 A] 상관분석

상관계수

변수	평균	표준편차	상관관계				
			1	2	3	4	5
1. 구전의도	3.3805	.68631	1				
2. 외관	3.5969	1.10147	.356**	1			
3. 구매의도	2.7918	.84258	.277**	.200**	1		
4. 편리성	3.3805	3.1754	.420**	.215**	.146**	1	
5. 유용성	3.8959	.52364	.423**	.179**	.102	.128*	1

**상관계수는 .01 수준(양쪽)에서 유의합니다.

상관분석을 실시한 결과는 변수 3에 해당하는 구매의도와 변수 5에 해당하는 유용성 간에만 유의하지 않는 것으로 나타났으며, 모든 변수 간 상관관계가 유의한 것으로 확인되었다.

논문에 표현하기

분석된 결과를 논문에 정리하는 방법과 주의해야 할 점을 제시한다.

8.4 교차분석과 χ^2 검정

교차분석은 연관성분석의 일종이지만, 용어 자체에 '상관분석'이라는 표현이 드러나지 않아 이 둘의 관계를 쉽게 떠올리지 못한다. 교차분석은 설문 항목이 명목척도, 서열척도로 이루어진 경우의 연관성분석에 사용된다. 즉 교차분석은 특정 집단 간 빈도 분포를 비교하기 위한 분석이다.

χ^2 검정은 카이제곱 검정 혹은 카이스퀘어(chi-square) 검정이라고 부르는데, 교차분석 후 집단 간 차이가 유의한지를 판단하는 분석이다.[19] 교차분석과 별개로 분석하는 것이 아니라 교차분석을 진행하면서 카이제곱 검정에 관한 분석을 추가로 수행한다.[20] 예를 들어 교차분석을 통해 성별에 따른 스마트폰 구매의사를 비교하거나 지역별 스마트폰 구매의사를 비교하면서 동시에 χ^2 검정으로 이 분석 결과의 유의성을 판단한다.

χ^2 검정에서는 ❶ 독립성 검정(변수 간의 연관성 여부 파악), ❷ 적합도 검정(표본의 적합도), ❸ 동일성 검정(집단 간 분포의 동일성 여부 파악)의 3가지 검정이 진행된다.

19) χ^2 검정의 개념과 유의수준에 따른 채택역과 기각역 : 『제대로 시작하는 기초 통계학: Excel 활용』 270~272쪽 참조

20) 교차분석을 진행할 때, 카이제곱 검정에서 필요한 분석의 개념과 과정: 『제대로 시작하는 기초 통계학: Excel 활용』 272~274쪽 참조

함께 보면 도움이 되는 내용

해당 내용을 학습하면서 혼동하기 쉽거나 알아두면 도움이 되는 기초 통계 이론을 『제대로 시작하는 기초 통계학 : Excel 활용』 교재와 연계하여 살펴볼 수 있게 했다.

◆ 강의 보조 자료

한빛아카데미 홈페이지에서 '교수회원'으로 가입하신 분은 인증 후 교수용 강의 보조 자료를 제공받을 수 있습니다. 한빛아카데미 홈페이지 상단의 〈교수전용공간〉 메뉴를 클릭하세요.

http://www.hanbit.co.kr/academy

◆ 예제 파일

본 교재의 실습에서 사용되는 예제 파일은 다음 주소에서 다운로드할 수 있습니다.

http://www.hanbit.co.kr/src/4440

◆ 강의 스케줄 표(한 학기 강의)

주	해당 장	주제
1	[Part 01] 1~6장	논문 통계를 위한 기본 지식
2	[Part 02] 1~3장	SPSS Statistics의 기능 이해하기, 기술통계(빈도분석), t 검정
3	4~5장	분산분석, 타당성과 신뢰성
4	6~8장	요인분석, 신뢰도분석, 연관성분석
5	9~10장	초급 회귀분석(단순/다중), 중급 회귀분석(단계적/위계적/더미)
6	11장	고급 회귀분석(조절/매개/로지스틱)
7	12장	군집분석
8		**중간고사**
9	[Part 03] 1~3장	구조방정식모델의 이해, AMOS 시작하기, 구조방정식모델 그리기 및 분석하기
10	4장	확인적 요인분석
11	5장	경로분석
12	6장	구조방정식모델 분석
13	7장	구조방정식모델 수정
14	8장	구조방정식모델의 조절효과 분석
15	9장	다중집단모델 분석
16		**기말고사**

Contents

Contents

Note Contents

[PART 01] 논문 통계를 위한 기본 지식

[PART 02] SPSS를 활용한 통계분석

[PART 03] AMOS를 활용한 통계분석

PART 01

논문 통계를 위한 기본 지식

통계분석을 이용하여 논문을 작성하는 것은 어떤 사람에게는 큰 부담으로 다가갈 수 있으나, 또 어떤 사람에게는 즐거움일 수 있다. 이런 차이는 통계분석에 대한 기초 지식이 얼마나 되느냐에 따라 결정된다.

논문을 쓰는 횟수나 그에 쏟는 시간이 많아질수록 그 차이는 더 커지기 때문에, 연구자들은 이를 극복하기 위해 통계를 학습하는 데 많은 시간을 할애한다. 하지만 그 학습방법에 문제가 있는 경우가 많다. 대부분의 사람들은 통계를 학문적으로 접근하는데, 대부분의 경우 목표 수준까지 도달하지 못한다. 그 이유는 실생활에서 통계를 자주 사용하지 않기 때문이다.

그렇다면 방법을 달리해 보자. 논문 통계에 대한 효과를 내기 위해서는 효율적으로 공부할 필요가 있다. 새로운 것을 알아가는 방법에 정답은 없다. 하지만 시간을 절약하는 방법은 있다. '학문'으로 배우는 통계학 대신 '활용'을 위해 배우는 통계학은 어떨까?

Contents

Chapter 01

가설과 유의수준

학습목표

1) 가설의 개념을 이해하고, 가설의 종류를 구분할 수 있다.
2) 가설의 의미를 판단하는 유의수준에 대해 이해한다.

다루는 내용

- 가설의 개념
- 가설의 종류
- 가설 선택 기준
- 유의수준의 개념

Q 가설과 유의수준을 가장 먼저 학습하는 이유는 무엇인가요?

연구를 진행한다는 것은 객관적으로 믿어온 사실이 어떤 중요한 의미가 있거나 혹은 그렇게 믿어왔던 것이 실제와 다르다는 것을 증명하기 위함이다. 그러므로 독자에게 이 연구를 왜 진행해야 하는지와 연구자의 연구초점에 대해 알려주어야 한다. 그러나 연구자가 자신의 연구에 대해 명확하게 제시하지 못하고 이런저런 설명을 덧붙이며 중언부언하면, 이를 받아들여야 하는 독자 입장에서는 당해 연구자의 연구뿐만 아니라 참고해야 할 정보와 지식들이 너무나 많아진다. 따라서 독자들에게 '나의 연구는 이러한 것이다.'라는 명제를 명확하게 인지시켜야 하는데, 이것이 바로 가설설정이다. 그리고 설정한 가설을 어느 정도의 수준에서 채택하거나 기각할 것인지 보여주는 것이 바로 유의수준이다.

"연구를 진행한다."는 것은 어떠한 사실이나 현상에 대해 데이터를 수집해 그 사실이나 현상에 내재되어 있는 법칙이나 결과를 얻어내기 위한 과정이다. 즉 연구란 연구자가 주어진 문제에 대해 사전에 충분한 학습과 자료 조사를 통해 연구모델을 설계하고, 설계한 연구모델이 맞는지를 검증하는 과정이다.

연구모델을 설계하는 과정에서 연구자는 가설을 수립한다. 이때 가설에 따라 연구결과가 크게 달라질 수 있으므로 연구자는 가설에 대한 개념과 그 성격을 반드시 이해하고 있어야 한다.

1.1 가설[1]

연구를 진행하거나 논문을 작성하는 이유는 '기존에 보편적으로 옳다고 믿어져온 주장'에 대

1) 가설 : 『제대로 시작하는 기초 통계학: Excel 활용』 169쪽 참조

해 ❶ 어떠한 반대의 입장을 나타내거나, ❷ 그러한 주장이 실제 사실과는 다르다는 것을 입증하거나, ❸ 새로운 추가 변수를 찾아내기 위함이다. 그렇게 하려면 여기에 상응하는 주제(theme)를 선택하고 그에 맞는 연구모델을 수립해야 한다.

통계를 이용한 연구를 진행할 때는 '기존에 보편적으로 옳다고 믿어져온 사실'에 대해 "그 주장이 맞다."와 "그 주장은 사실이 아니다."의 두 가지 형태로 결과가 나오므로 가설은 다음과 같이 표기한다.

H_0 : 사실과 같다.
H_1 : 사실과 다르다.

예를 들어 소비자가 어떤 음료수 캔에 표기되어 있는 용량을 확인해 보니 300㎖였다. 이에 대해 다음과 같이 두 개의 가설을 수립할 수 있다.

H_0 : "캔에 표기되어 있는 300㎖가 맞다."
H_1 : "캔에 표기되어 있는 300㎖가 맞다고 할 수 없다."

이처럼 어떠한 문제에 대해 이를 검증하기 위해 미리 세우는 결론을 가설(hypothesis)이라 한다. 가설은 위의 예처럼 '맞다'를 의미하는 귀무가설과 '아니다'를 의미하는 대립가설로 나누어진다.

■ 귀무가설

귀무가설(歸無假說, null hypothesis) 혹은 영가설(零假說)은 보편적으로 옳다고 믿어지는 가설을 의미한다. 일반적으로 그대로 받아들여지는 가설이기 때문에 귀무(歸無) 혹은 영(null)점이 되는 가설이라는 의미로 논문이나 연구보고서에는 H_0로 표시한다.

앞서의 예에서는 "캔에 표기되어 있는 300㎖가 맞다."가 귀무가설이 된다.

■ 대립가설

대립가설(對立假說, antihypothesis) 혹은 연구가설(研究假設, research hypothesis)은 연구자가 기존 주장의 문제점을 발견하여 그에 반하는 새로운 주장을 하는 가설을 의미하며, 논문이나 연구보고서에는 H_1으로 표시한다. 위의 예로 설명하면, "캔에 표기되어 있는 300㎖가 맞다고 할 수 없다."라는 문제를 제기하면서 연구를 시작하는 것이다.

그렇기 때문에 논문이나 연구보고서를 분석해보고 어떤 유의미한 데이터분석 자료가 나왔을 때, 종종 "귀무가설을 기각하고 연구가설을 채택한다."라고 표현한다.

[표 1-1] 가설의 종류

명칭	표기	설명
귀무가설(영가설)	H_0	보편적으로 옳다고 믿어지는 가설
대립가설(연구가설)	H_1	귀무가설에 반대가 되는 새로운 주장을 하는 가설

1.2 유의수준[2)]

논문이나 연구보고서를 보면 '유의수준' 혹은 '유의확률'이라는 용어를 접하게 된다. 보통 논문이나 연구보고서는 귀무가설에 대한 대립가설을 세우고, 이에 대한 채택/기각에 대한 결과를 확인한다. 이때 연구자가 세운 '대립가설'을 채택할 것인가 혹은 기각할 것인가를 판단하는 기준을 유의수준(significant level)이라 한다. 유의수준은 0.1%(0.001), 1%(0.01), 5%(0.05)를 많이 사용하는데, 연구의 특성에 따라 다르겠지만 사회과학에서는 주로 5% 기준을 많이 사용한다. 유의수준이 5%라는 의미는 귀무가설이 기각될 확률이 5%이고, 채택될 확률이 95%라는 뜻이다.

유의확률은 p 값(p-value)으로 표현되는데, 이는 확률이므로 0~1 사이의 값을 갖는다. 이 값은 실험이나 관찰을 통해 나온 값으로, 앞서 설명한 유의수준의 기준값과 비교해 대립가설의 채택/기각을 판단한다.

예를 들어, 유의수준 = 0.05일 때

- p 값 = 0.03이라면(p<유의수준) : 귀무가설은 기각되고 대립가설이 채택된다.
- p 값 = 0.07이라면(p>유의수준) : 귀무가설이 채택되고 대립가설은 기각된다.

일반적으로 사회과학 연구에서 대립가설이 맞을 확률이 95% 이상이라면 어느 정도 설득력이 있다고 판단할 수 있다. 물론 연구 종류에 따라 달라지기는 하나 대립가설이 맞을 확률이 보통 95%, 99%, 99.9% 이상이라면 귀무가설을 기각하고 대립가설을 채택한다.

t 검정, ANOVA, 회귀분석, 교차분석을 실시했을 때 유의수준을 판단하는 여러 가지 지표가 나오는데, 공통으로 사용되는 유의수준이 바로 p 값이다. 또한 t 검정, 회귀분석에서와 같이 p 값 외에도 t 값을 보고도 귀무가설의 채택 여부를 결정할 수도 있다.

2) 유의수준 : 『제대로 시작하는 기초 통계학: Excel 활용』 170~172쪽 참조

[표 1-2] 분석 방법에 따른 유의수준 확인 지표[3]

분석 방법	유의수준 확인 지표
t 검정	t, p
ANOVA	F, p
회귀분석	F, t, p
교차분석	χ^2, p

앞서 설명한 유의수준을 나타내는 지표값(t 값, p 값)의 관계를 요약하여 [표 1-3]에 정리했다. 이 표는 통계와 관련하여 반드시 알고 있어야 하는 기본적인 내용이므로, 이해하기보다는 외우고 있어야 한다.

[표 1-3] 유의수준 지표값과의 관계[4]

t 값	p 값	표시 방법	해석
절대값 $t \geq 1.96$	$p < 0.05$	*	유의하다.
절대값 $t \geq 2.58$	$p < 0.01$	**	유의하다.
절대값 $t \geq 3.30$	$p < 0.001$	***	유의하다.

다음은 유의수준을 반영하여 작성한 논문 예이다.

예

Y를 종속변수로 하고 X를 독립변수로 하여 Z 분석을 실시한 결과,

① X_1은 유의확률 .070으로 유의수준($p < .05$)에서 벗어나 Y에 영향을 미치지 못하는 것으로 확인되었다.

② X_2는 유의확률 .004**로 유의수준($p < .01$)의 범위를 만족하므로 유의한 것으로 판단할 수 있다.

NOTE

01 t 값 대신 p 값을 사용하는 이유는?

p 값은 t 분포표로부터 구한다. 이때 t 값과 p 값은 각각 1:1로 대응한다. t 값은 귀무가설이 '맞다'고 가정할 때 기대값과의 차를 표준오차로 나눈 값으로, 귀무가설의 오류 정도에 따라 0으로부터 멀어지는 값으로 나타난다. 이 t 값을 기준으로 유의수준을 판단하려면 먼저 t 분포표를 찾아 유의수준 5%의 t 값과 비교한다. 이때 구해진 t 값(표본통계량)이 표의 t 값보다 크다면 귀무가설을 기각한다. 반면 p 값을 기준으로 유의수준을 판단할 때는 0.05보다 큰지 아닌지만 확인하면 되므로, p 값을 통해 유의수준을 판단하는 것이 훨씬 편하다. 또한 거의 모든 분석 결과에 p 값이 표시되기 때문에 대부분의 연구결과에서 p 값을 기준으로 판단한다.

3) 분석 방법에 따른 유의수준 확인 지표 : 『제대로 시작하는 기초 통계학: Excel 활용』 180~184쪽 참조

4) 유의수준 지표값과의 관계 : 『제대로 시작하는 기초 통계학: Excel 활용』 42쪽,
z 분포와 t 분포와의 관계 : 『제대로 시작하는 기초 통계학: Excel 활용』 174~180쪽 참조

Chapter 02

척도

학습목표 척도의 의미를 이해하고, 각각의 특징을 구분할 수 있다.

다루는 내용
- 척도의 중요성
- 척도의 종류

척도를 학습하는 이유는 무엇인가요?

연구에서 가설만큼이나 중요한 것이 척도이다. 연구자는 가설을 수립하고 그 가설을 채택할 것인지 혹은 기각할 것인지 판단할 근거를 마련하기 위해 데이터를 수집하는데, 이때 수집한 데이터를 분석 방법에 맞게 분류하는 기준이 척도이기 때문이다. 어떤 척도로 데이터를 수집했는가에 따라 적용할 수 있는 분석 방법이 있고, 적용할 수 없는 분석 방법이 있다. 급한 마음에 연구를 어떻게 진행할지, 어떤 분석 방법을 적용할지를 정하지도 않고 설문지를 돌려 자료수집을 먼저 한다면[5] 이후 분석 방법을 적용할 때 제약을 받을 수 있으므로 연구 초기부터 미리 상정하고 진행해야 한다.

2.1 척도의 중요성

일반적으로 연구를 설계할 때 어떤 분석 방법을 적용할 것인지를 계획하고, 해당 분석 방법에서 적용할 수 있는 척도를 기준으로 설문지를 작성한다.

척도(scale)란 일종의 측정도구로서, 일정한 규칙에 따라 측정 대상에 적용하는 일련의 기호나 숫자를 말한다. 어떤 척도를 선택할 것인가의 문제는 연구 방법과 방향은 물론, 분석 결과까지 좌우하므로 매우 중요한 것이다. 앞으로 살펴볼 네 가지 척도를 정확하게 이해하여 제대로 설문지를 만들면, 필요에 따라 적절한 분석 방법을 활용하여 다양한 분석 결과를 얻을 수 있다. 반면 설문지에 사용되는 척도를 제대로 구성하지 못한다면 연구자에게 필요한 통계분석을 실시할 수 없게 된다. 따라서 연구자는 반드시 척도를 확인하고 연구모델을 설계한 후 연구를 시작해야 한다.

5) 논문을 작성하는 경우에는 이와 같은 순서로 진행되지 않지만, 일반적인 자료조사에서는 이와 같이 진행되는 경우가 있으므로 주의하기 바란다.

2.2 척도의 종류[6)]

척도는 크게 명목척도, 서열척도, 등간척도, 비율척도로 나뉜다.

■ 명목척도

명목척도(nominal scale)는 수(數) 또는 순서의 개념과는 상관없이 이름만 붙여지는 척도이며, 응답 번호와는 연관성이 전혀 없다. 대부분의 설문지를 보면 성별을 묻는 질문이 있다. 여기에 설문 문항에 대한 보기는 대부분 '① 남자 ② 여자'로 주어지며, 응답자는 이에 대해 '①' 혹은 '②'로 답을 한다. 이렇게 조사한 데이터를 기준으로 통계분석을 할 때 '1'이나 '2'로 코딩(coding)을 하게 되는데, 이때 '남자'나 '여자'는 '1'과 '2'라는 숫자와는 아무런 연관이 없다. 즉 '남자+남자'를 수식으로 나타내자면 '1+1=2'이지만 '여자'가 될 수는 없다는 의미이다. 성별에 숫자를 부여하는 것은 성별을 계량화하기 위함이 아니라, 분석상의 필요에 의해서 단순히 '1'과 '2'의 기호를 부여하는 것이다. 이와 같이 학력, 종교, 지역 등과 같이 수(數)와는 관계없는 내용을 설정해 측정할 때 사용하는 척도를 명목척도라 한다.

■ 서열척도

서열척도(ordinal scale)는 '순서척도'라고도 한다. 서열척도는 숫자 혹은 수치와는 관련이 없고, 단순하게 순서(서열)를 구분하기 위해 만들어진 척도를 의미한다. 예를 들어 마라톤 경기 결과처럼 '1등', '2등', '3등' 혹은 '금메달', '은메달', '동메달'과 같은 답안이 있다고 가정할 때, '1등+2등'이 '3등'이 되지는 않는다. 명목척도와 유사하지만, 서열척도는 순서를 정할 수 있다는 차이가 있다. 이때 주의해야 할 것은 '2−1=1'이고 '3−2=1'로서 모두 1이라는 차이가 나지만, 1등과 2등 사이의 시간적 차이가 2등과 3등 사이의 시간 차(혹은 거리)와 같다고 할 수 없다는 점이다. 즉 숫자와의 연관성은 전혀 없으면서도 순서의 의미는 확인할 수 있는 척도를 의미한다.

■ 등간척도

등간척도(interval scale)는 명목척도나 서열척도와 달리, 측정된 자료들 간에 더하기와 빼기가 가능한 척도를 의미한다. 또한 서열척도와 같이 측정대상에 순서가 있고, 그 간격은 같은 척도이다. 그러나 수(數)의 무(無)를 의미하는 0 값이 존재하지 않는 척도이므로 곱하기와 나누기는 의미가 없다. 예를 들어 '섭씨 영상 15도'인 경우를 생각해 보자. 이 온도는 '0도보다 15도만큼 높은 온도'이다. 그러나 0도라는 것은 영상과 영하의 구분점이 되는 온도이지 온도 자체가 없는 무(無)를 의미하는 '절대 0'의 개념이 아니다. 이렇게 0 값이 존재하지 않는 척도를 등간척도라고 한다. 이 등간척도는 다음과 같은 형태로 가장 많이 사용된다.

---

6) 척도 : 『제대로 시작하는 기초 통계학: Excel 활용』 55~57쪽 참조

귀하가 느끼는 만족도는 어떠하십니까?
① 아주 만족한다. ② 만족한다. ③ 보통이다.
④ 만족하지 않는다. ⑤ 아주 만족하지 않는다.

■ 비율척도

비율척도(ratio scale)는 등간척도의 성질과 함께 무(無)의 개념인 0 값도 가지는 척도를 의미한다. 즉 수(數)의 개념이 모두 들어가 있는 척도이다. 그러므로 더하기, 빼기, 곱하기, 나누기 연산이 가능하다. 예를 들어 '길이', '무게', '부피', '경력' 등과 같이 다양한 기준을 비율척도로 활용할 수 있다.

Chapter
03 연구문제를 위한 자료 수집

학습목표

1) 자료의 개념을 이해하고 자료를 수집하는 방법을 배울 수 있다.
2) 설문을 통해 자료를 수집할 때의 유의사항을 이해한다.
3) 바람직한 설문지 작성법을 알 수 있다.

다루는 내용

- 자료의 개념
- 자료 수집 방법
- 자료 수집을 위한 측정도구
- 설문지 작성 시 유의점

Q 연구문제를 위한 자료수집을 학습하는 이유는 무엇인가요?

척도를 결정했다면 이에 맞게 설문지를 작성해야 한다. 설문지에 들어가는 항목은 연구자가 어떤 문항을 활용하겠다고 자의적으로 정할 수 있는 것이 아니다. 다양한 자료를 통해 설문을 위한 기초자료를 수집하고, 이를 바탕으로 해당 연구에 맞는 문항을 개발해서 결정된 척도가 적용된 문항을 설문지에 활용해야 한다. 그래야만 수집된 데이터를 연구자가 상정하고 있는 분석 방법에 활용할 수 있고, 연구자는 연구결과를 통해 가설의 채택이나 기각을 결정할 수 있는 근거를 마련할 수 있다. 그러므로 설문문항을 구성하기 위해 다양한 자료를 확인하는 방법을 배우고, 수집된 자료를 바탕으로 응답자의 오해를 최소한으로 줄이면서도 연구목적에 맞는 설문을 작성하는 방법을 익혀야 한다.

연구문제를 설정한 후 통계를 활용해 연구모델을 분석하려면, 먼저 측정도구를 이용해 연구하는 데 필요한 자료를 수집해야 한다. 그러므로 연구를 진행할 때 측정도구를 어떻게 작성하고 적용할 표본을 어떻게 선정하느냐가 아주 중요한 요소가 된다. 따라서 연구 초기부터 연구자가 정확한 방법으로 자료를 수집해야 원하는 결과를 얻을 수 있다.

3.1 측정을 통한 자료 수집

연구자는 자신의 연구를 위해 데이터를 수집하는데, 이러한 자료들은 1차 자료와 2차 자료로 구분된다.

❶ 1차 자료는 조사자가 직접 수집한 데이터를 의미한다.

❷ 2차 자료는 1차 데이터를 타인이나 기타 기관이 정리해 놓은 것을 의미한다.

예 문헌, 데이터베이스

Part 01의 '4장. 표본 설정'에서 설명하는 표본의 선정 자체도 중요하지만, 선택된 표본이 아무리 좋아도 그에 대한 자료가 제대로 수집되지 않는다면 연구를 망치는 결과를 가져오게 된다. 따라서 어떻게 자료를 수집하는가는 대단히 중요한 문제이다.

지금부터 자료 수집 방법의 종류와 각각의 장단점에 대해 알아보자. 자료를 수집하는 방법에는 대표적으로 관찰법과 서베이법(문답법)이 있다.

■ 관찰법

관찰법(observation)은 연구자가 응답자의 행동이나 반응을 직접 조사하고 분석하는 방법으로, '현장연구'라고도 한다. 행동이나 특성에 관한 자료를 수집할 때 유용하며, 관찰자가 직접 자료를 작성한다.

- 장점 : 특정정답이 없는 경우에도 관찰자가 직접 답을 정의하면서 자료를 수집할 수 있다. 동물의 행동을 조사하거나 실험 결과를 측정하는 등의 경우에 유용하다.
- 단점 : 비용이나 시간적인 한계로 인해 자료를 수집할 수 있는 표본 수가 제한적이며, 관찰자의 주관에 따라 결과의 해석이 달라질 수 있다.

[표 2-1] 관찰법의 종류

구분	종류	내용
관찰자의 개입 여부	체계적 관찰	관찰자가 상황에 개입하지 않거나 최소한으로 개입한다.
	비체계적 관찰	관찰자가 관찰 상황에 참여한다.
관찰 기록지의 유무	구조적 관찰	행동을 관찰하며 특정 양식이나 기록지에 기록한다.
	비구조적 관찰	행동을 관찰하며 특정 양식 없이 기록한다.
관찰의 공개 여부	공개적 관찰	관찰 대상이 관찰되고 있음을 아는 상황에서 관찰한다.
	비공개적 관찰	관찰 대상이 관찰되고 있음을 모르는 상황에서 관찰한다.
실험의 인위성 여부	자연적 관찰	자연발생적으로 일어난 사건에 대해 관찰한다.
	인위적 관찰	관찰 대상에게 인위적으로 실험상황을 제공한 후 관찰한다.
상황의 실제성 여부	직접 관찰	실제 상황을 보면서 관찰한다.
	간접 관찰	글이나 그림 등의 시청각 자료를 보면서 관찰한다.

■ 서베이법

서베이법(survey technique)은 전체를 대상으로 하는 전수조사 혹은 표본을 선정해 진행되는 표본조사에서 쓰이는 방법으로, 다수의 응답자들을 대상으로 미리 작성된 설문지를 이용하여 질의와 응답을 실시한다.

- 장점 : 연구자의 의지에 따라 대규모 조사를 실시할 수 있다. 대규모 조사를 실시해도 비용이 많이 들지 않고, 수집한 자료에 대한 계량적 분석이 용이하다.

- 단점 : 응답률이 낮은 경우가 종종 발생한다. 응답자가 모두 이해할 수 있으면서도 동시에 연구목적에 적합한 설문지를 작성하기가 쉽지 않다. 또한 불성실한 응답을 완전히 배제할 수 없고, 복잡한 질문을 할 수 없다.

그럼에도 불구하고 서베이법이 가장 많이 사용되는 이유는 연구자가 자료를 관리하기가 편리하고, 응답자가 느끼는 부담감이 적으며, 데이터를 이용한 양적 분석을 통해 객관화하는 데 유리한 수치를 제공하기 때문이다.

[표 2-2]에는 다양한 서베이법의 종류와 각각의 장단점을 정리했다.

[표 2-2] 서베이법의 종류 및 장단점

종류	내용	장점	단점
대인 면접법	응답자를 만나 질문을 읽고 응답자의 답변을 도와주는 방법	• 응답률의 정확도가 높다. • 복잡한 질문이 가능하다. • 다양한 자료 활용이 가능하다. • 복잡한 질문의 해설이 가능하다.	• 비용이 많이 든다. • 면접원 통제가 어렵다. • 면접원에게 오류가 발생할 수 있다. • 대용량 표본 설정이 쉽지 않다.
전화 인터뷰	표본의 응답자에게 전화를 걸어 답변을 수집하는 방법	• 비용이 저렴하다. • 면접원 통제가 쉽다. • 표본 접촉 범위가 넓다. • 신속한 조사가 가능하다.	• 다양한 자료 사용이 어렵다. • 면접원에게 오류가 발생할 수 있다. • 복잡한 질문을 하지 못한다.
우편 조사법	우편을 통해 설문지를 발송하고 답변을 수집하는 방법(팩스를 이용하기도 함)	• 비용이 저렴하다. • 표본에 대한 접촉 범위가 넓다. • 익명 보장이 가능하다. • 면접원 오류가 없다.	• 응답률이 낮다. • 질문의 이해도가 떨어질 수 있다. • 시간이 오래 걸린다. • 질문 – 응답 순서가 달라질 수 있다.
전자 인터뷰	인터넷 설문을 통해 답변을 수집하는 방법	• 비용이 저렴하다. • 표본에 대한 접촉 범위가 넓다. • 익명 보장이 가능하다. • 면접원 오류가 없다. • 자료의 수집, 분석을 자동화할 수 있다.	• 응답률이 낮다. • 질문의 이해도가 떨어질 수 있다. • 시간이 오래 걸린다. • 인터넷 환경에서만 가능하다.

3.2 설문을 통한 자료 수집

통계분석을 사용해 연구를 진행하는 경우에는 설문지가 일반적인 측정도구가 될 것이다. 설문지를 통해 연구주제와 대상 및 분석 방법에 대한 것까지 응답자가 모두 이해해야 할 필요는 없다. 그러나 최소한 응답자가 설문을 읽은 후, 질문을 제대로 이해하고 자신이 생각하는 답을 정확하게 표시할 수 있어야 한다. 그래야 응답자의 주관적인 생각을 자료화하여 얻는다는 목적을 달성할 수 있다. 하지만 설문 내용에 특수한 영향력이 미치거나 특정 변수가 발생해 결과가 왜곡된다면 실제와 동떨어진 엉뚱한 결과가 도출되므로 연구의 의미가 없어진다.

3.3 바람직한 설문지 작성법

좋은 설문지는 응답자가 설문을 읽고 바로 이해할 수 있도록 쉬운 단어와 표현들로 작성된다. 설문 문항을 만들 때, 설문을 개발한 연구자는 연구문제에 대해 충분히 이해하기 쉽게 설문 문항을 만들었다고 생각하기 쉽다. 그러나 연구자는 오랫동안 연구주제를 학습해왔기 때문에 내용을 이해하는 정도가 다르다. 즉 연구자에게는 평이하면서도 쉽다고 생각되는 개념조차도 응답자 입장에서는 환경과 관심사가 다르기 때문에 어렵게 느껴질 수 있다.

그러면 설문지를 어떻게 작성해야 응답자가 설문 내용을 쉽게 이해할 수 있을까?

❶ 쉽고 정확한 표현을 사용한다.

영어의 약자나 줄임말, 혹은 전문용어들을 설문에 직접 사용하면 응답자는 설문 내용을 적극적으로 이해하여 답을 제시하려 하지 않는다. 또한 그렇게 할 동기도 없다. 그저 빨리 설문에 대한 답만 체크해주고 그 자리를 피하고자 할 것이다. 때로는 연구자가 본인 입장에서만 너무 장황하고 열정적으로 설명하다 보니 어렵게 전달되거나, 설문 문항의 목적과 다른 기타 사항들을 나열하는 설문을 구성해 질문을 어렵게 만들기도 한다. 따라서 연구자는 응답자 입장에 서서 설문을 통해 알고자 하는 요소를 쉽고도 정확하게 표현해야 한다.

❷ 설문과 답안에 애매한 표현을 사용하지 않는다.

간혹 'sometimes(가끔)'와 'often(종종, 자주)'이란 단어가 하나의 설문이나 답안에 동시에 들어가 있는 경우를 볼 수 있다. 또한 '두어 번', '대여섯 번' 등의 표현은 내용상으로는 짐작이 가도 프로그램을 이용한 분석에서는 정확한 의미(정확한 코딩값)를 찾기가 어렵다. 즉 수치화할 수 없는 애매한 표현은 사용하지 않아야 한다.

❸ 한 번에 한 개의 질문을 한다.

"햄버거와 김치를 좋아하십니까?"라는 질문을 가정해 보자. 응답자의 입장에서 보면 햄버거에 대한 질문을 하는 것인지 김치에 대한 질문을 하는 것인지 이해하기 힘들며, 어디에 맞춰 대답을 해야 할지 난감하다. 이러한 경우 응답자는 편의적으로 해석해 대충 답안을 표시할 것이다. 따라서 동시에 두 가지 이상의 질문을 하지 않아야 한다.

❹ 응답을 유도하는 질문을 하지 않는다.

이 항목은 통계를 통한 조사가 부정확해지는 가장 큰 요인이므로 매우 중요하다. 예를 들어 ❶ "최근에 성폭행과 성범죄가 심각하게 늘어나고 있으며 외국에서는 이러한 범죄에 대해 사형까지도 가능하도록 하는 형법 개정이 늘고 있는 추세인데, ❷ 한국에서 성범죄에 대해 형량을 가중하는 형법 개정을 하는 것이 바람직한 것인가요?"라는 질문을 생각해보자. 이 질문의 주요 요지는 "한국에서 성범죄에 대해 형량을 가중하는 형법 개정을 하는 것이 바람직한 것인가요?(❷)"이지만, 주된 질문 앞에 "최근에 성폭행과 성범죄가 심각하게 늘어나고 있으며 외국에서는 이러한 범죄에 대해 사형까지도 가능하도록 하는 형법 개정이 늘고 있는 추세인데,(❶)"라는 말을 덧붙였다. 이는 최근의 추세가 변하고 있다는 것을 설명함으로써 응답자에게 미리 정답을 제안하는 것이 될 수 있다. 이러한 질문에서는 응답의 쏠림현상이 나타나 제대로 된 자료를 얻을 수 없다. 특히나 이러한 질문은 조사자가 특별한 답을 얻기 위해 의도적으로 하는 경우가 대부분이므로, 타인의 연구를 인용하는 경우에는 특히 주의해야 한다.

❺ 응답이 불가능한 질문은 하지 않는다.

"햄버거를 처음 먹었던 때는 언제입니까?"라는 질문을 예로 들어 보자. 이 질문에 대해 노년층의 답을 보면, 햄버거를 주식으로 하지 않았었기에 햄버거를 처음 먹었던 때를 특별히 기억하고 있는 경우가 있을 것이다. 하지만 햄버거를 자주 먹는 젊은 연령층의 경우에는 처음 햄버거를 접했던 때를 기억하지 못하는 경우가 많을 것이다. 즉 대상에 따라 응답 가능 여부가 달라질 수 있다.

❻ 중복된 답안이 없어야 한다.

다음과 같이 각 답안에 연수가 중복되어 존재하는 경우를 생각해 보자. 만약 응답자의 자녀가 5세라면, 이러한 경우 응답자는 ②나 ③ 중 어느 것을 선택할지 혼란스럽다.

> 귀하의 자녀는 몇 세입니까?
> ① 1~3세 ② 3~5세 ③ 5~8세
> ④ 8~10세 ⑤ 10세 이상

❼ 민감한 질문은 우회적으로 표현하고, 설문지의 맨 끝에 넣는다.

예를 들어 "당신은 배우자를 구타한 적이 있습니까?" 혹은 "당신은 배우자 구타 경험이 몇 회나 되십니까?"와 같은 질문에는 응답자가 당혹감을 느낄 수 있으며, 응답에 대한 정확성도 의심될 수 있다. 때문에 반드시 조사해야 할 경우라도 우회적으로 표현해야 한다. 이러한 질문을 반드시 넣어야 한다면 설문지의 가장 마지막에 넣어야 한다. 설문의 시작 단계에서 이러한 질문을 접한 응답자는 이후부터 불성실하게 응답하거나 편견을 가지고 임하기 때문에 정확한 응답을 얻기 힘들 수 있다.

❽ 설문지의 구성은 흥미롭거나 간단한 것으로 시작한다.

초반부터 너무 전문적이거나 지루한 질문을 하면 응답자가 답안 작성을 시작하기도 전에 포기할 수 있다. 또한 응답에 성의를 보이던 응답자라 하더라도 응답을 시작해 중반에 도달하게 되면 응답자는 '어서 응답하고 빨리 끝내자.'라는 생각을 할 수 있다.

❾ 인구 통계학적 표본 정보는 가급적 뒤에 오게 한다.

인구 통계학적 정보는 성별, 연령, 직업, 연수입 등의 설문으로 구성되어 있어서 피조사자의 입장에서는 개인정보가 공개되는 느낌이 들 수 있다. 따라서 이러한 질문으로 설문을 시작한다면 응답자는 거부감을 가진 상태로 조사에 응할 가능성이 있다.

인구통계학적 질의응답은 쉽고 빠르게 진행이 가능하므로, 끝부분에 위치해도 조사자의 "자, 이제 거의 다 끝났습니다. 이제 마지막으로 통계처리를 위한 간단한 조사만 남았으니 조금만 더 관심 가져 주시면 감사하겠습니다."와 같은 말 한마디로 쉽게 응답을 얻어낼 수 있다.

NOTE

02 **설문지 작성 시 주의할 점**

❶ **연구문제와 연구목적을 명확하게 정의해야 한다.**

질문 내용, 이용 척도, 질문의 대상, 측정 시기 등은 측정 전 확인해야 할 기본 사항이다.

❷ **분석 방법과 설문의 진행 방법이 결정되어 있어야 한다.**

분석 방법에 따라 척도의 종류가 달라진다. 척도를 혼용하거나 분석이 용이하지 않는 방법으로 측정된 설문은 실제 분석 단계에서 조사자를 아주 당혹스럽게 만들 수 있다.

❸ **자료수집 방법을 고려해 실문의 복잡성이 달라져야 한다.**

조사자가 직접 응답을 받는 경우에는 질문 자체가 어렵거나 복잡해도 설명을 하면서 응답을 받을 수 있다. 그러나 인터넷 조사나 우편조사법 등에서는 질문자가 직접 설명을 하기 어렵다. 이때는 응답자가 질문을 이해하지 못한 상황에서 응답할 수 있으므로 질문의 형식을 다르게 해야 한다.

❹ **표본의 수준을 생각해야 한다.**

표본의 구성원이 전문가 집단인지, 또는 일반 시민이나 학생들인지에 따라 분명 답을 생각하는 범위나 깊이가 다를 것이다. 따라서 이에 대한 질문의 깊이와 응답의 폭을 고려해야 한다.

Chapter

04 표본 추출

학습목표

1) 표본을 대상으로 연구를 하는 이유를 이해한다.
2) 표본의 추출 방법을 이해하고, 각각의 특징을 구분할 수 있다.

다루는 내용

- 표본을 추출(선정)하는 이유
- 표본의 추출 방법

Q 표본 추출을 학습하는 이유는 무엇인가요?

자료를 수집할 수 있는 도구인 설문지를 완성했다면 이제 데이터를 수집하면 된다. 연구목적에 맞는 데이터 수집은 '무작위 살포/무작위 수거'로는 이루어질 수 없다. 이러한 방법이 공정하게 설문이 실시되고 데이터가 수집되었다면 문제가 없지만, 일반적으로 연구자의 편의에 의해 자료를 수집하기 쉬운 대상을 선택하기 때문에 실제 모집단의 특성을 왜곡하는 결과가 나타나기 때문이다. 표본의 수가 다소 적더라도 좀 더 구체적이고 과학적인 방법을 통해 해당 연구에 최적이라 할 수 있는 표본을 구성하는 편이 연구결과를 훨씬 정확하게 만든다. 이 장에서는 표본을 구성하는 다양한 방법을 확인하고, 자신의 연구목적에 맞는 표본 추출 방법을 확인하여 이들을 대상으로 설문을 실시해야 한다.

통계를 이용한 연구에서 무조건 연구대상 전체를 모두 조사해 결과를 제시한다면 그 결과에 대해 문제를 제기하기 힘들 것이다. 그럼에도 불구하고 표본을 추출해 연구를 하는 이유는 조사하는 데 물리적, 시간적 한계가 있기 때문이다. 예를 들어 조사 대상이 대한민국 남성 전체이거나 대한민국 20대 남녀라면, 전수조사를 통한 연구는 거의 불가능에 가깝다.

표본을 설정한다는 것은 그 자체로 아주 중요한 의미를 갖는다. 표본을 어떻게 추출하는가에 따라서 대표성이 있는지 없는지를 판단할 수 있기 때문이다. 전체 집합에서 일부를 추출한 표본은 전체를 대표하는 대표성을 갖도록 만들어져야 한다. 예를 들어 '대학생들을 대상으로 한 의식조사'에서 조사자의 편의에 따라 1학년 학생만 대상으로 자료 수집을 진행했다고 하자. 이때 1학년 학생이 대학생인 것은 맞지만, 전체 대학생들의 생각을 대표하지는 못한다. 따라서 이러한 표본 추출은 잘못된 것이며, 그 연구결과도 신뢰할 수 없게 된다. 이처럼 표본 설정은 해당 연구가 설득력을 갖는가 그렇지 못한가를 판단하는 가장 기초적인 항목이 된다.

표본을 추출하는 방법은 [표 4-1]과 같이 나눌 수 있다.

[표 4-1] 표본의 추출 방법

구분	추출 방법	내용
확률적 표본 추출	단순무작위 표본 추출	가장 기초적인 표본 추출 방법으로, 모집단의 각 사례의 수를 일정한 규칙에 따라 균등하게 기계적으로 뽑아내는 방법이다. 주로 컴퓨터나 난수표 등을 이용한다. 표본의 크기가 작을 경우 표본 특성이 왜곡될 우려가 있다.
	체계적 표본 추출	전체 모집단을 기준으로 번호를 부여한 뒤 일정한 간격으로 n~m번까지 기계적으로 표본을 추출하는 방법이다. 쉽고 정확하게 표본을 설정할 수 있다. 예 선거일에 진행하는 출구조사
	비례층화 표본 추출	모집단이 여러 개의 이질적 집단으로 나뉘어 있는 경우, 각 집단을 이루는 비율에 따라 표본을 추출하는 방법이다. 예 총학생 수가 10,000명인 ○○대학교에서 1~4학년의 비율이 각각 1:2:3:4라고 하자. 이 중에서 1,000명을 추출할 경우, 비율에 따라 각각 100, 200, 300, 400명씩 추출한다.
	다단계층화 표본 추출	상위 표본 단위를 설정한 후, 그에 대한 하위 표본 단위를 설정해 추출하는 방법이다. 예 대학교로 표본을 추출 → 다시 단과대학별로 추출 → 다시 학과별로 추출한다.
	군집 표본 추출	내부 이질적, 외부 동질적으로 구성된 군집들이 있는 모집단에서 전체를 조사하지 않고 몇 개의 군집을 선택해 조사하는 방법이다. 예 서울시에서 자전거 구매의사를 조사할 때, 25개 구 전체를 조사하는 것이 아니라 표본으로 선정된 몇 개의 구만 조사한다.
비확률적 표본 추출	편의 표본 추출	조사자의 편의에 따라, 장소와 시간 등에 구애받지 않고 중요하다고 생각하는 표본을 임의로 추출하는 방법이다. 조사하기 쉽고 비용이 적게 드는 장점이 있으나, 표본의 대표성을 주장하기에는 의심의 여지가 있다.
	판단 표본 추출	조사자가 적합하다 판단하는 구성원들을 표본으로 추출하는 방법이다.
	할당 표본 추출	내부 이질적, 외부 동질적인 기준인 연령, 학력, 직업 등 표본의 특성에 따라 적합하다 판단되는 기준으로 표본을 추출하는 방법이다. 예 지역별 대학생 의식조사를 실시하는 경우, 지역별 대학생 숫자에 따라 대학생의 표본을 추출한다.
	자발적 표본 추출	응답자의 자발적 의지로 조사에 응하는 사람들을 표본으로 선택하는 방법이다. 주로 관심도(관여도)가 높은 사람들이 설문에 참여하므로 결과가 왜곡될 가능성이 크다.

Chapter
05
설문 결과 코딩

학습목표

1) 설문지와 코딩과의 관계를 이해한다.
2) 획득한 응답지를 SPSS Statistics와 Excel을 활용해 코딩할 수 있다.
3) 역코딩의 필요성을 이해하고 코딩할 수 있다.
4) 다중 응답 코딩의 필요성을 이해하고 코딩할 수 있다.

다루는 내용

- 설문의 확인
- SPSS Statistics에 데이터를 직접 코딩하기
- Excel에 코딩한 데이터를 SPSS Statistics에서 불러오기
- SPSS Statistics에서 불러온 데이터로 역코딩하기
- 다중 응답 코딩하기

Q 설문 결과 코딩을 학습해야 하는 이유는 무엇인가요?

이 장에서 다루는 코딩 방법은 단순하고 반복되는 작업이므로 딱 한 번만 제대로 따라 해 보면 나중에 다시 학습할 필요가 없을 것이다. 단순한 질문들로 이루어진 설문이라면 일반적인 코딩 방법으로 충분하며, 간혹 설문자의 응답을 검증하기 위해 의도적으로 부정문으로 질문하거나 다중 응답이 가능하도록 만든 경우라면 일반적인 코딩으로는 해결되지 않으므로 별도의 코딩 방법을 익혀야 한다. 코딩 방법은 이론적으로 이해해야 하는 내용이 아니어서 간과하기 쉽지만, 코딩 실수로 어렵게 얻은 데이터를 엉뚱한 결과로 판단하는 실수를 하지 말아야 한다.

5.1 일반적인 코딩

조사자가 응답자로부터 설문지를 수령한 후 통계 툴(SPSS Statistics 또는 AMOS 등)을 이용해 분석을 진행하려면 응답지(측정도구)에 표기된 선택안을 컴퓨터가 인식할 수 있도록 만들어야 한다. 이러한 작업을 코딩(coding)이라 한다.

간혹 연구자들이 설문을 진행해 조사를 마치고 난 뒤 설문 결과를 어떻게 입력해야 할지 막막해 하는 경우를 종종 보았다. 사실 아주 간단하고 쉬운 일이지만 경험이 없는 입문자에게는 당혹스러운 작업이다. 코딩은 최초에 한 번만 경험을 해 보면 나중에는 거의 기계적으로 할 수 있는 단순 작업으로, SPSS Statistics 프로그램을 통해 결과를 입력하거나 MS-Office의 Excel을 이용해 입력할 수도 있다. 이 책에서는 두 가지 방법을 모두 설명할 것이다.

다음은 연구자가 작성한 설문지와 설문을 통해 받은 응답이다. 이 예를 가지고 직접 코딩을 해 보자.

▽ 설문지

다음 질문을 읽고 해당하는 곳에 ✓ 표시해 주십시오.

1. 귀하의 연령은 몇 세입니까?
   ① 25세 미만　② 25~30세 미만　③ 30~35세 미만
   ④ 35~40세 미만　⑤ 40세~45세 미만　⑥ 45세 이상

2. 귀하의 최종 학력은 무엇입니까?
   ① 고졸 이하　② 전문대졸　③ 대학교졸
   ④ 대학원졸　⑤ 박사수료 이상

3. 귀하의 직급/직책은 무엇입니까?
   ① 사원/대리/간사급　② 과장/차장/팀장급　③ 부장/실장/부관장급

4. 귀하의 업무 경력은 총 몇 년입니까?
   ① 1~3년 미만　② 3~5년 미만　③ 5~7년 미만
   ④ 7~10년 미만　⑤ 10년 이상

5. 귀하의 주된 담당 직무 내용을 선택해 주십시오.
   ① 행정/관리/기획　② 교육훈련 운영　③ 취업상담
   ④ 기타(　　　)

6. 귀하의 월 소득을 표기하여 주십시오.
   ① 100만원 미만　② 100만원~200만원 미만　③ 200만원~300만원 미만
   ④ 300만원~400만원 미만　⑤ 400만원~500만원 미만　⑥ 500만원 이상

▽ 설문지 응답 결과표

번호	연령	학력	직급	경력	담당직무	소득
1	6	3	3	2	3	6
2	4	4	1	1	4	4
3	3	3	1	3	2	3
4	5	2	1	2	3	5
5	3	3	1	2	1	3
6	6	2	1	5	3	6
7	3	3	2	4	3	3
8	2	2	1	1	1	2
9	1	3	1	1	1	1

10	5	3	1	2	3	5
11	6	3	3	2	3	6
12	2	2	1	2	3	2
13	5	2	2	1	3	5
14	5	1	1	2	3	5
15	4	3	1	1	2	4
16	3	3	1	3	2	3
17	4	1	1	1	3	4
18	5	3	1	2	3	5
19	4	2	2	2	3	4
20	5	3	1	2	2	5
21	3	4	1	2	2	3
22	3	4	1	4	2	3
23	4	2	1	1	2	4
24	2	3	1	2	2	2
25	5	3	1	5	1	5
26	5	3	2	2	2	5
27	3	3	1	2	2	3
28	5	3	1	1	3	5
29	3	1	2	1	3	3
30	4	4	1	2	3	4

위의 설문지 응답 결과표에서 1열에는 1~30까지 번호를 표기했다. 이는 실제 응답자의 수를 나타내는 것으로, 연구자는 응답지에도 동일한 번호를 표기해 놓아야 한다. 혹시라도 코딩이 잘못되거나 나중에 검토할 사항이 생길 때, 해당 설문지를 찾아 확인해야 하기 때문이다.

따라하기 1 SPSS Statistics에 결과를 직접 코딩하기

01 SPSS Statistics 아이콘(IBM SPSS Statistics 25)을 클릭해 프로그램을 실행한다.

02 ❶ 변수 보기 탭을 클릭하여 ❷ '설문지 응답 결과표'의 변수(연령, 학력, 직급, 경력, 담당 직무, 소득) 정보를 입력한다.

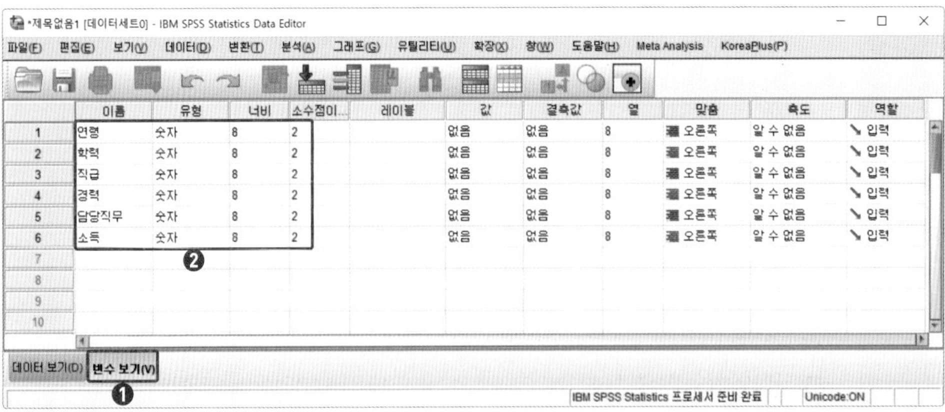

	이름	유형	너비	소수점이...	레이블	값	결측값	열	맞춤	측도	역할
1	연령	숫자	8	2		없음	없음	8	오른쪽	알 수 없음	입력
2	학력	숫자	8	2		없음	없음	8	오른쪽	알 수 없음	입력
3	직급	숫자	8	2		없음	없음	8	오른쪽	알 수 없음	입력
4	경력	숫자	8	2		없음	없음	8	오른쪽	알 수 없음	입력
5	담당직무	숫자	8	2		없음	없음	8	오른쪽	알 수 없음	입력
6	소득	숫자	8	2		없음	없음	8	오른쪽	알 수 없음	입력

[그림 5-1] **변수 정보 입력하기**

- **유형** : 설문지의 답을 숫자로 체크하도록 되어 있으므로 유형은 '숫자'로 선택한다.
- **소수점이하자리** : 입력하는 숫자의 소수점 자릿수를 의미하는 것으로, 예를 들어 2번에 체크한 것을 '2'로 입력하고 엔터를 치면 '2.00'으로 소수점까지 표시된다.

TIP '소수점이하자리'를 '2'로 한 것은 SPSS Statistics의 default로 설정된 값으로, 해당란을 클릭해 숫자를 '0'으로 변경할 수 있다.

03 ❶ 데이터 보기 탭을 클릭해서 ❷ '설문지 응답 결과표'의 수치들을 입력한다.

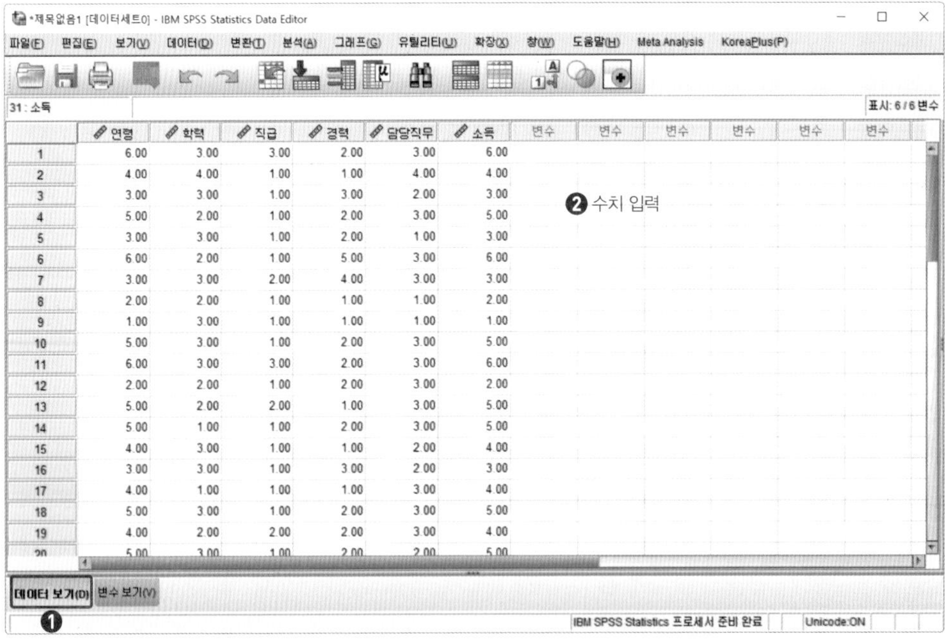

	연령	학력	직급	경력	담당직무	소득
1	6.00	3.00	3.00	2.00	3.00	6.00
2	4.00	4.00	1.00	1.00	4.00	4.00
3	3.00	3.00	1.00	3.00	2.00	3.00
4	5.00	2.00	1.00	2.00	3.00	5.00
5	3.00	3.00	1.00	2.00	1.00	3.00
6	6.00	2.00	1.00	5.00	3.00	6.00
7	3.00	3.00	2.00	4.00	3.00	3.00
8	2.00	2.00	1.00	1.00	1.00	2.00
9	1.00	3.00	1.00	1.00	1.00	1.00
10	5.00	3.00	1.00	2.00	3.00	5.00
11	6.00	3.00	3.00	2.00	3.00	6.00
12	2.00	2.00	1.00	2.00	3.00	2.00
13	5.00	2.00	2.00	1.00	3.00	5.00
14	5.00	1.00	1.00	2.00	3.00	5.00
15	4.00	3.00	1.00	1.00	2.00	4.00
16	3.00	3.00	1.00	3.00	2.00	3.00
17	4.00	1.00	1.00	1.00	3.00	4.00
18	5.00	3.00	1.00	2.00	3.00	5.00
19	4.00	2.00	2.00	2.00	3.00	4.00
20	5.00	3.00	1.00	2.00	2.00	5.00

[그림 5-2] **응답 결과 입력하기**

TIP 편의상 '설문지 응답 결과표'를 제공하고 있으나, 실제로는 응답된 설문지를 하나씩 넘겨가면서 '데이터 보기' 탭의 빈 칸에 수치를 하나씩 입력해야 한다.

04 ❶ 다시 변수 보기 탭을 선택한 후 ❷ 소수점이하자리를 모두 '0'으로 설정하고, ❸ 맞춤도 모두 '오른쪽 맞춤'으로 설정한다.

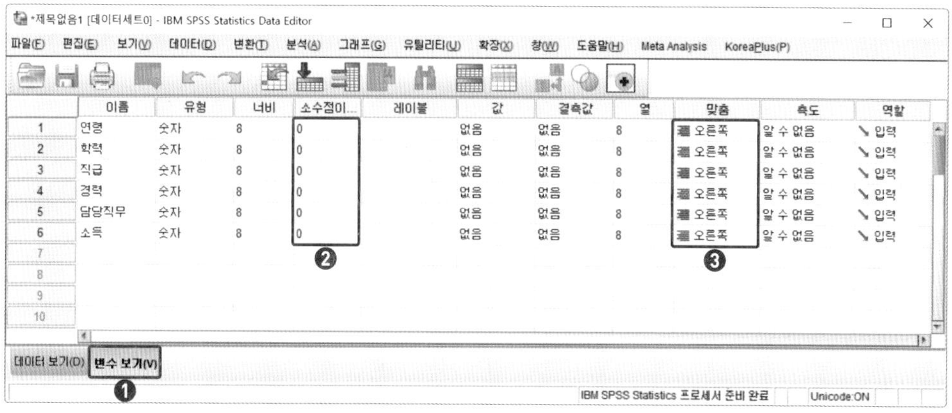

[그림 5-3] **변수 보기 탭의 세부 설정**

05 변수 보기 탭에서 설정을 변경하고 다시 데이터 보기 탭을 보면, 데이터가 다음과 같이 보기 좋은 형태로 정리된다.

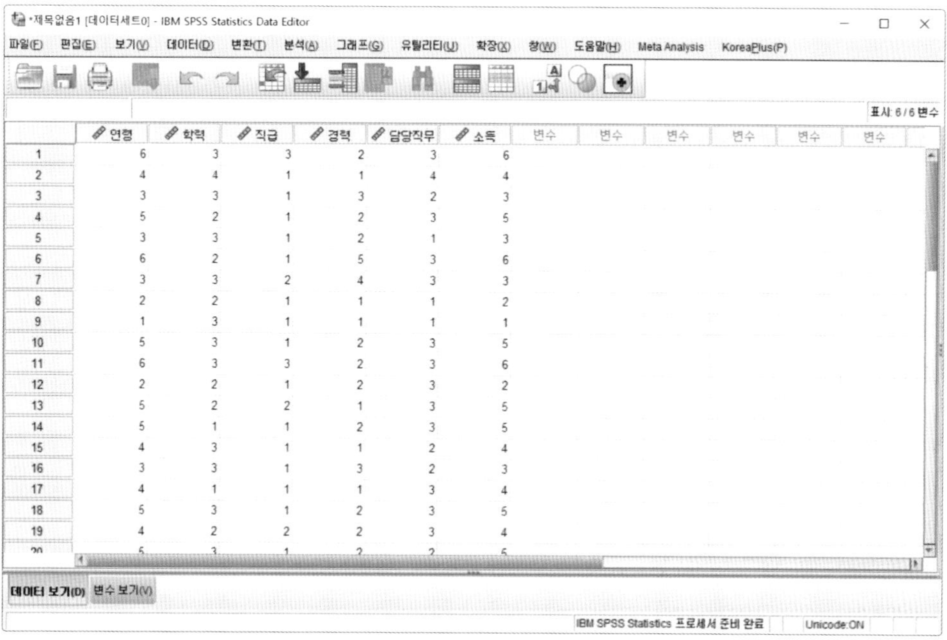

[그림 5-4] **변수 보기 탭의 설정 결과** ■

이번에는 MS-Office의 Excel을 이용해 코딩을 하고, 이를 SPSS Statistics에서 불러오는 과정을 실습해 보자.

따라하기 2 Excel에 데이터를 입력한 후 SPSS Statistics에서 불러오기

01 Excel을 이용하는 경우에는 다른 설정이 필요 없다. 설문 문항 순서대로 행의 방향으로 순서대로 입력한 후 저장한다(Ctrl + S). 파일 이름을 'coding'으로 입력한 후 저장을 클릭한다.

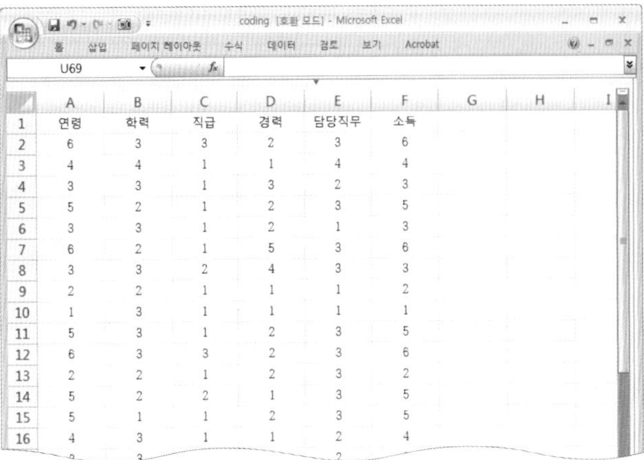

	A	B	C	D	E	F
1	연령	학력	직급	경력	담당직무	소득
2	6	3	3	2	3	6
3	4	4	1	1	4	4
4	3	3	1	3	2	3
5	5	2	1	2	3	5
6	3	3	1	2	1	3
7	6	2	1	5	3	6
8	3	3	2	4	3	3
9	2	2	1	1	1	2
10	1	3	1	1	1	1
11	5	3	1	2	3	5
12	6	3	3	2	3	6
13	2	2	1	2	3	2
14	5	2	2	1	3	5
15	5	1	1	2	3	5
16	4	3	1	1	2	4

[그림 5-5] 엑셀 코딩 결과

TIP Excel로 저장할 때는 확장자를 '*.xlsx'가 아닌 97~2003 버전인 '*.xls'로 저장하기를 권장한다. 확장자가 'xlsx'일 경우 간혹 파일을 읽어오는 데 문제가 발생하기 때문이다. 저장 버튼을 클릭한 후 '저장 유형' 혹은 '파일 형식'을 'Excel 97~2003'으로 설정하면 된다.

02 SPSS Statistics를 실행해 상단 탭 메뉴의 파일 ▶ 열기 ▶ 데이터 혹은 상단의 데이터 문서 열기 아이콘( )을 클릭한다.

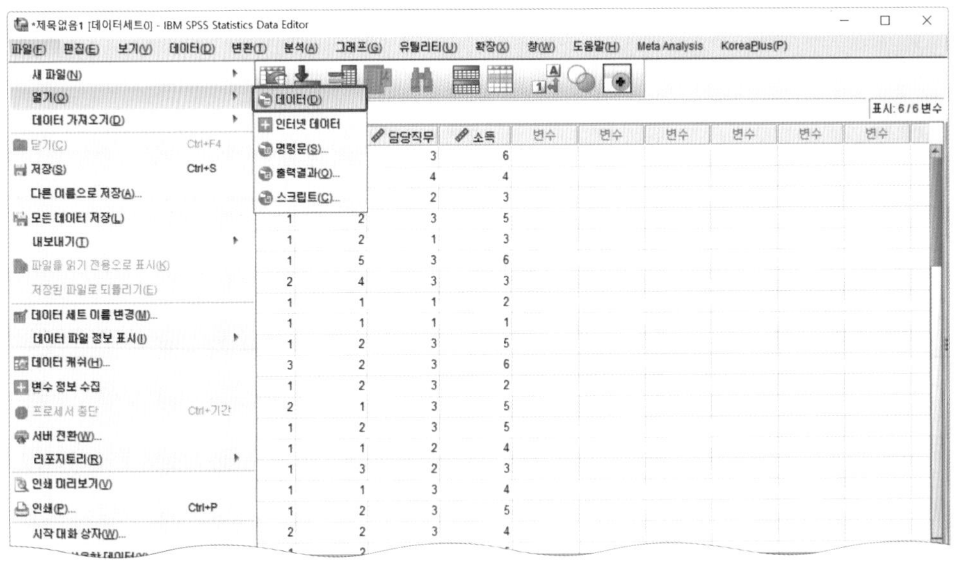

[그림 5-6] SPSS Statistics의 데이터 불러오기 실행

03 데이터 열기 창이 열리면 ❶ 파일 유형을 'Excel'로 설정한다. ❷ 'coding.xls' 파일을 찾아 선택하고 ❸ 열기를 클릭한다.

[그림 5-7] 불러올 데이터 파일 선택하기

04 Excel 파일 읽기 창에서 ❶ '데이터 첫 행에서 변수 이름 읽어오기'의 ☑ 설정을 유지하고 ❷ 확인을 클릭한다.

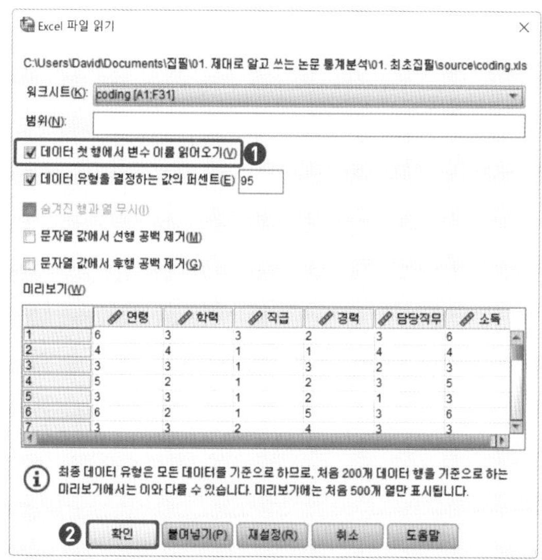

[그림 5-8] 대상 파일의 변수 설정하기

TIP 'Excel 파일 읽기' 창에서 '데이터 첫 행에서 변수 이름 읽어오기'에 ☑ 표시가 되어 있다. 이는 'coding.xls' 파일의 첫 행을 SPSS Statistics 프로그램에서 변수로 활용하겠다는 뜻이다.

05 첫 번째 행을 변수로 읽어 왔기 때문에 실제로 SPSS Statistics에서 코딩한 것과 같은 화면이 나온다.

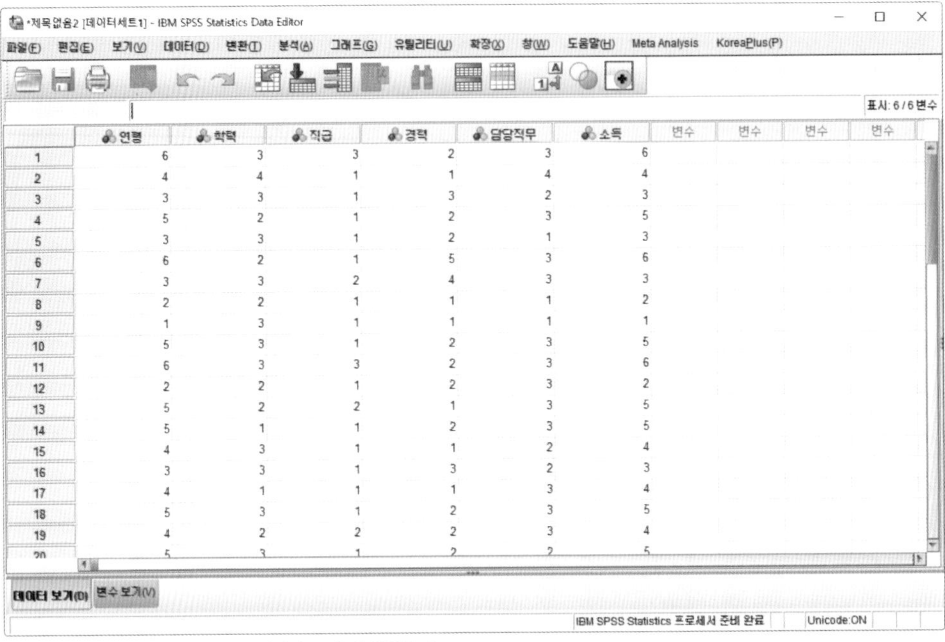

	연령	학력	직급	경력	담당직무	소득
1	6	3	3	2	3	6
2	4	4	1	1	4	4
3	3	3	1	3	2	3
4	5	2	1	2	3	5
5	3	3	1	2	1	3
6	6	2	1	5	3	6
7	3	3	2	4	3	3
8	2	2	1	1	1	2
9	1	3	1	1	1	1
10	5	3	1	2	3	5
11	6	3	3	2	3	6
12	2	2	1	2	3	2
13	5	2	2	1	3	5
14	5	1	1	2	3	5
15	4	3	1	1	2	4
16	3	3	1	3	2	3
17	4	1	1	1	3	4
18	5	3	1	2	3	5
19	4	2	2	2	3	4

[그림 5-9] 데이터를 불러온 후의 데이터 보기 탭 확인하기

06 변수 보기 탭을 클릭하면, '이름', '유형' 등의 내용이 앞서 따라하기 1에서 직접 입력한 것과 같이 나타남을 확인할 수 있다. 이때 척도는 분석 방법을 기준으로 연구자가 설정해야 한다.

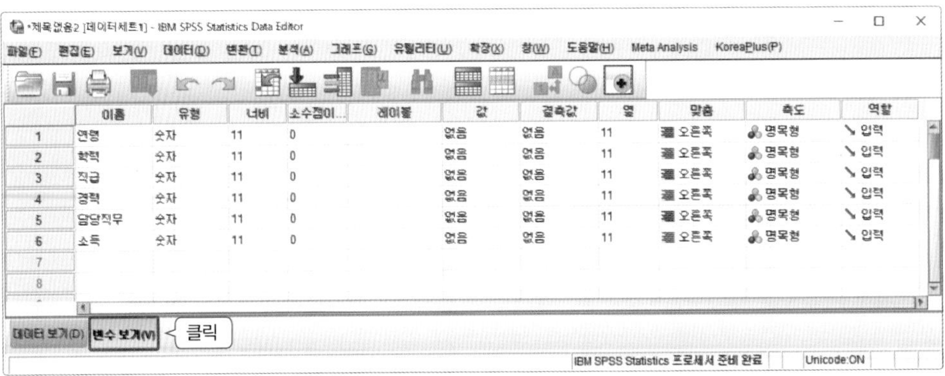

	이름	유형	너비	소수점이...	레이블	값	결측값	열	맞춤	척도	역할
1	연령	숫자	11	0		없음	없음	11	오른쪽	명목형	입력
2	학력	숫자	11	0		없음	없음	11	오른쪽	명목형	입력
3	직급	숫자	11	0		없음	없음	11	오른쪽	명목형	입력
4	경력	숫자	11	0		없음	없음	11	오른쪽	명목형	입력
5	담당직무	숫자	11	0		없음	없음	11	오른쪽	명목형	입력
6	소득	숫자	11	0		없음	없음	11	오른쪽	명목형	입력

[그림 5-10] 데이터를 불러온 후의 변수 보기 탭

지금까지 본격적인 분석을 진행하기 전에 꼭 알아야 하는 기초적인 통계 지식과 수집한 데이터를 코딩하는 방법을 살펴보았다. Part 01의 내용만 잘 숙지한다면 통계를 이용한 연구를 진

행하는 데 큰 무리가 없을 것이다. 사실 기본적인 통계 계산은 모두 소프트웨어가 알아서 처리하기 때문에, 연구자가 소프트웨어의 운용, 통계 방법의 적용과 해석, 연구 결과를 토대로 판단하는 능력을 갖추었다면, 거의 모든 연구의 통계적 요소를 소화한 것이라 할 수 있다.

다음 Part 02에서는 먼저 SPSS 프로그램을 구성하는 메뉴와 각각의 기능을 살펴볼 것이다. 그런 다음 통계 분석에 사용하는 다양한 분석 방법을 실습을 통해 본격적으로 배울 것이다.

5.2 역코딩

역코딩이란 데이터 수집 과정에서 1~5로 받은 응답 자료를 5~1로 변경해 주는 과정을 말한다. 이는 긍정문으로 진행하던 설문을 부정문으로 진행하는 경우에 활용하는 방법이다. 물론 모든 문항을 긍정문으로 구성한다면 역코딩 과정은 불필요하다. 그러나 부정문으로 구성된 설문을 추가함으로써 불성실한 응답자의 답변을 걸러낼 수 있고, 응답자로 하여금 자신이 정확하게 답변하고 있는지 주의를 환기시킬 수 있다. 이는 수집된 데이터의 신뢰성을 확보할 수 있는 방법이기도 하다.

▽ **설문지**

- 긍정문 : 스마트폰이 평소에 유용하다고 생각하십니까? 1 – 2 – 3 – 4 – ⑤
- 부정문 : 스마트폰이 평소에 유용하지 않다고 생각하십니까? ① – 2 – 3 – 4 – 5

긍정문에서의 답변 ⑤는 부정문의 답변 ①과 같은 맥락이다. 따라서 데이터를 분석하는 과정에서 부정문의 답변은 역코딩을 통해 변경해 주어야 한다. 물론 직접 일일이 코딩해도 결과는 같겠지만, 이는 시간대비 효율이 낮으니 SPSS Statistics를 활용하여 코딩값을 변경하는 방법을 살펴보자.

따라하기 3 SPSS Statistics에서 역코딩하기

01 SPSS Statistics를 실행해 ❶ 데이터 문서 열기 아이콘( )을 클릭한다. 데이터 열기 창이 열리면 ❷ 파일 유형을 'Excel'로 설정하고 ❸ '역코딩.xls' 파일을 선택한 후 ❹ 열기를 클릭한다.

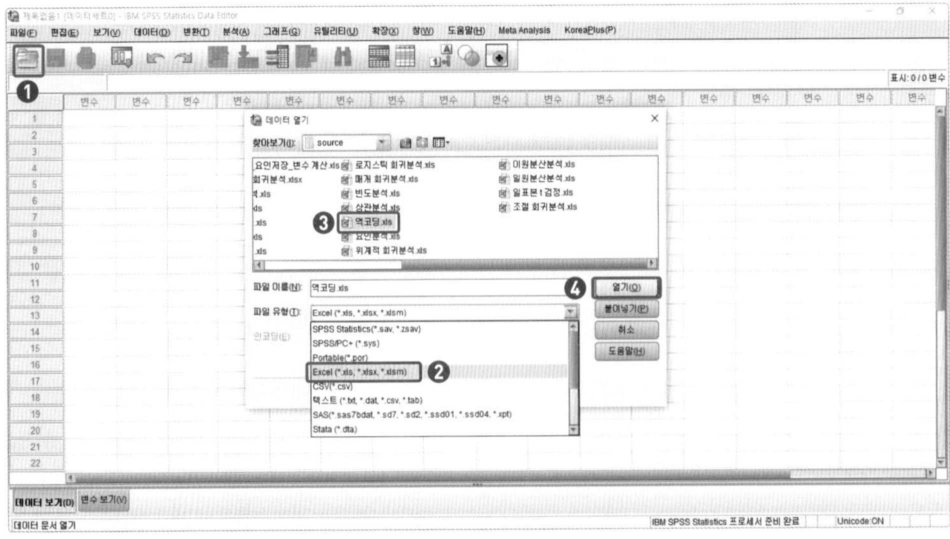

[그림 5-11] '역코딩.xls' 파일 불러오기

02 [그림 5-12]에서 역코딩해야 할 문항은 '유용성2'이다. 상단 탭 메뉴의 변환▶같은 변수로 코딩변경을 클릭한다.

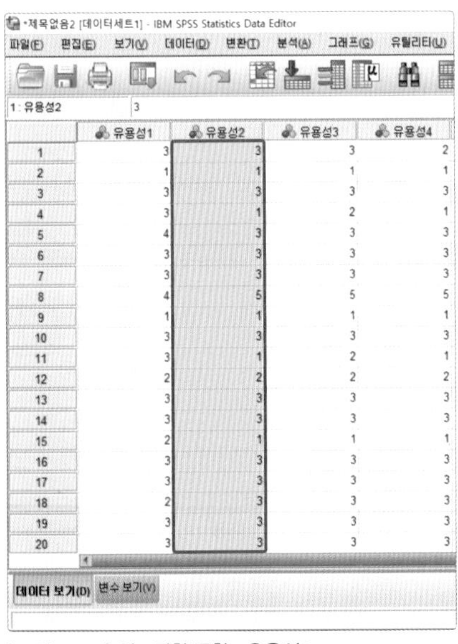

[그림 5-12] 역코딩할 문항 : 유용성2

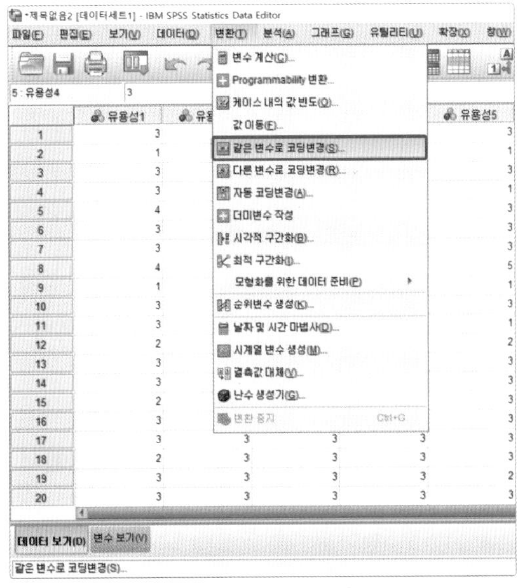

[그림 5-13] 같은 변수로 코딩변경 메뉴 선택

03 같은 변수로 코딩변경 창이 열리면 ❶ 역코딩할 변수인 '유용성2'를 선택하고 ❷ [→]를 클릭하여 변수 란으로 옮긴다. ❸ '유동성2'가 오른쪽으로 이동하면 ❹ 프레임박스의 명칭이 변수에서 숫자변수로 바뀐다. 역코딩해야 할 값을 설정하기 위해 ❺ 기존값 및 새로운 값을 클릭한다.

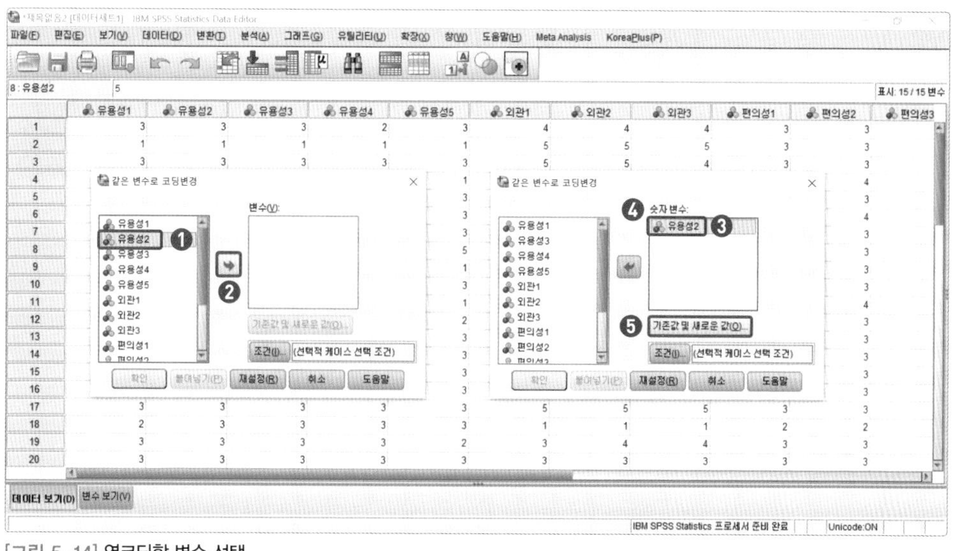

[그림 5-14] 역코딩할 변수 선택

04 역코딩할 값이 1→5, 2→4, 4→2, 5→1이므로 ❶ 먼저 기존값의 '값'에 '1'을 입력하고 ❷ 새로운 값의 '값'에 '5'를 입력한 후 ❸ 추가를 클릭한다. ❹ 나머지 세 경우에 대해서도 위 과정을 반복하여 기존값 → 새로운 값: 란에 '1→5, 2→4, 4→2, 5→1'을 추가적으로 입력하고 ❺ 계속을 클릭한다.

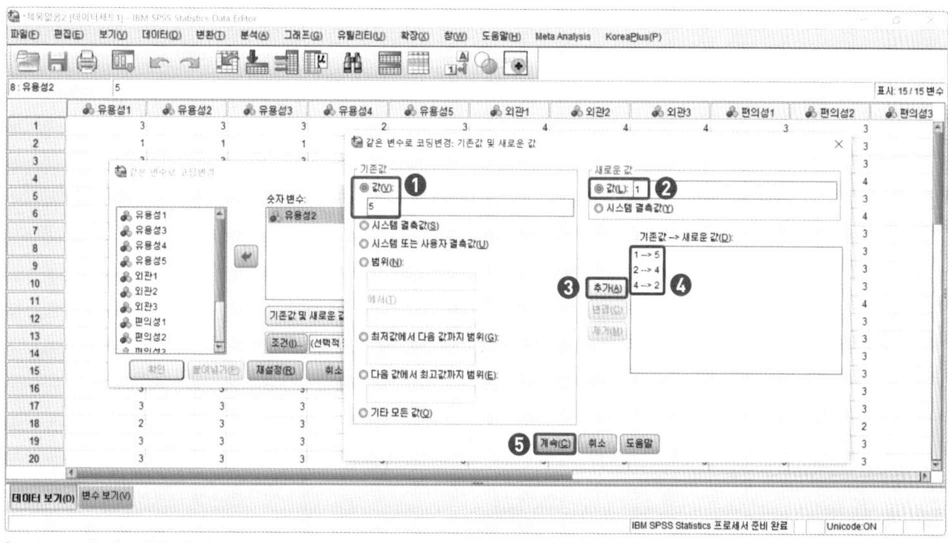

[그림 5-15] 역코딩할 값 설정

05 확인을 클릭하여 역코딩을 실행한다.

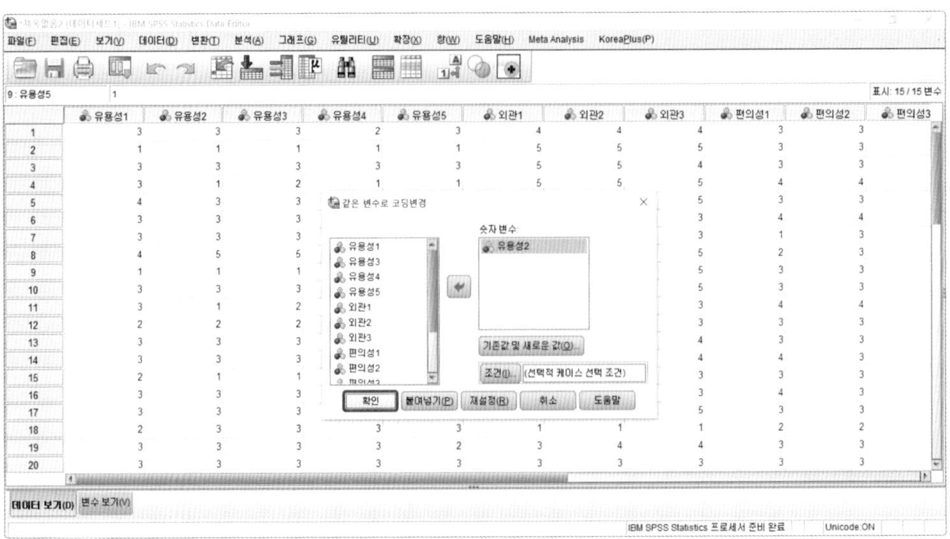

[그림 5-16] **역코딩 실행**

06 '유용성2'의 기존 값이 [그림 5-17]과 같이 변경되었음을 확인할 수 있다.

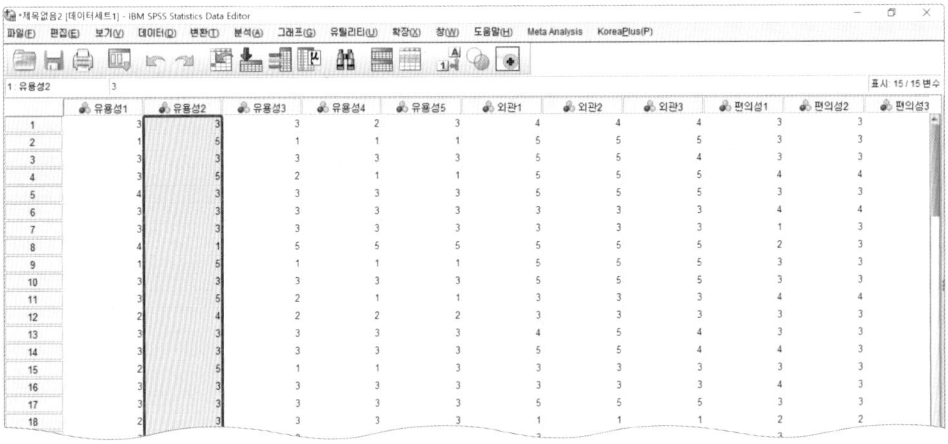

[그림 5-17] **역코딩 결과**

5.3 다중 응답 문항의 코딩

지금까지는 하나의 문항에 대해 하나의 답을 선택하는 단일 응답 문항에 대해 다루었다. 지금부터는 하나의 설문 문항에 대해 복수로 답을 하는 다중 응답에 대해 다뤄볼 것이다. 일반적으로 명목척도로 구성된 설문에 대해 응답할 때 다중 응답을 많이 사용한다. 모두 명목척도로 구성되어 있다면, 주로 빈도분석을 통해 빈도를 기준으로 유의성을 찾아가는 분석과 관측빈도를 기준으로 기대빈도를 계산하는 교차분석에서 주로 사용된다.

복수로 응답하는 것은 크게 2가지 경우로 구분할 수 있다. 첫 번째는 보기 중 응답자가 특정 개수만큼 혹은 원하는 개수만큼 답을 선택하는 다중 응답형 문항으로, 아래의 ❶과 ❷가 이에 해당한다. 두 번째는 보기 중 응답자가 특정 개수만큼 혹은 원하는 개수만큼 답을 선택한 뒤 순서를 결정하는 순서 응답형 문항으로, 아래의 ❸과 ❹가 이에 해당한다.

❶ 특정 선택형

다음 중 스마트폰의 중요한 선택기준 2가지를 선택하시오.
① 디자인 ② 편리한 UI ③ 화면크기 ④ 배터리용량 ⑤ 가성비

❷ 응답자 선택형

다음 중 스마트폰의 선택기준을 모두 선택하시오.
① 디자인 ② 편리한 UI ③ 화면크기 ④ 배터리용량 ⑤ 가성비

❸ 특정 순서형

다음 중 스마트폰의 선택기준 2가지를 순서대로 선택하시오. (1. 2.)
① 디자인 ② 편리한 UI ③ 화면크기 ④ 배터리용량 ⑤ 가성비

❹ 응답자 순서형

다음 중 스마트폰의 선택기준을 순서대로 선택하시오. (1. 2. 3. 4. 5.)
① 디자인 ② 편리한 UI ③ 화면크기 ④ 배터리용량 ⑤ 가성비

5.3.1 특정 선택형 문항

특정 선택형 문항은 연구자가 규정한 보기 중 특정 개수만큼 선택하도록 하는 것이다. 이 문항은 여러 보기 중에서 1개의 응답만으로는 부족하다 싶을 때 변수를 추가로 더 볼 수 있는 장점이 있다. 즉 변수가 1개일 때보다 좀 더 심화된 연구요인을 제시할 수 있게 된다.

응답자 5명에게 다음과 같은 질문을 하여 응답을 얻었다.

❶ 응답자 1

다음 중 스마트폰의 선택기준을 2가지를 선택하시오.
① 디자인 ✓ 편리한 UI ③ 화면크기 ④ 배터리용량 ✓ 가성비

❷ 응답자 2

다음 중 스마트폰의 선택기준을 2가지를 선택하시오.
✔ 디자인　② 편리한 UI　✔ 화면크기　④ 배터리용량　⑤ 가성비

❸ 응답자 3

다음 중 스마트폰의 선택기준을 2가지를 선택하시오.
① 디자인　✔ 편리한 UI　③ 화면크기　✔ 배터리용량　⑤ 가성비

❹ 응답자 4

다음 중 스마트폰의 선택기준을 2가지를 선택하시오.
① 디자인　✔ 편리한 UI　✔ 화면크기　④ 배터리용량　⑤ 가성비

❺ 응답자 5

다음 중 스마트폰의 선택기준을 2가지를 선택하시오.
① 디자인　✔ 편리한 UI　③ 화면크기　✔ 배터리용량　⑤ 가성비

위의 5가지 답안은 다음과 같이 구분할 수 있으며, 이제 SPSS Statistics에 코딩을 해야 한다. 코딩할 때는 2개의 열에 각각 '선택기준1'과 '선택기준2'로 나누어 입력한다.

[표 5-1] 특정 선택형 문항의 응답안 구분

응답자 \ 선택안	선택기준1	선택기준2
응답자 1	2	5
응답자 2	1	3
응답자 3	2	4
응답자 4	2	3
응답자 5	2	4

따라하기 4 특정 선택형 응답 코딩 및 다중반응 빈도분석

01 SPSS Statistics를 실행해 ❶ 변수 보기 탭을 클릭한다. 응답자가 보기 중 2개를 선택해야 하므로 ❷ '선택기준1'과 '선택기준2'를 입력한다. 코딩해야 할 값에 소수가 필요하지 않으므로 ❸ 소수점이하자리를 '0'으로 설정한다.

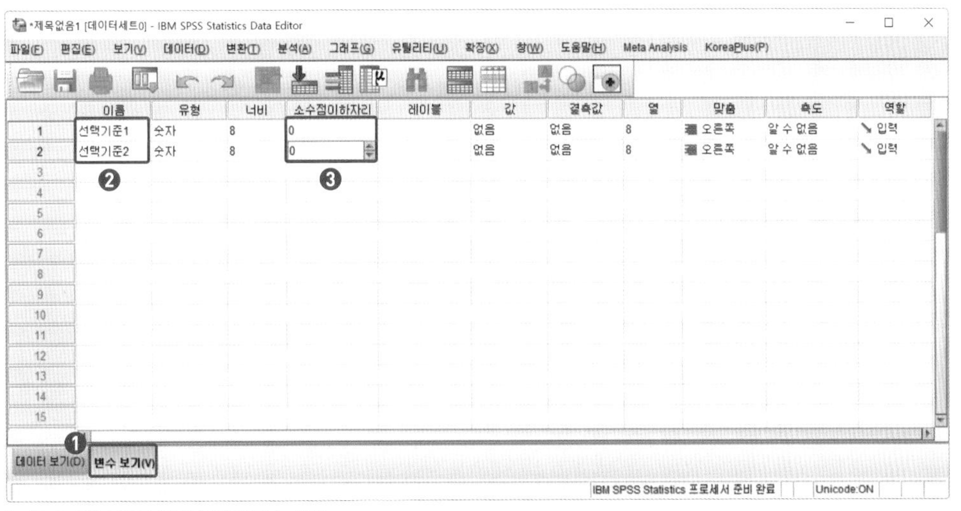

[그림 5-18] 특정 선택형 문항의 변수 설정

02 ❶ 데이터 보기 탭을 클릭한 후 ❷ 5개의 수집된 표본데이터 '2, 5', '1, 3', '2, 4', '2, 3', '2, 4'를 '선택기준1'과 '선택기준2'에 맞게 입력한다. 2개의 열에 입력된 값은 각각 한 개의 문항으로부터 얻은 값이므로 이에 대해 하나의 문항이라는 것을 설정해야 한다. ❸ 분석 ▶ 다중반응 ▶ 변수군 정의를 클릭한다.

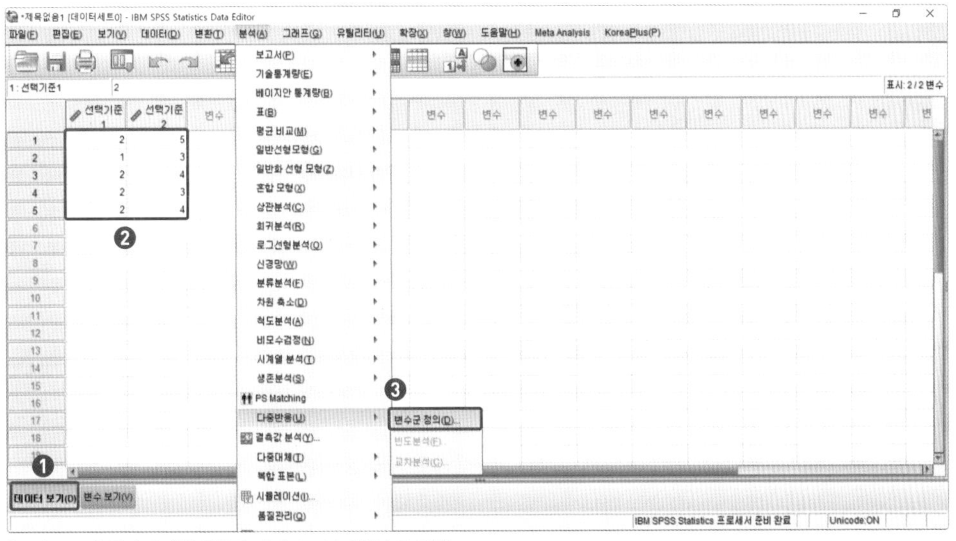

[그림 5-19] 특정 선택형 문항의 데이터 코딩과 변수군 정의

03 다중반응 변수군 정의 창에서 ❶ Shift + 클릭으로 '선택기준1'과 '선택기준2'를 선택한 후 ❷ [➡]를 클릭하여 ❸ 변수군에 포함된 변수로 이동시킨다. ❹ 이동시킨 변수들의 코딩형식으로 '범주형'을 선택하고 범위를 '1–5'로 입력한다. ❺ 이름을 '선택기준'으로 명명한 후 ❻ 추가를 클릭하여 다중반응 변수군으로 정의한다.

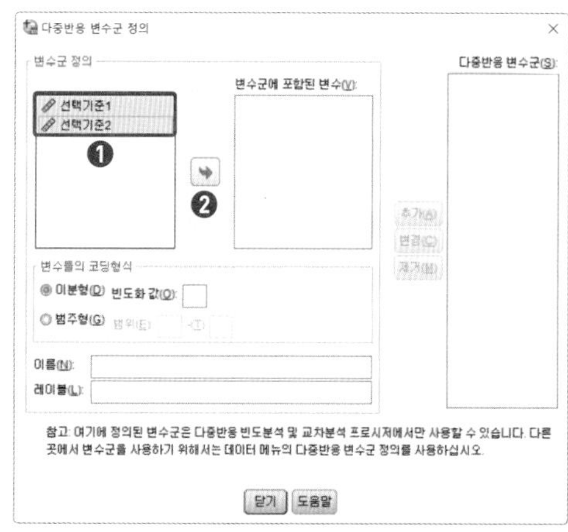

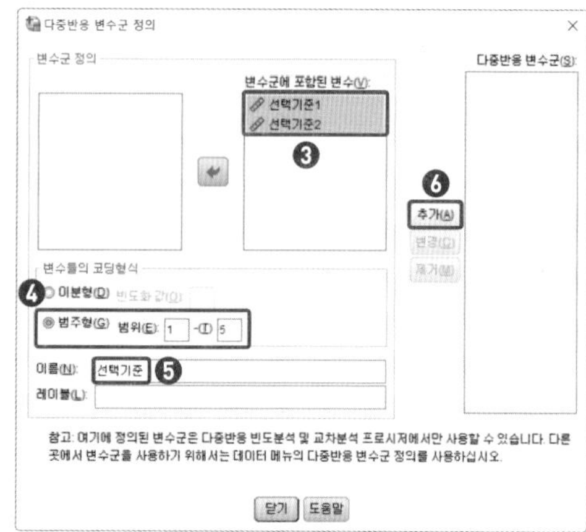

[그림 5–20] **특정 선택형 문항의 변수군 설정 과정**

04 변수군으로 설정되면 명명한 선택기준이 '$선택기준'으로 변경된다. ❶ '$선택기준'이 다중반응 변수군 란으로 이동한 것을 확인하고 ❷ 닫기를 클릭하여 설정을 마무리한다.

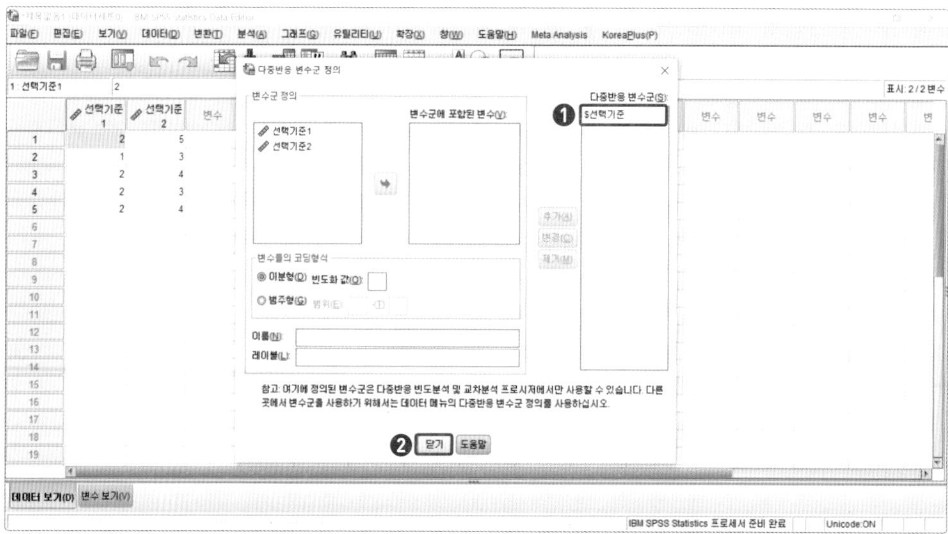

[그림 5–21] **특정 선택형 문항의 설정된 변수군**

05 앞서 설명했듯이 다중 응답 문항은 주로 빈도분석이나 교차분석에서 사용된다. 여기서는 빈도분석을 진행하기 위해 **분석 ▶ 다중반응 ▶ 빈도분석**을 클릭한다.

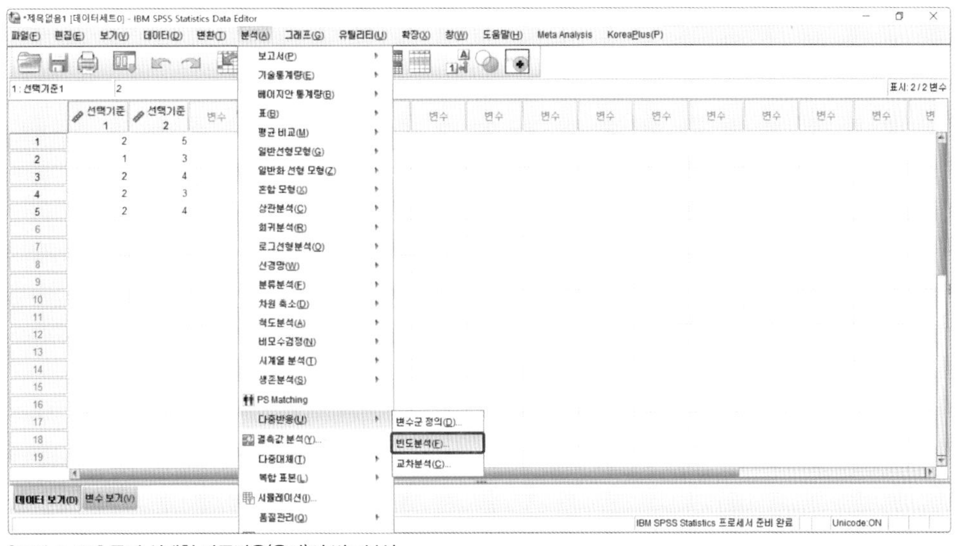

[그림 5-22] 특정 선택형 다중반응(응답)의 빈도분석

06 ❶ 다중반응 빈도분석 창에서 다중반응 변수군 란에 정의한 '$선택기준'을 ❷ 표작성 반응군 란으로 옮기고 ❸ 확인을 클릭한다.

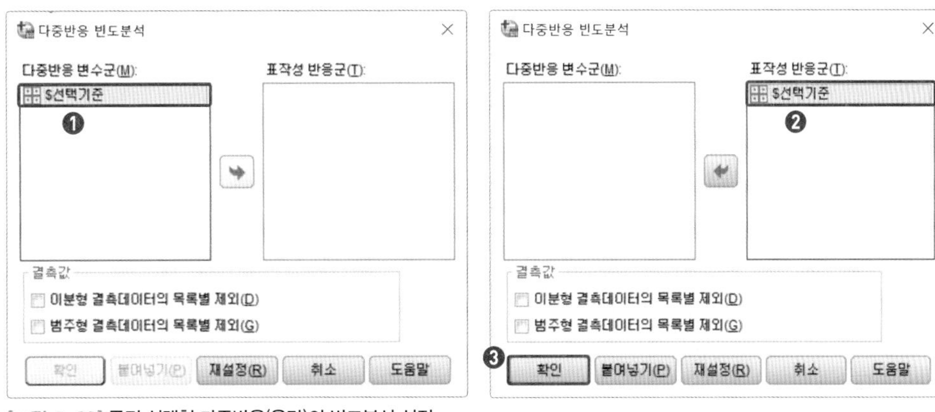

[그림 5-23] 특정 선택형 다중반응(응답)의 빈도분석 설정

결과 분석하기 특정 선택형 응답 코딩 및 다중반응 빈도분석

케이스 요약

	케이스					
	유효		결측		전체	
	N	퍼센트	N	퍼센트	N	퍼센트
$선택기준[a]	5	100.0%	0	.0%	5	100.0%

a. 범주형 변수 집단

$선택기준 빈도

		반응 N	반응 퍼센트	케이스 중 %
$선택기준[a]	1	1	10.0%	20.0%
	2	4	40.0%	80.0%
	3	2	20.0%	40.0%
	4	2	20.0%	40.0%
	5	1	10.0%	20.0%
전체		10	100.0%	200.0%

a. 범주형 변수 집단

[그림 5-24] **특정 선택형 다중반응(응답) 빈도분석 결과**

- **[케이스 요약]** : '$선택기준'의 유효 N=5, 결측 N=0은 결측치가 없다는 의미이다.
- **[$선택기준 빈도]** : '$선택기준'으로 설정한 응답자의 선택안 2개에 대해 총 몇 번 선택되었는지 빈도를 보여준다. 선택기준 2번 문항이 총 10개의 선택안 중 4번 선택된 것을 알 수 있다.

5.3.2 응답자 선택형 문항

응답자 선택형 문항은 응답자 스스로 판단하여 맞다고 생각하는 요인을 모두 선택하는 것이다. 연구자(조사자)는 선택안에 대해 어떤 개입도 할 수 없으며, 응답자는 1~5개의 선택안 중에서 자유롭게 선택할 수 있다. 답안을 코딩할 때는 5개의 열을 구성하여 선택안을 각각 배열한 후, 선택된 항목은 1, 선택되지 않은 항목은 0으로 입력하여 답안을 구분한다.

응답자 5명에게 다음과 같은 질문을 하여 응답을 얻었다.

❶ 응답자 1

다음 중 스마트폰의 선택기준을 모두 선택하시오.
✔ 디자인　② 편리한 UI　✔ 화면크기　✔ 배터리용량　⑤ 가성비

❷ 응답자 2

다음 중 스마트폰의 선택기준을 모두 선택하시오.
① 디자인　✔ 편리한 UI　✔ 화면크기　④ 배터리용량　⑤ 가성비

❸ 응답자 3

다음 중 스마트폰의 선택기준을 모두 선택하시오.
① 디자인　✔ 편리한 UI　③ 화면크기　✔ 배터리용량　✔ 가성비

❹ 응답자 4

다음 중 스마트폰의 선택기준을 모두 선택하시오.
① 디자인 ② 편리한 UI ✔ 화면크기 ④ 배터리용량 ⑤ 가성비

❺ 응답자 5

다음 중 스마트폰의 선택기준을 모두 선택하시오.
✔ 디자인 ✔ 편리한 UI ✔ 화면크기 ✔ 배터리용량 ✔ 가성비

위의 5가지 답안은 다음과 같이 구분할 수 있으며, 이제 SPSS Statistics에 코딩을 해야 한다.

[표 5-2] 응답자 선택형 문항의 응답안 구분

응답자 \ 선택안	디자인	편리한UI	화면크기	배터리용량	가성비
응답자 1	1	0	1	1	0
응답자 2	0	1	1	0	0
응답자 3	0	1	0	1	1
응답자 4	0	0	1	0	0
응답자 5	1	1	1	1	1

따라하기 5 응답자 선택형 응답 코딩 및 다중반응 빈도분석

01 SPSS Statistics를 실행해 ❶ 변수 보기 탭을 클릭한다. ❷ 이름 열에 '디자인', '편리한UI', '화면크기', '배터리_용량', '가성비'를 입력한다.

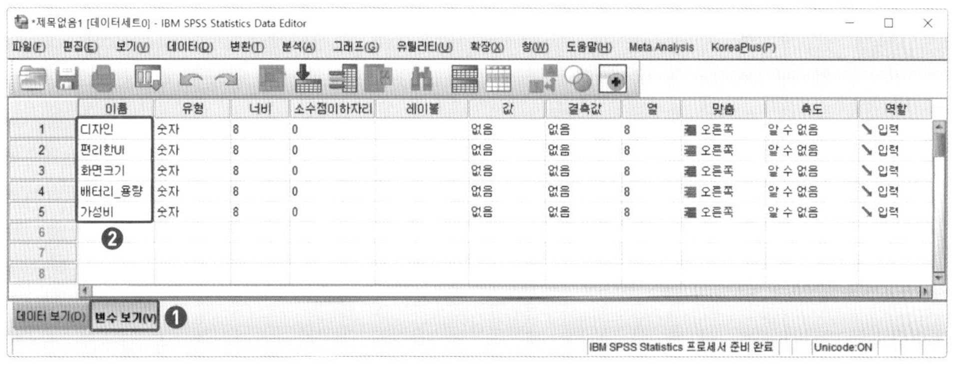

[그림 5-25] 응답자 선택형 문항의 변수 설정

TIP '이름'을 입력하는 열에 공란(space-bar)이 있으면 오류가 발생하므로 '편리한UI'와 같이 모두 붙여쓰거나 '배터리_용량'과 같이 밑줄(_)로 공란을 대체해야 한다.

02 ❶ 데이터 보기 탭을 클릭한 후 ❷ [표 5-2]와 같이 구분한 응답 데이터를 입력한다.

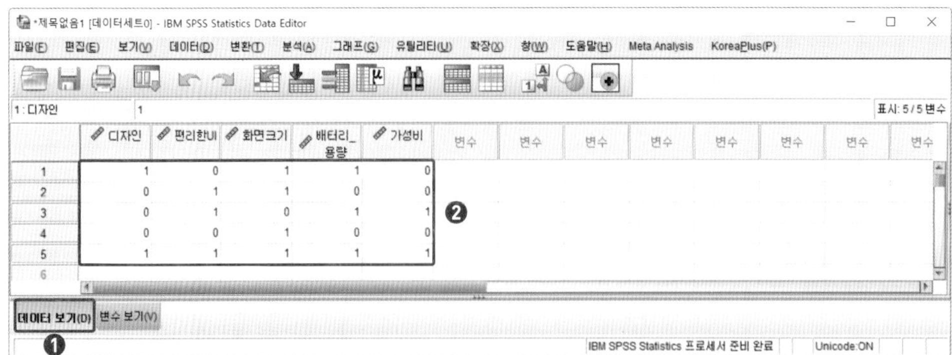

[그림 5-26] **응답자 선택형 문항의 데이터 코딩**

03 5개의 열에 입력된 값은 각각 한 개의 문항으로부터 얻은 값이므로 이에 대해 하나의 문항이라는 것을 설정해야 한다. **분석 ▶ 다중반응 ▶ 변수군 정의**를 클릭한다.

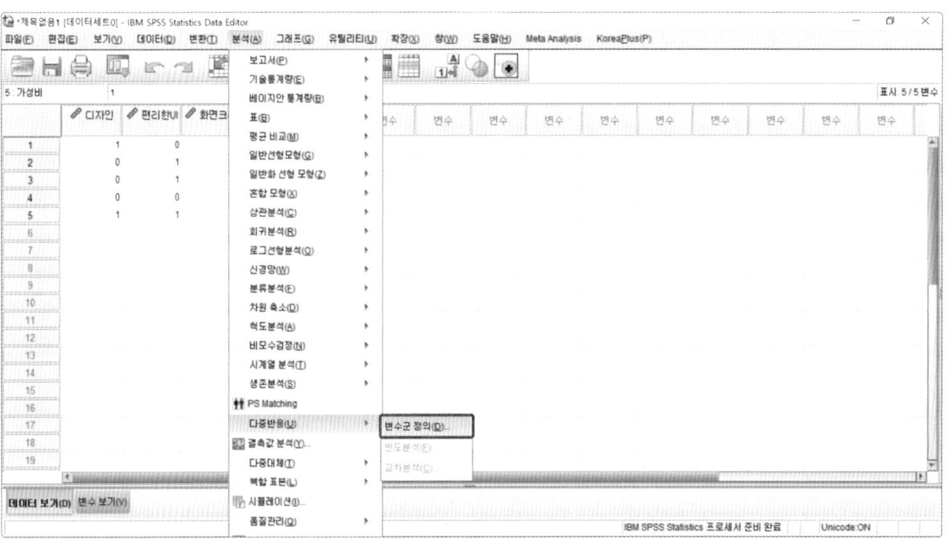

[그림 5-27] **응답자 선택형 다중반응(응답)의 변수군 정의**

04 다중반응 변수군 정의 창에서 ❶ Shift + 클릭으로 '디자인', '편리한UI', '화면크기', '배터리_용량', '가성비'를 선택한 후 ❷ ➡를 클릭하여 ❸ **변수군에 포함된 변수** 란으로 이동시킨다. 이동시킨 변수들의 코딩형식은 응답자가 선택한 답안을 '1'로 코딩했으므로 ❹ '이분형 빈도화 값'에 '1'을 입력한다. ❺ 이름을 '선택기준'으로 명명한 후 ❻ **추가**를 클릭하여 다중반응 변수군으로 정의한다.

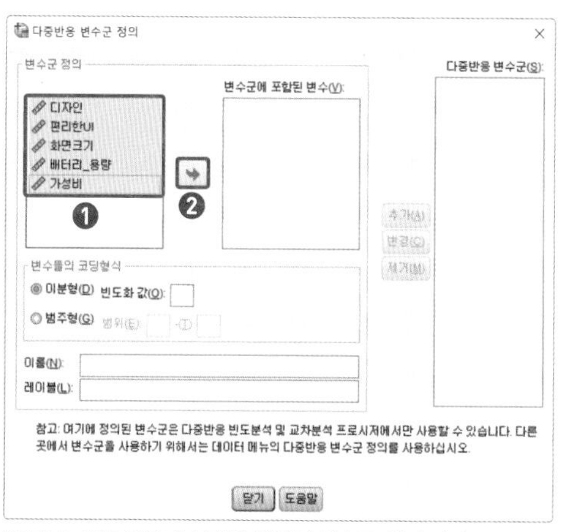

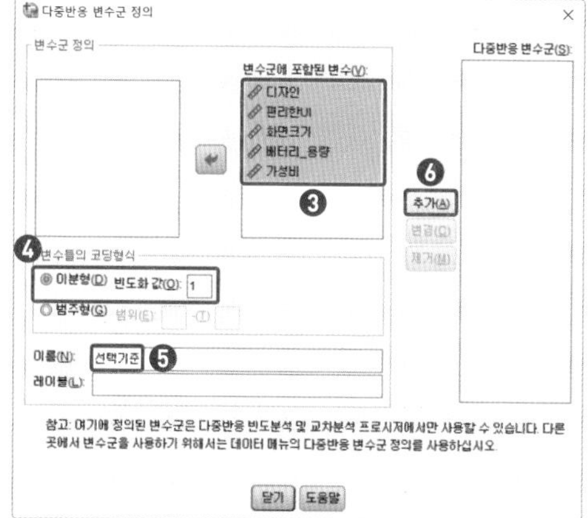

[그림 5-28] **응답자 선택형 문항의 변수군 설정 과정**

05 변수군으로 설정되면 명명한 '선택기준'이 '$선택기준'으로 변경된다. ❶ '$선택기준'이 다중반응 변수군 란으로 이동한 것을 확인하고 ❷ 닫기를 클릭하여 설정을 마무리한다.

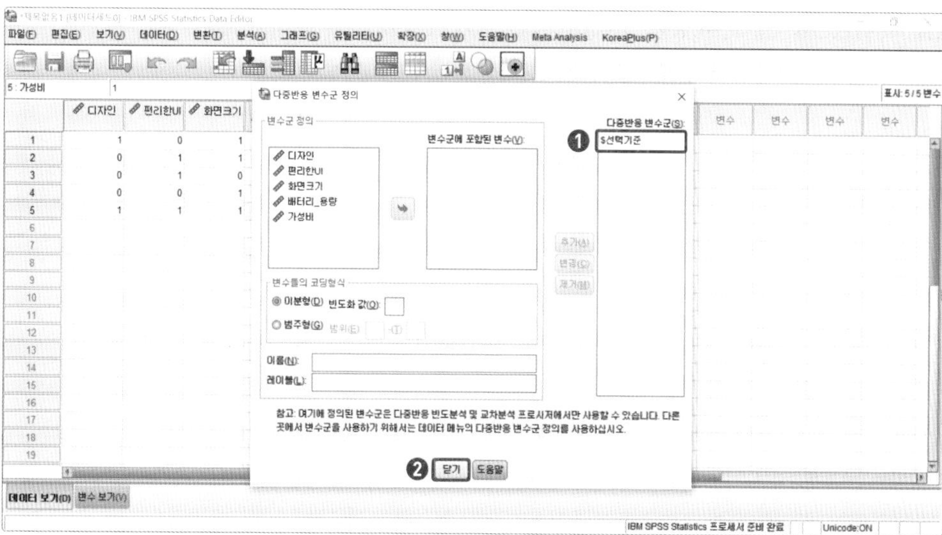

[그림 5-29] **응답자 선택형 문항의 설정된 변수군**

06 앞서 설명했듯이 응답자 선택형 문항도 빈도분석이나 교차분석에서 사용된다. 여기서는 빈도분석을 진행하기 위해 **분석▶다중반응▶빈도분석**을 클릭한다.

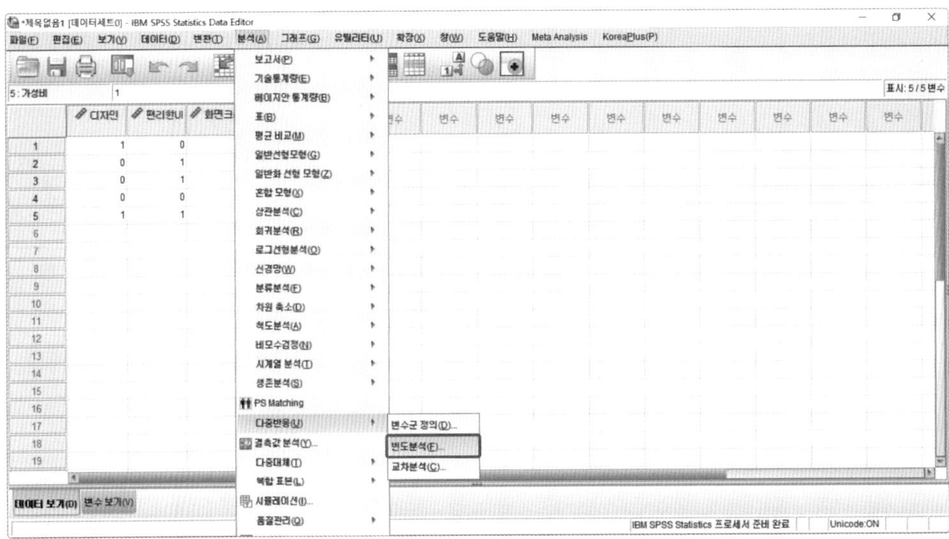

[그림 5-30] 응답자 선택형 다중반응(응답)의 빈도분석

07 ❶ 다중반응 빈도분석 창에서 다중반응 변수군 란에 정의한 '$선택기준'을 ❷ 표작성 반응군 란으로 옮기고 ❸ 확인을 클릭한다.

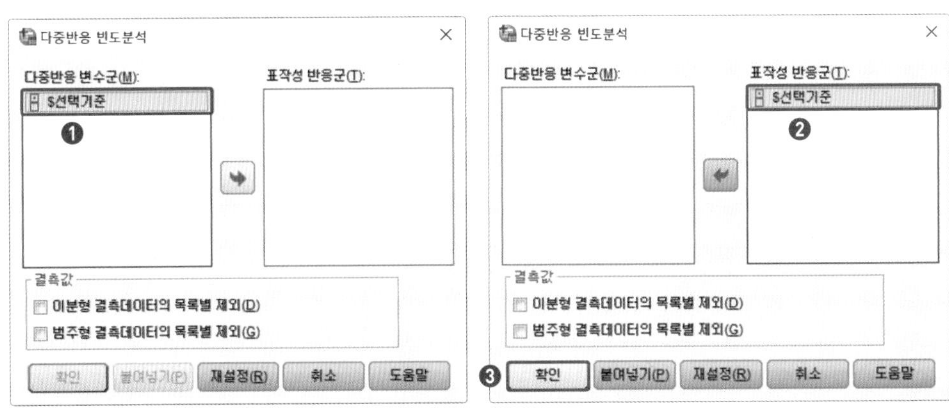

[그림 5-31] 응답자 선택형 다중반응(응답)의 빈도분석 설정

결과 분석하기 응답자 선택형 응답 코딩 및 다중반응 빈도분석

케이스 요약

	케이스					
	유효		결측		전체	
	N	퍼센트	N	퍼센트	N	퍼센트
$선택기준[a]	5	100.0%	0	.0%	5	100.0%

a. 값 1을(를) 가지는 이분형 변수 집단입니다.

$선택기준 빈도

		반응 N	반응 퍼센트	케이스 중 %
$선택기준[a]	디자인	2	14.3%	40.0%
	편리한UI	3	21.4%	60.0%
	화면크기	4	28.6%	80.0%
	배터리_용량	3	21.4%	60.0%
	가성비	2	14.3%	40.0%
전체		14	100.0%	280.0%

a. 값 1을(를) 가지는 이분형 변수 집단입니다.

[그림 5-32] **응답자 선택형 다중반응(응답) 빈도분석 결과**

- **[케이스 요약]** : 전체 선택기준이 5개로 주어져 있고, 결측치 없이 100%로 응답했음을 알 수 있다.
- **[$선택기준 빈도]** : 5가지의 선택기준에 따른 해당 빈도가 표시되어 있고, 퍼센트에 응답 횟수에 대한 백분율을 나타내고 있고, '케이스 중 %'에 응답자가 5명 중 몇 %인지 나타내고 있다.

5.3.3 특정 순서형 문항

특정 순서형 문항은 응답자에게 설문에서 정해진 개수만큼의 항목을 선택하고 응답자 스스로 중요도에 따라 순서를 매기는 것이다. 특정 선택형 문항과 마찬가지로 2가지 선택안에 대해 2개의 열을 이용하여 변수를 1위, 2위로 명명하여 코딩을 진행한다.

응답자 5명에게 다음과 같은 질문을 하여 응답을 얻었다.

❶ 응답자 1

다음 중 스마트폰의 선택기준 2개를 순서대로 선택하시오. (②, ⑤)
① 디자인 ② 편리한 UI ③ 화면크기 ④ 배터리용량 ⑤ 가성비

❷ 응답자 2

다음 중 스마트폰의 선택기준 2개를 순서대로 선택하시오. (③, ①)
① 디자인 ② 편리한 UI ③ 화면크기 ④ 배터리용량 ⑤ 가성비

❸ 응답자 3

다음 중 스마트폰의 선택기준 2개를 순서대로 선택하시오. (②, ④)
① 디자인 ② 편리한 UI ③ 화면크기 ④ 배터리용량 ⑤ 가성비

❹ 응답자 4

다음 중 스마트폰의 선택기준 2개를 순서대로 선택하시오. (③, ②)
① 디자인 ② 편리한 UI ③ 화면크기 ④ 배터리용량 ⑤ 가성비

❺ 응답자 5

다음 중 스마트폰의 선택기준 2개를 순서대로 선택하시오. (②, ④)
① 디자인 ② 편리한 UI ③ 화면크기 ④ 배터리용량 ⑤ 가성비

위의 설문에 대한 응답은 모두 2가지이지만 선택기준은 1~5이다. 코딩을 할 때는 선택기준이 순위이므로 '1위', '2위'로 표현하면 응답자의 의도를 그대로 코딩으로 표현할 수 있다.

따라하기 6 특정 순서형 응답 코딩 및 다중반응 빈도분석

01 SPSS Statistics를 실행해 ❶ 변수 보기 탭을 클릭한다. ❷ 이름 열에 '순위1', '순위2'를 입력한다.

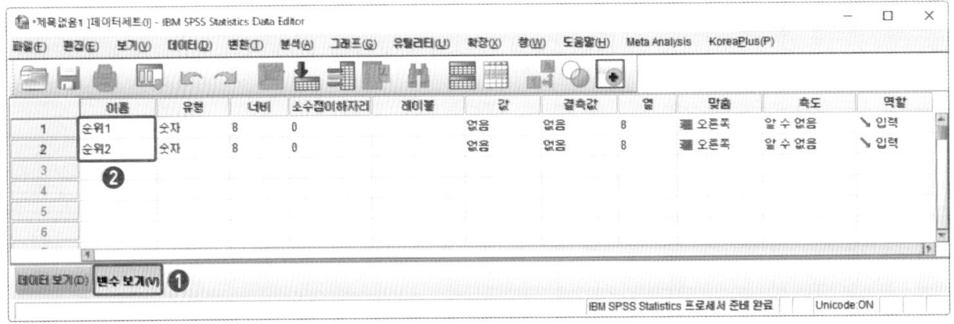

[그림 5-33] 특정 순서형 문항의 변수 설정

TIP 셀 안의 첫 글자에는 숫자가 입력되지 않기 때문에 '1위', '2위' 대신 '순위1', '순위2'로 바꿔서 입력한다.

02 ❶ 데이터 보기 탭을 클릭한 후 ❷ 순위에 따른 응답 데이터를 입력한다.

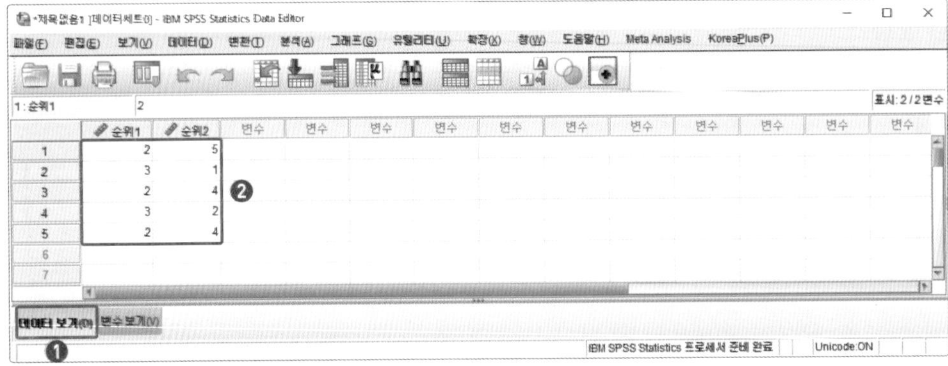

[그림 5-34] 특정 순서형 문항의 데이터 코딩

03 2개의 열에 입력된 값은 각각 한 개의 문항으로부터 얻은 값이므로 이에 대해 하나의 문항이라는 것을 설정해야 한다. **분석 ▶ 다중반응 ▶ 변수군 정의**를 클릭한다.

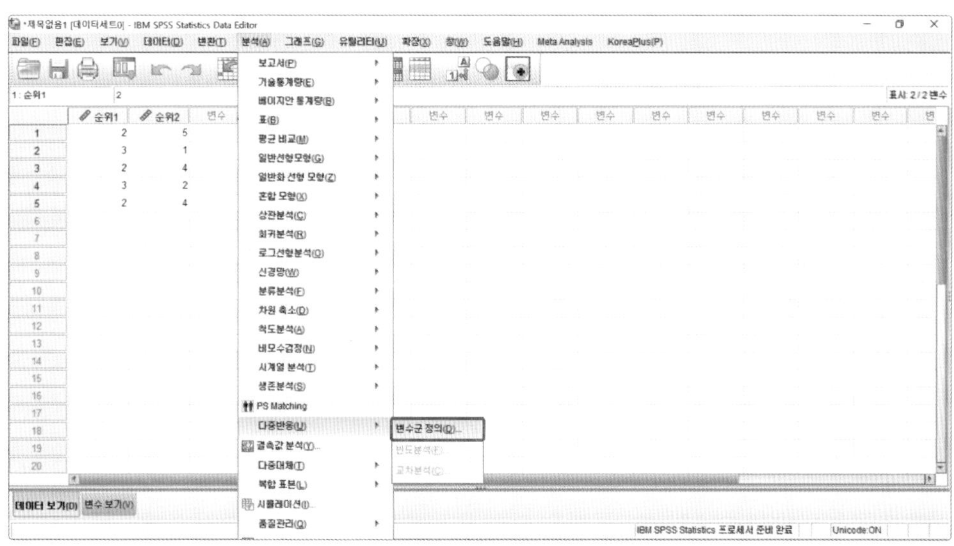

[그림 5-35] **특정 순서형 다중반응(응답)의 변수군 정의**

04 다중반응 변수군 정의 창에서 ❶ Shift + 클릭으로 '순위1', '순위2'를 선택한 후 ❷ ➡를 클릭하여 ❸ **변수군에 포함된 변수** 란으로 이동시킨다. 이동시킨 **변수들의 코딩형식**으로 '범주형'을 선택하고 범위를 '1–5'로 입력한다. ❺ **이름**을 '선택기준'으로 명명한 후 ❻ **추가**를 클릭하여 다중반응 변수군으로 정의한다.

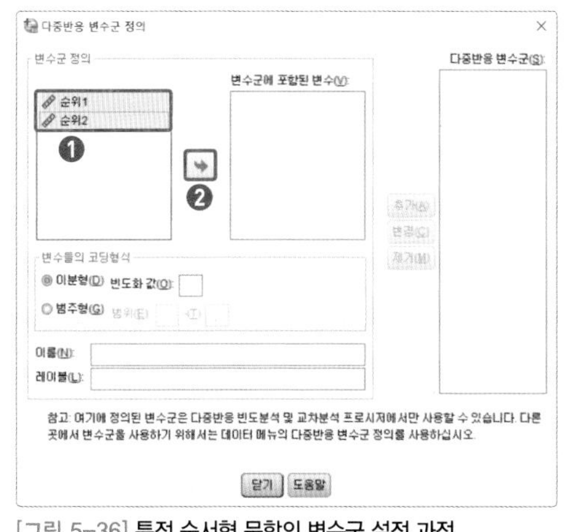

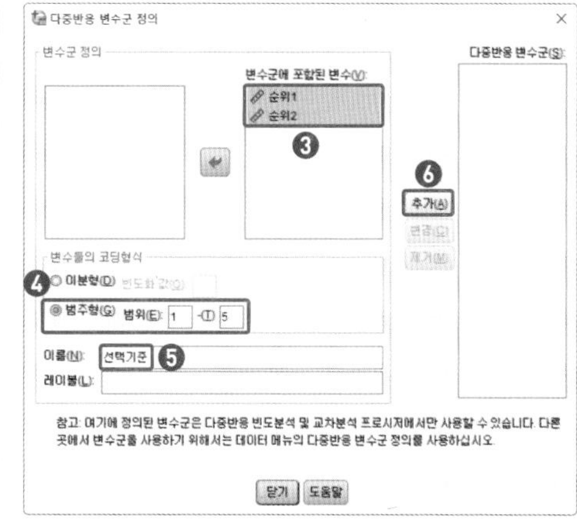

[그림 5-36] **특정 순서형 문항의 변수군 설정 과정**

05 변수군으로 설정되면 명명한 '선택기준'이 '$선택기준'으로 변경된다. ❶ '$선택기준'이 다중반응 변수군 란으로 이동한 것을 확인하고 ❷ **닫기**를 클릭하여 설정을 마무리한다.

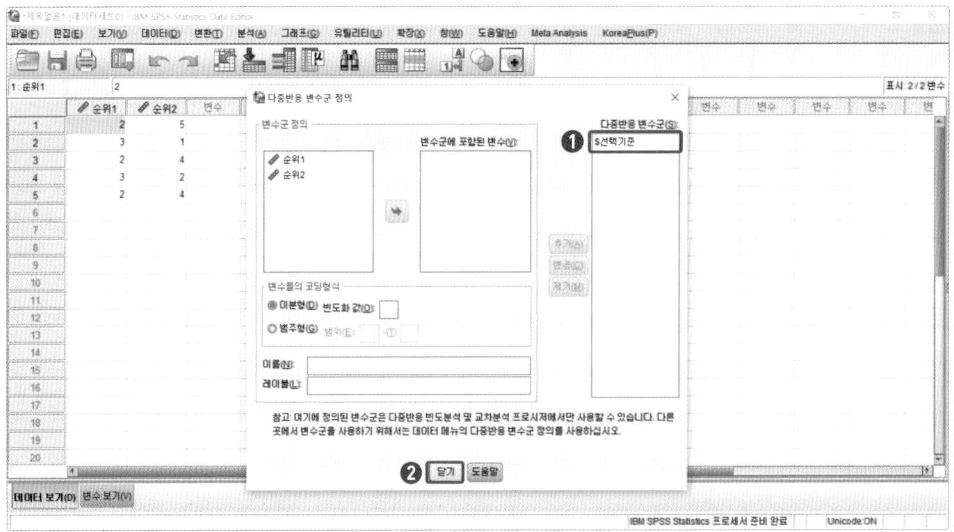

[그림 5-37] 특정 순서형 문항의 설정된 변수군

06 앞서 설명했듯이 다중 응답 문항은 주로 빈도분석이나 교차분석에서 사용된다. 여기서는 빈도분석을 진행하기 위해 분석 ▶ 다중반응 ▶ 빈도분석을 클릭한다.

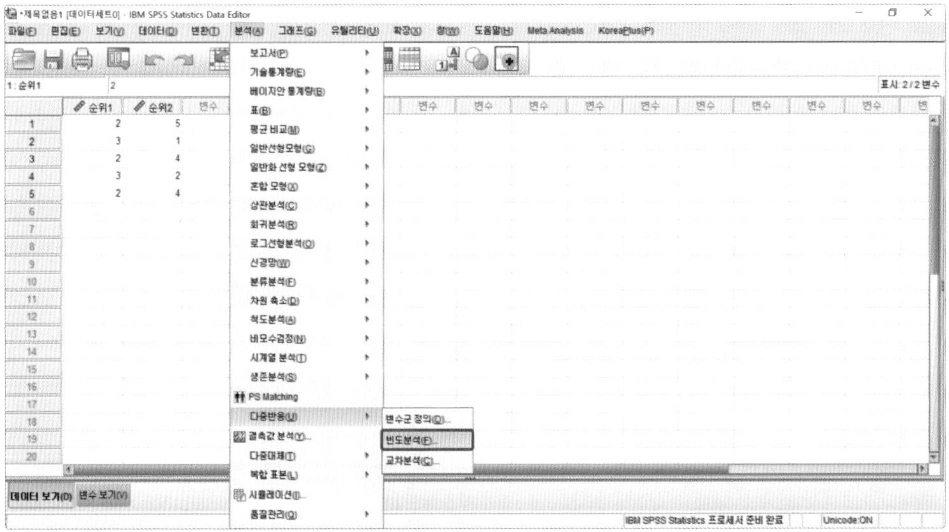

[그림 5-38] 특정 순서형 다중반응(응답)의 빈도분석

07 다중반응 빈도분석 창에서 ❶ 다중반응 변수군 란에 정의한 '$선택기준'을 ❷ [➡]를 클릭하여 ❸ 표작성 반응군 란으로 옮기고 ❹ 확인을 클릭한다.

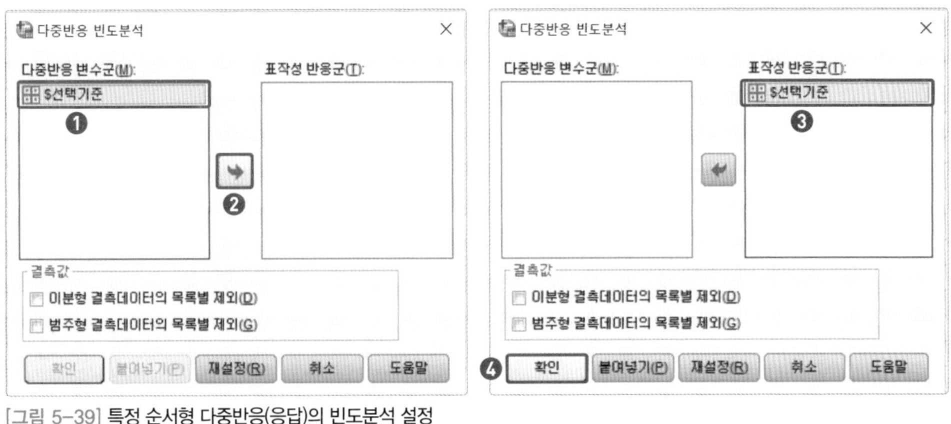

[그림 5-39] 특정 순서형 다중반응(응답)의 빈도분석 설정

결과 분석하기 특정 순서형 응답 코딩 및 다중반응 빈도분석

케이스 요약

	케이스					
	유효		결측		전체	
	N	퍼센트	N	퍼센트	N	퍼센트
$선택기준[a]	5	100.0%	0	.0%	5	100.0%

a. 범주형 변수 집단

$선택기준 빈도

		반응		케이스 중 %
		N	퍼센트	
$선택기준[a]	1	1	10.0%	20.0%
	2	4	40.0%	80.0%
	3	2	20.0%	40.0%
	4	2	20.0%	40.0%
	5	1	10.0%	20.0%
전체		10	100.0%	200.0%

a. 범주형 변수 집단

[그림 5-40] 특정 순서형 다중반응(응답) 빈도분석 결과

- **[케이스 요약]** : 전체 선택기준이 5개로 주어져 있고, 결측치 없이 100%로 응답했음을 알 수 있다.
- **[$선택기준 빈도]** : 5가지의 선택기준에 따른 해당 빈도가 표시되어 있고, 퍼센트에 응답 횟수에 대한 백분율을 나타내고 있고, 선택기준 2번 문항이 총 10개의 선택안 중 4번 선택된 것을 알 수 있다.

5.3.4 응답자 순서형 문항

응답자 순서형 문항은 응답자가 설문에 주어진 보기를 확인하고 순서대로 나열하는 것이다.

응답자 5명에게 다음과 같은 질문을 하여 응답을 얻었다.

❶ 응답자 1

다음 중 스마트폰의 중요한 선택기준을 순서대로 열거하시오. (①, ②, ③, ④, ⑤)
① 디자인 ② 편리한 UI ③ 화면크기 ④ 배터리용량 ⑤ 가성비

❷ 응답자 2

다음 중 스마트폰의 중요한 선택기준을 순서대로 열거하시오. (③, ④, ⑤, ②, ①)
① 디자인 ② 편리한 UI ③ 화면크기 ④ 배터리용량 ⑤ 가성비

❸ 응답자 3

다음 중 스마트폰의 중요한 선택기준을 순서대로 열거하시오. (③, ②, ④, ⑤, ①)
① 디자인 ② 편리한 UI ③ 화면크기 ④ 배터리용량 ⑤ 가성비

❹ 응답자 4

다음 중 스마트폰의 중요한 선택기준을 순서대로 열거하시오. (①, ②, ③, ⑤, ④)
① 디자인 ② 편리한 UI ③ 화면크기 ④ 배터리용량 ⑤ 가성비

❺ 응답자 5

다음 중 스마트폰의 중요한 선택기준을 순서대로 열거하시오. (③, ④, ②, ⑤, ①)
① 디자인 ② 편리한 UI ③ 화면크기 ④ 배터리용량 ⑤ 가성비

이 설문은 앞서 다뤘던 특정 순서형 문항 응답을 5가지로 확장했다고 생각하고 작업을 진행하면 된다. 응답은 모두 5가지로 나타나고 선택기준은 1~5이다. 선택기준이 순위이므로 '1위', '2위', '3위', '4위', '5위'와 같이 코딩하면 응답자의 의도를 그대로 표현할 수 있다.

따라하기 7 응답자 순서형 응답 코딩 및 다중반응 빈도분석

01 SPSS Statistics를 실행해 ❶ 변수 보기 탭을 클릭한다. 응답자가 보기 중 5개를 선택해야 하므로 ❷ 이름 열에 '순위1', '순위2', '순위3', '순위4', '순위5'를 입력한다. 코딩해야 할 값에 소수는 필요 없으므로 ❸ '소수점이하자리'를 0으로 설정한다.

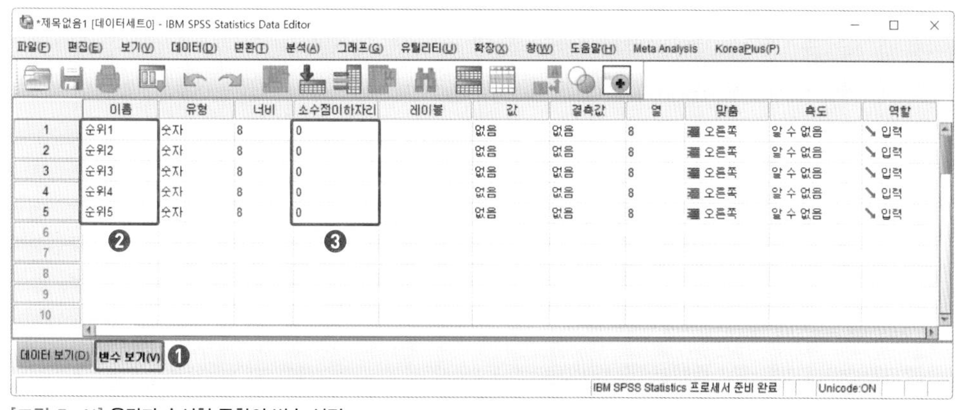

[그림 5-41] 응답자 순서형 문항의 변수 설정

TIP 셀 안의 첫 글자에는 숫자가 입력되지 않기 때문에 '1위', '2위', '3위', '4위', '5위'를 '순위1', '순위2', '순위3', '순위4', '순위5'로 바꿔서 입력한다.

02 ❶ 데이터 보기 탭을 클릭한다. ❷ 5개의 수집된 표본데이터 '(①, ②, ③, ④, ⑤), (③, ④, ⑤, ②, ①), (③, ②, ④, ⑤, ①), (①, ②, ③, ⑤, ④), (③, ④, ②, ⑤, ①)'를 순위1~순위5 열에 입력한다. 5개의 열에 입력된 값은 각각 한 개의 문항으로부터 얻은 값이므로 이에 대해 하나의 문항이라고 설정해야 한다. ❸ 분석 ▶ 다중반응 ▶ 변수군 정의를 클릭한다.

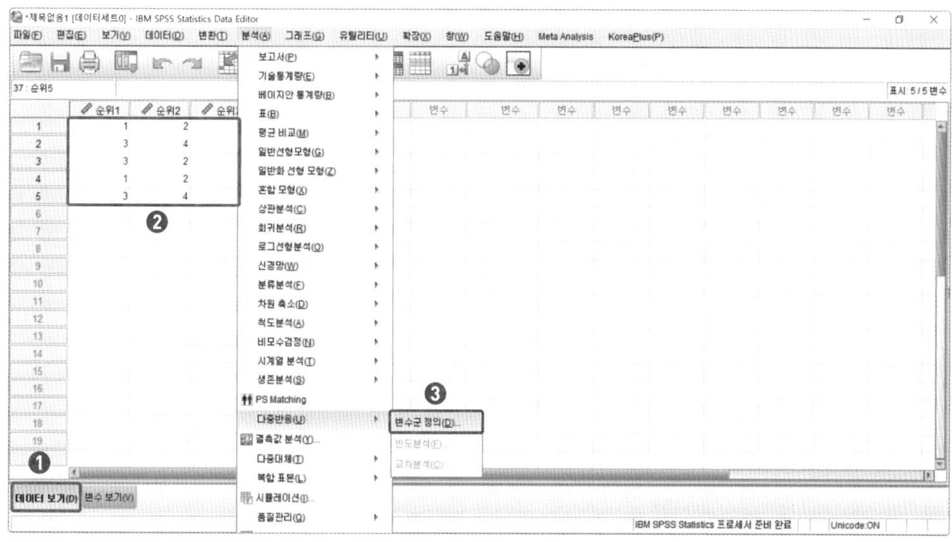

[그림 5-42] 응답자 순서형 문항의 데이터 코딩과 변수군 정의

03 다중반응 변수군 정의 창에서 ❶ Shift + 클릭으로 '순위1~순위5'를 선택한 후 ❷ ➡를 클릭하여 ❸ 변수군에 포함된 변수 란으로 이동시킨다. ❹ 이동시킨 변수들의 코딩형식으로 '범주형'을 선택하고 범위를 '1-5'로 입력한다. ❺ 이름을 '선택기준'으로 명명한 후 ❻ 추가를 클릭하여 다중반응 변수군으로 정의한다.

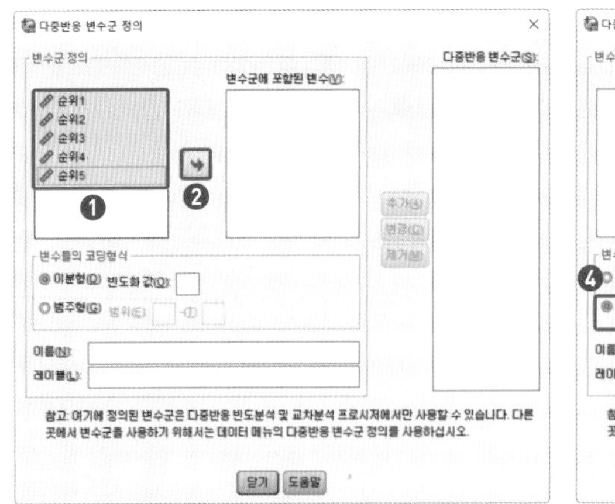

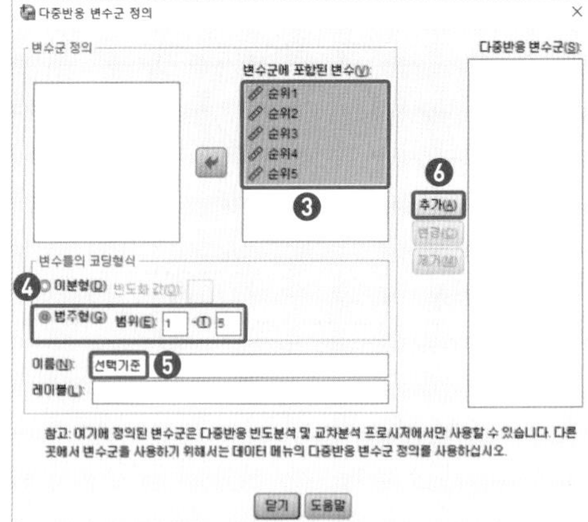

[그림 5-43] 응답자 순서형 문항의 변수군 설정 과정

04 변수군으로 설정되면 명명한 '선택기준'이 '$선택기준'으로 변경된다. ❶ '$선택기준'이 다중반응 변수군 란으로 이동한 것을 확인하고 ❷ 닫기를 클릭하여 설정을 마무리한다.

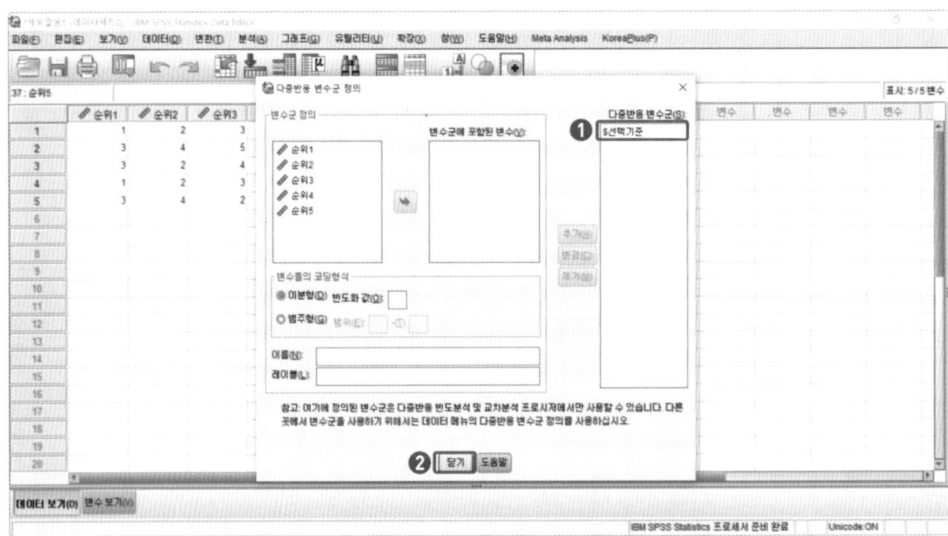

[그림 5-44] 응답자 순서형 문항의 설정된 변수군

05 앞서 설명했듯이 다중 응답 문항은 주로 빈도분석이나 교차분석에서 사용된다. 여기서는 빈도분석을 진행하기 위해 분석 ▶ 다중반응 ▶ 빈도분석을 클릭한다.

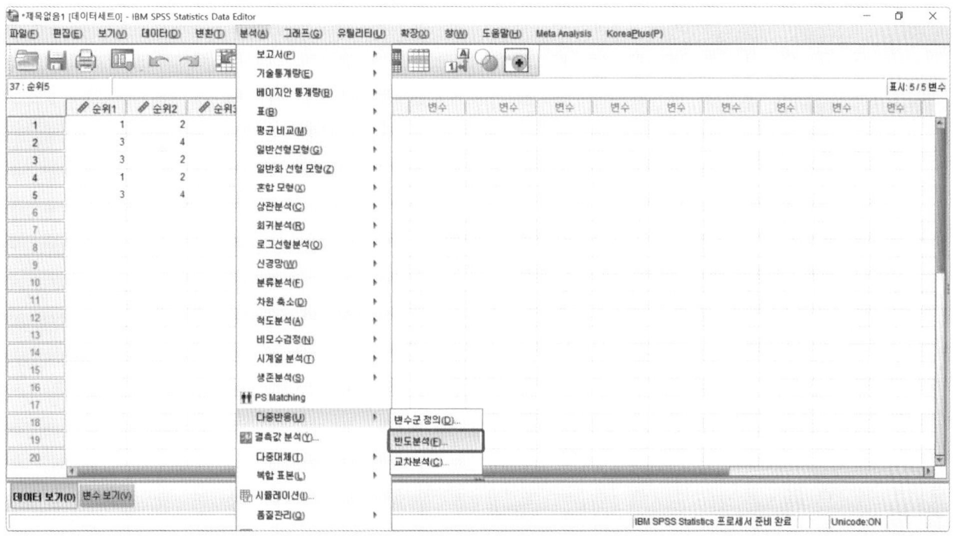

[그림 5-45] 응답자 순서형 다중반응(응답)의 빈도분석

06 다중반응 빈도분석 창에서 ❶ 다중반응 변수군 란에 정의한 '$선택기준'을 ❷ ➡를 클릭하여 ❸ 표작성 반응군 란으로 옮기고 ❹ 확인을 클릭한다.

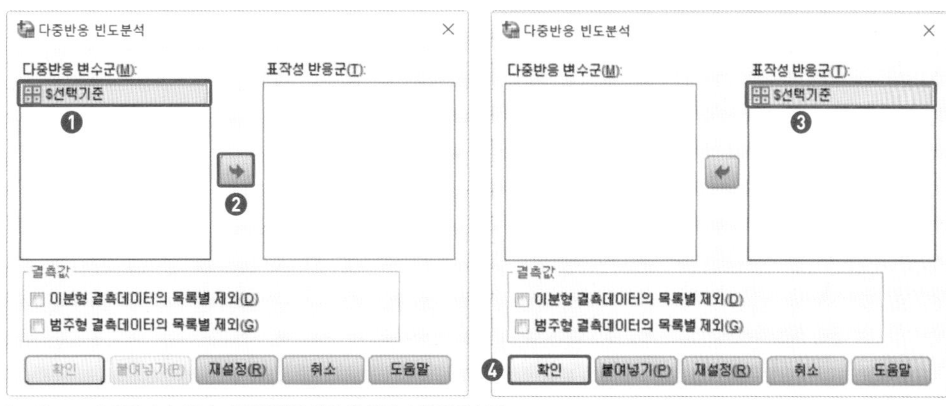

[그림 5-46] 응답자 순서형 다중반응(응답)의 변수군과 반응군 설정

07 [그림 5-47]을 보면 '$선택기준'으로 설정한 응답자의 선택안 5개가 모두 선택되었기 때문에 모든 N의 개수가 5로 표기되어 있다. 이러한 결과로는 어떤 유의미한 결과를 확인할 수 없다. 따라서 표본의 응답에 대한 자세한 기술통계량을 확인해야 한다.

케이스 요약

	케이스					
	유효		결측		전체	
	N	퍼센트	N	퍼센트	N	퍼센트
$선택기준[a]	5	100.0%	0	.0%	5	100.0%

a. 범주형 변수 집단

$선택기준 빈도

		반응 N	반응 퍼센트	케이스 중 %
$선택기준[a]	1	5	20.0%	100.0%
	2	5	20.0%	100.0%
	3	5	20.0%	100.0%
	4	5	20.0%	100.0%
	5	5	20.0%	100.0%
전체		25	100.0%	500.0%

a. 범주형 변수 집단

[그림 5-47] **응답자 순서형 다중반응(응답) 빈도분석 결과**

08 분석 ▶ 기술통계량 ▶ 빈도분석을 클릭한다.

[그림 5-48] **표본의 응답에 대한 빈도분석**

09 빈도분석 창에서 ❶ Shift + 클릭으로 '순위1~순위5'를 선택한 후 ❷ [→]를 클릭하여 ❸ 변수로 이동시킨다. ❹ 확인을 클릭하여 분석을 시작한다.

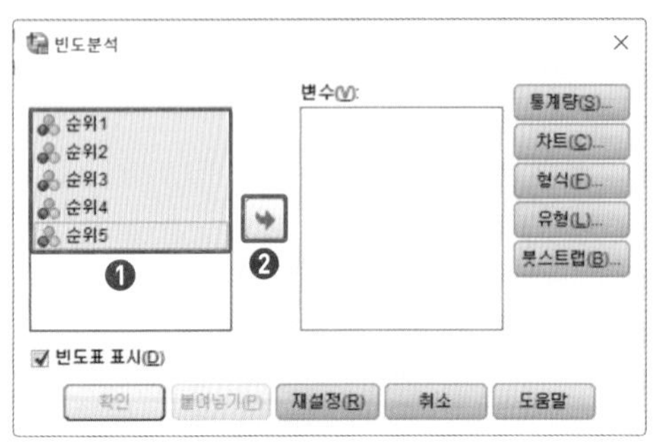
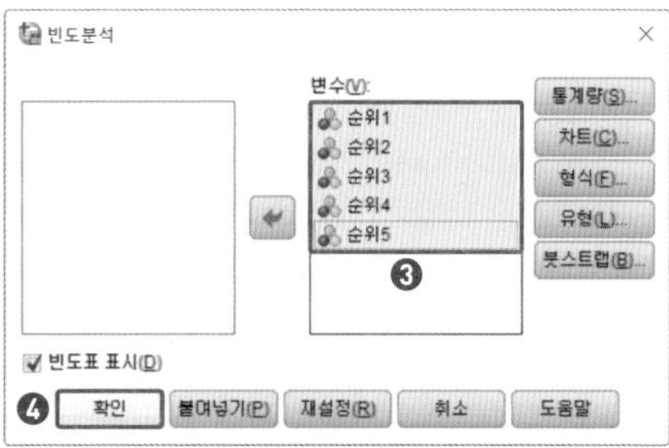

[그림 5-49] **표본의 응답에 대한 빈도분석 설정**

결과 분석하기 응답자 순서형 응답 코딩 및 다중반응 빈도분석

통계량

		순위1	순위2	순위3	순위4	순위5
N	유효	5	5	5	5	5
	결측	0	0	0	0	0

순위1

		빈도	퍼센트	유효 퍼센트	누적 퍼센트
유효	1	2	40.0	40.0	40.0
	3	3	60.0	60.0	100.0
	전체	5	100.0	100.0	

순위2

		빈도	퍼센트	유효 퍼센트	누적 퍼센트
유효	2	3	60.0	60.0	60.0
	4	2	40.0	40.0	100.0
	전체	5	100.0	100.0	

순위3

		빈도	퍼센트	유효 퍼센트	누적 퍼센트
유효	2	1	20.0	20.0	20.0
	3	2	40.0	40.0	60.0
	4	1	20.0	20.0	80.0
	5	1	20.0	20.0	100.0
	전체	5	100.0	100.0	

순위4

		빈도	퍼센트	유효 퍼센트	누적 퍼센트
유효	2	1	20.0	20.0	20.0
	4	1	20.0	20.0	40.0
	5	3	60.0	60.0	100.0
	전체	5	100.0	100.0	

순위5

		빈도	퍼센트	유효 퍼센트	누적 퍼센트
유효	1	3	60.0	60.0	60.0
	4	1	20.0	20.0	80.0
	5	1	20.0	20.0	100.0
	전체	5	100.0	100.0	

[그림 5-50] **응답자 순서형 다중반응(응답) 빈도분석 결과**

- **[통계량]** : '순위1~순위5'까지의 유효 데이터를 확인할 수 있다.
- **[순위1~순위5]** : '순위1~순위5'까지의 빈도를 각각 보여준다.

NOTE

03 MS-Excel을 이용하여 코딩하는 경우

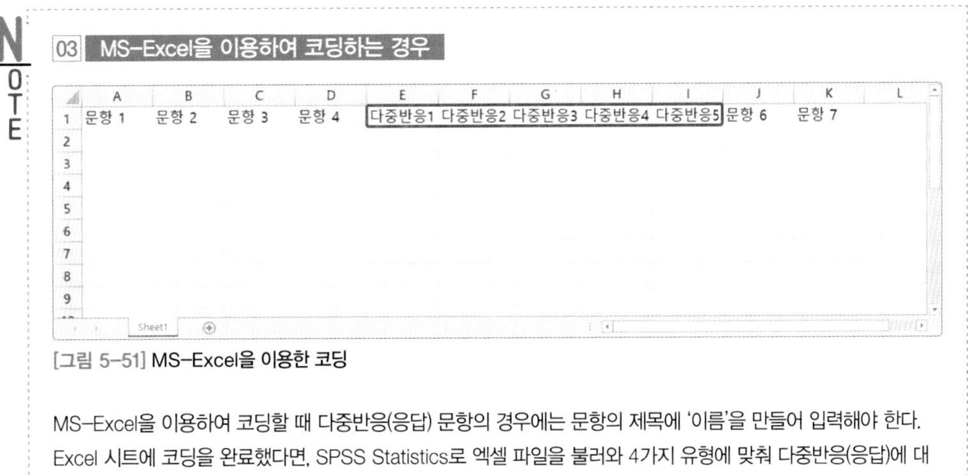

[그림 5-51] **MS-Excel을 이용한 코딩**

MS-Excel을 이용하여 코딩할 때 다중반응(응답) 문항의 경우에는 문항의 제목에 '이름'을 만들어 입력해야 한다. Excel 시트에 코딩을 완료했다면, SPSS Statistics로 엑셀 파일을 불러와 4가지 유형에 맞춰 다중반응(응답)에 대한 변수군 정의를 먼저 한 후 분석을 시작해야 한다.

Chapter 06

통계분석 방법

학습목표

1) 통계를 이용한 연구를 위해 연구자가 알고 있어야 할 사항을 학습한다.
2) 통계분석 방법에 대한 내용과 적용 대상에 대해 이해한다.

다루는 내용

• 통계분석 방법의 종류 및 개념

통계분석 방법을 확인하는 이유는 무엇인가요?

코딩 방법까지 학습했다면 통계분석을 위한 모든 준비 과정이 끝났다. 이제 분석 방법을 적용해서 결과만 확인하면 마무리된다. 그러나 실제로 통계를 적용할 수 있는 방법은 헤아리기 어려울 정도로 많다. 이 장에서는 이 책에서 다루고 있는 통계분석 방법을 간략하게 정리했다. 분석 방법을 모두 학습하기 전이라 해도 어떤 분석 방법이 있고, 어떤 척도를 활용하고, 언제 적용할 수 있는지를 한눈에 볼 수 있을 것이다.

이 책에서 다루는 통계분석 방법은 모두 하나의 맥락으로 연결되어 있다. 각각의 통계적 분석 방법을 별도의 것으로 생각해서 하나씩 공부하는 독자도 있겠지만, 통계분석 방법은 전체로서 하나이다. 데이터가 달라서, 척도가 달라서, 검증을 해야 해서와 같은 이유로 각기 다른 분석 방법을 활용하지만, 이들 분석 방법이 어딘가에서 갑자기 튀어나온 것이 아니라 서로 연결되어 있음을 이해하고 이를 기준으로 학습한다면 통계가 더 이상 어렵게 생각되지는 않을 것이다.

연구자는 연구를 시작하기 전에 우선 자신이 '어떤 연구를 진행할 것인가?'를 결정해야 한다. 그런 다음 어떤 통계분석 방법을 적용할 것인지 결정해야 한다. 그러나 그보다 더 중요한 것은 연구자 자신에게 어떤 자료가 있는지를 파악하는 것이다. 자료에는 연구자가 분석 방법을 적용하기에 적합한 자료와 그렇지 않은 자료가 섞여 있기 때문이다.

어떤 자료가 있는가의 문제는 어떠한 척도를 사용했는가와 직결된다. 앞에서도 설명했지만, 어떤 척도를 사용해 설문을 진행했는지에 따라서 적용할 수 있는 통계분석 방법이 제한되기 때문이다. 또한 표본의 중요성도 잊지 말아야 한다. '표본을 어떻게 구성했는가?' 혹은 '몇 개의 표본을 구성했는가?' 등에 따라서도 분석 방법이 달라지기 때문이다.

즉 연구자는 자신의 연구에 적용할 통계방법과 분석 방법을 미리 결정하고, 그에 맞는 측정 도구를 만들어야 한다.

여기에서는 Part 02에서 본격적으로 학습할 분석 방법의 개념을 간단히 살펴보기로 한다.

■ 빈도분석(Part 02_2장)

빈도분석에서는 명목척도, 서열척도, 등간척도, 비율척도를 사용할 수 있다. 빈도분석에서는 표본에 대한 백분위수 값인 사분위수와 절단점, 백분위수와 중심화 경향을 확인할 수 있는 평균, 중위수, 최빈값, 합계 및 표준편차, 분산, 최소값, 최대값, 범위, 평균의 표준오차, 왜도와 첨도 등의 데이터의 분포를 확인할 수 있다. 독립적인 분석 방법이기도 하지만, 표본에 대한 성격을 설명하는 인구통계학적 특성 등을 확인할 때 수행하는 분석이다.

■ t 검정(Part 02_3장)

t 검정(혹은 t-test)은 독립변수가 명목척도, 종속변수가 등간척도나 비율척도로 구성되어 있을 때 활용하는 분석 방법이다. 표본의 숫자(최대 2개)와 측정 횟수에 따라 일표본 t 검정, 대응표본 t 검정, 독립표본 t 검정으로 나뉜다. 편의상 독립변수와 종속변수로서 설명했지만, 엄밀하게 구분하자면 독립변수-종속변수의 개념이 아니라 표본이 설명하는 것이 '맞다/틀리다, 같다/다르다, 차이가 있다/없다'를 판단하는 것이다.

■ 분산분석(Part 02_4장)

표본이 1개 혹은 2개일 때의 차이를 분석하는 것이 t 검정이었다면, 3개 이상의 표본에 대한 차이를 분석하는 방법이 분산분석(ANOVA : analysis of variance)이다. t 검정과 척도는 같지만, 표본이 3개 이상인 경우에 검정하는 평균값이 통계적으로 유의한 차이를 보이는지를 확인한다.

■ 요인분석(Part 02_6장)

등간척도와 비율척도로 구성된 변수들을 내부 동질적, 외부 이질적인 요인들로 묶어 분석하는 방법이다. 변수들의 상관관계 및 타당성을 검증할 때 사용한다. 요인분석을 통해 여러 변수 형태의 정보가 몇 개의 핵심 내재요인으로 간추려지므로, 정보를 이해하는 데 도움이 됨은 물론 추가분석까지 가능하다. 요인분석은 크게 R-type 요인분석과 Q-type 요인분석으로 나뉜다.

- **R-type 요인분석** : 변인(평가항목)들을 기준으로 요인들을 구분한다.
- **Q-type 요인분석** : 개별 응답자들에 대해 게이스별로 상이한 특성을 가지는 개인들을 상호 동질적인 몇 개의 집단으로 구분하는 것으로, 계산상의 어려움이 있기 때문에 대안으로 군집분석을 주로 활용한다.

■ 신뢰도분석(Part 02_7장)

등간척도와 비율척도로 구성된 변수에 대해 분석을 진행한다. 연구 대상에 대해 반복적으로 측정하더라도 동일한 값을 얻어낼 수 있는지 그 가능성을 확인하는 방법으로, 요인분석을 실시한 후에 신뢰도를 측정한다.

■ 연관성분석(Part 02_8장)

명목척도는 교차분석, 서열척도는 스피어만 서열상관분석, 등간·비율척도는 피어슨 상관분석을 적용한다. 분석을 통해 변수들 간의 관계와 연관성 강도를 확인할 수 있다. 상관관계분석은 '변수들이 독립적(연관성=0)인가' 또는 '어떠한 연관이 있어서 영향을 주고받는가(−1≤연관성≤1)'를 알기 위한 분석 방법이다.

■ 카이제곱분석(Part 02_8장)

카이제곱 혹은 카이스퀘어(chi−square) 검정은 교차분석을 한 후 집단 간 차이가 유의한지를 판단하는 분석이다. 명목척도와 서열척도로 구성된 변수에 대해 분석을 수행한다.

■ 회귀분석(Part 02_9~11장)

회귀분석은 등간척도와 비율척도로 구성된 변수들에 대해 분석을 진행하며, 변수들 간의 인과관계를 파악하는 데 그 목적이 있다. 간혹 독립변수나 종속변수가 명목척도나 서열척도로 구성된 경우에도 분석이 가능하다. 회귀분석은 크게 다음과 같이 구분된다.

- **단순 회귀분석** : 독립변수와 종속변수가 각각 1개씩으로 구성되어 있다.
- **다중 회귀분석** : 독립변수가 2개 이상으로 구성되어 있다.
- **더미변수 회귀분석** : 독립변수가 명목척도나 서열척도로 구성되어 있다.
- **조절 회귀분석** : 독립변수가 종속변수에 영향을 미치는 모델에서 조절변수의 역할을 확인한다.
- **매개 회귀분석** : 독립변수가 종속변수에 영향을 미치는 모델에서 매개변수의 역할을 확인한다.
- **로지스틱 회귀분석** : 종속변수가 0 또는 1인 경우에 이분형(이항) 로지스틱을 사용하고, 종속변수가 3개 이상인 경우에는 다항 로지스틱을 사용한다.

■ 군집분석(Part 02_12장)

군집분석은 앞서 설명한 요인분석의 대안으로 활용되는 분석이다.

■ 구조방정식모델(Part 03)

확인적 요인분석과 경로분석을 통해 연구모델의 분석을 진행한다. 이 과정에서 오차항이 포함되며, 기타 분석 방법들과 같이 비교를 하면서 분석을 진행한다.

m.e.m.o

PART 02

SPSS를 활용한 통계분석

Part 01에서 통계의 기본과 자료 수집 방법에 대해 알아보았다.

Part 02에서는 앞서 배운 기본 지식을 토대로 기초적인 통계분석에서부터 고급 통계 기법까지 두루 섭렵하기 위해 SPSS Statistics를 이용해 실습해 볼 것이다.

지금부터 실전처럼 하나하나 따라하며 결과를 해석하고 이해해 나가다 보면, 어느덧 자유롭게 논문을 구성하고 있는 자신을 발견할 수 있을 것이다.

Contents

Chapter 01

SPSS Statistics의 기능 이해하기

학습목표

1) SPSS Statistics를 구성하는 메뉴와 그 기능을 이해한다.
2) SPSS Statistics의 메뉴를 직접 실행해 보고 구동하는 방법과 절차를 배운다.

다루는 내용

- SPSS Statistics의 기본 창
- SPSS Statistics의 기본 메뉴 및 기능

이 장에서는 통계분석에 필요한 SPSS Statistics의 메뉴와 기능을 살펴본다. 단, 이 책은 연구자가 논문이나 연구보고서를 작성할 때 올바른 분석 방법을 채택하여 정확한 분석 결과를 도출한 후, 이를 해석하여 명확하고 효율적으로 기술하는 것을 목표로 한다. 따라서 SPSS Statistics의 모든 메뉴를 소개하는 대신 반드시 알아야 하는 필수적인 메뉴를 정확하게 설명하고, 그 외 세부 메뉴들은 분석 과정에서 차근차근 다루기로 한다. 이 책에서 사용하는 SPSS 프로그램은 SPSS Statistics 25를 기준으로 한다.

먼저 SPSS Statistics의 기본 창들을 살펴보자. SPSS Statistics 프로그램을 실행하면(또는 **IBM SPSS Statistics 25** 바로가기 아이콘 더블클릭) 기본적으로 데이터 편집 창이 열리고, 그 위에 [그림 1-1]과 같은 대화상자가 열린다. 이 대화상자에서 원하는 작업을 선택할 수 있다. 이후부터 이 대화상자를 표시하지 않으려면 **앞으로 이 대화상자를 나타내지 않음**에 체크한다.

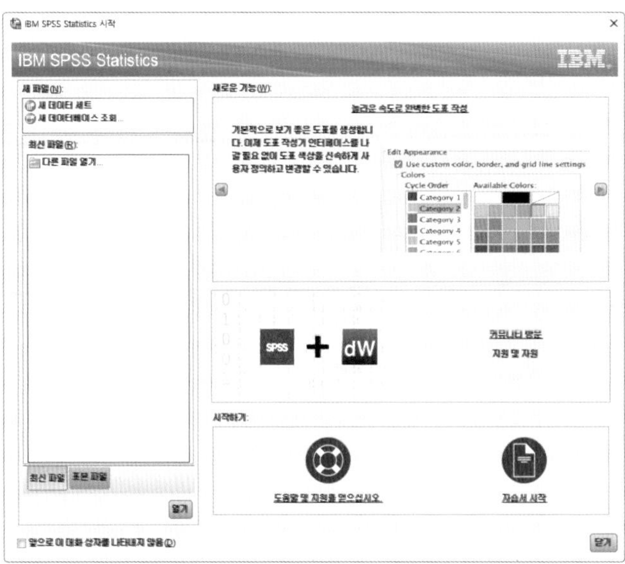

[그림 1-1] SPSS Statistics 작업 선택 화면

대화상자를 닫으면 데이터 편집 창이 보이고, 데이터 분석 준비가 완료되면 출력결과 창도 자동으로 열린다. 먼저 데이터 편집 창을 살펴보자.

1.1 데이터 편집 창

SPSS Statistics 프로그램을 실행하면 [그림 1-2]와 같은 데이터 편집 창이 나타난다. 상단에 여러 가지 메뉴들이 나열되어 있고, 이 중 자주 사용되는 메뉴들은 바로 아래에 바로가기 아이콘으로 나열되어 있다.

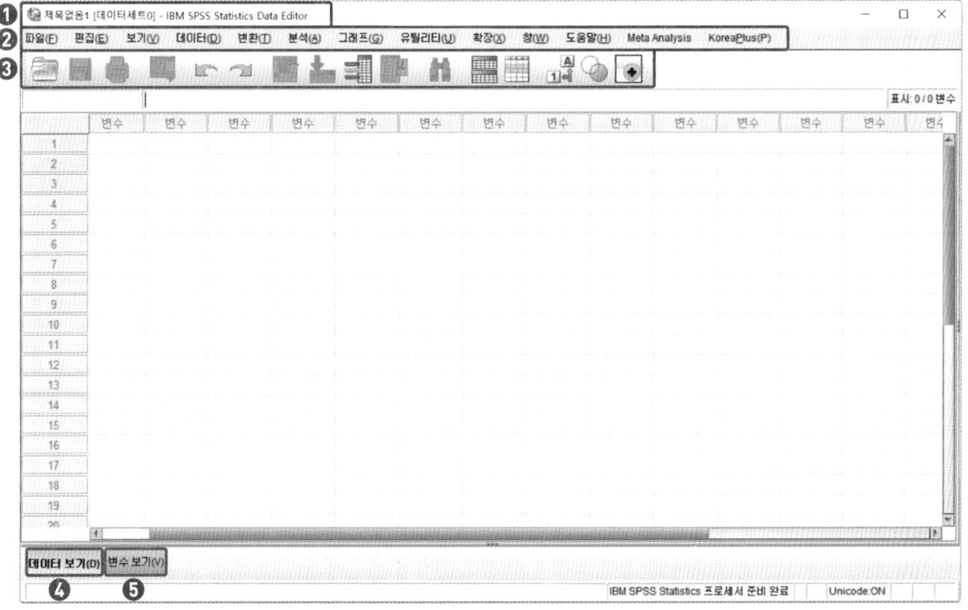

[그림 1-2] **SPSS Statistics의 실행 화면**

❶ **제목 표시줄** : 현재 열린 화면의 파일명을 보여준다. 처음에는 '제목없음'으로 표시되지만, 사용자가 자료를 저장하면 지정한 파일명이 표시된다.

❷ **메뉴 표시줄** : 파일부터 도움말까지 SPSS Statistics의 모든 메뉴들이 나열되어 있다. 이 중에서 필요한 기능을 사용자가 찾아서 실행한다.

❸ **도구 모음** : 많이 사용되는 메뉴들이 아이콘 형태로 노출되어 있다. 필요한 기능을 메뉴 표시줄에서 찾아서 실행할 수도 있으나, 자주 사용되는 메뉴는 도구 모음의 아이콘을 클릭하여 바로 실행할 수 있다.

❹ **데이터 보기** : 수집한 자료를 직접 입력하는 화면이다.

❺ **변수 보기** : 수집한 자료의 성격과 설명을 입력할 수 있는 화면이다.

지금부터는 SPSS Statistics에서 사용하게 될 기본적인 메뉴들에 대해 설명할 것이다. 지금 당장 모든 메뉴를 외우려고 하기보다는, 직접 실습을 해보며 자연스럽게 익히기를 권한다.

1.1.1 기본 메뉴

[그림 1-3]에 표시한 SPSS Statistics의 기본 메뉴는 우리가 보편적으로 사용하고 있는 워드프로세서인 MS-Office, 한글 등의 메뉴와 거의 흡사하다.

[그림 1-3] SPSS Statistics의 기본 메뉴 구성

[표 1-1]은 SPSS Statistics의 메뉴에 대한 간략한 설명이다. 이 가운데 데이터 분석 과정에서 가장 많이 사용되는 5가지 메뉴에 대해 알아보겠다.

[표 1-1] SPSS Statistics의 메뉴

메뉴명	설명
파일(F)	새로운 데이터를 입력하거나, 데이터를 저장하는 등의 파일 생성 및 저장과 관련한 메뉴를 제공한다.
편집(E)	데이터를 복구하거나 복사 및 붙여넣기, 옵션 설정 변경 등의 사용자 편의성을 제공한다.
보기(V)	사용자가 프로그램에서 출력되는 내용을 직관적으로 이해할 수 있도록 프로그램의 상태를 설정할 수 있다.
데이터(D)	분석 대상이 되는 데이터들을 사용자의 편의에 따라 조정하거나 편집할 수 있는 기능을 제공한다.
변환(T)	기존 데이터를 사용자의 목적에 맞게 변환한다.
분석(A)	SPSS Statistics에서 사용되는 모든 통계분석 기능을 제공한다.
그래프(G)	준비한 자료를 다양한 도표로 나타내는 기능을 제공한다.
유틸리티(U)	변수를 설정하거나 변수 또는 데이터의 정보를 알려주는 기능을 제공한다.
확장	SPSS Statistics 프로그램의 기능을 확장하는 사용자 정의 구성요소로, 확장번들(.spe파일)을 작성하고 타인과 공유할 수 있도록 한다.
창(W)	실행 중인 창을 분할하거나 크기를 조절할 수 있다.
도움말(H)	사용자가 겪는 문제를 해결할 수 있도록 도움말을 제공한다.
Meta Analysis	메타분석을 지원하는 메뉴이다.
KoreaPlus(P)	SPSS 프로그램에서 제공하는 기능 외에 국내 사용자들에게 유용하게 쓰이는 기능을 추가로 제공하는 메뉴이다. ㈜데이터솔루션에서는 결과물을 한글로 내보내기, SPSS Training(셀프 학습기능)와 같은 유틸리티를 추가로 제공한다.

■ 파일(File)

SPSS Statistics를 구동시킨 후, 새로운 데이터를 입력하거나 분석할 데이터를 불러오는 등 파일 생성 및 저장과 관련한 메뉴를 제공한다.

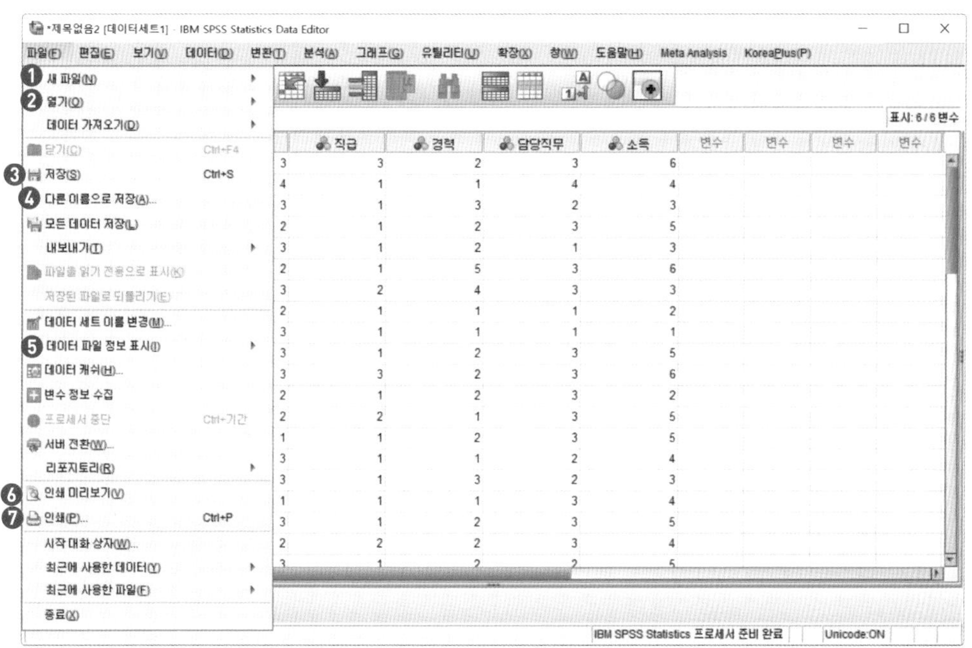

[그림 1-4] 파일(F) 메뉴

❶ **새 파일** : 새로운 파일을 만든다. 세부 메뉴로 데이터, 명령문, 출력결과, 스크립트가 있다.

❷ **열기** : 데이터를 데이터 보기 탭으로 불러온다. 세부 메뉴로 데이터, 명령문, 출력결과, 스크립트가 있다. 도구 모음에 있는 바로가기 아이콘( )을 이용할 수도 있다.

❸ **저장** : 현재 작업한 데이터를 저장한다. 도구 모음에 있는 바로가기 아이콘( )을 이용할 수도 있다. 단축키는 Ctrl + S이다.

❹ **다른 이름으로 저장** : 현재 파일명을 다른 이름으로 변경하여 저장한다.

❺ **데이터 파일 정보 표시** : SPSS Statistics로 저장된 파일의 정보를 출력한다. 이 메뉴는 연구자가 데이터를 직접 입력한 경우에는 잘 사용하지 않지만, 간혹 제3자로부터 데이터를 받았을 때 [표 1-2]와 같은 데이터의 특성을 확인하기 위해 사용한다.

[표 1-2] 데이터의 특성 확인

변수 정보

변수	위치	레이블	측정 수준	역할	열 너비	맞춤	인쇄 형식	쓰기 형식
연령	1	<없음>	명목	입력	11	오른쪽 맞춤	F11	F11
학력	2	<없음>	명목	입력	11	오른쪽 맞춤	F11	F11
직급	3	<없음>	명목	입력	11	오른쪽 맞춤	F11	F11
경력	4	<없음>	명목	입력	11	오른쪽 맞춤	F11	F11
담당직무	5	<없음>	명목	입력	11	오른쪽 맞춤	F11	F11
소득	6	<없음>	명목	입력	11	오른쪽 맞춤	F11	F11

❻ **인쇄 미리보기** : 데이터 보기 탭이나 변수 보기 탭에 작성되어 있는 내용을 미리 볼 수 있다.

❼ **인쇄** : 화면에 보이는 데이터를 인쇄한다. 도구 모음에 있는 바로가기 아이콘( )을 이용할 수도 있다. 단축키는 Ctrl + P이다.

■ 편집(Edit)

데이터를 복구하거나 복사 및 붙여넣기, 옵션 설정 변경 등의 사용자 편의성을 제공하는 메뉴이다.

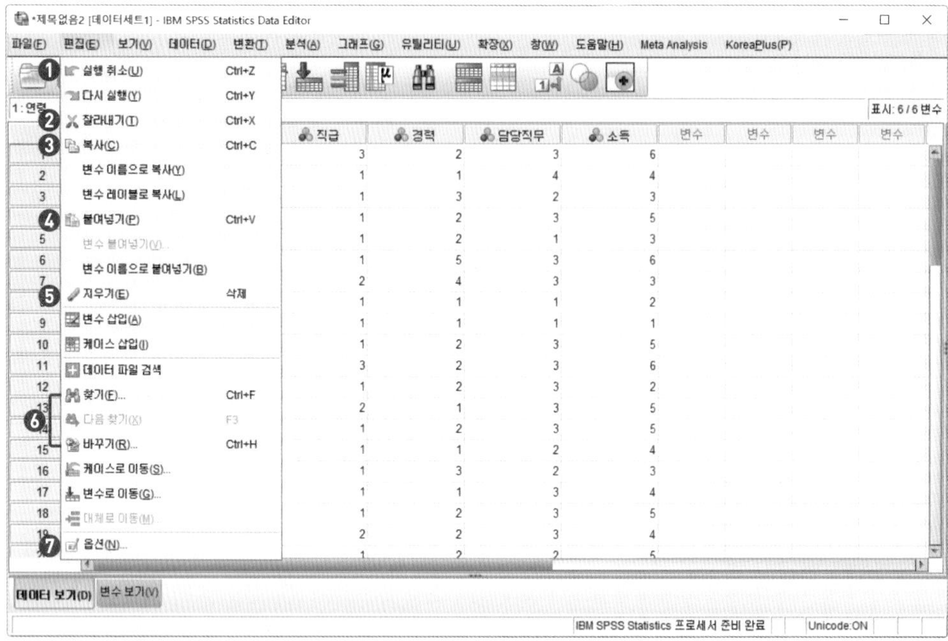

[그림 1-5] **편집(E) 메뉴**

❶ **실행 취소** : 작업한 데이터를 역순으로 복구한다. 도구 모음에 있는 바로가기 아이콘( )을 이용할 수도 있다. 단축키는 Ctrl + Z이다.

❷ **잘라내기** : 셀을 지정하거나 블록을 설정하여 잘라낸다. 단축키는 Ctrl + X이다.

❸ **복사** : 셀을 지정하거나 블록을 설정하여 복사한다. 단축키는 Ctrl + C이다.

❹ **붙여넣기** : 잘라내거나 복사한 부분을 붙여 넣는다. 단축키는 Ctrl + V이다.

❺ **지우기** : 셀을 지정하거나 블록을 설정하여 삭제한다. Delete 를 사용하여 삭제할 수도 있다.

❻ **찾기, 바꾸기** : 작업 중인 데이터에서 필요한 내용을 찾거나, 특정 내용을 찾아서 변경할 수 있다.

❼ **옵션** : SPSS Statistics에서 제공하는 기능을 사용자의 편의에 맞게 바꿀 수 있다.

■ 보기(View)

사용자가 프로그램에서 출력되는 내용을 직관적으로 이해할 수 있도록 그래픽적인 부분이나 프로그램의 상태를 설정하는 메뉴이다.

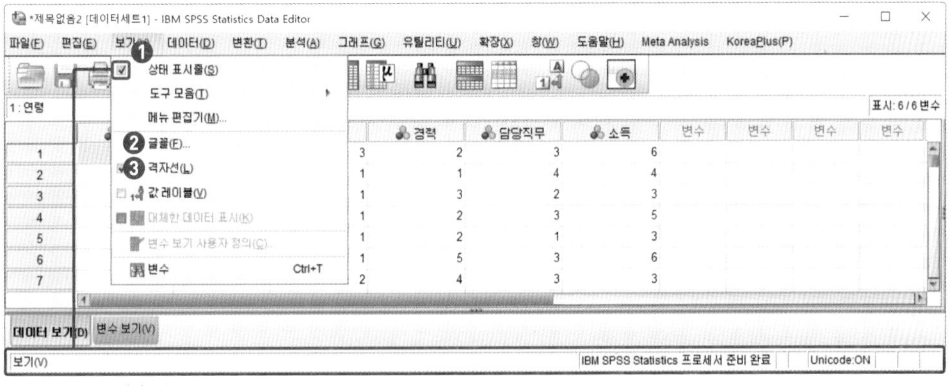

[그림 1-6] **보기(V) 메뉴**

❶ **상태 표시줄** : 상태 표시줄 메뉴에 ☑ 표시를 하면 화면의 하단 부분에 현재 SPSS Statistics의 상태를 보여준다.

❷ **글꼴** : 화면에 나오는 글꼴의 종류나 크기를 결정한다.

❸ **격자선** : 격자선을 설정하거나 해제한다.

■ 데이터(Data)

SPSS Statistics에서 분석 대상이 되는 데이터들을 사용자의 편의에 따라 조정하거나 편집할 수 있는 메뉴이다.

[그림 1-7] **데이터(D) 메뉴**

❶ **변수 특성 정의** : 변수값에 레이블을 붙이거나 데이터를 스캔한 후에 다른 속성을 설정할 수 있다.

❷ **데이터 특성 복사** : 선택한 변수와 데이터 집합 속성을 열려 있는 네이터 집합이나 외부

SPSS Statistics 데이터 파일의 활성 데이터 집합으로 복사할 수 있다.

■ 분석(Analysis)

앞서 설명한 네 가지 메뉴는 데이터를 입력할 때 사용한다. 데이터 입력이 끝난 후에는 본격적인 분석 작업을 수행하는데, SPSS Statistics를 구동하여 이루어지는 모든 분석은 분석 메뉴에서 이루어진다.

[그림 1-8] 분석(A) 메뉴

❶ **보고서** : 간단한 결과값에 대한 보고서를 출력할 때 사용한다. 케이스 요약, 행별 요약보고서, 열별 요약보고서를 확인할 수 있다.

❷ **기술통계량** : 빈도분석, 기술통계, 교차분석을 할 때 사용한다.

❸ **평균 비교** : 일표본 t 검정, 대응표본 t 검정, 독립표본 t 검정 및 분산분석(ANOVA)을 할 때 사용한다.

❹ **상관분석** : 상관분석을 할 때 사용한다.

❺ **회귀분석** : 단순회귀분석과 다중회귀분석을 할 때 사용한다.

❻ **차원 축소** : 요인분석을 할 때 사용한다.

❼ **척도분석** : 신뢰도분석을 할 때 사용한다.

1.2 출력결과 창

다음으로 출력결과 창을 살펴보자. 이 창은 SPSS Statistics에서 데이터를 불러들여 분석할 준비를 마치면 자동으로 열리는데, 연구자가 분석하는 모든 과정들이 순서대로 출력된다. 향후 실습하게 될 모든 분석 결과들은 이 창에서 확인할 수 있으며, 창 안에 출력된 결과들을 논문이나 연구보고서로 옮긴다.

[그림 1-9]는 출력결과 창의 한 예로, 내문서에 있는 'coding.xls'라는 파일을 데이터로 불러와 빈도분석을 했을 때의 결과 화면을 보여준다.

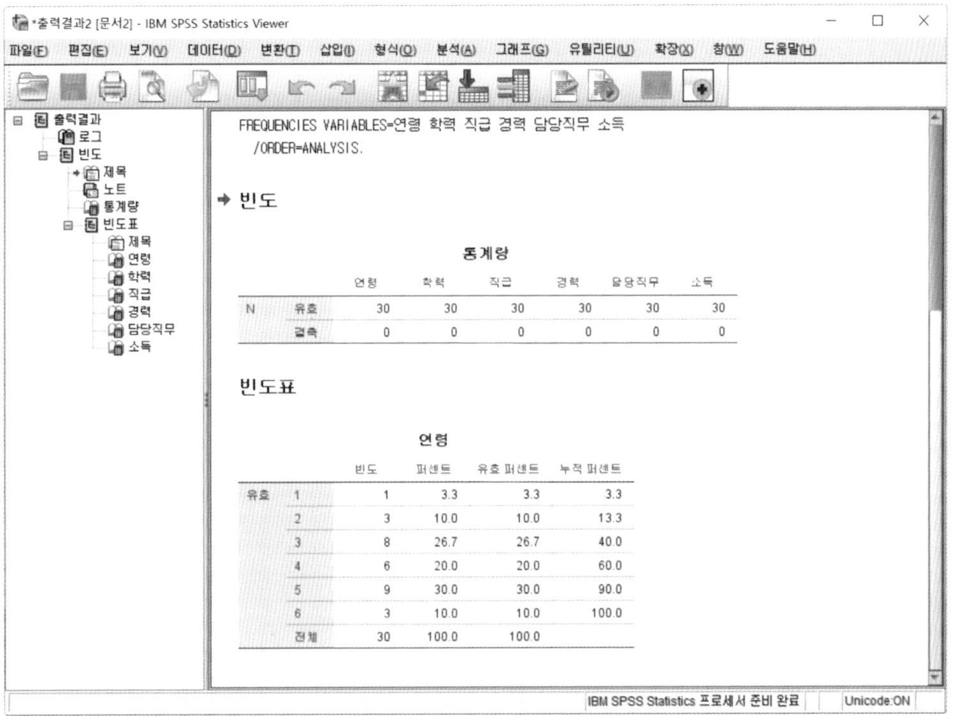

[그림 1-9] 출력결과 창 예

통계분석 구분도

• 독립변수: 범주형 척도(명목척도, 서열척도)
• 종속변수: 연속형 척도(등간척도, 비율척도)

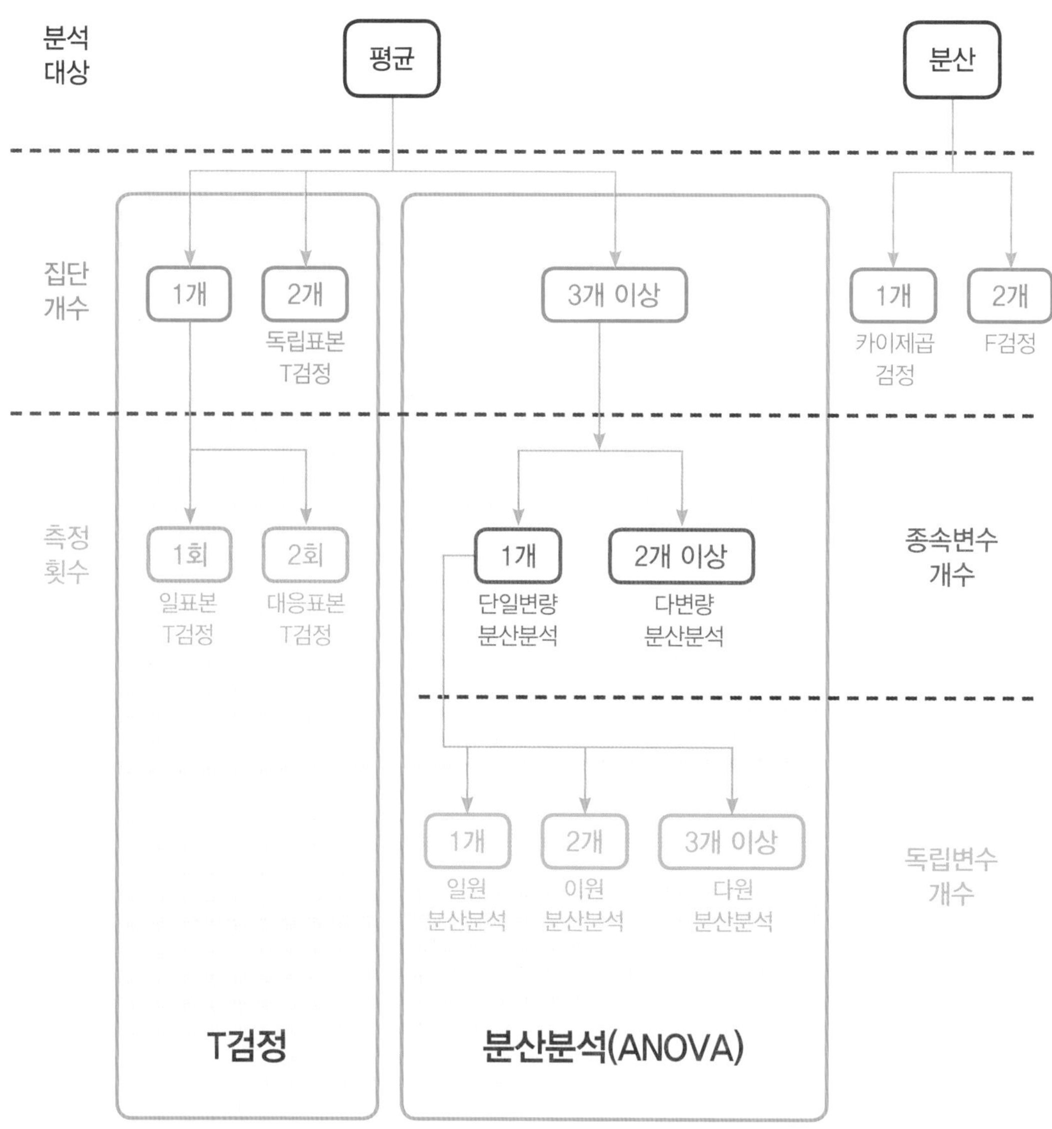

Chapter 02

기술통계(빈도분석)[7)]

학습목표

1) 기술통계에 대한 개념을 이해하고 분석 방법을 숙지한다.
2) 분석 결과를 해석하고, 해석한 결과를 효과적으로 표현할 수 있다.

다루는 내용

• 기술통계 개념
• 빈도분석의 실습

기술통계(descriptive statistics)는 표본을 분석한 결과를 바탕으로 표본의 특성을 그대로 설명하는 것이다. 연구자가 분석에 필요한 자료를 수집할 때는 대개 전수조사가 불가능하기 때문에 표본을 추출하여 분석을 진행해야 한다. 이때 추출한 표본은 전체를 대표할 만한 특성을 가져야 한다.

연구자가 선택한 표본의 특성을 설명할 때 말로 풀어서 기술하기보다 표본을 간략하게 데이터화하여 제시하면, 논문을 읽는 독자는 표본에 대한 대략적인 심상을 가질 수 있을 것이다. 예를 들어 표본의 연령이나 성별 혹은 표본이 선택한 데이터들의 최소값과 최대값, 중위수 및 선택된 답안의 비율 등으로 제시할 수 있다. 이처럼 표본을 설명해주는 통계분석 방법이 바로 기술통계이다.

기술통계에서 가장 많이 사용되는 분석 방법은 빈도분석으로, 이를 통해 변수가 가지는 전반적인 특성을 파악할 수 있다. 빈도분석은 우선적으로 응답자가 어떠한 응답을 했는지에 대한 값들을 표현하기 때문에 연구자가 보기 쉽게 분석 결과를 제시해준다. 추출된 표본이 과연 대표성을 갖는지를 판별하기 위해 기술통계가 필요한데, 이때 표본에 대한 일반적인 특성을 표현하는 분석 방법으로 빈도분석을 주로 사용한다. 빈도분석은 가장 기본적인 분석 방법이므로 반드시 숙지하고 있어야 한다.

빈도분석에서 사용할 수 있는 척도는 명목척도, 서열척도, 등간척도, 비율척도이다. 빈도분석에서는 표본에 대한 백분위수 값인 사분위수와 절단점, 백분위수와, 중심화 경향을 확인할 수 있는 평균, 중위수, 최빈값, 합계 및 표준편차, 분산, 최소값, 최대값, 범위, 평균의 표준오차, 왜도와 첨도를 확인할 수 있다. 또한 표본의 구성을 막대도표, 원도표, 히스토그램 형태로 나타낼 수 있다.

---

7) 기술통계(빈도분석)를 구성하는 기초 통계량의 개념과 분석 이유 : 『제대로 시작하는 기초 통계학: Excel 활용』 65~72쪽 참조

연구문제 한국대학교의 학생들을 상대로 학생들의 성별, 나이, 소속 단과대학에 대한 설문조사를 실시하였다. 빈도분석을 수행하여 조사 항목의 분포를 확인해 보자.

Step 1 따라하기 빈도분석

준비파일 : 빈도분석.xls

01 SPSS Statistics를 구동시킨 후 ❶ 데이터 문서 열기 아이콘을 클릭한다. ❷ 데이터 열기 창에서 파일 유형을 'Excel'로 설정하고 ❸ '빈도분석.xls' 파일을 선택한 후 ❹ 열기를 클릭한다.

[그림 2-1] 데이터 파일 불러오기

02 Excel 파일 읽기 창이 열리면 ❶ '데이터 첫 행에서 변수 이름 읽어오기'의 ☑ 설정을 확인한 후 ❷ 확인을 클릭한다.

Excel 파일 읽기
C:\Users\David\Documents\집필\01. 제대로 알고 쓰는 논문 통계분석\01. 최초집필\source\빈도분석.xls
워크시트(K): Sheet1 [A1:C916]
범위(N):
❶ ☑ 데이터 첫 행에서 변수 이름 읽어오기(V)
☑ 데이터 유형을 결정하는 값의 퍼센트(E) 95
숨겨진 행과 열 무시(I)
문자열 값에서 선행 공백 제거(M)
문자열 값에서 후행 공백 제거(G)
미리보기(W)

	성별	나이	대학
1	남	19	공과대학
2	남	19	공과대학
3	남	18	공과대학
4	여	19	인문대학
5	여	19	인문대학
6	여	19	자연과학대학
7	남	19	자연과학대학
8	여	18	자연과학대학

최종 데이터 유형은 모든 데이터를 기준으로 하므로, 처음 200개 데이터 행을 기준으로 하는 미리보기에서는 이와 다를 수 있습니다. 미리보기에는 처음 500개 열만 표시됩니다.

❷ 확인 붙여넣기(P) 재설정(R) 취소 도움말

[그림 2-2] 데이터 파일의 첫 행을 변수로 활용

03 불러온 파일로 빈도분석을 진행하기 위해 **분석 ▶ 기술통계량 ▶ 빈도분석**을 클릭한다.

[그림 2-3] **빈도분석 메뉴 선택**

04 빈도분석 창에서 ❶ 분석할 변수인 '성별', '나이', '대학'을 한꺼번에 **변수** 란으로 이동시키고 ❷ **통계량**을 클릭한다. 세부 통계량을 선택하는 **빈도분석: 통계량** 창이 열리면 ❸ 확인하고 싶은 통계량에 ☑ 표시를 하고 ❹ **계속**을 클릭한 후 ❺ 다시 빈도분석 창으로 이동하여 **차트**를 클릭한다.

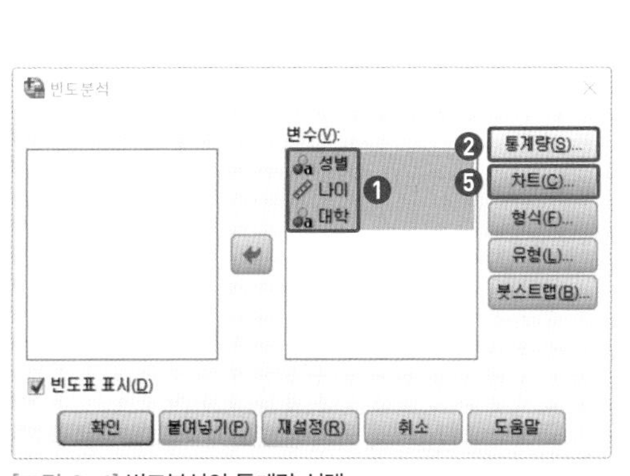

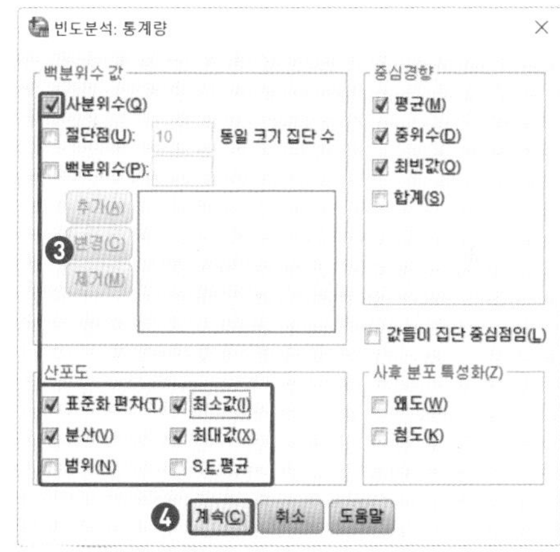

[그림 2-4] **빈도분석의 통계량 선택**

TIP 변수를 한꺼번에 선택하여 옮길 때는 Ctrl 을 누른 상태에서 마우스로 각각의 변수를 선택한 뒤 이동 아이콘(➡)을 누르면 된다.

05 도표 유형을 선택하는 **빈도분석: 도표** 창이 열리면 ❻ 원하는 도표를 선택하고 ❼ **계속**을 클릭한다. 여기서는 **원형 차트**를 선택했다.

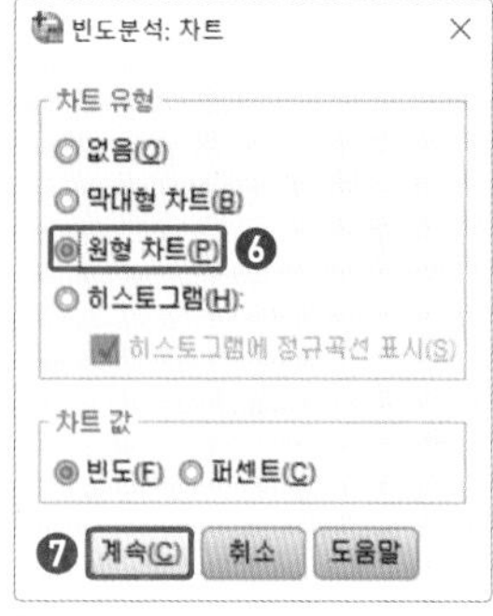

[그림 2-5] **도표 유형 설정**

06 **빈도분석** 창에서 ❽ **확인**을 클릭하면 분석이 시작된다. 분석을 마치면 **출력결과** 창에 출력결과가 나타난다.

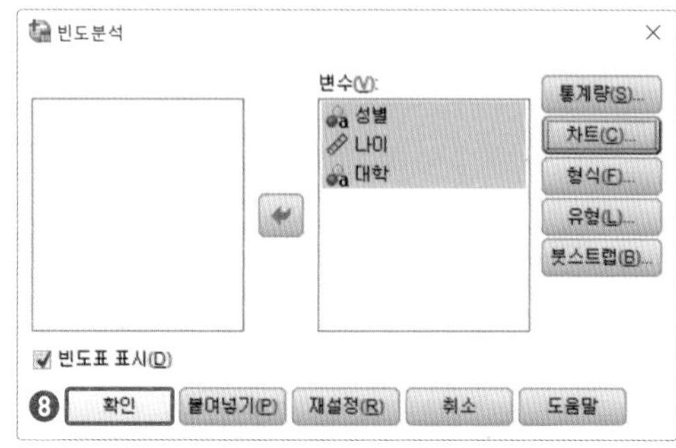

[그림 2-6] **빈도분석 시작**

07 출력결과를 엑셀로 옮기기 위해 ❶ **출력결과** 창의 바탕에서 마우스 오른쪽 버튼을 클릭한 뒤 ❷ **내보내기**를 선택한다. 그러면 **내보내기 출력결과** 창이 열린다.

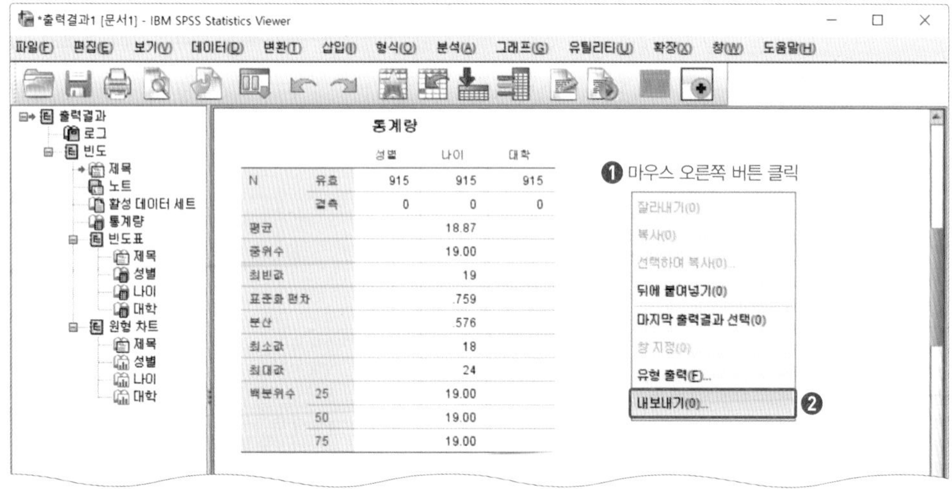

		성별	나이	대학
N	유효	915	915	915
	결측	0	0	0
평균			18.87	
중위수			19.00	
최빈값			19	
표준화 편차			.759	
분산			.576	
최소값			18	
최대값			24	
백분위수	25		19.00	
	50		19.00	
	75		19.00	

[그림 2-7] **출력결과 내보내기 선택**

TIP SPSS 화면에서 출력결과를 바로 확인할 수도 있지만, MS-Office Excel 등으로 출력결과를 옮기면 연구자가 논문이나 보고서에 사용하기가 수월해진다.

08 저장할 형식을 지정하기 위해 내보내기 출력결과 창의 문서 항목에서 ❶ 유형을 'Excel 2007 이상(*.xlsx)'으로 선택한다. ❷ 파일이름에서 어느 곳에 분석결과를 저장할 것인지 경로와 파일명을 지정한다. ❸ 확인을 클릭하여 ❶과 ❷에서 결정한 파일 유형과 경로에 출력결과를 저장한다. 이제 Excel을 통해 저장한 출력결과를 확인할 수 있다.

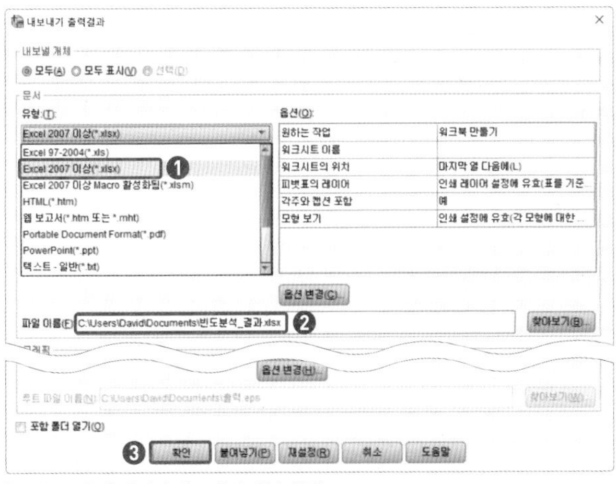

[그림 2-8] 출력결과 내보내기 세부 설정

Step 2 결과 분석하기 빈도분석

통계량

		성별	나이	대학
N	유효	915	915	915
	결측	0	0	0
평균			18.87	
중위수			19.00	
최빈값			19	
표준화 편차			.759	
분산			.576	
최소값			18	
최대값			24	
백분위수	25		19.00	
	50		19.00	
	75		19.00	

성별

		빈도	퍼센트	유효 퍼센트	누적 퍼센트
유효	남	447	48.9	48.9	48.9
	여	468	51.1	51.1	100.0
	전체	915	100.0	100.0	

나이

		빈도	퍼센트	유효 퍼센트	누적 퍼센트
유효	18	222	24.3	24.3	24.3
	19	651	71.1	71.1	95.4
	20	18	2.0	2.0	97.4
	21	6	.7	.7	98.0
	22	9	1.0	1.0	99.0
	23	3	.3	.3	99.3
	24	6	.7	.7	100.0
	전체	915	100.0	100.0	

대학

		빈도	퍼센트	유효 퍼센트	누적 퍼센트
유효	공과대학	153	16.7	16.7	16.7
	사회과학대학	204	22.3	22.3	39.0
	예술대학	21	2.3	2.3	41.3
	인문대학	132	14.4	14.4	55.7
	자연과학대학	321	35.1	35.1	90.8
	해양과학대학	84	9.2	9.2	100.0
	전체	915	100.0	100.0	

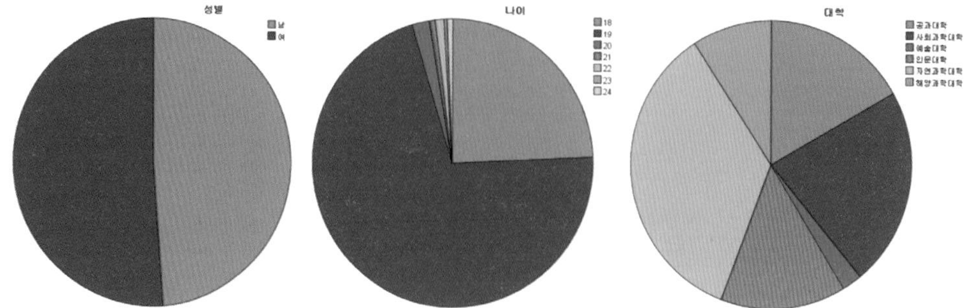

[그림 2-9] Excel에 저장된 빈도분석 결과

빈도분석을 한 후 가장 먼저 확인해야 할 것은 [통계량] 표의 유효수치와 결측치이다. 결과로 나온 [통계량] 표를 보면, 분석된 표본의 개수는 총 915개이고 결측치는 없음을 알 수 있다.

- **[통계량]** : 성별, 나이, 대학 중에서 나이에 대한 값들만 출력된다. 나머지 값들이 출력되지 않은 이유는 성별과 대학의 '유형'이 문자로 되어 있기 때문이다.('유형'은 변수 보기 탭을 클릭하면 나타난다.)
- **[성별]** : 여자가 468명(51.1%)으로 남자 447명(48.9%)에 비하여 많은 것으로 나타났다.
- **[나이]** : 응답자의 연령은 19세가 651명(71.1%)으로 가장 많았으며, 다음으로 18세가 222명(24.3%), 20세가 18명(2.0%), 22세가 9명(1.0%), 21세가 6명(0.7%), 24세가 6명(0.7%), 그리고 23세가 3명(0.3%)의 순으로 나타났다.
- **[대학]** : 공과대학이 153명(16.7%), 사회과학대학이 204명(22.3%), 예술대학이 21명(2.3%), 자연과학대학이 321명(35.1%), 해양과학대학이 84명(9.2%)으로 나타났다.

NOTE

04 빈도분석 후 [통계량]의 유효수치와 결측치를 확인하는 이유

수거된 모든 설문지의 숫자를 N의 '유효'에서 확인해야 한다. 만약 '결측'이 0이 아니라면 코딩이 잘못되어 있다는 뜻이다. 결측치가 발생했다는 것은 수집된 데이터가 제대로 입력되지 않았다는 뜻이므로 반드시 데이터를 보면서 해당 '결측' 위치를 확인해야 한다. 그런 다음 설문지를 찾아 잘못된 부분을 바로잡아야 한다. 만약 결측치가 발생한 원인이 자료입력(코딩) 과정에서의 실수가 아닌, 미응답으로 인한 것이라면 해당 설문지를 제거해야 한다. (이와 같은 결측을 방지하기 위해 연구조사방법론에서는 1차적으로 데이터 클리닝(Data Cleaning)을 실시하여 부적절한 데이터를 삭제한 후 데이터 코딩을 진행한다.)

• [원형 차트] : Step 1-05에서 원형 차트를 선택한 결과이다. 최근 논문에서는 기술통계량에 대한 원형 차트나 막대형 차트 등을 잘 사용하지 않는 추세이지만, 연구보고서와 같이 다양한 정보와 자료를 필요로 하는 곳에서는 종종 활용한다. 도표는 결과를 시각적으로 보여주기 때문에 직관적인 비교가 가능하다.

Step 3 논문에 표현하기 빈도분석

빈도분석은 주로 표본의 특성을 나타내는 용도로 활용한다. 빈도분석 결과를 논문에 표현할 때는 보통 아래 예와 같이 '표본의 일반적 특성'으로 제목을 다는 경우가 많다. 또한 데이터는 빈도와 퍼센트 단위를 사용하여 표 형식으로 나타낸다.

예 제1절 표본의 일반적 특성

본 연구에 이용된 915명의 응답자에 대한 일반적 특성은 [표 A]와 같다.

먼저, 성별은 여자가 468명(51.1%)으로 남자 447명(48.9%)에 비하여 많은 것으로 나타났다. 응답자의 연령은 19세가 651명(71.1%)으로 가장 많았으며, 그 다음 18세가 222명(24.3%), 20세가 18명(2.0%), 22세가 9명(1.0%), 21세가 6명(0.7%), 24세가 6명(0.7%), 그리고 23세가 3명(0.3%)의 순으로 나타났다.

[표 A] 표본의 특성

성별

	빈도(N=915)	%
여	468	51.1
남	447	48.9
합계	915	100.0

나이

	빈도(N=915)	%
19	651	71.1
18	222	24.3
20	18	2.0
22	9	1.0
21	6	.7
24	6	.7
23	3	.3
합계	915	100.0

Chapter 03

t 검정

학습목표

1) t 검정의 개념을 이해하고 검정 결과의 의미를 알 수 있다.
2) 표본의 개수와 측정 횟수에 따라 각기 다른 t 검정을 구분하고, 각각의 경우에 적합한 검정 방법을 적용할 수 있다.
3) t 검정 결과를 분석하고, 이를 논문으로 작성할 수 있다.

다루는 내용

- t 검정의 개념
- 일표본 t 검정
- 대응표본 t 검정
- 독립표본 t 검정

3.1 t 검정이란?

t 검정(t−test)은 연구자가 인식한 문제점이 '맞는가/맞지 않는가', '영향이 있는가/영향이 없는가', '차이가 있는가/차이가 없는가' 등과 같은 표본들의 평균 차이(差異)를 비교하는 방법이다. t 검정은 표본에서 조사된 자료의 평균을 기준으로 검정하며, 표본의 개수와 표본에 대한 측정 횟수에 따라 검정 방법을 세분화할 수 있다. t 검정을 사용하려면 독립변수는 명목척도로, 종속변수는 등간척도나 비율척도로 구성되어 있어야 한다.

t 검정은 종류에 따라 크게 3가지(분산분석까지는 4가지)로 나뉜다. t 검정에서 실제로 검정하는 내용은 가설이 유의확률 내에 들어가는지 아닌지를 판단하는 것으로, 각 변수가 어느 정도의 영향력을 미치는지는 분석하지 않는다. 참고로 ('광고비증감이 매출액에 미치는 영향'과 같이) 변수의 영향력을 분석하는 방법, 즉 독립변수의 변화가 종속변수에 미치는 영향을 확인하는 방법은 회귀분석(regression)에서 다룬다. 이러한 회귀분석은 '투입'이라는 원인에 대한 결과의 변화량을 확인하므로 인과관계분석의 범주에 속하며, 이는 t 검정과는 다르다.

[표 3-1] t 검정의 종류

대상	표본 개수	측정 횟수	검정 방법
평균 비교	1개	1회	일표본 t 검정
		2회	대응표본 t 검정
	2개	1회	독립표본 t 검정
	3개 이상	1회	분산분석(ANOVA)
분산 비교	1개	1회	χ^2(카이제곱) 검정
	2개	1회	F 검정

※ 본 표는 반드시 외우기를 권장한다.

3.2 일표본 t 검정

일표본 t 검정이란 1개의 표본에 대하여 1회 측정하고 분석한 후에 판단하는 분석 방법이다. 누구나 적어도 한 번쯤은 어떤 공공연한 사실에 의심을 품어본 적이 있을 것이다. 이런 경우 이것을 어떻게 검증할 수 있을까? 이때 수행할 수 있는 검정 방법이 바로 t 검정이다. 특히 표본을 1개 선정한 후에 그 표본을 대상으로 단 한 번 측정하는 경우를 '일표본 t 검정'이라 한다.

연구문제 용량이 250㎖로 표기되어 있는 이온음료가 있다. 이 이온음료의 용량이 정말 250㎖가 맞는지 총 300개의 표본을 설정하여 검정해 보자.

이 문제에서는 독립변수로 이온음료라는 표본이 선택되었다. 우리가 알고자 하는 것은 "과연 선정된 해당 이온음료가 250㎖가 맞는가?"이다. 분석 결과를 해석하고 판단하기 위해 가설을 설정해 보자.

귀무가설과 대립가설은 각각 다음과 같다.

- **귀무가설** : 이온음료의 용량은 250㎖이다.
- **대립가설** : 이온음료의 용량은 250㎖가 아니다.

이 예제에 맞는 분석 방법은 일표본 t 검정이다. 그 이유는 표본 1개마다 용량을 1회씩 측정하여 가설이 맞는지를 측정하기 때문이다.

Step 1 따라하기 일표본 t 검정

준비파일 : 일표본 t 검정.xls

01 SPSS Statistics를 구동시킨 후 ❶ 데이터 문서 열기 아이콘( )을 클릭한다. ❷ 데이터 열기 창에서 파일 유형을 'Excel'로 설정하고 ❸ '일표본 t 검정.xls' 파일을 선택한 후 ❹ 열기를 클릭한다.

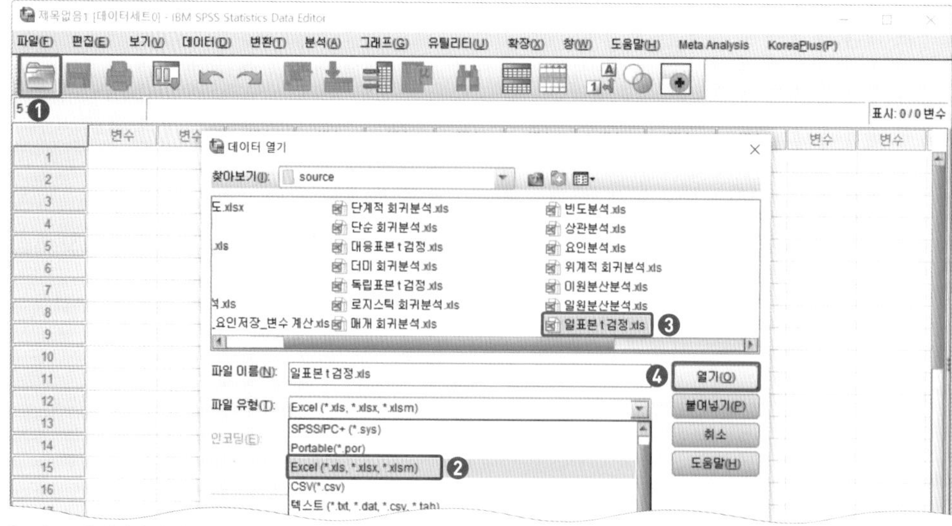

[그림 3-1] 데이터 파일 불러오기

02 Excel 데이터 소스 열기 창이 열리면 ❺ '데이터 첫 행에서 변수 이름 읽어오기'의 ☑ 설정을 확인한 후 ❻ 확인을 클릭한다.

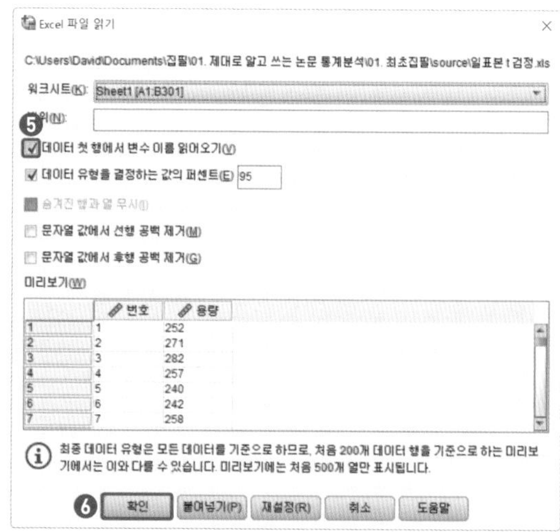

[그림 3-2] 데이터 파일의 첫 행을 변수로 활용

03 불러온 파일에서 분석 ▶ 평균 비교 ▶ 일표본 T 검정을 클릭한다.

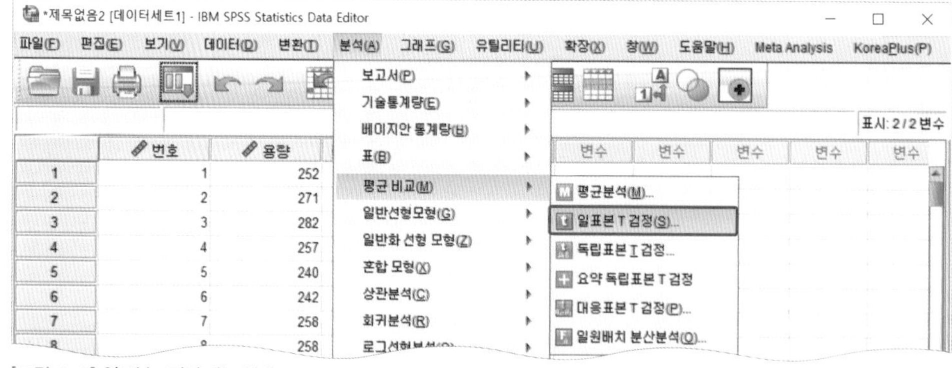

[그림 3-3] 일표본 t 검정 메뉴 선택

04 일표본 T 검정 창에서 ❶ 검정변수 란에 '용량'을 이동시킨 후 ❷ 검정값 250을 입력한 후 ❸ 확인을 클릭하면 분석이 시작된다.

TIP 우리가 검정하고자 하는 검정변수는 '용량'이다. 데이터에서의 '번호'는 단순히 표본의 순서를 보여주는 것이므로 선택하지 않는다.

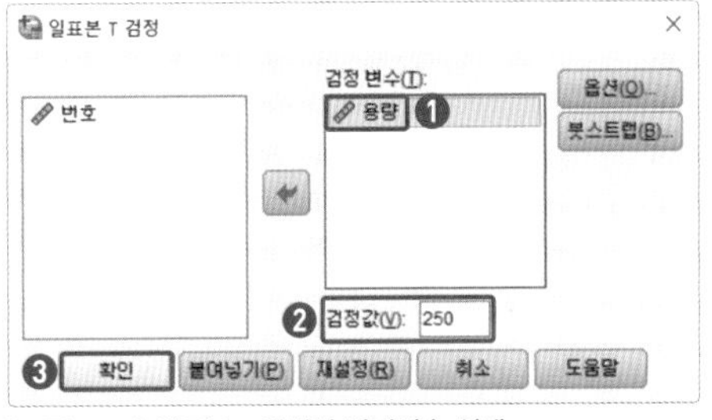

[그림 3-4] 일표본 t 검정의 검정변수 선택

05 출력결과를 엑셀로 옮기기 위해 우선 출력결과 창의 바탕에서 마우스 오른쪽 버튼을 클릭한 뒤 내보내기를 선택한다. 내보내기 출력결과 창의 문서 항목에서 유형을 'Excel 2007 이상(*.xlsx)'으로 선택한다. 파일이름에서 어느 곳에 분석 결과를 저장할 것인지 경로와 파일명을 지정한 후, 확인을 클릭하여 출력결과를 저장한다.

Step 2 결과 분석하기 일표본 t 검정

일표본 통계량

	N	평균	표준화 편차	표준오차 평균
용량	300	244.65	19.826	1.145

일표본 검정

검정값 = 250

	t	자유도	유의확률 (양측)	평균차이	차이의 95% 신뢰구간 하한	차이의 95% 신뢰구간 상한
용량	-4.674	299	.000	-5.350	-7.60	-3.10

[그림 3-5] Excel에 저장된 일표본 t 검정 결과

- **[일표본 통계량]** : '용량'에 대한 분석으로 N은 표본의 개수를 의미한다. 평균과 표준편차가 제시된다.
- **[일표본 검정]** : 이제부터 유의수준의 개념을 적용해야 한다. 유의수준은 Part 01의 1.2절에서 살펴본 바와 같이 p 값을 기준으로 판단하는데, [그림 3-5]에서는 p 값이 '유의확률(양쪽)'로 설명되어 있다. 여기서 t 값의 절대값이 1.96보다 크므로 유의한 결과를 나타낸다.

이 모든 것을 만족하므로 이 검정은 유의하다. 검정 결과가 유의하다면 "이온음료 용량은 250㎖이다."라는 귀무가설을 기각한다.

만약 귀무가설이 기각되고 "연구대상인 이온음료의 용량은 250㎖가 아니다."라는 대립가설을 채택했다고 하자. 그렇다면 250㎖보다 많다는 것인가? 아니면 250㎖보다 적다는 것인가? 답은 결과로 나온 [일표본 통계량] 표의 평균값을 참고하면 된다. 평균값이 244.65로 250㎖가 되지 않으므로, 이 음료는 250㎖보다 적다고 판단할 수 있다.

요즘에는 t 검정만으로 논문을 쓰지는 않는다.[8] 몇 십 년 전만 해도 t 검정으로 논문을 써서 학위를 받는 경우가 많았지만, 최근에는 통계를 이해하는 수준도 높아지고, 소프트웨어를 사용하여 결과를 쉽게 도출할 수 있기 때문에 이러한 간단한 개념의 차이를 연구하는 것은 크게 의미가 없다. 그 대신 좀 더 가치 있는 내용을 찾기 위해 고급 통계 기법이 활용되는 추세이다. 몇 년 전부터 구조방정식모델이 논문에서 많이 사용되고 있는데, 바로 이러한 이유에서이다.

여기에서 주의해야 할 것은 통계분석 방법이 반드시 어렵고 복잡해야만 논문으로서 의미를 갖는 것은 아니라는 점이다. 비슷한 연구모형을 가지고도 훨씬 의미 있는 결과를 찾고자 노력하고, 심도 깊은 연구 끝에 적합한 분석 방법을 찾아내는 것이 중요하다. 근래에 복잡한 고급 기법이 사용되는 것은 일종의 유행이라고 볼 수 있다. 따라서 이 책에서는 일표본 t 검정에 대한 논문 표기법은 생략하기로 한다. ■

3.3 대응표본 t 검정[9]

대응표본 t 검정이란 1개의 표본을 2회 측정(사전-사후 측정)한 후, 두 측정치 간 차이 여부를 판단하는 분석 방법이다. 보통 어떤 효과가 있는지 없는지를 판단할 때 사용한다. 예를 들어 어떠한 제품이나 약품 등이 효과가 있는지 없는지를 검증할 때 사용하는 방법이다.

연구문제

최근 A 제약회사에서는 체중감량 효과가 있는 건강식품을 개발하는 데 성공했다고 한다. 이 건강식품이 정말 체중감량 효과가 있는지 신청자 100인을 표본으로 하여 '복용 전/복용 후'의 체중 변화를 조사해 정말 체중감량 효과가 있는지 확인해 보자.

이 문제에서는 독립변수로 A 제약회사의 건강식품이 표본으로 선택되었다. 알고자 하는 것은 "과연 해당 건강식품이 체중감량 효과가 있을 것인가?"이다. 분석 결과를 해석하고 판단하기 위해 가설을 설정해 보자.

귀무가설과 대립가설은 각각 다음과 같다.

- **귀무가설** : 체중감량에 효과가 없다.
- **대립가설** : 체중감량에 효과가 있다(=체중이 감량될 것이다).

---

8) 의학분야에서는 처방이나 약효를 알기 위해 대응표본 t 검정이 쓰이고 있다. 분석방법이 쉽고 어려운 문제가 아니라, 분석의 특성에 따라 분야마다 쓰임이 다르기 때문이다.

9) 대응표본 t 검정의 개념과 분석 방법 : 『제대로 시작하는 기초 통계학: Excel 활용』 198~203쪽 참조

이 예제에 맞는 분석 방법은 대응표본 t 검정이다. 그 이유는 건강식품의 복용 대상이 되는 표본 1명에 대해 투약 전과 투약 후의 체중의 변화량을 두 번 측정하기 때문이다.

Step 1 따라하기 대응표본 t 검정

준비파일 : 대응표본 t 검정.xls

01 SPSS Statistics를 구동시킨 후 ❶ 데이터 문서 열기 아이콘( )을 클릭한다. ❷ 데이터 열기 창에서 파일 유형을 'Excel'로 설정하고 ❸ '대응표본 t 검정.xls' 파일을 선택한 후 ❹ 열기를 클릭한다.

[그림 3-6] **데이터 파일 불러오기**

02 Excel 데이터 소스 열기 창이 열리면 ❺ '데이터 첫 행에서 변수 이름 읽어오기'의 ☑ 설정을 확인한 후 ❻ 확인을 클릭한다.

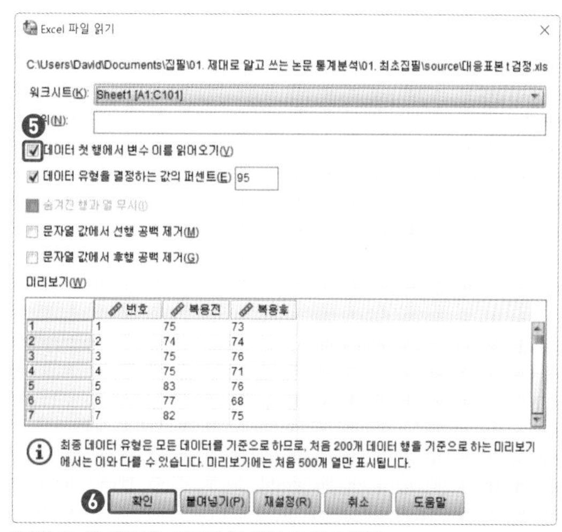

[그림 3-7] **데이터 파일의 첫 행을 변수로 활용**

03 불러온 파일에서 분석▶평균 비교▶대응표본 T 검정을 클릭한다.

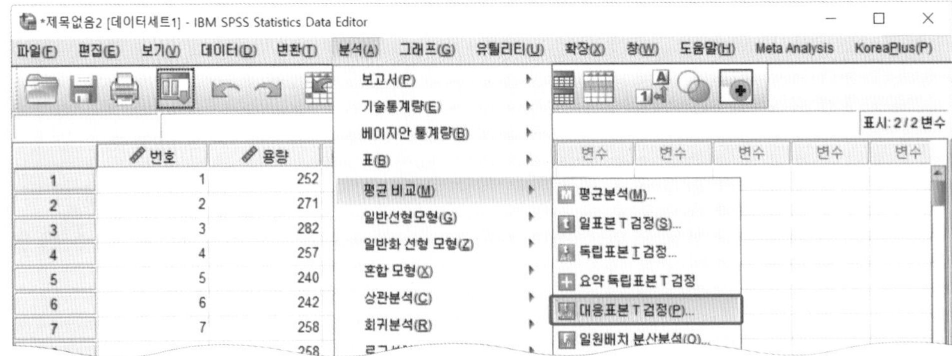

[그림 3-8] 대응표본 t 검정 메뉴 선택

04 대응표본 T 검정 창에서 ❶ '복용 전'과 '복용 후'의 데이터를 한꺼번에 선택하여 대응 변수로 이동시킨 후 ❷ 확인을 클릭하면 분석이 시작된다.

TIP 여기서 검정변수는 '복용 전'과 '복용 후' 체중의 평균 변화이다. '번호'는 단순히 표본의 순서를 나타내므로 선택하지 않았다.

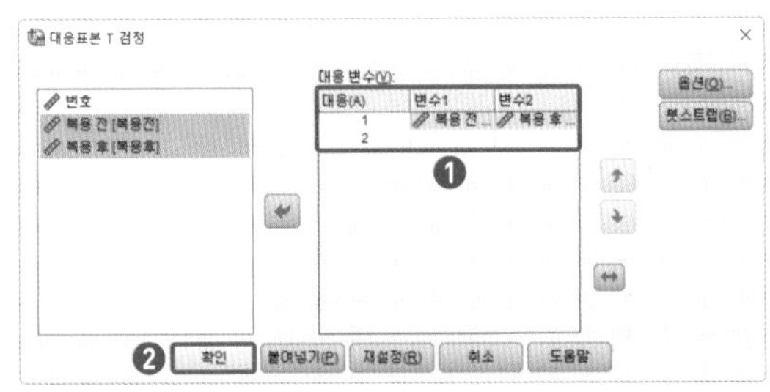

[그림 3-9] 대응표본 t 검정의 대응변수 선택

05 출력결과를 엑셀로 옮기기 위해 우선 출력결과 창의 바탕에서 마우스 오른쪽 버튼을 클릭한 뒤 내보내기를 선택한다. 내보내기 출력결과 창의 문서 항목에서 유형을 'Excel 2007 이상(*.xlsx)'으로 선택한다. 파일이름에서 어느 곳에 분석 결과를 저장할 것인지 경로와 파일명을 지정한 후, 확인을 클릭하여 출력결과를 저장한다.

Step 2 결과 분석하기 대응표본 t 검정

대응표본 통계량

		평균	N	표준화 편차	표준오차 평균
대응 1	복용 전	73.03	100	7.367	.737
	복용 후	69.41	100	6.571	.657

대응표본 상관계수

	N	상관관계	유의확률
대응 1 복용 전 & 복용 후	100	.871	.000

대응표본 검정

	대응차					t	자유도	유의확률 (양측)
	평균	표준화 편차	표준오차 평균	차이의 95% 신뢰구간 하한	차이의 95% 신뢰구간 상한			
대응 1 복용 전 - 복용 후	3.620	3.623	.362	2.901	4.339	9.991	99	.000

[그림 3-10] Excel에 저장된 대응표본 t 검정 결과

- **[대응표본 통계량]** : '복용 전/복용 후'의 대응에 대한 분석이다. N은 표본의 개수가 100이라는 의미이다. 여기서 '평균'은 복용 전/후 표본의 평균 몸무게로, 표준편차가 제시된다.
- **[대응표본 상관계수]** : 복용 전/후의 표본에 대한 상관관계를 나타낸다. 여기서는 87.1%의 유사성을 가지고 있는 것으로 확인되고, 이에 대한 유의확률도 .000으로 나타났다.
- **[대응표본 검정]** : 이제부터 유의수준의 개념을 적용해야 한다. 유의수준을 판단하는 p 값은 '유의확률(양쪽)'로 되어 있다. t 값은 9.991이며, t 값이 1.96보다 크면 유의하다고 판단할 수 있다.

이 모든 것을 만족하므로 이 검정은 유의하다. 검정결과가 유의하므로 "체중감량 효과가 나타나지 않는다."라는 귀무가설을 기각한다. 즉 체중감량에 효과가 있다는 뜻이다.

귀무가설이 기각되고 "체중 감량에 효과가 있다. 그러므로 복용 후 체중이 달라질 것이다."라는 대립가설을 채택했다고 하자. 그렇다면 구체적으로 체중이 어떻게 달라진다는 것인가? [대응표본 통계량] 표의 평균값을 확인하면, 복용 전 평균값이 73.03이고 복용 후가 69.41이다. 즉 복용 전보다 복용 후의 평균값이 3.62만큼 줄었다고 판단할 수 있다.

또한 대응표본 t 검정에서 '자유도'는 N−1이므로 99이다.

Step 3 논문에 표현하기 대응표본 t 검정

대응표본 t 검정 결과를 다음 예와 같이 논문에 표현할 수 있다.

예 [표 A] 대응표본 통계량

구분		평균	N	표준편차	평균의 표준오차	상관계수	유의확률
대응	복용 전	73.03	100	7.367	.737	.871	.000
	복용 후	69.41	100	6.571	.657		

표본을 100으로 하여 측정한 결과, 복용 전에는 73.03kg으로 측정된 몸무게가 복용 후에는 69.41kg으로 측정되었다.

NOTE

05 자유도란?

자유도는 '자유로운 값을 가지는 변수의 수'라고 정의할 수 있다. 변수는 상수와는 달리 그 값이 정해져 있지 않고 자유롭게 어떠한 값이든 될 수 있다.

예를 들어 A, B, C라는 세 변수가 있다고 가정하자. 이 변수들의 평균은 A, B, C를 더해서 3으로 나눈 값이다. 이 변수들의 평균이 10이 되는 수의 조합을 만들어 보자. 우선 2개의 변수값을 자유롭게 정한다면, 나머니 하나는 평균 10을 맞추기 위해 앞의 두 변수값에 따라 특정한 값으로 고정된다. 이처럼 평균이 미리 주어질 경우라면 변수들 가운데 하나는 평균값에 맞추기 위해 자유를 상실하므로 자유도는 '(총변수의 수)−1'이 된다.

[표 B] 대응표본 검정

	대응차					t	자유도	유의확률 (양쪽)
	평균	표준편차	평균의 표준오차	차이의 95% 신뢰구간				
				하한	상한			
복용 전 – 복용 후	3.620	3.623	.362	2.901	4.339	9.991	99	.000

복용 전과 후의 차이가 3.620이고 이에 대한 유의확률이 .000으로 유의한 것으로 확인되었으므로, 귀무가설을 기각하고 대립가설을 채택한다. 따라서 이 건강식품이 체중조절에 효과가 있는 것으로 판단할 수 있다.

3.4 독립표본 t 검정[10)]

독립표본 t 검정이란 2개의 표본을 측정하여 판단하는 분석 방법이다. 보통 유사하거나 대립되는 표본을 비교하여, 그 비교한 평균값이 어떠한 의미를 가지는지 판단할 때 사용한다.

연구문제

A 사의 알카라인 배터리와 B 사의 알카라인 배터리의 용량을 비교해 보고자 한다. 검정을 위해 표본 100개를 설정하여 각각의 배터리로 동일한 전동 장난감을 작동시키고 작동시간을 비교해 보자.

이 문제에서는 독립변수로 A 사의 알카라인 배터리와 B 사의 알카라인 배터리라는 2개의 표본이 선택되었다. 우리가 알고자 하는 것은 “두 제조사의 알카라인 배터리 용량 간에 차이가 있는가?”이다. 분석 결과를 해석하고 판단하기 위해 귀무가설과 대립가설을 설정해 보자.

- **귀무가설** : 제조사 간의 배터리 사용 시간에는 차이가 없다.
- **대립가설** : 제조사 간의 배터리 사용 시간에는 차이가 있다.

이 문제에 맞는 분석 방법은 독립표본 t 검정이다. 그 이유는 알카라인 배터리를 제조하는 회사는 A와 B이므로 표본은 2개가 추출되고, 장난감을 100개 선정하여 작동시켜보는 실험을 1회 측정하기 때문이다.

10) 독립표본 t 검정의 상황별 개념과 분석 방법 : 『제대로 시작하는 기초 통계학: Excel 활용』 204~214쪽 참조

Step 1 따라하기 독립표본 t 검정

준비파일 : 독립표본 t 검정.xls

01 SPSS Statistics를 구동시킨 후 ❶ 데이터 문서 열기 아이콘()을 클릭한다. ❷ 데이터 열기 창에서 파일 유형을 'Excel'로 설정하고 ❸ '독립표본 t 검정.xls' 파일을 선택한 후 ❹ 열기를 클릭한다.

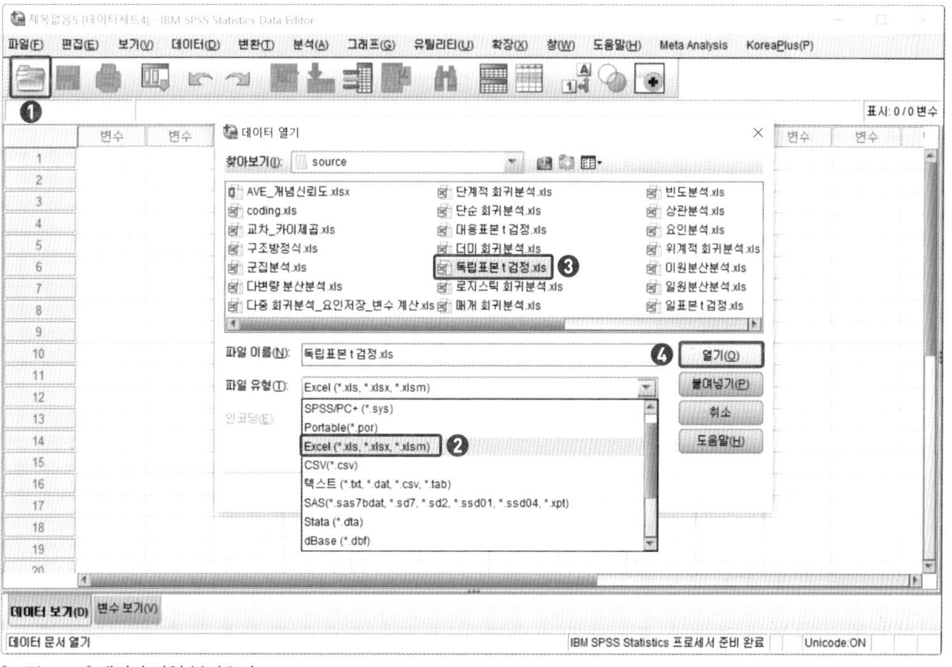

[그림 3-11] 데이터 파일 불러오기

02 Excel 데이터 소스 열기 창이 열리면 ❺ '데이터 첫 행에서 변수 이름 읽어오기'의 ☑ 설정을 확인한 후 ❻ 확인을 클릭한다.

[그림 3-12] 데이터 파일의 첫 행을 변수로 활용

03 불러온 파일에서 분석 ▶ 평균 비교 ▶ 독립표본 T 검정을 클릭한다.

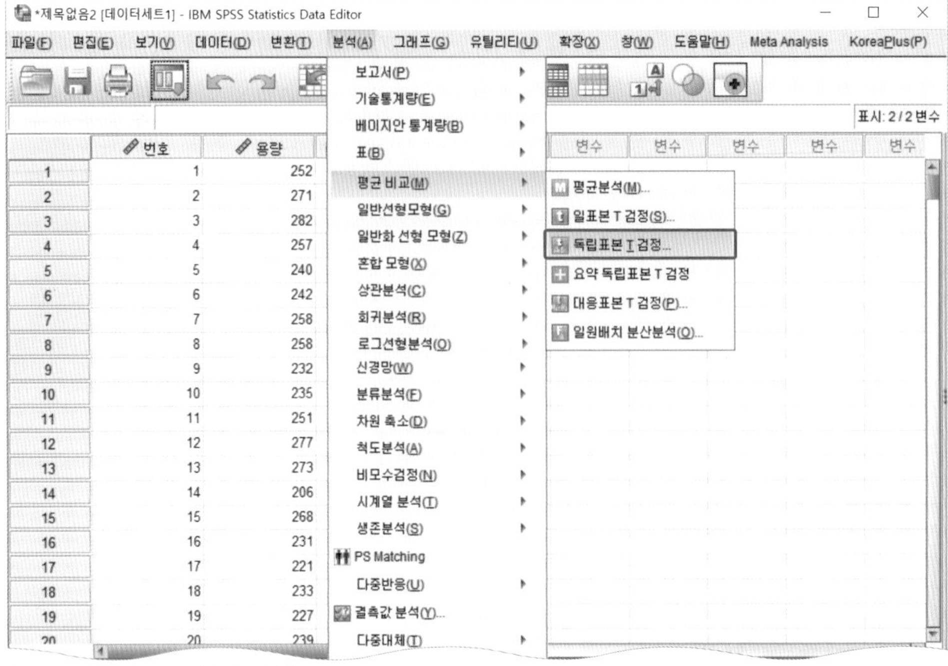

[그림 3-13] 독립표본 t 검정 메뉴 선택

04 독립표본 T 검정 창에서 ❶ 검정변수 란에는 검정하는 대상인 '작동시간'을 옮겨 놓고 ❷ 집단변수 란에는 A 제조사와 B 제조사 간의 비교이므로 '제조사'를 옮겨 놓는다. 그런 후 ❸ 비교해야 할 집단을 정의하기 위해 집단 정의를 클릭한다.

[그림 3-14] 독립표본 t 검정의 검정변수와 집단정의

TIP 변수를 옮긴 후에 집단변수에 '제조사(? ?)'와 같이 물음표로 표시되고 있다. 이것은 SPSS Statistics 프로그램에서 어떤 코딩값을 제조사로 인식하는지 정해지지 않았기 때문에 그에 대한 정의를 내려달라는 의미로 해석하면 된다.

05 집단정의 창에서 ❹ 집단 1에는 '1', 집단 2에는 '2'를 입력하고 ❺ 계속을 클릭한다.

[그림 3-15] 독립표본 t 검정의 집단정의

06 다시 독립표본 T 검정 창을 확인하면 ❶ 집단변수가 '제조사(1 2)'로 설정된 것을 볼 수 있다. ❷ 확인을 클릭하면 분석이 시작된다.

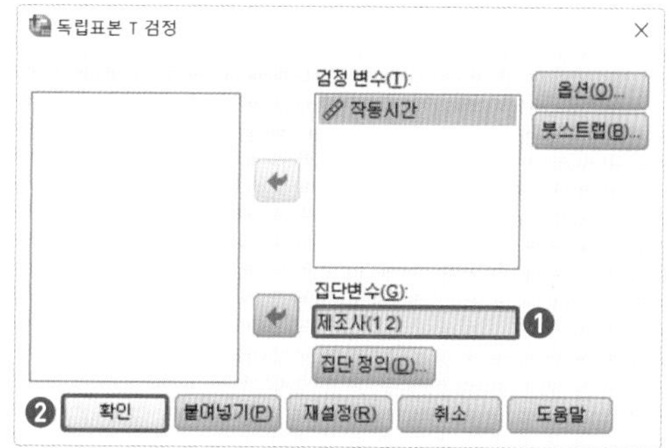

[그림 3-16] 독립표본 t 검정의 집단변수 확인

07 ❶ 데이터 보기 탭을 클릭하면 ❷ 제조사가 1과 2로 나뉘어 코딩되어 있음을 확인할 수 있다.

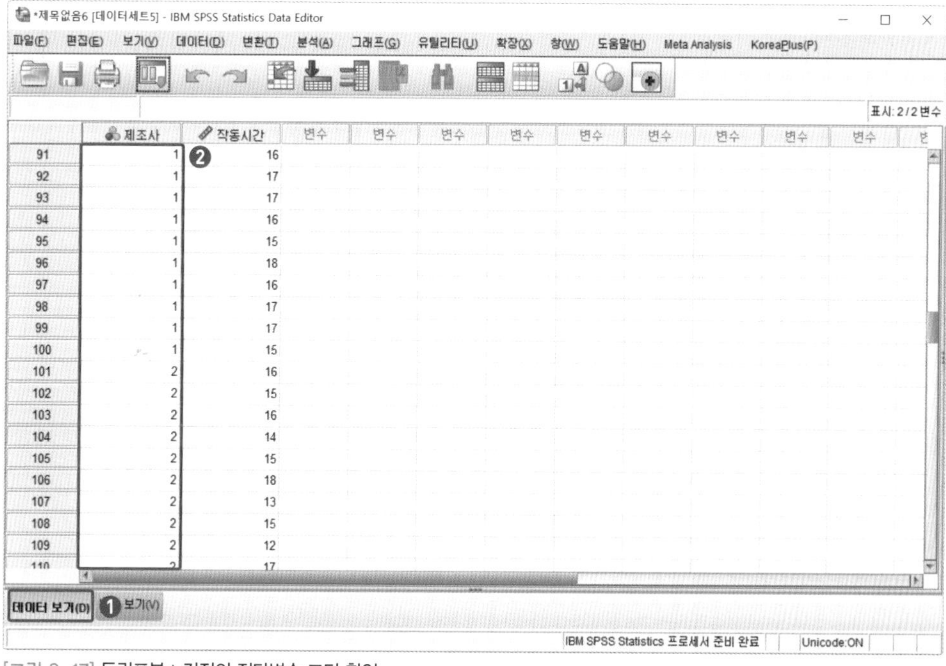

[그림 3-17] 독립표본 t 검정의 집단변수 코딩 확인

08 출력결과를 엑셀로 옮기기 위해 우선 출력결과 창의 바탕에서 마우스 오른쪽 버튼을 클릭한 뒤 내보내기를 선택한다. 내보내기 출력결과 창의 문서 항목에서 유형을 'Excel 2007 이상(*.xlsx)'으로 선택한다. 파일이름에서 어느 곳에 분석 결과를 저장할 것인지 경로와 파일명을 지정한 후, 확인을 클릭하여 출력결과를 저장한다.

Step 2 결과 분석하기 독립표본 t 검정

집단통계량

제조사		N	평균	표준화 편차	표준오차 평균
작동시간	1	100	16.35	1.572	.157
	2	100	14.94	1.556	.156

독립표본 검정

		Levene의 등분산 검정		평균의 동일성에 대한 T 검정						
		F	유의확률	t	자유도	유의확률 (양측)	평균차이	표준오차 차이	차이의 95% 신뢰구간 하한	차이의 95% 신뢰구간 상한
작동시간	등분산을 가정함	.748	.388	6.374	198	.000	1.410	.221	.974	1.846
	등분산을 가정하지 않음			6.374	197.978	.000	1.410	.221	.974	1.846

[그림 3-18] Excel에 저장된 독립표본 t 검정 결과

- **[집단통계량]** : 제조사 A, B의 표본은 각각 100개이다. A 제조사의 배터리가 16.35시간, B 제조사의 배터리가 14.94시간의 평균 작동시간을 보인다. 두 배터리에 대한 표준편차와 평균의 표준오차까지 확인할 수 있다.
- **[독립표본 검정]** : 여기에서는 유의확률(유의수준)을 확인해야 한다. 그런데 표를 보면 '유의확률'이 두 가지로 표시되고 있으며('F' 우측 및 '자유도' 우측), 이 중 '자유도' 우측의 '유의확률'은 다시 '등분산이 가정됨'과 '등분산이 가정되지 않음'의 두 가지로 나뉜 것을 알 수 있다.

이제는 어떤 값을 기준으로 분석 결과를 해석하느냐가 문제인데, 우선 분산의 동질성, 즉 등분산이 가정되어 있느냐, 있지 않느냐를 먼저 파악해야 한다.[11] 등분산은 Levene의 F 검정 결과로 판단하는데, A 제조사와 B 제조사의 표본을 각각 100개씩 측정하여 과연 이 제조사 간에 등분산이 가정되고 있는가를 확인한다. 즉 서로 다른 대상에 대하여 상호 비교가 가능하겠는가를 확인하는 것이다. 이와 같은 의미로 확인해 보면, '등분산이 가정됨'의 F 값은 .748이며 유의확률은 .388이다. 이것은 유의수준의 최소 범위인 .05보다 크다. 다시 말하면 "등분산(분산이 같다)이 맞다."라는 귀무가설을 채택해야 한다.

따라서 '등분산이 가정됨'에 해당하는 분석 결과를 확인해야 한다. 만약 F 값에 대한 유의확률이 .05 이내라면 '등분산이 가정되지 않음'에 해당하는 결과값을 확인하면 된다.

NOTE

06 3가지 유의수준 중 어떤 것을 확인할까?

기존의 t 검정에서는 연구문제에 대한 결과를 기준으로 유의수준을 판단하였으나, 독립표본 t 검정에서는 2개의 표본을 기준으로 검정을 한다. "과연 이 2개의 표본들은 비교가 가능한 표본들인가?"에 대한 검정을 먼저 수행하여 통과한 후, 그 결과를 검정하여 최종 판단을 내린다. 예를 들어 A 사의 배터리와 B 사의 음료수를 비교한다면 표본 간의 비교가 불가능할 것이다. 이처럼 비교가 가능한가를 따지는 등분산은 Levene의 F 검정 결과로 판단한다.

11) 분산의 가정 여부 파악 : 『제대로 시작하는 기초 통계학: Excel 활용』 204~206 참조

이제 '등분산이 가정됨'에서 t 값과 유의확률을 확인하면 된다. 여기서 t 값은 6.374이며, t 값의 절대값이 1.96보다 크므로 유의하고, 역시 p 값도 .000으로 유의수준 범위 내에 있다. 따라서 "제조사 간 배터리의 사용 시간에는 차이가 있다."라는 대립가설을 채택해야 한다.

귀무가설을 기각하고 "제조사 간 배터리의 사용 시간에는 차이가 있다."라는 대립가설을 채택했다고 하자. 그렇다면 구체적으로 얼마나 차이가 있다는 것인가? [집단통계량] 표의 평균값을 확인하면, A 제조사의 평균 사용시간은 16.35이고 B 제조사의 평균 사용시간은 14.94이다. A 제조사의 평균 사용시간보다 B 제조사의 평균 사용시간이 적으므로 A 제조사의 배터리 용량이 더 크다고 판단할 수 있다.

Step 3 논문에 표현하기 독립표본 t 검정

독립표본 t 검정 결과를 다음 예와 같이 논문에 표현할 수 있다.

예

구분	평균		표준편차		t	p
	A 제조사 (n=100)	B 제조사 (n=100)	A 제조사	B 제조사		
작동시간	16.35	14.94	1.572	1.556	6.374	.000

*p<.05, **p<.01, ***p<.001

A 제조사와 B 제조사 간의 알카라인 배터리의 작동시간을 비교하기 위해 각각 표본 100개를 추출하여 조사하였다. A 제조사에서의 평균 작동시간은 16.35시간으로 측정되었고, B 제조사의 평균 작동시간은 14.94로 측정되었다. 이 두 집단의 각각의 평균 차이에 대한 유의수준이 .000으로 유의한 것으로 판단할 수 있으므로 A 제조사의 알카라인 배터리의 작동시간과 B 제조사의 알카라인 배터리의 작동시간은 서로 차이가 난다고 판단할 수 있다.

Chapter 04

분산분석[12]

학습목표

1) 부산분석의 개념을 이해하고 t 검정과의 치이를 구분할 수 있다.
2) 분산분석의 종류를 알고, 상황에 맞게 적절한 분석 방법을 적용할 수 있다.
3) 분석 결과를 바르게 해석하고, 이를 통해 결론을 도출할 수 있다.

다루는 내용

- 분산분석의 개념
- 분산분석의 종류
- 사후분석
- 주효과 및 상호작용효과

앞서 표본이 1개 혹은 2개인 경우의 평균 차이에 대한 검증은 t 검정을 사용했다. 그러나 표본이 3개 이상인 경우 평균값을 비교하여 통계적 유의성을 확인할 때는 분산분석을 사용한다. 분산분석을 ANOVA(analysis of variance, '아노바'로 읽음)라고도 한다. t 검정과 마찬가지로 독립변수는 명목척도로, 종속변수는 등간척도 혹은 비율척도로 구성되어야 한다.

ANOVA는 단일변량 분산분석과 다변량 분산분석으로 나뉜다. 단일변량 분산분석은 독립변수의 개수에 따라 일원분산분석, 이원분산분석, 다원분산분석으로 구분된다. 다변량 분산분석은 MANOVA(multivariate analysis of variance)라고 하며, '마노바'라 발음한다.

[표 4-1] 분산분석의 분류

구분	명칭		독립변수의 수	종속변수의 수
단일변량 분산분석	일원분산분석	One-way ANOVA	1개	1개
	이원분산분석	Two-way ANOVA	2개	
	다원분산분석	Multi-way ANOVA	3개 이상	
다변량 분산분석	-	MANOVA	1개 이상	2개 이상

4.1 일원분산분석

일원분산분석(One-way ANOVA)은 3개 이상의 표본에 대해 독립변수가 1개인 경우 집단 간 종속변수의 평균 차이를 비교하는 분석 방법이다.

---

12) 표본의 수와 변수에 따른 종류별 분산분석의 개념 : 『제대로 시작하는 기초 통계학: Excel 활용』 226~249쪽 참조

연구문제

국내 편의점 중 ① Buy the way, ② CU, ③ Seven-Eleven, ④ MiniStop, ⑤ GS25에 대해 이를 이용한 경험이 있는 소비자들을 기준으로 만족도를 조사했다. 각 편의점에 대한 소비자 만족도의 차이가 있는지 알아보자.(이 문제는 실제 연구를 한 것이 아니라 실습을 위해 설정한 것이다.)

이 문제에서는 명목척도로 측정된 '편의점'을 독립변수로, 등간척도로 측정된 '소비자 만족도 평가'를 종속변수로 하여 일원분산분석을 실시해야 한다.

귀무가설과 대립가설은 각각 다음과 같다.

- **귀무가설** : 편의점별 소비자의 만족도는 같다.
- **대립가설** : 편의점별 소비자의 만족도는 다르다.

Step 1 따라하기 일원분산분석

준비파일 : 일원분산분석.xls

01 SPSS Statistics를 구동시킨 후 **데이터 문서 열기** 아이콘( )을 클릭한다. **데이터 열기** 창에서 파일 유형을 'Excel'로 설정하고 '일원분산분석.xls' 파일을 선택한 후 **열기**를 클릭한다.

02 'Excel'의 **데이터 소스 열기** 창의 '데이터 첫 행에서 변수 이름 읽어오기'의 ☑ 설정을 확인한 후, **확인**을 클릭한다.

03 ❶ **변수 보기** 탭을 클릭하여 ❷ **값** 열의 ⋯ 버튼을 클릭한다.

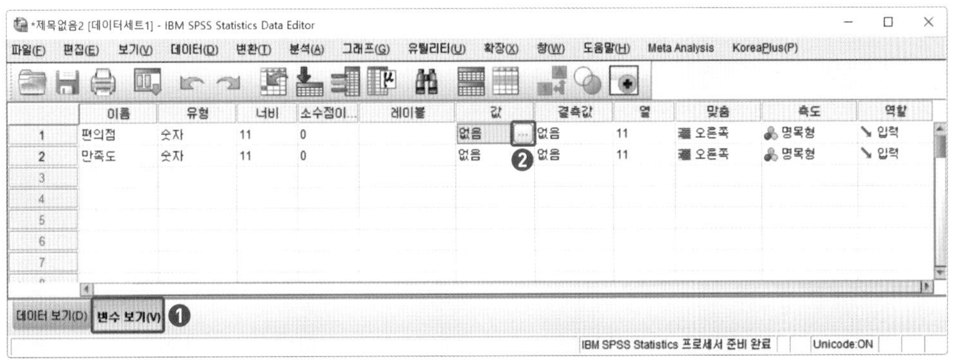

[그림 4-1] **일원분산분석의 변수 보기 탭**

04 **변수값 설명** 창에서 ❸ 설문지의 답안인 1부터 5까지의 이름을 **기준값** 및 **설명**에 각각 기입한 후 ❹ 차례대로 **추가**를 클릭한다. ❺ 입력을 마치면 **확인**을 클릭한다.

[그림 4-2] **일원분산분석의 변수값 설정**

TIP 실제로 번호에 각각의 이름을 지정하지 않아도 분석 결과에는 영향을 미치지 않는다. 하지만 분석 결과에서 명목척도가 숫자보다는 문자로 표시될 때 더 쉽게 해석할 수 있으므로 사전작업을 하는 것이다.

05 불러온 파일로 분산분석(ANOVA)을 진행하기 위해 **분석▶평균 비교▶일원배치 분산분석**을 클릭한다.

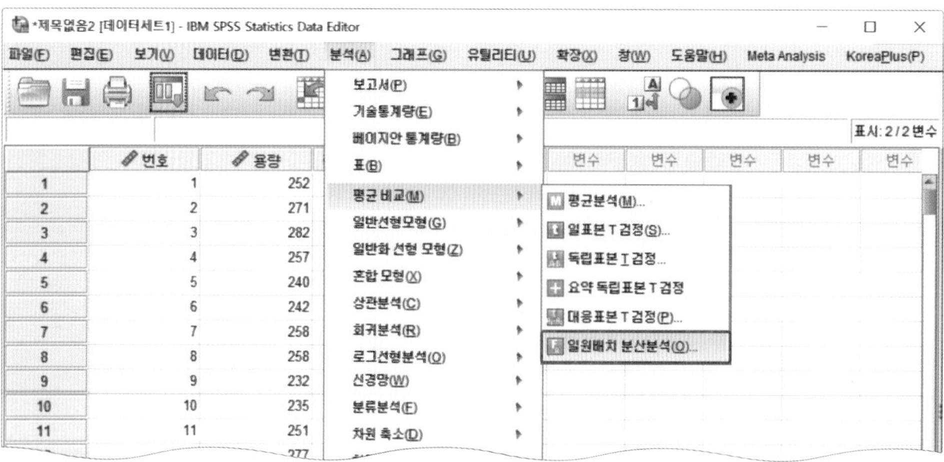

[그림 4-3] **일원분산분석 메뉴 선택**

06 일원배치 분산분석 창의 ❶ **종속변수** 란에 '만족도'(우리가 알고 싶은 연구문제)를 넣고 ❷ **요인** 란에 '편의점'을 옮겨놓는다. ❸ **확인**을 클릭하면 분석이 시작된다.

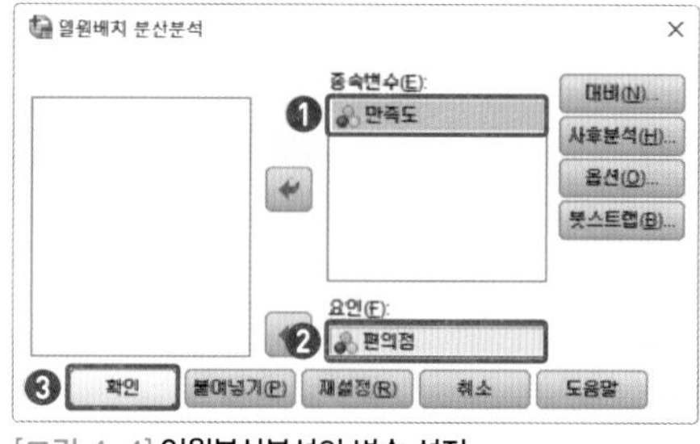

[그림 4-4] **일원분산분석의 변수 설정**

07 출력결과 창에 분석 결과가 나타난다.

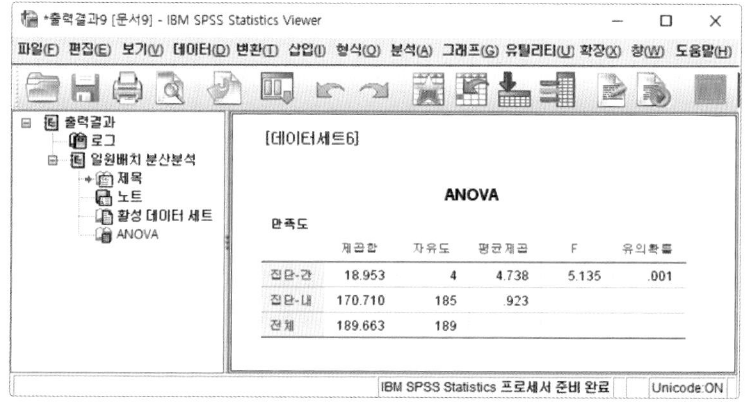

	제곱합	자유도	평균제곱	F	유의확률
집단-간	18.953	4	4.738	5.135	.001
집단-내	170.710	185	.923		
전체	189.663	189			

[그림 4-5] **일원분산분석의 출력결과**

"집단 간에 만족도의 차이가 있는가?"에 대한 가설의 유의수준을 확인할 때, p 값은 낮을수록, F 값은 높을수록 집단 간에 차이가 있다는 의미이다.[13] 만약 편의점 1~5까지의 집단 간 만족도에 차이가 있다면 유의수준은 $p<.05$가 되어야 한다. [그림 4-5]의 분석 결과에서는 $p=.001$이므로 대립가설을 채택한다.

각 편의점 간의 구체적인 만족도에 대한 차이는 다음에 소개하는 사후분석을 통해 확인할 수 있다.

■ 일원분산분석의 사후분석

분산분석을 통해 집단 간에 차이가 있음을 확인할 수 있었으나, 정확한 차이를 판별하기 위해서는 사후분석을 추가로 실시해야 한다. 사후분석에는 LSD, Duncan(던컨), Dunnett(던넷), Tukey(터키), Tukey의 b, Scheffe(쉐페) 등 많은 방법이 있다. 여기서는 그 중 가장 일반적인 Scheffe 방법으로 설명한다.

NOTE

07 **3개 이상의 표본에 있어서의 차이와 사후분석**

간단하게 편의점 3개의 표본을 가지고 비교해 보자. 표본 간 만족도의 평균 차이가 있다고 할 때, 안타깝게도 분산분석은 '만족도의 차이가 있는지'의 여부만을 판별할 수 있다. 각 편의점 간의 차이'를 알기 위해서는 추가로 사후분석을 실시해야 한다. 논문에 분산분석을 통해 얻은 표본 간의 평균 차이를 제시할 수도 있겠으나, 더욱 정교한 논문을 작성하기 위해서는 반드시 사후분석을 하여 표본 간의 차이를 제시해야 한다.

13) F값에 따른 차이 : 『제대로 시작하는 기초 통계학: Excel 활용』 227~228 참조

08 일원분산분석의 사후분석을 진행하기 위해 분석▶평균 비교▶일원배치 분산분석을 클릭한다.

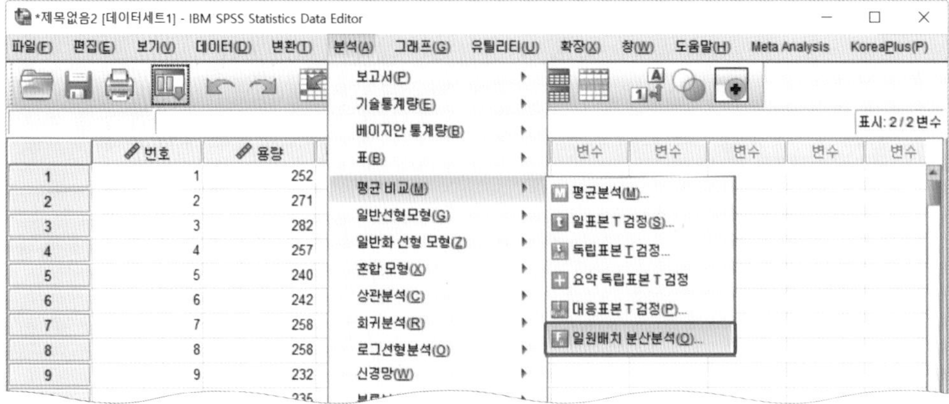

[그림 4-6] 일원분산분석의 사후분석 메뉴 선택

09 일원배치 분산분석 창에서 ❶ 사후분석을 클릭한다. 일원배치 분산분석: 사후분석-다중비교 창에서 ❷ 'Scheffe'를 선택하고 ❸ 계속을 클릭한다.

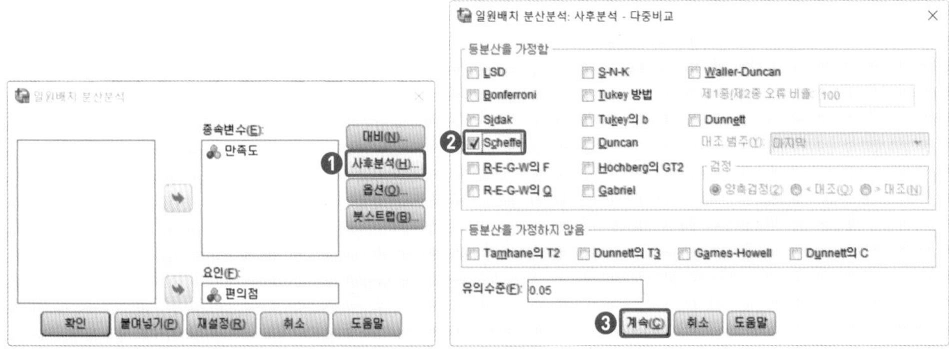

[그림 4-7] 일원분산분석의 사후분석 방법 지정

10 기술통계를 확인하기 위해 일원배치 분산분석 창에서 ❹ 옵션을 클릭한다. 일원배치 분산분석: 옵션 창의 통계량 항목에서 ❺ '기술통계', '분산 동질성 검정'에 ☑ 표시를 한 후 ❻ 계속을 클릭한다. 그런 다음 일원배치 분산분석 창에서 ❼ 확인을 클릭한다.

[그림 4-8] 일원분산분석의 사후분석 옵션 설정

11 출력결과를 엑셀로 옮기기 위해 우선 출력결과 창의 바탕에서 마우스 오른쪽 버튼을 클릭한 뒤 내보내기를 선택한다. 내보내기 출력결과 창의 문서 항목에서 유형을 'Excel 2007 이상(*.xlsx)'으로 선택한다. 파일이름에서 어느 곳에 분석 결과를 저장할 것인지 경로와 파일명을 지정한 후, 확인을 클릭하여 출력결과를 저장한다.

Step 2 결과 분석하기 일원분산분석

■ 일원배치 분산분석

기술통계

만족도

	N	평균	표준화 편차	표준화 오류	평균에 대한 95% 신뢰구간 하한	평균에 대한 95% 신뢰구간 상한	최소값	최대값
Buy the way	8	2.63	1.061	.375	1.74	3.51	1	4
CU	34	3.68	.976	.167	3.34	4.02	2	5
Seven Eleven	56	3.63	.885	.118	3.39	3.86	2	5
MiniStop	79	3.59	1.044	.117	3.36	3.83	1	5
GS25	13	4.54	.519	.144	4.22	4.85	4	5
전체	190	3.64	1.002	.073	3.50	3.79	1	5

분산의 동질성 검정

		Levene 통계량	자유도1	자유도2	유의확률
만족도	평균을 기준으로 합니다.	1.388	4	185	.240
	중위수를 기준으로 합니다.	.405	4	185	.805
	자유도를 수정한 상태에서 중위수를 기준으로 합니다.	.405	4	172.538	.805
	절삭평균을 기준으로 합니다.	1.191	4	185	.316

ANOVA

만족도

	제곱합	자유도	평균제곱	F	유의확률
집단-간	18.953	4	4.738	5.135	.001
집단-내	170.710	185	.923		
전체	189.663	189			

[그림 4-9] Excel에 저장된 대응표본 t 검정 결과 ①

- **[기술통계]** : 집단에 따른 표본의 수(N)와 평균, 표준편차, 표준오차, 최대값, 최소값, 신뢰구간의 상한과 하한의 값이 표시된다.
- **[분산의 동질성 검정]**[14] : Levene의 통계량으로 동질적 집단 여부의 값을 표시한다. 여기서는 1.96을 넘지 않았고, p 값 또한 .05 이내가 아니므로 동질적인 것으로 판단한다('3.3절. 독립표본 t 검정' 참고).
- **[일원배치 분산분석]**[15]

▷ **제곱합(sum of square)** : 평균과 편차를 제곱한 후 더한 값

14) 분산의 동질성 검정을 해야 하는 이유 : 『제대로 시작하는 기초 통계학: Excel 활용』 231쪽 참조

15) 분산분석에서 확인해야 하는 집단 간 편차와 집단 내 편차의 개념 : 『제대로 시작하는 기초 통계학: Excel 활용』 233~238쪽 참조

▷ **df(degree of freedom)** : 자유도

▷ **평균 제곱** : 집단 간 제곱합과 집단 내 제곱합을 분산으로 나타낸 값

▷ **F** : $\frac{(\text{집단 간 분산})}{(\text{집단 내 분산})}$

이 값은 절대로 음수(−)가 나올 수 없으며, 집단 내 분산과 집단 간 분산이 같다면 F=1이 된다. 1보다 높을수록 집단 간의 평균 차이가 있으므로 귀무가설을 기각한다. (간혹 다른 버전의 SPSS Statistics에서는 F 값이 '거짓'으로 나타나는 경우가 있는데, 이는 한글로 번역하면서 발생한 오류이다. 분산분석에서는 참/거짓의 개념이 없다.)

▷ **유의확률** : p(p−value)

■ 사후검정

다중비교

종속변수: 만족도

Scheffe

(I) 편의점	(J) 편의점	평균차이(I-J)	표준화 오류	유의확률	95% 신뢰구간 하한	95% 신뢰구간 상한
Buy the way	CU	-1.051	.377	.106	-2.23	.12
	Seven Eleven	-1.000	.363	.113	-2.13	.13
	MiniStop	- .970	.356	.121	-2.08	.14
	GS25	-1.913*	.432	.001	-3.26	- .57
CU	Buy the way	1.051	.377	.106	- .12	2.23
	Seven Eleven	.051	.209	1.000	- .60	.70
	MiniStop	.082	.197	.997	- .53	.69
	GS25	- .862	.313	.113	-1.84	.11
Seven Eleven	Buy the way	1.000	.363	.113	- .13	2.13
	CU	- .051	.209	1.000	- .70	.60
	MiniStop	.030	.168	1.000	- .49	.55
	GS25	- .913	.296	.053	-1.83	.01
MiniStop	Buy the way	.970	.356	.121	- .14	2.08
	CU	- .082	.197	.997	- .69	.53
	Seven Eleven	- .030	.168	1.000	- .55	.49
	GS25	-.944*	.288	.032	-1.84	- .05
GS25	Buy the way	1.913*	.432	.001	.57	3.26
	CU	.862	.313	.113	- .11	1.84
	Seven Eleven	.913	.296	.053	- .01	1.83
	MiniStop	.944*	.288	.032	.05	1.84

*. 평균차이는 0.05 수준에서 유의합니다.

[그림 4-10] Excel에 저장된 대응표본 t 검정 결과 ②

• **[다중비교]** : Buy the way−GS25 간의 만족도 차이가 있음이 유의확률 .001로 나타났으며, MiniStop−GS25 간의 만족두 차이가 있음이 유의확률 .032로 나타났다. [다중비교] 표의 '평균차(I−J)' 하단을 보면, GS25에서 다른 편의점의 만족도를 뺀 결과가 모두 양수임을 알 수 있다. 때문에 GS25에 대한 만족도가 가장 높다고 판단할 수 있다.

■ 동일 집단군

만족도

Scheffe$_{a,b}$

편의점	N	유의수준 = 0.05에 대한 부분집합	
		1	2
Buy the way	8	2.63	
MiniStop	79		3.59
Seven Eleven	56		3.63
CU	34		3.68
GS25	13		4.54
유의확률		1.000	.060

동질적 부분집합에 있는 집단에 대한 평균이 표시됩니다.
a. 조화평균 표본크기 19.095을(를) 사용합니다.
b. 집단 크기가 동일하지 않습니다. 집단 크기의 조화평균이 사용됩니다. I 유형 오차 수준은 보장되지 않습니다.

[그림 4-11] Excel에 저장된 대응표본 t 검정 결과 ③

- **[만족도]** : 등분산 가정을 통해 동일한 집단이라고 생각할 수 있으나, 실제로는 비교 가능한 집단(편의점)을 세부적으로 구분한 표이다. '유의수준=.05에 대한 부집단'을 1과 2로 구분하였다. 여기서 각 수치는 만족도에 대한 평균값을 의미한다.

NOTE

08 분산분석을 실시한 후, 사후분석을 하는 이유

분산분석은 t 검정과 달리 표본이 3개 이상인 경우에 실시하는 분석이다. 표본이 2개인 t 검정에서는 두 집단을 직접 비교할 수 있다. 하지만 3개 이상의 집단에 대한 분산분석으로는 표본들 간의 차이 여부는 확인할 수 있지만, 그 표본들 간의 구체적인 차이는 확인할 수 없다. 즉 A, B, C의 3개의 집단에 대해 분산분석을 실시했을 때, 이들 간에 차이가 있음을 확인했다 해도 ① A–B, ② A–C, ③ B–C 간의 차이까지 확인할 수 있는 것은 아니다. 이때 사후분석을 수행하면 집단 간 차이에 대한 유의성 여부를 확인할 수 있으므로 더욱 정교한 결과를 얻을 수 있다.

09 사후분석의 비교

❶ Scheffé

분석한 결과가 유의해서 집단 간 평균차이가 있다는 결론이 얻어졌을 때 적용하는 방법이다. Scheffé 방법은 단순히 집단 간의 조합을 만들어 비교하는 것 외에도 모든 경우의 수에 대한 비교가 가능하다는 장점이 있으며, 집단 간 표본수(n)가 동수가 아니라도 적용할 수 있다.

❷ Duncan

표본 간 평균차가 있는지에 대한 검정방법 중 하나로 연구에 선택된 표본들이 서로 동일한 표본수(n)여야 하고, 어떤 서열관계가 있는가에 따라 임계치를 달리하는 검정방법이라 다중범위검정이라고도 한다. 사회과학계열에서 주로 적용하는 방법이다.

❸ Dunnett

다중집단 비교에 있어 실험군과 통제군의 평균비교를 위해 사용되는 사후검정방법이다. 처치(treatment)가 된 a개의 집단 중 비교집단은 한 개이므로 a–1개의 비교가 가능하다.

❹ Tukey

비교되는 모든 집단의 표본수(n)가 동일한 경우 평균차가 있는지를 비교하는 방법이다. 이공계열의 실험실 연구와 같이 표본수를 정확하게 통제할 수 있는 경우에 가장 적합한 분석 방법이다. 반면, 사회과학계열에서는 모수에 따라 표본수가 서로 다를 수 있어 이 방법을 적용하지 못하는 경우가 많다.

Step 3 논문에 표현하기 일원분산분석

기술통계량에 관한 부분은 표본의 특성이 잘 나타나도록 표현해야 한다.

예 [표 A] 분산의 동질성 검정

Levene 통계량	df1	df2	유의확률
1.388	4	185	.240

[표 A]에서 유의확률은 .240으로 모두 .05를 넘어선다. 즉 동질성이 있다는 의미이며, 집단 간 분산분석을 실시할 수 있는 표본으로 확인할 수 있다.

[표 B] 일원배치 분산분석

	제곱합	df	평균 제곱	F	유의확률
집단-간	18.953	4	4.738	5.135	.001
집단-내	170.710	185	.923		
합계	189.663	189			

[표 B]에서 유의확률은 .001로 유의하다는 결과를 얻었다. 이는 편의점 표본 간의 만족도를 조사하여 비교한 결과, 이들 간에 차이가 나타났다는 의미이다.

[표 C] 사후검정 다중비교-Scheffe

(I) 편의점		평균차(I-J)	표준오차	유의확률	95% 신뢰구간	
					하한값	상한값
Buy the way	CU	-1.051	.377	.106	-2.23	.12
	Seven Eleven	-1.000	.363	.113	-2.13	.13
	MiniStop	-.970	.356	.121	-2.08	.14
	GS25	-1.913*	.432	.001	-3.26	-.57
CU	Buy the way	1.051	.377	.106	-.12	2.23
	Seven Eleven	.051	.209	1.000	-.60	.70
	MiniStop	.082	.197	.997	-.53	.69
	GS25	-.862	.313	.113	-1.84	.11
Seven Eleven	Buy the way	1.000	.363	.113	-.13	2.13
	CU	-.051	.209	1.000	-.70	.60
	MiniStop	.030	.168	1.000	-.49	.55
	GS25	-.913	.296	.053	-1.83	.01
MiniStop	Buy the way	.970	.356	.121	-.14	2.08
	CU	-.082	.197	.997	-.69	.53
	Seven Eleven	-.030	.168	1.000	-.55	.49
	GS25	-.944*	.288	.032	-1.84	-.05
GS25	Buy the way	1.913*	.432	.001	.57	3.26
	CU	.862	.313	.113	-.11	1.84
	Seven Eleven	.913	.296	.053	-.01	1.83
	MiniStop	.944*	.288	.032	.05	1.84

* 평균차는 .05 수준에서 유의합니다.

표본 간 만족도의 차이가 나타났다. 이에 사후검정을 통해 어떠한 차이가 존재하는지를 확인한 결과, GS25-MiniStip, GS25-Buy the way에서 모두 유의수준이 .05 이내이므로 차이가 나타남을 확인할 수 있다.

4.2 이원분산분석

이원분산분석(Two-way ANOVA)은 독립변수가 2개일 때 집단 간 종속변수의 평균 차이를 비교하는 분석 방법이다. 이원분산분석은 두 개의 독립변수 간의 관계에 따라 두 가지로 나눌 수 있다.

❶ **주효과 검정 이원분산분석** : 독립변수들이 각각 독립적으로 종속변수에 미치는 영향을 검정한다.

❷ **상호작용효과 검정 이원분산분석**[16)] : 독립변수들이 서로 연관되어 종속변수에 미치는 영향을 검정한다.

위의 두 가지 분산분석을 수행하기 위해 최근 포화상태에 있는 커피전문점의 매출을 지역별로 구분하여 분석하고, 또 세부적으로 흡연석 운영 여부에 따라 나누어 분석해 보자.

4.2.1 주효과 검정 이원분산분석

연구문제 젊은이들이 많이 찾는 서울의 '홍대역, 종로, 강남역'을 중심으로 상권을 나누고, 각 상권에 위치한 커피전문점의 흡연석 상태를 '흡연석 유/무/테라스'로 나눈 뒤, 각각의 요소들이 매출에 어떠한 영향을 미치는지 조사해 보자.

이 문제에서는 커피전문점을 ❶ '상권의 위치' 따라 명목척도로 홍대역/종로/강남역으로 나누고, ❷ '흡연석 여부'에 따라 명목척도로 유/무/테라스로 나누어 독립변수로 설정한다. 이 독립변수가 매출에 미치는 영향을 알아보기 위해 비율척도인 종속변수를 매출액으로 설정하여 이원분산분석을 실시한다.

귀무가설과 대립가설은 다음과 같다.

- **귀무가설 1** : 상권의 위치에 따른 매출액의 차이는 없을 것이다.
- **대립가설 1** : 상권의 위치에 따른 매출액의 차이가 있을 것이다.

---

16) 상호작용효과의 개념 : 『제대로 시작하는 기초 통계학: Excel 활용』 241~246쪽 참조

• **귀무가설 2** : 흡연석 여부에 따른 매출액의 차이는 없을 것이다.

• **대립가설 2** : 흡연석 여부에 따른 매출액의 차이가 있을 것이다.

독립변수가 2개이므로 귀무가설도 2개로 설정되며, 이에 따라 대립가설도 2개가 된다.

Step 1 따라하기 주효과 검정 이원분산분석

준비파일 : 이원분산분석.xls

01 '이원분산분석.xls' 파일을 불러온 후,

❶ 변수 보기 탭으로 이동한다.

❷ '흡연석여부'에 대한 값 열의 [...] 버튼을 클릭한다.

❸ 값 레이블 창이 열리면 [표 4-2]와 같이 각각 입력하고 차례대로 추가를 클릭한다. 모두 입력하였으면 확인을 클릭한다.

[표 4-2] **값 레이블 입력**

기준값	1	2	3
레이블	흡연석 유	흡연석 무	흡연석 테라스

❹ '위치'에 대한 값 열의 [...] 버튼을 클릭한다.

❺ 값 레이블 창이 열리면 [표 4-3]과 같이 각각 입력하고 차례대로 추가를 클릭한다. 모두 입력하였으면 확인을 클릭한다.

[표 4-3] **값 레이블 입력**

기준값	1	2	3
레이블	홍대역 상권	종로 상권	강남역 상권

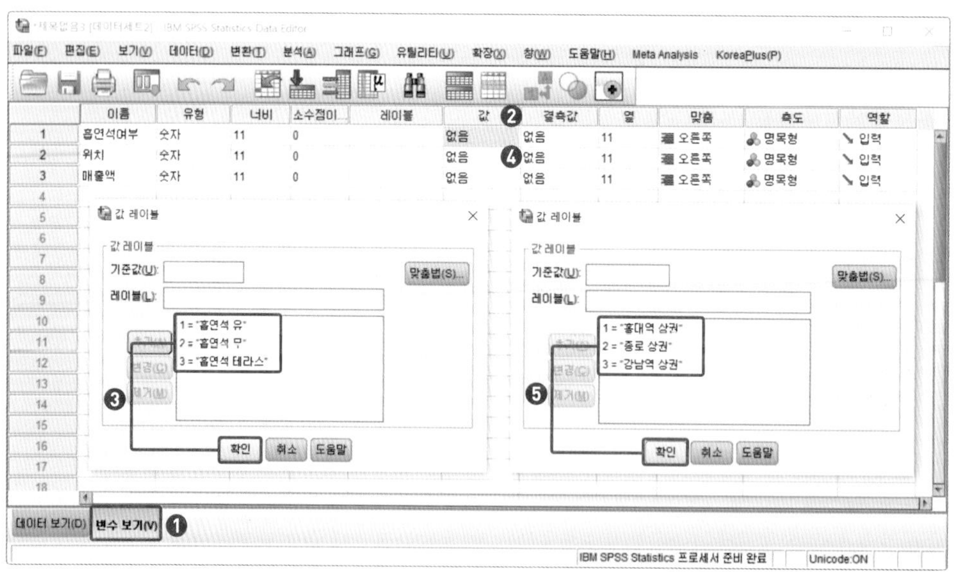

[그림 4-12] **이원분산분석의 변수값 설정**

02 데이터 편집 창에서 분석 ▶ 일반선형모형 ▶ 일변량을 클릭한다.

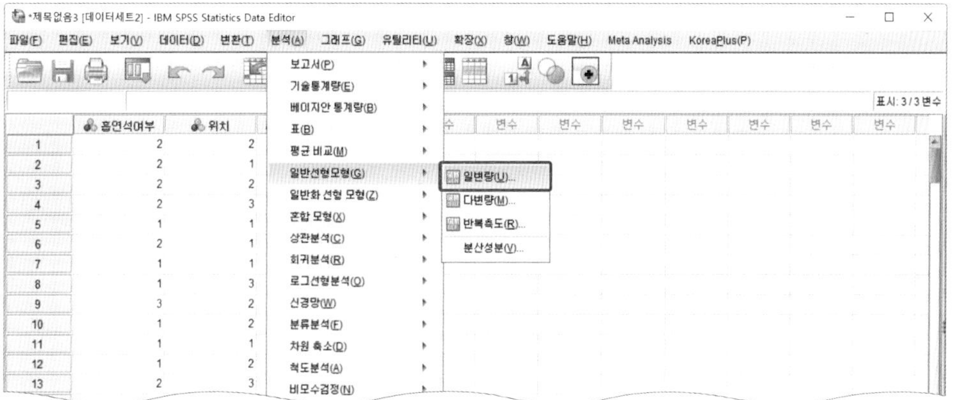

[그림 4-13] **이원분산분석 메뉴 선택**

03 우리가 알고자 하는 것은 흡연석 상태에 따라 매출액에 차이가 나는지를 확인하는 것이므로 일변량 분석 창에서 ❶ '매출액'을 종속변수 란으로 옮기고 ❷ 표본의 특성에 해당하는 '흡연석여부'와 '위치'는 고정요인으로 옮긴 후 ❸ 모형을 클릭한다.

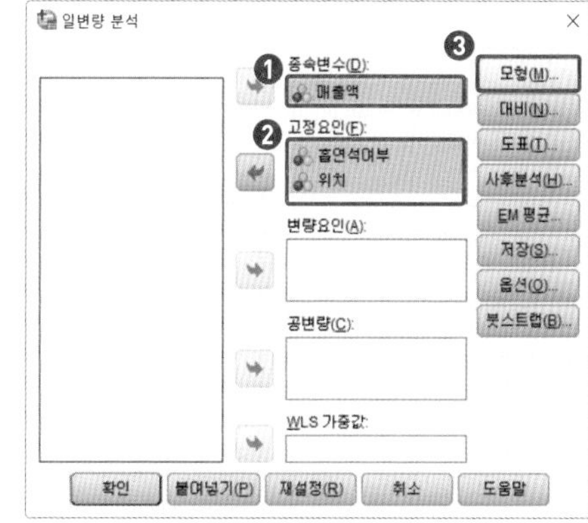

[그림 4-14] **이원분산분석의 변수 입력**

04 일변량: 모형 창에서 ❹ 모형설정을 '항 설정'으로 선택한다. 주효과 검정이므로 ❺ 항 설정을 '주효과'로 선택한다. 모형의 변수는 '흡연석여부'와 '위치'이므로 ❻ 모형 란으로 변수를 이동시킨 후 ❼ 계속을 클릭한다.

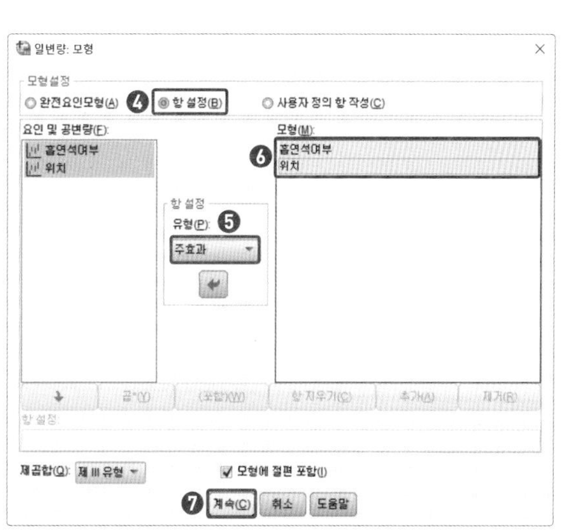

[그림 4-15] **이원분산분석의 모형 설정 : 주효과**

05 일변량 분석 창에서 ❶ 옵션을 클릭한다. 기술통계량을 보기 위해 ❷ 일변량: 옵션 창의 '기술통계량'에 ☑ 표시를 한 후 ❸ 계속을 클릭한다. 다시 일변량 분석 창으로 이동하여 ❹ 확인을 클릭한다.

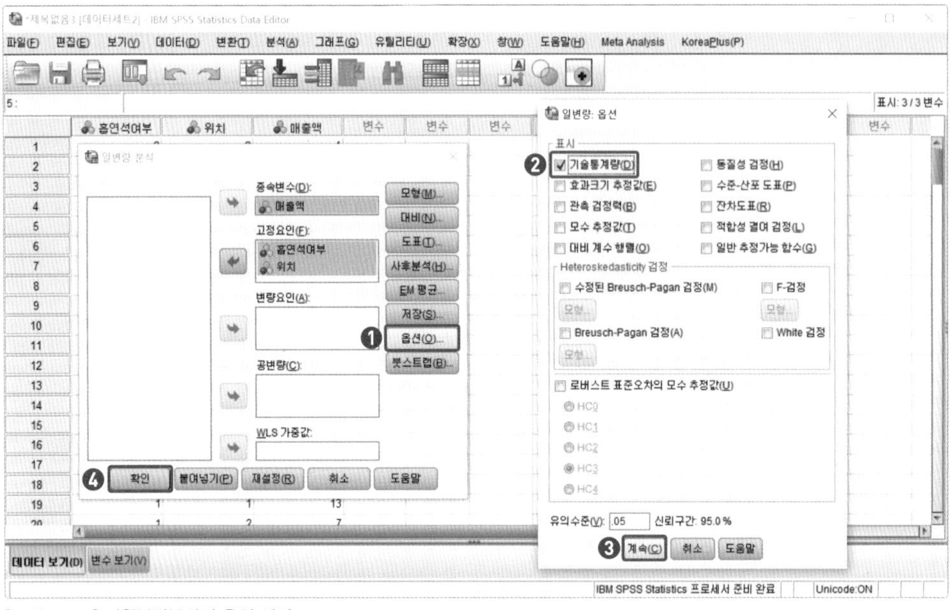

[그림 4-16] 이원분산분석의 옵션 설정

06 잠시 분석 결과를 살펴보자. [그림 4-17]은 SPSS Statistics의 출력결과 창에 출력된 내용을 엑셀로 내보내기하여 나온 분석 결과이다.

개체-간 요인

		값 레이블	N
흡연석여부	1	흡연석 유	50
	2	흡연석 무	61
	3	흡연석 테라스	50
위치	1	홍대역 상권	74
	2	종로 상권	60
	3	강남역 상권	27

기술통계량

종속변수: 매출액

흡연석여부		평균	표준편차	N
흡연석 유	홍대역 상권	14.37	1.418	27
	종로 상권	6.06	1.249	17
	강남역 상권	11.00	4.604	6
	전체	11.14	4.295	50
흡연석 무	홍대역 상권	7.64	1.075	25
	종로 상권	5.88	.992	24
	강남역 상권	7.17	1.403	12
	전체	6.85	1.364	61
흡연석 테라스	홍대역 상권	5.55	1.625	22
	종로 상권	3.79	1.475	19
	강남역 상권	4.44	1.740	9
	전체	4.68	1.755	50
전체	홍대역 상권	9.47	4.065	74
	종로 상권	5.27	1.582	60
	강남역 상권	7.11	3.434	27
	전체	7.51	3.752	161

개체-간 효과 검정

종속변수: 매출액

소스	제 III 유형 제곱합	자유도	평균제곱	F	유의확률
수정된 모형	1571.100[a]	4	392.775	89.957	.000
절편	7258.924	1	7258.924	1662.505	.000
흡연석여부	979.710	2	489.855	112.191	.000
위치	485.436	2	242.718	55.589	.000
오차	681.136	156	4.366		
전체	11331.000	161			
수정된 합계	2252.236	160			

a. R 제곱 = .698 (수정된 R 제곱 = .690)

[그림 4-17] Excel에 저장된 이원분산분석 결과

- **[개체-간 요인]** : 설문조사에서 '흡연석여부'와 '위치'는 각각 1, 2, 3으로 응답을 받았으나, 변수값 설명 창에는 앞에서 입력했던 대로 표시되었다. 여기서 N은 표본의 개수이다.
- **[기술통계량]** : 홍대역 상권, 종로 상권, 강남역 상권의 '흡연석여부'에 대한 응답의 평균과 표준편차, 그리고 각각에 대한 표본의 개수 N을 나타낸다.
- **[개체-간 효과 검정]** : '흡연석여부'와 '위치'에 따른 매출액의 변화는 유의수준 내에 있으므로 귀무가설을 기각한다. 따라서 "흡연석 여부와 위치에 따라 매출액에 차이가 있다."고 판단할 수 있다.

이상의 결과에서 흡연석 여부와 위치에 따라 매출액에 차이가 있음을 확인했으므로, 더욱 정교한 분석을 위해 사후분석을 실시해 보자.

■ 이원분산분석의 사후분석

07 데이터 편집 창에서 분석 ▶ 일반선형모형 ▶ 일변량을 클릭한다.

[그림 4-18] 이원분산분석 메뉴 선택

08 일변량 분석 창에서 ❶ 사후분석을 클릭한다. 사후분석을 통해 알고 싶은 것은 '위치'와 '흡연석여부'에 따른 매출액의 차이이므로 일변량: 관측평균의 사후분석 다중비교 창의 ❷ 사후검정변수 란에 변수를 옮겨 놓은 후 ❸ 등분산을 가정함의 'Scheffe'에 ☑ 표시를 한 후 ❹ 계속을 클릭한다. 다시 일변량 분석 창으로 이동하여 ❺ 확인을 클릭하면 분석이 시작된다.

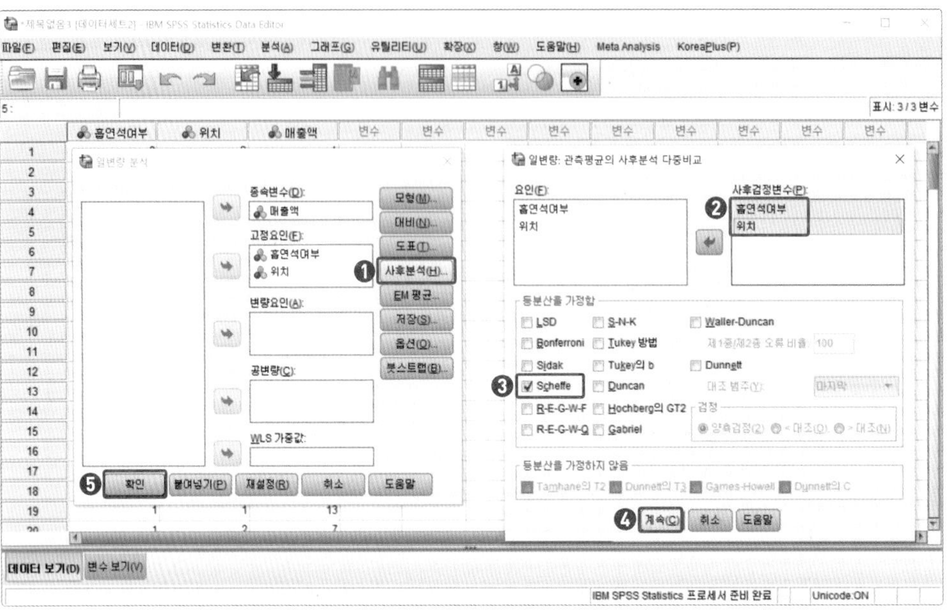

[그림 4-19] **이원분산분석의 사후분석 지정**

09 출력결과를 엑셀로 옮기기 위해 우선 출력결과 창의 바탕에서 마우스 오른쪽 버튼을 클릭한 뒤 내보내기를 선택한다. 내보내기 출력결과 창의 문서 항목에서 유형을 'Excel 2007 이상(*.xlsx)'으로 선택한다. 파일이름에서 어느 곳에 분석 결과를 저장할 것인지 경로와 파일명을 지정한 후, 확인을 클릭하여 출력결과를 저장한다.

NOTE

10 **사후분석은 꼭 분산분석 이후에 해야 하는가?**

이 책에서는 사후분석을 왜 해야 하는지 이해를 돕기 위해 다소 번거롭더라도 두 번에 걸쳐서 분석을 진행했다. 사후분석을 하는 이유는 분산분석을 실시하여 차이가 확인되었을 때 표본 간의 차이를 확인하기 위함이다. 때문에 사후분석은 분산분석에서 차이가 있다는 결과를 얻어야 의미가 있다. 그러나 실제 분석에서는 분산분석을 실시하면서 동시에 사후분석을 진행하는 경우도 많다.

Step 2 결과 분석하기 주효과 검정 이원분산분석

[개체-간 요인], [기술통계량], [개체-간 효과 검정] 표는 사후분석 전과 동일한 내용이므로, 여기서는 '사후검정' 내용만 확인하기로 한다.

다중비교

종속변수: 매출액
Scheffe

(I) 흡연석여부	(J)	평균차이(I-J)	표준오차	유의확률	95% 신뢰구간 하한	95% 신뢰구간 상한
흡연석 유	흡연석 무	4.29*	.399	.000	3.30	5.27
	흡연석 테라스	6.46*	.418	.000	5.43	7.49
흡연석 무	흡연석 유	-4.29*	.399	.000	-5.27	-3.30
	흡연석 테라스	2.17*	.399	.000	1.19	3.16
흡연석 테라스	흡연석 유	-6.46*	.418	.000	-7.49	-5.43
	흡연석 무	-2.17*	.399	.000	-3.16	-1.19

관측평균을 기준으로 합니다.
오차항은 평균제곱(오차) = 4.366입니다.
*. 평균차이는 .05 수준에서 유의합니다.

다중비교

종속변수: 매출액
Scheffe

(I) 위치	(J)	평균차이(I-J)	표준오차	유의확률	95% 신뢰구간 하한	95% 신뢰구간 상한
홍대역 상권	종로 상권	4.21*	.363	.000	3.31	5.10
	강남역 상권	2.36*	.470	.000	1.20	3.52
종로 상권	홍대역 상권	-4.21*	.363	.000	-5.10	-3.31
	강남역 상권	-1.84*	.484	.001	-3.04	- .65
강남역 상권	홍대역 상권	-2.36*	.470	.000	-3.52	-1.20
	종로 상권	1.84*	.484	.001	.65	3.04

관측평균을 기준으로 합니다.
오차항은 평균제곱(오차) = 4.366입니다.

*. 평균차이는 .05 수준에서 유의합니다.

매출액

$Scheffe_{a,b,c}$

흡연석여부	N	부분집합 1	부분집합 2	부분집합 3
흡연석 테라스	50	4.68		
흡연석 무	61		6.85	
흡연석 유	50			11.14
유의확률		1.000	1.000	1.000

동질적 부분집합에 있는 집단에 대한 평균이 표시됩니다.
관측평균을 기준으로 합니다.
오차항은 평균제곱(오차) = 4.366입니다.

a. 조화평균 표본크기 53.198을(를) 사용합니다.

b. 집단 크기가 동일하지 않습니다. 집단 크기의 조화평균이 사용됩니다. I 유형 오차 수준은 보장되지 않습니다.

c. 유의수준 = .05.

매출액

Scheffe$_{a,b,c}$

위치	N	부분집합 1	2	3
종로 상권	60	5.27		
강남역 상권	27		7.11	
홍대역 상권	74			9.47
유의확률		1.000	1.000	1.000

동질적 부분집합에 있는 집단에 대한 평균이 표시됩니다.
관측평균을 기준으로 합니다.
오차항은 평균제곱(오차) = 4.366입니다.

a. 조화평균 표본크기 44.631을(를) 사용합니다.

b. 집단 크기가 동일하지 않습니다. 집단 크기의 조화평균이 사용됩니다. I 유형 오차 수준은 보장되지 않습니다.

c. 유의수준 = .05.

[그림 4-20] Excel에 저장된 주효과 이원분산분석 사후분석 결과

- **[다중 비교]** : 가장 먼저 유의확률을 확인해야 한다. '흡연석여부'에서는 모든 경우가 p=.000으로 유의수준 내에 있고, '위치'에서는 '강남역 상권'과 '종로 상권'만 p=.001이고 나머지는 모두 p=.000으로 유의수준 내에 있으므로 당연히 귀무가설은 기각된다. 따라서 "흡연석 여부와 위치에 따라 매출액에 차이가 있다."고 판단할 수 있다. 이렇게 귀무가설을 기각하였다면 평균차(I−J)를 확인하여 서로 간의 매출액 차이를 판단할 수 있다.
- **[매출액]** : 등분산 가정을 통해 동일한 집단이라고 생각할 수 있으나, 실제로는 비교 가능한 집단(상권)을 내부적으로 구분하여 동질적 부분집합을 나타낸 표이다. '유의수준 =.05에 대한 부집단'을 1, 2, 3으로 구분하였다. 여기서 각 수치는 매출액에 대한 평균값을 의미한다.

4.2.2 상호작용효과 검정 이원분산분석

주효과만을 고려한 분산분석의 경우에는, 커피전문점의 '흡연석 여부'와 '상권의 위치'라는 2개의 변수에 따른 매출 효과만을 분석했다. 그렇다면 "흡연석 여부와 위치가 동시에 매출액에 영향을 주지는 않을까?"라는 생각도 할 수 있다. 이처럼 두 가지 독립변수가 서로 복합적으로 작용하여 영향을 미치는 상호작용효과까지 고려한 분산분석을 '상호작용효과 검정 이원분산분석'이라 한다.

젊은이들이 많이 찾는 서울의 '홍대역, 종로, 강남역'을 중심으로 상권을 나누고, 각 상권에 위치한 커피전문점의 흡연석 여부를 '흡연석 유/무/테라스'로 나누었다. 이들 요소가 복합적으로 매출액에 어떠한 영향을 미치는지 조사해 보자.

이 문제에서는 커피전문점을 ❶ '상권의 위치'에 따라 명목척도로 홍대역/종로/강남으로 나누고, ❷ '흡연석 여부'에 따라 명목척도로 유/무/테라스로 나누어 독립변수로 설정한다. 이 독립변수가 매출에 미치는 영향을 알기 위해 비율척도인 종속변수를 매출액으로 설정하여

이원분산분석을 실시한다. 여기서는 상호작용효과도 같이 확인해야 하므로, 상권 위치와 흡연석 여부를 기준으로 확인하는 과정까지는 동일하게 진행하되, 상호작용인 '상권 위치와 흡연석 여부'가 동시에 미치는 영향을 추가로 확인해야 한다.

귀무가설과 대립가설은 다음과 같다.

- **귀무가설 1** : 상권의 위치에 따른 매출액의 차이는 없을 것이다.
- **대립가설 1** : 상권의 위치에 따른 매출액의 차이가 있을 것이다.

- **귀무가설 2** : 흡연석 여부에 따른 매출액의 차이는 없을 것이다.
- **대립가설 2** : 흡연석 여부에 따른 매출액의 차이가 있을 것이다.

- **귀무가설 3** : 상권의 위치와 흡연석 여부가 상호작용해도 매출액에 차이가 없을 것이다.
- **대립가설 3** : 상권의 위치와 흡연석 여부가 상호작용하여 매출액에 차이가 있을 것이다.

독립변수가 2개이므로 귀무가설도 2개로 설정이 되며, 이에 따른 대립가설도 2개가 된다. 여기에 추가적으로 2개의 독립변수가 상호작용을 일으켜 미치는 영향까지 확인해야 하므로 가설은 총 3가지가 된다.

위의 세 가지 가설 중에 가설1과 가설2는 주효과 검정 이원분산분석에서 실시하였으므로, 여기서는 가설3을 확인하도록 한다.

Step 1 따라하기 상호작용효과 검정 이원분산분석

준비파일 : 이원분산분석.xls

01 '이원분산분석.xls' 파일을 불러온 후,

❶ 변수 보기 탭으로 이동한다.

❷ '흡연석여부'에 대한 값 열의 ⋯ 버튼을 클릭한다.

❸ 값 레이블 창이 열리면 [표 4-4]와 같이 각각 입력하고 차례대로 추가를 클릭한다. 모두 입력하였으면 확인을 클릭한다.

[표 4-4] 값 레이블 입력

기준값	1	2	3
레이블	흡연석 유	흡연석 무	흡연석 테라스

❹ '위치'에 대한 값 열의 ⋯ 버튼을 클릭한다.

❺ 값 레이블 창이 열리면 [표 4-5]와 같이 각각 입력하고 차례대로 추가를 클릭한다. 모두 입력하였으면 확인을 클릭한다.

[표 4-5] 값 레이블 입력

기준값	1	2	3
레이블	홍대역 상권	종로 상권	강남역 상권

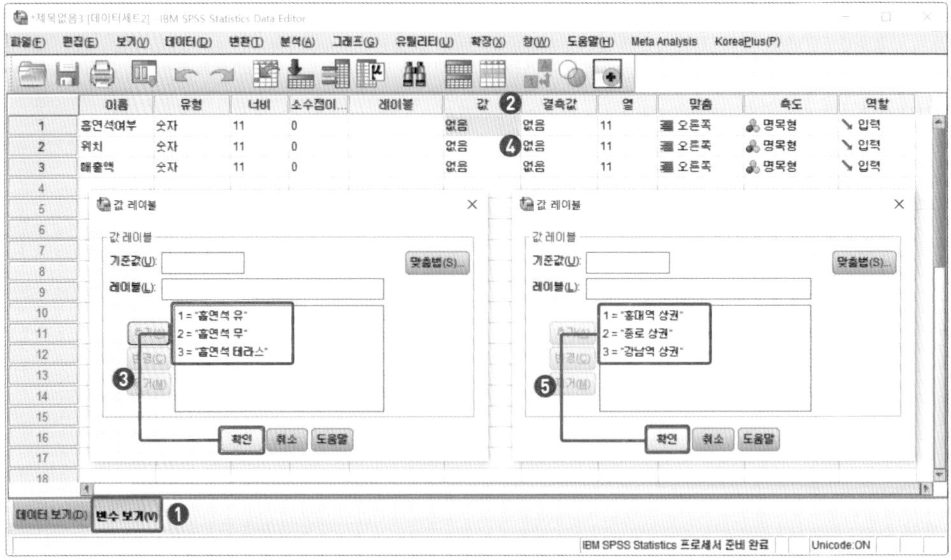

[그림 4-21] 이원분산분석의 변수값 설정

02 데이터 편집 창에서 분석 ▶ 일반선형모형 ▶ 일변량을 클릭한다.

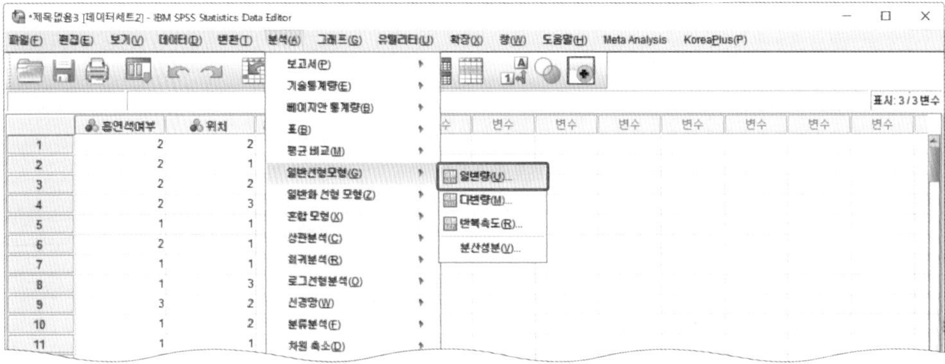

[그림 4-22] 이원분산분석 메뉴 선택

03 우리가 알고자 하는 것은 흡연석 여부에 따라 매출액에 차이가 나는지를 확인하는 것이므로 일변량 분석 창에서 ❶ '매출액'을 종속변수 란으로 옮기고 ❷ 표본의 특성에 해당하는 '흡연석여부'와 '위치'는 고정요인으로 옮긴 후 ❸ 모형을 클릭한다.

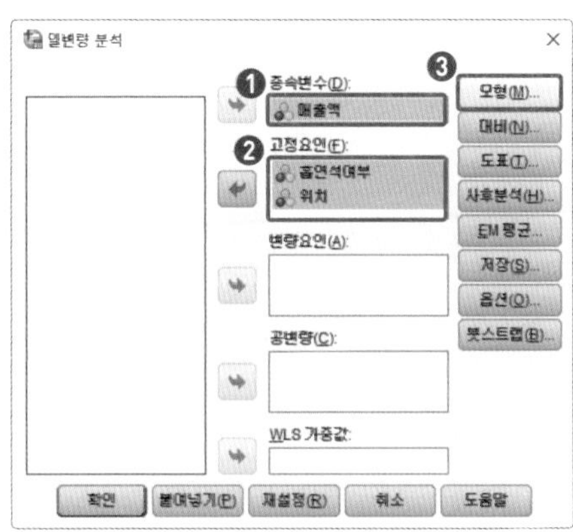

[그림 4-23] 이원분산분석의 변수 입력

04 일변량: 모형 창에서 ❹ **모형설정**을 '항 설정'으로 선택한다. 상호작용효과 검정이므로 ❺ **항 설정**을 '상호작용'으로 선택한다. 모형의 변수는 '흡연석여부'와 '위치'이므로 ❻ **모형** 란으로 변수를 이동시킨다.

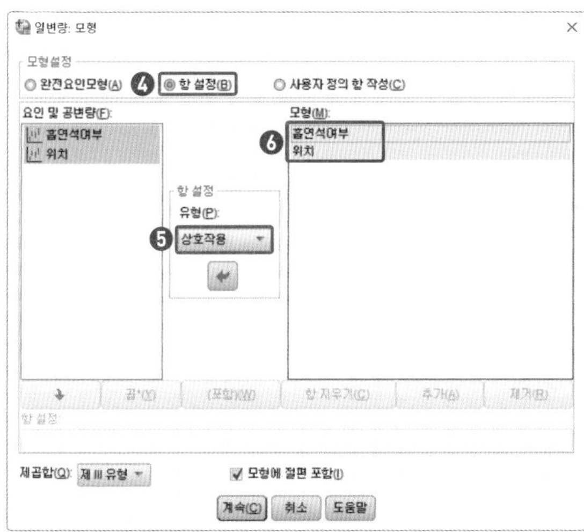

[그림 4-24] **이원분산분석의 모형 설정 : 상호작용 ①**

TIP 여기까지는 주효과 검정과 진행 절차가 동일하다. 모형에서 '흡연석여부'와 '위치'를 변수로 활용한다고 설정했는데, 남은 것은 상호작용효과의 검정이므로 이 두 가지를 함께 고려한 변수를 별도로 설정해야 한다.

05 일변량: 모형 창의 요인 및 공변량에서 ❼ '흡연석여부'와 '위치' 변수를 모두 선택하여 (Shift를 누르고 각 변수를 클릭) ❽ **모형** 란으로 이동시킨 후 ❾ **계속**을 클릭한다.

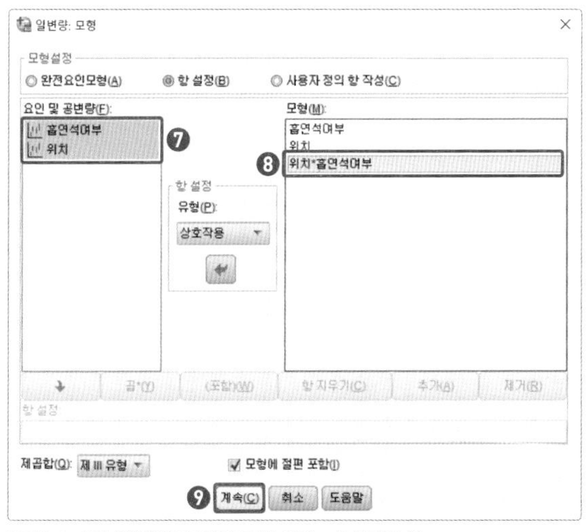

[그림 4-25] **이원분산분석의 모형 설정 : 상호작용 ②**

06 일변량 분석 창에서 ❶ **EM 평균**을 클릭한다. **일변량 : 추정 주변 평균** 창이 열리면 ❷ '흡연석여부, 위치, 위치*흡연석여부'를 **평균 표시 기준:** 란으로 옮기고 ❸ **계속**을 클릭한다. 기술통

계량을 보기 위해 일변량 분석 창에서 ❹ 옵션을 클릭하고 일변량: 옵션 창의 ❺ '기술통계량'에 ☑ 표시를 한 후 ❻ 계속을 클릭한다.

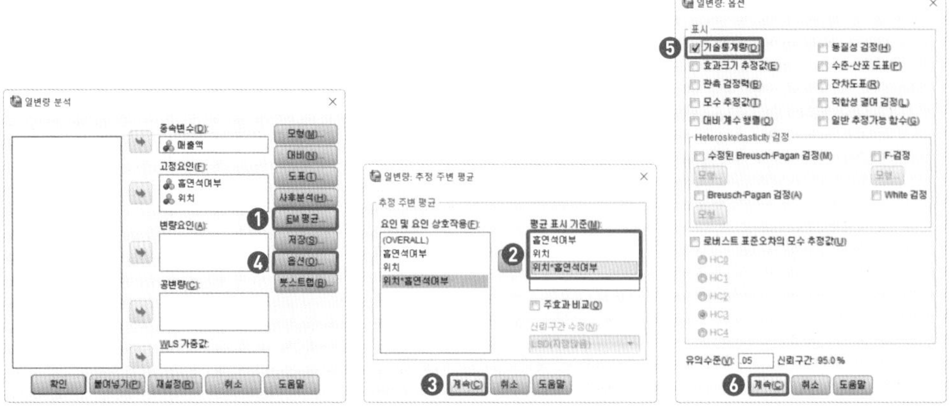

[그림 4-26] **이원분산분석의 옵션 설정**

TIP 주효과 검정 분석에서는 사후분석을 나중에 실시했지만, 상호작용효과 검정에서는 동시에 진행하여 결과를 확인해 보자.

07 일변량 분석 창에서 ❼ 사후분석을 클릭한다. 사후분석을 통해 알고 싶은 것은 '위치'와 '흡연석여부'에 따른 매출액의 차이이므로 일변량: 관측평균의 사후분석 다중비교 창의 ❽ 사후검정변수 란에 변수를 옮기고 ❾ 등분산을 가정함의 'Scheffe'에 ☑ 표시를 한 후 ❿ 계속을 클릭한다. 다시 일변량 분석 창에서 ⓫ 확인을 클릭하면 분석이 시작된다.

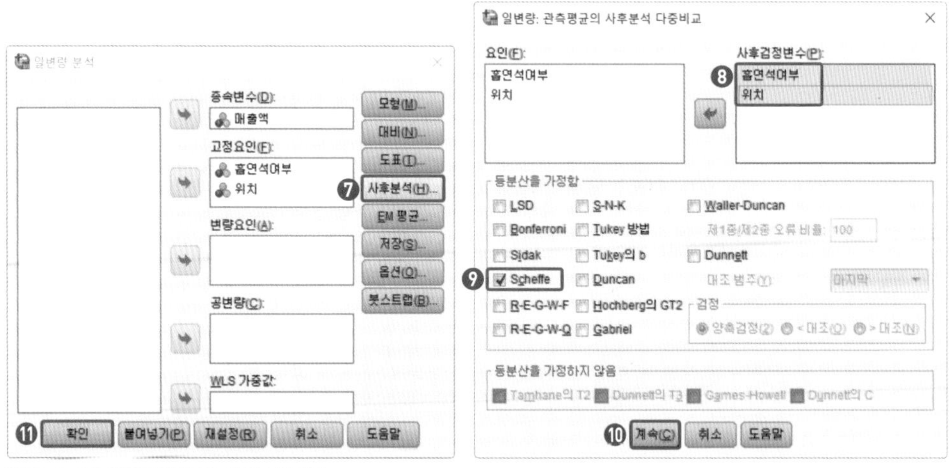

[그림 4-27] **이원분산분석의 사후분석 지정**

08 출력결과를 엑셀로 옮기기 위해 우선 출력결과 창의 바탕에서 마우스 오른쪽 버튼을 클릭한 뒤 내보내기를 선택한다. 내보내기 출력결과 창의 문서 항목에서 유형을 'Excel 2007 이상(*.xlsx)'으로 선택한다. 파일이름에서 어느 곳에 분석 결과를 저장할 것인지 경로와 파일명을 지정한 후, 확인을 클릭하여 출력결과를 저장한다.

Step 2 결과 분석하기 상호작용효과 검정 이원분산분석

■ 일변량 분산분석

개체-간 요인

		값 레이블	N
흡연석여부	1	흡연석 유	50
	2	흡연석 무	61
	3	흡연석 테라스	50
위치	1	홍대역 상권	74
	2	종로 상권	60
	3	강남역 상권	27

기술통계량

종속변수: 매출액

흡연석여부		평균	표준편차	N
흡연석 유	홍대역 상권	14.37	1.418	27
	종로 상권	6.06	1.249	17
	강남역 상권	11.00	4.604	6
	전체	11.14	4.295	50
흡연석 무	홍대역 상권	7.64	1.075	25
	종로 상권	5.88	.992	24
	강남역 상권	7.17	1.403	12
	전체	6.85	1.364	61
흡연석 테라스	홍대역 상권	5.55	1.625	22
	종로 상권	3.79	1.475	19
	강남역 상권	4.44	1.740	9
	전체	4.68	1.755	50
전체	홍대역 상권	9.47	4.065	74
	종로 상권	5.27	1.582	60
	강남역 상권	7.11	3.434	27
	전체	7.51	3.752	161

개체-간 효과 검정

종속변수: 매출액

소스	제 III 유형 제곱합	자유도	평균제곱	F	유의확률
수정된 모형	1878.112[a]	8	234.764	95.381	.000
절편	6818.527	1	6818.527	2770.249	.000
흡연석여부	663.417	2	331.709	134.767	.000
위치	508.219	2	254.110	103.240	.000
흡연석여부 * 위치	307.012	4	76.753	31.183	.000
오차	374.124	152	2.461		
전체	11331.000	161			
수정된 합계	2252.236	160			

a. R 제곱 = .834 (수정된 R 제곱 = .825)

[그림 4-28] Excel에 저장된 상호작용효과 이원분산분석의 사후분석 결과 ①[17]

[개체-간 요인], [기술통계량]은 주효과 검정 이원분산분석과 동일하다. 다른 점은 [개체-간 효과 검정] 표 안에 '흡연석여부*위치' 자료가 하나 더 들어가 있다는 것이다. 우리가 확인하고자 하는 상호작용효과는 "흡연석 여부와 위치가 서로 관련을 가지고 매출액에 영향을 미치는가?"하는 것이다. F 값이 31.183이고 p=.000이므로 유의수준 내에 있다. 따라서 귀무

17) 상호작용효과의 분석 과정 : 『제대로 시작하는 기초 통계학 : Excel 활용』 242~246쪽 참조

가설은 기각되며, '흡연석여부*위치'의 상호작용효과가 매출액에 영향을 미침을 알 수 있다.

■ 추정 주변 평균

1. 흡연석여부

종속변수: 매출액

흡연석여부	평균	표준오차	95% 신뢰구간	
			하한	상한
흡연석 유	10.476	.268	9.947	11.006
흡연석 무	6.894	.212	6.474	7.314
흡연석 테라스	4.593	.239	4.121	5.066

2. 위치

종속변수: 매출액

위치	평균	표준오차	95% 신뢰구간	
			하한	상한
홍대역 상권	9.185	.183	8.824	9.547
종로 상권	5.241	.205	4.837	5.645
강남역 상권	7.537	.314	6.916	8.158

3. 위치 * 흡연석여부

종속변수: 매출액

위치		평균	표준오차	95% 신뢰구간	
				하한	상한
홍대역 상권	흡연석 유	14.370	.302	13.774	14.967
	흡연석 무	7.640	.314	7.020	8.260
	흡연석 테라스	5.545	.334	4.885	6.206
종로 상권	흡연석 유	6.059	.381	5.307	6.811
	흡연석 무	5.875	.320	5.242	6.508
	흡연석 테라스	3.789	.360	3.078	4.501
강남역 상권	흡연석 유	11.000	.640	9.735	12.265
	흡연석 무	7.167	.453	6.272	8.061
	흡연석 테라스	4.444	.523	3.411	5.478

[그림 4-29] Excel에 저장된 상호작용효과 이원분산분석의 사후분석 결과 ②

'매출액'이 종속변수인 독립변수 [흡연석여부] 각각의 영향력을 평균, 표준오차로 표현하고 있다. [위치*흡연석여부]에서 위치와 흡연석 여부에 따라 각각의 세부적인 영향력에 대한 평균값과 표준오차를 제시한다.

■ 사후검정

흡연석여부

다중비교

종속변수: 매출액

Scheffe

(I) 흡연석여부	(J) 흡연석여부	평균차이(I-J)	표준오차	유의확률	95% 신뢰구간 하한	95% 신뢰구간 상한
흡연석 유	흡연석 무	4.29*	.299	.000	3.55	5.03
	흡연석 테라스	6.46*	.314	.000	5.68	7.24
흡연석 무	흡연석 유	-4.29*	.299	.000	-5.03	-3.55
	흡연석 테라스	2.17*	.299	.000	1.43	2.91
흡연석 테라스	흡연석 유	-6.46*	.314	.000	-7.24	-5.68
	흡연석 무	-2.17*	.299	.000	-2.91	-1.43

관측평균을 기준으로 합니다.
오차항은 평균제곱(오차) = 2.461입니다.
*. 평균차이는 .05 수준에서 유의합니다.

위치

다중비교

종속변수: 매출액

Scheffe

(I) 위치	(J) 위치	평균차이(I-J)	표준오차	유의확률	95% 신뢰구간 하한	95% 신뢰구간 상한
홍대역 상권	종로 상권	4.21*	.273	.000	3.53	4.88
	강남역 상권	2.36*	.353	.000	1.49	3.23
종로 상권	홍대역 상권	-4.21*	.273	.000	-4.88	-3.53
	강남역 상권	-1.84*	.364	.000	-2.74	- .95
강남역 상권	홍대역 상권	-2.36*	.353	.000	-3.23	-1.49
	종로 상권	1.84*	.364	.000	.95	2.74

관측평균을 기준으로 합니다.
오차항은 평균제곱(오차) = 2.461입니다.
*. 평균차이는 .05 수준에서 유의합니다.

[그림 4-30] Excel에 저장된 상호작용효과 이원분산분석의 사후분석 결과 ③

가장 먼저 확인해야 할 것은 [다중비교] 표의 유의확률이다. 모든 경우가 p=.000으로 유의수준 내에 있으므로 당연히 귀무가설은 기각되며, "흡연석 여부 및 위치에 따라 매출액에 차이가 있다."고 판단할 수 있다. 귀무가설을 기각했다면 서로 간의 매출액 차이를 판단할 수 있어야 하는데, 이는 [다중비교] 표의 평균차(I-J)를 확인하면 된다.

■ 동일집단군

매출액

Scheffe$_{a,b,c}$

흡연석여부	N	부분집합 1	2	3
흡연석 테라스	50	4.68		
흡연석 무	61		6.85	
흡연석 유	50			11.14
유의확률		1.000	1.000	1.000

동질적 부분집합에 있는 집단에 대한 평균이 표시됩니다.
관측평균을 기준으로 합니다.
오차항은 평균제곱(오차) = 2.461입니다.
a. 조화평균 표본크기 53.198을(를) 사용합니다.
b. 집단 크기가 동일하지 않습니다. 집단 크기의 조화평균이 사용됩니다.
I 유형 오차 수준은 보장되지 않습니다.
c. 유의수준 = .05.

매출액

Scheffe$_{a,b,c}$

위치	N	부분집합 1	2	3
종로 상권	60	5.27		
강남역 상권	27		7.11	
홍대역 상권	74			9.47
유의확률		1.000	1.000	1.000

동질적 부분집합에 있는 집단에 대한 평균이 표시됩니다.
관측평균을 기준으로 합니다.
오차항은 평균제곱(오차) = 2.461입니다.
a. 조화평균 표본크기 44.631을(를) 사용합니다.
b. 집단 크기가 동일하지 않습니다. 집단 크기의 조화평균이 사용됩니다.
I 유형 오차 수준은 보장되지 않습니다.
c. 유의수준 = .05.

[그림 4-31] Excel에 저장된 상호작용효과 이원분산분석의 사후분석 결과 ④

[매출액] 표를 보면 등분산 가정을 통해 동일한 집단이라고 생각할 수 있으나, 실제로는 비교 가능한 집단(상권)을 내부적으로 구분한 표이다. '유의수준=.05에 대한 부집단'을 1, 2, 3으로 구분하였다. 여기서 각 수치는 매출액에 대한 평균값을 의미한다.

Step 3 논문에 표현하기 상호작용효과 검정 이원분산분석

최근에는 주로 상호작용효과 분석 결과를 바탕으로 논문을 작성한다. 출력결과에서는 여러 가지 표를 확인할 수 있는데, 논문을 기술할 때 먼저 확인해야 할 표는 [개체-간 효과 검정]이다. 이 표를 통해 '흡연석여부, 위치, 흡연석여부*위치'에 대한 매출액에 미치는 영향의 유의성을 판단할 수 있다. 사후검정의 [흡연석여부 다중 비교] 표와 [위치 다중 비교] 표에서 표본 간에 어떠한 차이가 나타나는지를 확인할 수 있으므로, 이를 토대로 기술하면 될 것이다. 참고로 기술통계량에 대한 표현은 앞서와 동일하다.

예 [표 A] 개체-간 효과 검정

소스	제 III 유형 제곱합	자유도	평균 제곱	F	유의확률
수정 모형	1878.112[a]	8	234.764	95.381	.000
절편	6818.527	1	6818.527	2770.249	.000
흡연석여부	663.417	2	331.709	134.767	.000
위치	508.219	2	254.110	103.240	.000
흡연석여부 * 위치	307.012	4	76.753	31.183	.000
오차	374.124	152	2.461		
합계	11331.000	161			
수정 합계	2252.236	160			

a. R 제곱=.834(수정된 R 제곱=.825)

● 사후검정

[표 B] 흡연석여부 다중 비교

(I) 흡연석여부		평균차(I-J)	표준오차	유의확률	95% 신뢰구간	
					하한값	상한값
흡연석 유	흡연석 무	4.29*	.299	.000	3.55	5.03
	흡연석 테라스	6.46*	.314	.000	5.68	7.24
흡연석 무	흡연석 유	-4.29*	.299	.000	-5.03	-3.55
	흡연석 테라스	2.17*	.299	.000	1.43	2.91
흡연석 테라스	흡연석 유	-6.46*	.314	.000	-7.24	-5.68
	흡연석 무	-2.17*	.299	.000	-2.91	-1.43

* 평균차는 .05 수준에서 유의합니다.

[표 C] 위치 다중 비교

(I) 위치		평균차(I-J)	표준오차	유의확률	95% 신뢰구간	
					하한값	상한값
홍대역 상권	종로 상권	4.21*	.273	.000	3.53	4.88
	강남역 상권	2.36*	.353	.000	1.49	3.23
종로 상권	홍대역 상권	-4.21*	.273	.000	-4.88	-3.53
	강남역 상권	-1.84*	.364	.000	-2.74	-.95
강남역 상권	홍대역 상권	-2.36*	.353	.000	-3.23	-1.49
	종로 상권	1.84*	.364	.000	.95	2.74

* 평균차는 .05 수준에서 유의합니다.

4.3 다변량 분산분석

다변량 분산분석(MANOVA)은 종속변수가 2개 이상인 경우 집단 간 변수의 평균 차이를 비교하는 분석 방법이다.

연구문제 '홍대역, 종로, 강남역'을 중심으로 상권을 나누고, 각 상권에 위치한 커피전문점의 흡연석 여부를 '흡연석 유/무/테라스'로 나누어 이러한 요소들이 매출액과 재방문율에 영향을 미치는지에 대해 조사해 보자.

이 문제에서 독립변수는 '흡연석여부'와 '상권의 위치'로 2개이고, 종속변수는 '매출액'과 '재방문율'로 2개이다. 이와 같이 종속변수가 2개 이상인 경우의 분산분석을 위해서는 다변량 분산분석을 사용한다.

귀무가설과 대립가설은 각각 다음과 같다.

- **귀무가설 1** : 상권의 위치에 따른 매출액의 차이는 없을 것이다.
- **대립가설 1** : 상권의 위치에 따른 매출액의 차이가 있을 것이다.

- **귀무가설 2** : 흡연석 여부에 따른 매출액의 차이는 없을 것이다.
- **대립가설 2** : 흡연석 여부에 따른 매출액의 차이가 있을 것이다.

- **귀무가설 3** : 상권의 위치에 따른 재방문율의 차이는 없을 것이다.
- **대립가설 3** : 상권의 위치에 따른 재방문율의 차이가 있을 것이다.

- **귀무가설 4** : 흡연석 여부에 따른 재방문율의 차이는 없을 것이다.
- **대립가설 4** : 흡연석 여부에 따른 재방문율의 차이가 있을 것이다.

- **귀무가설 5** : 상권의 위치와 흡연석 여부가 상호작용해도 매출액의 차이는 없을 것이다.
- **대립가설 5** : 상권의 위치와 흡연석 여부가 상호작용하여 매출액의 차이가 있을 것이다.

- **귀무가설 6** : 상권의 위치와 흡연석 여부가 상호작용해도 재방문율의 차이는 없을 것이다.
- **대립가설 6** : 상권의 위치와 흡연석 여부가 상호작용하여 재방문율의 차이가 있을 것이다.

Step 1 따라하기 **다변량 분산분석**

준비파일 : 다변량 분산분석.xls

01 SPSS Statistics를 구동시킨 후 데이터 문서 열기 아이콘( )을 클릭한다. 데이터 열기 창에서 파일 유형을 'Excel'로 설정하고 '다변량 분산분석.xls' 파일을 선택한 후 열기를 클릭한다.

02 ❶ 변수 보기 탭을 클릭한다. ❷ 값 열의 버튼을 클릭하여 ❸ '흡연석여부'와 '위치'에 대한 값 레이블을 입력한다.

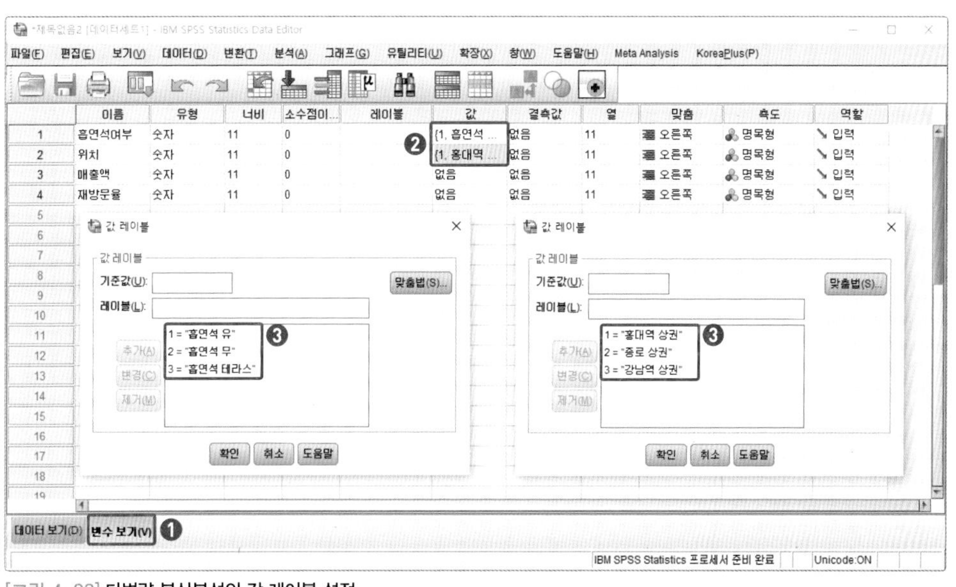

[그림 4-32] **다변량 분산분석의 값 레이블 설정**

03 다변량 분산분석을 진행하기 위해 데이터 편집 창에서 분석▶일반선형모형▶다변량을 클릭한다.

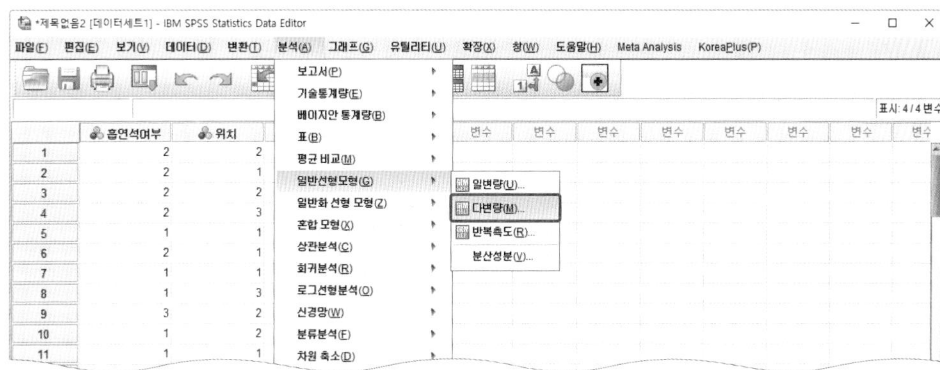

[그림 4-33] **다변량 분산분석 메뉴 선택**

04 우리가 알고자 하는 것은 흡연석 여부에 따라 매출액과 재방문율에 차이가 나는지를 확인하는 것이므로 다변량 분석 창에서 ❶ '매출액'과 '재방문율'을 종속변수 란으로 옮기고 ❷ 표본의 특성에 해당하는 '흡연석여부'와 '위치'는 고정요인으로 옮긴 후 ❸ 모형을 클릭한다.

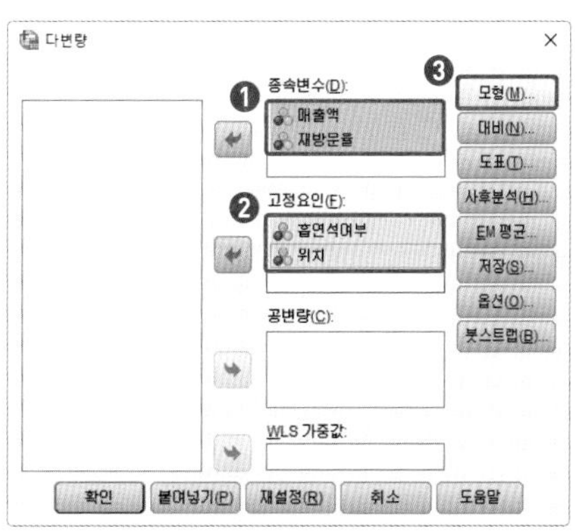

[그림 4-34] **다변량 분산분석의 변수 입력**

05 다변량: 모형 창에서 ❹ 모형설정을 '항 설정'으로 선택한다. ❺ 항 설정을 '상호작용'으로 선택한다. 모형의 변수는 '흡연석여부'와 '위치'이므로 ❻ 모형 란으로 변수를 각각 이동시킨다. 그런 다음 상호작용효과까지 확인할 수 있도록 ❼ 요인 및 공변량에서 '흡연석여부'와 '위치'를 동시에 선택하여(Shift를 누르고 각 변수를 클릭) 모형 란으로 이동시킨다. ❽ 계속을 클릭하여 다시 다변량 분석 창으로 이동한다.

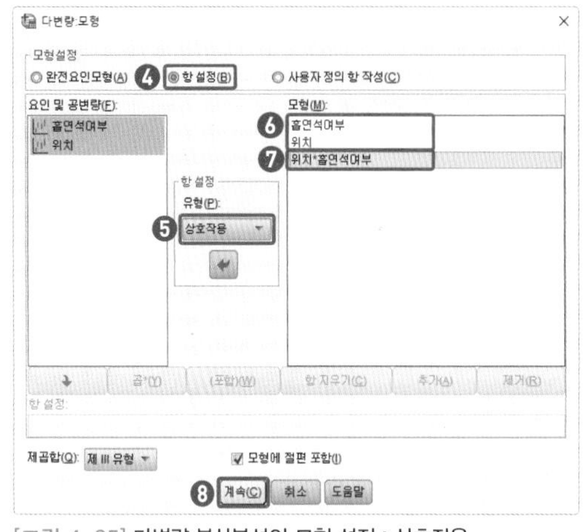

[그림 4-35] **다변량 분산분석의 모형 설정 : 상호작용**

TIP 유형을 상호작용효과로 한 이유는 독립변수('흡연석여부', '위치')는 기본적으로 분석이 되기 때문이다.

06 다변량 창에서 ❾ EM 평균을 클릭한다. 다변량: 추정 주변 평균 창이 열리면 ❿ '흡연석여부, 위치, 위치*흡연석여부'를 평균 표시 기준: 란으로 옮기고 ⓫ 계속을 클릭한다. ⓬ 그런 다음 옵션을 클릭하고 다변량: 옵션 창에서 ⓭ '기술통계량', '동질성 검정'에 ☑ 표시를 한 후 ⓮ 계속을 클릭한다.

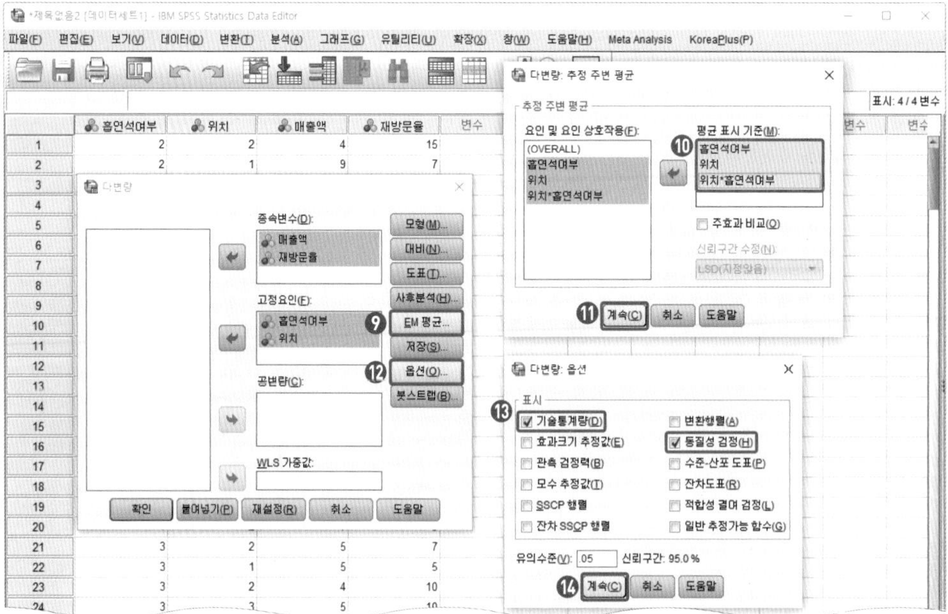

[그림 4-36] **다변량 분산분석의 옵션 설정**

07 다변량 창에서 ⑮ 사후분석을 클릭한다. 사후분석을 통해 알고 싶은 것은 '흡연석여부'와 '위치'에 따른 매출액과 재방문율의 차이이므로 ⑯ 다변량: 관측평균의 사후분석 다중비교 창의 사후검정변수 란에 변수를 옮기고 ⑰ 등분산을 가정함의 'Scheffe'에 ☑ 표시를 한 후 ⑱ 계속을 클릭한다. 다시 다변량 창에서 ⑲ 확인을 클릭하면 분석이 시작된다.

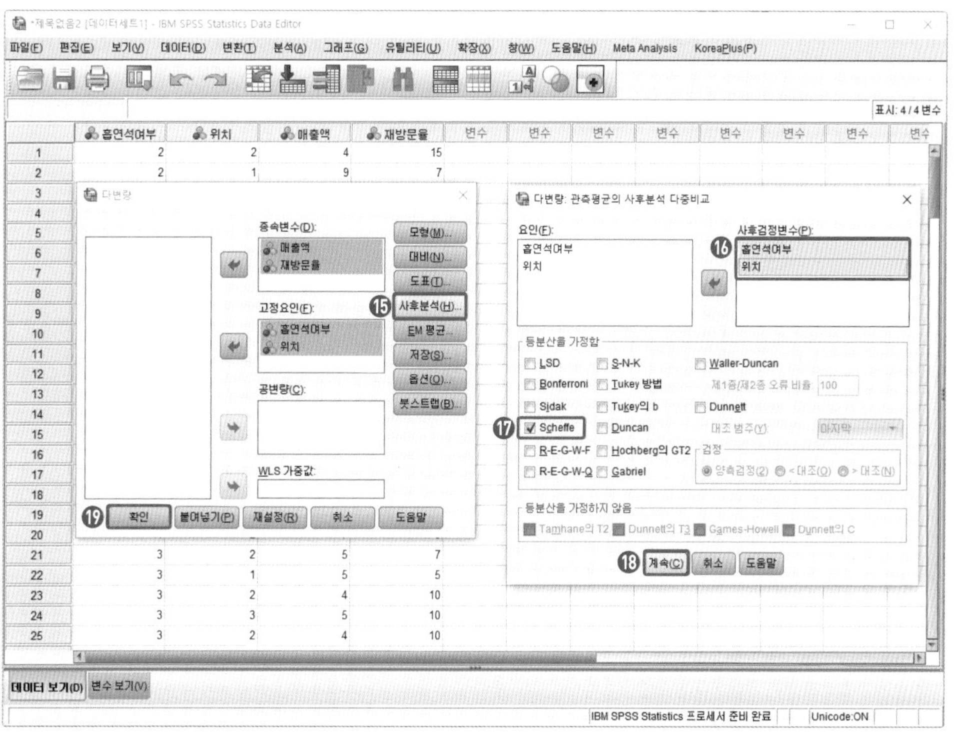

[그림 4-37] 다변량 분산분석의 사후분석 지정

08 출력결과를 엑셀로 옮기기 위해 우선 출력결과 창의 바탕에서 마우스 오른쪽 버튼을 클릭한 뒤 내보내기를 선택한다. 내보내기 출력결과 창의 문서 항목에서 유형을 'Excel 2007 이상(*.xlsx)'으로 선택한다. 파일이름에서 어느 곳에 분석 결과를 저장할 것인지 경로와 파일명을 지정한 후, 확인을 클릭하여 출력결과를 저장한다.

Step 2 결과 분석하기 다변량 분산분석

개체-간 요인

		값 레이블	N
흡연석여부	1	흡연석 유	50
	2	흡연석 무	61
	3	흡연석 테라스	50
위치	1	홍대역 상권	74
	2	종로 상권	60
	3	강남역 상권	27

기술통계량

	흡연석여부		평균	표준편차	N
매출액	흡연석 유	홍대역 상권	14.37	1.418	27
		종로 상권	6.06	1.249	17
		강남역 상권	11.00	4.604	6
		전체	11.14	4.295	50
	흡연석 무	홍대역 상권	7.64	1.075	25
		종로 상권	5.88	.992	24
		강남역 상권	7.17	1.403	12
		전체	6.85	1.364	61
	흡연석 테라스	홍대역 상권	5.55	1.625	22
		종로 상권	3.79	1.475	19
		강남역 상권	4.44	1.740	9
		전체	4.68	1.755	50
	전체	홍대역 상권	9.47	4.065	74
		종로 상권	5.27	1.582	60
		강남역 상권	7.11	3.434	27
		전체	7.51	3.752	161
재방문율	흡연석 유	홍대역 상권	7.41	2.886	27
		종로 상권	7.12	3.238	17
		강남역 상권	7.83	3.656	6
		전체	7.36	3.042	50
	흡연석 무	홍대역 상권	7.28	2.701	25
		종로 상권	6.96	3.250	24
		강남역 상권	7.58	2.937	12
		전체	7.21	2.933	61
	흡연석 테라스	홍대역 상권	6.73	2.585	22
		종로 상권	6.47	2.038	19
		강남역 상권	7.89	3.551	9
		전체	6.84	2.590	50
	전체	홍대역 상권	7.16	2.715	74
		종로 상권	6.85	2.881	60
		강남역 상권	7.74	3.182	27
		전체	7.14	2.857	161

공분산 행렬에 대한 Box의 동일성 검정[a]

Box의 M	58.873
F	2.293
자유도1	24
자유도2	10236.323
유의확률	.000

여러 집단에서 종속변수의 관측 공분산 행렬이 동일한 영가설을 검정합니다.
a. Design: 절편 + 흡연석여부 + 위치 + 흡연석여부 * 위치

[그림 4-38] **Excel에 저장된 다변량 분산분석 결과 ①**

- **[개체-간 요인]** : '흡연석여부'와 '위치'에 대한 응답은 각각 1, 2, 3이고, 그에 대응하는 표본의 개수는 N이다.
- **[기술통계량]** : '매출액'과 '재방문율'에 대한 응답을 흡연석 여부별, 상권별로 나누어 응답치의 평균값과 표준편차, 그리고 응답자의 표본 수(N)를 나타내었다.
- **[공분산행렬에 대한 Box의 동일성 검정]** : 공분산 행렬이 그룹 간에 동일한지 동일하지 않은지를 검정하는 방법을 의미한다. 공분산 행렬이 그룹 간에 동일한지 동일하지 않은지를 검정하는 방법을 의미한다. 표 각주의 "여러 집단에서 종속변수의 관측 공분산 행렬이 동일한 영가설을 검정합니다."라는 말은 종속변수의 공분산행렬이 동일하다는 것을 검

증한다는 의미이다. [그림 4-39]의 [다변량 검정] 표의 'a. Design: 절편+흡연석 여부+위치+흡연석여부*위치' 및 p=.000로 보아, 즉 인 공분산 행렬이 동일하다는 것을 기각한다. 이처럼 귀무가설을 기각하는 경우라도 표본이 충분히 크고 표본 간의 N의 차이가 많이 나지 않는다면 [Box의 동일성 검정] 표와 함께 [오차분산의 동일성에 대한 Levene의 검정] 표를 추가적으로 확인해야 한다.

오차 분산의 동일성에 대한 Levene의 검정[a]

		Levene 통계량	자유도1	자유도2	유의확률
매출액	평균을 기준으로 합니다.	13.550	8	152	.000
	중위수를 기준으로 합니다.	7.925	8	152	.000
	자유도를 수정한 상태에서 중위수를 기준으로 합니다.	7.925	8	112.726	.000
	절삭평균을 기준으로 합니다.	13.216	8	152	.000
재방문율	평균을 기준으로 합니다.	1.109	8	152	.360
	중위수를 기준으로 합니다.	.490	8	152	.862
	자유도를 수정한 상태에서 중위수를 기준으로 합니다.	.490	8	118.716	.862
	절삭평균을 기준으로 합니다.	.976	8	152	.457

여러 집단에서 종속변수의 오차 분산이 동일한 영가설을 검정합니다.
a. Design: 절편 + 흡연석여부 + 위치 + 흡연석여부 * 위치

[그림 4-39] Excel에 저장된 다변량 분산분석 결과 ②

- **[오차 분산의 동일성에 대한 Levene의 검정]** : '매출액'과 '재방문율'에 대한 유의확률도 각각 .000, .360으로 나타나므로, 이에 대한 H_0도 재방문율에 대해서는 '귀무가설 채택'이 되지만 매출액에 대해서는 '귀무가설 기각'이 된다. 여기서는 일단 표본이 충분히 크고 표본 간의 N의 차이가 작아 모든 귀무가설이 채택된다고 가정하고 분석을 진행하자.

NOTE

11 다변량 분산분석의 유의성

보통 다변량 분산분석의 유의성을 판단할 때 Pillai의 트레이스, Wilks의 람다, Hotelling의 트레이스, Roy의 최대근의 4가지를 이용한다. 다변량 분산분석에서는 이 4가지 통계량이 항상 출력된다. 이 통계량은 오류와 검증력에 따라 달라지며, 통계적 검증력은 'Pillai의 트레이스>Wilks의 람다>Hotelling의 트레이스>Roy의 최대근'의 순서로 줄어든다.

- **Pillai의 트레이스** : 가장 강력하면서도 섬세한 검증력을 지니며, 조금이라도 오류가 발생할 우려가 있으면 결과를 바로 기각한다. 동질성 검정에서 귀무가설을 기각하는 경우 미치는 효과에 대한 의미를 부여한다.
- **Wilks의 람다** : 독립변수의 집단이 2개 이상인 경우에 가장 일반적이면서 포괄적인 사용조건을 충족하므로 가장 많이 사용된다(다변량 분산분석에서 가장 많이 사용됨).
- **Hotelling의 트레이스** : 독립변수의 집단이 2개인 경우에 사용한다.
- **Roy의 최대근** : 그룹 내 분산을 총분산으로 나누어 람다값으로 사용하는데, 가설제곱적합행렬/오차제곱적합행렬에 람다값을 최대근으로 하는 값이다. 이 값은 통계를 사용하는 논문에서 자주 쓰이는 편은 아니다.

다변량 검정[a]

효과		값	F	가설 자유도	오차 자유도	유의확률
절편	Pillai의 트레이스	.966	2176.224[b]	2.000	151.000	.000
	Wilks의 람다	.034	2176.224[b]	2.000	151.000	.000
	Hotelling의 트레이스	28.824	2176.224[b]	2.000	151.000	.000
	Roy의 최대근	28.824	2176.224[b]	2.000	151.000	.000
흡연석여부	Pillai의 트레이스	.654	36.914	4.000	304.000	.000
	Wilks의 람다	.346	52.807[b]	4.000	302.000	.000
	Hotelling의 트레이스	1.888	70.791	4.000	300.000	.000
	Roy의 최대근	1.888	143.458[c]	2.000	152.000	.000
위치	Pillai의 트레이스	.601	32.619	4.000	304.000	.000
	Wilks의 람다	.405	43.181[b]	4.000	302.000	.000
	Hotelling의 트레이스	1.458	54.669	4.000	300.000	.000
	Roy의 최대근	1.449	110.108[c]	2.000	152.000	.000
흡연석여부 * 위치	Pillai의 트레이스	.464	11.479	8.000	304.000	.000
	Wilks의 람다	.537	13.759[b]	8.000	302.000	.000
	Hotelling의 트레이스	.860	16.119	8.000	300.000	.000
	Roy의 최대근	.857	32.576[c]	4.000	152.000	.000

a. Design: 절편 + 흡연석여부 + 위치 + 흡연석여부 * 위치
b. 정확한 통계량
c. 해당 유의수준에서 하한값을 발생하는 통계량은 F에서 상한값입니다.

개체-간 효과 검정

소스		제 Ⅲ 유형 제곱합	자유도	평균제곱	F	유의확률
수정된 모형	매출액	1878.112[a]	8	234.764	95.381	.000
	재방문율	25.693[b]	8	3.212	.381	.929
절편	매출액	6818.527	1	6818.527	2770.249	.000
	재방문율	6690.743	1	6690.743	794.513	.000
흡연석여부	매출액	663.417	2	331.709	134.767	.000
	재방문율	3.513	2	1.757	.209	.812
위치	매출액	508.219	2	254.110	103.240	.000
	재방문율	14.778	2	7.389	.877	.418
흡연석여부 * 위치	매출액	307.012	4	76.753	31.183	.000
	재방문율	3.131	4	.783	.093	.985
오차	매출액	374.124	152	2.461		
	재방문율	1280.021	152	8.421		
전체	매출액	11331.000	161			
	재방문율	9520.000	161			
수정된 합계	매출액	2252.236	160			
	재방문율	1305.714	160			

a. R 제곱 = .834 (수정된 R 제곱 = .825)
b. R 제곱 = .020 (수정된 R 제곱 = -.032)

[그림 4-40] Excel에 저장된 다변량 분산분석 결과 ③

- **[다변량 검정]** : 유의확률도 모두 p<.000의 유의수준에 들어온다. 이는 '흡연석여부, 위치, 흡연석여부*위치'를 파악하는 방법인 'Pillai의 트레이스, Wilks의 람다, Hotelling의 트레이스, Roy의 최대근'의 경우에 있어 귀무가설을 기각하여 차이가 있다는 연구가설을 채택한다.
- **[개체-간 효과 검정]** : 우리가 확인하고자 하는 효과는 "독립변수인 '흡연석여부'와 '위치'가 각각 또는 복합적으로 매출액과 재방문율에 영향을 미치는가?"이므로 '흡연석여부', '위치', '흡연석여부*위치'의 매출액과 재방문율에 대한 F 값을 확인한다. F 값이 '흡연석여부-매출액 : 134.767', '위치-매출액 : 103.240', '흡연석여부*위치-매출액 : 31.183'으로 매출액에 관하여는 유의하게 나타났다. 즉 독립변수가 매출액에 영향을 미

친다고 판단할 수 있다. 반면 '흡연석여부-재방문율 : .209', '위치-재방문율 : .877', '흡연석여부*위치-재방문율 : .093'으로 재방문율에 관하여는 유의수준 내에 있지 않다. 따라서 매출액에 대한 귀무가설은 기각되며, 독립변수가 재방문율에는 영향을 미치지 않는다고 판단할 수 있다.

■ 추정된 주변평균

1. 흡연석여부

종속변수		평균	표준오차	95% 신뢰구간	
				하한	상한
매출액	흡연석 유	10.476	.268	9.947	11.006
	흡연석 무	6.894	.212	6.474	7.314
	흡연석 테라스	4.593	.239	4.121	5.066
재방문율	흡연석 유	7.453	.496	6.474	8.432
	흡연석 무	7.274	.393	6.498	8.050
	흡연석 테라스	7.030	.442	6.156	7.904

2. 위치

종속변수		평균	표준오차	95% 신뢰구간	
				하한	상한
매출액	홍대역 상권	9.185	.183	8.824	9.547
	종로 상권	5.241	.205	4.837	5.645
	강남역 상권	7.537	.314	6.916	8.158
재방문율	홍대역 상권	7.138	.339	6.469	7.807
	종로 상권	6.850	.379	6.102	7.598
	강남역 상권	7.769	.581	6.620	8.917

3. 위치 * 흡연석여부

종속변수			평균	표준오차	95% 신뢰구간	
					하한	상한
매출액	홍대역 상권	흡연석 유	14.370	.302	13.774	14.967
		흡연석 무	7.640	.314	7.020	8.260
		흡연석 테라스	5.545	.334	4.885	6.206
	종로 상권	흡연석 유	6.059	.381	5.307	6.811
		흡연석 무	5.875	.320	5.242	6.508
		흡연석 테라스	3.789	.360	3.078	4.501
	강남역 상권	흡연석 유	11.000	.640	9.735	12.265
		흡연석 무	7.167	.453	6.272	8.061
		흡연석 테라스	4.444	.523	3.411	5.478
재방문율	홍대역 상권	흡연석 유	7.407	.558	6.304	8.511
		흡연석 무	7.280	.580	6.133	8.427
		흡연석 테라스	6.727	.619	5.505	7.950
	종로 상권	흡연석 유	7.118	.704	5.727	8.508
		흡연석 무	6.958	.592	5.788	8.129
		흡연석 테라스	6.474	.666	5.158	7.789
	강남역 상권	흡연석 유	7.833	1.185	5.493	10.174
		흡연석 무	7.583	.838	5.928	9.238
		흡연석 테라스	7.889	.967	5.978	9.800

[그림 4-41] Excel에 저장된 다변량 분산분석의 추정된 주변평균

'매출액'과 '재방문율'을 종속변수로 한 [흡연석여부], [위치]의 영향력이 평균, 표준편차로 표현되었고, [위치*흡연석여부]가 미치는 영향력은 '위치'와 '흡연석여부'에 따라 각각에 대한 평균값으로 제시되어 있다.

■ 사후 검정(흡연석여부 및 위치)

다중비교

Scheffe

종속변수			평균차이(I-J)	표준오차	유의확률	95% 신뢰구간	
						하한	상한
매출액	흡연석 유	흡연석 무	4.29*	.299	.000	3.55	5.03
		흡연석 테라스	6.46*	.314	.000	5.68	7.24
	흡연석 무	흡연석 유	-4.29*	.299	.000	-5.03	-3.55
		흡연석 테라스	2.17*	.299	.000	1.43	2.91
	흡연석 테라스	흡연석 유	-6.46*	.314	.000	-7.24	-5.68
		흡연석 무	-2.17*	.299	.000	-2.91	-1.43
재방문율	흡연석 유	흡연석 무	.15	.554	.965	-1.22	1.52
		흡연석 테라스	.52	.580	.670	-.91	1.95
	흡연석 무	흡연석 유	-.15	.554	.965	-1.52	1.22
		흡연석 테라스	.37	.554	.797	-1.00	1.74
	흡연석 테라스	흡연석 유	-.52	.580	.670	-1.95	.91
		흡연석 무	-.37	.554	.797	-1.74	1.00

관측평균을 기준으로 합니다. 오차항은 평균제곱(오차) = 8.421입니다.
*. 평균차이는 .05 수준에서 유의합니다.

다중비교

Scheffe

종속변수			평균차이(I-J)	표준오차	유의확률	95% 신뢰구간	
						하한	상한
매출액	홍대역 상권	종로 상권	4.21*	.273	.000	3.53	4.88
		강남역 상권	2.36*	.353	.000	1.49	3.23
	종로 상권	홍대역 상권	-4.21*	.273	.000	-4.88	-3.53
		강남역 상권	-1.84*	.364	.000	-2.74	-.95
	강남역 상권	홍대역 상권	-2.36*	.353	.000	-3.23	-1.49
		종로 상권	1.84*	.364	.000	.95	2.74
재방문율	홍대역 상권	종로 상권	.31	.504	.826	-.93	1.56
		강남역 상권	-.58	.652	.676	-2.19	1.03
	종로 상권	홍대역 상권	-.31	.504	.826	-1.56	.93
		강남역 상권	-.89	.672	.418	-2.55	.77
	강남역 상권	홍대역 상권	.58	.652	.676	-1.03	2.19
		종로 상권	.89	.672	.418	-.77	2.55

관측평균을 기준으로 합니다. 오차항은 평균제곱(오차) = 8.421입니다.
*. 평균차이는 .05 수준에서 유의합니다.

[그림 4-42] Excel에 저장된 다변량 분산분석의 사후분석 결과 ①

Scheffe의 사후검정에서 '매출액'에 대한 유의확률이 p=.000이므로 이는 유의하다고 판단할 수 있다. 즉 '흡연석여부'와 '위치'는 매출액에 영향을 미친다. 이는 앞서 [개체-간 효과 검정] 표에서도 '매출액'에 관한 유의성 판단과 같은 결과를 나타낸다. 반면에 '재방문율'에 관한 사후검정에서는 p>.05이므로 유의하지 않은 것으로 확인할 수 있다. 즉 '흡연석여부'와 '위치'는 재방문율에 영향을 미치지 않는다.

■ 동질적 부분집합

매출액

Scheffe$_{a,b,c}$

흡연석여부	N	부분집합 1	2	3
흡연석 테라스	50	4.68		
흡연석 무	61		6.85	
흡연석 유	50			11.14
유의확률		1.000	1.000	1.000

동질적 부분집합에 있는 집단에 대한 평균이 표시됩니다. 관측평균을 기준으로 합니다.
오차항은 평균제곱(오차) = 2.461입니다.
a. 조화평균 표본크기 53.198을(를) 사용합니다.
b. 집단 크기가 동일하지 않습니다. 집단 크기의 조화평균이 사용됩니다.
I 유형 오차 수준은 보장되지 않습니다.
c. 유의수준 = .05.

재방문율

Scheffe$_{a,b,c}$

흡연석여부	N	부분집합 1
흡연석 테라스	50	6.84
흡연석 무	61	7.21
흡연석 유	50	7.36
유의확률		.653

동질적 부분집합에 있는 집단에 대한 평균이 표시됩니다.
관측평균을 기준으로 합니다.
a. 조화평균 표본크기 53.198을(를) 사용합니다.
b. 집단 크기가 동일하지 않습니다. 집단 크기의 조화평균이 사용됩니다.
I 유형 오차 수준은 보장되지 않습니다.
c. 유의수준 = .05.

[그림 4-43] Excel에 저장된 다변량 분산분석의 사후분석 결과 ②

NOTE

12 연관성

뒤에 설명하겠지만 매출액과 재방문율이 서로 어느 정도의 연관성이 있는지 확인하기 위해서는 사전에 미리 상관분석을 실시하여 연관성을 확인하는 것도 좋다(상관분석에 대하여는 7장에서 자세히 설명한다).

[표 4-6] 상관분석

		매출액	재방문율
매출액	Pearson 상관계수	1	−.018
	유의확률 (양쪽)		.822
	N	161	161
재방문율	Pearson 상관계수	−.018	1
	유의확률 (양쪽)	.822	
	N	161	161

**. 상관계수는 .01 수준(양쪽)에서 유의하다.

위와 같이 매출액과 재방문율 간에는 −.018의 상관을 가지면서 유의확률은 .822이다. 일단 [표 4-6]의 데이터로는 상관관계가 있다고 판단할 수 없다. 분석과정에서 매출액과 재방문율 간의 상관관계가 불필요하다면 굳이 분석할 필요는 없다. 그러나 매출액과 재방문율은 직관적으로 판단하더라도 상호 간에 연관성이 있어 보인다. 그래서 논문이나 연구보고서에서는 상관관계 분석을 통해 이들 간의 밀접도를 기술하는 것이다.

매출액

Scheffe$_{a,b,c}$

위치	N	부분집합		
		1	2	3
종로 상권	60	5.27		
강남역 상권	27		7.11	
홍대역 상권	74			9.47
유의확률		1.000	1.000	1.000

동질적 부분집합에 있는 집단에 대한 평균이 표시됩니다.
관측평균을 기준으로 합니다.
a. 조화평균 표본크기 44.631을(를) 사용합니다.
b. 집단 크기가 동일하지 않습니다. 집단 크기의 조화평균이 사용됩니다.
I 유형 오차 수준은 보장되지 않습니다.
c. 유의수준 = .05.

재방문율

Scheffe$_{a,b,c}$

위치	N	부분집합
		1
종로 상권	60	6.85
홍대역 상권	74	7.16
강남역 상권	27	7.74
유의확률		.352

동질적 부분집합에 있는 집단에 대한 평균이 표시됩니다.
관측평균을 기준으로 합니다.
a. 조화평균 표본크기 44.631을(를) 사용합니다.
b. 집단 크기가 동일하지 않습니다. 집단 크기의 조화평균이 사용됩니다.
I 유형 오차 수준은 보장되지 않습니다.
c. 유의수준 = .05.

[그림 4-44] Excel에 저장된 다변량 분산분석의 사후분석 결과 ③

[오차 분산의 동일성에 대한 Levene의 검정] 표와 함께 '매출액'과 '재방문율'을 비교해 보자. [매출액]은 등분산 가정(p=.000이므로 등분산이 가정되지 않음)을 통해 집단군으로 구분되었으며, [재방문율]에 관하여는 등분산 가정(p=.360)으로 동일한 집단으로 구성되어 있음을 알 수 있다. 그러나 동질적 부분집합에서의 매출액과 재방문율에 관한 표는 실제로 비교 가능한 집단(상권)을 내부적으로 구분한 것이다. 유의수준=.05에 대한 부집단을 '매출액'에 대하여는 1, 2, 3의 집단군으로, '재방문율'에 대하여는 1개의 집단군으로 구분하였다. 여기서 각 수치는 매출액에 대한 평균값을 의미한다.

Step 3 논문에 표현하기 다변량 분산분석

실제로 연구보고서나 논문을 쓸 때는 모든 결과표를 나열하기보다 ❶ [공분산 행렬에 대한 Box의 동일성 검정] 표의 유의확률과 동일한지의 여부와 ❷ [오차 분산의 동일성에 대한 Levene의 검정] 표의 유의확률과 분산의 동일성 여부 ❷ 결과인 [다변량 검정] 표의 유의확률을 확인하여 차이가 있다는 것을 확인한 후, 아래 예와 같이 기술하면 된다. 사후분석 지료도 제시하고, 유의하게 차이가 나는 것들을 세밀하게 언급하여 마무리한다.

예 [개체-간 효과 검정] 표로 우리가 확인하고자 하는 것은 독립변수인 '흡연석여부'와 '위치', 혹은 이 두 변수가 같이 매출액과 재방문율에 영향을 미치는가 하는 것이다. 따라서 '흡연석여부', '위치', '흡연석여부*위치'의 매출액과 재방문율에 대한 F 값을 확인했다. 매출액에 대한 F 값은 유의수준 내에 있으며, '흡연석여부-매출액 : 134.767', '위치-매출액 : 103.240', '흡연석여부*위치-매출액 : 31.183'으로 유의한 수치를 보였다. 한편 재방문율에 관하여는 F 값이 '흡연석여부-재방문율 : .209', '위치-재방문율 : .877', '흡연석여부*위치-재방문율 : .093'으로 유의수준 내에 있지 않다. 따라서 매출액에 대한 귀무가설은 기각되며, 재방문율에 대한 귀무가설이 채택되었다. 즉 상권(위치)이나 흡연석 여부에 관하여 매출액의 차이는 있으나, 상권(위치)이나 흡연석 여부에 따른 재방문율에는 영향을 주지 않았다. 상세한 차이에 대한 내용은 사후분석을 통하여 알 수 있다.

[표 A] 공분산 행렬에 대한 Box의 동일성 검정

Box의 M	58.873
F	2.293
자유도1	24
자유도2	10,236.323
유의확률	.000

[표 B] 다변량 검정

	효과	값	F	가설 자유도	오차 자유도	유의확률
절편	Pillai의 트레이스	.966	2176.224	2.000	151.000	.000
	Wilks의 람다	.034	2176.224	2.000	151.000	.000
	Hotelling의 트레이스	28.824	2176.224	2.000	151.000	.000
	Roy의 최대근	28.824	2176.224	2.000	151.000	.000
흡연석 여부	Pillai의 트레이스	.654	36.914	4.000	304.000	.000
	Wilks의 람다	.346	52.807	4.000	302.000	.000
	Hotelling의 트레이스	1.888	70.791	4.000	300.000	.000
	Roy의 최대근	1.888	143.458	2.000	152.000	.000
위치	Pillai의 트레이스	.601	32.619	4.000	304.000	.000
	Wilks의 람다	.405	43.181	4.000	302.000	.000
	Hotelling의 트레이스	1.458	54.669	4.000	300.000	.000
	Roy의 최대근	1.449	110.108	2.000	152.000	.000
흡연석 여부 * 위치	Pillai의 트레이스	.464	11.479	8.000	304.000	.000
	Wilks의 람다	.537	13.759	8.000	302.000	.000
	Hotelling의 트레이스	.860	16.119	8.000	300.000	.000
	Roy의 최대근	.857	32.576	4.000	152.000	.000

[표 C] 오차 분산의 동일성에 대한 Levene의 검정

		Levene 통계량	자유도1	자유도2	유의확률
매출액	평균을 기준으로 합니다.	13.550	8	152	.000
	중위수를 기준으로 합니다.	7.925	8	152	.000
	자유도를 수정한 상태에서 중위수를 기준으로 합니다.	7.925	8	112.726	.000
	절삭평균을 기준으로 합니다.	13.216	8	152	.000
재방문율	평균을 기준으로 합니다.	1.109	8	152	.360
	중위수를 기준으로 합니다.	.490	8	152	.862
	자유도를 수정한 상태에서 중위수를 기준으로 합니다.	.490	8	118.716	.862
	절삭평균을 기준으로 합니다.	.976	8	152	.457

[표 D] 개체-간 효과 검정

소스		제Ⅲ유형 제곱합	자유도	평균제곱	F	유의확률
수정된 모형	매출액	1878.112[a]	8	234.764	95.381	.000
	재방문율	25.693[b]	8	3.212	.381	.929
절편	매출액	6818.527	1	6818.527	2770.249	.000
	재방문율	6990.743	1	6690.743	794.513	.000
흡연석여부	매출액	663.417	2	331.709	134.767	.000
	재방문율	3.513	2	1.757	.209	.812
위치	매출액	508.219	2	254.110	103.240	.000
	재방문율	14.778	2	7.389	.877	.418
흡연석여부 * 위치	매출액	307.012	4	76.753	31.183	.000
	재방문율	3.131	4	.783	.093	.985
오차	매출액	374.124	152	2.461		
	재방문율	1280.021	152	8.421		
전체	매출액	11331.000	161			
	재방문율	9520.000	161			
수정된 합계	매출액	2252.236	160			
	재방문율	1305.714	160			

a. R제곱=.834(수정된 R 제곱=.825)
b. R제곱=.020(수정된 R 제곱=-.032)

[표 E] 사후검정

1. 흡연석 여부

종속변수		평균	표준오차	95% 신뢰구간	
				하한	상한
매출액	흡연석 유	10.476	.268	9.947	11.006
	흡연석 무	6.894	.212	6.474	7.314
	흡연석 테라스	4.593	.239	4.121	5.066
재방문율	흡연석 유	7.453	.496	6.474	8.432
	흡연석 무	7.274	.393	6.498	8.050
	흡연석 테라스	7.030	.442	6.156	7.904

2. 위치

종속변수		평균	표준오차	95% 신뢰구간	
				하한	상한
매출액	홍대역 상권	9.185	.183	8.824	9.547
	종로 상권	5.241	.205	4.837	5.645
	강남역 상권	7.537	.314	6.916	8.158
재방문율	홍대역 상권	7.138	.339	6.469	7.807
	종로 상권	6.850	.379	6.102	7.598
	강남역 상권	7.769	.581	6.620	8.917

3. 위치 * 흡연석여부

종속변수			평균	표준오차	95% 신뢰구간	
					하한	상한
매출액	홍대역 상권	흡연석 유	14.370	.302	13.774	14.967
		흡연석 무	7.640	.314	7.020	8.260
		흡연석 테라스	5.545	.334	4.885	6.206
	종로 상권	흡연석 유	6.059	.381	5.307	6.811
		흡연석 무	5.875	.320	5.242	6.508
		흡연석 테라스	3.789	.360	3.078	4.501
	강남역 상권	흡연석 유	11.000	.640	9.735	12.265
		흡연석 무	7.167	.453	6.272	8.061
		흡연석 테라스	4.444	.523	3.411	5.478
재방문율	홍대역 상권	흡연석 유	7.407	.558	6.304	8.511
		흡연석 무	7.280	.580	6.133	8.427
		흡연석 테라스	6.727	.619	5.505	7.950
	종로 상권	흡연석 유	7.118	.704	5.727	8.508
		흡연석 무	6.958	.592	5.788	8.129
		흡연석 테라스	6.474	.666	5.158	7.789
	강남역 상권	흡연석 유	7.833	.185	5.493	10.174
		흡연석 무	7.583	.838	5.928	9.238
		흡연석 테라스	7.889	.967	5.978	9.800

Chapter 05

타당성과 신뢰성

학습목표

1) 타당성의 개념을 이해하고 타당성의 종류에 대해 알아본다.
2) 신뢰성의 개념을 이해하고 반분법과 크론바흐 알파계수로 신뢰도를 설명할 수 있다.

다루는 내용

- 타당성의 개념과 종류
- 신뢰성의 개념
- 반분법 및 크론바흐 알파계수 방법

사회과학이나 인문 계열의 연구에는 추상적인 개념이 포함되므로 신뢰성과 타당성을 반드시 확인해야 한다. 그리고 연구조사를 할 때 높은 타당성과 신뢰성을 확보하는 것이 매우 중요하다.

5.1 타당성

일반적으로 타당성(validity)은 연구자가 어떤 연구문제에 대한 설문조사를 실시했을 때, 그 설문 자료가 얼마나 정확하게 측정되었는가를 판단하는 기준이다. 타당성은 요인분석을 통해 확인할 수 있다. 타당성의 종류와 개념을 [표 5-1]에 정리했다.

여기서 어떤 개념 X를 측정하는 기준이 되는 방법 A가 있을 때, 개념 X에 대하여 방법 B로 측정한 결과가 A와 상관관계가 높게 나왔다면 "기준타당성이 높다."고 한다. 또한 조사자가 측정하고자 하는 추상적 개념이 측정도구를 이용하여 정확하게 측정되었다면 "개념타당성이 높다."고 한다.

'타당성(validity)'이란 명칭은 영어를 그대로 번역한 것이므로 해석하기에 따라 여러 가지 이름으로 불리는데, '개념타당성=구성타당성', '집중타당성=수렴타당성', '법칙타당성=이해타당성'이 서로 같은 의미로 쓰인다.

[표 5-1] 타당성의 구분

종류		설명
내용타당성 (content validity)		측정하고자 하는 내용이 조사 대상의 주요 국면을 어느 정도 대표하는지를 나타낸다.
기준타당성 (criterion validity)	예측타당성 (predictive validity)	측정 대상의 속성(개념) 상태를 측정한 결과가 미래 시점에서 다른 속성(개념)의 상태변화를 얼마나 정확하게 예측할 수 있는지, 그 정도를 의미한다. 예 수능 시험으로 대학 입학 후의 수학 능력을 예측할 수 있을까? 이때 시험 성적이 대학교 입학 후의 학점과 상관관계가 높다면 수능 시험의 측정은 예측타당성이 높다고 할 수 있다.
	동시타당성 (concurrent validity)	현재 시점에서 관측되는 측정 대상의 속성(개념) A에 대하여 기준이 되는 속성(개념) B가 A와 동시에 같은 시점에 나타날 때, A와 B는 높은 상관관계를 갖는다. 예 현재 기업의 임원들에게 직무와 관련된 시험을 실시한 결과, 시험 성적이 높은 임원의 직무 성과 역시 높게 나왔다.
개념타당성 (구성타당성) (construct validity)	집중타당성 (수렴타당성) (convergent validity)	어떤 하나의 구성개념을 측정하기 위하여 다양한 측정 방법을 사용했다면 측정값들 간의 상관관계가 높아야 한다는 것을 의미한다.
	판별타당성 (discriminant validity)	서로 다른 구성개념에 대한 측정을 실시하여 얻게 된 측정값들은 서로 상관관계가 낮아야 한다는 것을 의미한다.
	법칙타당성 (이해타당성) (nomological validity)	서로 다른 구성개념들 사이에 이론적인 관계가 있을 경우 이를 측정한 값들 간에도 이론적인 관계에 상당하는 관계가 확인되는 경우를 의미한다.

5.2 신뢰성

신뢰성(reliability)은 연구자가 어떤 연구문제에 대해 실시한 설문조사에 대하여 그 조사를 다시 반복한다고 가정할 때, 그 결과가 얼마나 원래 측정치와 일치할지를 나타내는 척도이다. 측정을 한 번 더 한다는 것은 연구자에게 시간적인 면으로나 비용적인 면으로도 상당한 부담이 된다. 그래서 측정된 자료를 기준으로 보았을 때, 이 조사가 여러 개의 항목으로 측정되었다면 이 측정 항목 간 상관관계를 이용하여 일관성이나 유사점을 찾아낼 수 있다.

신뢰성을 측정하는 방법에는 '반분법(split halves method)'과 내적 일치도(internal consistency)를 이용한 방법인 '크론바흐 알파계수(cronbach alpha coefficient)를 기준으로 판단하는 방법'이 있다.

■ 반분법

측정한 항목들을 둘로 나누어 이들 간의 상관관계를 계산하는 방법이다. 표본의 수가 아주 많다면 문제가 없겠으나, 그렇지 않다면 반분하는 방법에 따라 결과가 달라질 수 있다.

■ 크론바흐 알파계수를 이용하는 방법

항목 간의 상관관계를 계산해서 변형하는 방법으로, 측정도구의 문항 수에 따라 값이 변한다.

크론바흐 알파계수를 구하는 방법은 다음과 같다.

$$(\text{크론바흐 } \alpha) = \frac{N\rho_{12}}{\{1+\rho_{12}(N-1)\}} = \frac{(\text{문항 수})\times(\text{상관계수들의 평균값})}{1+(\text{상관계수들의 평균값})\times\{(\text{문항 수})-1\}}$$

크론바흐 알파계수는 0~1 사이의 값을 가지며, 계수가 높을수록 신뢰성이 높은 것으로 판단한다. 보통 사회과학에서는 .6 이상이면 신뢰도에 문제가 없는 것으로 간주하여 내적일관성이 있다고 판단한다. 하지만 경우에 따라 그보다 높은 신뢰도를 요구하기도 한다.

타당성과 신뢰성에 대한 개념을 충분히 이해했다면, '6장. 요인분석'과 '7장. 신뢰도분석'에서 타당성과 신뢰성을 검증하는 방법을 살펴보기로 하자.

NOTE

13 크론바흐 알파계수를 높이는 방법

신뢰성을 높이기 위해 문항 수를 늘리면 크론바흐 알파계수를 높일 수 있다. 그러나 단순히 문항 수만 높이는 것은 바람직하지 않으며 다음 항목에 유의해야 한다.

① 문항 수를 늘리되 동일한 척도로 구성한다.
② 조사자의 의도를 명확히 나타내는 문항으로 구성한다.
③ 신뢰도를 떨어뜨리는 모호한 문항은 과감하게 삭제한다.
④ 까다롭거나 이해하기 힘든 문항은 유사한 문항을 추가하여 측정한다.
⑤ 신뢰성이 높다고 인정되는 측정 방법을 사용한다.

Chapter 06

요인분석

학습목표

1) 요인분석의 개념을 이해하고, 요인분석을 실시하는 이유를 알 수 있다.
2) '주성분분석'과 '공통요인분석'의 개념을 구분할 수 있다.
3) 직각회전과 사각회전에 대한 차이를 알 수 있다.

다루는 내용

- 요인분석의 개념과 방법
- 요인추출의 개념과 방법
- 요인회전 방법과 적용 방법
- 요인분석의 변수 저장

지금까지 학습한 빈도분석과 t 검정, 분산분석은 분석 결과를 해석하고 그에 대한 내용을 기술하는 것으로, 논문이나 연구보고서를 작성할 때 비로소 의미를 가졌으나, 지금부터 살펴볼 요인분석, 신뢰도분석, 상관관계분석은 그 자체로도 분석의 의미가 있다. 이 분석 방법들은 대부분의 경우 회귀분석을 진행하기 위해 사용되는데, 내용에 따라 변수를 그룹화하고 그것이 제대로 그룹화되었는지, 또 그룹화된 변수들 간의 관계는 올바른지를 확인한 뒤, 이 변수들이 실제 연구모형의 종속변수에 미치는 영향력을 파악하는 데 도움이 된다.

6.1. 요인분석이란?

요인분석(factor analysis)은 등간척도나 비율척도로 이루어진 대상을 분석한다. 요인분석은 여러 변수들 간의 공분산과 상관관계 등을 이용하여 변수들 간의 상호관계를 분석하고, 그 결과를 토대로 문항과 변수들 간의 상관성 및 구조를 파악하여 여러 변수들이 지닌 정보를 적은 수의 요인으로 묶어서 나타내는 분석 기법이다.

요인분석을 실시하면 여러 변수들에 대한 정보가 몇 개의 핵심 내재 요인으로 간추려진다. 이렇게 되면 정보를 좀 더 쉽게 이해할 수 있으며, 추가 분석을 진행하기도 쉽다. 그러나 이와 같은 요인분석의 장점에도 불구하고, 산출된 요인이 임의성을 띠고 있을 경우에는 요인 해석이 어려울 수 있으므로, 간추려진 분석 결과에 대한 타당성과 신뢰싱 검증에 주의를 기울여야 한다. 타당성과 신뢰성에 대한 이론적 근거 없이 변수들을 간추려진 요인으로 분류하여 해석하고 추가분석을 진행하는 오류를 범할 수 있기 때문이다.

이제 요인분석의 두 가지 종류를 살펴보자. 요인분석은 R-type 요인분석과 Q-type 요인분석으로 나뉜다.

- **R-type 요인분석** : 변인(평가항목)들을 기준으로 요인들을 구분한다.
- **Q-type 요인분석** : 개별 응답자들에 대하여 케이스별로 상이한 특성을 가지는 개인들을 상호 동질적인 몇 개의 집단으로 구분하는 것이다. 그러나 이 방법은 계산하기 어렵다는 문제가 있어 일반적으로 군집분석을 대안으로 사용한다.

이 장에서는 R-type 요인분석을 통해 변인들을 요인별로 추출하여 변수로 설정하는 과정을 살펴본다.

TIP SPSS Statistics에서 할 수 있는 요인분석은 탐색적 요인분석(EFA : Exploratory Factor Analysis)으로, 여기에서는 '요인분석'이라는 명칭을 사용한다.

연구문제

다음과 같은 연구모델을 기준으로 연구를 진행하기 위해 아래에 제시한 설문조사를 실시하였다. '외관, 유용성, 편리함, 구매의도, 구전의도'의 5가지 변수에 대하여 세 문항씩 총 15문항으로 조사를 실시하였다. 15가지 문항에 대해 요인분석을 실시하여, 문항들을 내부 동질적이고, 외부 이질적인 변수들로 구분해 보자.

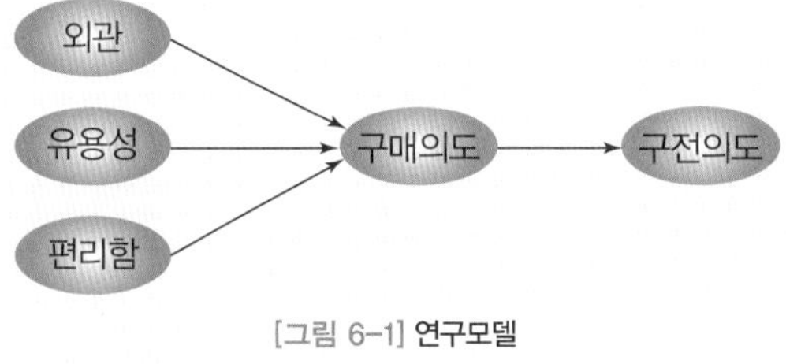

[그림 6-1] **연구모델**

NOTE

14 연구모델의 변수 명칭

앞서 연구문제에서 보는 것과 달리 '외관, 유용성, 편리함, 구매의도, 구전의도' 등의 변수명은 요인분석을 수행하기 전에는 알지 못한다. 즉 연구자가 질문 내용을 보고 각각의 변수명을 적절하게 붙여야 한다. 참고로 Part 03의 구조방정식 모델에서 다루는 확인적 요인분석에서는 요인에 대한 것을 확인하는 것이므로 이때는 변수명을 미리 알고 요인분석을 진행한다.

▽ 설문지

다음에 대하여 응답하여 주시기 바랍니다.
(① 매우 아니다 ② 아니다 ③ 보통이다 ④ 그렇다 ⑤ 매우 그렇다)

문항 번호	질문 내용	응답				
1	제품의 모양이 처음에 보았을 때 사고 싶은 마음이 드는 모습이다.	①	②	③	④	⑤
2	누가 보더라도 제품의 외관이 매력 있다.	①	②	③	④	⑤
3	시간이 어느 정도 지나더라도 유행을 타지 않을 디자인이다.	①	②	③	④	⑤
4	이 제품은 나에게 아주 유용할 것이다.	①	②	③	④	⑤
5	지금은 아니더라도 가지고 있으면 반드시 유용하게 사용될 것이다.	①	②	③	④	⑤
6	이 제품은 나뿐만 아니라 다른 사람에게도 유용하게 사용될 것이다.	①	②	③	④	⑤
7	내가 이 제품을 가지고 있는 이유는 편리해서이다.	①	②	③	④	⑤
8	이 제품의 편리함은 국내에서만이 아니라 외국에서도 느낄 것이다.	①	②	③	④	⑤
9	이 제품의 가장 큰 장점은 사용이 편리하다는 것이다.	①	②	③	④	⑤
10	제품의 전체적인 효용을 고려했을 때, 사고 싶은 생각이 든다.	①	②	③	④	⑤
11	사용도가 많을 것 같아 구매하고 싶다.	①	②	③	④	⑤
12	약정기간이 끝나면 바로 구매할 것이다.	①	②	③	④	⑤
13	나는 이 제품을 가장 가까운 사람에게 추천할 것이다.	①	②	③	④	⑤
14	나는 지인에게 이 제품을 구매하도록 권유할 것이다.	①	②	③	④	⑤
15	다른 제품이 있더라도 이 제품에 대한 설명을 하고 싶어질 것 같다.	①	②	③	④	⑤

TIP 본 설문은 실제 통용되는 설문 내용과 달리 요인분석 과정을 확실하게 볼 수 있도록 비약한 면이 있다. 하지만 기본적인 개념을 이해하는 데 도움이 될 것이다.

여기서는 요인분석을 ❶ 부정확하지만 일반적으로 많이 쓰이는 분석 방법, ❷ 많이 쓰이지는 않지만 정확한 분석 방법의 두 가지로 나누어 분석한다. 이렇게 두 가지로 나누어 설명하는 이유는 요인분석에서 놓치기 쉬운 몇 가지 중요한 개념을 비교하여 설명하기 위해서이다. 통계를 처음 접하는 입문자라면 정확한 분석 방법(❷)부터 학습하여 개념을 완전히 이해하기를 바란다. 어느 정도 통계를 접한 중급자라면 부정확한 분석 방법(❶)과 정확한 분석방법(❷)을 비교하면서 학습하는 것을 권한다.

6.1.1 요인분석 1 : 부정확하지만 많이 사용하는 방법

Step 1 따라하기 **요인분석 1**

준비파일 : 요인분석.xls

01 SPSS Statistics를 구동하여 '요인분석.xls' 파일을 불러온다.

02 데이터 편집 창에서 분석▶차원 축소▶요인분석을 클릭한다.

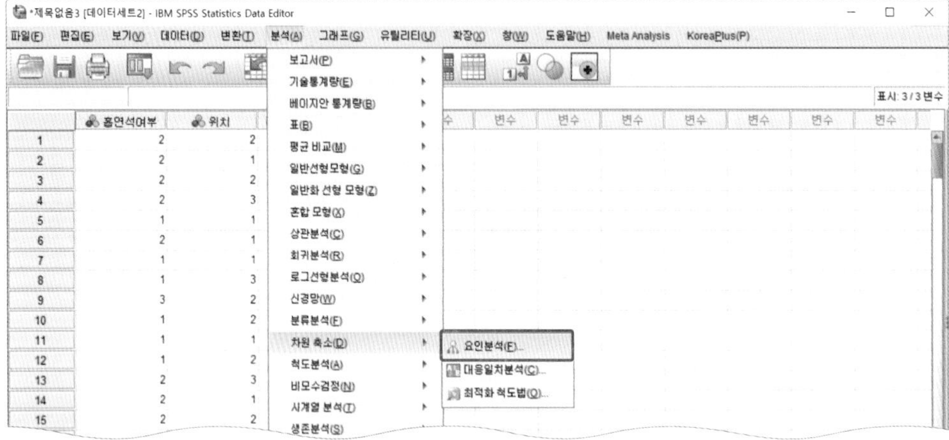

[그림 6-2] **요인분석 메뉴 선택**

03 요인분석 창에서 ❶ 변수 란에 등간척도나 비율척도로 구성이 된 문항 15개를 모두 옮겨 놓는다.

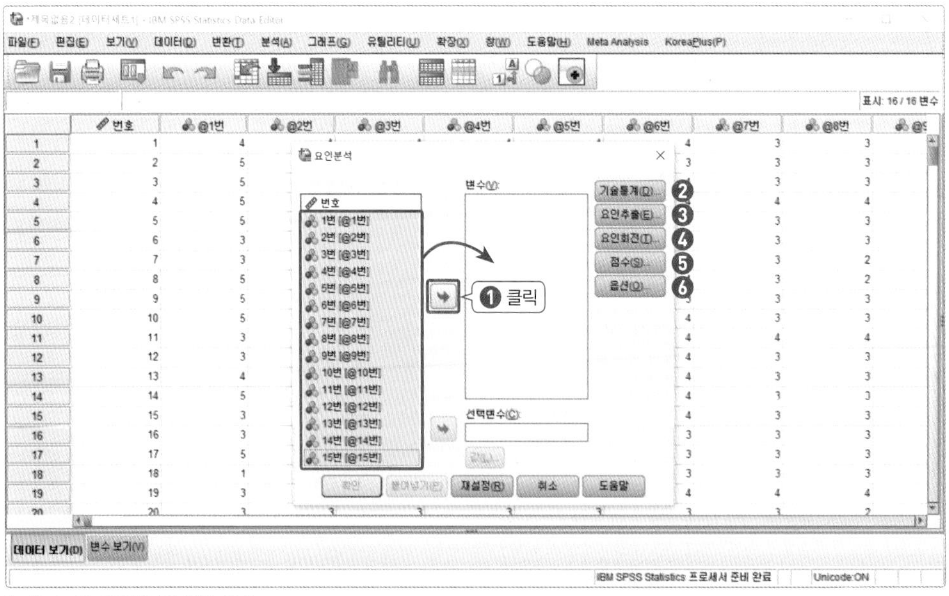

[그림 6-3] **요인분석의 옵션 설정**

TIP 설문 문항을 변수 란으로 모두 옮겨 놓은 이유는 옮겨진 15가지 문항을 모두 변수로 사용하면 연구모형이 너무 복잡해지므로 공분산과 상관관계 등을 이용한 변수들에 내재된 정보를 기준으로 유사한 문항들을 묶어 단순화하기 위해서이다.

04 요인분석 창에서 ❷ 기술통계를 클릭한다. 요인분석: 기술통계 창이 열리면

① 통계량 : '일변량 기술통계'에 ☑ 표시
'초기해법'의 ☑ 설정 유지

② 상관행렬 : '계수'에 ☑ 표시
'KMO와 Bartlett의 구형성 검정'에 ☑ 표시

③ 계속을 클릭한다.

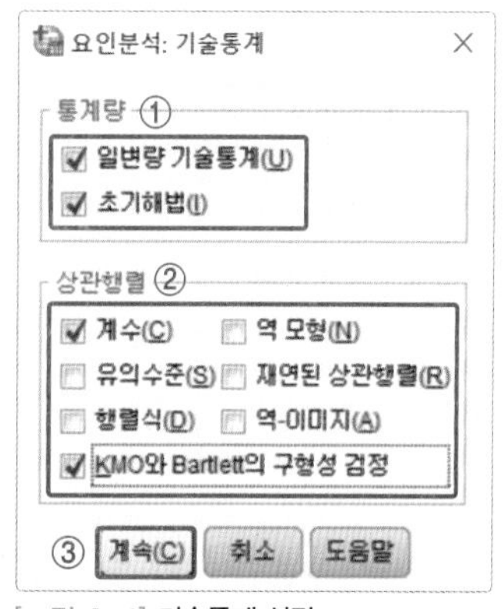

[그림 6-4] **기술통계 설정**

05 요인분석 창에서 ❸ 요인추출을 클릭한다. 요인분석: 요인추출 창이 열리면

① 방법 : '주성분' 선택

② 표시 : '회전하지 않은 요인해법'에 ☑ 표시
'스크리 도표'에 ☑ 표시

③ 추출 : '고유값 기준'을 선택한 후 '다음 값보다 큰 고유값'에 '1' 입력

④ 계속을 클릭한다.

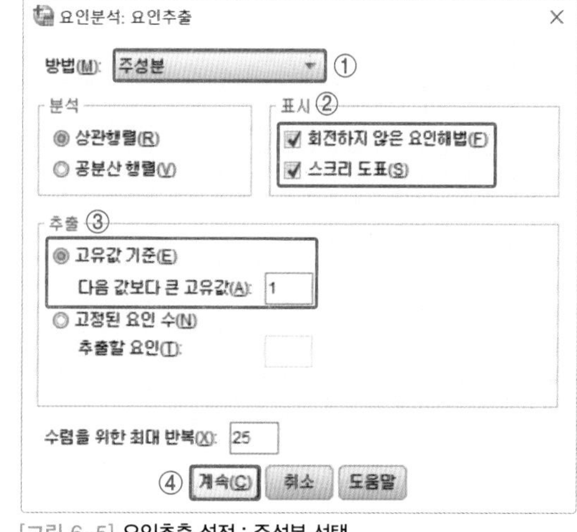

[그림 6-5] **요인추출 설정 : 주성분 선택**

NOTE

15 KMO와 Bartlett

- **KMO** : 변수들 간의 편상관을 확인하는 것으로 변수의 숫자와 케이스의 숫자의 적절성을 나타내는 표본 적합도를 의미한다. KMO 값은 높을수록 좋으나 일반적으로 .5보다 크다면 요인분석을 실시하는 것이 적절하다고 판단할 수 있다. 간혹 그 값이 .6 이상이면 된다거나, .8 이상이어야 한다는 주장도 있지만, 연구문제에 따라 값은 달라질 수 있다. 보통의 사회과학 연구문제는 .5 이상의 수준을 요구한다.
- **Bartlett** : 요인분석을 할 때 사용되는 상관계수의 행렬이 대각행렬이면 요인분석을 하는 것이 부적절하다. Bartlett 값에서 $p < .05$이면 대각행렬이 아님을 의미하므로 요인분석을 하는 것이 적절하다는 뜻이다.

KMO나 Bartlett에 대한 개념을 이해하기가 어렵다면 요인분석을 진행할 때 KMO> .5, Bartlett의 $p < .05$를 만족해야 한다는 것만 기억하자.

06 요인분석 창에서 ❹ 요인회전을 클릭한다. 요인분석: 요인회전 창이 열리면

① 방법 : '베리맥스' 선택

② 표시 : '회전 해법'에 ☑ 표시

'적재량 도표'에 ☑ 표시

③ 계속을 클릭한다.

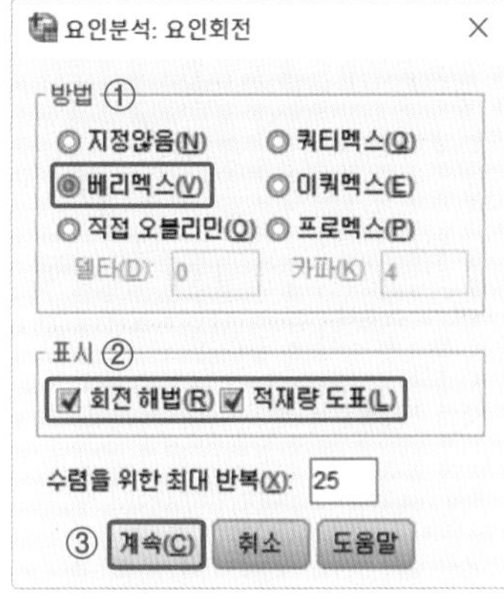

[그림 6-6] 요인회전 설정 : 베리맥스 선택

TIP 옵션 설정 배경

- **베리맥스** : 원래는 사각회전인 '직접 오블리민'을 선택해야 하지만, 다수의 교재와 논문에서 '베리맥스'를 선택하고 있으므로 비교를 위해 일단 직각회전인 '베리맥스'를 선택한다.
- **회전 해법** : 회전된 적재값을 확인하기 위해 선택한다.
- **적재량 도표** : 적재량을 도표에 표시하기 위해 선택한다.

07 요인분석 창에서 ❺ 점수를 클릭한다. 요인분석: 요인점수 창이 열리면

① '변수로 저장'에 ☑ 표시

② '요인점수 계수행렬 표시'에 ☑ 표시

③ 계속을 클릭한다.

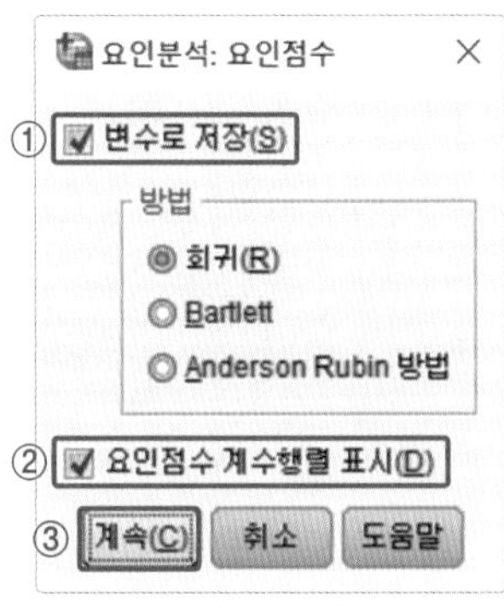

[그림 6-7] 요인점수 설정

08 요인분석 창에서 ❻ 옵션을 클릭한다. 요인분석: 옵션 창이 열리면

① 결측값 : '목록별 결측값 제외' 선택

② 계수표시형식 : '크기순 정렬'에 ☑ 표시

③ 계속을 클릭한다.

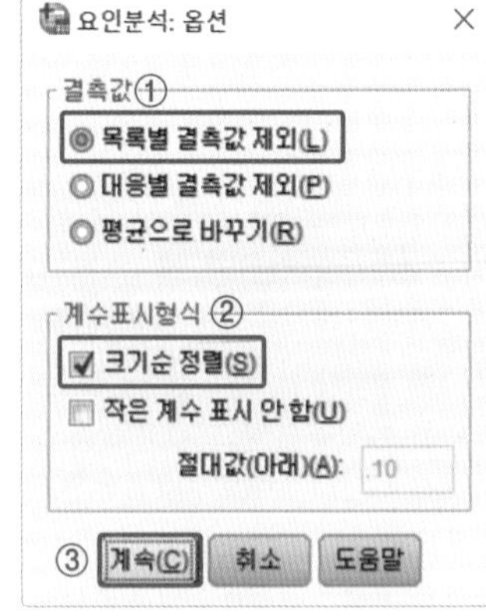

[그림 6-8] 옵션 설정

09 요인분석 창에서 확인을 클릭하면 분석이 시작된다.

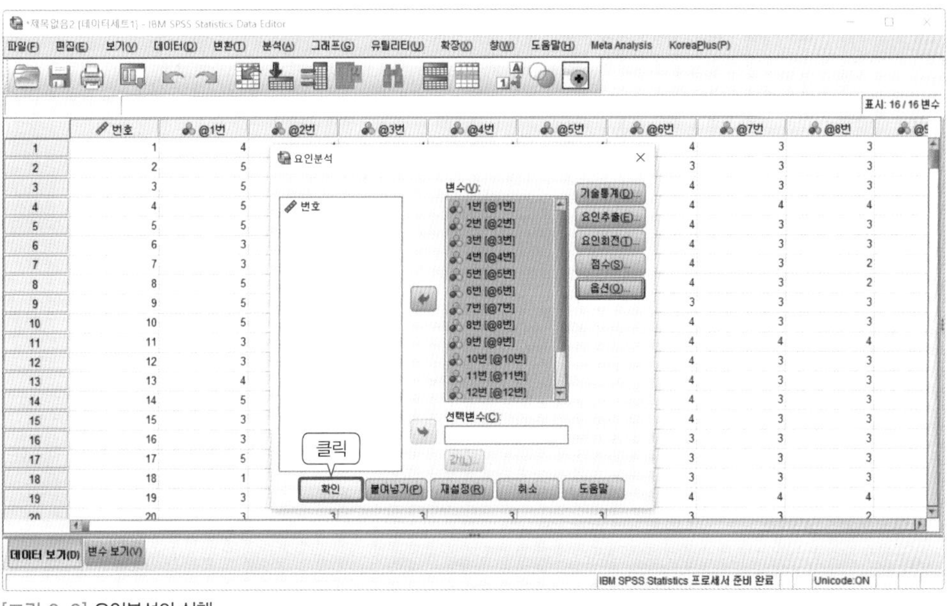

[그림 6-9] 요인분석의 실행

10 출력결과를 엑셀로 옮기기 위해 우선 출력결과 창의 바탕에서 마우스 오른쪽 버튼을 클릭한 뒤 내보내기를 선택한다. 내보내기 출력결과 창의 문서 항목에서 유형을 'Excel 2007 이상(*.xlsx)'으로 선택한다. 파일이름에서 어느 곳에 분석 결과를 저장할 것인지 경로와 파일명을 지정한 후, 확인을 클릭하여 출력결과를 저장한다.

Step 2 결과 분석하기 요인분석 1

기술통계량

	평균	표준편차	분석수
1번	3.69	1.171	325
2번	3.56	1.194	325
3번	3.54	1.090	325
4번	4.02	.603	325
5번	3.82	.618	325
6번	3.84	.692	325
7번	3.25	.752	325
8번	3.12	.816	325
9번	3.16	.760	325
10번	2.78	.982	325
11번	2.67	.939	325
12번	2.93	.884	325
13번	3.49	.863	325
14번	3.26	.772	325
15번	3.39	.773	325

KMO와 Bartlett의 검정

표본 적절성의 Kaiser-Meyer-Olkin 측도.		.768
Bartlett의 구형성 검정	근사 카이제곱	2896.559
	자유도	105
	유의확률	.000

상관행렬

		1번	2번	3번	4번	5번	6번	7번	8번	9번	10번	11번	12번	13번	14번	15번
상관관계	1번	1.000	.866	.856	.059	.123	.130	.118	.145	.184	.134	.122	.181	.252	.212	.269
	2번	.866	1.000	.896	.075	.102	.140	.138	.183	.192	.137	.135	.175	.265	.250	.277
	3번	.856	.896	1.000	.097	.104	.134	.126	.164	.187	.138	.134	.168	.289	.254	.326
	4번	.059	.075	.097	1.000	.501	.520	.109	.000	.005	-.043	-.051	.015	.297	.172	.224
	5번	.123	.102	.104	.501	1.000	.519	.157	.084	.007	.076	.074	.073	.250	.158	.224
	6번	.130	.140	.134	.520	.519	1.000	.088	.098	.076	.089	.134	.148	.294	.280	.271
	7번	.118	.138	.126	.109	.157	.088	1.000	.737	.665	.077	.035	.069	.238	.219	.318
	8번	.145	.183	.164	.000	.084	.098	.737	1.000	.668	.168	.083	.097	.165	.318	.358
	9번	.184	.192	.187	.005	.007	.076	.665	.668	1.000	.130	.086	.095	.246	.297	.332
	10번	.134	.137	.138	-.043	.076	.089	.077	.168	.130	1.000	.769	.671	.147	.266	.132
	11번	.122	.135	.134	-.051	.074	.134	.035	.083	.086	.769	1.000	.708	.152	.235	.182
	12번	.181	.175	.168	.015	.073	.148	.069	.097	.095	.671	.708	1.000	.243	.208	.185
	13번	.252	.265	.289	.297	.250	.294	.238	.165	.246	.147	.152	.243	1.000	.473	.645
	14번	.212	.250	.254	.172	.158	.280	.219	.318	.297	.266	.235	.208	.473	1.000	.680
	15번	.269	.277	.326	.224	.224	.271	.318	.358	.332	.132	.182	.185	.645	.680	1.000

공통성

	초기	추출
1번	1.000	.901
2번	1.000	.926
3번	1.000	.920
4번	1.000	.689
5번	1.000	.696
6번	1.000	.672
7번	1.000	.824
8번	1.000	.821
9번	1.000	.754
10번	1.000	.825
11번	1.000	.847
12번	1.000	.763
13번	1.000	.678
14번	1.000	.718
15번	1.000	.833

추출 방법: 주성분 분석.

설명된 총분산

성분	초기 고유값			추출 제곱합 적재량			회전 제곱합 적재량		
	전체	% 분산	누적 %	전체	% 분산	누적 %	전체	% 분산	누적 %
1	4.434	29.558	29.558	4.434	29.558	29.558	2.748	18.317	18.317
2	2.193	14.617	44.175	2.193	14.617	44.175	2.467	16.443	34.761
3	2.101	14.009	58.184	2.101	14.009	58.184	2.410	16.070	50.831
4	1.993	13.285	71.469	1.993	13.285	71.469	2.174	14.495	65.326
5	1.145	7.635	79.103	1.145	7.635	79.103	2.067	13.777	79.103
6	.590	3.934	83.037						
7	.510	3.403	86.440						
8	.449	2.990	89.430						
9	.346	2.307	91.737						
10	.297	1.979	93.716						
11	.279	1.859	95.575						
12	.238	1.587	97.162						
13	.184	1.225	98.387						
14	.144	.961	99.348						
15	.098	.652	100.000						

추출 방법: 주성분 분석.

[그림 6-10] 요인분석 출력결과 ①

- **[기술통계량]** : 1~15번의 설문 문항에 대한 응답을 기반으로 평균과 표준편차가 계산되어 있다. '분석수'는 각각의 설문 문항에 응답한 수이다. 즉 표본의 수와 같다.
- **[KMO와 Bartlett의 검정]** : 이 표의 값은 설문 문항 15개에 대하여 요인분석을 하는 것이 적절한지를 확인하는 기준이 된다. 앞에 설명한 대로 요인분석에서 KMO > .5, Bartlett의 p < .05를 만족하므로, 지금 진행 중인 요인분석은 적절한 것으로 판단할 수 있다.
- **[상관행렬]** : 1~15번의 설문 문항 간의 상관관계를 나타낸 값이다.
- **[공통성]** : 추출된 요인들에 의해 설명되는 변수의 분산을 나타낸다. 1번 문항이 공통요인을 설명하는 데 있어서 .901(90.1%)만큼의 설명력이 있다는 의미이다.
- **[설명된 총분산]** : 요인들이 가진 변수의 분산 설명도를 나타낸다. 이 표에서 총 성분은 15가지로 확인되고 있으나 이 모두를 사용하는 것은 아니다. Step 1-05의 **요인추출** 창에서 고유값이 1 이상인 요인을 추출하겠다고 설정했으며, 이 설정대로 추출된 요인들 5개가 전체 입력변수의 79.103%를 설명하고 있다.

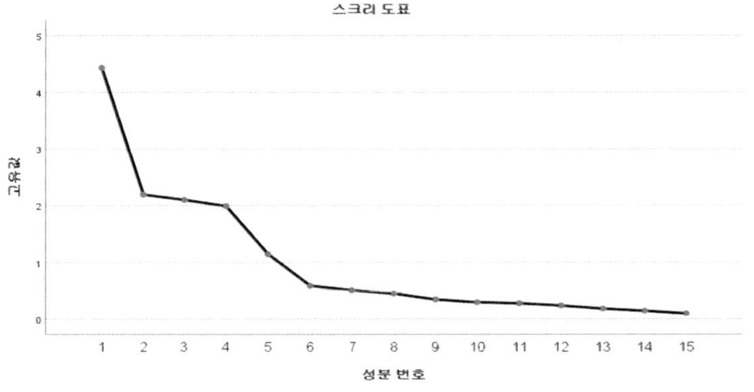

성분 변환행렬

성분	1	2	3	4	5
1	.536	.372	.436	.538	.307
2	.050	.854	-.415	-.151	-.270
3	-.815	.325	.434	.169	.115
4	-.158	.007	-.575	.169	.785
5	.146	.161	.345	-.794	.452

추출 방법: 주성분 분석.
회전 방법: 카이저 정규화가 있는 베리멕스.

성분행렬[a]

	성분				
	1	2	3	4	5
15번	.710	-.201	.153	.098	-.505
14번	.651	-.061	.196	.087	-.495
13번	.635	-.130	.092	.244	-.435
8번	.536	-.328	.375	-.487	.219
9번	.530	-.317	.320	-.500	.142
7번	.502	-.415	.387	-.411	.284
11번	.431	.758	.281	.023	.084
10번	.443	.722	.300	-.039	.127
12번	.465	.695	.231	.043	.089
1번	.634	.053	-.683	-.126	.114
2번	.659	.042	-.678	-.139	.102
3번	.665	.036	-.677	-.118	.061
4번	.302	-.315	.066	.668	.218
6번	.429	-.157	.120	.623	.246
5번	.360	-.206	.105	.610	.375

추출 방법: 주성분 분석.
a. 추출된 5 성분

[그림 6-11] **요인분석 출력결과 ②**

- **[스크리 도표]** : [설명된 총분산] 표에서 확인할 수 있는 15가지 성분들의 고유값(eigen value)을 큰 값에서 작은 값 순으로 그래프로 보여준다. Step 1-05의 **요인추출** 창에서 고유값이 1 이상인 요인을 추출하겠다고 설정했으므로, 총 5개의 성분을 요인으로 추출하는 것이 적절함을 그래프로 확인할 수 있다. 고유값이 1보다 크면 하나의 요인이 변수 1개 이상의 분산을 설명한다는 의미이며, 1보다 작다면 요인으로서의 의미가 없다는 뜻이기 때문에 경계를 '1'로 설정한 것이다.
- **[성분 변환행렬]** : 이 값들은 요인회전을 할 때 사용된 행렬 값을 의미한다.
- **[성분행렬]** : [성분행렬] 표에서는 5가지 성분이 추출되었음을 확인할 수 있으며, 요인적재 값은 [회전된 성분행렬] 표에서 확인한다.

회전된 성분행렬[a]

	성분				
	1	2	3	4	5
2번	.945	.076	.091	.129	.051
3번	.937	.068	.070	.169	.052
1번	.936	.077	.070	.106	.055
11번	.049	.913	.011	.102	.016
10번	.054	.899	.090	.073	.003
12번	.102	.857	.021	.121	.056
7번	.039	.001	.893	.104	.117
8번	.073	.073	.888	.145	.013
9번	.107	.050	.838	.191	- .043
15번	.156	.061	.229	.856	.139
14번	.099	.175	.174	.800	.084
13번	.157	.087	.080	.764	.236
5번	.056	.057	.066	.048	.826
4번	.019	- .095	- .018	.161	.808
6번	.062	.109	.030	.185	.788

추출 방법: 주성분 분석.
회전 방법: 카이저 정규화가 있는 베리멕스.
a. 5 반복계산에서 요인회전이 수렴되었습니다.

회전 공간의 성분 도표

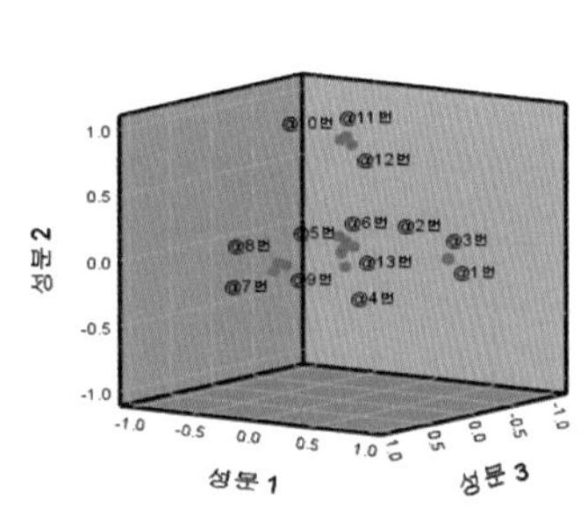

성분점수 계수행렬

	성분				
	1	2	3	4	5
1번	.367	- .016	- .018	- .072	- .005
2번	.368	- .019	- .012	- .060	- .011
3번	.361	- .027	- .029	- .029	- .017
4번	- .021	- .054	- .024	- .031	.413
5번	- .002	.021	.033	- .142	.444
6번	- .016	.030	- .009	- .045	.398
7번	- .030	- .021	.412	- .111	.057
8번	- .022	.004	.399	- .075	- .007
9번	- .010	- .011	.365	- .029	- .048
10번	- .027	.383	.018	- .063	- .007
11번	- .031	.387	- .024	- .034	- .006
12번	- .010	.358	- .023	- .031	.011
13번	- .037	- .044	- .095	.416	- .010
14번	- .069	- .008	- .058	.449	- .098
15번	- .050	- .066	- .041	.471	- .078

추출 방법: 주성분 분석.
회전 방법: 카이저 정규화가 있는 베리멕스.

성분점수 공분산 행렬

성분	1	2	3	4	5
1	1.000	.000	.000	.000	.000
2	.000	1.000	.000	.000	.000
3	.000	.000	1.000	.000	.000
4	.000	.000	.000	1.000	.000
5	.000	.000	.000	.000	1.000

추출 방법: 주성분 분석.
회전 방법: 카이저 정규화가 있는 베리멕스.

[그림 6-12] 요인분석 출력결과 ③

- **[회전된 성분행렬]** : 표에서 굵은 글씨로 표시된 값이 각각의 요인적재 값이다. 이 요인적재 값은 Step 1-06의 요인회전 창에서 베리맥스(varimax) 방식을 선택했으므로 베리맥스 회전으로 얻은 값이다. 내림차순으로 정렬되어 있는 이유는 Step 1-08의 옵션 창에서 계수출력형식을 '크기순 정렬'로 선택했기 때문이다.
- **[회전 공간의 성분 도표]** : 성분 1, 2, 3의 좌표 공간에서 원래 변수들의 위치를 점으로 표현한 것이다.
- **[성분점수 계수행렬]** : 여러 변수가 5개의 요인으로 축소되었다. 이렇게 축소된 각 요인에

대한 응답 결과를 계수화하여 각 요인의 표준화 값을 곱한 후 이를 모두 더한다. 이렇게 더한 각 요인들에 대한 응답 행렬을 의미한다.

• **[성분점수 공분산 행렬]** : Step 1-07의 요인점수 창에서 '요인점수 계수행렬 표시'를 선택하여 출력된 표이다. 여기서는 자기 자신을 뺀 모든 값이 0으로 출력되어 있다. 이와 같이 각 요인 간의 공분산이 모두 0으로 출력되어 있는 이유는 직각회전 방법인 베리맥스 회전을 실행하여 분석을 진행했기 때문이다. 직각회전 방법은 각 요인들이 서로 독립적이라는 기본 가정이 바탕이 되므로 공분산은 당연히 0으로 출력된다.

6.1.2 요인분석 2 : 정확한 방법

지금까지 진행한 요인분석은 대부분의 사회과학용 통계학 교재에서 설명하고 있는 방법으로, 논문을 작성하는 과정에서 많은 연구자들이 적용해온 방법이었다. 그러나 이 방법의 경우, 해석과정에서 몇 가지 문제가 제기될 수 있다. 먼저, 요인들 간에 서로 독립적이라는 가정 하에서 회전방식인 직각회전을 실시하여 얻은 결과이기 때문에 공분산은 0이다. 때문에 [성분점수 공분산 행렬] 표를 제대로 확인하지 않고 결과를 제시하는 경우가 있는데, 이는 '성분점수 공분산 행렬'에 대한 의미를 간과함으로써 나오는 실수이다. 따라서 모든 표를 확인해야 한다는 점에 초점을 맞추어 '최대우도'의 방법과 '사각회전' 방법으로 다시 한 번 정확하게 분석을 해 볼 것이다.

요인분석 1과 요인분석 2를 비교해 보면, 분석 과정은 대부분 동일하고 Step 1-05, 06에서만 차이가 있다. 요인분석 2를 확인해 보면 두 분석 방법 간의 명확한 차이를 알 수 있을 것이다. SPSS Statistics와 같은 통계 프로그램을 이용하면 통계를 잘 몰라도 결과를 쉽게 얻을 수 있다는 장점이 있지만, 반대로 프로그램을 제대로 다루지 못하면 잘못된 결과를 얻게 되므로 연구자는 프로그램 설정 방법을 명확히 숙지해야 한다.

Step 1 따라하기 요인분석 2

준비파일 : 요인분석.xls

01 SPSS Statistics를 구동하여 '요인분석.xls' 파일을 불러온다.

02 데이터 편집 창에서 분석 ▶ 차원 축소 ▶ 요인분석을 클릭한다.

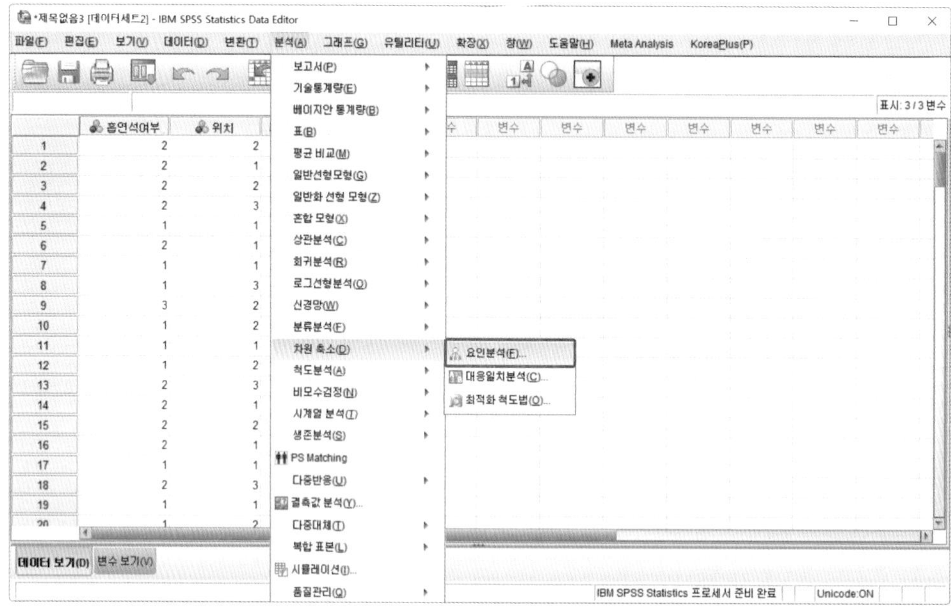

[그림 6-13] **요인분석 메뉴 선택**

03 요인분석 창에서 ❶ 변수 란에 등간척도나 비율척도로 구성된 문항 15개를 모두 옮겨 놓는다.

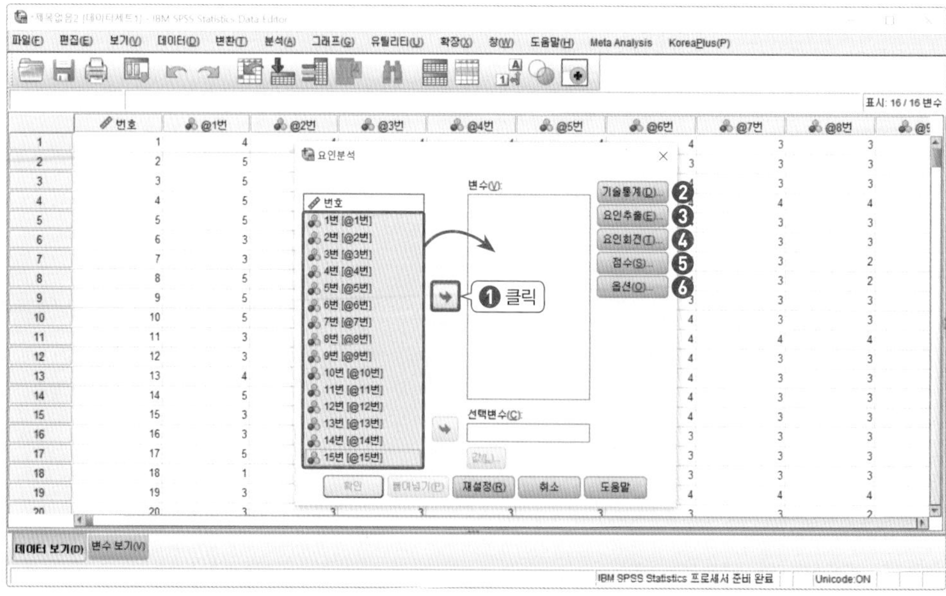

[그림 6-14] **요인분석의 옵션 설정**

04 요인분석 창에서 ❷ 기술통계를 클릭한다. 요인분석: 기술통계 창이 열리면

① 통계량 : '일변량 기술통계'에 ☑ 표시
'초기해법'의 ☑ 설정 유지

② 상관행렬 : '계수'에 ☑ 표시
'KMO와 Bartlett의 구형성 검정'에 ☑ 표시

③ 계속을 클릭한다.

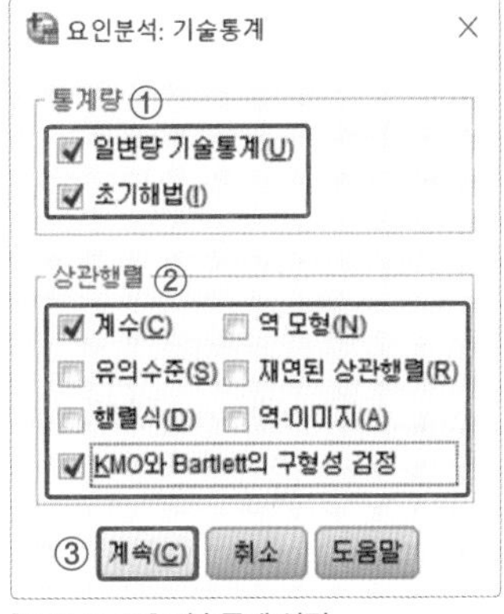

[그림 6-15] 기술통계 설정

TIP **옵션 설정 배경**

- **일변량 기술통계** : 기술통계량을 확인하기 위해 선택한다.
- **계수** : 상관행렬에서의 상관계수를 확인하기 위해 계수를 선택한다.
- **KMO와 Bartlett의 구형성 검정** : 지금 하는 요인분석이 적절한지를 확인하는 절차로, 표본의 수와 변수의 수가 적당한지를 확인하기 위해 설정한다.

NOTE

16 **KMO와 Bartlett**

- KMO : 변수들 간의 편상관을 확인하는 것으로, 변수의 숫자와 케이스의 숫자의 적절성을 나타내는 표본 적합도를 의미한다. KMO 값은 높을수록 좋으나, 일반적으로 .5보다 크다면 요인분석을 실시하는 것이 적절하다고 판단할 수 있다. 간혹 그 값이 .6 이상이면 된다거나, .8 이상이어야 한다는 주장도 있지만, 연구문제에 따라 값은 달라질 수 있다. 보통의 사회과학 연구문제는 .5 이상의 수준을 요구한다.
- Bartlett : 요인분석을 할 때 사용되는 상관계수의 행렬이 대각행렬이면 요인분석을 하는 것이 부적절하다. Bartlett 값에서 $p< .05$이면 대각행렬이 아님을 의미하므로 요인분석을 하는 것이 적절하다는 뜻이다.

KMO나 Bartlett에 대한 개념을 이해하기가 어렵다면, 요인분석을 진행할 때 KMO> .5, Bartlett의 $p< .05$를 만족해야 한다는 것만 기억하자.

05 요인분석 창에서 ❸ 요인추출을 클릭한다. 요인분석: 요인추출 창이 열리면

① 방법 : '최대우도' 선택

② 표시 : '회전하지 않은 요인해법'에 ☑ 표시

'스크리 도표'에 ☑ 표시

③ 추출 : '고유값 기준'을 선택한 후 '다음 값보다 큰 고유값'에 '1' 입력

④ 계속을 클릭한다.

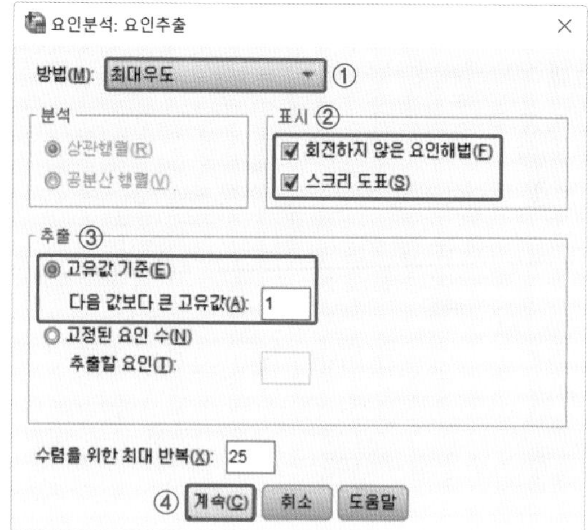

[그림 6-16] **요인추출 설정 : 최대우도 선택**

TIP 옵션 설정 배경

- **최대우도** : 공통요인분석 방법 중 가장 많이 쓰이는 방법이다.
- **회전하지 않은 요인해법** : 회전하기 전의 요인의 적재값을 확인하기 위해 선택한다.
- **스크리 도표** : 그래프로 요인들의 고유값 분포를 확인하기 위해 선택한다.
- **고유값 기준** : 고유값이 1 이상인 요인을 추출하기 위해 선택한다.

NOTE

17 주성분분석 vs. 공통요인분석

SPSS Statistics에서 차원 감소 메뉴에 기본적으로 설정되어 있는 '주성분'을 '최대우도'로 변경한 이유는 주성분분석(PCA : Principle Component Analysis)과 공통요인분석(CFA : Common Factor Analysis)이 서로 다른 개념이기 때문이다. '자료의 축소'라는 차원에서는 같은 의미로 이해하기 쉬운데, 엄밀히 말하면 서로 다른 개념이다.

- **주성분분석** : 여러 많은 변수들을 더 적은 수의 주성분으로 줄여가는 방법이다. 많은 데이터에 포함된 정보의 손실을 최소화해서 2개 혹은 3개의 차원으로 단순하게 데이터를 축소한다.
- **공통요인분석** : '자료의 축소'라는 차원을 포함해 자료 내재적으로 존재하는 속성까지 찾아내는 방법이다. 변수 간 공통요인을 추출하여 이를 사용해 변수 간의 상관관계를 찾고, 각 변수의 성질을 축소하여 설명한다.

SPSS Statistics를 사용할 때, 이 두 방법을 혼동하는 이유는 분석 방법이 모두 분석 ▶ 차원 감소 ▶ 요인분석에 위치하고 있기 때문이다. 또한 '주성분'이 요인분석 창에서 기본값으로 설정되어 있어 (공통)요인분석을 실시해야 함에도 불구하고 주성분분석을 하는 실수를 범하기도 한다.

주성분분석과 공통요인분석은 서로 다른 개념이지만, 공통성(communality)이 .6 이상이거나 변수가 많아질수록 두 분석 결과가 서로 같아진다. (분석 결과에 대한 수치가 같다는 의미가 아니라, 수치들을 분석한 후의 결과물이 같다는 의미이다.)

06 요인분석 창에서 ❹ 요인회전을 클릭한다. 요인분석: 요인회전 창이 열리면

① 방법 : '직접 오블리민' 선택

② 표시 : '회전 해법'에 ☑ 표시

'적재량 도표'에 ☑ 표시

③ 계속을 클릭한다.

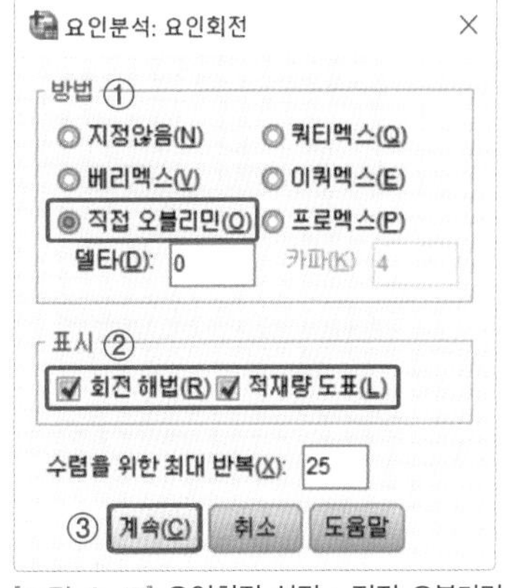

[그림 6-17] 요인회전 설정 : 직접 오블리민 선택

TIP 옵션 설정 배경

- **직접 오블리민** : 사회과학 연구의 경우, 사각회전 방법인 '직접 오블리민'을 선택한다.
- **회전 해법** : 회전된 적재값을 확인하기 위해 선택한다.
- **적재량 도표** : 적재량을 도표에 표시하기 위해 선택한다.

NOTE

18 요인회전을 하는 이유

요인 적재값 자체로는 변수 간 상하관계를 확인하는 데 한계가 있다. 따라서 요인분석 후에 요인회전을 통해 요인 적재값이 큰 경우에는 더 확대하여 1에 가깝게 하고, 요인 적재값이 작은 경우에는 0에 가깝게 하여 변수를 명확히 구분한다. 요인회전은 상관계수를 의미하는 요인 적재값을 통해 차원을 축소한다.

요인 적재값을 이용한 회전 방법에는 직각회전과 사각회전이 있다. 직각회전과 사각회전은 회전을 통해 명확한 관계를 파악한다는 점에서는 언뜻 같아 보이지만, 회전을 실시하는 기본 가정이 서로 완전히 다르며, 결과 또한 다르게 출력되므로 연구자의 주의가 필요하다.

회전 방법	종류	설명
직각회전 (orthogonal rotation)	베리맥스 (Varimax)	• 요인 간 독립성을 유지하여 회전한다. 즉 상관관계가 없다. (사회과학에서는 요인 간 상관관계가 0인 경우는 드물지만 (상관계수)=0을 가정한다.) • 결과가 간단하게 나와서 해석하기가 쉽다.
	쿼티맥스 (Quartimax)	
	이퀴맥스 (Equimax)	
사각회전 (oblique rotation)	직접 오블리민 (Oblimin)	• 요인 간 연관관계를 유지하여 회전한다. 즉 상관관계가 전혀 없다고 가정하지 않는다. (사회과학에서는 요인 간 상관관계가 0인 경우는 드물기 때문에 마찬가지로 (상관계수)≠0을 가정한다.) • 결과가 복잡하게 나와서 해석하기가 어렵다.
	프로맥스 (Promax)	

07 요인분석 창에서 ❺ 점수를 클릭한다. 요인분석: 요인점수 창이 열리면

① '변수로 저장'에 ☑ 표시
② '요인점수 계수행렬 표시'에 ☑ 표시
③ 계속을 클릭한다.

[그림 6-18] **요인점수 설정**

TIP 옵션 설정 배경

- **회귀** : 평균을 0으로 하는 참 요인값과 추정된 요인 간의 차이를 제곱한 값을 최소로 하는 값에 대해 변수로 따로 저장할 때 선택한다.
- **Bartlett** : 평균을 0으로 하는 변수들 간의 범위에서 고유한 요인들을 제곱한 값의 합이 최소가 되게 하는 값을 따로 저장할 때 선택한다.
- **Anderson-Rubin 방법** : (평균)=0, (표준편차)=1, 추정된 요인들의 상관관계가 없음을 확인하기 위해 Bartlett 값의 수정값을 따로 저장할 때 선택한다.
- **요인점수 계수행렬 표시** : 요인점수를 얻기 위해 각 변수들에 곱한 식의 계수 값들을 표시할 때 선택한다.

08 요인분석 창에서 ❻ 옵션을 클릭한다. 요인분석: 옵션 창이 열리면

① 결측값 : '목록별 결측값 제외' 선택
② 계수표시형식 : '크기순 정렬'에 ☑ 표시
③ 계속을 클릭한다.

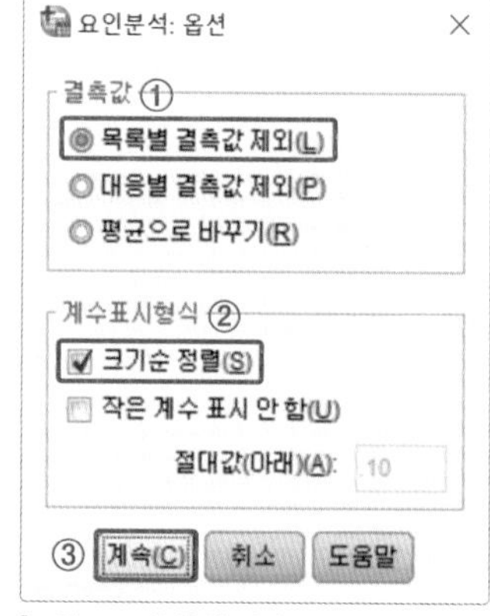

[그림 6-19] **옵션 설정**

TIP 옵션 설정 배경

- **목록별 결측값 제외** : 결측값이 있는 항목을 모두 제외할 때 선택한다.
- **대응별 결측값 제외** : 각 변수들의 대응값 중에서 유효한 것만 요인분석에 사용할 때 선택한다.
- **평균으로 바꾸기** : 결측값이 있을 때, 결측값을 전체에 대한 평균값으로 대체할 때 선택한다.
- **크기순 정렬** : 계수들을 큰 것부터 순차적으로 정렬할 때 선택한다.

09 요인분석 창에서 확인을 클릭하면 분석이 시작된다.

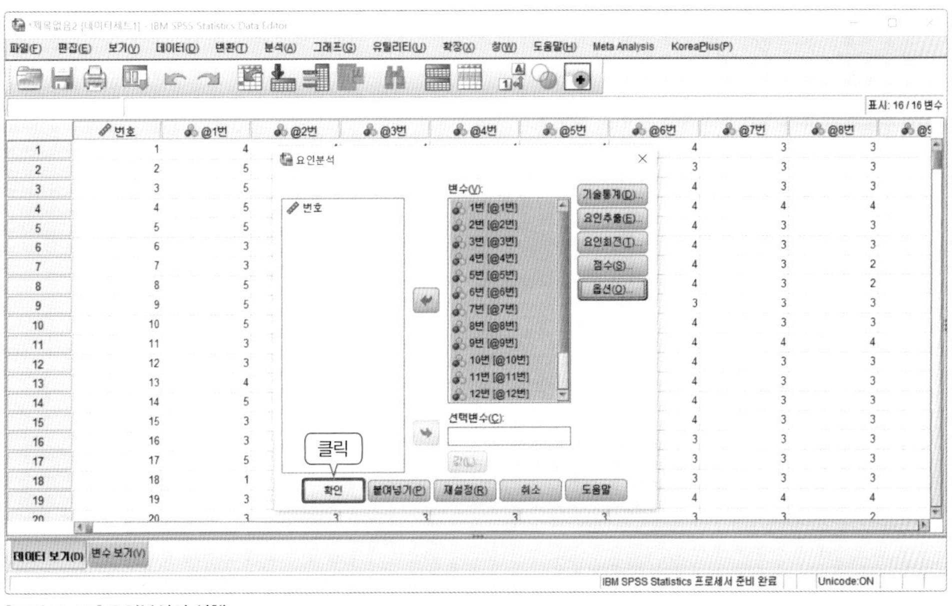

[그림 6-20] **요인분석의 실행**

10 출력결과를 엑셀로 옮기기 위해 우선 출력결과 창의 바탕에서 마우스 오른쪽 버튼을 클릭한 뒤 내보내기를 선택한다. 내보내기 출력결과 창의 문서 항목에서 유형을 'Excel 2007 이상(*.xlsx)'으로 선택한다. 파일이름에서 어느 곳에 분석 결과를 저장할 것인지 경로와 파일명을 지정한 후, 확인을 클릭하여 출력결과를 저장한다.

Step 2 결과 분석하기 요인분석 2

기술통계량

	평균	표준편차	분석수
1번	3.69	1.171	325
2번	3.56	1.194	325
3번	3.54	1.090	325
4번	4.02	.603	325
5번	3.82	.618	325
6번	3.84	.692	325
7번	3.25	.752	325
8번	3.12	.816	325
9번	3.16	.760	325
10번	2.78	.982	325
11번	2.67	.939	325
12번	2.93	.884	325
13번	3.49	.863	325
14번	3.26	.772	325
15번	3.39	.773	325

KMO와 Bartlett의 검정

표본 적절성의 Kaiser-Meyer-Olkin 측도.		.768
Bartlett의 구형성 검정	근사 카이제곱	2896.559
	자유도	105
	유의확률	.000

상관행렬

		1번	2번	3번	4번	5번	6번	7번	8번	9번	10번	11번	12번	13번	14번	15번
상관관계	1번	1.000	.866	.856	.059	.123	.130	.118	.145	.184	.134	.122	.181	.252	.212	.269
	2번	.866	1.000	.896	.075	.102	.140	.138	.183	.192	.137	.135	.175	.265	.250	.277
	3번	.856	.896	1.000	.097	.104	.134	.126	.164	.187	.138	.134	.168	.289	.254	.326
	4번	.059	.075	.097	1.000	.501	.520	.109	.000	.005	-.043	-.051	.015	.297	.172	.224
	5번	.123	.102	.104	.501	1.000	.519	.157	.084	.007	.076	.074	.073	.250	.158	.224
	6번	.130	.140	.134	.520	.519	1.000	.088	.098	.076	.089	.134	.148	.294	.280	.271
	7번	.118	.138	.126	.109	.157	.088	1.000	.737	.665	.077	.035	.069	.238	.219	.318
	8번	.145	.183	.164	.000	.084	.098	.737	1.000	.668	.168	.083	.097	.165	.318	.358
	9번	.184	.192	.187	.005	.007	.076	.665	.668	1.000	.130	.086	.095	.246	.297	.332
	10번	.134	.137	.138	-.043	.076	.089	.077	.168	.130	1.000	.769	.671	.147	.266	.132
	11번	.122	.135	.134	-.051	.074	.134	.035	.083	.086	.769	1.000	.708	.152	.235	.182
	12번	.181	.175	.168	.015	.073	.148	.069	.097	.095	.671	.708	1.000	.243	.208	.185
	13번	.252	.265	.289	.297	.250	.294	.238	.165	.246	.147	.152	.243	1.000	.473	.645
	14번	.212	.250	.254	.172	.158	.280	.219	.318	.297	.266	.235	.208	.473	1.000	.680
	15번	.269	.277	.326	.224	.224	.271	.318	.358	.332	.132	.182	.185	.645	.680	1.000

공통성[a]

	초기	추출
1번	.787	.826
2번	.844	.908
3번	.836	.889
4번	.396	.556
5번	.381	.491
6번	.412	.522
7번	.631	.743
8번	.646	.751
9번	.543	.607
10번	.655	.749
11번	.675	.806
12번	.566	.620
13번	.490	.464
14번	.522	.492
15번	.644	.999

추출 방법: 최대우도.

설명된 총분산

요인	초기 고유값			추출 제곱합 적재량			회전 제곱합 적재량[a]
	전체	% 분산	누적 %	전체	% 분산	누적 %	전체
1	4.434	29.558	29.558	2.757	18.377	18.377	2.988
2	2.193	14.617	44.175	2.484	16.562	34.939	3.078
3	2.101	14.009	58.184	2.051	13.676	48.615	2.476
4	1.993	13.285	71.469	1.716	11.439	60.054	2.569
5	1.145	7.635	79.103	1.414	9.425	69.479	1.983
6	.590	3.934	83.037				
7	.510	3.403	86.440				
8	.449	2.990	89.430				
9	.346	2.307	91.737				
10	.297	1.979	93.716				
11	.279	1.859	95.575				
12	.238	1.587	97.162				
13	.184	1.225	98.387				
14	.144	.961	99.348				
15	.098	.652	100.000				

추출 방법: 최대우도.

a. 요인이 상관된 경우 전체 분산을 구할 때 제곱합 적재량이 추가될 수 없습니다.

[그림 6-21] **요인분석 출력결과 ①**

- **[기술통계량]** : 1~15번의 설문 문항에 대한 응답을 기반으로 평균과 표준편차가 계산되어 있다. '분석수'는 각각의 설문 문항에 응답한 수로, 표본의 수와 같다.
- **[KMO와 Bartlett의 검정]** : 이 표의 값은 설문 문항 15개에 대하여 요인분석을 실시하는 것이 적절한지를 확인하는 기준이 된다. 앞에 설명한 대로 요인분석에서 KMO>.5, Bartlett의 p<.05를 만족하므로, 지금 진행 중인 요인분석이 적절하다고 판단할 수 있다.
- **[상관행렬]** : 1~15빈의 실문 문항 간의 상관관계를 나타낸 값이다.
- **[공통성]** : 추출된 요인들에 의해 설명되는 변수의 분산을 나타낸다. 1번 문항이 공통요인을 설명하는 데 있어서 .826(82.6%)만큼의 설명력이 있다는 의미이다.
- **[설명된 총분산]** : 요인들이 가진 변수의 분산 설명도를 나타낸다. 이 표에서 총 성분은 15가지로 확인되고 있으나 이 모두를 사용하는 것은 아니다. **Step 1-05**의 **요인추출** 창에서 고유값이 1 이상인 요인을 추출하겠다고 설정했으며, 이 설정대로 추출된 5개의

요인으로 회전 전과 후의 고유값을 판단하면 된다. 추출된 요인들 5개가 전체 입력변수의 79.103%를 설명하고, 추출된 적재값은 69.479%를 설명하고 있다. 추출된 요인 적재값(추출 제곱합 적재값 : % 누적 행의 마지막 줄)은 일반적으로 사회과학 연구에서는 60% 이상, 자연과학에서는 95% 이상으로 확인한다. 이 책은 사회과학에 초점이 맞추어져 있으므로 추출된 요인들은 충분한 설명력을 지닌 것으로 볼 수 있다.

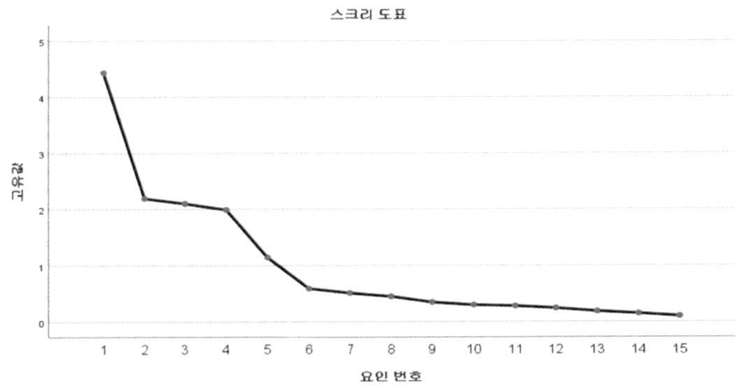

요인행렬[a]

	요인 1	2	3	4	5
15번	.999	-.008	-.002	-.002	-.001
14번	.681	.060	.146	.033	.047
13번	.646	.093	.050	-.033	.185
2번	.284	.906	-.078	-.008	-.007
3번	.332	.876	-.089	-.042	-.015
1번	.276	.862	-.077	-.031	-.008
11번	.184	.161	.853	-.134	-.020
10번	.135	.184	.834	-.033	-.013
12번	.188	.198	.731	-.098	.032
7번	.321	.068	.075	.788	.089
8번	.361	.101	.131	.770	-.024
9번	.335	.129	.106	.682	-.050
4번	.225	.012	-.091	-.046	.703
5번	.226	.055	.037	.001	.660
6번	.273	.075	.080	-.037	.659

추출 방법: 최대우도.
a. 추출된 5 요인 13의 반복계산이 요구됩니다.

적합도 검정

카이제곱	자유도	유의확률
75.192	40	.001

요인 상관행렬

요인	1	2	3	4	5
1	1.000	.350	.271	.394	.389
2	.350	1.000	.186	.198	.155
3	.271	.186	1.000	.132	.087
4	.394	.198	.132	1.000	.102
5	.389	.155	.087	.102	1.000

추출 방법: 최대우도.
회전 방법: 카이저 정규화가 있는 오블리민.

[그림 6-22] 요인분석 출력결과 ②

- **[스크리 도표]** : [설명된 총분산] 표에서 확인할 수 있는 15가지 성분들의 고유값(eigen value)을 큰 값에서 작은 값 순으로 그래프로 보여준다. Step 1-05의 요인추출 창에서 고유값이 1 이상인 요인을 추출하겠다고 설정했으므로, 총 5개의 성분이 요인으로 추출되었음을 그래프로 확인할 수 있다. 고유값이 1보다 크면 하나의 요인이 변수 1개 이상의 분산을 설명한다는 의미이며, 1보다 작다는 것은 요인으로서의 의미가 없음을 나타내기 때문에 그 경계값으로 '1'이 설정된 것이다.
- **[요인행렬]** : 이 표의 요인적재 값은 각 변수와 해당 요인 간의 상관계수를 나타낸다. 이와 같이 상관계수를 의미하는 표가 제시되는 것이 요인 간 '(상관계수)=0'을 가정하는 직각행렬과 다른 부분이다. '요인분석 1'의 분석결과에서 요인과 변수 간의 상관행렬을 표시하지 못했던 이유는 직각회전이 변수들 간의 '(상관계수)=0'을 가정하고 있기 때문이다.
- **[적합도 검정]** : 적합도 검정에서는 변수들을 서로 나누어 놓은 것이 적합한 것인지를 검정한다. 적합도 검정은 카이제곱 검정을 통해 진행된 것으로, 이에 대한 유의확률이 제시되고 있다. 즉 $p < .05$이므로 귀무가설을 기각하여, 변수들을 5가지로 구분한 것이 적합하다는 것을 확인할 수 있다.[1]
- **[요인 상관행렬]** : 각 요인 간의 상관계수를 나타낸다.

NOTE

19 요인의 명칭을 정하는 방법

[패턴행렬] 표와 [구조행렬] 표를 확인해 보면 요인들이 다음과 같음을 알 수 있다.

- **요인 1** : 13번, 14번, 15번
- **요인 2** : 1번, 2번, 3번
- **요인 3** : 10번, 11번, 12번
- **요인 4** : 7번, 8번, 9번
- **요인 5** : 4번, 5번, 6번

5가지 요인별로 문항이 3개씩 배정되어 있다. 이와 같이 문항 간 묶음으로 구분되었다면 묶인 문항별로 설문 문항을 다시 확인해야 한다. 설문 문항을 다시 살피는 이유는 요인 1, 2, 3, 4, 5와 같이 요인이 번호로만 나타난 연구모형을 보고, 각 요인을 직관적으로 판단하기는 어렵기 때문이다. 이때는 연구자가 각 문항의 공통점을 찾아 요인 명칭을 붙여주면 된다.

요인 1에 해당하는 설문 문항을 보면 '모양, 외관, 디자인'이란 단어가 있다. 대표적인 단어가 '외관'이므로 변수명을 '외관'이라고 명명한다. 요인 2는 '만족감'이란 단어가 공통적으로 사용되고 있으므로 변수명을 '만족감'으로, 요인 3은 '편리'란 단어가 쓰이므로 '편리함'을 변수명으로 붙여 보자. 요인 4와 요인 5의 변수명은 여러분이 직접 설문 문항을 확인한 뒤에 붙여 보고, 이 책에서 사용한 변수명과 비교해 보기 바란다.

---

1) H0 : 변수들이 같다. H1 : 변수들을 5가지로 구분한다.

패턴 행렬[a]

	요인 1	2	3	4	5
15번	1.057	-.030	-.082	.002	-.081
14번	.640	.006	.099	.059	.002
13번	.584	.062	.015	-.015	.153
2번	-.032	.959	.002	.023	.002
3번	.048	.932	-.012	-.016	-.012
1번	-.015	.914	.002	-.003	.001
11번	.046	-.028	.897	-.049	-.023
10번	-.053	-.006	.871	.060	-.009
12번	.024	.034	.772	-.019	.033
7번	-.037	-.031	-.039	.873	.093
8번	.029	-.002	.021	.855	-.031
9번	.037	.043	.012	.757	-.058
4번	.022	-.012	-.101	-.028	.743
5번	-.019	.001	.030	.036	.700
6번	.030	.014	.077	.001	.696

추출 방법: 최대우도.
회전 방법: 카이저 정규화가 있는 오블리민.
a. 3 반복계산에서 요인회전이 수렴되었습니다.

구조행렬

	요인 1	2	3	4	5
15번	.993	.312	.191	.393	.319
14번	.692	.260	.281	.325	.266
13번	.663	.290	.196	.245	.390
2번	.314	.953	.175	.200	.142
3번	.360	.942	.172	.184	.149
1번	.304	.909	.168	.172	.137
11번	.251	.143	.896	.080	.063
10번	.200	.148	.863	.152	.050
12번	.250	.188	.785	.102	.113
8번	.359	.176	.139	.866	.069
7번	.321	.135	.068	.856	.160
9번	.331	.199	.125	.776	.041
4번	.269	.087	-.036	.040	.738
6번	.327	.147	.148	.097	.716
5번	.276	.116	.090	.104	.699

추출 방법: 최대우도.
회전 방법: 카이저 정규화가 있는 오블리민.

[그림 6-23] **요인분석 출력결과 ③**

- **[패턴행렬]** : 이 표는 직각회전에서의 [회전된 성분행렬] 표와 같다고 생각하면 된다. 요인점수를 이용하여 해당 사례의 특정 변인을 예측하는 선형방정식 계수를 기준으로, 요인회전 후의 요인적재량을 계산하여 요인의 직접적 효과를 나타낸다. 일반적으로 .3 이상이면 추출된 요인이 통계적으로 의미가 있다고 판단하고, .5 이상이면 매우 유의한 것으로 판단한다. 주목해야 할 점은 경우에 따라 요인들 간의 직접적/간접적 영향을 모두 고려하기 때문에 1이 넘어가는 경우도 있다는 것이다.
- **[구조행렬]** : 이 표의 요인 적재값은 요인과 변인의 상관계수를 나타낸다. 상관관계를 나타내는 계수에는 패턴행렬에서의 선형방정식과 같이 직/간접효과가 모두 반영되어 있다. '직접 오블리민'과 같은 사각회전 방법에서는 요인들 간의 독립성이 가정되지 않으므로 상호연관을 가지고 직/간접적 영향을 고려해야 한다. 직각회전의 경우에는 결과값

을 쉽게 구하지 못하므로 여러 가지 행렬을 산출하여 복합적으로 판단해야 한다. 만약 요인들 간의 상관관계가 서로 독립적이라면, 타 요인을 통한 간접효과가 없기 때문에 패턴행렬과 구조행렬은 같은 값을 나타내게 된다.

회전된 요인 공간에서의 요인 도표

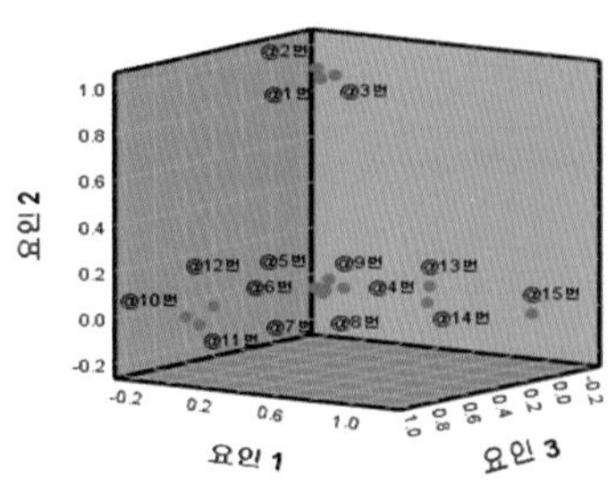

요인점수 계수행렬

	요인 1	2	3	4	5
1번	.007	.221	.006	-.001	.005
2번	.014	.440	.012	.031	.011
3번	.010	.352	.002	-.016	-.007
4번	.027	.001	-.020	-.014	.375
5번	.024	.002	.008	.003	.307
6번	.027	.003	.019	-.005	.327
7번	.003	-.005	-.011	.394	.066
8번	-.002	.000	.014	.400	-.039
9번	-.003	.005	.006	.225	-.038
10번	.026	.003	.349	.033	-.007
11번	.035	-.001	.468	-.022	-.013
12번	.018	.006	.206	-.003	.025
13번	.009	.007	.012	-.005	.083
14번	.005	.002	.030	.013	.023
15번	.943	.007	-.018	.045	.010

추출 방법: 최대우도.
회전 방법: 카이저 정규화가 있는 오블리민.
요인점수화 방법: 회귀.

요인점수 공분산 행렬

요인	1	2	3	4	5
1	2.882	1.968	3.299	2.034	2.744
2	1.968	1.925	2.169	1.436	2.905
3	3.299	2.169	3.677	2.253	3.049
4	2.034	1.436	2.253	2.078	2.420
5	2.744	2.905	3.049	2.420	4.493

추출 방법: 최대우도.
회전 방법: 카이저 정규화가 있는 오블리민.
요인점수화 방법: 회귀.

[그림 6-24] **요인분석 출력결과 ④**

- **[회전된 요인 공간에서의 요인 도표]** : 요인 1, 2, 3의 좌표 공간에서 변수들의 위치를 점으로 표현한 것이다.
- **[요인점수 계수행렬]** : 여러 변수가 5개의 요인으로 축소되었다. 이렇게 축소된 각 요인에 대한 응답 결과를 계수화하여 각 요인의 표준화 값을 곱한 후 이를 모두 더한다. 이렇게 더한 각 요인들에 대한 응답의 행렬을 의미한다.
- **[요인점수 공분산 행렬]** : '요인분석 1'의 출력결과인 [성분점수 공분산행렬] 표와 달리 모

든 값이 0이 아니다. 베리맥스 회전을 실행한 분석은 상관관계가 없다(독립적)는 사실을 전제로 분석하였으나, '직접 오블리민'은 변수 간 상관관계가 있다(독립적이지 않음)는 사실을 전제로 분석했기 때문이다.

Step 3 논문에 표현하기 요인분석 2

요인분석은 설문 문항인 변수들을 서로 연관성이 있는 것끼리 묶어 간결하게 표현하기 위한 것으로, 이 분석 결과만으로는 연구모형에 대한 방향 제시를 할 수가 없다. 또한 요인분석으로 분석이 끝난 것이 아니라 요인분석 결과가 신뢰성이 있는지에 대해서도 판단해야 한다. 따라서 요인분석 결과를 제시할 때는 신뢰도분석까지 진행하여 요인분석과 신뢰도분석의 결과를 종합적으로 제시하는 것이 바람직하다(7장의 171페이지 참조). ■

Chapter 07

신뢰도분석

학습목표

1) 요인분석과 신뢰도분석의 관계를 이해한다.
2) 신뢰도의 개념과 신뢰도분석을 하는 이유를 이해한다.
3) 크론바흐 알파에 대하여 설명할 수 있다.

다루는 내용

- 신뢰도의 개념과 신뢰도 측정 방법
- 논문 기재 요령
- 출력결과의 해석

연구대상에 대한 반복 측정을 가정했을 때, 동일한 값을 얻어낼 수 있는 가능성을 확인하는 신뢰도분석은 측정도구에 대한 타당성을 검정(요인분석)한 후 실시한다. 따라서 요인분석 후에 신뢰도 측정이 항상 이루어진다고 생각하면 된다. 신뢰도분석을 진행하기 위해서는 설문지의 설문 문항이 등간척도와 비율척도로 작성되어야 한다.

신뢰도를 판단할 때는 크론바흐 알파(Cronbach α) 값을 사용한다. 크론바흐 알파계수를 구하는 식은 다음과 같다.

$$(\text{크론바흐 } \alpha) = \frac{N\rho_{12}}{\{1+\rho_{12}(N-1)\}} = \frac{(\text{문항 수})\times(\text{상관계수들의 평균값})}{1+(\text{상관계수들의 평균값})\times\{(\text{문항 수})-1\}}$$

앞서 6장에서 살펴보았던 요인분석의 한 예를 상기해 보자. 6장의 [연구문제]에서는 '외관, 유용성, 편리함, 구매의도, 구전의도'의 5가지 변수에 대해 세 문항씩 총 15문항으로 설문을 실시하였다. 이 설문 문항에 대한 요인분석 결과를 요인별로 정리해 보면 [표 7-1]과 같다.

[표 7-1] 요인별로 정리한 문항과 명칭

구분	문항	명칭
요인 1	13번, 14번, 15번	구전의도
요인 2	1번, 2번, 3번	외관
요인 3	10번, 11번, 12번	구매의도
요인 4	7번, 8번, 9번	편리함
요인 5	4번, 5번, 6번	유용성

이렇게 분류된 요인들을 기준으로 연구모델에서 사용된 변수의 명칭을 설정했다. 연구모델은 요인분석의 결과로서, 연구자의 주관대로 확정되기보다는 이미 정립된 여러 가지 선행연구(참고문헌)를 토대로 재설정된다. 이러한 내용은 이 책의 범주를 벗어나므로 여기서는 생략한다.

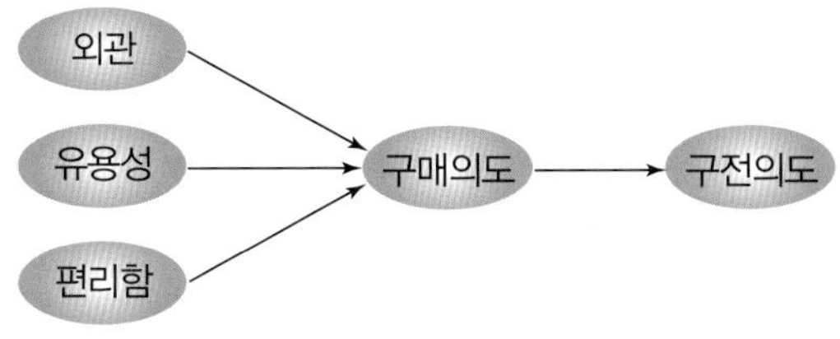

[그림 7-1] 연구모델

TIP 요인분석을 통해 연구모델의 변수명을 명명했지만, 이는 편의상 제시한 것일 뿐 확정된 모델이 아니다. 아직 신뢰도분석과 상관분석이 끝나지 않았기 때문에 신뢰도에서 문제가 생기면 [그림 7-1]의 연구모델을 포기해야 할 수도 있다.

연구문제

6장에서 실습한 요인분석 결과를 바탕으로 신뢰도분석을 해 보자.

Step 1 따라하기 신뢰도분석

신뢰도분석은 요인분석 결과를 어느 정도 신뢰할 수 있는가를 확인하는 과정이다. 따라서 신뢰도분석은 요인분석을 통해 구분된 요인들의 결과를 기준으로 실시한다. 즉 요인분석 결과에서 하나의 요인을 이루고 있는 설문 문항들을 대상으로 각각의 요인들에 대해 신뢰도분석을 실시해야 한다. 그렇기 때문에 요인분석을 마친 후 바로 이어서(파일을 별도로 열 필요 없이) 신뢰도분석을 실시한다.

01 데이터 편집 창에서 분석 ▶ 척도분석 ▶ 신뢰도 분석을 클릭한다.

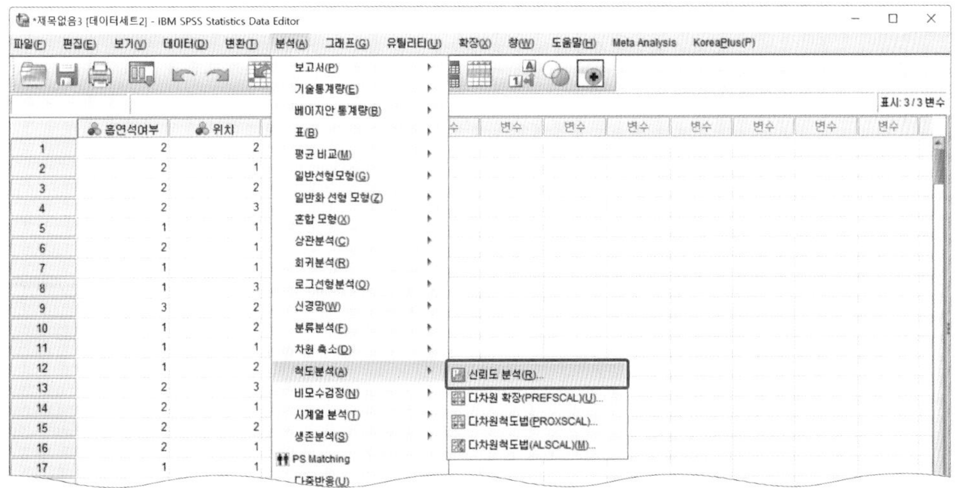
[그림 7-2] 신뢰도분석 메뉴 선택

02 신뢰도 분석 창에서 항목 란으로 각 문항을 옮기기 전에 통계량을 클릭한다.

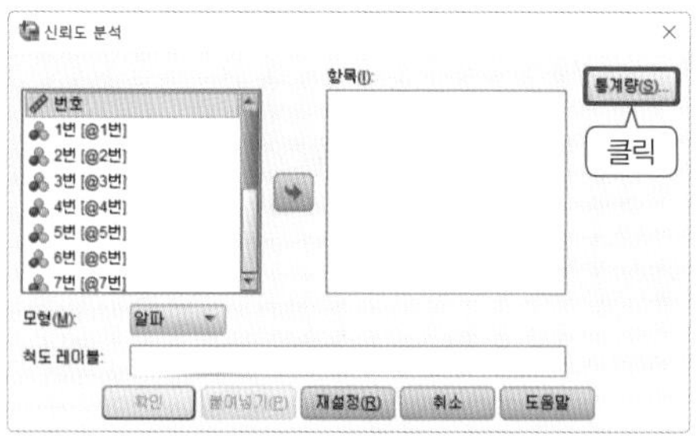

[그림 7-3] 신뢰도분석의 옵션 설정

03 신뢰도 분석: 통계량 창에서

❶ 다음에 대한 기술통계량 : '항목'에 ☑ 표시

'척도'에 ☑ 표시

'항목제거시 척도'에 ☑ 표시

❷ 계속을 클릭한다.

TIP 옵션 설정 배경

신뢰도분석을 빠르게 진행할 수 있도록 기본 환경('항목', '척도', '항목 제거시 척도')을 미리 정해놓는 과정이다.

[그림 7-4] 통계량 설정

04 신뢰도 분석 창의 항목 란에 각각의 요인에 해당하는 문항({13, 14, 15}, {1, 2, 3}, {10, 11, 12}, {7, 8, 9}, {4, 5, 6})을 차례로 옮겨 넣고 각각 한 번씩 분석해야 한다.

① 항목 란에 13번, 14번, 15번을 옮긴 후 확인을 클릭하면 분석이 시작된다.

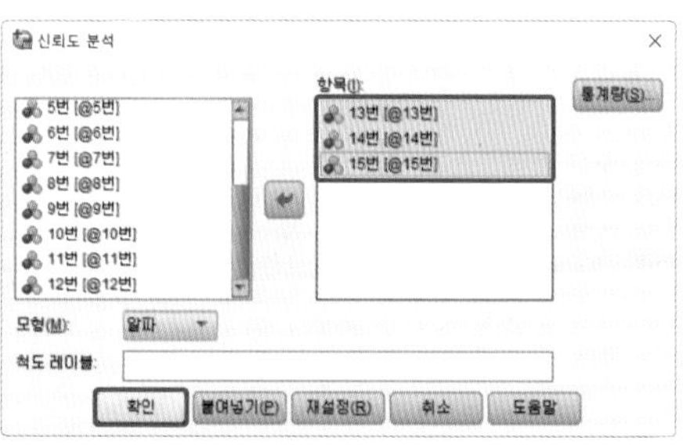

[그림 7-5] 신뢰도분석 : 문항 13, 14, 15

② 앞의 **01**~**03** 과정을 반복한 후 항목 란에 있는 것(13번~15번)을 왼쪽으로 옮겨 자리를 비운다. 항목 란에 1번, 2번, 3번을 옮긴 후 확인을 클릭하면 분석이 시작된다.

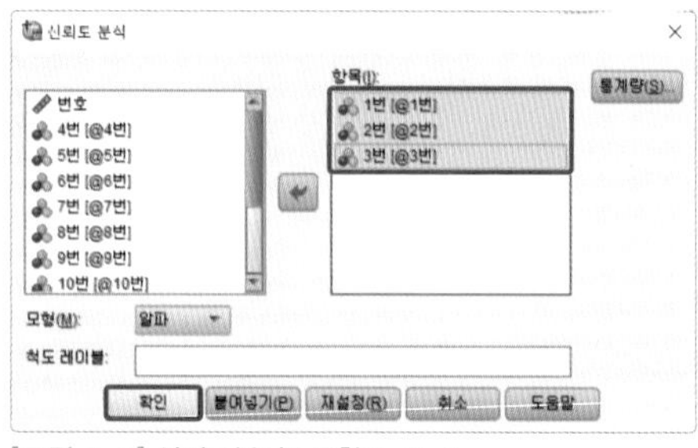

[그림 7-6] 신뢰도분석 : 문항 1, 2, 3

③ 앞의 **01**~**03** 과정을 반복한 후 항목 란에 있는 것(1번~3번)을 왼쪽으로 옮겨 자리를 비운다. 항목 란에 10번, 11번, 12번을 옮긴 후 확인을 클릭하면 분석이 시작된다.

[그림 7-7] **신뢰도분석 : 문항 10, 11, 12**

④ 앞의 **01**~**03** 과정을 반복한 후 항목 란에 있는 것(10번~12번)을 왼쪽으로 옮겨 자리를 비운다. 항목 란에 7번, 8번, 9번을 옮긴 후 확인을 클릭하면 분석이 시작된다.

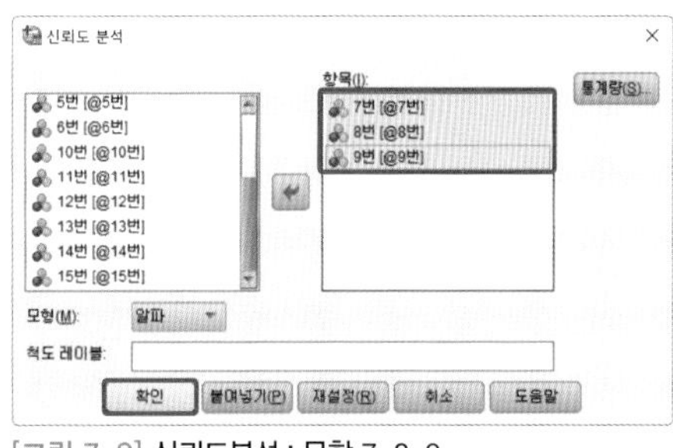

[그림 7-8] **신뢰도분석 : 문항 7, 8, 9**

⑤ 앞의 **01**~**03** 과정을 반복한 후 항목 란에 있는 것(7번~9번)을 왼쪽으로 옮겨 자리를 비운다. 항목 란에 4번, 5번, 6번을 옮긴 후 확인을 클릭한다.

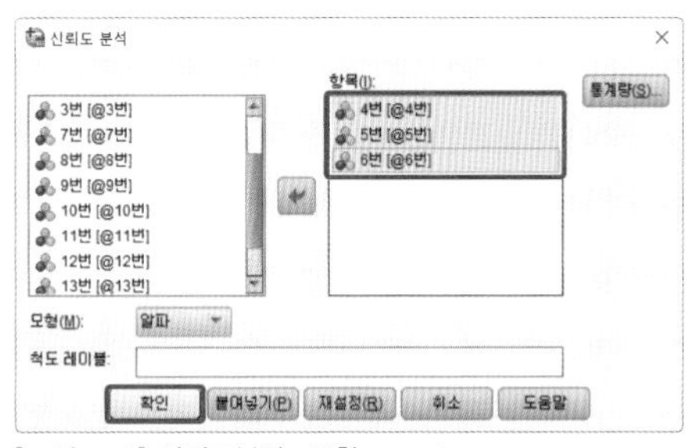

[그림 7-9] **신뢰도분석 : 문항 4, 5, 6**

NOTE

20 요인분석과 신뢰도분석의 분석 방법의 차이

6장의 요인분석에서는 변인이 되는 문항 15개를 모두 넣어서 분석을 진행했다. 그러나 신뢰도분석에서는 요인에 해당하는 문항만 넣어서 분석을 진행한다. 신뢰도분석의 목적은 '재측정한 결과가 얼마나 동일할까?'를 알아보는 데 있다. 이는 곧 각 요인들이 얼마나 정확하게 나뉘었는지 확인하는 것이다. 이 책의 예제에서는 5개의 요인으로 나누었으므로, 각각의 요인에 대해 신뢰도분석을 진행해야 한다.

Step 2 결과 분석하기 신뢰도분석

■ '13번, 14번, 15번' 문항에 대한 신뢰도분석

케이스 처리 요약

		N	%
케이스	유효	325	100.0
	제외됨[a]	0	0
	전체	325	100.0

a. 목록별 삭제는 프로시저의 모든 변수를 기준으로 합니다.

신뢰도 통계량

Cronbach의 알파	항목 수
.814	3

항목 통계량

	평균	표준화 편차	N
13번	3.49	.863	325
14번	3.26	.772	325
15번	3.39	.773	325

항목 총계 통계량

	항목이 삭제된 경우 척도 평균	항목이 삭제된 경우 척도 분산	수정된 항목-전체 상관계수	항목이 삭제된 경우 Cronbach 알파
13번	6.66	2.004	.610	.809
14번	6.88	2.201	.629	.781
15번	6.75	1.972	.770	.640

척도 통계량

평균	분산	표준화 편차	항목 수
10.14	4.239	2.059	3

[그림 7-10] 신뢰도분석 결과 : 문항 13, 14, 15

- **[케이스 처리 요약]** : 표본의 수(N)를 확인할 수 있다. 결측치가 있다면 '제외됨' 행에서 확인할 수 있다.
- **[신뢰도 통계량]** : 13, 14, 15번 항목에 대해 크론바흐의 알파계수가 .814로 표시된다.
- **[항목 통계량]** : 13, 14, 15번 항목에 대한 평균과 표준화 편차, 표본의 수(N)가 표시된다.
- **[항목 총계 통계량]** : 해당 항목의 문항이 삭제된 경우의 평균, 분산, 상관계수, 그리고 항목이 삭제된 경우에 변경되는 크론바흐의 알파계수가 표시된다.
- **[척도 통계량]** : 13, 14, 15번 문항에 대한 평균, 분산, 표준화 편차가 표시된다.

■ '1번, 2번, 3번' 문항에 대한 신뢰도분석

케이스 처리 요약

		N	%
케이스	유효	325	100.0
	제외됨[a]	0	.0
	전체	325	100.0

a. 목록별 삭제는 프로시저의 모든 변수를 기준으로 합니다.

신뢰도 통계량

Cronbach의 알파	항목 수
.953	3

항목 통계량

	평균	표준화 편차	N
1번	3.69	1.171	325
2번	3.56	1.194	325
3번	3.54	1.090	325

항목 총계 통계량

	항목이 삭제된 경우 척도 평균	항목이 삭제된 경우 척도 분산	수정된 항목-전체 상관계수	항목이 삭제된 경우 Cronbach 알파
1번	7.10	4.946	.884	.943
2번	7.23	4.740	.914	.921
3번	7.25	5.217	.907	.928

척도 통계량

평균	분산	표준화 편차	항목 수
10.79	10.919	3.304	3

[그림 7-11] 신뢰도분석 결과 : 문항 1, 2, 3

- **[케이스 처리 요약]** : 표본의 수(N)를 확인할 수 있다. 결측치가 있다면 '제외됨' 행에서 확인할 수 있다.
- **[신뢰도 통계량]** : 1, 2, 3번 항목에 대해 크론바흐의 알파계수가 .953으로 표시된다.
- **[항목 통계량]** : 1, 2, 3번 항목에 대한 평균과 표준화 편차, 표본의 수(N)가 표시된다.
- **[항목 총계 통계량]** : 해당 항목의 문항이 삭제된 경우의 평균, 분산, 상관계수, 그리고 항목이 삭제된 경우에 변경되는 크론바흐의 알파계수가 표시된다.
- **[척도 통계량]** : 1, 2, 3번 문항에 대한 평균, 분산, 표준화 편차가 표시된다.

■ 기타 요인에 대한 신뢰도분석

남은 세 가지 신뢰도분석은 앞서와 같은 방법으로 해석하면 된다.

① '10번, 11번, 12번' 문항에 대한 신뢰도분석

케이스 처리 요약

		N	%
케이스	유효	325	100.0
	제외됨[a]	0	.0
	전체	325	100.0

a. 목록별 삭제는 프로시저의 모든 변수를 기준으로 합니다.

신뢰도 통계량

Cronbach의 알파	항목 수
.883	3

항목 통계량

	평균	표준화 편차	N
10번	2.78	.982	325
11번	2.67	.939	325
12번	2.93	.884	325

항목 총계 통계량

	항목이 삭제된 경우 척도 평균	항목이 삭제된 경우 척도 분산	수정된 항목-전체 상관계수	항목이 삭제된 경우 Cronbach 알파
10번	5.60	2.840	.781	.828
11번	5.70	2.912	.810	.800
12번	5.45	3.266	.732	.869

척도 통계량

평균	분산	표준화 편차	항목 수
8.38	6.390	2.528	3

[그림 7-12] **신뢰도분석 결과 : 문항 10, 11, 12**

NOTE

21 **항목 총계 통계량의 의미**

연구주제에 따라 일정 수준의 신뢰도 값을 요구하는 경우가 있다. [항목 총계 통계량] 표는 항목이 삭제된 경우의 '평균', '분산', '상관계수', '크론바흐의 알파' 값을 제시해 주는데, 이는 일정 수준의 신뢰도를 확보하기 위해 삭제해야 할 문항을 선택할 수 있는 기준이 된다. 따라서 신뢰도가 낮게 나온 경우에는 [항목 총계 통계량] 표를 확인하면서 항목을 삭제하여 신뢰도를 높이면 된다. 주의할 점은 신뢰도를 높이는 데만 신경 쓰느라 항목을 너무 많이 제거해서는 안 된다는 것이다. 항목이 너무 적으면 요인으로 부적합해질 수도 있기 때문이다. 그러므로 최소 2개 이상의 항목은 유지해야 한다.

② '7번, 8번, 9번' 문항에 대한 신뢰도분석

케이스 처리 요약

		N	%
케이스	유효	325	100.0
	제외됨[a]	0	.0
	전체	325	100.0

a. 목록별 삭제는 프로시저의 모든 변수를 기준으로 합니다.

신뢰도 통계량

Cronbach의 알파	항목 수
.869	3

항목 통계량

	평균	표준화 편차	N
7번	3.25	.752	325
8번	3.12	.816	325
9번	3.16	.760	325

항목 총계 통계량

	항목이 삭제된 경우 척도 평균	항목이 삭제된 경우 척도 분산	수정된 항목-전체 상관계수	항목이 삭제된 경우 Cronbach 알파
7번	6.27	2.070	.769	.799
8번	6.41	1.903	.769	.799
9번	6.37	2.135	.715	.847

척도 통계량

평균	분산	표준화 편차	항목 수
9.53	4.299	2.074	3

[그림 7-13] 신뢰도분석 결과 : 문항 7, 8, 9

③ '4번, 5번, 6번' 문항에 대한 신뢰도분석

케이스 처리 요약

		N	%
케이스	유효	325	100.0
	제외됨[a]	0	.0
	전체	325	100.0

a. 목록별 삭제는 프로시저의 모든 변수를 기준으로 합니다.

신뢰도 통계량

Cronbach의 알파	항목 수
.758	3

항목 통계량

	평균	표준화 편차	N
4번	4.02	.603	325
5번	3.82	.618	325
6번	3.84	.692	325

항목 총계 통계량

	항목이 삭제된 경우 척도 평균	항목이 삭제된 경우 척도 분산	수정된 항목-전체 상관계수	항목이 삭제된 경우 Cronbach 알파
4번	7.66	1.304	.586	.681
5번	7.87	1.276	.585	.680
6번	7.85	1.118	.600	.667

척도 통계량

평균	분산	표준화 편차	항목 수
11.69	2.474	1.573	3

[그림 7-14] 신뢰도분석 결과 : 문항 4, 5, 6

Step 3 논문에 표현하기 신뢰도분석

타당성과 신뢰성을 검토하는 요인분석과 신뢰도분석 후에, 출력된 데이터를 논문에 표시할 때는 한눈에 비교할 수 있도록 표 하나로 작성하는 것이 좋다. 이렇게 하면 지면도 절약할 수 있고, 직관적으로 결과를 이해하는 데 도움이 된다.

다음 표에 정리된 요인 적재값은 (공통)요인분석의 최대우도와 직접 오블리민 회전방식을 이용한 출력 데이터의 [패턴행렬] 표를 기준으로 작성하면 된다.

예

설문 번호	성분					Cronbach Alpha
	요인1 (구전의도)	요인2 (외관)	요인3 (구매의도)	요인4 (편리함)	요인5 (유용성)	
15번	1.057	-.030	-.082	.002	-.081	.814
14번	.640	.006	.099	.059	.002	
13번	.584	.062	.015	-.015	.153	
2번	-.032	.959	.002	.023	.002	.953
3번	.048	.932	-.012	-.016	-.012	
1번	-.015	.914	.002	-.003	.001	
11번	.046	-.028	.897	-.049	-.023	.883
10번	-.053	-.006	.871	.060	-.009	
12번	.024	.034	.772	-.019	.033	
7번	-.037	-.031	-.039	.873	.093	.869
8번	.029	-.002	.021	.855	-.031	
9번	.037	.043	.012	.757	-.058	
4번	.022	-.012	-.101	-.028	.743	.758
5번	-.019	.001	.030	.036	.700	
6번	.030	.014	.077	.001	.696	
고유값	4.434	2.193	2.101	1.993	1.145	
KMO(Kaiser-Meyer-Olkin)						.768
Bartlett 구형성 검증 (Bartlett' Test of Sphericity)			Chi-Square			2896.559
			df(p)			105(.000)

Chapter 08

연관성분석

학습목표

1) 연관성분석의 개념을 이해하고, 그 종류를 살펴본다.
2) 상관분석의 절차와 상관분석에서 사용되는 변수의 생성 및 분석 과정을 살펴본다.
3) 상관분석에서 변수 생성의 오류(추출 방법별, 회전 방법별)로 인해 발생하는 분석 결과들의 차이를 이해한다.

다루는 내용

- 연관성분석의 개념과 종류
- 요인추출과 요인회전
- 상관분석의 개념과 방법의 이해
- 요인추출과 회전방법에 따른 결과의 차이

8.1 연관성분석

연관성분석은 변수들이 서로 독립적(연관성=0)인지, 아니면 어떠한 연관이 있어서 영향을 주고받는지(0 < 연관성 ≤ 1)를 알기 위한 분석 방법이다.

연관성분석은 크게 4가지 분석 방법으로 나뉘는데, 어떤 척도를 사용하는가에 따라 적용 방법이 달라진다. 여기서 살펴볼 피어슨(Pearson) 상관분석은 변수 간의 인과성을 확인하는 회귀분석까지의 진행 과정에서 실시되는 분석 방법이다. 일반적으로 '상관분석'이라 하면 기타 변수의 개입이 없는 피어슨 상관분석을 지칭한다.

[표 8-1] 연관성분석의 구분

구분	사용 척도	분석 방법	기타 변수의 개입 여부
상관분석	서열척도	스피어만 서열 상관분석	
	등간척도, 비율척도	피어슨 상관분석	×
		편상관분석	○
교차분석	명목척도	교차분석	

NOTE

22 **'기타 변수의 개입 여부'의 개념**

기타 변수의 개입 여부는 주로 편상관분석(부분상관분석, partial correlation analysis)에서 생각해야 하는 문제이다. 예를 들어 발표 연습(X), 발표 점수(Y), 발표 울렁증(Z)과 같은 변수가 있다고 가정하자. 이 3가지 변수는 서로 연관이 있다고 할 수 있다. 즉 발표 연습(X)을 많이 했다면 당연히 발표 점수(Y)는 높아지겠지만, 발표 울렁증(Z)이 있는 학생이라면 그 결과는 달라질 것이다. 이런 경우에 Z를 제어변수로 설정하여 배제한, 고유의 상관이라고 할 수 있다.

8.2 상관분석

앞서 6장에서는 요인분석을 통해 설문타당성을 확인했고, 7장에서는 설문 문항에 대해 신뢰도분석을 실시했다. 이제부터는 타당성과 신뢰성이 확보된 요인들 간의 연관성을 확인하여 추가 분석의 진행 여부를 판단해야 한다.

6장에서 요인분석을 두 가지 형태로 나누어 분석했듯이, 상관분석도 ❶ 부정확하지만 많이 쓰이는 분석 방법과 ❷ 정확한 분석 방법으로 나누어 설명할 것이다. 통계를 처음 접하는 입문자라면 정확한 분석 방법(❷)부터 학습하여 개념을 완전히 이해하기를 바란다. 그리고 통계가 어느 정도 익숙한 중급자라면 부정확한 분석 방법(❶)과 정확한 분석 방법(❷)을 비교하면서 학습할 것을 권한다.

연구문제

6장에서 실습한 요인분석과 7장에서 실습한 신뢰도분석의 결과로 결정된, 요인 간의 연관성을 확인하기 위해 상관분석을 실시하고, 그 결과를 해석해 보자.

NOTE

23 부정확하지만 많이 사용하는 방법 vs. 정확한 분석 방법

이 둘의 차이점을 정리하면 다음과 같다.

부정확하지만 많이 사용하는 방법	정확한 방법
주성분분석으로 요인분석한 결과로 분석	공통요인분석의 최대우도법과 직접 오블리민으로 요인분석한 결과로 분석
산술평균값을 변수로 저장하여 분석	요인분석의 변수 저장값을 기준으로 분석

이 책에서 제시한 정확한 방법으로 상관분석을 실시한 뒤 출력결과의 [기술통계량] 표를 확인하면 평균이 모두 0으로 나올 것이다. 이에 연구자들은 무척 당혹스러워 한다. 그래서 통계학 지식이 없는 경우에 산술평균을 직접 계산한 후 상관분석을 실시하는데, 사실은 평균이 0이 되어야 정확한 방법으로 상관분석이 실행된 것이다.

그 이유를 간단히 살펴보자. 상관분석은 서로 다른 변수들 간에서 이루어지므로, 각 변수들을 비교할 수 있는 어떠한 매커니즘이 필요하다. 이러한 매커니즘을 '표준화'라고 할 수 있다. 이때 '표준화'한다는 의미는 각 표본의 평균을 0으로 조정하고, 다른 수치들(분산, 표준편차 등)을 기준으로 상관관계를 확인한다는 뜻이다. 따라서 문항 간 기계적인 산술평균을 이용한다면 뜻하지 않게 다중공선성 및 데이터의 왜곡을 야기할 수 있다. 이 부분이 잘 이해되지 않는다면 기초 통계학 서적을 참고하기 바란다.[18)]

또한, 상관분석에서는 최대우도법의 요인분석과 직접 오블리민의 요인회전을 실시하여 얻어진 결과를 이용하여 상관분석을 실시해야 한다. 주요인분석과 공통요인분석의 차이점, 그리고 직각회전과 사각회전의 차이점은 6장에서 이미 설명했다.

18) 연관성분석과 상관분석 : 『제대로 시작하는 기초 통계학: Excel 활용』 254~256쪽 참조

8.2.1 상관분석 1 : 부정확하지만 많이 사용하는 방법

Step 1 따라하기 **상관분석 1**

준비파일 : 요인분석.xls

01 SPSS Statistics를 구동하여 '요인분석.xls' 파일을 불러온다.

02 먼저 변수를 변환하기 위해 [그림 8-1]과 같이 데이터 편집 창에서 **변환 ▶ 변수 계산**을 클릭한다.

[그림 8-1] **변수 계산 메뉴 선택**

TIP 요인분석으로 추출한 요인들을 구성하는 문항들에 대한 평균값을 구하기 위해서 변수를 변환한다.

03 ❶ 변수 계산 창의 목표변수에 요인명인 '구전의도'를 입력하고, ❷ **함수 집단**의 '모두'를 클릭한다. ❸ **함수 및 특수변수**에서 평균을 의미하는 'Mean'을 찾아 더블클릭하면 **숫자표현식** 란에 'MEAN(?,?)'이 표시된다. ❹ **숫자표현식** 란의 (?,?)에 문항을 넣어 'MEAN(@13번,@14번,@15번)'과 같이 입력한 후 ❺ **확인**을 클릭한다.

NOTE

24 변환 메뉴를 이용하여 산술평균으로 변수를 만드는 방법의 위험성

이 방법은 다수의 통계서적에서 소개되고 있는데, 요인으로 구분된 문항들의 산술평균값으로 상관분석을 진행하는 방식이다. 하지만 요인분석에서 변수의 내재적 특성을 반영한 '변수로 저장' 기능을 이용하는 경우가 아닌, 단순한 산술평균을 이용하는 경우에는 요인의 특성이 무시될 수밖에 없다. 즉 변인에 내재된 특성을 완전히 무시하기 때문에 변수들 간에 상관성이 존재한다는 특성인 '다중공선성'을 고려하지 못한 채 분석 결과를 내놓을 수밖에 없다.

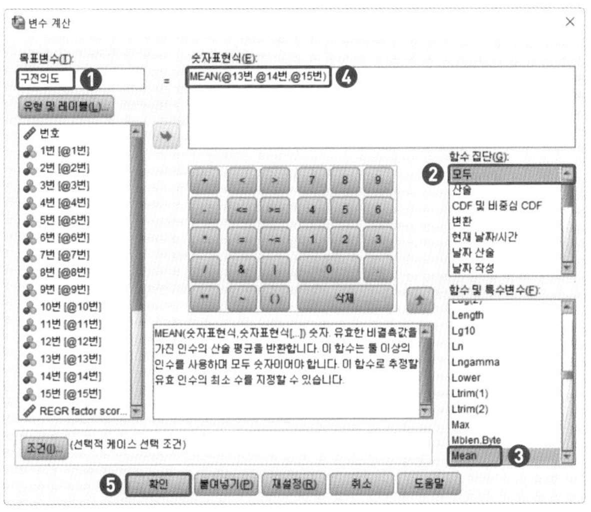

[그림 8-2] **변수 계산 실행**

TIP 문항 번호를 입력할 때는 목표변수에서 찾아 더블클릭해도 된다. 또한 계산식에서 Mean을 사용하지 않고 '(@13번,@14번,@15번)/3'과 같이 입력해도 동일한 결과를 얻을 수 있다.

04 요인명 '외관(1번~3번), 유용성(4번~6번), 편리함(7번~9번), 구매의도(10번~12번)' 각각에 대해 **02**~**03**의 과정을 동일하게 진행한다.

05 **04**의 과정을 마친 후 데이터 보기 탭의 오른쪽 끝으로 스크롤하면 [그림 8-3]과 같이 새롭게 입렵된 변수들을 볼 수 있다. 이로써 상관분석을 할 준비를 마쳤다. 이렇게 평균으로 계산된 변수를 기준으로 상관분석을 진행한다.

*제목없음2 [데이터세트1] - IBM SPSS Statistics Data Editor

파일(F) 편집(E) 보기(V) 데이터(D) 변환(T) 분석(A) 그래프(G) 유틸리티(U) 확장(X) 창(W) 도움말(H) Meta Analysis KoreaPlus(P)

표시: 26 / 26 변수

	FAC4_1	FAC5_1	외관	유용성	편리함	구매의도	구전의도	변수	변수	변수
1	-.23246	.09161	4.00	4.00	3.00	2.67	3.00			
2	-.14023	.00115	5.00	3.67	3.00	1.00	5.00			
3	-.18412	.29741	4.67	4.00	3.00	3.00	4.00			
4	1.05105	.06038	5.00	4.00	4.00	1.00	3.00			
5	-.10601	.36249	5.00	4.00	3.00	3.00	5.00			
6	.14594	.91920	3.00	4.33	3.33	3.00	5.00			
7	-.77466	1.23595	3.00	4.67	2.67	3.00	3.00			
8	-.80386	.75446	5.00	4.33	2.67	5.00	2.67			
9	-.14023	.00115	5.00	3.67	3.00	1.00	5.00			
10	-.19837	.29078	5.00	4.00	3.00	3.00	4.00			
11	1.03018	.04578	3.00	4.00	4.00	1.00	3.00			
12	-.23249	-.52954	3.00	3.67	3.00	2.00	3.33			
13	-.23015	.08672	4.33	4.00	3.00	3.00	3.00			
14	-.23125	.09136	4.67	4.00	3.00	3.00	3.00			
15	-.22937	.01348	3.00	4.00	3.00	1.67	2.67			
16	-.24116	-1.52103	3.00	3.00	3.00	3.00	3.00			
17	-.22570	-1.41009	5.00	3.00	3.00	3.00	3.33			
18	-.55887	-.33737	1.00	3.67	2.67	3.00	3.33			
19	.78306	.13307	3.67	4.00	3.67	2.67	3.33			
20	-.67348	-1.46037	3.00	3.00	2.67	3.00	3.33			

데이터 보기(D) 변수 보기(V)

IBM SPSS Statistics 프로세서 준비 완료 Unicode:ON

[그림 8-3] **변수 계산 실행 결과**

Part 01 논문 통계를 위한 기본 지식

Part 02 SPSS를 활용한 통계분석

Part 03 AMOS를 활용한 통계분석

06 [그림 8-4]와 같이 데이터 편집 창에서 분석 ▶ 상관분석 ▶ 이변량 상관을 클릭한다.

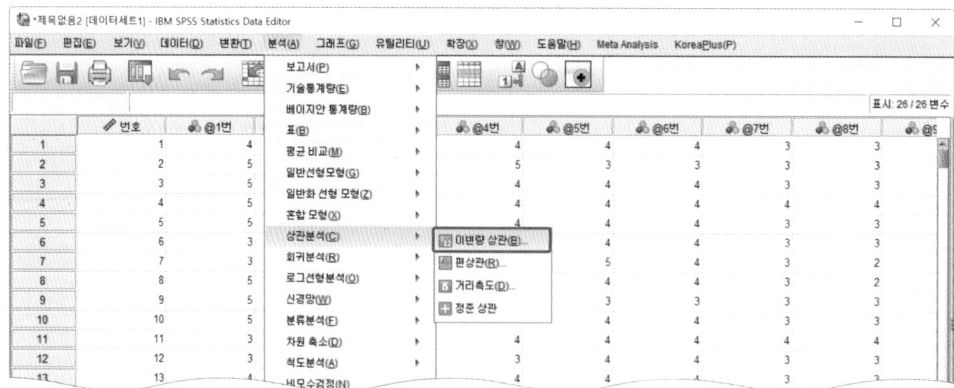

[그림 8-4] **상관분석 : 산술평균**

07 이변량 상관계수 창에서 ❶ 새롭게 입력된 변수 '외관, 유용성, 편리함, 구매의도, 구전의도'를 변수 란으로 이동한다. ❷ 상관계수에서는 'Pearson', 유의성 검정에서는 '양쪽'이 선택된 것을 확인한다. 마지막으로 ❸ 하단의 '유의한 상관계수 플래그'가 선택된 것을 확인한 후, ❹ 옵션을 클릭한다.

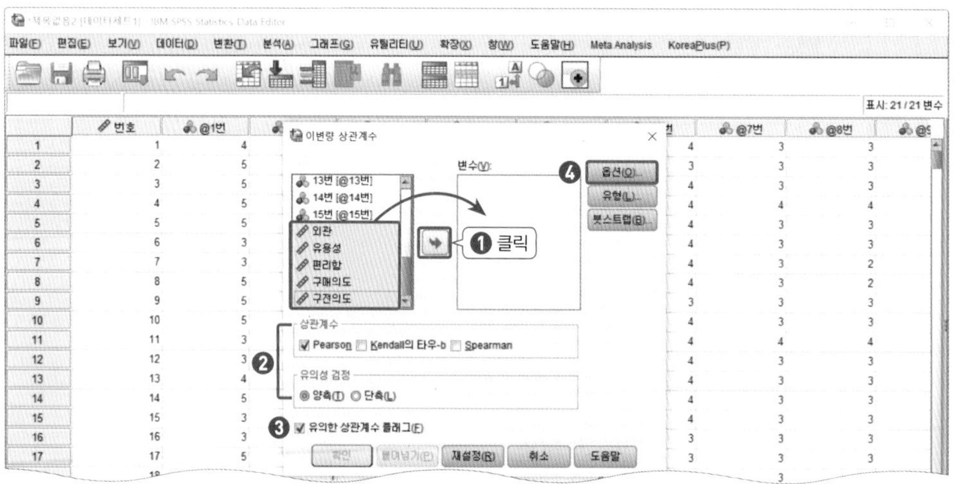

[그림 8-5] **상관분석에서의 변수 선택 및 이동 : 산술평균**

08 이변량 상관계수: 옵션 창이 열리면

① 통계량 : '평균과 표준편차'에 ☑ 표시

② 결측값 : '대응별 결측값 제외'에 ⊙ 설정 유지

③ 계속을 클릭한다.

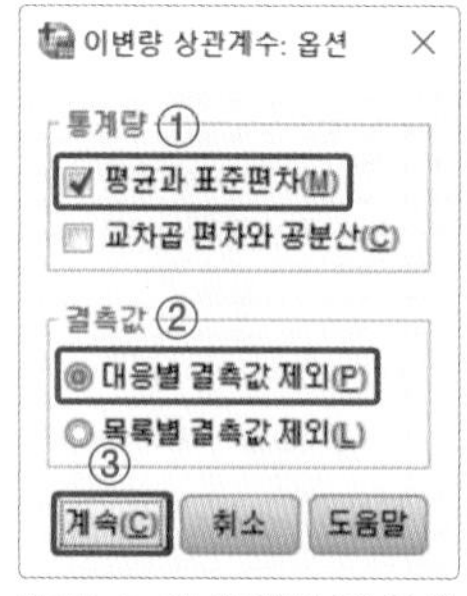

[그림 8-6] **상관분석의 옵션 : 산술평균**

09 이변량 상관계수 창에서 확인을 클릭하면 분석이 시작된다.

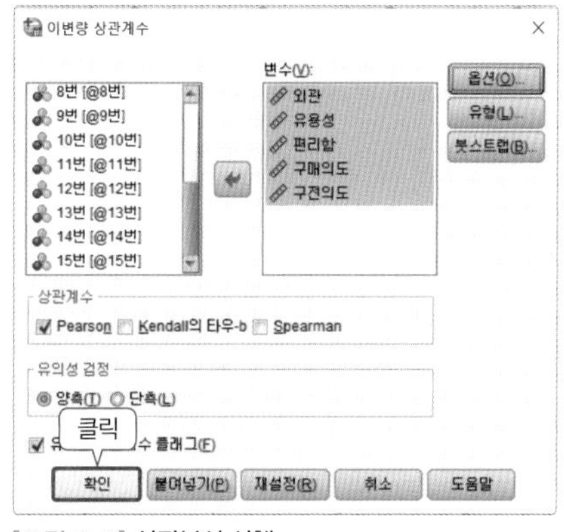

[그림 8-7] **상관분석 실행**

10 출력결과를 엑셀로 옮기기 위해 우선 출력결과 창의 바탕에서 마우스 오른쪽 버튼을 클릭한 뒤 내보내기를 선택한다. 내보내기 출력결과 창의 문서 항목에서 유형을 'Excel 2007 이상(*.xlsx)'으로 선택한다. 파일이름에서 어느 곳에 분석 결과를 저장할 것인지 경로와 파일명을 지정한 후, 확인을 클릭하여 출력결과를 저장한다.

Step 2 결과 분석하기 상관분석 1

기술통계량

	평균	표준화 편차	N
외관	3.5969	1.10147	325
유용성	3.8964	.52431	325
편리함	3.1754	.69117	325
구매의도	2.7918	.84258	325
구전의도	3.3805	.68631	325

상관관계

		외관	유용성	편리함	구매의도	구전의도
외관	Pearson 상관	1	.138*	.188**	.170**	.325**
	유의확률 (양측)		.013	.001	.002	.000
	N	325	325	325	325	325
유용성	Pearson 상관	.138*	1	.096	.081	.347**
	유의확률 (양측)	.013		.085	.147	.000
	N	325	325	325	325	325
편리함	Pearson 상관	.188**	.096	1	.118*	.361**
	유의확률 (양측)	.001	.085		.034	.000
	N	325	325	325	325	325
구매의도	Pearson 상관	.170**	.081	.118*	1	.251**
	유의확률 (양측)	.002	.147	.034		.000
	N	325	325	325	325	325
구전의도	Pearson 상관	.325**	.347**	.361**	.251**	1
	유의확률 (양측)	.000	.000	.000	.000	
	N	325	325	325	325	325

*. 상관관계가 0.05 수준에서 유의합니다(양측).
**. 상관관계가 0.01 수준에서 유의합니다(양측).

[그림 8-8] **상관분석 출력결과 : 산술평균**

- **[기술통계량]** : 외관, 유용성, 편리함, 구매의도, 구전의도에 대한 각각의 평균값과 표준화 편차, 그리고 표본의 개수를 보여준다.
- **[상관관계]** : 요인들 간의 연관성을 Pearson 상관계수로 보여주며, 상관계수에 대한 유의확

률도 알 수 있다. 동일한 요인들 간의 상관계수는 1로 표시된다. '유용성↔구매의도', '유용성↔편리함'의 2개의 조합이 상관계수에 대한 유의수준을 벗어나는 것을 알 수 있다. ■

8.2.2 상관분석 2 : 정확한 방법

상관분석 1은 데이터(코딩) 값을 직접 계산하여 직관적인 이해를 돕는 분석 방법이다. 반면 상관분석 2는 요인분석 결과의 요인점수 저장값을 이용하여 측정오차가 제거된 순수한 요인점수를 활용하는 방법이다. 따라서 상관분석 2를 적용한 분석 결과가 정확하다고 할 수 있다.

NOTE

25 **상관분석에 이용하는 변수**

요인분석을 할 때 요인점수를 활용하기 위해 오른쪽 그림과 같이 '변수로 저장'을 하면, 아래와 같이 요인분석을 통한 변수들이 저장되어 있음을 확인할 수 있다.

요인분석에서 이렇게 한 이유는 '요인점수'를 별도로 계산하여 변수로 저장한 후 활용하겠다는 의미이다. 요인분석의 요인추출방법은 '최대우도'이며, 회전방법은 '직접 오블리민'이다.

이렇게 저장된 변수들은 FAC1~FAC5로 표시되는데(**변수 보기** 탭), 상관분석 2에서 이들을 활용한다. 이 요인들이 저장된 파일은 '상관분석.xls'이다.

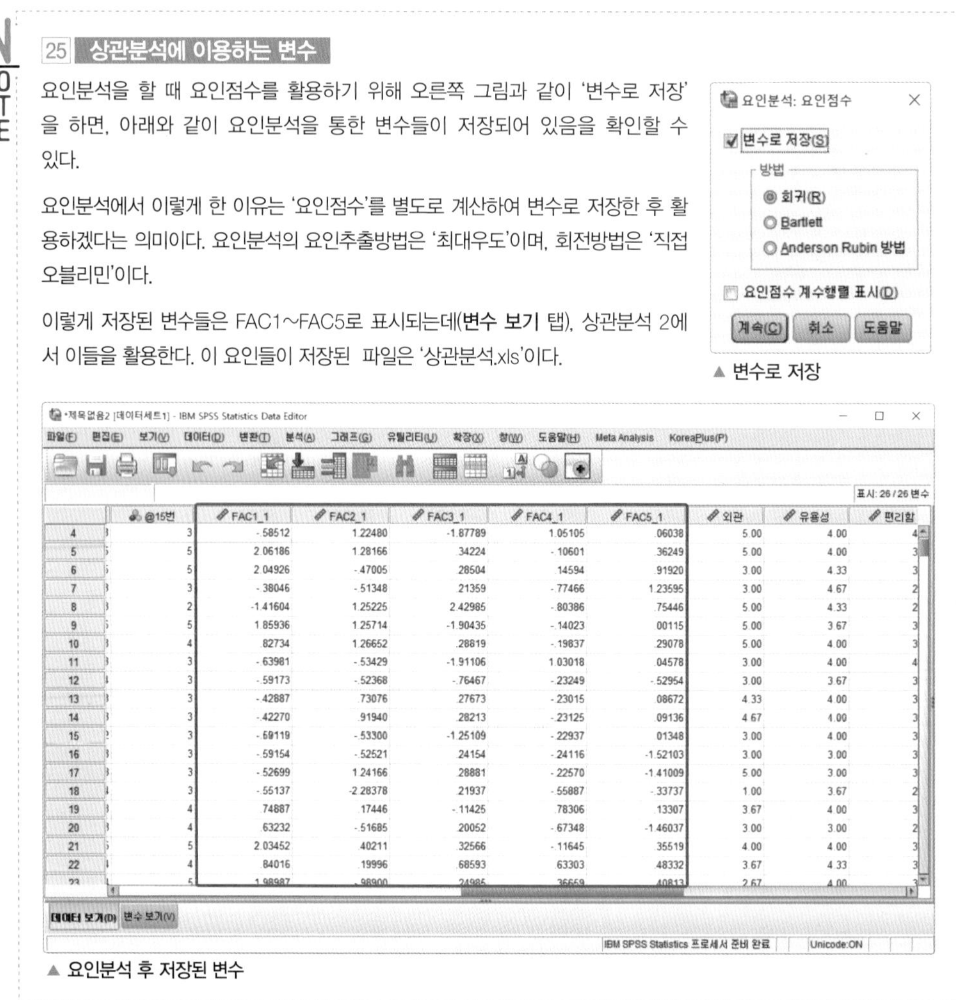

▲ 변수로 저장

▲ 요인분석 후 저장된 변수

Step 1 따라하기 상관분석 2

준비파일 : 상관분석.xls

01 데이터 편집 창에서 분석 ▶ 상관분석 ▶ 이변량 상관을 클릭한다.

[그림 8-9] 상관분석 : 변수 저장

02 이변량 상관계수 창에서 ❶ 새롭게 입력된 변수 'FAC1_1, FAC2_1, FAC3_1, FAC4_1, FAC5_1'를 변수 란으로 옮기고 ❷ 상관계수에서는 'Pearson', 유의성 검정에서는 '양쪽'이 선택된 것을 확인한다. 마지막으로 ❸ 하단의 '유의한 상관계수 플래그'가 선택된 것을 확인한 후 ❹ 옵션을 클릭한다.

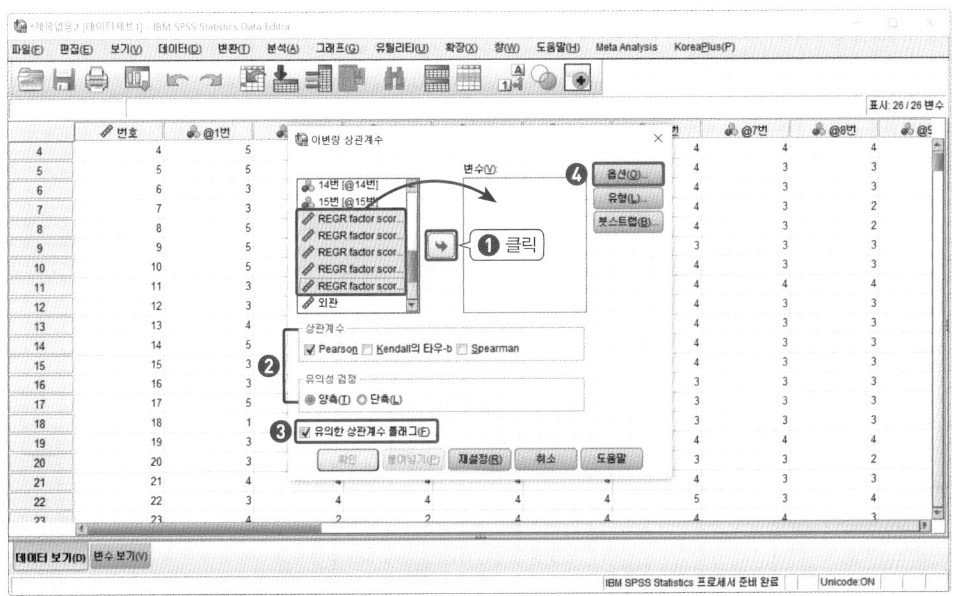

[그림 8-10] 상관분석에서의 변수 선택 및 이동 : 변수 저장

03 이변량 상관계수: 옵션 창이 열리면

① 통계량 : '평균과 표준편차'에 ☑ 표시

② 결측값 : '대응별 결측값 제외'에 ⦿ 설정 유지

③ 계속을 클릭한다.

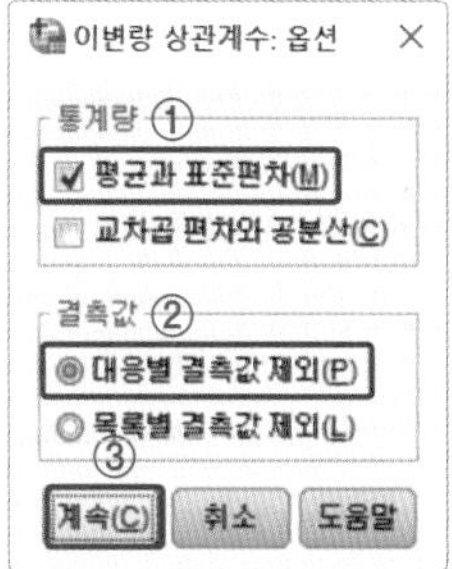

[그림 8-11] 상관분석의 옵션 : 변수 저장

04 이변량 상관계수 창에서 확인을 클릭하면 분석이 시작된다.

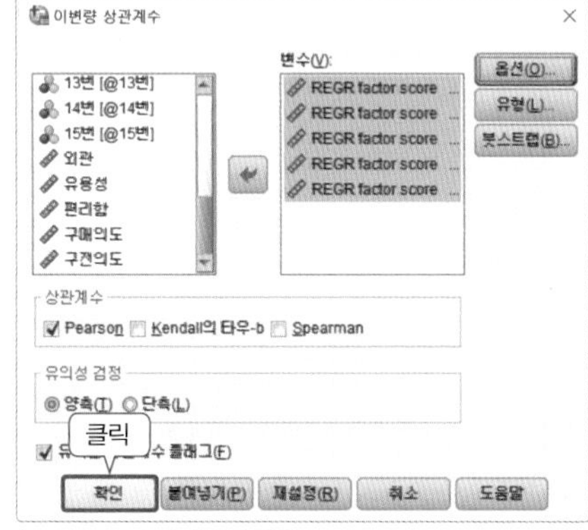

[그림 8-12] 상관분석 실행

NOTE

26 **저장된 변수의 확인**

[그림 8-12]를 보면, **변수** 란의 변수명이 'FAC1_1~FAC5_1'이 아닌 'REGR factor score 1 for analysis 1~REGR factor score 5 for analysis 1'임을 알 수 있다. 그 이유는 '변수로 저장' 방법에서 '회귀분석(regression)'을 선택했기 때문이다. 만약 여기서 'Bartlett'을 선택한다면 'BART factor score 1 for analysis 2'와 같이 나타날 것이다.

이에 대한 설명은 SPSS Statistics의 **변수 보기** 탭을 선택해 보면 더 명확하게 알 수 있다. '이름'은 **데이터 보기** 탭에서 본 것과 같은 'FAC1_1'로 되어 있고, '설명' 열은 'REGR factor score 1 for analysis 1'과 같이 되어 있는 것을 확인할 수 있다.

▲ 요인분석의 변수 저장

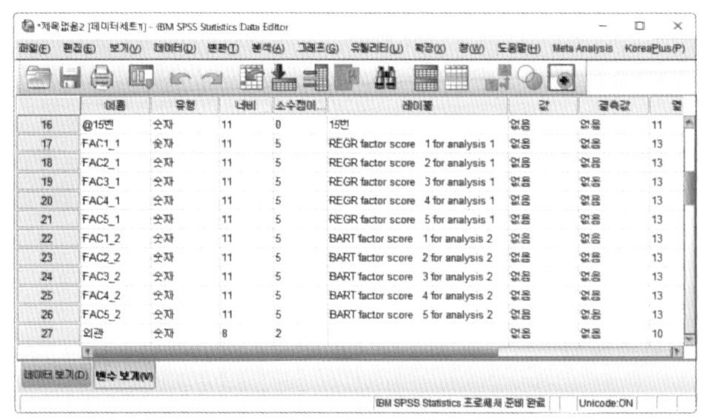

	이름	유형	너비	소수점이...	레이블	값	결측값	열
16	@15번	숫자	11	0	15번	없음	없음	11
17	FAC1_1	숫자	11	5	REGR factor score 1 for analysis 1	없음	없음	13
18	FAC2_1	숫자	11	5	REGR factor score 2 for analysis 1	없음	없음	13
19	FAC3_1	숫자	11	5	REGR factor score 3 for analysis 1	없음	없음	13
20	FAC4_1	숫자	11	5	REGR factor score 4 for analysis 1	없음	없음	13
21	FAC5_1	숫자	11	5	REGR factor score 5 for analysis 1	없음	없음	13
22	FAC1_2	숫자	11	5	BART factor score 1 for analysis 2	없음	없음	13
23	FAC2_2	숫자	11	5	BART factor score 2 for analysis 2	없음	없음	13
24	FAC3_2	숫자	11	5	BART factor score 3 for analysis 2	없음	없음	13
25	FAC4_2	숫자	11	5	BART factor score 4 for analysis 2	없음	없음	13
26	FAC5_2	숫자	11	5	BART factor score 5 for analysis 2	없음	없음	13
27	외관	숫자	8	2		없음	없음	10

◀ 변수 저장 : Bartlett

05 출력결과를 엑셀로 옮기기 위해 우선 출력결과 창의 바탕에서 마우스 오른쪽 버튼을 클릭한 뒤 내보내기를 선택한다. 내보내기 출력결과 창의 문서 항목에서 유형을 'Excel 2007 이상(*.xlsx)'으로 선택한다. 파일이름에서 어느 곳에 분석 결과를 저장할 것인지 경로와 파일명을 지정한 후, 확인을 클릭하여 출력결과를 저장한다.

Step 2 결과 분석하기 상관분석 2

기술통계량

	평균	표준화 편차	N
FAC1_1	.0000000	.99855363	325
FAC2_1	.0000000	.97876655	325
FAC3_1	.0000000	.94811876	325
FAC4_1	.0000000	.93998681	325
FAC5_1	.0000000	.88107487	325

상관관계

		FAC1_1	FAC2_1	FAC3_1	FAC4_1	FAC5_1
FAC1_1	Pearson 상관	1	.356**	.277**	.420**	.423**
	유의확률 (양측)		.000	.000	.000	.000
	N	325	325	325	325	325
FAC2_1	Pearson 상관	.356**	1	.200**	.215**	.179**
	유의확률 (양측)	.000		.000	.000	.001
	N	325	325	325	325	325
FAC3_1	Pearson 상관	.277**	.200**	1	.146**	.102
	유의확률 (양측)	.000	.000		.008	.068
	N	325	325	325	325	325
FAC4_1	Pearson 상관	.420**	.215**	.146**	1	.128*
	유의확률 (양측)	.000	.000	.008		.021
	N	325	325	325	325	325
FAC5_1	Pearson 상관	.423**	.179**	.102	.128*	1
	유의확률 (양측)	.000	.001	.068	.021	
	N	325	325	325	325	325

**. 상관관계가 0.01 수준에서 유의합니다(양측).
*. 상관관계가 0.05 수준에서 유의합니다(양측).

[그림 8-13] 상관분석 출력결과 : 변수 저장

- **[기술통계량]** : 최대우도법으로 고유값이 1 이상인 수준에서 추출한 요인들의 요인점수별 평균과 표준편차, 표본의 개수를 나타낸다.
- **[상관관계]** : 요인 3과 요인 5 간의 상관계수만 .068($p > .05$)로, 유의수준을 벗어난다.

NOTE

27 [기술통계량]의 평균값

[기술통계량] 표의 평균값이 모두 0인 것을 보고 분석이 잘못된 건 아닌지 의문을 가질 수 있다. 하지만 여기서는 오히려 평균값이 0으로 나타나야 제대로 분석을 마쳤다고 할 수 있다. 그 이유는 [NOTE 25]의 **요인분석: 요인점수** 창에서 '변수로 저장'의 선택 방법에 따라 특성이 다르기 때문이다.

- **회귀분석** : 평균을 0으로 하는 참 요인값과 추정된 요인 간의 차이를 제곱한 값을 최소로 하는 값을 변수로 따로 저장한다.
- Bartlett : 평균을 0으로 하는 변수들 간의 범위에서 고유한 요인들을 제곱한 값의 합을 최소로 하는 값을 따로 저장한다.
- Anderson-Rubin **방법** : (평균) = 0, (표준편차) = 1, 추정된 요인들 간에 상관관계가 없음을 확인하기 위해 Bartlett 값을 수정한 값을 따로 저장한다.

상관분석 1과 상관분석 2의 결과를 비교해 보면 다음과 같은 차이가 있다.

- **상관분석 1** : 두 가지 요인들 사이에서 유의수준을 벗어남
- **상관분석 2** : 한 가지 요인에서 유의수준을 벗어남

이상에서 알 수 있듯이, 요인분석으로 구분된 요인들의 평균값으로 변수를 구성하는 상관분석 방식(상관분석 1)과 요인분석에서 계산된 기준을 중심으로 상관분석을 진행하는 방식(상관분석 2) 간에는 큰 차이가 발생한다. 따라서 이후의 분석부터는 정확한 방법인 요인분석의 '변수로 저장된 값'을 기준으로 분석을 진행하는 상관분석 2를 이용하기로 한다.

Step 3 논문에 표현하기 상관분석 2

상관분석 결과를 논문에 실을 때 그 결과를 하나의 표로 작성하면 지면 낭비도 줄일 수 있고, 직관적으로 비교 판단하기도 좋다. 따라서 아래 예와 같은 형식으로 정리하면 된다.

실제로는 '상관관계'의 '1, 2, 3, 4, 5'에서 '5'열에 해당하는 열을 삭제하고 논문에 올리는 경우도 많다. '5'열은 '유용성–유용성'의 상관관계를 확인하는 것으로 당연히 1이란 결과가 나오므로 굳이 표현하지 않아도 되기 때문이다.

예 [표 A] 상관분석

상관계수

변수	평균	표준편차	상관관계				
			1	2	3	4	5
1. 구전의도	3.3805	.68631	1				
2. 외관	3.5969	1.10147	.356**	1			
3. 구매의도	2.7918	.84258	.277**	.200**	1		
4. 편리성	3.3805	3.1754	.420**	.215**	.146**	1	
5. 유용성	3.8959	.52364	.423**	.179**	.102	.128*	1

**상관계수는 .01 수준(양쪽)에서 유의합니다.

상관분석을 실시한 결과는 변수 3에 해당하는 구매의도와 변수 5에 해당하는 유용성 간에만 유의하지 않는 것으로 나타났으며, 모든 변수 간 상관관계가 유의한 것으로 확인되었다.

8.3 요인추출과 요인회전 간의 비교

요인추출방법으로 '주성분'과 '최대우도'를 선택하여 변수를 저장했고, 회전방법은 직각회전인 '베리맥스'와 사각회전인 '직접 오블리민'을 선택했다.

이렇게 선택한 각 값들 간의 차이를 알고, 이 중 가장 적합한 방법을 찾기 위해 다음과 같이 각각의 조합(4가지)에 대해 상관분석을 실시해 보자.

❶ '최대우도-직접 오블리민'을 선택하여 결과물을 확인한다.
❷ '주성분-베리맥스'를 선택하여 ❶의 결과와 어떤 차이가 있는지 비교한다.
❸ '최대우도-베리맥스'를 선택하여 공통요인분석 및 직각회전을 한 후 그 결과물을 비교한다.
❹ '주성분-직접 오블리민'을 선택하여 주요인분석 및 사각회전을 한 후 그 결과물을 비교한다.

TIP 요인회전을 하는 이유를 더 자세히 알고 싶다면 6.1.2절을 참고하기 바란다.

8.3.1 최대우도-직접 오블리민

다음은 요인추출방법으로 '최대우도', 요인회전방법으로 사각회전인 '직접 오블리민'을 설정하여 상관분석을 실시한 결과이다.

기술통계량

	평균	표준화 편차	N
REGR factor score 1 for analysis 1	.0000000	.99855363	325
REGR factor score 2 for analysis 1	.0000000	.97876655	325
REGR factor score 3 for analysis 1	.0000000	.94811876	325
REGR factor score 4 for analysis 1	.0000000	.93998681	325
REGR factor score 5 for analysis 1	.0000000	.88107487	325

상관관계

		REGR factor score 1 for analysis 1	REGR factor score 2 for analysis 1	REGR factor score 3 for analysis 1	REGR factor score 4 for analysis 1	REGR factor score 5 for analysis 1
REGR factor score 1 for analysis 1	Pearson 상관	1	.356**	.277**	.420**	.423**
	유의확률 (양측)		.000	.000	.000	.000
	N	325	325	325	325	325
REGR factor score 2 for analysis 1	Pearson 상관	.356**	1	.200**	.215**	.179**
	유의확률 (양측)	.000		.000	.000	.001
	N	325	325	325	325	325
REGR factor score 3 for analysis 1	Pearson 상관	.277**	.200**	1	.146**	.102
	유의확률 (양측)	.000	.000		.008	.068
	N	325	325	325	325	325
REGR factor score 4 for analysis 1	Pearson 상관	.420**	.215**	.146**	1	.128*
	유의확률 (양측)	.000	.000	.008		.021
	N	325	325	325	325	325
REGR factor score 5 for analysis 1	Pearson 상관	.423**	.179**	.102	.128*	1
	유의확률 (양측)	.000	.001	.068	.021	
	N	325	325	325	325	325

**. 상관관계가 0.01 수준에서 유의합니다(양측).
*. 상관관계가 0.05 수준에서 유의합니다(양측).

[그림 8-14] 최대우도-직접 오블리민 결과의 상관분석

8.3.2 주성분-베리맥스

다음은 요인추출방법을 '주성분', 요인회전방법을 직각회전인 '베리맥스'로 설정하여 상관분석을 실시한 결과이다.

기술통계량

	평균	표준화 편차	N
REGR factor score 1 for analysis 2	.0000000	1.00000000	325
REGR factor score 2 for analysis 2	.0000000	1.00000000	325
REGR factor score 3 for analysis 2	.0000000	1.00000000	325
REGR factor score 4 for analysis 2	.0000000	1.00000000	325
REGR factor score 5 for analysis 2	.0000000	1.00000000	325

상관관계

		REGR factor score 1 for analysis 2	REGR factor score 2 for analysis 2	REGR factor score 3 for analysis 2	REGR factor score 4 for analysis 2	REGR factor score 5 for analysis 2
REGR factor score 1 for analysis 2	Pearson 상관	1	.000	.000	.000	.000
	유의확률 (양측)		1.000	1.000	1.000	1.000
	N	325	325	325	325	325
REGR factor score 2 for analysis 2	Pearson 상관	.000	1	.000	.000	.000
	유의확률 (양측)	1.000		1.000	1.000	1.000
	N	325	325	325	325	325
REGR factor score 3 for analysis 2	Pearson 상관	.000	.000	1	.000	.000
	유의확률 (양측)	1.000	1.000		1.000	1.000
	N	325	325	325	325	325
REGR factor score 4 for analysis 2	Pearson 상관	.000	.000	.000	1	.000
	유의확률 (양측)	1.000	1.000	1.000		1.000
	N	325	325	325	325	325
REGR factor score 5 for analysis 2	Pearson 상관	.000	.000	.000	.000	1
	유의확률 (양측)	1.000	1.000	1.000	1.000	
	N	325	325	325	325	325

[그림 8-15] **주성분-베리맥스 결과의 상관분석**

5가지 요인으로 구성된 변수의 상관관계를 나타내는 지표인 Pearson 상관계수가 모두 0(모든 요인이 서로 독립)이므로 모든 요인은 서로 독립적임을 알 수 있으나, 유의확률이 모두 p=1이므로 이 결과는 우선 유의하지 않다고 판단할 수 있다. 즉 [상관관계] 표로 판단한다면, 요인 간에 연관성이 없음을 증명하기 위해 상관분석을 한 것으로 보인다. 이로써 직각회전방법인 베리맥스는 요인 간의 독립성(연관성=0)을 가정하고 있다고 판단할 수 있다.

8.3.3 최대우도-베리맥스

다음은 요인추출방법을 '최대우도', 요인회전방법을 직각회전인 '베리맥스'으로 설정하여 상관분석을 실시한 결과이다.

기술통계량

	평균	표준화 편차	N
REGR factor score 1 for analysis 3	.0000000	.97570570	325
REGR factor score 2 for analysis 3	.0000000	.94537380	325
REGR factor score 3 for analysis 3	.0000000	.93124052	325
REGR factor score 4 for analysis 3	.0000000	.99334937	325
REGR factor score 5 for analysis 3	.0000000	.86906368	325

		상관관계				
		REGR factor score 1 for analysis 3	REGR factor score 2 for analysis 3	REGR factor score 3 for analysis 3	REGR factor score 4 for analysis 3	REGR factor score 5 for analysis 3
REGR factor score 1 for analysis 3	Pearson 상관	1	.011	.010	.003	.014
	유의확률 (양측)		.850	.856	.959	.805
	N	325	325	325	325	325
REGR factor score 2 for analysis 3	Pearson 상관	.011	1	.007	.004	.004
	유의확률 (양측)	.850		.904	.948	.948
	N	325	325	325	325	325
REGR factor score 3 for analysis 3	Pearson 상관	.010	.007	1	.030	.006
	유의확률 (양측)	.856	.904		.591	.911
	N	325	325	325	325	325
REGR factor score 4 for analysis 3	Pearson 상관	.003	.004	.030	1	.040
	유의확률 (양측)	.959	.948	.591		.476
	N	325	325	325	325	325
REGR factor score 5 for analysis 3	Pearson 상관	.014	.004	.006	.040	1
	유의확률 (양측)	.805	.948	.911	.476	
	N	325	325	325	325	325

[그림 8-16] **최대우도-베리맥스 결과의 상관분석**

여기에서도 '주성분-베리맥스'에서와 같이 5가지 요인 간의 상관계수에 대한 유의확률이 모두 .05를 초과하므로 유의하지 않다고 판단할 수 있다(p> .05). 또한 모든 경우에 대해 어떠한 연관성도 없다고 할 수 있다. '주성분-베리맥스' 방법과 '최대우도-베리맥스' 방법을 비교해 보았을 때, 직각회전 방법인 베리맥스가 요인 간의 독립성(연관성=0)을 가정하고 있음을 확인할 수 있다.

8.3.4 주성 분-직접 오블리민

다음은 요인추출방법을 '주성분', 요인회전방법을 사각회전인 '직접 오블리민'으로 설정하여 상관분석을 실시한 결과이다.

기술통계량			
	평균	표준화 편차	N
REGR factor score 1 for analysis 4	.0000000	1.00000000	325
REGR factor score 2 for analysis 4	.0000000	1.00000000	325
REGR factor score 3 for analysis 4	.0000000	1.00000000	325
REGR factor score 4 for analysis 4	.0000000	1.00000000	325
REGR factor score 5 for analysis 4	.0000000	1.00000000	325

		상관관계				
		REGR factor score 1 for analysis 4	REGR factor score 2 for analysis 4	REGR factor score 3 for analysis 4	REGR factor score 4 for analysis 4	REGR factor score 5 for analysis 4
REGR factor score 1 for analysis 4	Pearson 상관	1	.110*	-.177**	.074	-.333**
	유의확률 (양측)		.048	.001	.183	.000
	N	325	325	325	325	325
REGR factor score 2 for analysis 4	Pearson 상관	.110*	1	-.166**	.059	-.236**
	유의확률 (양측)	.048		.003	.287	.000
	N	325	325	325	325	325
REGR factor score 3 for analysis 4	Pearson 상관	**-.177****	**-.166****	1	-.125*	.312**
	유의확률 (양측)	.001	.003		.024	.000
	N	325	325	325	325	325
REGR factor score 4 for analysis 4	Pearson 상관	.074	.059	**-.125***	1	-.310**
	유의확률 (양측)	.183	.287	.024		.000
	N	325	325	325	325	325
REGR factor score 5 for analysis 4	Pearson 상관	**-.333****	**-.236****	.312**	**-.310****	1
	유의확률 (양측)	.000	.000	.000	.000	
	N	325	325	325	325	325

*. 상관관계가 0.05 수준에서 유의합니다(양측).
**. 상관관계가 0.01 수준에서 유의합니다(양측).

[그림 8-17] **주성분-직접 오블리민 결과의 상관분석**

요인들 간의 유의확률이 .05 미만인 경우를 찾아볼 수 있고($p<.05$), 상관계수를 보면 마이너스(−) 값들이 눈에 띈다. 이 마이너스 상관관계는 요인들 간에 정(+)의 영향을 미치는 것이 아니라 부(−)의 영향을 미침을 의미한다.

요인추출과 요인회전의 각각의 조합을 살펴보면, 같은 자료를 사용해도 추출 방법과 회전 방법에 따라 그 결과가 달라지는 것을 확인할 수 있다.

종합해 보면, '주성분−베리맥스'의 조합은 (상관계수)=0, (유의확률)=1이므로 맞지 않다. '최대우도−베리맥스'의 조합에서는 상관계수를 어느 정도 확인할 수 있었으나, 유의확률이 $p<.05$의 기준을 충족하지 못하므로 이 또한 맞지 않다. 그리고 '주성분−직접 오블리민'의 조합에서는 유의확률이 $p<.05$인 경우를 다수 확인할 수 있었지만, 음의 상관계수 또한 많이 발견되었다. 이러한 이유 때문에 **'최대우도−직접 오블리민'을 통해 도출된 변수에 대해 상관분석을 실시해야 한다.**

이처럼 원하는 결과를 정확하게 얻기 위해서는 연구자들이 분석 방법 간의 차이를 명확히 알고 있어야 한다.

8.4 교차분석과 χ^2 검정

교차분석은 연관성분석의 일종이지만, 용어 자체에 '상관분석'이라는 표현이 드러나지 않아 이 둘의 관계를 쉽게 떠올리지 못한다. 교차분석은 설문 항목이 명목척도, 서열척도로 이루어진 경우의 연관성분석에 사용된다. 즉 교차분석은 특정 집단 간 빈도 분포를 비교하기 위한 분석이다.

χ^2 검정은 카이제곱 검정 혹은 카이스퀘어(chi−square) 검정이라고 부르는데, 교차분석 후 집단 간 차이가 유의한지를 판단하는 분석이다.[19)] 교차분석과 별개로 분석하는 것이 아니라 교차분석을 진행하면서 카이제곱 검정에 관한 분석을 추가로 수행한다.[20)] 예를 들어 교차분석을 통해 성별에 따른 스마트폰 구매의사를 비교하거나 지역별 스마트폰 구매의사를 비교하면서 동시에 χ^2 검정으로 이 분석 결과의 유의성을 판단한다.

χ^2 검정에서는 ❶ 독립성 검정(변수 간의 연관성 여부 파악), ❷ 적합도 검정(표본의 적합도), ❸ 동일성 검정(집단 간 분포의 동일성 여부 파악)의 3가지 검정이 진행된다.

---

19) χ^2검정의 개념과 유의수준에 따른 채택역과 기각역 : 『제대로 시작하는 기초 통계학: Excel 활용』 270~272쪽 참조

20) 교차분석을 진행할 때, 카이제곱 검정에서 필요한 분석의 개념과 과정: 『제대로 시작하는 기초 통계학: Excel 활용』 272~274쪽 참조

다음 예제를 통해 교차분석과 χ^2 검정 과정을 살펴보자.

연구문제 지역 1과 지역 2의 스마트폰 구매의사를 비교하고, 두 지역의 구매의사 차이를 분석하라.

Step 1 따라하기 교차분석과 χ^2 검정

준비파일 : 교차_카이제곱.xls

01 SPSS Statistics를 구동하여 '교차_카이제곱.xls' 파일을 불러온다.

02 데이터 편집 창에서 분석 ▶ 기술통계량 ▶ 교차분석을 클릭한다.

[그림 8-18] **교차분석 메뉴 선택**

03 명목척도로 이루어진 두 개의 변수를 비교하는 것이므로, 교차분석 창에서 ❶ 행과 열에 각각 '지역'과 '구매의사' 변수를 옮기고 ❷ 통계량을 클릭한다.

TIP 여기까지는 교차분석을 위한 변수를 입력하는 과정이다.

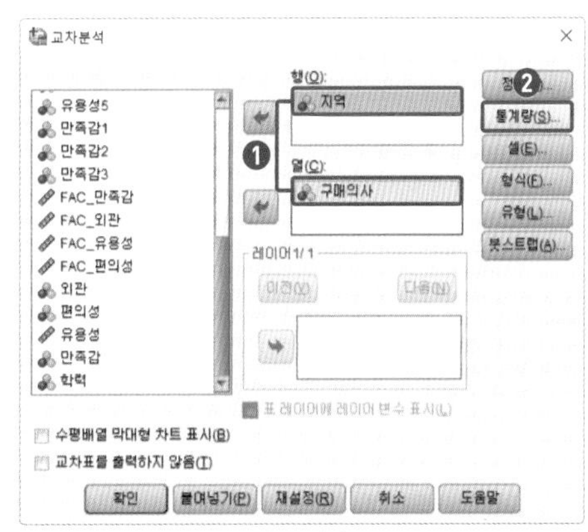

[그림 8-19] **교차분석 : 변수 입력**

04 교차분석: 통계량 창에서 ❸ '카이제곱', '람다'에 ☑ 표시를 하고 ❹ 계속을 클릭한다. ❺ 교차분석 창에서 셀을 클릭한다.

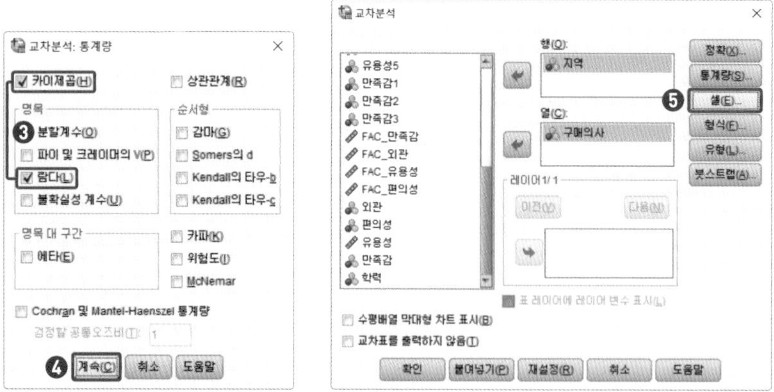

[그림 8-20] **교차분석 : 카이제곱 검정 추가 및 셀 선택**

TIP 행과 열에 입력된 변수들이 모두 명목척도로 구성되어 있으므로, 람다에 ☑ 표시를 했다. 이는 분석 결과의 유의성을 판단하기 위한 과정이다.

05 교차분석: 셀 표시 창에서 ❶ 빈도의 '관측빈도'와 '기대빈도'에 ☑ 표시를 하고 표본 전체에 대한 비율을 확인하기 위해 ❷ 퍼센트의 '행', '열', '전체'에 ☑ 표시를 한다. ❸ **계속**을 클릭한다. ❹ 다시 교차분석 창에서 **확인**을 클릭하면 분석이 시작된다.

[그림 8-21] **셀 출력 선택 및 교차분석 실행**

TIP 퍼센트에서 '전체'에 체크하면 행과 열에 대한 관측 결과가 백분율로 표시된다.

06 출력결과를 엑셀로 옮기기 위해 우선 **출력결과** 창의 바탕에서 마우스 오른쪽 버튼을 클릭한 뒤 **내보내기**를 선택하다. **내보내기 출력결과** 창의 문서 항목에서 유형을 'Excel 2007 이상(*.xlsx)'으로 선택한다. **파일이름**에서 어느 곳에 분석 결과를 저장할 것인지 경로와 파일명을 지정한 후, **확인**을 클릭하여 출력결과를 저장한다.

Step 2 결과 분석하기 교차분석과 χ^2 검정

케이스 처리 요약

	케이스					
	유효		결측		전체	
	N	퍼센트	N	퍼센트	N	퍼센트
지역 * 구매의사	325	100.0%	0	.0%	325	100.0%

지역 * 구매의사 교차표

			구매의사 1	구매의사 2	전체
지역	1	빈도	154	52	206
		기대빈도	102.0	104.0	206.0
		지역 중 %	74.8%	25.2%	100.0%
		구매의사 중 %	95.7%	31.7%	63.4%
		전체 중 %	47.4%	16.0%	63.4%
	2	빈도	7	112	119
		기대빈도	59.0	60.0	119.0
		지역 중 %	5.9%	94.1%	100.0%
		구매의사 중 %	4.3%	68.3%	36.6%
		전체 중 %	2.2%	34.5%	36.6%
전체		빈도	161	164	325
		기대빈도	161.0	164.0	325.0
		지역 중 %	49.5%	50.5%	100.0%
		구매의사 중 %	100.0%	100.0%	100.0%
		전체 중 %	49.5%	50.5%	100.0%

카이제곱 검정

	값	자유도	근사 유의확률 (양측검정)	정확 유의확률 (양측검정)	정확 유의확률 (단측검정)
Pearson 카이제곱	143.136[a]	1	.000		
연속성 수정[b]	140.394	1	.000		
우도비	164.499	1	.000		
Fisher의 정확검정				.000	.000
선형 대 선형결합	142.696	1	.000		
유효 케이스 수	325				

a. 0 셀 (0.0%)은(는) 5보다 작은 기대 빈도를 가지는 셀입니다. 최소 기대빈도는 58.95입니다.
b. 2x2 표에 대해서만 계산됨

[그림 8-22] 교차분석 출력결과

- **[케이스 처리 요약]** : 표본에 대한 개수와 유효, 결측에 대한 정보를 요약하여 보여준다.
- **[지역*구매의사 교차표]** : 교차분석의 결과물로, 지역별 구매의사의 관측빈도를 보여준다.
- **[카이제곱 검정]** : 교차분석 후 집단 간 차이에 대한 유의성이 $p < .05$이므로 집단 간의 차이가 있음을 알 수 있다. 이는 지역과 구매의사는 차이가 없다는 귀무가설을 기각하고

NOTE

28 교차분석의 통계량 선택 방법

'카이제곱'을 선택하는 이유는 교차분석의 유의성을 판단하기 위함이다. 이때 설문의 유형에 따라 선택하는 통계량이 다르다.

- 명목척도로 이루어진 경우 : 명목의 **'람다'**에 ☑
- 서열척도(순서척도)로 이루어진 경우 : 순서형의 **'감마'** 또는 'Somers의 d'에 ☑
- 명목척도와 등간척도로 이루어진 경우 : 명목 대 구간의 **'에타'**에 ☑

이러한 분석을 통해 유의성이 판단된 후의 결합 정도를 확인할 수 있다.

본 예제에서 사용한 유형은 지역으로, 명목척도이므로 명목의 **'람다'**에만 ☑를 하여 분석을 진행한다.

▲ 교차분석의 통계량 선택

서로 차이가 있다는 대립가설을 채택한다.[21]

NOTE

29 카이제곱 검정의 전제와 기대빈도의 관계[22]

카이제곱 검정 결과를 적용하여 유의성을 판단하려면 "기대빈도가 5 미만인 셀이 전체의 20%를 넘지 않아야 한다."는 전제를 만족해야 한다. 왜냐하면 이 전제를 충족하지 못하면 카이제곱 분포에서 벗어나기 때문이다.

앞서 결과창의 [지역*구매의사 교차표]를 토대로 관측빈도, 기대빈도를 살펴보고, 카이제곱 분석의 전제를 만족하는지 살펴보자.

구분	구매의사 있음	구매의사 없음	전체
지역 1	154 (95.7%)	52 (31.7%)	206 (63.4%)
지역 2	7 (4.3%)	112 (68.3%)	119 (36.6%)
전체	161 (100%)	164 (100%)	325 (100%)

▲ 지역*구매의사 교차표

이 표는 구매의사가 있는 사람 161명과 구매의사가 없는 사람 164명을 기준으로 지역별 차이가 있는지를 조사한 자료이다. 측정도구(설문지)를 이용하여 직접 측정한 값으로, 이를 관측빈도라 한다. 즉 지역 1에서 구매의사가 있음이 95.7%, 구매의사가 없음이 31.7%이고, 전체표본(325명) 중 63.4%가 지역 1에 해당된다.

구매의사가 있음과 없음이 무상관(상관관계=0)이라는 가정 하에 지역 1의 관측빈도는 63.4%이므로 '구매의사 있음'에 해당하는 빈도의 합인 161의 63.4%(102)를 지역 1의 기대값으로 예측할 수 있고, '구매의사 없음'에 해당하는 빈도의 합인 164의 36.6%(59)를 지역 2의 기대값으로 예측할 수 있다. 이와 같이 관측빈도를 기준으로 예상한 빈도가 기대빈도이다. 이를 계산하면 다음과 같다.

구분	의사 있음	의사 없음	전체
지역 1	관측빈도 = 154 (95.7%) 기대빈도 = 161*63.4% = 102	관측빈도 = 52 (31.7%) 기대빈도 = 164*63.4%=104	206 (63.4%)
지역 2	7 (4.3%) 기대빈도 = 161*36.6% = 59	관측빈도 = 112 (68.3%) 기대빈도 = 164*36.6% = 60	119 (36.6%)
전체	161 (100%)	164 (100%)	325 (100%)

기대빈도는 관측빈도로부터 계산되는데, 그 계산법을 외울 필요는 없다. 그보다는 위에서 설명한 "기대빈도가 5 미만인 셀이 전체의 20%를 넘지 않아야 한다."를 기억하도록 하자. SPSS Statistics는 위와 같이 관측빈도와 기대빈도를 계산해준다.

이를 바탕으로 셀의 개수(표의 행과 열을 곱한 값)를 구해 보자. 위의 [지역*구매의사 교차표]에서는 2개의 행('지역 1', '지역2')과 2개의 열('구매의사 있음', '구매의사 없음')이 있으므로, 셀의 개수는 총 4개(2×2)이다. 한 셀이라도 기대빈도가 5 미만이면 전체 셀의 25%이므로 기준이 되는 20%를 넘어간다. 다행히도 [그림 8-22]의 [지역*구매의사 교차표]에서는 기대빈도가 카이제곱 분포를 벗어나는 경우가 없다. 만약 그 조건들이 성립하지 않는다면 Fisher의 정확한 검정(Fisher's exact test)으로 추가 분석을 해야 한다.

---

21) 다음과 같이 가설을 수립할 수 있다.
- 지역과 구매의사는 차이가 없다. → 지역과 구매의사는 서로 독립적이지 않다.
- 지역과 구매의사는 차이가 있다. → 지역과 구매의사는 서로 독립적이다.

22) 교차분석을 진행할 때, 카이제곱 검정에서 필요한 분석의 개념과 과정: 『제대로 시작하는 기초 통계학: Excel 활용』 273~275쪽 참조

Step 3 논문에 표현하기 교차분석과 χ^2 검정

논문에 표현하는 경우에는 [케이스 처리 요약] 표에서 유효/결측의 수치만을 파악하고, [지역*구매의사 교차표]의 관측빈도를 기준으로 기대빈도를 예측할 수 있는 근거를 제시하면 된다. [카이제곱 검정] 표에서는 Pearson 카이제곱의 유의성을 기준으로 집단 간 차이 여부를 기술해주면 된다.

이 책에서는 예와 같은 형식으로 논문을 작성했다. 그러나 실제로 논문을 작성하는 방법은 연구자마다 다르므로 각자에게 맞는 형식으로 정확하게 넣어주면 된다.

예 [표 A] 표본의 요약

	케이스					
	유효		결측		전체	
	N	퍼센트	N	퍼센트	N	퍼센트
지역*구매의사	325	100.0%	0	0.0%	325	100.0%

측정된 데이터에서는 모두 325개의 표본이 설정되었다.

[표 B] 지역*구매의사 교차표

			구매의사		전체
			1	2	
지역	1	빈도	154	52	206
		기대빈도	102.0	104.0	206.0
		지역 중 %	74.8%	25.2%	100.0%
		구매의사 중 %	95.7%	31.7%	63.4%
		전체 %	47.4%	16.0%	63.4%
	2	빈도	7	112	119
		기대빈도	59.0	60.0	119.0
		지역 중 %	5.9%	94.1%	100.0%
		구매의사 중 %	4.3%	68.3%	36.6%
		전체 %	2.2%	34.5%	36.6%
전체		빈도	161	164	325
		기대빈도	161.0	164.0	325.0
		지역 중 %	49.5%	50.5%	100.0%
		구매의사 중 %	100.0%	100.0%	100.0%
		전체 %	49.5%	50.5%	100.0%

지역 1에서 구매의사가 있음이 95.7%, 구매의사가 없음이 31.7%이며, 전체표본(325명) 중 63.4%가 지역 1을 선택했다. 만약 구매의사의 있음과 없음 사이에 어떠한 관계가 없다면(상관관계=0) 지역 1에서 확인한 것과 같이 구매의사가 있는 161명 중 63.4%가 지역 1이고, 구매의사가 없는 164명에 대하여도 63.4%가 지역 1이라고 예상할 수 있을 것이다.

[표 C] **카이제곱 검정**

	값	자유도	근사 유의확률 (양측검정)	정확 유의확률 (양측검정)	정확 유의확률 (단측검정)
Pearson 카이제곱	143.136[a]	1	.000		
연속성 수정[b]	140.394	1	.000		
우도비	164.499	1	.000		
Fisher의 정확검정				.000	.000
선형 대 선형결합	142.696	1	.000		
유효 케이스 수	325				

a. 0 셀(.0%)은(는) 5보다 작은 기대 빈도를 가지는 셀입니다. 최소 기대빈도는 58.95입니다.
b. 2×2 표에 대해서만 계산됨

또한 [표 C]에서 확인할 수 있듯이 교차분석 후 집단 간 차이에 대한 유의성이 $p<.05$이므로 모두 집단 간의 차이가 있음을 알 수 있다. 따라서 서로 독립적이라는 귀무가설을 기각하고 서로 연관이 있다는 연구가설을 채택한다.

회귀분석 구분도

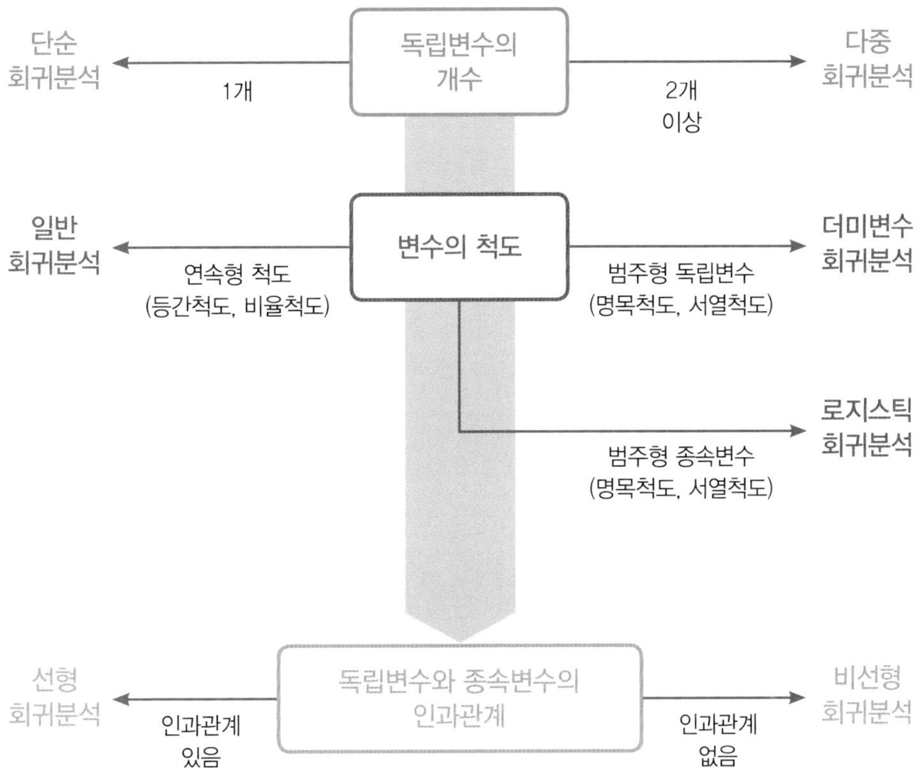

독립변수의 개수
단순 회귀분석
1개
2개 이상
다중 회귀분석
변수의 척도
일반 회귀분석
연속형 척도 (등간척도, 비율척도)
범주형 독립변수 (명목척도, 서열척도)
더미변수 회귀분석
범주형 종속변수 (명목척도, 서열척도)
로지스틱 회귀분석
독립변수와 종속변수의 인과관계
선형 회귀분석
인과관계 있음
인과관계 없음
비선형 회귀분석

Chapter 09

초급 회귀분석(단순/다중)

학습목표

1) 회귀분석의 개념을 이해하고, 각각의 종류를 구분할 수 있다.
2) 단순 회귀분석과 다중 회귀분석의 차이를 이해한다.
3) 선형 회귀분석에서 선형의 의미를 이해한다.
4) 회귀분석의 출력결과를 보면서 회귀식을 도출할 수 있다.
5) F 값, t 값, 비표준화 계수, 표준화 계수, 상관성과 다중공선성 개념을 이해한다.
6) 회귀분석에서 사용되는 Durbin-Watson의 수치, 공차, VIF 지표의 개념을 이해하고, 이러한 지표를 이용하여 결과를 분석할 수 있다.

다루는 내용

- 회귀분석의 개념
- 단순/다중 회귀분석의 구분
- 단순/다중 회귀분석의 적용
- 선형 회귀분석 방법

회귀분석(regression analysis)은 독립변수(원인)와 종속변수(결과) 간의 상호 연관성 정도를 파악하는 분석 방법이다. 즉 한 변수의 변화가 원인이 되어 다른 변수에 어느 정도 영향을 미치는지를 측정하는 방법으로, 두 변수 간의 인과관계를 분석할 때 많이 사용된다. 회귀분석은 등간척도와 비율척도로 측정된 데이터를 분석할 때 이용되며, 명목척도와 서열척도로 측정된 경우는 더미변수(dummy variable)를 사용해 척도를 변형하여 분석할 수 있다.

회귀분석은 변수의 수와 척도 등의 환경에 따라서 그 종류가 나뉜다.

[표 9-1] 회귀분석의 구분

1차 구분요인	2차 구분요인	구분
독립변수의 수	1개	단순 회귀분석
	2개 이상	다중 회귀분석
독립변수의 척도	명목척도, 서열척도	더미변수 회귀분석
	등간척도, 비율척도	일반 회귀분석
독립변수와 종속변수 관계	선형	선형 회귀분석
	비선형	비선형 회귀분석

[표 9-1]은 회귀분석의 일반적인 구분 방법이다. 이 책에서는 이러한 방법에 따르지 않고, 다음과 같이 분석 방법에 따라 구분하여 설명한다.

- 9장 : 단순/다중 회귀분석
- 10장 : 단계적/위계적/더미변수 회귀분석
- 11장 : 조절/매개/로지스틱 회귀분석

회귀분석의 이해를 돕기 위해 한 예를 살펴보자. 기업에서 지출하는 광고비와 매출액 간에 어떠한 인과관계가 있는지 파악하려고 한다. 기존의 광고비 지출 대비 매출액 사이에 다음과 같은 상관관계가 있었다고 가정해 보자.

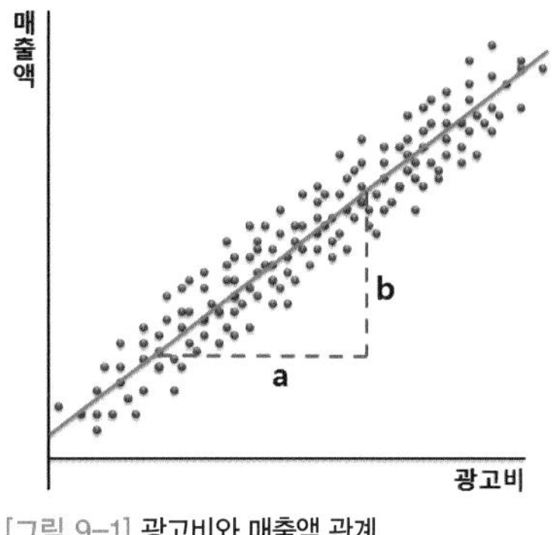

[그림 9-1] 광고비와 매출액 관계

- 광고비 110만 원 = 매출액 1,100만 원
- 광고비 220만 원 = 매출액 2,200만 원
- 광고비 330만 원 = 매출액 3,300만 원
- 광고비 440만 원 = 매출액 4,400만 원
- 광고비 550만 원 = 매출액 5,500만 원

그렇다면 광고비를 660만 원 투자하였을 때 매출액은 얼마이겠는가? 위의 데이터를 통해 '매출액=광고비 × 10만 원'이라는 식이 도출되었으므로 매출액은 6,600만 원이 될 것이다. 이 데이터를 바탕으로 붉은 점으로 표시해보면, 완전하지는 않지만 파란색의 직선 모양으로 분포되어 있음을 알 수 있다. 이때 파란 선의 기울기와 절편을 이용한 회귀식을 도출하는 과정을 회귀분석이라고 한다.

TIP 실제로 이렇게 극단적으로 선형인 상황은 존재하지 않는다. 뒤에서 설명하겠지만, 산점도의 분포 정도를 보고 대략적으로 선형, 비선형을 구분한다.

9.1 단순 회귀분석

단순 회귀분석은 회귀분석의 한 종류로, 등간척도와 비율척도로 측정된 데이터를 분석할 때 쓰인다. 다루는 독립변수가 하나뿐이기 때문에 단순 회귀분석이라고 불린다. 회귀분석을 실시하려면 기본적으로 표본의 측정값들이 선형을 이루어야 한다. 따라서 본격적인 분석에 앞서 측정된 자료의 산점도를 그려 선형 여부를 확인한다.

연구문제

기업에서 광고비를 늘리거나 줄이는 정책이 매출에 어떠한 영향을 미치는지 확인하려고 한다. [그림 9-2]는 광고비(독립변수)의 변화가 매출액(종속변수)에 미치는 영향을 살펴보기 위한 모델이다. 단순 회귀분석을 통해 광고비와 매출액의 관계를 살펴보자.

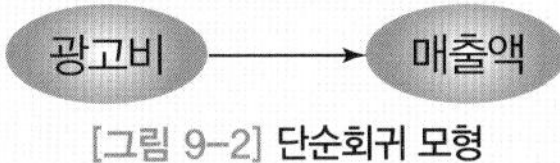

[그림 9-2] 단순회귀 모형

Step 1 따라하기 단순 회귀분석

준비파일 : 단순 회귀분석.xls

01 SPSS Statistics에서 '단순 회귀분석.xls' 파일을 불러온다.

02 산점도를 확인하기 위해 그래프 ▶ 레거시 대화 상자 ▶ 산점도/점도표를 클릭한다.

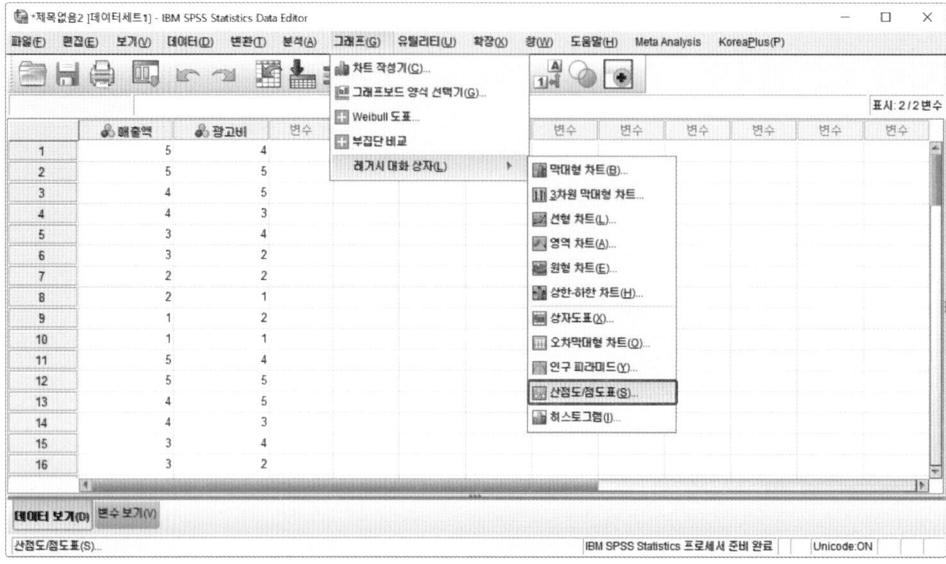

[그림 9-3] **산점도 실행**

03 산점도/점도표 창에서 ❶ '단순 산점도'를 클릭한 후 ❷ 정의를 클릭한다. 단순 산점도 창의 ❸ Y축에 '매출액'을 ❹ X축에 '광고비'를 옮기고 ❺ 확인을 클릭한다.

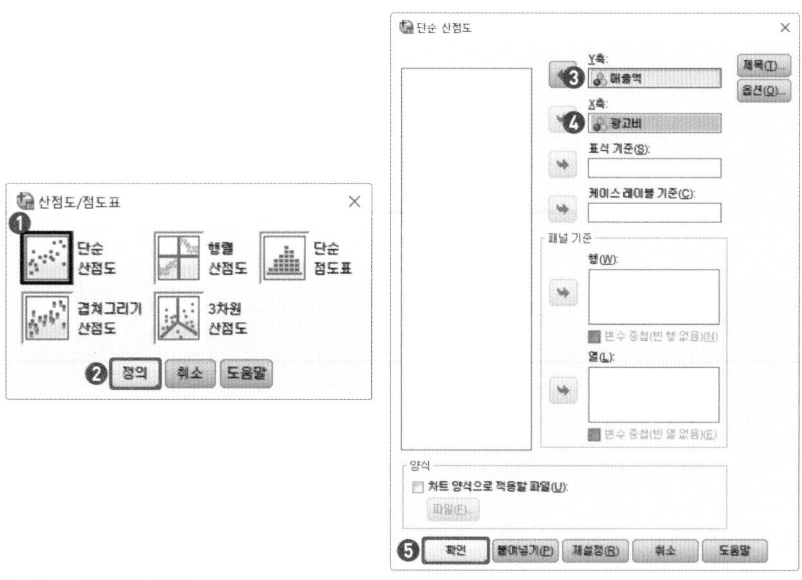

[그림 9-4] **산점도 선택**

04 [그림 9–5]의 그래프는 출력결과 창에서 확인할 수 있는 산점도 그래프이다. 이견이 있을 수도 있으나, 이 그래프는 선형이라고 할 수 있다. 이와 같이 선형이라는 것이 확인되었으면 이제 회귀분석을 실시하면 된다.

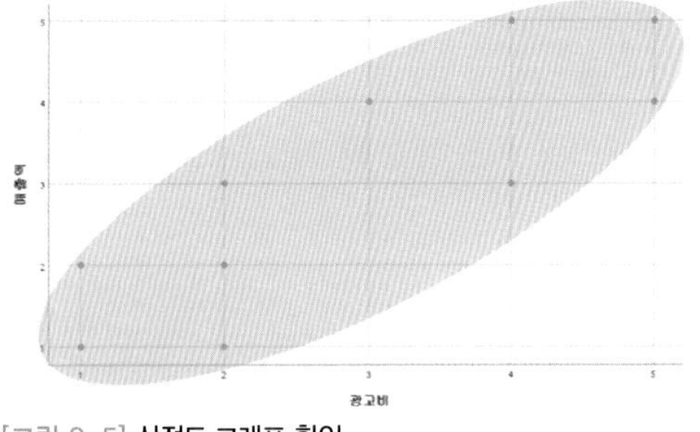

[그림 9–5] **산점도 그래프 확인**

회귀식은 다음과 같다.[23)]

$$Y = \beta_0 + \beta_1 X + e$$

(Y=종속변수, β_0=상수, β_1=계수, X=독립변수, e=잔차)

05 회귀분석을 위해 출력결과 창에서 ❶ **분석 ▶ 회귀분석 ▶ 선형**을 클릭한 후 ❷ **선형 회귀** 창에서 **종속변수** 란에 '매출액'을 ❸ **독립변수** 란에 '광고비'를 옮긴 후, 회귀분석의 신뢰구간을 설정하기 위해 ❹ **통계량**을 클릭한다.

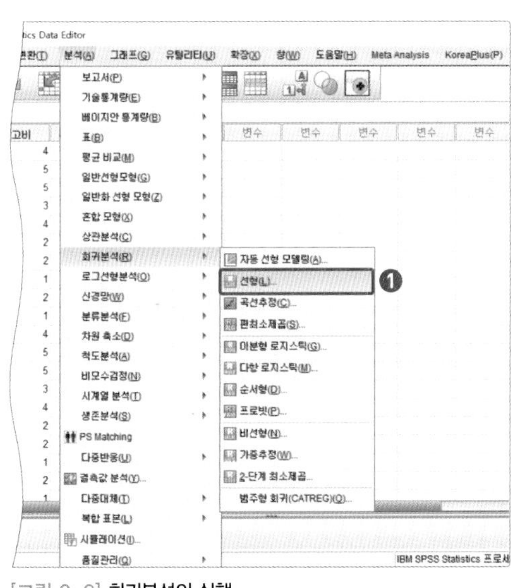

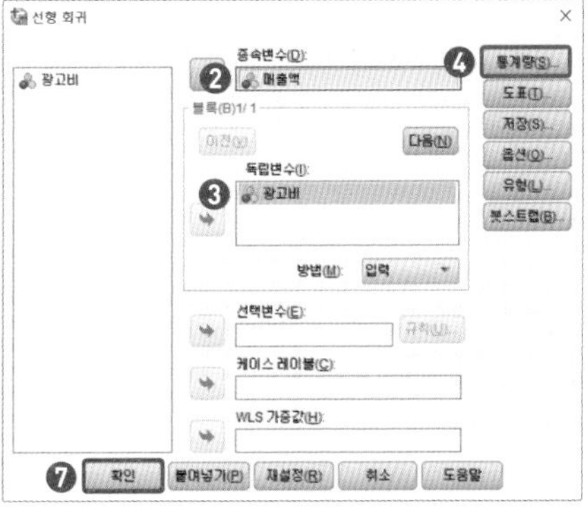

[그림 9–6] **회귀분석의 실행**

NOTE

30 산점도 확인

선형(linear)이란 그래프가 직선으로 나타난다는 뜻이다. SPSS Statistics에서는 점들의 분포를 보고 '선형이다' 혹은 '비선형이다'라고 판단한다. [그림 9–5]의 산점도 그래프에서는 붉은 타원으로 선형을 표시하였으나 실제로 붉은 타원은 그려지지 않는다. [그림 9–5]를 보면 X 값이 증가하면 꾸준히 Y 값이 증가하는 모양으로 나타나므로 이러한 추세를 확인하여 선형이라고 판정하는 것이다.

23) 회귀식의 의미와 도출 과정: 『제대로 시작하는 기초 통계학: Excel 활용』 281~284쪽 참조

06 선형 회귀: 통계량 창에서 ❺ 신뢰구간에 ☑ 표시를 하고 ❻ 계속을 클릭한다. 다시 선형 회귀(선도표 회귀 모형) 창으로 이동하면 ❼ 확인을 클릭하여 분석을 실시한다.

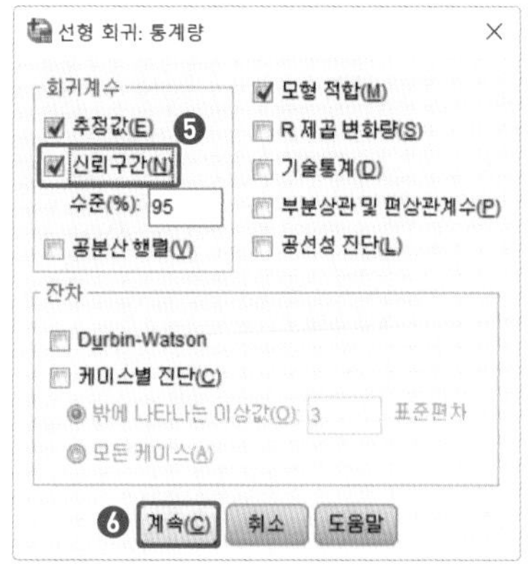

[그림 9-7] 선형 회귀분석: 통계량

07 출력결과를 엑셀로 옮기기 위해 우선 출력결과 창의 바탕에서 마우스 오른쪽 버튼을 클릭한 뒤 내보내기를 선택한다. 내보내기 출력결과 창의 문서 항목에서 유형을 'Excel 2007 이상(*.xlsx)'으로 선택한다. 파일이름에서 어느 곳에 분석 결과를 저장할 것인지 경로와 파일명을 지정한 후, 확인을 클릭하여 출력결과를 저장한다.

Step 2 결과 분석하기 단순 회귀분석

입력/제거된 변수[a]

모형	입력된 변수	제거된 변수	방법
1	광고비[b]		입력

a. 종속변수: 매출액
b. 요청된 모든 변수가 입력되었습니다.

모형 요약

모형	R	R 제곱	수정된 R 제곱	추정값의 표준오차
1	.831[a]	.691	.686	.799

a. 예측자: (상수), 광고비

ANOVA[a]

모형		제곱합	자유도	평균제곱	F	유의확률
1	회귀	82.967	1	82.967	129.938	.000[b]
	잔차	37.033	58	.639		
	전체	120.000	59			

a. 종속변수: 매출액
b. 예측자: (상수), 광고비

계수[a]

모형		비표준화 계수		표준화 계수	t	유의확률	B에 대한 95.0% 신뢰구간	
		B	표준화 오류	베타			하한	상한
1	(상수)	.641	.231		2.773	.007	.178	1.104
	광고비	.813	.071	.831	11.399	.000	.671	.956

a. 종속변수: 매출액

[그림 9-8] 단순 회귀분석의 출력결과

- **[입력/제거된 변수]** : '입력된 변수'에서는 독립변수인 '광고비'를 확인하고, 주석 b의 종속변수가 '매출액'임을 확인한다.
- **[모형 요약]** : R=.831로 독립변수와 종속변수 간의 상관관계를 나타내고, R^2=.691로 회귀식의 매출액 변화에 대한 69.1%를 설명한다.[24] 그리고 수정된 R^2의 값은 .686으로,

24) 회귀선으로 확인하는 모형의 설명력 개념: 『제대로 시작하는 기초 통계학: Excel 활용』 285~287쪽 참조

이는 독립변수의 수와 표본의 크기를 고려하여 수정된 것이다.[25] 이 수정된 값은 모집단의 결정계수를 추정할 때 사용되는데, 표본의 크기가 크다면 R^2과 동일한 값이 산출된다.

- [ANOVA][26] : 회귀식 자체가 유의한지의 여부를 판단할 수 있다. 회귀모형에서 F=129.938이고 유의확률은 .000이므로, 통계적으로 유의하다고 판단할 수 있다.
- [계수] : '$Y=\beta_0+\beta_1X$'와 같은 회귀식을 구성하는 상수와 계수를 확인할 수 있다. 즉 상수는 .641, 독립변수인 X에 해당하는 계수는 .813이므로 회귀식은 다음과 같다.

$$Y=0.641+0.813X \Rightarrow \text{매출액}=0.641+0.813(\text{광고비})$$

신뢰구간의 하한값/상한값이 의미하는 것은, 독립변수에 해당하는 광고비의 X 값을 1만큼 늘리면 종속변수에 해당하는 Y 값이 0.671(하한값)~0.956(하한값) 사이에서 증가한다는 것을 말한다.

결과를 확인하면, 광고비가 증가함에 따라서 매출액은 .813의 기울기로 증가함을 알 수 있다. 기울기는 광고비가 1단위 증가할 때 매출액이 증가하는 비율을 의미한다.

NOTE

31 회귀분석에서의 독립변수와 종속변수

회귀분석을 실시하기 위해서는 우선 변수를 확인해야 한다. 단순 회귀분석에서는 독립변수가 1개이며, 독립변수가 종속변수에 영향을 미친다. 이를 '광고비, 매출액'의 2개의 변수를 기준으로 살펴보자. 광고비가 매출액에 미치는 영향을 확인하기 위해 독립변수로는 '광고비'를, 종속변수로는 '매출액'을 사용해야 한다.

32 회귀식에서의 비표준화 계수(B)와 표준화 계수(β)

회귀식을 도출하려면 [계수] 표를 이용해야 한다. [계수] 표에는 비표준화 계수와 표준화 계수가 표시되고 있는데, 회귀식에서는 측정 데이터와 관련이 있는 비표준화 계수를 사용한다. (본 예제는 독립변수가 1개인 단순 회귀모형으로, 광고비의 영향만 받기 때문에 측정 데이터의 단위를 고려할 필요가 없으므로, 비표준화 계수를 사용한다.)

표준화 계수를 사용할 경우를 살펴보자. cm나 m 단위로 측정한 '키'라는 변수와 kg이나 g으로 측정한 '몸무게'라는 2개의 독립변수가 있다고 가정할 때, 두 변수의 단위가 다르면 크기 또한 다르기 때문에 각각의 수치가 똑같이 2.0으로 나왔다 하더라도 두 변수는 같다고 할 수 없다. 이처럼 단위가 다른 변수가 두 개 이상일 경우 각 단위를 통일시킨 계수로써 표준화 계수를 사용한다. 즉 회귀식을 만들 때는 비표준화 계수가 사용되지만, 독립변수 간의 계수를 비교하여 확인할 때는 표준화된 계수를 사용하여 각 변수들의 영향력을 비교, 판단해야 한다.

25) 회귀선으로 확인하는 모형의 수정된 설명력 개념: 『제대로 시작하는 기초 통계학: Excel 활용』 302~303쪽 참조

26) 회귀분석에서 분산분석이 등장하는 이유: 『제대로 시작하는 기초 통계학: Excel 활용』 287~288쪽 참조

Step 3 논문에 표현하기 **단순 회귀분석**

이 책에서는 회귀분석의 개념과 성격을 이해할 수 있도록 단순 회귀분석을 실습으로 다루었다. 그러나 단순 회귀분석만을 이용해 논문을 쓰는 경우는 거의 없으며, 단일변수 대 단일결과만으로 논문을 구성하는 것은 비효율적이다. 따라서 논문에 표현하는 방법은 다중 회귀분석 이후부터 제시하기로 한다. ■

9.2 다중 회귀분석

단순 회귀분석과 다중 회귀분석은 단순히 독립변수의 개수로 구분되는데, 독립변수가 2개 이상일 때 다중 회귀분석을 사용한다. 다중 회귀분석도 회귀분석이므로 대상이 되는 척도는 등간척도와 비율척도이다.

연구문제 스마트폰의 사용자가 만족을 느끼는 요인이 외관, 유용성, 편의성 중 어떤 것인지 알아보기 위해 회귀분석을 진행해 보자. 연구모델은 다음과 같이 설정했으며, 4가지 변수에 대해 각각 3문항씩 총 12문항으로 설문을 실시했다.(코딩한 파일은 '회귀분석.xls'이다.)

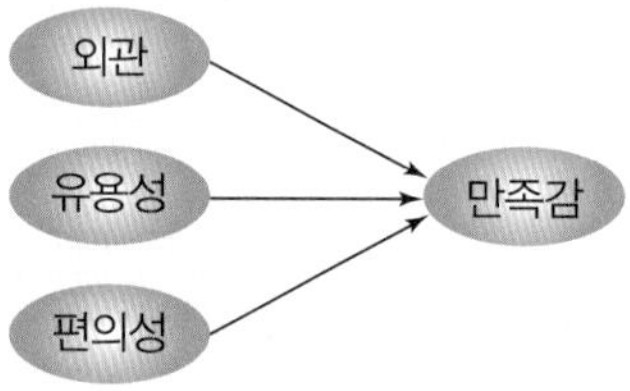

외관 → 만족감
유용성 → 만족감
편의성 → 만족감

[그림 9-9] **다중 회귀연구모델**

이 예제는 '다중 회귀분석'을 사용하여 분석해야 한다. 독립변수에 해당하는 변수 3개를 '외관, 유용성, 편의성'으로 하고, 종속변수를 '만족감'으로 하여 분석하기로 한다.

앞서 요인분석과 상관분석에서 설명했던 것처럼, 여기서도 다중 회귀분석 방법을 두 가지 방법으로 나누어 설명한다.

❶ 부정확하지만 일반적으로 많이 쓰이는 분석 방법(변수 계산을 통한 다중 회귀분석)
❷ 정확한 분석 방법(요인분석을 통한 다중 회귀분석)

통계를 처음 접하는 입문자라면 정확한 분석 방법(❷)부터 학습하여 개념을 완전히 이해하기를 바란다. 그리고 어느 정도 통계를 접한 중급자라면 부정확한 분석 방법(❶)과 정확한 분석 방법(❷)을 비교하면서 학습하길 권한다.

9.2.1 다중 회귀분석 1 : 변수 계산을 활용한 분석

Step 1 따라하기 다중 회귀분석 1

준비파일 : 다중 회귀분석_요인저장_변수 계산.sav

01 SPSS Statistics에서 '다중 회귀분석_요인저장_변수 계산.sav' 파일을 불러온다.

*제목없음2 [데이터세트1] - IBM SPSS Statistics Data Editor

파일(F) 편집(E) 보기(V) 데이터(D) 변환(T) 분석(A) 그래프(G) 유틸리티(U) 확장(X) 창(W) 도움말(H) Meta Analysis KoreaPlus(P)

표시: 23 / 23 변수

	만족감3	FAC_만족감	FAC_외관	FAC_유용성	FAC_편의성	외관	편의성	유용성	만족감	변수
1	3	-.48118	.36477	-.13565	-.26656	4.00	3.00	2.8	3.00	
2	5	1.87616	1.26023	-2.05068	-.17962	5.00	3.00	1.0	5.00	
3	4	.81790	.94293	.26849	-.22637	4.67	3.00	3.0	4.00	
4	3	-.55556	1.23599	-1.70204	1.03226	5.00	4.00	1.6	3.00	
5	5	2.08836	1.28643	.44431	-.16185	5.00	3.00	3.2	5.00	
6	5	2.00069	-.47393	.30585	.43729	3.00	3.50	3.0	5.00	
7	3	-.50892	-.51852	.16353	-1.18088	3.00	2.25	3.0	3.00	
8	2	-1.46192	1.24606	2.48592	-.93724	5.00	2.50	4.8	2.67	
9	5	1.87616	1.26023	-2.05068	-.17962	5.00	3.00	1.0	5.00	
10	4	.83354	1.26497	.27137	-.23841	5.00	3.00	3.0	4.00	
11	3	-.64214	-.52395	-1.74133	1.02243	3.00	4.00	1.6	3.00	
12	3	-.59169	-.52536	-.96301	-.28008	3.00	3.00	2.0	3.33	
13	3	-.43291	.73123	.23362	-.26644	4.33	3.00	3.0	3.00	
14	3	-.41946	.91972	.25096	-.00633	4.67	3.25	3.0	3.00	
15	3	-.64616	-.53459	-1.56570	-.26839	3.00	3.00	1.6	2.67	
	3					3.00		3.0		

[그림 9-10] 다중 회귀분석의 변수 계산

TIP 'FAC_만족감~FAC_편의성' 변수는 6장의 요인분석(Step 1-07)에서 '변수로 저장-회귀분석'을 통해 저장된 변수이다. '변수 계산을 통한 다중 회귀분석'에서는 이와 같이 저장된 변수를 사용하지 않고, 우선 다수의 서적에서 사용하는 방법인 '변수 계산'을 통해 만들어진 새로운 변수인 '외관, 편의성, 유용성, 만족감'을 기준으로 회귀분석을 진행한다. 새로운 변수를 만드는 과정은 8장의 '상관분석 1'에서 이미 설명했다.

02 분석 ▶ 회귀분석 ▶ 선형을 클릭한다.

[그림 9-11] 다중 회귀분석 메뉴 선택

03 선형 회귀 창에서 ❶ 종속변수 란에 '만족감'을 ❷ 독립변수 란에 '외관, 편의성, 유용성'을 옮긴 다음 ❸ 방법에서 '후진'을 선택한다. ❹ 통계량을 클릭한다.

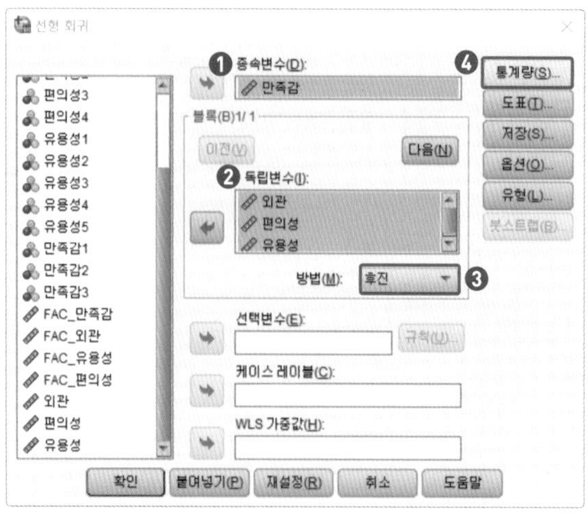

[그림 9-12] **다중 회귀분석의 변수 설정**

TIP '후진' 선택

다수의 책에서는 기본값을 '입력'으로 선택하여 분석하지만, 이 책에서는 '후진'을 선택하여 분석한다. 이 둘의 차이는 [NOTE 33]에서 자세히 설명하기로 한다. 우선 결과에 큰 차이가 없으므로 제시한 방법대로 분석을 진행하기 바란다.

04 선형 회귀: 통계량 창에서 ❺ 회귀계수의 '추정값', '신뢰구간'에 ☑ 표시를 한다. ❻ 오른편의 '모형 적합', '기술통계', '공선성 진단'에 ☑ 표시를 한다. ❼ 관측치의 이상을 판단할 수 있도록 '케이스별 진단'에 ☑ 표시를 한 후 ❽ 계속을 클릭한다.

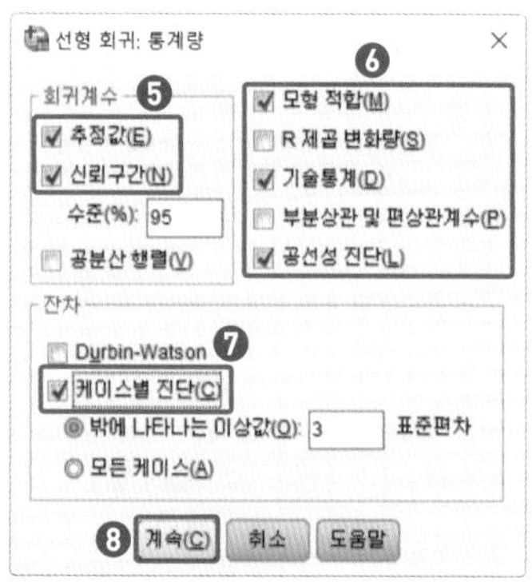

[그림 9-13] **다중 회귀분석의 통계량 선택**

TIP 옵션 설정 배경

❺~❼에서 선택하는 옵션은 회귀분석에서 검토해야 하는 검정량과 각종 표를 출력하기 위한 것이다.

05 선형 회귀 창의 ❾ 도표를 클릭한 후 ❿ 선형 회귀: 도표 창의 표준화 잔차도표의 '히스토그램'과 '정규확률도표'에 각각 ☑ 표시를 한다. ⓫ Y축에는 표준화 잔차를 의미하는 'ZRESID'를, X축에는 표준화 예측값을 의미하는 'ZPRED'를 옮긴 후 ⓬ 계속을 클릭한다. ⓭ 선형 회귀 창에서 확인을 클릭하면 분석이 시작된다.

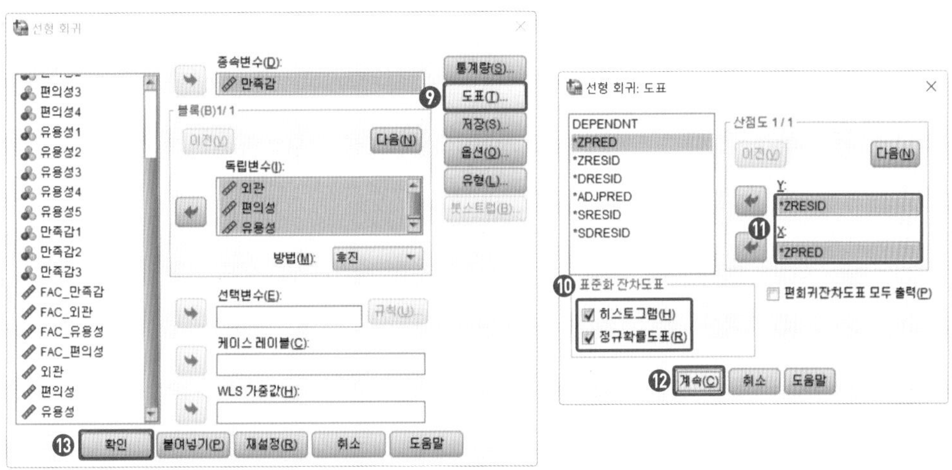

[그림 9-14] **다중 회귀분석의 도표 설정**

TIP 옵션 설정 배경

⑪ Y축은 ZRESID(표준오차점수)를, X축은 ZPRED(표준예측점수)를 선택한다. 이렇게 하는 이유는 선형성, 등분산성에 대한 가정을 검토하기 위함이다. 산점도를 그리면 흩어진 점들의 형태를 기준으로 선형성을 파악할 수 있다.

06 출력결과를 엑셀로 옮기기 위해 우선 **출력결과** 창의 바탕에서 마우스 오른쪽 버튼을 클릭한 뒤 **내보내기**를 선택한다. **내보내기 출력결과** 창의 **문서** 항목에서 **유형**을 'Excel 2007 이상(*.xlsx)'으로 선택한다. **파일이름**에서 어느 곳에 분석 결과를 저장할 것인지 경로와 파일명을 지정한 후, **확인**을 클릭하여 출력결과를 저장한다.

Step 2 결과 분석하기 다중 회귀분석 1

기술통계량

	평균	표준화 편차	N
만족감	3.3804	.68648	325
외관	3.5970	1.10162	325
편의성	3.2115	.70987	325
유용성	2.826	.7565	325

상관계수

		만족감	외관	편의성	유용성
Pearson 상관	만족감	1.000	.325	.367	.281
	외관	.325	1.000	.192	.191
	편의성	.367	.192	1.000	.154
	유용성	.281	.191	.154	1.000
유의확률 (단측)	만족감		.000	.000	.000
	외관	.000		.000	.000
	편의성	.000	.000		.003
	유용성	.000	.000	.003	
N	만족감	325	325	325	325
	외관	325	325	325	325
	편의성	325	325	325	325
	유용성	325	325	325	325

입력/제거된 변수[a]

모형	입력된 변수	제거된 변수	방법
1	유용성, 편의성, 외관[b]		입력

a. 종속변수: 만족감

b. 요청된 모든 변수가 입력되었습니다.

모형 요약[b]

모형	R	R 제곱	수정된 R 제곱	추정값의 표준오차
1	.487[a]	.237	.230	.60249

a. 예측자: (상수), 유용성, 편의성, 외관

b. 종속변수: 만족감

ANOVA[a]

모형		제곱합	자유도	평균제곱	F	유의확률
1	회귀	36.164	3	12.055	33.209	.000[b]
	잔차	116.521	321	.363		
	전체	152.685	324			

a. 종속변수: 만족감

b. 예측자: (상수), 유용성, 편의성, 외관

계수[a]

모형		비표준화 계수		표준화 계수	t	유의확률	B에 대한 95.0% 신뢰구간		공선성 통계량	
		B	표준화 오류	베타			하한	상한	공차	VIF
1	(상수)	1.458	.197		7.389	.000	1.070	1.847		
	외관	.144	.031	.232	4.599	.000	.083	.206	.937	1.068
	편의성	.284	.048	.294	5.866	.000	.189	.379	.949	1.054
	유용성	.174	.045	.191	3.824	.000	.084	.263	.949	1.054

a. 종속변수: 만족감

[그림 9-15] **다중 회귀분석 출력결과 ①**

- **[기술통계량]** : 각 변수들의 평균, 표준편차와 표본의 개수가 표시된다.
- **[상관계수]** : 각 변수들 간의 상관계수와 유의확률, 표본의 개수가 표시된다. 모든 변수들 간의 상관계수에 대한 유의확률이 유의한 것으로 확인되고 있으며, '유용성-편의성'에 대한 유의확률이 $p<.01$, 나머지 변수들 간에는 유의확률 $p<.001$의 수준에서 유의한 것으로 확인할 수 있다.
- **[입력/제거된 변수]** : 입력된 변수에서 유용성, 편의성, 외관이 독립변수로 사용되고 있음을 알 수 있고, 주석 b에서 '만족감'이 종속변수로 사용되고 있음을 알 수 있다.
- **[모형 요약]** : R=.487로 독립변수와 종속변수 간의 상관관계를 나타내고, R^2=.237로 회귀선이 만족감에 대해 23.7%를 설명한다. 그리고 수정된 R^2=.230은 독립변수의 수와 표본의 크기를 고려하여 수정된 값이다. 잔차의 정규성과 등분산성은 [그림 9-17]의 정규 P-P 도표와 잔차의 산점도에서도 확인할 수 있다.

NOTE

33 공차와 VIF

'공선성 통계량'은 '공차와 VIF'의 값으로 다중공선성을 확인할 수 있도록 해주는 결과표이다. 공차는 공차한계(tolerance)를 의미하고, VIF는 분산팽창계수(variance inflation factor)를 의미한다. VIF는 공차와 역수관계이다. VIF는 1~∞(1에서 무한대)의 값을 가지는데, 10 미만이면 다중공선성의 문제가 없다고 판단한다. 여기에서 다중공선성은 연구모형에 모함된 변수들 간의 상관관계를 의미하는데, 상관계수와의 차이는 변수들 간의 다중적인 상관관계를 의미한다. 즉 어느 한 변수의 고유분산에 대해 총분산과의 표준화된 비율을 말한다. 기준이 되는 10을 넘는다는 것은 한 변수가 다른 변수에 의해 중첩되어 나타난다는 의미이다.

- **[ANOVA]** : 회귀식 자체의 유의성을 판단하는 표이다. 회귀모형에서의 F=33.223, 유의확률이 .000으로 통계적으로 유의하다.
- **[계수]** : '$Y=\beta_0+\beta_1X_1+\beta_2X_2+\beta_3X_3+\cdots+\beta_nX_n$'의 다중회귀식을 이루는 계수와 상수를 나타낸다. 즉 상수는 1.458, 독립변수인 '외관'에 해당하는 계수는 .144, '편의성'은 .284, '유용성'은 .174이므로 회귀식은 다음과 같다. 이 표에서 VIF는 10 미만이므로 다중공선성의 문제가 없는 것으로 판단한다.

$$Y=\beta_0+\beta_1X_1+\beta_2X_2+\beta_3X_3+\cdots+\beta_nX_n$$

➡ 만족감=1.458+0.144(외관)+0.284(편의성)+0.174(유용성)

공선성 진단[a]

모형		고유값	상태지수	분산비율			
				(상수)	외관	편의성	유용성
1	1	3.868	1.000	.00	.01	.00	.00
	2	.064	7.797	.01	.88	.02	.25
	3	.048	8.938	.02	.08	.42	.59
	4	.020	13.798	.96	.04	.56	.16

a. 종속변수: 만족감

케이스별 진단[a]

케이스 번호	표준화 잔차	만족감	예측값	잔차
149	3.003	5.00	3.1909	1.80912
254	3.139	5.00	3.1090	1.89100

a. 종속변수: 만족감

잔차 통계량[a]

	최소값	최대값	평균	표준화 편차	N
예측값	2.2023	4.3279	3.3804	.33409	325
잔차	-1.21916	1.89100	.00000	.59969	325
표준화 예측값	-3.526	2.836	.000	1.000	325
표준화 잔차	-2.024	3.139	.000	.995	325

a. 종속변수: 만족감

[그림 9-16] **다중 회귀분석 출력결과 ②**

- **[공선성 진단]** : 다중공선성 여부를 판단하는 다른 지표들이다. '고유값'은 독립변수들의 변형값에 대한 요인분석으로 구한다. 상태지수는 고유값을 변형한 값으로, 15보다 작아야 다중공선성의 문제가 없다고 판단할 수 있다. 분산비율은 각 차원에서 독립변수들의 설명력을 나타낸다.

TIP '고유값, 상태지수, 분산비율'에 대한 자세한 설명은 [NOTE 38]을 참고하기 바란다.

- **[케이스별 진단]** : '표준화 잔차' 값은 특이한 값의 판단에 유용하다. '분석/회귀분석/선형/통계량/케이스별 진단'에서, '밖으로 나타나는 이상값(O)'을 표준편차 3으로 설정했다. 이 설정은 표준편차 ±3을 넘어가는 값을 제외하고 분석을 실시한다. [케이스별 진단] 표에서 표준화 잔차의 절대값이 3 이상이면 이상 관측치이고, 2~3의 값이면 이상 관측치의 가능성이 있다고 생각할 수 있다. '만족감'에 대해서는 종속변수의 실제 관측값, 예측값과 잔차를 같이 나타낸다.

• **[잔차 통계량]** : 종속변수인 만족감의 예측값을 기준으로 최소값, 최대값, 평균, 표준화 편차, 표본개수(N)에 대한 잔차, 표준화 예측값, 표준화 잔차를 나타낸다.

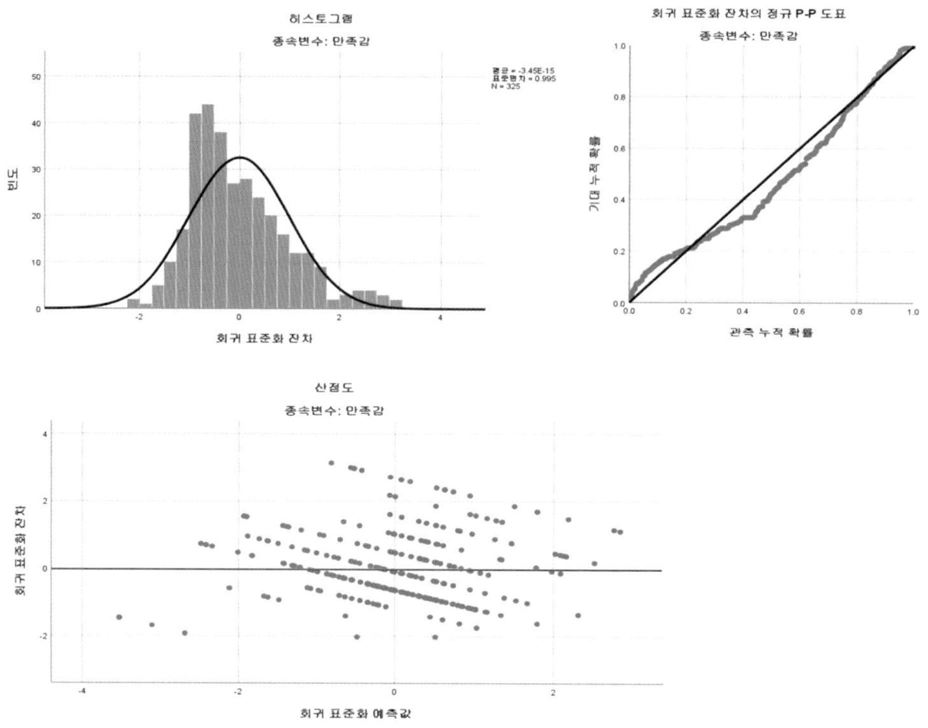

[그림 9-17] **다중 회귀분석 출력결과 ③**

• **[히스토그램]** : 종속변수를 만족감으로 하는 표준화 잔차의 히스토그램으로, 실선은 표준 정규분포를 나타낸다.

• **[회귀 표준화 잔차의 정규 P-P 도표]** : 표준화 잔차들이 표준정규분포를 이루면 점들은 45° 직선상에 놓여야 한다.

• **[산점도]** : 표준화 잔차(ZRESID)와 표준화 예측값(ZPRED)의 관계를 나타낸다. 산점도는 등분산 가정을 검증하는 방법으로도 쓰인다. 본 예제에서는 표준화 잔차와 표준화 예측값 간에 어떠한 관계도 나타나지 않아야 한다.

회귀식의 유의성은 .000으로 확인되었으며, 회귀모형의 설명량도 .237의 설명력이 있는 것으로 확인되었다. 또한 잔차의 정규성과 등분산성을 확인할 수 있다. 여기서 VIF는 10 미만이므로 다중공선성의 문제가 없다. 회귀식의 계수를 살펴보면, 독립변수인 '외관'에 해당하는 계수는 .144, '편의성'은 .284, '유용성'은 .174으로 확인되었으며 이에 대한 영향력을 비교하면 .232, .294, .191로 나타나는 것을 확인할 수 있다.

9.2.2 다중 회귀분석 2 : 요인분석을 통한 분석

산술평균값을 이용한 변수는 오차와 다중공선성 문제가 있다. 또한 평균값을 적용하여 분석하는 방식에는 논리적인 타당성이 없다. 지금부터는 요인분석을 통해 얻은 변수값을 기준으로 회귀분석을 진행할 것이다.

Step 1 따라하기 **다중 회귀분석 2** 준비파일 : 다중 회귀분석_요인저장_변수 계산.sav

01 SPSS Statistics에서 '다중 회귀분석_요인저장_변수 계산.sav' 파일을 불러온다.

*제목없음2 [데이터세트1] - IBM SPSS Statistics Data Editor

파일(F) 편집(E) 보기(V) 데이터(D) 변환(T) 분석(A) 그래프(G) 유틸리티(U) 확장(X) 창(W) 도움말(H) Meta Analysis KoreaPlus(P)

표시: 23 / 23 변수

	만족감3	FAC_만족감	FAC_외관	FAC_유용성	FAC_편의성	외관	편의성	유용성	만족감	변수
1	3	-.48118	.36477	-.13565	-.26656	4.00	3.00	2.8	3.00	
2	5	1.87616	1.26023	-2.05068	-.17962	5.00	3.00	1.0	5.00	
3	4	.81790	.94293	.26849	-.22637	4.67	3.00	3.0	4.00	
4	3	-.55556	1.23599	-1.70204	1.03226	5.00	4.00	1.6	3.00	
5	5	2.08836	1.28643	.44431	-.16185	5.00	3.00	3.2	5.00	
6	5	2.00069	-.47393	.30585	.43729	3.00	3.50	3.0	5.00	
7	3	-.50892	-.51852	.16353	-1.18088	3.00	2.25	3.0	3.00	
8	2	-1.46192	1.24606	2.48592	-.93724	5.00	2.50	4.8	2.67	
9	5	1.87616	1.26023	-2.05068	-.17962	5.00	3.00	1.0	5.00	
10	4	.83354	1.26497	.27137	-.23841	5.00	3.00	3.0	4.00	
11	3	-.64214	-.52395	-1.74133	1.02243	3.00	4.00	1.6	3.00	
12	3	-.59169	-.52536	-.96301	-.28008	3.00	3.00	2.0	3.33	
13	3	-.43291	.73123	.23362	-.26644	4.33	3.00	3.0	3.00	
14	3	-.41946	.91972	.25096	-.00633	4.67	3.25	3.0	3.00	
15	3	[illegible]	-.53459	-1.56570	[illegible]	3.00	[illegible]	1.6	[illegible]	

[그림 9-18] 다중 회귀분석의 변수 계산

TIP 'FAC_만족감~FAC_편의성' 변수는 6장의 요인분석(Step 1-**07**)에서 '변수로 저장-회귀분석'을 통해 저장한 변수이다.

02 분석 ▶ 회귀분석 ▶ 선형을 클릭한다.

[그림 9-19] 다중 회귀분석 메뉴 선택

03 선형 회귀 창에서 ❶ 종속변수 란에 'FAC_만족감'을 ❷ 독립변수 란에 'FAC_외관, FAC_유용성, FAC_편의성'을 옮긴 다음 ❸ 방법에서 '후진'을 선택한다. ❹ 통계량을 클릭한다.

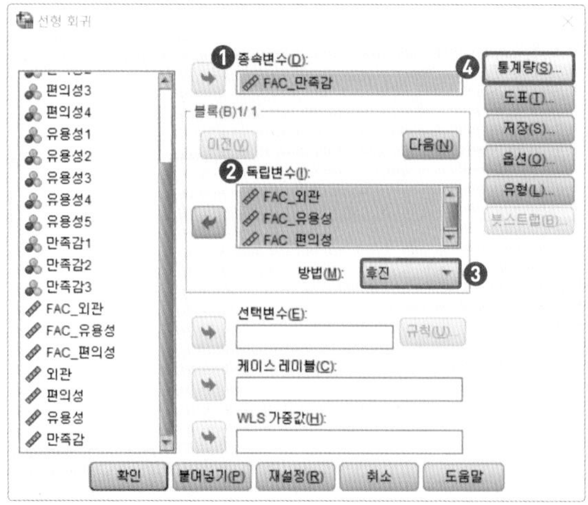

[그림 9-20] **다중 회귀분석의 변수 설정**

NOTE

34 변수 투입 방법

회귀분석 실행을 위해서는 변수 투입 방법을 선택해야 하는데, 회귀식에서 변수가 유의적인 기여를 하는지의 여부에 따라 선택하는 변수 투입 방법이 달라진다.

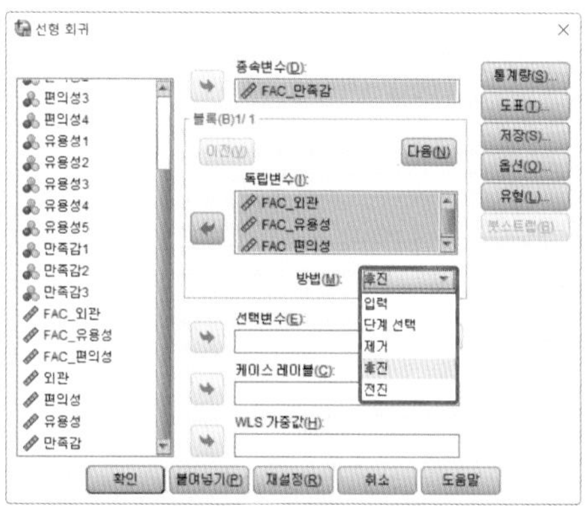

회귀분석의 변수 투입 방법 ▶

❶ **입력** : 회귀분석을 실시할 때 독립변수를 모두 한 번에 투입하여 회귀모형을 추정하는 방법이다. 강제로 모든 변수를 투입하게 되므로 유의미한 변수와 유의하지 않은 변수에 대한 모든 정보가 산출된다.

❷ **단계 선택** : 회귀분석에 투입되는 독립변수들 가운데 설명력이 가장 높은 변수들로 회귀모델을 구성하는 방법이다. 첫 번째 단계에서는 종속변수 간 상관관계가 가장 높은 변수를 투입하고, 두 번째 단계에서는 종속변수 간 편상관관계가 있는 변수들을 투입한다. 그런 다음 각 단계별로 설명력이 높은 변수에 대한 유의성 검증을 실시하며, 유의하지 않는 변수는 제거한다.

❸ **제거** : 회귀분석을 실시하면서 연구자가 선택한 변수들이 강제로 제거되어 분석된다.

❹ **후진** : 회귀분석에서 모든 독립변수를 포함하여 통계적 기준에 따라 중요도가 가장 낮은 변수부터 하나씩 제거되면서 분석이 진행되는 방법이다. 더 이상 제거할 필요가 없을 때(통계적 기준치) 중단하며, 제거 후 남아있는 변수들을 중요 변수로 채택하여 분석한다.

❺ **전진** : 회귀분석을 실시할 때 모든 독립변수를 포함하여 통계적 기준에 따라 중요도가 가장 높은 변수부터 하나씩 추가해 나가는 방법이다. 더 이상 중요한 변수가 없을 때(통계적 기준치) 중단한다. 후진은 '낮은 중요도를 제거', 전진은 '높은 중요도를 추가'라고 기억해두자.

04 선형 회귀: 통계량 창에서 ❺ 회귀계수의 '추정값', '신뢰구간'에 ☑ 표시를 한다. ❻ 오른편의 '모형 적합', '기술통계', '공선성 진단'에 ☑ 표시를 한다. ❼ 관측치의 이상을 판단할 수 있도록 '케이스별 진단'에 ☑ 표시를 한 후 ❽ 계속을 클릭한다.

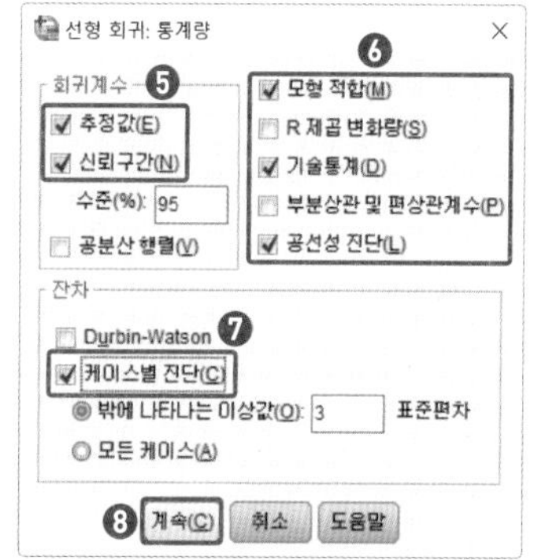

[그림 9-21] **다중 회귀분석의 통계량 선택**

TIP 옵션 설정 배경

❺~❼에서 선택하는 옵션은 회귀분석에서 검토해야 하는 검정량과 각종 표를 출력하기 위해 선택하는 메뉴이다.

05 선형 회귀 창의 ❾ 도표를 클릭한 후 ❿ 선형 회귀: 도표 창의 표준화 잔차도표의 '히스토그램'과 '정규확률도표'에 각각 ☑ 표시를 한다. ⓫ Y축에는 표준화 잔차를 의미하는 'ZRESID'를, X축에는 표준화 예측값을 의미하는 'ZPRED'를 옮긴 후 ⓬ 계속을 클릭한다. ⓭ 선형 회귀 창에서 확인을 클릭하면 분석이 시작된다.

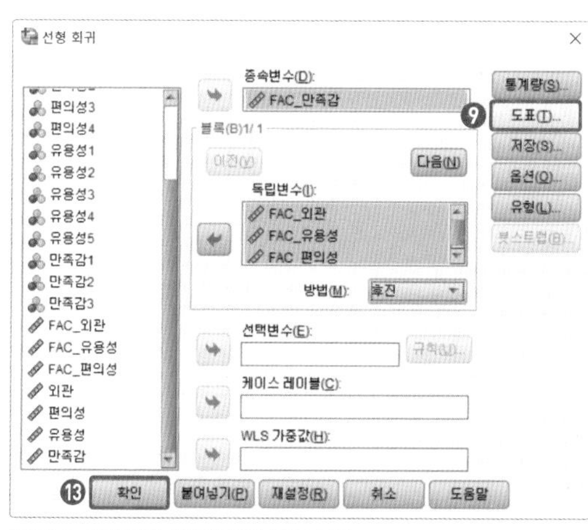

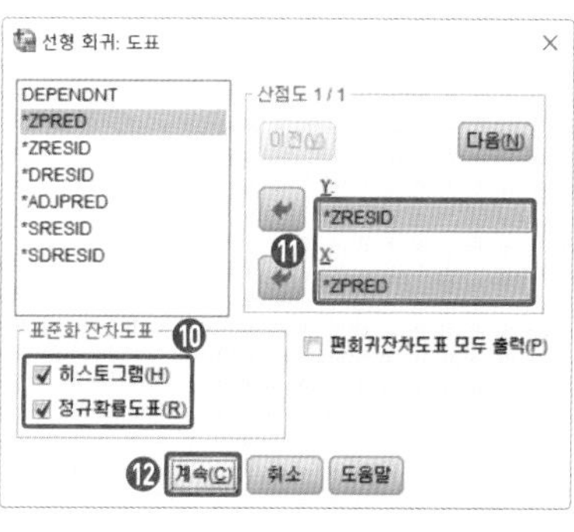

[그림 9-22] **다중 회귀분석의 도표 설정**

TIP 옵션 설정 배경

⓫ Y축은 ZRESID(표준오차점수)를, X축은 ZPRED(표준예측점수)를 선택한다. 이렇게 하는 이유는 선형성, 등분산성에 대한 가정을 검토하기 위함이다. 산점도를 그리면 흩어진 점들의 형태를 기준으로 선형성을 파악할 수 있다.

06 출력결과를 엑셀로 옮기기 위해 우선 출력결과 창의 바탕에서 마우스 오른쪽 버튼을 클릭한 뒤 내보내기를 선택한다. 내보내기 출력결과 창의 문서 항목에서 유형을 'Excel 2007 이상(*.xlsx)'으로 선택한다. 파일이름에서 어느 곳에 분석 결과를 저장할 것인지 경로와 파일명을 지정한 후, 확인을 클릭하여 출력결과를 저장한다.

Step 2 결과 분석하기 다중 회귀분석 2

기술통계량

	평균	표준화 편차	N
FAC_만족감	-.0000002	.99917816	325
FAC_외관	-.0000002	.97874626	325
FAC_유용성	.0000000	.95615954	325
FAC_편의성	-.0000001	.94794712	325

입력/제거된 변수[a]

모형	입력된 변수	제거된 변수	방법
1	FAC_편의성, FAC_유용성, FAC_외관[b]		입력

a. 종속변수: FAC_만족감
b. 요청된 모든 변수가 입력되었습니다.

상관계수

		FAC_만족감	FAC_외관	FAC_유용성	FAC_편의성
Pearson 상관	FAC_만족감	1.000	.370	.321	.432
	FAC_외관	.370	1.000	.221	.217
	FAC_유용성	.321	.221	1.000	.182
	FAC_편의성	.432	.217	.182	1.000
유의확률 (단측)	FAC_만족감		.000	.000	.000
	FAC_외관	.000		.000	.000
	FAC_유용성	.000	.000		.000
	FAC_편의성	.000	.000	.000	
N	FAC_만족감	325	325	325	325
	FAC_외관	325	325	325	325
	FAC_유용성	325	325	325	325
	FAC_편의성	325	325	325	325

모형 요약[b]

모형	R	R 제곱	수정된 R 제곱	추정값의 표준오차
1	.553[a]	.305	.299	.83670652

a. 예측자: (상수), FAC_편의성, FAC_유용성, FAC_외관
b. 종속변수: FAC_만족감

ANOVA[a]

모형		제곱합	자유도	평균제곱	F	유의확률
1	회귀	98.743	3	32.914	47.015	.000[b]
	잔차	224.725	321	.700		
	전체	323.468	324			

a. 종속변수: FAC_만족감
b. 예측자: (상수), FAC_편의성, FAC_유용성, FAC_외관

[그림 9-23] **다중 회귀분석 출력결과 ①**

- **[기술통계량]** : 각 변수들의 평균, 표준화 편차와 표본의 개수가 표시된다. 간혹 [기술통계량] 표에서 평균값이 모두 0인 것을 보고 분석이 잘못되었다고 착각할 수 있다. 그러나 회귀분석에 사용된 변수들은 모두 요인분석을 실시하여 변수로 저장된 값(회귀분석)이다. 요인분석을 실시하면서 선택한 '변수로 저장'에서의 선택 값이 '회귀분석'이고, 이에 대한 가정이 '평균을 0으로 하면서 참요인과 추정요인 간의 차이를 제곱한 값을 최소로 하는 것'이므로 당연히 평균값은 0으로 표시된다.
- **[상관계수]** : 각 변수들 간의 상관계수와 유의확률, 표본의 개수가 표시된다. 모든 변수들 간의 상관계수에 대한 유의확률이 유의한 것으로 확인되고 있으며, 모든 변수들 간에 유의확률이 $p<.001$의 수준에서 유의함을 확인할 수 있다.

TIP 다중 회귀분석 1(변수 계산을 활용한 분석)과의 차이

'다중 회귀분석 1'에서도 모든 변수 간의 상관계수에 대한 유의성이 확인되었으나 '유용성–편의성'은 .003, 'FAC_유용성–FAC_편의성'은 .000으로 미세한 차이를 발견할 수 있다. 유의수준을 $p<.01$의 수준에서 선택한다면 차이가 날 수 있는 부분이다. 유의수준을 어떻게 선택하느냐에 따라 큰 차이가 날 수 있는 만큼 분석 방법을 선택할 때 연구자의 주의가 필요하다.

• **[입력/제거된 변수]** : 입력된 변수에 'FAC_유용성, FAC_편의성, FAC_외관'이 독립변수로 사용되고 있으며, 여기서 'FAC_만족감'은 종속변수로 사용되었음을 알 수 있다.

• **[모형 요약]** : R=.553으로 독립변수와 종속변수 간의 상관관계를 나타내고, R^2=.305로 회귀선의 만족감에 대해 30.5%를 설명한다. 그리고 수정된 R^2=.299는 독립변수의 수와 표본의 크기를 고려하여 수정된 값이다. 잔차의 등분산성은 [그림 9-25]의 정규 P-P 도표와 잔차의 산점도에서 확인할 수 있다.

• **[ANOVA]** : 회귀식 자체의 유의성을 판단하는 표이다. 이런 표(상관계수, 모형요약 등)에서 확인한 계수들이나 기타 수치들의 회귀식 자체가 유의한지에 대한 판단 결과를 보여준다. 때문에 F의 수치와 유의확률(p-value)의 값을 확인하여 연구자가 분석한 회귀분석의 회귀식이 유의한지를 확인할 수 있다. 여기서는 유의확률이 .000으로 회귀식이 유의하다는 것을 알 수 있다.

NOTE

35 방법을 '후진'으로 했는데도 '입력'으로 표시되는 이유

변수의 투입 방법을 선택할 때 '후진'을 선택했음에도 결과표에는 '입력'으로 되어 있다. 이때 혹시 뭔가 잘못된 것이 아닌가 하는 의심이 들 수도 있다. '후진'은 처음에는 모든 변수를 다 투입하는 '입력'의 방법을 자동으로 선택하여 분석하다가 회귀식에 유의하지 않은 변수가 있으면 하나씩 삭제하며 분석하는 방법이므로, 유의하지 않은 변수가 없는 경우에는 '후진'의 방법이 나타나지 않는다. 만약 '입력/제거된 변수' 표에서 'FAC_외관'이 유의하지 않는 변수라 가정하면 다음과 같은 [입력/제거된 변수] 표가 나타난다.

입력/제거된 변수[a]

모형	입력된 변수	제거된 변수	방법
1	FAC_편의성, FAC_유용성, FAC_외관[b]		입력
2		FAC_외관	후진(기준: 제거할 F의 확률 <=.1.000)

a. 종속변수: FAC_만족감
b. 요청된 모든 변수가 입력되었습니다.

▲ **[입력/제거된 변수] 표에 제거된 변수가 있는 경우**

즉 첫 번째 단계('FAC_외관'이 유의하지 않은 변수라고 가정할 때)에서는 모든 변수를 투입하는 '입력'의 방법으로 첫 번째 모형을 만들고, 유의하지 않은 변수인 'FAC_외관' 변수를 제외하고 새로운 모형인 두 번째 모형을 만들어서 다시 분석을 실시한다. 또한 실시하는 회귀분석은 이러한 1의 모형과 2의 모형에 대해 모두 분석을 실시하여, 둘 사이의 차이를 비교할 수 있도록 해준다. 이러한 이유로 인하여 전체 변수를 모두 투입하는 '입력'의 방법보다는 유의한 변수만을 찾아서 분석을 실시하는 '후진'의 방법을 사용할 것을 권한다. 단, 연구의 특성에 따라 변수를 투입하는 방법은 변경할 수 있다. 어떠한 방법을 선택할지는 연구자가 가장 잘 알 것이다.

36 [모형 요약] 표의 항목 의미

[모형 요약] 표에는 R과 R^2 및 수정된 R^2에 대해 분석된 값이 표시된다. 모두 R로 표기되어 있어 혼동하기 쉬운데, 각각의 의미는 다음과 같다.

• R : 독립변수와 종속변수 간의 상관관계를 나타낸다.
• R^2 : 회귀선의 설명력을 나타낸다. 즉 만족감을 나타내는 회귀선의 설명력을 의미한다.[27)]
• **수정된 R^2** : 독립변수의 수와 표본의 크기를 고려하여 조정한 R^2 값이다.[28)]

---

27) 회귀선으로 확인하는 모형의 설명력 개념: 『제대로 시작하는 기초 통계학: Excel 활용』 285~287쪽 참조
28) 회귀선으로 확인하는 모형의 수정된 설명력 개념: 『제대로 시작하는 기초 통계학: Excel 활용』 302~303쪽 참조

계수[a]

모형		비표준화 계수 B	비표준화 계수 표준화 오류	표준화 계수 베타	t	유의확률	B에 대한 95.0% 신뢰구간 하한	B에 대한 95.0% 신뢰구간 상한	공선성 통계량 공차	공선성 통계량 VIF
1	(상수)	-1.087E-07	.046		.000	1.000	-.091	.091		
	FAC_외관	.256	.050	.251	5.175	.000	.159	.354	.919	1.089
	FAC_유용성	.212	.050	.203	4.218	.000	.113	.311	.932	1.073
	FAC_편의성	.359	.051	.340	7.073	.000	.259	.459	.934	1.071

a. 종속변수: FAC_만족감

공선성 진단[a]

모형	차원	고유값	상태지수	분산비율 (상수)	분산비율 FAC_외관	분산비율 FAC_유용성	분산비율 FAC_편의성
1	1	1.414	1.000	.00	.23	.21	.21
	2	1.000	1.189	1.00	.00	.00	.00
	3	.818	1.315	.00	.00	.54	.60
	4	.768	1.357	.00	.77	.25	.19

a. 종속변수: FAC_만족감

잔차 통계량[a]

	최소값	최대값	평균	표준화 편차	N
예측값	-1.9558392	1.6137048	-.0000002	.55205199	325
잔차	-1.97302210	2.21076250	.00000000	.83282387	325
표준화 예측값	-3.543	2.923	.000	1.000	325
표준화 잔차	-2.358	2.642	.000	.995	325

a. 종속변수: FAC_만족감

[그림 9-24] **다중 회귀분석 출력결과 ②**

- **[계수]** : '$Y=\beta_0+\beta_1X_1+\beta_2X_2+\beta_3X_3+\cdots+\beta_nX_n$'의 다중회귀식을 이루는 계수와 상수를 알 수 있다. 즉 상수는 −1.087E−07, 독립변수인 'FAC_외관'에 해당하는 계수는 .256, 'FAC_유용성'은 .212, 'FAC_편의성'은 .359이므로 회귀식은 다음과 같다. 이 표에서 VIF는 10 미만이므로 다중공선성의 문제는 없다고 판단한다.

$$Y=\beta_0+\beta_1X_1+\beta_2X_2+\beta_3X_3+\cdots+\beta_nX_n$$

➡ 만족감=(−1.087E−07)+0.256(외관)+0.212(유용성)+0.359(편의성)

- **[공선성 진단]** : 상태지수가 15보다 작으므로 다중공선성의 문제가 없다고 판단할 수 있다. 분산비율은 각 차원에서 독립변수들의 설명력을 나타낸다.
- **[잔차 통계량]** : 종속변수인 'FAC_만족감'의 예측값을 기준으로 최소값, 최대값, 평균, 표준화 편차, 표본개수(N)에 대한 잔차, 표준화 예측값, 표준화 잔차를 나타낸다.

NOTE

37 **지수 형태의 계수 표시 방법**

위 회귀식을 보면 상수항이 '−1.087E−07'으로 표기되어 있는데, 여기에 쓰인 'E'는 지수(Exponential)를 의미한다. 즉 '-1.087×10^{-7}'과 같은 표현으로, '−0.0000001087'로 이해하면 된다. 또한 β_0는 절편에 해당하므로 상수항이므로 유의하지 않은 값이라도 회귀식에 포함시켜야 한다. 때문에 유의확률은 p=1.000이지만 회귀식에 포함시켰다.

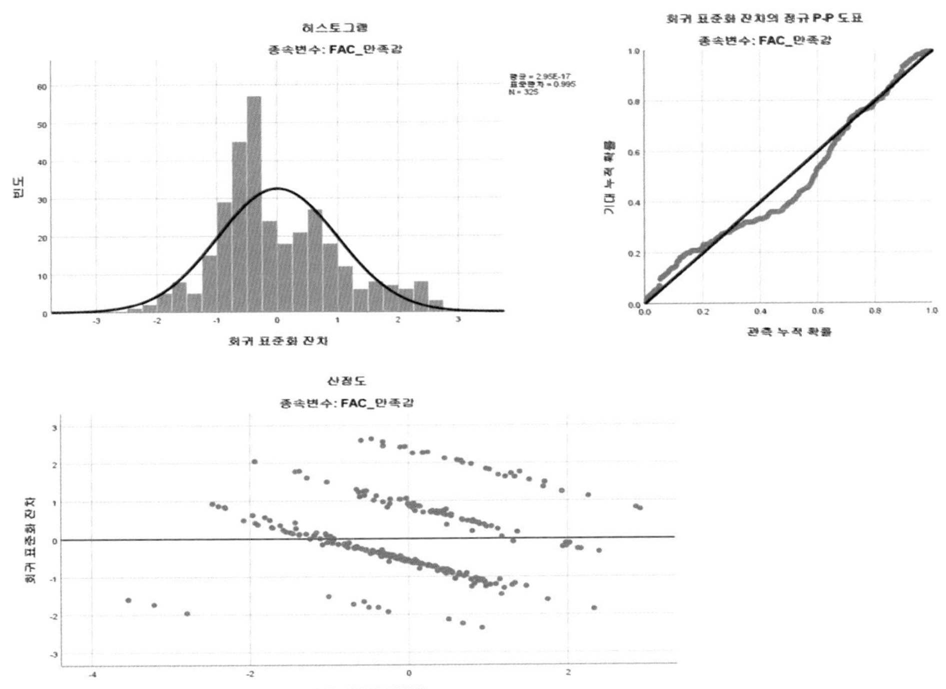

[그림 9-25] **다중 회귀분석 출력결과 ③**

- **[히스토그램]** : 종속변수를 만족감으로 하는 표준화 잔차의 히스토그램으로, 실선은 표준정규분포를 나타낸다.
- **[회귀 표준화 잔차의 정규 P-P 도표]** : 표준화 잔차들이 표준정규분포를 이루면 점들은 45° 직선상에 놓여야 한다.
- **[산점도]** : 표준화 잔차(ZRESID)와 표준화 예측값(ZPRED)의 관계를 나타낸다. 등분산 가정을 검증하는 방법으로 쓰인다. 여기서는 표준화 잔차와 표준화 예측값 간에 어떠한 관계도 나타나지 않아야 한다.

회귀식의 유의성은 .000으로 확인되었으며, 회귀모형의 설명량도 .305의 설명력이 있는 것으로 확인되었다. 또한, 잔차의 정규성과 등분산성을 확인할 수 있다. 여기서 VIF는 10 미만이므로 다중공선성의 문제가 없다. 회귀식에서 독립변수인 'FAC_외관'에 해당하는 계수

NOTE

38 **고유값, 상태지수, 분산비율**

고유값(eigen-value)은 독립변수들의 곱셈값에 대한 행렬을 요인분석하여 구하며, 상태지수는 '가장 큰 고유값'을 그에 해당하는 차원의 고유값으로 나눈 값의 제곱근이다. 상태지수값이 15보다 크면 다중공선성에 문제가 있다고 판단할 수 있다. 다중공선성에 문제가 생기면 분산비율을 확인해야 한다. 특히 하나의 고유값에 대한 두 개 이상의 독립변수가 높게 설명된다면 이들 간에 다중공선성의 문제가 있다고 판단할 수 있다. (개념상으로 보면 어렵겠으나 상태지수를 기준으로 공선성에 대한 문제가 없다면 크게 신경 쓰지 않아도 된다).

는 .256, 'FAC_유용성'은 .212, 'FAC_편의성'은 .359로 확인되었다. 이에 대한 영향력을 비교하면 .251, .203, .340으로 나타나는 것을 확인할 수 있다.

Step 3 논문에 표현하기 다중 회귀분석 2

이 책에서는 회귀분석을 통해 나온 결과표를 보기 좋게 정리하여 제시했지만, 실제로 회귀분석의 결과를 제대로 제시하려면 요인분석을 실시한 분석 결과, 요인분석의 결과로 해당 요인에 대한 신뢰도를 확인한 결과와 신뢰도가 확인된 요인 간의 상관관계에 대한 분석 결과를 제시한 후 최종 도출된 요인을 기술한다.

따라서 단순히 아래에 제시한 표뿐만 아니라 회귀분석을 실시하게 된 과정(요인분석, 신뢰도 분석, 상관관계 분석, 회귀분석)을 모두 기술해야 한다. 또한 표 아래에는 독립변수가 종속변수에 미치는 영향을 기술하면 되는데, 이는 연구모형에 따라 회귀분석 결과를 적절한 형태로 바꾸어 제시할 수 있다.

실제 결과표에서 보던 것과 달리 [표 A]에서는 독립변수가 'FAC_외관, FAC_유용성, FAC_편의성'에서 '외관, 유용성, 편의성'으로, 종속변수가 'FAC_만족감'에서 '만족감'으로 되어 있는데, 이는 논문이나 보고서의 내용에 맞게 수정한 것이다.

예 [표 A] 회귀분석 결과

회귀분석

구분	독립 변수	비표준화 계수(B)	표준 오차(SE)	표준화 계수 (β)	t	유의 확률	R^2
종속변수 : 만족감	(상수)	-1.087E-07	.046		.000	1.000	.305
	외관	.256	.050	.251	5.175	.000	
	유용성	.212	.050	.203	4.218	.000	
	편의성	.359	.051	.340	7.073	.000	

회귀식에서 독립변수인 '외관'에 해당하는 계수는 .256, '유용성'은 .212, '편의성'은 .359로 확인되었으며, 이에 대한 영향력을 비교하면 .251, .203, .340으로 나타났다.

Chapter 10

중급 회귀분석(단계적/위계적/더미)

학습목표

1) 단계적 회귀분석의 개념과 특성을 이해할 수 있다.
2) 위계적 회귀분석의 개념과 특성을 이해할 수 있다.
3) 단계적 회귀분석과 위계적 회귀분석을 구분할 수 있다.
4) 회귀분석을 위해 더미변수를 만드는 방법을 배울 수 있다.

다루는 내용

- 단계적 회귀분석의 적용 방법
- 위계적 회귀분석의 적용 방법
- 더미변수를 회귀분석에 이용하는 방법

지금까지는 회귀분석의 기본이 되는 일반 회귀분석 중 단순 회귀분석과 다중 회귀분석의 개념 및 분석 방법을 확인하였다. 이 장에서는 그 연장선으로 한 단계 높은 분석 방법을 배울 것이다. 먼저 변수의 투입 방법에 따른 단계적 회귀분석과 위계적 회귀분석을 이해하고, 변수의 척도가 다르게 사용된 더미변수를 이용한 회귀분석을 학습할 것이다. 이러한 분석 방법을 연구에 활용하면 더욱 좋은 연구결과를 얻을 수 있을 것이다.

10.1 단계적 회귀분석

독립변수의 개수가 정해졌다면, 이제부터는 독립변수의 투입 방법을 고려해 보아야 한다. 9.2절의 다중 회귀분석에서는 설정된 독립변수를 모두 투입하여 다중 회귀분석을 실시하고, 그 결과를 해석하는 데 중점을 두었다. 하지만 지금부터는 '독립변수를 투입할지 말아야 할지', 혹은 '어떠한 방법으로 독립변수를 투입해야 할지'와 같이 독립변수의 투입 방법을 고려하여 분석을 진행하면서 독립변수가 종속변수에 미치는 영향을 파악해 보려 한다.

이처럼 독립변수를 모두 투입하기는 하지만, 연구자의 설정에 따라 종속변수에 영향을 미치는 요인과 영향을 미치지 않는 요인을 구분하여 영향이 있는 독립변수만 나타내는 방법을 단계적 회귀분석이라 한다.

[표 10-1]은 독립변수의 투입 방법에 따라 달라지는 분석 방법을 정리한 것이다.

[표 10-1] 변수의 투입 방법에 따른 특성

투입 방법	설명
입력	모든 독립변수를 한 번에 강제 투입하여 유의미한 결과와 아닌 결과를 같이 산출한다.
단계 선택 (단계별 방법)	전진과 후진을 결합한 방식이다. 독립변수의 기여도를 평가한 후 전진의 방법으로 가장 높은 기여도의 변수를 먼저 투입하고, 변수를 단계별로 검토하여 제거한다. 더 이상 추가되거나 제거할 변수가 없을 때의 모형을 기준으로 최적의 회귀식을 산출하여 분석을 시작한다.
제거	연구자가 선택한 변수들을 강제로 제거한 후 분석한다.
후진 (후진 제거법)	독립변수 모두를 포함시킨 모형에서 분석을 시작한다. 가장 영향력이 적은 변수부터 제거하면서 더 이상 제거할 변수가 없을 때 제거를 중단하고 모형을 최종적으로 선택하여 분석한다.
전진 (전진 선택법)	종속변수에 가장 큰 영향을 주는 독립변수부터 모형에 포함시키며, 더 이상 추가될 독립변수가 없을 때 변수의 선택을 중단하고 분석을 시작한다.

이 책에서는 독립변수를 투입하는 방법에 따른 결과물의 차이와 특성을 확인하기 위해 '입력, 단계 선택, 후진'의 세 가지 방법을 설명하기로 한다. ('제거'와 '전진'에 대해서는 생략하겠다.) 연구주제나 연구의 특성에 따라 변수를 투입하는 방법이 달라질 수 있겠으나, 가장 일반적으로 쓰이는 방법을 설명한다.

연구문제

소비자의 스마트폰 선택 기준은 '만족감이 가장 클 때'라는 가설을 설정하고, 스마트폰의 외관, 편의성, 유용성, 브랜드를 기준으로 어떠한 변수가 만족감에 가장 큰 영향을 미치는지 알아보자.

Step 1 따라하기 단계적 회귀분석

준비파일 : 단계적 회귀분석.xls

■ '입력' 회귀분석

01 SPSS Statistics에서 '단계적 회귀분석.xls' 파일을 불러온다.

02 분석 ▶ 회귀분석 ▶ 선형을 클릭한다.

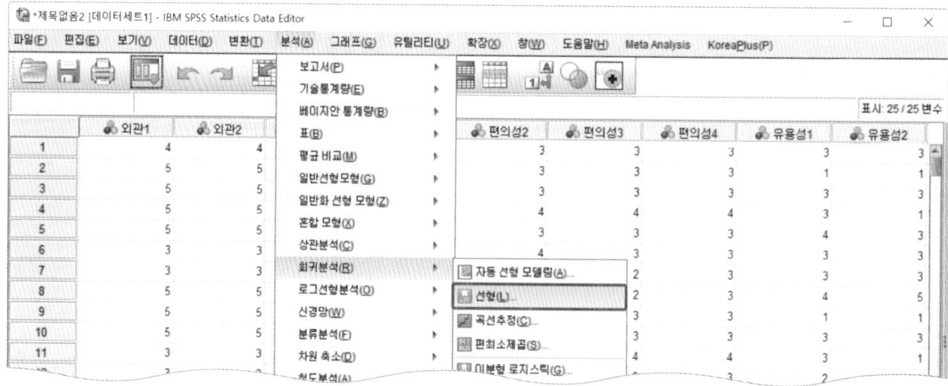

[그림 10-1] 단계적 회귀분석 메뉴 선택

03 선형 회귀 창에서 ❶ 종속변수 란에 'FAC만족감'을 ❷ 독립변수 란에 'FAC외관, FAC유용성, FAC편의성, FAC브랜드'를 옮긴 다음 ❸ 방법에서 '입력'을 선택한다. ❹ 통계량을 클릭한다.

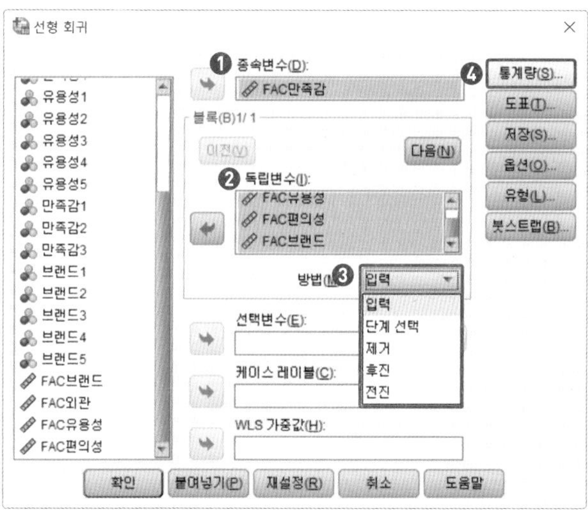

[그림 10-2] **변수 입력 방법 : 입력**

04 선형 회귀: 통계량 창에서 ❺ '추정값', '신뢰구간', '모형 적합', '공선성 진단'에 각각 ☑ 표시를 하고 ❻ 계속을 클릭한다. 선형 회귀 창에서 ❼ 확인을 클릭하면 분석이 시작된다.

[그림 10-3] **선형 회귀분석의 통계량 선택**

■ '단계 선택' 회귀분석

선형 회귀 창에서 ❶ 방법에 '단계 선택'을 선택한 후 ❷ 확인을 클릭하면 분석이 시작된다.

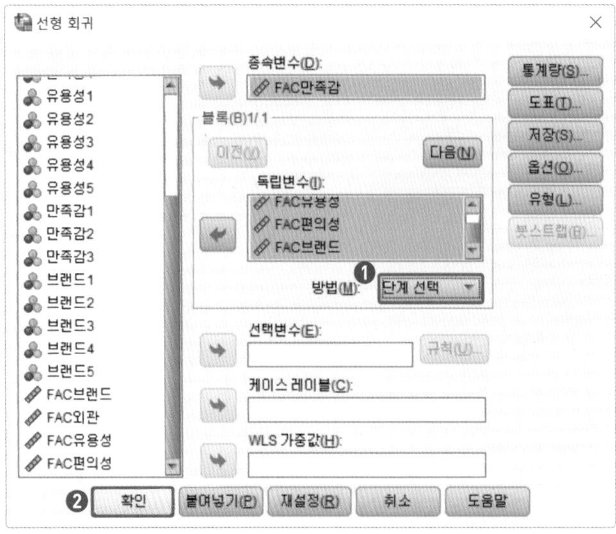

[그림 10-4] **변수 입력 방법 : 단계 선택**

■ '후진' 회귀분석

선형 회귀 창에서 ❶ 방법에 '후진'을 선택한 후 ❷ 확인을 클릭하면 분석이 시작된다.

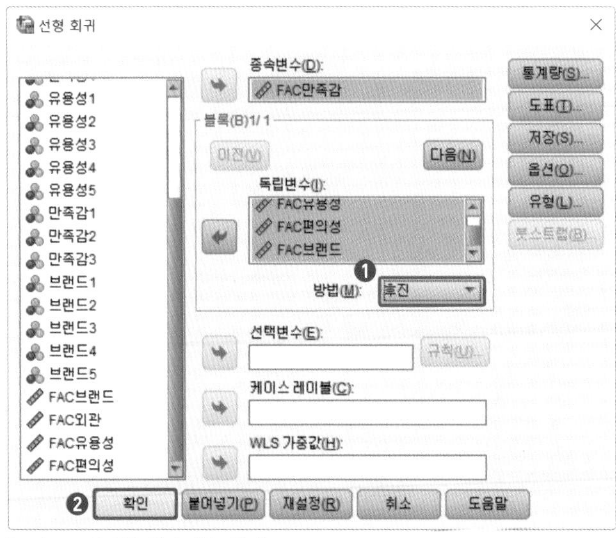

[그림 10-5] **변수 입력 방법 : 후진**

이처럼 방법을 선택할 때 연구자가 사전에 수행해야 할 작업은 없다. 오직 SPSS Statistics의 옵션만 선택하면 프로그램이 알아서 분석을 진행한다. 그러나 연구자가 결과를 제대로 해석하기 위해서는 변수 입력 방법에 대한 각각의 차이를 제대로 알고 있어야 한다.

■ '입력' 방법

'입력' 방법으로 실시한 분석은 기본적으로 설정된 값이므로, 9장의 다중 회귀분석 출력결과를 분석하던 방식과 동일하게 분석하면 된다. 따라서 여기서는 결과표만 제시한다.

입력/제거된 변수[a]

모형	입력된 변수	제거된 변수	방법
1	FAC브랜드, FAC외관, FAC편의성, FAC유용성[b]		입력

a. 종속변수: FAC만족감
b. 요청된 모든 변수가 입력되었습니다.

모형 요약

모형	R	R 제곱	수정된 R 제곱	추정값의 표준오차
1	.550[a]	.302	.293	.83901623

a. 예측자: (상수), FAC브랜드, FAC외관, FAC편의성, FAC유용성

ANOVA[a]

모형		제곱합	자유도	평균제곱	F	유의확률
1	회귀	97.484	4	24.371	34.620	.000[b]
	잔차	225.263	320	.704		
	전체	322.747	324			

a. 종속변수: FAC만족감
b. 예측자: (상수), FAC브랜드, FAC외관, FAC편의성, FAC유용성

계수[a]

모형		비표준화 계수		표준화 계수	t	유의확률	B에 대한 95.0% 신뢰구간		공선성 통계량	
		B	표준화 오류	베타			하한	상한	공차	VIF
1	(상수)	1.090E-09	.047		.000	1.000	-.092	.092		
	FAC외관	.259	.050	.254	5.215	.000	.161	.357	.919	1.088
	FAC유용성	.213	.051	.204	4.220	.000	.114	.313	.930	1.075
	FAC편의성	.353	.051	.335	6.935	.000	.253	.453	.932	1.073
	FAC브랜드	-.006	.047	-.006	-.121	.904	-.099	.088	.990	1.010

a. 종속변수: FAC만족감

공선성 진단[a]

모형		고유값	상태지수	분산비율				
				(상수)	FAC외관	FAC유용성	FAC편의성	FAC브랜드
1	1	1.418	1.000	.00	.22	.21	.21	.02
	2	1.011	1.184	.00	.09	.00	.00	.88
	3	1.000	1.191	1.00	.00	.00	.00	.00
	4	.821	1.314	.00	.00	.55	.58	.00
	5	.750	1.375	.00	.69	.24	.20	.10

a. 종속변수: FAC만족감

[그림 10-6] 다중 회귀분석의 변수 투입 방법을 '입력'으로 했을 때의 출력결과

NOTE

39 많이 사용하는 변수 투입 방법

변수가 많으면 고려해야 할 사항이 많아지므로 '단계 선택'과 '후진'의 방법을 많이 사용한다. '입력', '단계 선택', '후진' 방법에 대해 각 분석 결과는 조금씩 다른데, 가장 이상적인 경우는 '단계 선택'과 '후진'의 결과가 같을 때이다.

■ '단계 선택' 방법

입력/제거된 변수[a]

모형	입력된 변수	제거된 변수	방법
1	FAC편의성		단계선택 (기준: 입력에 대한 F의 확률 <= .050, 제거에 대한 F의 확률 >= .100).
2	FAC외관		단계선택 (기준: 입력에 대한 F의 확률 <= .050, 제거에 대한 F의 확률 >= .100).
3	FAC유용성		단계선택 (기준: 입력에 대한 F의 확률 <= .050, 제거에 대한 F의 확률 >= .100).

a. 종속변수: FAC만족감

모형 요약

모형	R	R 제곱	수정된 R 제곱	추정값의 표준오차
1	.426[a]	.181	.179	.90459612
2	.513[b]	.263	.259	.85938693
3	.550[c]	.302	.295	.83772745

a. 예측자: (상수), FAC편의성
b. 예측자: (상수), FAC편의성, FAC외관
c. 예측자: (상수), FAC편의성, FAC외관, FAC유용성

ANOVA[a]

모형		제곱합	자유도	평균제곱	F	유의확률
1	회귀	58.438	1	58.438	71.415	.000[b]
	잔차	264.309	323	.818		
	전체	322.747	324			
2	회귀	84.936	2	42.468	57.502	.000[c]
	잔차	237.812	322	.739		
	전체	322.747	324			
3	회귀	97.474	3	32.491	46.298	.000[d]
	잔차	225.274	321	.702		
	전체	322.747	324			

a. 종속변수: FAC만족감
b. 예측자: (상수), FAC편의성
c. 예측자: (상수), FAC편의성, FAC외관
d. 예측자: (상수), FAC편의성, FAC외관, FAC유용성

계수[a]

모형		비표준화 계수		표준화 계수	t	유의확률	B에 대한 95.0% 신뢰구간		공선성 통계량	
		B	표준화 오류	베타			하한	상한	공차	VIF
1	(상수)	-1.029E-07	.050		.000	1.000	-.099	.099		
	FAC편의성	.448	.053	.426	8.451	.000	.344	.552	1.000	1.000
2	(상수)	-7.843E-08	.048		.000	1.000	-.094	.094		
	FAC편의성	.382	.052	.363	7.419	.000	.281	.484	.955	1.047
	FAC외관	.299	.050	.293	5.990	.000	.201	.397	.955	1.047
3	(상수)	4.885E-10	.046		.000	1.000	-.091	.091		
	FAC편의성	.353	.051	.335	6.954	.000	.253	.452	.937	1.068
	FAC외관	.259	.050	.254	5.233	.000	.162	.357	.921	1.086
	FAC유용성	.213	.050	.204	4.227	.000	.114	.312	.933	1.071

a. 종속변수: FAC만족감

제외된 변수[a]

모형		베타 입력	t	유의확률	편상관계수	공선성 통계량		
						공차	VIF	최소공차
1	FAC외관	.293[b]	5.990	.000	.317	.955	1.047	.955
	FAC유용성	.252[b]	5.108	.000	.274	.968	1.033	.968
	FAC브랜드	-.004[b]	-.084	.933	-.005	.995	1.005	.995
2	FAC유용성	.204[c]	4.227	.000	.230	.933	1.071	.921
	FAC브랜드	.006[c]	.117	.907	.007	.994	1.006	.949
3	FAC브랜드	-.006[d]	-.121	.904	-.007	.990	1.010	.919

a. 종속변수: FAC만족감
b. 모형내의 예측자: (상수), FAC편의성
c. 모형내의 예측자: (상수), FAC편의성, FAC외관
d. 모형내의 예측자: (상수), FAC편의성, FAC외관, FAC유용성

공선성 진단[a]

모형		고유값	상태지수	분산비율 (상수)	FAC편의성	FAC외관	FAC유용성
1	1	1.000	1.000	.50	.50		
	2	1.000	1.000	.50	.50		
2	1	1.213	1.000	.00	.39	.39	
	2	1.000	1.101	1.00	.00	.00	
	3	.787	1.241	.00	.61	.61	
3	1	1.408	1.000	.00	.21	.24	.22
	2	1.000	1.186	1.00	.00	.00	.00
	3	.822	1.309	.00	.63	.00	.51
	4	.770	1.352	.00	.16	.76	.28

a. 종속변수: FAC만족감

[그림 10-7] **다중 회귀분석의 변수 투입 방법을 '단계 선택'으로 했을 때의 출력결과**

- **[입력/제거된 변수]** : 독립변수인 'FAC편의성, FAC외관, FAC유용성'이 순서대로 입력되면서 분석된다. 여기서 'FAC만족감'이 종속변수로 사용되었음을 알 수 있다.
- **[모형 요약]** : 모형 1, 모형 2, 모형 3에 따라 독립변수가 투입되었다. 이 표에서 R^2 값으로 회귀식의 설명량을 확인할 수 있으며, 수정된 R^2 값도 확인할 수 있다. R^2 값은 모형 3의 경우가 .302로 가장 크다. 이 경우, 종속변수에 대한 독립변수의 설명력이 30.2%임을 알 수 있다.
- **[ANOVA]** : 모형 1, 모형 2, 모형 3에 대한 회귀식 각각의 F 값과 유의확률을 보여준다. 주석은 각각의 모형에 어떤 독립변수가 사용되었는지를 보여준다.
- **[계수]** : 모형 1, 모형 2, 모형 3 각각의 회귀식에 대한 계수를 B 값으로 나타내며, 상호 간 비교가 가능하도록 β 값을 제시한다. 여기서 VIF는 10 미만이므로 다중공선성에 문제가 없다고 판단할 수 있다.
- **[제외된 변수]** : 모형 1, 모형 2, 모형 3은 F 값에 따라 각각의 독립변수를 투입한 경우로, 전체 독립변수 4가지 중 'FAC브랜드'가 모형 3에서 마지막으로 제외되었음을 확인할 수 있다.
- **[공선성 진단]** : 다중공선성 여부를 판단하는 지표를 보여준다. '고유값'은 독립변수들의 변형값에 대한 요인분석을 통해 구하고, 이렇게 구한 고유값을 변형하여 '상태지수'를 구한다. 여기서 '상태지수'는 15보다 작아야 다중공선성 문제가 없다. 이를 기준으로 표의 '상태지수' 값을 살펴보면 모형 모두 문제가 없음을 확인할 수 있다.

■ '후진' 방법

입력/제거된 변수[a]

모형	입력된 변수	제거된 변수	방법
1	FAC브랜드, FAC외관, FAC편의성, FAC유용성[b]		입력
2		FAC브랜드	후진 (기준: 제거에 대한 F의 확률 >= .100).

a. 종속변수: FAC만족감
b. 요청된 모든 변수가 입력되었습니다.

모형 요약

모형	R	R 제곱	수정된 R 제곱	추정값의 표준오차
1	.550[a]	.302	.293	.83901623
2	.550[b]	.302	.295	.83772745

a. 예측자: (상수), FAC브랜드, FAC외관, FAC편의성, FAC유용성
b. 예측자: (상수), FAC외관, FAC편의성, FAC유용성

ANOVA[a]

모형		제곱합	자유도	평균제곱	F	유의확률
1	회귀	97.484	4	24.371	34.620	.000[b]
	잔차	225.263	320	.704		
	전체	322.747	324			
2	회귀	97.474	3	32.491	46.298	.000[c]
	잔차	225.274	321	.702		
	전체	322.747	324			

a. 종속변수: FAC만족감
b. 예측자: (상수), FAC브랜드, FAC외관, FAC편의성, FAC유용성
c. 예측자: (상수), FAC외관, FAC편의성, FAC유용성

계수[a]

모형		비표준화 계수		표준화 계수	t	유의확률	B에 대한 95.0% 신뢰구간		공선성 통계량	
		B	표준화 오류	베타			하한	상한	공차	VIF
1	(상수)	1.090E-09	.047		.000	1.000	-.092	.092		
	FAC외관	.259	.050	.254	5.215	.000	.161	.357	.919	1.088
	FAC유용성	.213	.051	.204	4.220	.000	.114	.313	.930	1.075
	FAC편의성	.353	.051	.335	6.935	.000	.253	.453	.932	1.073
	FAC브랜드	-.006	.047	-.006	-.121	.904	-.099	.088	.990	1.010
2	(상수)	4.885E-10	.046		.000	1.000	-.091	.091		
	FAC외관	.259	.050	.254	5.233	.000	.162	.357	.921	1.086
	FAC유용성	.213	.050	.204	4.227	.000	.114	.312	.933	1.071
	FAC편의성	.353	.051	.335	6.954	.000	.253	.452	.937	1.068

a. 종속변수: FAC만족감

공선성 진단[a]

모형		고유값	상태지수	분산비율				
				(상수)	FAC외관	FAC유용성	FAC편의성	FAC브랜드
1	1	1.418	1.000	.00	.22	.21	.21	.02
	2	1.011	1.184	.00	.09	.00	.00	.88
	3	1.000	1.191	1.00	.00	.00	.00	.00
	4	.821	1.314	.00	.00	.55	.58	.00
	5	.750	1.375	.00	.69	.24	.20	.10
2	1	1.408	1.000	.00	.24	.22	.21	
	2	1.000	1.186	1.00	.00	.00	.00	
	3	.822	1.309	.00	.00	.51	.63	
	4	.770	1.352	.00	.76	.28	.16	

a. 종속변수: FAC만족감

제외된 변수[a]

모형		베타 입력	t	유의확률	편상관계수	공선성 통계량		
						공차	VIF	최소공차
2	FAC브랜드	-.006[b]	-.121	.904	-.007	.990	1.010	.919

a. 종속변수: FAC만족감
b. 모형내의 예측자: (상수), FAC외관, FAC편의성, FAC유용성

[그림 10-8] **다중 회귀분석의 변수 투입 방법을 '후진'으로 했을 때의 출력결과**

- **[입력/제거된 변수]** : 여기서는 모형 1, 모형 2를 구성하였다. '후진 제거법'은 F 값이 가장 작은 독립변수부터 제거하면서 분석을 시작하므로, 독립변수로 투입된 변수와 제거된 'FAC브랜드' 독립변수를 확인할 수 있다.
- **[모형 요약]** : 모형 1, 모형 2에 따라 독립변수가 투입/제거되었다. 모형 1에서는 변수가 모두 투입된 회귀식의 설명량인 R^2 값과 수정된 R^2 값을 확인할 수 있다. 모형 2에서는 'FAC브랜드'가 제거된 상태에서의 회귀식의 설명량인 R^2 값과 수정된 R^2 값을 확인할

수 있다. 여기서 R^2은 모형 1과 2가 동일하지만, 수정된 R^2은 모형 1이 .293, 모형 2가 .295로 미세하게 설명력이 더 나은 것으로 확인된다.

- **[ANOVA]** : 회귀식 각각의 F 값과 유의확률을 모형별로 보여준다. 주석은 각각의 모형에 어떤 독립변수가 사용되었는지를 보여준다.
- **[계수]** : 모형 각각의 회귀식에 대한 계수를 B 값으로 나타내며, 상호 간 비교가 가능하도록 β 값을 제시한다. 여기서 VIF는 10 미만이므로 다중공선성의 문제가 없는 것으로 판단할 수 있다.
- **[공선성 진단]** : 다중공선성 여부를 판단하는 지표를 보여준다. '고유값'은 독립변수들의 변형값에 대한 요인분석을 통해 구하고, 이렇게 구한 고유값을 변형하여 '상태지수'를 구한다. 여기서 '상태지수'는 15보다 작아야 다중공선성 문제가 없다. 이를 기준으로 표의 '상태지수' 값을 살펴보면, 모형 모두 문제가 없음을 확인할 수 있다.
- **[제외된 변수]** : 모형 2의 결과에서 전체 독립변수 4가지 중 가장 의미가 없다고 판단되는 'FAC브랜드'가 모형 2에서 제외된 것을 확인할 수 있다.

입력, 단계 선택, 후진 등의 변수 투입 방법에 따라 회귀분석 결과와 그에 대한 표시 형식이 다름을 알 수 있다. 연구자의 성향에 따라 표현하는 방법은 다를 수 있겠으나, 즉 변수의 투입량이 달라질 때 회귀식의 설명력이나 유의성, 회귀식의 계수 등이 다르게 변한다는 것이다. 또한, 변수를 일시에 모두 투입하는 방식만으로 분석을 하는 것보다는 의미가 없는 변수까지 확인할 수 있는 투입 방법이 보다 다양한 정보를 제공하고 연구자에게 더 도움이 되는 것을 확인할 수 있었다.

Step 3 논문에 표현하기 단계적 회귀분석

단계적 회귀분석의 논문 표현은 일반 회귀분석의 논문 표현 방법과 같기 때문에 별도로 다루지는 않겠다. 단계적 회귀분석은 다중 회귀분석과 같은 방법으로 진행하고 결과를 분석한다. 회귀식에서 유의한 변수를 찾고 유의한 변수의 투입 방법만 달리하여 분석한 것이므로, 다중 회귀분석의 예를 활용하여 단계적 회귀분석의 결과를 기술하면 된다. ■

10.2 위계적 회귀분석

위계적 회귀분석(hierarchial regression analysis)은 사용되는 변수의 척도가 등간척도와 비율척도로 이루어져 있는 경우에 사용된다. 다중 회귀분석에서는 2개 이상의 독립변수를 모두 투입하여 연구모형을 분석하는 반면, 위계적 회귀분석에서는 연구자의 경험적 근거를 바탕으로 영향력이 큰 변수를 하나씩 투입해가면서 독립변수들 가운데 가장 영향력이 큰 변수는 무엇이고, 가장 작은 영향력을 미치는 변수는 무엇인지 확인할 수 있다.

연구문제

위계적 회귀분석을 이용하여 스마트폰의 '외관, 편의성, 유용성'이 사용자의 만족감에 미치는 영향을 분석해 보자.

위계적 회귀분석을 위해 '만족감'을 종속변수로, '외관, 편의성, 유용성'을 투입되는 독립변수로 가정한다. 독립변수를 차례대로 하나씩 추가하면서 '1단계, 2단계, 3단계'로 분석을 하면 투입되는 변수에 따라 회귀식이 각 단계별로 다르게 구성된다. 이처럼 위계적 회귀분석에서 1단계, 2단계, 3단계로 분석하는 방식이 다중 회귀분석과의 차이점이다. 그러므로 분석 방법과 분석 결과를 각 단계별로 해석해야 하므로, 이를 설명하는 방법 또한 일반 회귀분석과는 달라진다.

[표 10-2] 위계적 회귀분석의 변수 투입 방법의 결정

단계	독립변수	종속변수
1단계	외관	만족감
2단계	외관 + 편의성	
3단계	외관 + 편의성 + 유용성	

NOTE

40 단계적 회귀분석과 위계적 회귀분석을 구분해야 하는 이유

일반적인 논문이나 연구보고서에서와 같이, 다중 회귀분석을 실시하여 전체의 독립변수를 모두 한 번에 투입해서 얻은 결과도 그 자체로 의미가 있다. 또한 회귀분석의 목적은 단순히 '맞다/틀리다'의 개념을 판난하고자 함이 아니라 변수들 간의 인과관계를 확인하기 위함이다. 독립변수들 간의 영향은 분석 결과를 통해 확인할 수 있다. 독립변수의 투입량에 따른 변수들 간의 효과를 확인할 수 있다는 것은 회귀모형 간의 비교가 가능하다는 것을 의미한다. 때문에 독립변수를 투입하는 방법에 따라 달라지는 효과를 분석하면서 각 결과를 비교, 확인하면 더욱 다양한 관점과 정보를 결과로 도출할 수 있다. 연구모형을 분석하는 방법에는 독립변수의 투입 방법에 따른 분석 방법과 연구자 주관에 의한 변수의 투입 방법으로 나눌 수 있다. 단계적 회귀분석은 독립변수를 투입하는 과정에서 SPSS Statistics의 (투입 방법의) 도움을 받아 유의한 변수를 찾고 변수의 투입량을 확인하는 것이다. 한편 위계적 회귀분석은 연구자의 판단에 의해 변수를 추가하여 투입하면서 그에 따른 변화를 확인하는 것이다.

Step 1 따라하기 위계적 회귀분석

준비파일 : 위계적 회귀분석.xls

01 SPSS Statistics에서 '위계적 회귀분석.xls' 파일을 불러온다.

02 분석 ▶ 회귀분석 ▶ 선형을 클릭한다.

[그림 10-9] **위계적 회귀분석 메뉴 선택**

03 선형 회귀 창의 ❶ 종속변수 란에 'FAC만족감'을 옮긴다. 그 다음으로 독립변수 란에 'FAC외관, FAC편의성, FAC유용성'을 각각 차례대로 입력해야 하는데, 이때 주의해야 할 점은 세 변수를 한꺼번에 옮기지 않는다. ❷ 독립변수인 'FAC외관'을 블록(B)1/1 쪽으로 옮긴 후 ❸ 다음을 클릭한다.

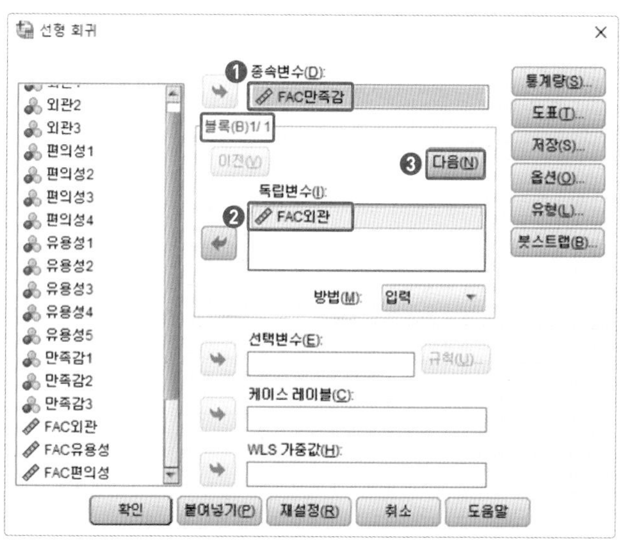

[그림 10-10] **위계적 회귀분석 1단계**

04 ❹ 이제 블록(B)2/2로 바뀌면서 **독립변수** 란이 빈 칸으로 변한다. ❺ 독립변수인 'FAC편의성'을 블록(B)2/2 쪽으로 옮긴 후 ❻ **다음**을 클릭한다.

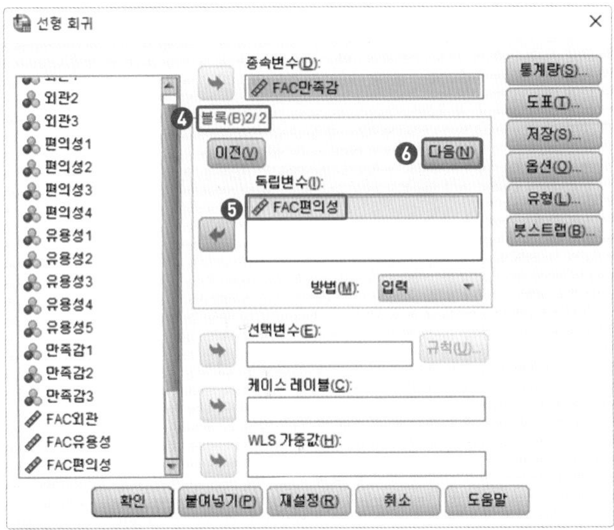

[그림 10-11] **위계적 회귀분석 2단계**

TIP 일부 버전에서는 1/1에서 다음을 클릭해도 2/2로 넘어가지 않는 경우가 있어 당황할 수 있다. 그러나 분석결과는 제대로 표시되고 있으니 연구자는 이전 버튼과 다음 버튼을 클릭하여 현재 어떤 블록에 있는지 숙지하고 분석을 진행하기 바란다.

05 ❼ 이제 블록(B)3/3으로 바뀌면서 **독립변수** 란이 빈 칸으로 변한다. ❽ 독립변수인 'FAC유용성'을 블록(B)3/3 쪽으로 옮긴 후 ❾ **통계량**을 클릭한다.

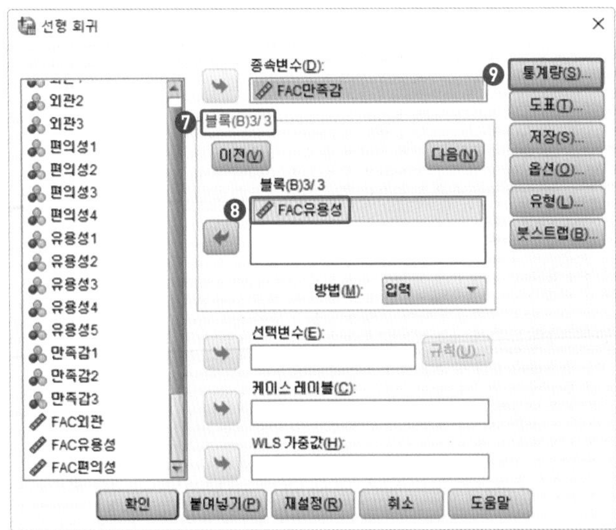

[그림 10-12] **위계적 회귀분석 3단계**

06 선형 회귀: 통계량 창이 열리면 ⑩ '추정값', '신뢰구간', '모형 적합', '공선성 진단'에 각각 ☑ 표시를 하고 ⑪ 계속을 클릭한다. ⑫ 선형 회귀 창에서 확인을 클릭하면 분석이 시작된다.

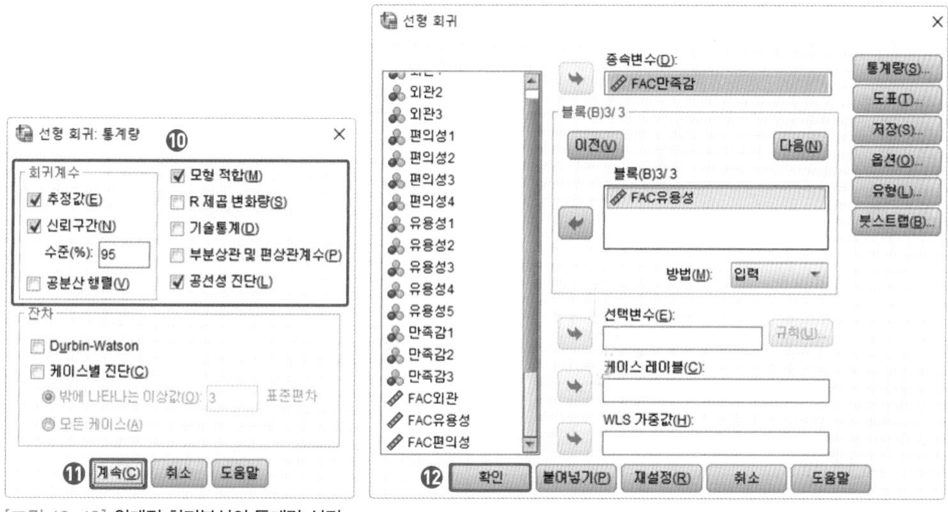

[그림 10-13] 위계적 회귀분석의 통계량 설정

07 출력결과를 엑셀로 옮기기 위해 우선 출력결과 창의 바탕에서 마우스 오른쪽 버튼을 클릭한 뒤 내보내기를 선택한다. 내보내기 출력결과 창의 문서 항목에서 유형을 'Excel 2007 이상(*.xlsx)'으로 선택한다. 파일이름에서 어느 곳에 분석 결과를 저장할 것인지 경로와 파일명을 지정한 후, 확인을 클릭하여 출력결과를 저장한다.

Step 2 결과 분석하기 위계적 회귀분석

입력/제거된 변수[a]

모형	입력된 변수	제거된 변수	방법
1	FAC외관[b]		입력
2	FAC편의성[b]		입력
3	FAC유용성[b]		입력

a. 종속변수: FAC만족감
b. 요청된 모든 변수가 입력되었습니다.

모형 요약

모형	R	R 제곱	수정된 R 제곱	추정값의 표준오차
1	.370[a]	.137	.134	.92965993
2	.516[b]	.267	.262	.85824355
3	.553[c]	.305	.299	.83670652

a. 예측자: (상수), FAC외관
b. 예측자: (상수), FAC외관, FAC편의성
c. 예측자: (상수), FAC외관, FAC편의성, FAC유용성

ANOVA[a]

모형		제곱합	자유도	평균제곱	F	유의확률
1	회귀	44.309	1	44.309	51.268	.000[b]
	잔차	279.158	323	.864		
	전체	323.468	324			
2	회귀	86.288	2	43.144	58.573	.000[c]
	잔차	237.179	322	.737		
	전체	323.468	324			
3	회귀	98.743	3	32.914	47.015	.000[d]
	잔차	224.725	321	.700		
	전체	323.468	324			

a. 종속변수: FAC만족감
b. 예측자: (상수), FAC외관
c. 예측자: (상수), FAC외관, FAC편의성
d. 예측자: (상수), FAC외관, FAC편의성, FAC유용성

계수[a]

모형		비표준화 계수		표준화 계수	t	유의확률	B에 대한 95.0% 신뢰구간		공선성 통계량	
		B	표준화 오류	베타			하한	상한	공차	VIF
1	(상수)	-1.149E-07	.052		.000	1.000	-.101	.101		
	FAC외관	.378	.053	.370	7.160	.000	.274	.482	1.000	1.000
2	(상수)	-1.060E-07	.048		.000	1.000	-.094	.094		
	FAC외관	.296	.050	.290	5.931	.000	.198	.394	.953	1.050
	FAC편의성	.389	.052	.369	7.549	.000	.288	.490	.953	1.050
3	(상수)	-1.087E-07	.046		.000	1.000	-.091	.091		
	FAC외관	.256	.050	.251	5.175	.000	.159	.354	.919	1.089
	FAC편의성	.359	.051	.340	7.073	.000	.259	.459	.934	1.071
	FAC유용성	.212	.050	.203	4.218	.000	.113	.311	.932	1.073

a. 종속변수: FAC만족감

제외된 변수[a]

모형		베타 입력	t	유의확률	편상관계수	공선성 통계량		
						공차	VIF	최소공차
1	FAC편의성	.369[b]	7.549	.000	.388	.953	1.050	.953
	FAC유용성	.251[b]	4.906	.000	.264	.951	1.051	.951
2	FAC유용성	.203[c]	4.218	.000	.229	.932	1.073	.919

a. 종속변수: FAC만족감
b. 모형내의 예측자: (상수), FAC외관
c. 모형내의 예측자: (상수), FAC외관, FAC편의성

공선성 진단[a]

모형		고유값	상태지수	분산비율			
				(상수)	FAC외관	FAC편의성	FAC유용성
1	1	1.000	1.000	.50	.50		
	2	1.000	1.000	.50	.50		
2	1	1.217	1.000	.00	.39	.39	
	2	1.000	1.103	1.00	.00	.00	
	3	.783	1.247	.00	.61	.61	
3	1	1.414	1.000	.00	.23	.21	.21
	2	1.000	1.189	1.00	.00	.00	.00
	3	.818	1.315	.00	.00	.60	.54
	4	.768	1.357	.00	.77	.19	.25

a. 종속변수: FAC만족감

[그림 10-14] **위계적 회귀분석 출력결과**

- **[입력/제거된 변수]** : 'FAC외관, FAC편의성, FAC유용성'이 독립변수로 사용되고, 'FAC만족감'이 종속변수로 사용되고 있음을 알 수 있다.
- **[모형 요약]** : 모형 1, 모형 2, 모형 3에 따라 독립변수가 투입되는데, R^2 값으로 회귀식의 설명력을 확인할 수 있다. 각 모형에 대한 설명은 다음과 같다.

▷ **모형 1** : 독립변수는 'FAC외관'으로, 종속변수와의 상관관계는 R=.370이다. 또한 종속변수에 대한 독립변수의 설명력은 13.7%이다.

▷ **모형 2** : 독립변수는 'FAC외관, FAC편의성'으로, 종속변수와의 상관관계는 R=.516 이다. 또한 종속변수에 대한 독립변수의 설명력은 26.7%이다.

▷ **모형 3** : 독립변수는 'FAC외관, FAC편의성, FAC유용성'으로, 종속변수와의 상관 관계는 R=.553이다. 또한 종속변수에 대한 독립변수의 설명력은 30.5%이다.

'모형 1'에서부터 '모형 2', '모형 3'으로 가면서 독립변수를 하나씩 투입함에 따라 R^2 값이 점점 높아지므로 설명력이 점점 더 향상되는 것을 알 수 있다.

- **[ANOVA]** : 연구자가 F 값과 유의확률의 수치를 확인하여 연구 목적에 맞게 회귀식이 세워졌는지 판단하는 표이다.

▷ **모형 1** : F=51.268, 유의확률이 .000으로, 통계적으로 유의하다.

▷ **모형 2** : F=58.573, 유의확률이 .000으로 통계적으로 유의하다.

▷ **모형 3** : F=47.015, 유의확률이 .000으로 통계적으로 유의하다.

'모형 1, 모형 2, 모형 3' 모두가 연구모델에 적합한 회귀선을 구성하고 있다고 판단할 수 있다.

- **[계수]** : 모형별 다중회귀식을 이루는 계수와 상수를 보이고, 이에 대한 유의확률을 나타낸다. 각 모형의 상수항은 모두 0이면서 유의수준 범위를 벗어나고, 계수별 유의수준은 모두 p< .000이다. 모형별 회귀식은 다음과 같다.

▷ **모형 1** : FAC만족감=0.378×FAC외관

▷ **모형 2** : FAC만족감=0.296×FAC외관+0.389×FAC편의성

▷ **모형 3** : FAC만족감=0.256×FAC외관+0.359×FAC편의성+0.212×FAC유용성

VIF는 10 미만이므로 다중공선성에 문제가 없다고 판단된다.

- **[제외된 변수]** : 각 모형을 분석하면서 제외된 변수들에 대한 분석값들이 입력되어 있다. 모형 1에서는 'FAC편의성, FAC유용성' 변수, 모형 2에서는 'FAC유용성'이 제외된 후 분석되었다.

- **[공선성 진단]** : 다중공선성 여부를 판단하는 지표를 보여준다. '고유값'은 독립변수들의 변형값에 대한 요인분석을 통해 구하고, 이렇게 구한 고유값을 변형하여 '상태지수'를 구한다. 여기서 '상태지수'는 15보다 작아야 다중공선성 문제가 없다. 이를 기준으로 표의 '상태지수' 값을 살펴보면 모형 모두 문제가 없음을 확인할 수 있다. 분산비율은 각 차원에서 독립변수들의 설명력을 나타낸다.

지금까지 위계적 회귀분석을 실시한 결과, 변수 3개가 모두 투입되었을 때 회귀식의 설명력이 가장 높음을 알 수 있었다. 또한 3단계에서의 회귀식의 계수들의 유의성도 확인할 수 있었다. 결론적으로 소비자가 스마트폰을 사용하는 데 있어서 '외관, 편의성, 유용성'의 모든 변수들이 커짐에 따라 소비자가 느끼는 만족감이 높아지는 것을 확인할 수 있었다.

Step 3 논문에 표현하기 **위계적 회귀분석**

위계적 회귀분석을 수행한 후, [모형 요약] 표에서는 종속변수에 대한 독립변수의 설명력을 보고 어느 것이 설명력이 가장 높은지 확인해야 하고, [계수] 표에서는 각 변수들 간 영향력의 대소를 구분할 수 있어야 한다.

논문에는 위계적 회귀분석 결과를 다음과 같이 표현하면 된다.

예 [표 A] 위계적 회귀분석의 결과

독립 변수	모형 1			모형 2			모형 3			
	S.E	β	t (p)	S.E	β	t (p)	S.E	β	t (p)	VIF
상수	.052	–	.000 (1)	.048	–	.000 (1)	.046	–	.000 (1)	–
외관	.053	.370	7.160 (***)	.050	.290	5.931 (***)	.050	.251	5.715 (***)	1.089
편의성				.052	.369	7.549 (***)	.051	.340	7.073 (***)	1.071
유용성							.050	.203	4.218 (***)	1.073
R^2(수정된 R^2)	.137 (.134)			.267 (.262)			.305 (.299)			
F(p)	51.268 (***)			58.573 (***)			47.015 (***)			

* : p< .05, ** : p< .01, *** : p< .001

• S.E : 표준오차(Standard Error) • β : 표준화 계수(베타) • VIF : 분산팽창계수(Variance Inflation Factor)

10.3 더미변수를 이용한 회귀분석

회귀분석은 독립변수와 종속변수의 척도가 등간, 비율척도일 때 가능하다. 하지만 독립변수가 서열척도나 명목척도인 자료를 분석하고 싶다면 어떻게 해야 할까? 이럴 경우 0과 1로 구성된 가상변수인 더미변수로 변경한 후에 분석한다. 논문 작성 시 더미변수를 적절히 사용하여 회귀분석을 실시한다면 더욱 의미 있는 연구결과를 도출할 수 있으니, 이를 확실히 학습하도록 하자.

연구문제

스마트폰에 대한 만족감을 확인하기 위해 실시한 설문조사 결과를 토대로 과연 성별과 직급별 만족감 사이에 유의한 차이가 있는지를 확인해 보자.

이 책에서는 성별 더미변수와 직급별 더미변수를 다음과 같이 각각 만들어 본다.

❶ 성별 더미변수 : 새로운 변수로 코딩을 변경하는 방법

❷ 직급별 더미변수 : 명령문으로 만드는 방법

Step 1 따라하기 더미변수를 이용한 회귀분석

준비파일 : 더미 회귀분석.sav

(1) 성별 더미변수 만들기 : 새로운 변수로 코딩을 변경하는 방법

더미변수는 설문의 응답안(N)에서 1을 제외한 숫자인 (N−1)개만 있으면 된다. 예를 들어 성별에 대한 응답 항목은 '1=남자, 2=여자'의 2개뿐이므로, 1개의 더미변수를 만들면 '1=남자, 2=여자'를 '남자=0, 여자=1'의 조합으로 바꿀 수 있다.

01 SPSS Statistics에서 '더미 회귀분석.sav' 파일을 불러온다.

TIP '더미 회귀분석.sav' 파일에는 '성별'과 '직급'에 해당하는 측정값이 코딩되어 있다. 변수 보기 탭을 보면, 성별에 대해서는 '1=남자, 2=여자'라는 내용이, 직급에 대해서는 '1=사원, 2=과장, 3=부장'의 내용이 '값' 열에 입력되어 있다.

02 성별에 대해 더미변수를 적용하기 위해 **변환 ▶ 다른 변수로 코딩변경**을 클릭한다.

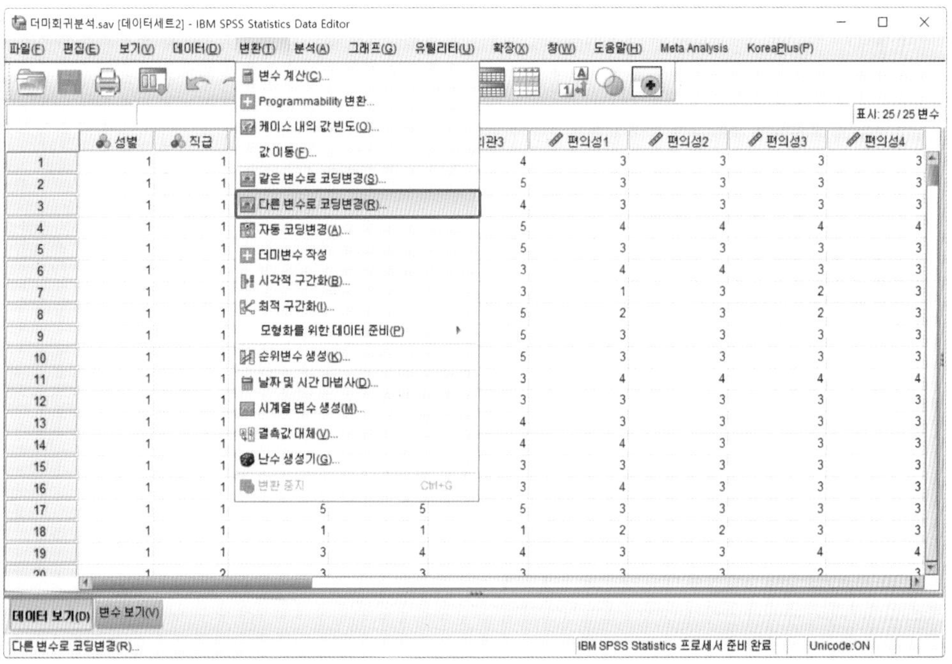

[그림 10-15] 다른 변수로 코딩변경

03 ❶ 다른 변수로 코딩변경 창에서 왼쪽 목록에 있는 '성별'을 숫자 변수 → 출력변수 란으로 이동하면 '성별 → ?'과 같이 출력변수를 입력하라는 표시가 나온다. ❷ 출력변수에서 이름 란에 'D성별', ❸ 레이블 란에 '더미성별변수'를 입력한 후 ❹ 변경을 클릭한다. ❺ 기존값 및 새로운 값을 클릭한다.

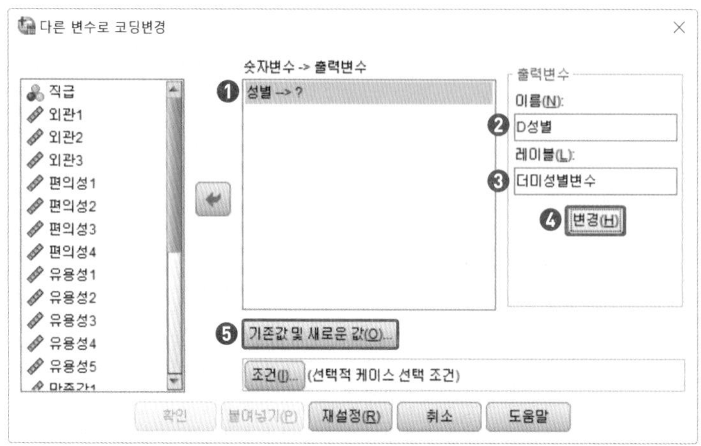

[그림 10-16] **성별 더미변수 만들기**

04 다른 변수로 코딩변경: 기존값 및 새로운 값 창이 열리면 ❶ 기존값에서 값 란에는 '1=남자'에 해당하는 '1'을 ❷ 새로운 값에서 기준값 란에는 더미로 활용하기 위해 '0'을 입력한 후 ❸ 추가를 클릭한다. 그러면 ❹ 기존값 → 새로운 값 란에 남자에 대한 값인 '1 → 0'이 입력된다. 이제 ❺ 기존값에서 값 란에는 '2=여자'에 해당하는 '2'를 ❻ 새로운 값에서 기준값 란에는 '1'을 입력한 후 ❼ 추가를 클릭한다. 그러면 ❽ 기존값 → 새로운 값 란에 여자에 대한 값인 '2 → 1'이 입력된다. ❾ 계속을 클릭한다.

[그림 10-17] **기존값 및 새로운 값 입력**

05 다른 변수로 코딩변경 창에서 확인을 클릭하여 코딩변경을 실시한다.

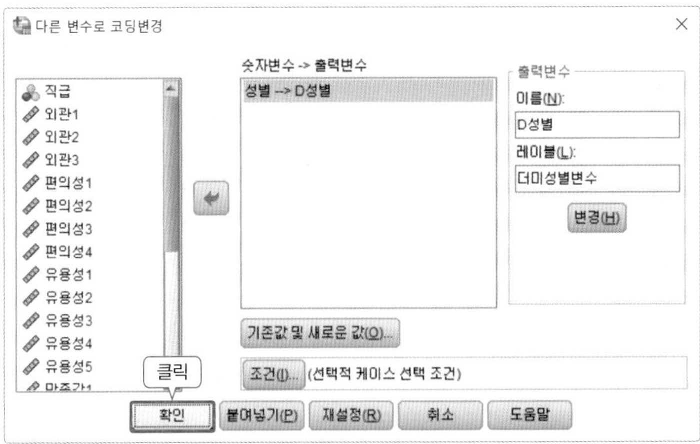

[그림 10-18] **코딩변경 수행**

06 변수 보기 탭을 보면, 새로운 더미변수인 'D성별'에 해당하는 변수 행이 생성되었음을 확인할 수 있다.

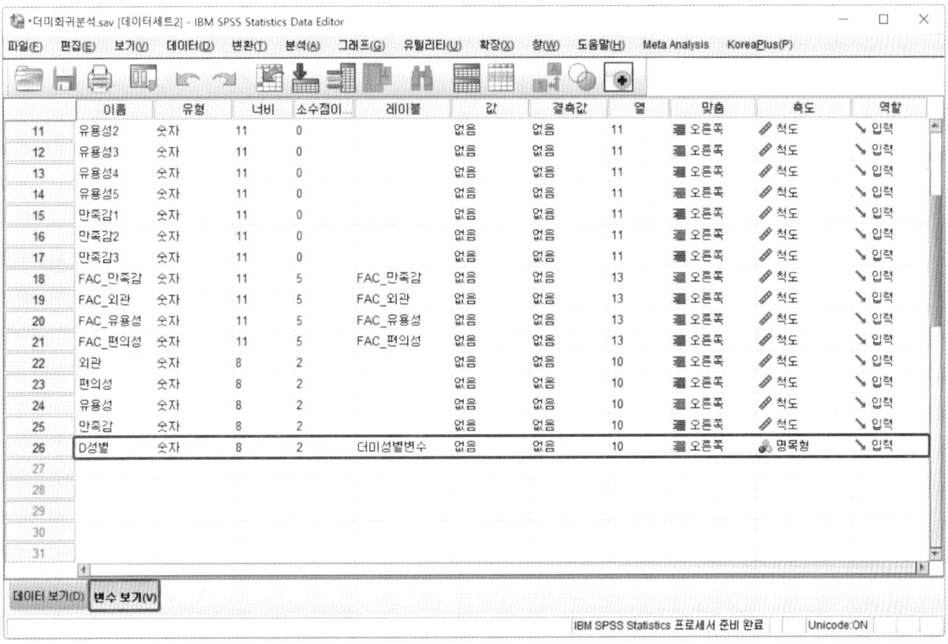

	이름	유형	너비	소수점이...	레이블	값	결측값	열	맞춤	측도	역할
11	유용성2	숫자	11	0		없음	없음	11	오른쪽	척도	입력
12	유용성3	숫자	11	0		없음	없음	11	오른쪽	척도	입력
13	유용성4	숫자	11	0		없음	없음	11	오른쪽	척도	입력
14	유용성5	숫자	11	0		없음	없음	11	오른쪽	척도	입력
15	만족감1	숫자	11	0		없음	없음	11	오른쪽	척도	입력
16	만족감2	숫자	11	0		없음	없음	11	오른쪽	척도	입력
17	만족감3	숫자	11	0		없음	없음	11	오른쪽	척도	입력
18	FAC_만족감	숫자	11	5	FAC_만족감	없음	없음	13	오른쪽	척도	입력
19	FAC_외관	숫자	11	5	FAC_외관	없음	없음	13	오른쪽	척도	입력
20	FAC_유용성	숫자	11	5	FAC_유용성	없음	없음	13	오른쪽	척도	입력
21	FAC_편의성	숫자	11	5	FAC_편의성	없음	없음	13	오른쪽	척도	입력
22	외관	숫자	8	2		없음	없음	10	오른쪽	척도	입력
23	편의성	숫자	8	2		없음	없음	10	오른쪽	척도	입력
24	유용성	숫자	8	2		없음	없음	10	오른쪽	척도	입력
25	만족감	숫자	8	2		없음	없음	10	오른쪽	척도	입력
26	D성별	숫자	8	2	더미성별변수	없음	없음	10	오른쪽	명목형	입력
27											
28											
29											
30											
31											

[그림 10-19] **생성된 더미변수 : 변수 보기 탭**

07 데이터 보기 탭을 보면, 'D성별'에 해당하는 값들이 모두 0과 1로 표현된 것을 확인할 수 있다.

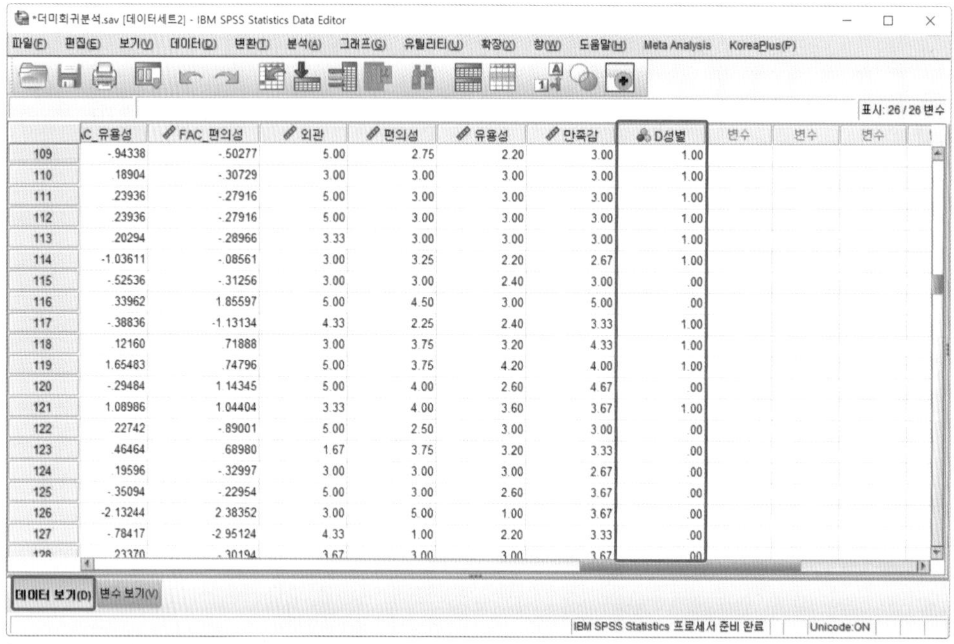

	C_유용성	FAC_편의성	외관	편의성	유용성	만족감	D성별	변수	변수	변수
109	-.94338	-.50277	5.00	2.75	2.20	3.00	1.00			
110	.18904	-.30729	3.00	3.00	3.00	3.00	1.00			
111	.23936	-.27916	5.00	3.00	3.00	3.00	1.00			
112	.23936	-.27916	5.00	3.00	3.00	3.00	1.00			
113	.20294	-.28966	3.33	3.00	3.00	3.00	1.00			
114	-1.03611	-.08561	3.00	3.25	2.20	2.67	1.00			
115	-.52536	-.31256	3.00	3.00	2.40	3.00	.00			
116	.33962	1.85597	5.00	4.50	3.00	5.00	.00			
117	-.38836	-1.13134	4.33	2.25	2.40	3.33	1.00			
118	.12160	.71888	3.00	3.75	3.20	4.33	1.00			
119	1.65483	.74796	5.00	3.75	4.20	4.00	1.00			
120	-.29484	1.14345	5.00	4.00	2.60	4.67	.00			
121	1.08986	1.04404	3.33	4.00	3.60	3.67	1.00			
122	.22742	-.89001	5.00	2.50	3.00	3.00	.00			
123	.46464	.68980	1.67	3.75	3.20	3.33	.00			
124	.19596	-.32997	3.00	3.00	3.00	2.67	.00			
125	-.35094	-.22954	5.00	3.00	2.60	3.67	.00			
126	-2.13244	2.38352	3.00	5.00	1.00	3.67	.00			
127	-.78417	-2.95124	4.33	1.00	2.20	3.33	.00			
128	.23370	-.30194	3.67	3.00	3.00	3.67	.00			

[그림 10-20] 생성된 더미변수 : 데이터 보기 탭

(2) 직급별 더미변수 만들기 : 명령문을 사용하는 방법

지금까지 성별 더미변수 1개를 만들면서, 여러 번 클릭하고 입력하는 등의 단순하지만 번거로운 절차를 거쳤다. 하지만 지금부터 설명하는 명령문 사용법을 익혀두면 좀 더 간편하게 더미변수를 만들 수 있다.

[표 10-3]과 같은 3개의 응답 내용이 있다. 더미변수의 개수는 (N-1)개이므로, 필요한 더미변수는 2개이다. 즉 '사원=00, 과장=10, 부장=01'처럼 0과 1의 조합으로 표현할 수 있다.

[표 10-3] 직급별 더미변수표

변수	dummy1	dummy2
사원	0	0
과장	1	0
부장	0	1

TIP '11'을 사용하지 않는 이유

더미변수의 개수는 (N-1)개이므로, '11'이 없어도 N-1의 더미변수 개수를 모두 설정할 수 있기 때문이다.

NOTE

41 명령문 사용법은 왜 배우나?

SPSS Statistics는 GUI(Graphic User Interface)가 뛰어나지만, 더미변수를 입력할 때는 명령문을 사용하는 편이 훨씬 더 편리하다. 명령문 한 줄이면 될 일을 GUI 화면에서 하나하나 단순작업으로 직접 수정해야 하므로, 시간도 많이 걸리고, 작업 자체도 복잡해진다. 워드프로세서나 파워포인트를 사용할 때 단축키를 암기하고 있으면 작업 효율이 높아지는 것과 같은 이치라고 생각하면 된다.

08 파일 ▶ 새 파일 ▶ 명령문을 클릭한다.

[그림 10-21] **명령문 메뉴 선택**

09 ❶ 명령문 창에 다음과 같이 입력한 후 ❷ 실행 ▶ 모두를 클릭한다.

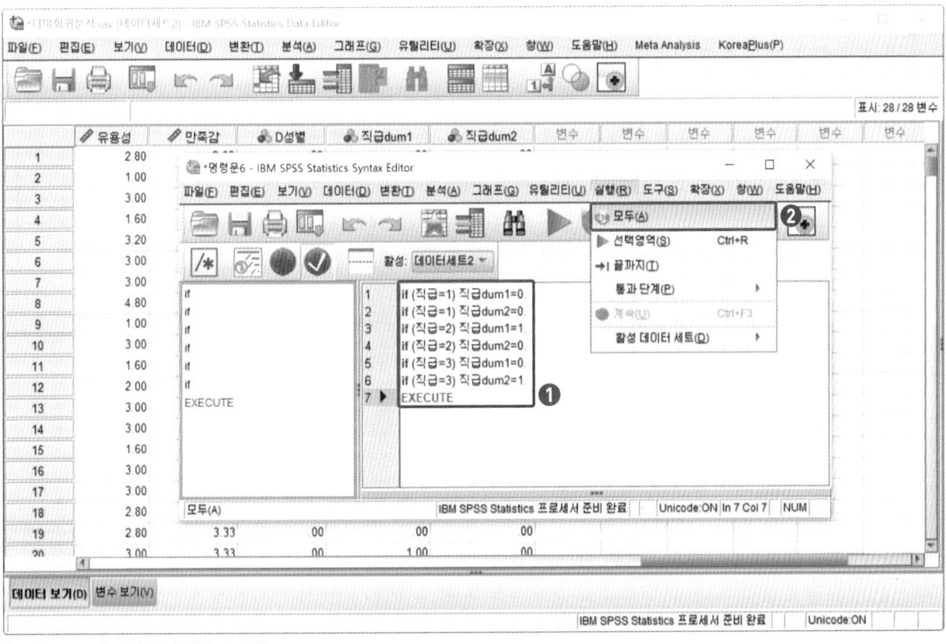

[그림 10-22] **명령문의 입력과 실행**

TIP ① if 명령문의 마지막은 마침표(.)로 끝내고 엔터(Enter)로 행을 바꾼 후 다음 행의 명령을 입력해야 한다.
② '직급=1'이면 직급dum1과 직급dum2를 모두 0으로, '직급=2'이면 직급dum1과 직급dum2를 각각 1과 0으로, '직급=3'이면 직급dum1과 직급dum2를 각각 0과 1로 설정하라는 의미이다.

10 실행 후의 출력결과 창과 명령문 창의 모습은 다음과 같다.

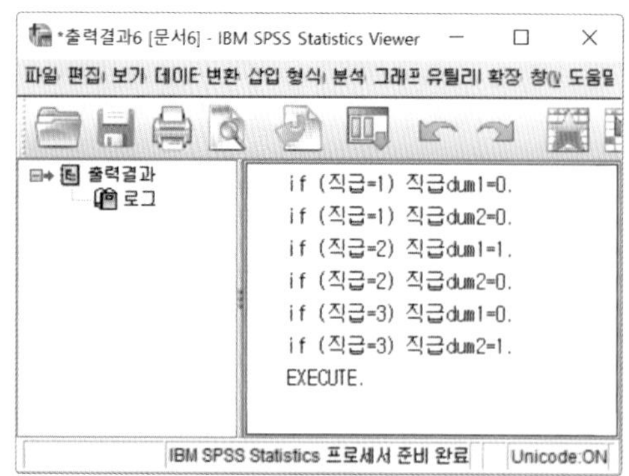

(a) 실행 후의 출력결과 창

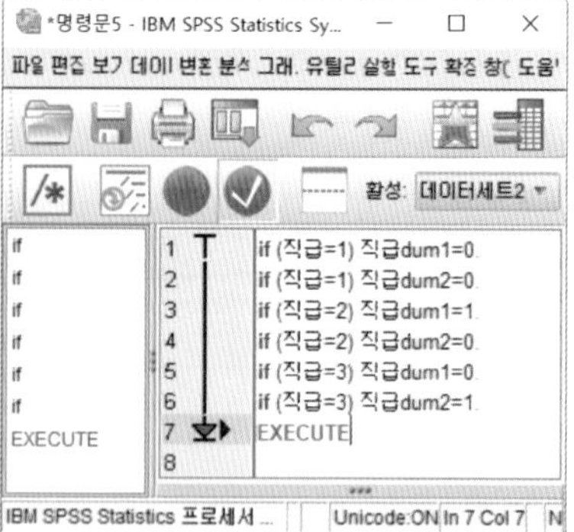

(b) 실행 후의 명령문 창

[그림 10-23] **명령문의 실행결과**

11 데이터 보기 탭을 보면 더미변수들이 생성된 것을 확인할 수 있다.

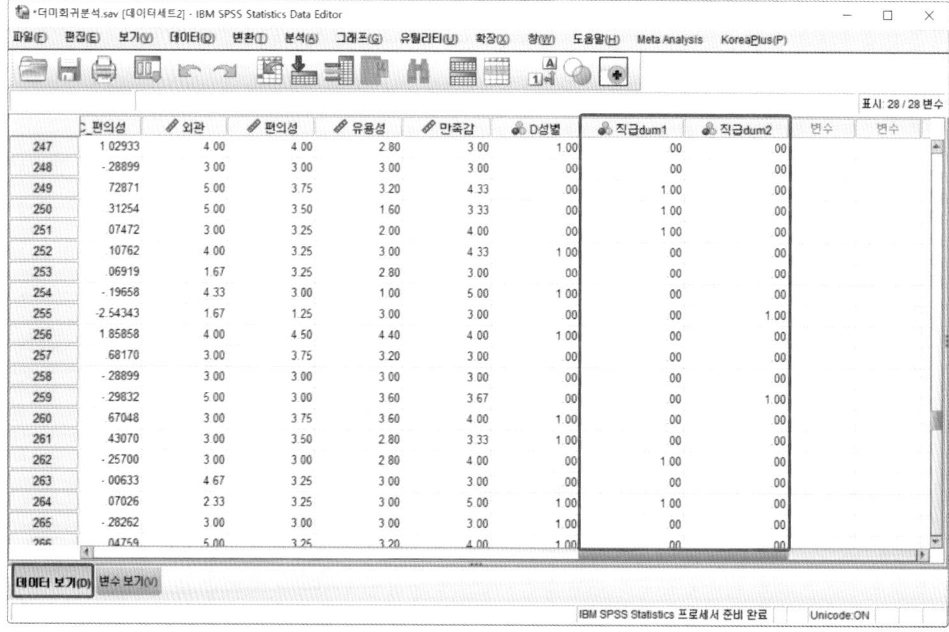

[그림 10-24] **명령문 실행결과의 데이터 보기 탭**

(3) 더미변수를 이용하여 회귀분석 시작하기

이제 연구문제인 성별과 직급을 독립변수로 놓고, 만족감을 종속변수로 실정하여 회귀분석을 실시한다.

12 성별 더미변수를 이용하여 회귀분석을 실시하기 위해 분석▶회귀분석▶선형을 클릭한다.

[그림 10-25] **더미변수 회귀분석 메뉴 선택**

13 선형 회귀 창의 ❶ 종속변수 란에는 요인점수인 '변수로 저장'으로 얻은 만족감에 대한 변수 'FAC_만족감'을 옮기고 ❷ 독립변수 란에는 앞에서 구한 '더미성별변수'를 입력한다. ❸ 확인을 클릭한다.

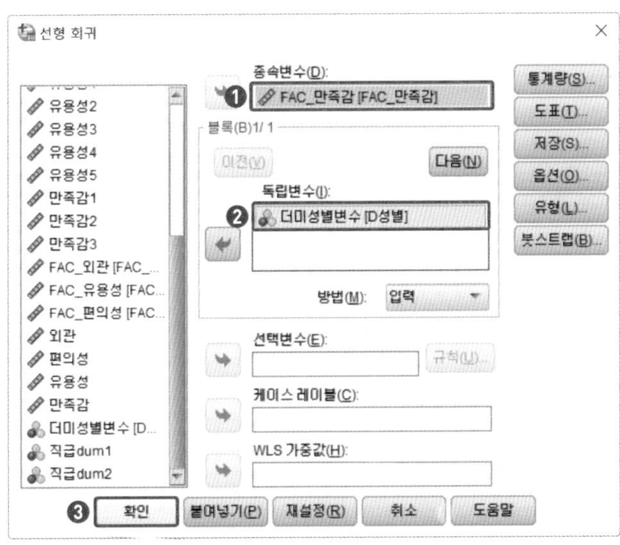

[그림 10-26] **더미변수 회귀분석의 성별 변수 설정**

14 직급별 더미변수를 이용하여 회귀분석을 실시하기 위해 다시 더미회귀분석.sav 창에서 분석▶회귀분석▶선형을 선택한다.

15 선형 회귀 창에서 ❶ 독립변수 란에 '직급dum1', '직급dum2'를 옮기고 ❷ 확인을 클릭하면 분석이 시작된다.

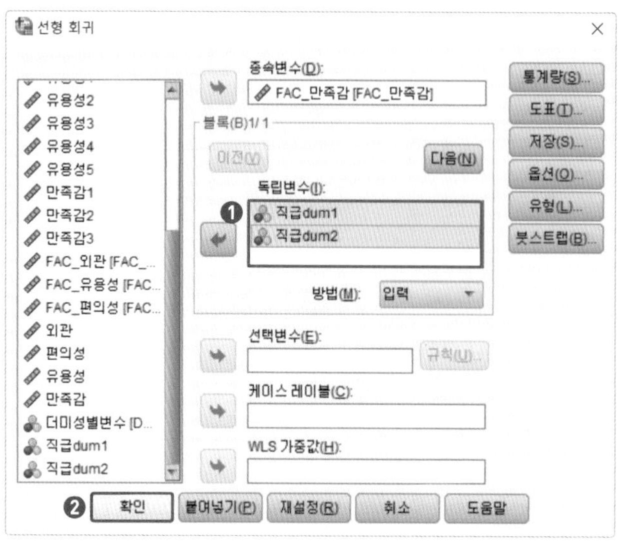

[그림 10-27] **더미변수 회귀분석의 직급 변수 설정**

16 출력결과를 엑셀로 옮기기 위해 우선 출력결과 창의 바탕에서 마우스 오른쪽 버튼을 클릭한 뒤 내보내기를 선택한다. 내보내기 출력결과 창의 문서 항목에서 유형을 'Excel 2007 이상(*.xlsx)'으로 선택한다. 파일이름에서 어느 곳에 분석 결과를 저장할 것인지 경로와 파일명을 지정한 후, 확인을 클릭하여 출력결과를 저장한다.

Step 2 결과 분석하기 더미변수를 이용한 회귀분석

■ 성별 더미

입력/제거된 변수[a]

모형	입력된 변수	제거된 변수	방법
1	더미성별변수[b]		입력

a. 종속변수: FAC_만족감
b. 요청된 모든 변수가 입력되었습니다.

모형 요약

모형	R	R 제곱	수정된 R 제곱	추정값의 표준오차
1	.139[a]	.019	.016	.99095881

a. 예측자: (상수), 더미성별변수

ANOVA[a]

모형		제곱합	자유도	평균제곱	F	유의확률
1	회귀	6.282	1	6.282	6.397	.012[b]
	잔차	317.186	323	.982		
	전체	323.468	324			

a. 종속변수: FAC_만족감
b. 예측자: (상수), 더미성별변수

모형		비표준화 계수 B	비표준화 계수 표준화 오류	표준화 계수 베타	t	유의확률
1	(상수)	-.106	.069		-1.530	.127
	더미성별변수	.289	.114	.139	2.529	.012

계수[a]

a. 종속변수: FAC_만족감

[그림 10-28] 성별 더미변수 회귀분석의 출력결과

- **[입력/제거된 변수]** : 입력된 변수 항목을 통해 '더미성별변수'가 독립변수로 사용되었음을 알 수 있고, 주석을 통해 'FAC_만족감'이 종속변수로 사용되었음을 알 수 있다.
- **[모형 요약]** : R^2=.019이며, 이는 회귀선의 만족감에 대해 1.9%를 설명한다.
- **[ANOVA]** : 회귀 모형에서의 F=6.397, 유의확률은 .012이므로 통계적으로 유의한 회귀식임을 알 수 있다.
- **[계수]** : 회귀식의 계수를 확인할 수 있으며, 성별에 대한 회귀식이 유의하므로 다음을 확인할 수 있다.

  ▷ **남자** : 만족감=−1.06+0.289(0)

  ▷ **여자** : 만족감=−1.06+0.289(1)

■ 직급별 더미

입력/제거된 변수[a]

모형	입력된 변수	제거된 변수	방법
1	직급dum2, 직급dum1[b]		입력

a. 종속변수: FAC_만족감
b. 요청된 모든 변수가 입력되었습니다.

모형 요약

모형	R	R 제곱	수정된 R 제곱	추정값의 표준오차
1	.097[a]	.009	.003	.99759159

a. 예측자: (상수), 직급dum2, 직급dum1

ANOVA[a]

모형		제곱합	자유도	평균제곱	F	유의확률
1	회귀	3.017	2	1.508	1.516	.221[b]
	잔차	320.451	322	.995		
	전체	323.468	324			

a. 종속변수: FAC_만족감
b. 예측자: (상수), 직급dum2, 직급dum1

계수[a]

모형		비표준화 계수 B	비표준화 계수 표준화 오류	표준화 계수 베타	t	유의확률
1	(상수)	-.053	.065		-.816	.415
	직급dum1	.220	.129	.095	1.709	.088
	직급dum2	-.044	.308	-.008	-.144	.885

a. 종속변수: FAC_만족감

[그림 10-29] 직급별 더미변수 회귀분석의 출력결과

- **[입력/제거된 변수]** : 입력된 변수 항목을 통해 '직급dum2, 직급dum1'이 독립변수로 사용되었으며, 주석을 통해 'FAC_만족감'이 종속변수로 사용되었음을 알 수 있다.
- **[모형 요약]** : R^2=.009이며, 이는 회귀선의 만족감에 대해 0.9%를 설명한다.
- **[ANOVA]** : 회귀 모형의 F 값은 1.516, 유의확률은 .221이므로, 통계적으로 유의하지

않은 회귀식임을 알 수 있다.

- **[계수]** : 회귀식의 계수를 확인할 수 있으며, 직급에 대한 회귀식이 유의하다고 가정할 때 다음을 확인할 수 있다.
  ▷ **사원** : 만족감=−0.053+0.220(0)−0.044(0)
  ▷ **과장** : 만족감=−0.053+0.220(1)−0.044(0)
  ▷ **부장** : 만족감=−0.053+0.220(0)−0.044(1)

지금까지 더미변수를 생성하여 회귀분석을 진행하는 방법을 학습했다. 회귀분석의 변수 척도가 등간척도나 비율척도가 아니더라도 더미변수로 치환하게 되면 간단하게 회귀분석을 적용하여 영향력을 판단할 수 있었다. 한편, 유의하지 않은 경우에는 회귀식을 도출하더라도 영향력을 판단하는 데 사용할 수 없으나 성별과 같이 유의하다고 판단되는 예외적인 경우에는 이 방법을 사용할 수 있다.

Step 3 논문에 표현하기 더미변수를 이용한 회귀분석

예 [표 A] 회귀모형의 유의성

구분	제곱합	자유도	평균 제곱	F	유의확률
성별	6.282	1	6.282	6.397	.012
직급	3.017	2	1.508	1.516	.221

분석 결과를 확인하면 성별회귀모형은 유의수준(p< .05) 내에 있으므로 유의한 회귀모형이라 할 수 있다. 그러나 직급별 회귀모형은 .221로 유의수준의 범위를 벗어나므로 유의하다고 판단할 수 없다.

[표 B] 회귀분석

구분		비표준화 계수		표준화 계수	t	유의확률
		B	표준오차	베타		
성별	상수	−.106	.069		−1.530	.127
	더미성별변수	.289	.114	.139	2.529	.012
직급	상수	−.053	.065		−.816	.415
	직급더미1	.220	.129	.095	1.709	.088
	직급더미2	−.044	.308	−.008	−.144	.885

회귀모형의 유의성에서 확인할 수 있듯이, 회귀분석의 결과를 보면 성별이 '남자'라는 요인은 −.106+.289(0)만큼, 성별이 '여자'라는 요인은 −.106+.289(1)만큼 영향을 미치는 것으로 나타났다. 그러나 직급에 대해서는 모두 유의수준의 범위를 벗어나므로 직급에 따라 스마트폰에 대한 만족도에서 차이가 있다는 분석 결과를 유의하다고 판단해서는 안 된다.

Chapter 11

고급 회귀분석(조절/매개/로지스틱)

학습목표

1) 조절 회귀분석의 개념과 조절변수의 개념을 설명할 수 있다.
2) 매개 회귀분석의 개념과 매개변수의 개념을 설명할 수 있다.
3) 로지스틱 회귀분석의 개념과 척도에 따른 분석 방법을 알 수 있다.
4) 조절/매개/로지스틱 회귀분석의 실시 방법을 알고, 결과값을 해석할 수 있다.

다루는 내용

- 조절/매개/로지스틱 회귀분석의 개념
- 조절/매개/로지스틱 회귀분석 결과 해석
- 조절/매개/로지스틱 회귀분석의 방법

10장에서는 회귀분석 과정에서 변수를 투입하는 방법과 변수를 변형시키는 방법에 따라 구분된 단계적 회귀분석과 위계적 회귀분석에 대해 살펴보았다. 이제 11장에서는 최근의 논문에서 가장 많이 활용되고 있는 고급 수준의 회귀분석인 조절, 매개, 로지스틱 회귀분석을 살펴볼 것이다.

11.1 조절 회귀분석

회귀분석의 결과값은 독립변수가 종속변수에 미치는 영향을 보여준다. 이때 종속변수에 직접적으로 영향을 미치는 요인이 독립변수뿐이라면 지금까지 학습한 회귀분석으로 분석을 마치면 된다. 그러나 때론 독립변수가 종속변수에 영향을 주는 과정에 전혀 다른 변수가 영향을 미치기도 한다. 이처럼 독립변수가 종속변수에 영향을 미치는 과정에 다른 변수(조절변수)가 개입하여, 독립변수의 직접적인 효과가 아닌 또 다른 영향을 야기하는 현상을 '조절효과'라 한다. 이러한 '조절효과'를 확인하는 회귀분석을 **조절 회귀분석**(moderated regression analysis)이라 한다.

조절효과가 나타나는 모형을 그림으로 나타내면 다음과 같다.

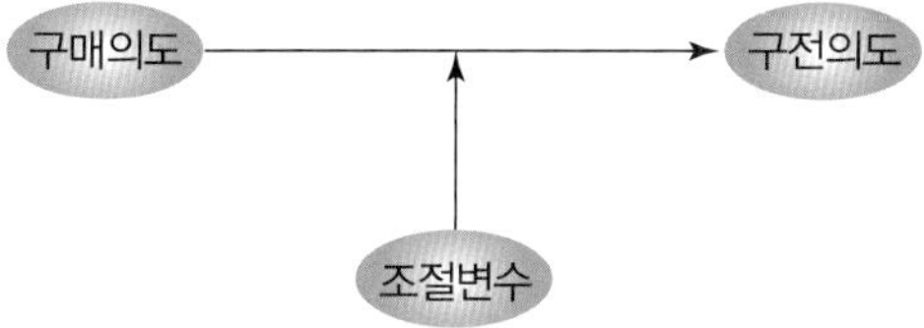

[그림 11-1] **조절 회귀분석 모형**

추가된 조절변수가 독립변수의 영향력을 변화시키므로, 조절변수는 종속변수에 영향을 줄 수 있는 것으로 예상된다.

SPSS Statistics를 이용하여 조절 회귀분석을 수행하려면, '독립변수–조절변수'가 연계된 변수인 '상호작용변수'를 별도의 연산을 통해 먼저 만든 후, 독립변수, 조절변수, 상호작용변수를 순서대로 투입하여 위계적 회귀분석을 실시해야 한다.

즉, 1단계 : 종속변수 ← 독립변수

2단계 : 종속변수 ← 독립변수, 조절변수

3단계 : 종속변수 ← 독립변수, 조절변수, 상호작용변수

(상호작용변수는 **변수 계산** 메뉴에서 '독립변수×조절변수'로 계산한다.)

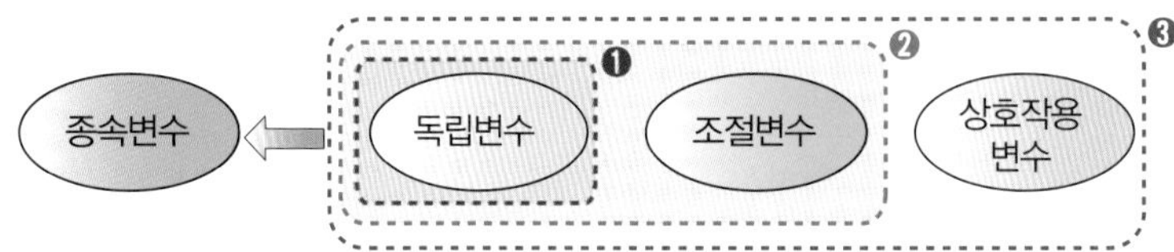

[그림 11–2] **조절 회귀분석 순서**

이와 같이 각각의 변수들을 하나씩 투입해 가면서 회귀식의 설명력을 보여주는 R^2 값의 변화량을 살펴야 한다.

연구문제

스마트폰의 '외관, 유용성, 편의성'이 사용자의 '만족감'에 영향을 미치는 데 있어 '브랜드'가 어느 정도의 조절효과가 있는지 확인해 보자.

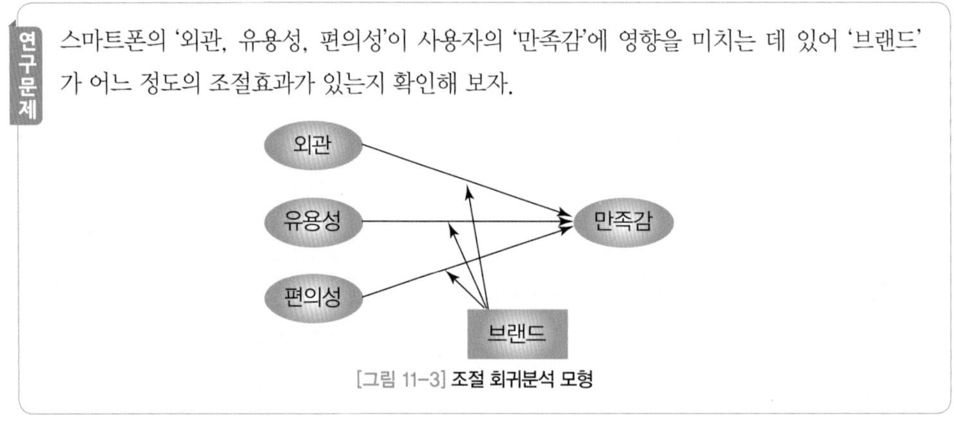

[그림 11–3] **조절 회귀분석 모형**

NOTE

42 조절 회귀분석에서의 위계적 회귀분석

조절 회귀분석을 위계적 회귀분석으로 설명하는 책은 거의 없다. 대부분 1단계/2단계/3단계의 회귀분석을 단순/다중/다중 회귀분석이 각각 진행되는 것으로 설명한다. 그러나 위의 1단계/2단계/3단계의 순서대로 회귀분석을 진행하는 과정은 사실 앞에서 학습한 위계적 회귀분석과 동일하다. 그러므로 조절 회귀분석에서의 위계적 회귀분석은 '상호작용변수'를 추가하여 실시한 위계적 회귀분석과 동일한 결과를 얻는다.

Step 1 따라하기 조절 회귀분석

준비파일 : 조절 회귀분석.xls

01 SPSS Statistics에서 '조절 회귀분석.xls' 파일을 불러온다. 독립변수는 'FAC_외관, FAC_유용성, FAC_편의성'으로, 이 중에서 먼저 'FAC_외관'과 조절변수 'FAC_브랜드'를 이용하여 상호작용변수를 만든다.

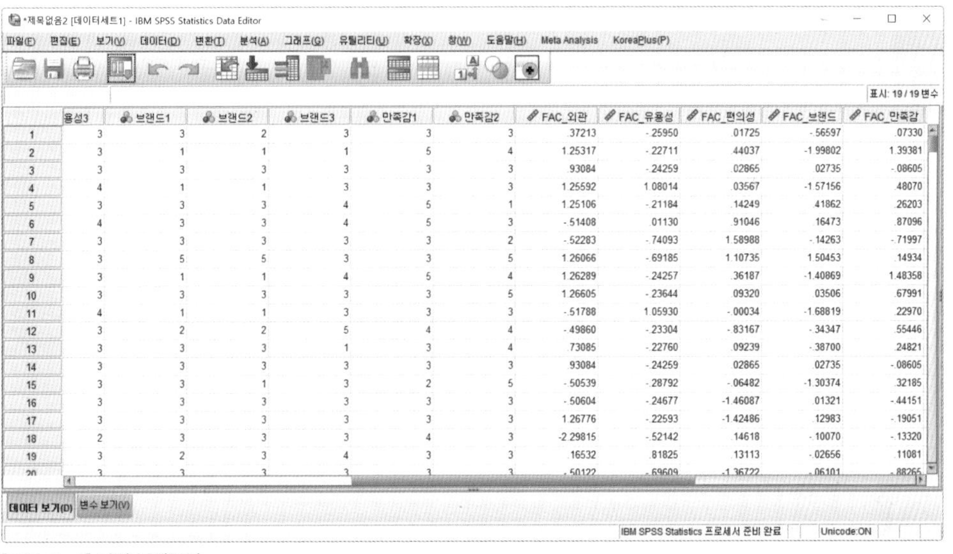

[그림 11-4] 파일 불러오기

02 ❶ 변환 ▶ 변수 계산을 클릭한다. ❷ 변수 계산 창의 목표변수 란에 '외관브랜드조절'을 입력하고 ❸ 숫자표현식 란에 'FAC_외관*FAC_브랜드'를 입력한 후 ❹ 확인을 클릭한다.

[그림 11-5] 상호작용변수의 계산 : 외관브랜드조절

03 다시 ❶ 변환▶변수 계산을 클릭한다. ❷ 변수 계산 창의 목표변수 란에 '유용성브랜드조절'을 입력하고 ❸ 숫자표현식 란에 'FAC_유용성*FAC_브랜드'를 입력한 후 ❹ 확인을 클릭한다.

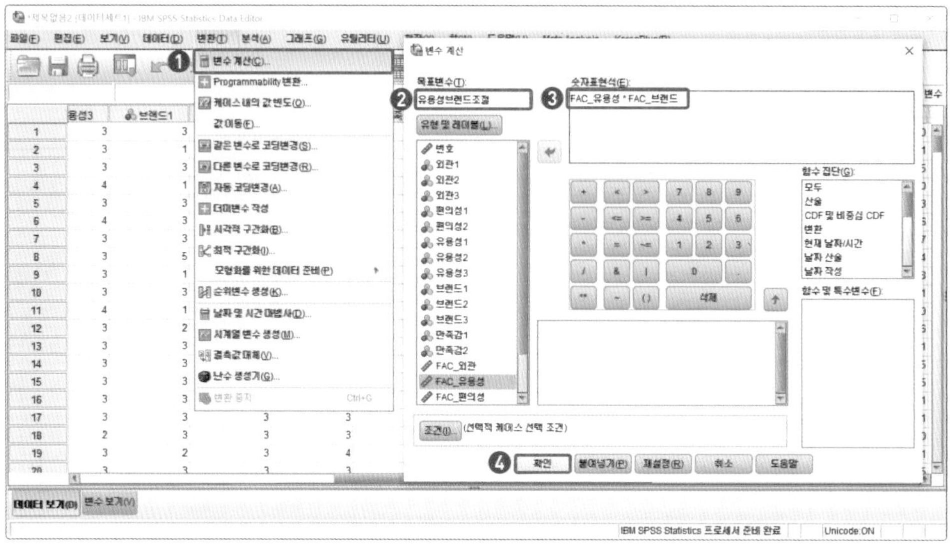

[그림 11-6] 상호작용변수의 계산 : 유용성브랜드조절

04 다시 ❶ 변환▶변수 계산을 클릭한다. ❷ 변수 계산 창의 목표변수 란에 '편의성브랜드조절'을 입력하고 ❸ 숫자표현식 란에 'FAC_편의성*FAC_브랜드'를 입력한 후 ❹ 확인을 클릭한다.

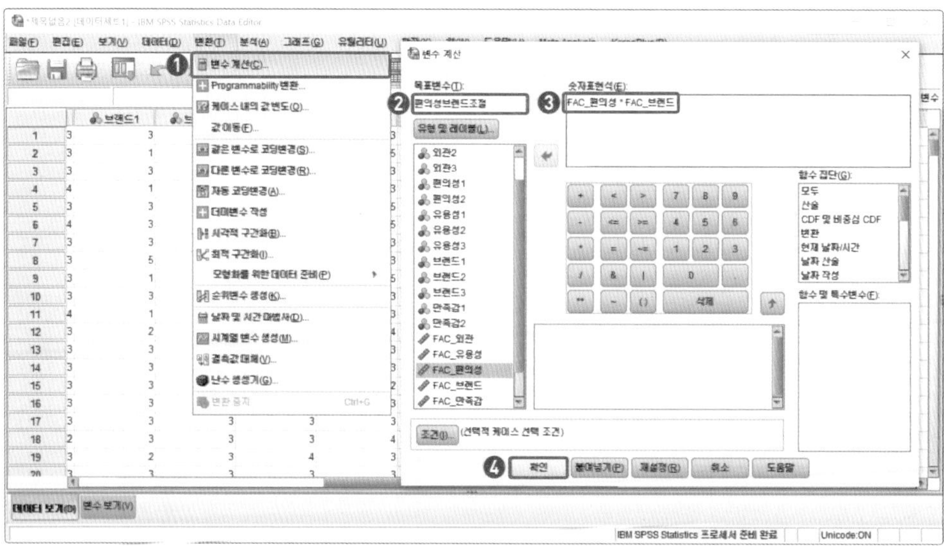

[그림 11-7] 상호작용변수의 계산 : 편의성브랜드조절

05 ❶ **02** ~ **04** 의 과정을 통해 데이터 보기 탭에서 상호작용변수가 새로 만들어졌음을 확인할 수 있다. 이제 위계적 회귀분석을 실시하기 위해 ❷ 분석 ▶ 회귀분석 ▶ 선형을 클릭한다.

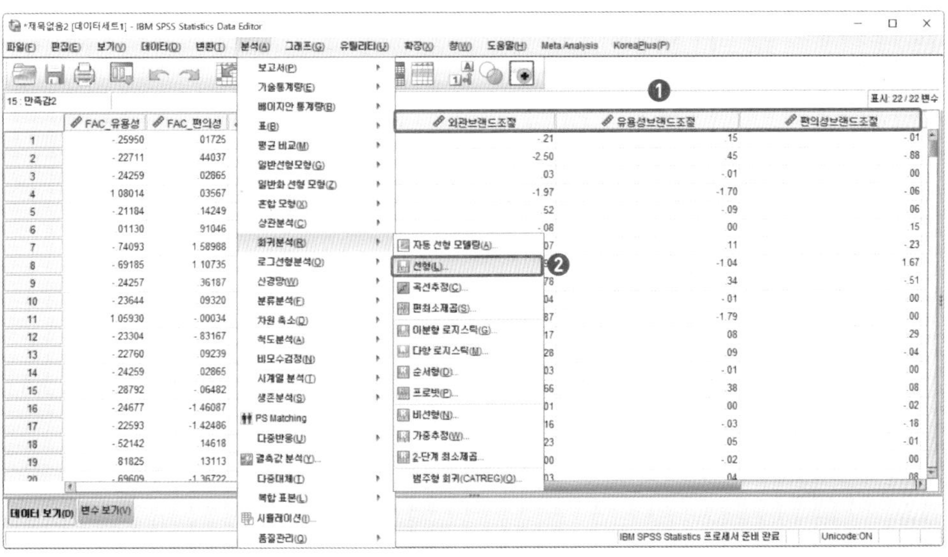

[그림 11-8] **상호작용변수의 확인과 조절 회귀분석의 실행**

06 여기서는 먼저 독립변수 'FAC_외관'에 대한 종속변수 'FAC_만족감', 조절변수 '유용성브랜드조절'을 분석한다. 선형 회귀 창에서 ❶ 종속변수 란에 'FAC_만족감'을 옮기고 ❷ 블록(B)1/1의 독립변수 란에 'FAC_외관'을 옮긴 후 ❸ 다음을 클릭한다.

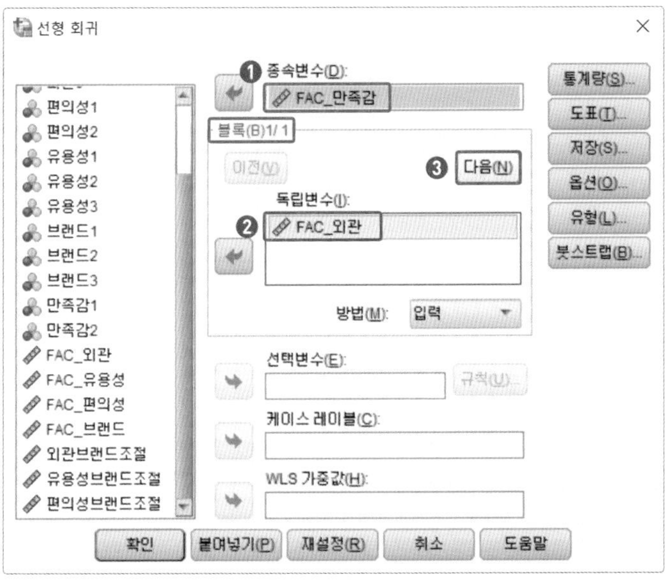

[그림 11-9] **조절 회귀분석의 '외관' 입력**

07 그 다음으로 ❹ 블록(B)2/2의 독립변수 란에 'FAC_브랜드'를 옮긴 후 ❺ 다음을 클릭한다.

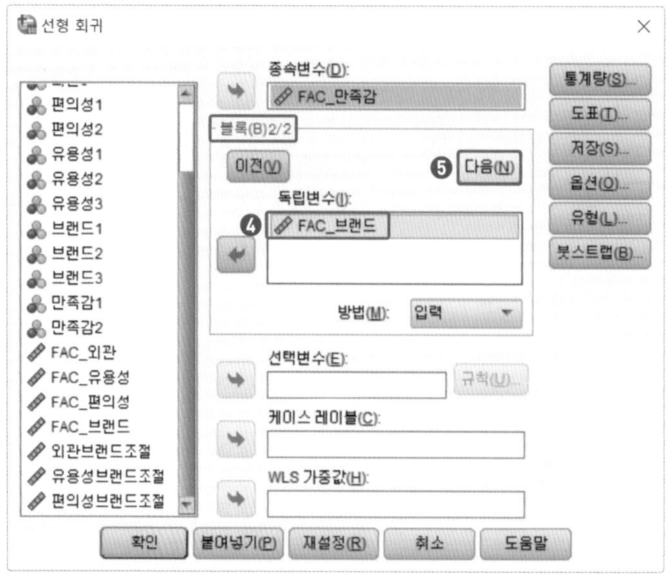

[그림 11-10] **조절 회귀분석의 '브랜드' 입력**

08 마지막으로 ❻ 블록(B)3/3의 독립변수 란에 새로 만든 상호작용변수인 '외관브랜드조절'을 옮긴 후 ❼ 통계량을 클릭한다.

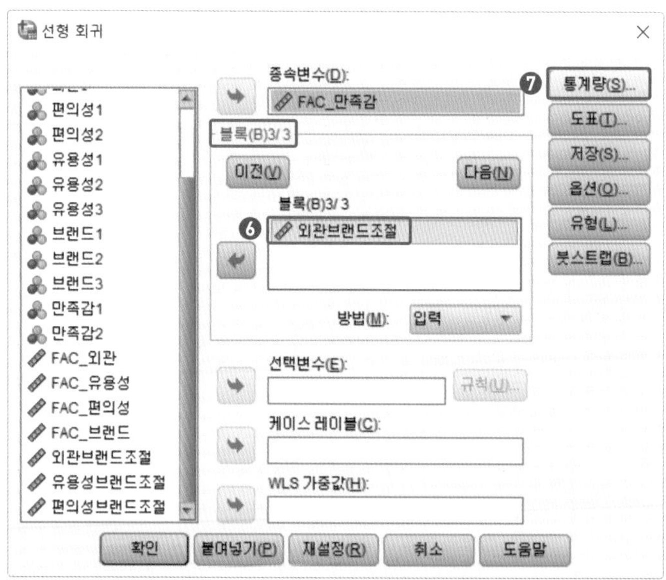

[그림 11-11] **조절 회귀분석의 상호작용변수 '외관브랜드조절' 입력**

TIP 독립변수 입력

간혹 블록1에는 'FAC_외관', 블록2에는 'FAC_외관, FAC_브랜드', 블록3에는 'FAC_외관, FAC_브랜드, 외관브랜드조절'을 입력하여 조절효과를 분석해야 하지 않느냐는 질문을 받는다. 하지만 다음 블록에는 이전 블록의 변수가 이미 입력되어 있는 상태이므로, 해당 블록에 순서대로 하나의 변수만 정확하게 입력하면 된다.

09 ❽ 선형 회귀: 통계량 창에서 '추정값', '모형 적합', 'R 제곱 변화량', '공선성 진단'에 ☑ 표시를 한 후 ❾ 계속을 클릭한다. 그 다음 ❿ 선형 회귀 창에서 확인을 클릭하면 분석이 시작된다.

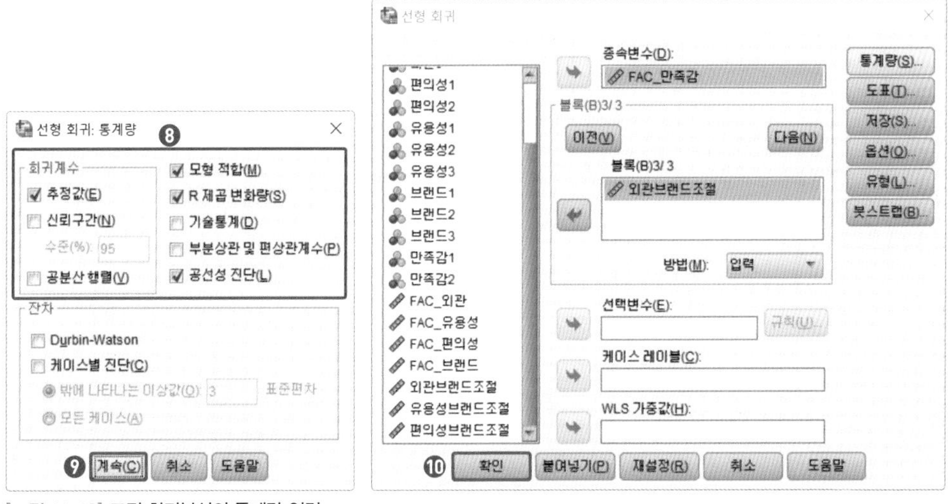

[그림 11-12] 조절 회귀분석의 통계량 입력

TIP '외관'에 대한 조절 회귀분석

현재 [따라하기] 과정은 '외관' 변수에 대해서만 진행한 것이다. '유용성, 편의성' 변수에 대하여도 위의 과정과 동일하게 진행해야 출력결과에서 제시되는 모든 결과들을 확인할 수 있다.

10 출력결과를 엑셀로 옮기기 위해 우선 출력결과 창의 바탕에서 마우스 오른쪽 버튼을 클릭한 뒤 내보내기를 선택한다. 내보내기 출력결과 창의 문서 항목에서 유형을 'Excel 2007 이상(*.xlsx)'으로 선택한다. 파일이름에서 어느 곳에 분석 결과를 저장할 것인지 경로와 파일명을 지정한 후, 확인을 클릭하여 출력결과를 저장한다.

Step 2 결과 분석하기 조절 회귀분석

입력/제거된 변수[a]

모형	입력된 변수	제거된 변수	방법
1	FAC_외관[b]		입력
2	FAC_브랜드[b]		입력
3	외관브랜드조절[b]		입력

a. 종속변수: FAC_만족감
b. 요청된 모든 변수가 입력되었습니다.

모형 요약

모형	R	R 제곱	수정된 R 제곱	추정값의 표준오차	통계량 변화량				
					R 제곱 변화량	F 변화량	자유도1	자유도2	유의확률 F 변화량
1	.381[a]	.145	.143	.66529688	.145	54.893	1	323	.000
2	.411[b]	.169	.164	.65705302	.024	9.156	1	322	.003
3	.427[c]	.182	.174	.65284374	.013	5.166	1	321	.024

a. 예측자: (상수), FAC_외관
b. 예측자: (상수), FAC_외관, FAC_브랜드
c. 예측자: (상수), FAC_외관, FAC_브랜드, 외관브랜드조절

ANOVA[a]

모형		제곱합	자유도	평균제곱	F	유의확률
1	회귀	24.297	1	24.297	54.893	.000[b]
	잔차	142.966	323	.443		
	전체	167.263	324			
2	회귀	28.250	2	14.125	32.718	.000[c]
	잔차	139.013	322	.432		
	전체	167.263	324			
3	회귀	30.451	3	10.150	23.816	.000[d]
	잔차	136.812	321	.426		
	전체	167.263	324			

a. 종속변수: FAC_만족감
b. 예측자: (상수), FAC_외관
c. 예측자: (상수), FAC_외관, FAC_브랜드
d. 예측자: (상수), FAC_외관, FAC_브랜드, 외관브랜드조절

계수[a]

모형		비표준화 계수		표준화 계수	t	유의확률	공선성 통계량	
		B	표준화 오류	베타			공차	VIF
1	(상수)	1.366E-07	.037		.000	1.000		
	FAC_외관	.280	.038	.381	7.409	.000	1.000	1.000
2	(상수)	1.566E-07	.036		.000	1.000		
	FAC_외관	.300	.038	.408	7.910	.000	.971	1.030
	FAC_브랜드	-.138	.046	-.156	-3.026	.003	.971	1.030
3	(상수)	.012	.037		.325	.745		
	FAC_외관	.285	.038	.388	7.472	.000	.944	1.060
	FAC_브랜드	-.142	.045	-.161	-3.134	.002	.969	1.032
	외관브랜드조절	-.087	.038	-.117	-2.273	.024	.968	1.033

a. 종속변수: FAC_만족감

제외된 변수[a]

모형		베타 입력	t	유의확률	편상관계수	공선성 통계량		
						공차	VIF	최소공차
1	FAC_브랜드	-.156[b]	-3.026	.003	-.166	.971	1.030	.971
	외관브랜드조절	-.110[b]	-2.120	.035	-.117	.969	1.032	.969
2	외관브랜드조절	-.117[c]	-2.273	.024	-.126	.968	1.033	.944

a. 종속변수: FAC_만족감
b. 모형내의 예측자: (상수), FAC_외관
c. 모형내의 예측자: (상수), FAC_외관, FAC_브랜드

공선성 진단[a]

모형	차원	고유값	상태지수	분산비율			
				(상수)	FAC_외관	FAC_브랜드	외관브랜드조절
1	1	1.000	1.000	.50	.50		
	2	1.000	1.000	.50	.50		
2	1	1.172	1.000	.00	.41	.41	
	2	1.000	1.082	1.00	.00	.00	
	3	.828	1.189	.00	.59	.59	
3	1	1.302	1.000	.06	.26	.17	.25
	2	1.064	1.106	.53	.08	.19	.10
	3	.872	1.222	.25	.13	.53	.20
	4	.762	1.307	.16	.53	.11	.45

a. 종속변수: FAC_만족감

[그림 11-13] **조절 회귀분석의 출력결과**

출력결과 창에 여러 가지의 많은 표들이 출력되는데, 여기에서는 모든 표를 설명하지 않는다. 이 장에서는 조절 회귀분석의 결과 해석에 중점을 두고 필요한 부분만을 설명하기로 한다. 그러므로 조절 회귀분석에서는 [모형 요약] 표를 주의하여 확인하면 된다.

■ 'FAC_외관'이 'FAC_만족감'에 미치는 영향에서의 'FAC_브랜드'의 조절효과 검정 결과

모형 요약

모형	R	R 제곱	수정된 R 제곱	추정값의 표준오차	통계량 변화량				
					R 제곱 변화량	F 변화량	자유도1	자유도2	유의확률 F 변화량
1	.381ᵃ	.145	.143	.66529688	.145	54.893	1	323	.000
2	.411ᵇ	.169	.164	.65705302	.024	9.156	1	322	.003
3	.427ᶜ	.182	.174	.65284374	.013	5.166	1	321	.024

a. 예측자: (상수), FAC_외관
b. 예측자: (상수), FAC_외관, FAC_브랜드
c. 예측자: (상수), FAC_외관, FAC_브랜드, 외관브랜드조절

[그림 11-14] **외관의 만족감에 대한 브랜드 조절효과**

모형 1, 모형 2, 모형 3은 위계적 회귀분석에서와 같이 추가한 독립변수에 따른 모형을 나타낸다. 여기서는 독립변수 'FAC_외관'을 입력한 모형 1부터 상호작용변수가 입력이 된 모형 3까지 유의확률 F의 변화량을 확인하면서 [계수] 표에서 유의한 회귀식의 설명량인 R^2 값의 변화를 확인하고, 모형 간의 R^2 변화량을 확인하면 된다.

모형 1, 모형 2, 모형 3으로 갈수록 설명력이 향상되는 것을 확인할 수 있다. 특히 조절효과를 확인하는 상호작용변수의 투입에서도, 미세한 값이지만 R^2 값이 늘어나는 것을 확인할 수 있다. 따라서 [계수] 표에서 유의확률이 모두 0.05 이하이므로 "FAC_브랜드의 조절효과는 정(+)의 조절효과가 있다."고 해석할 수 있다.

결과적으로 '외관'이 '만족감'에 직접적으로 미치는 영향은 .145라 할 수 있으며, '브랜드'라는 조절변수가 추가되면 최종적으로 .182의 영향을 미치는 것으로 판단하면 된다.

■ 'FAC_유용성'이 'FAC_만족감'에 미치는 영향에서 'FAC_브랜드'의 조절효과 검정 결과

모형 요약

모형	R	R 제곱	수정된 R 제곱	추정값의 표준오차	통계량 변화량				
					R 제곱 변화량	F 변화량	자유도1	자유도2	유의확률 F 변화량
1	.439ᵃ	.193	.190	.64659641	.193	77.068	1	323	.000
2	.449ᵇ	.201	.196	.64409617	.009	3.512	1	322	.062
3	.452ᶜ	.205	.197	.64379555	.003	1.301	1	321	.255

a. 예측자: (상수), FAC_유용성
b. 예측자: (상수), FAC_유용성, FAC_브랜드
c. 예측자: (상수), FAC_유용성, FAC_브랜드, 유용성브랜드조절

[그림 11-15] **유용성의 만족감에 대한 브랜드 조절효과**

모형 1, 모형 2, 모형 3으로 갈수록 설명력이 향상되는 것을 확인할 수 있다. 특히 조절효과를 확인하는 상호작용변수의 투입에서도, 미세한 값이지만 R^2 값이 늘어나는 것을 확인할 수 있다. 그러나 유의확률 F의 변화량을 확인해야 한다. 유용성이 만족감에 미치는 영향은 p= .000으로 유의하다고 할 수 있으나, 브랜드와 조절 변수가 각각 p= .062, p= .255이므로 유용성이 만족감에 미치는 영향에 브랜드가 조절효과가 있다고 판단할 수 없다.

■ 'FAC_편의성'이 'FAC_만족감'에 미치는 영향에서 'FAC_브랜드'의 조절효과 검정 결과

모형 요약

모형	R	R 제곱	수정된 R 제곱	추정값의 표준오차	통계량 변화량				
					R 제곱 변화량	F 변화량	자유도1	자유도2	유의확률 F 변화량
1	.304[a]	.093	.090	.68552138	.093	32.925	1	323	.000
2	.315[b]	.099	.093	.68411491	.007	2.329	1	322	.128
3	.315[c]	.099	.091	.68509992	.000	.075	1	321	.785

a. 예측자: (상수), FAC_편의성
b. 예측자: (상수), FAC_편의성, FAC_브랜드
c. 예측자: (상수), FAC_편의성, FAC_브랜드, 편의성브랜드조절

[그림 11-16] 편의성의 만족감에 대한 브랜드 조절효과

모형 1, 모형 2, 모형 3으로 갈수록 설명력이 향상되는 것을 확인할 수 있다. 특히 조절효과를 확인하는 상호작용변수의 투입에서도, 미세한 값이지만 R^2 값이 늘어나는 것을 확인할 수 있다. 그러나 유의확률 F의 변화량을 확인해야 한다. 편의성이 만족감에 미치는 영향은 p= .000으로 유의하다고 할 수 있으나, 브랜드와 조절 변수가 각각 p= .128, p= .785이므로 편의성이 만족감에 미치는 영향에 브랜드가 조절효과가 있다고 판단할 수 없다.

Step 3 논문에 표현하기 조절 회귀분석

논문에 표기할 경우에는 출력결과의 다른 표들을 일반 회귀분석에서와 같이 정리한 후, 아래 예와 같이 표를 정리한다. 여기에 각 변수들에 대한 해석을 추가하면 된다.

예

변수	모형	R	R 제곱	수정된 R 제곱	추정값의 표준오차	통계량 변화량				유의확률 F 변화량
						R 제곱 변화량	F 변화량	자유도1	자유도2	
외관	1	.381	.145	.143	.66529688	.145	54.893	1	323	.000
	2	.411	.169	.164	.65705302	.024	9.156	1	322	.003
	3	.427	.182	.174	.65284374	.013	5.166	1	321	.024
유용성	1	.439	.193	.190	.64659641	.193	77.068	1	323	.000
	2	.449	.201	.196	.64409617	.009	3.512	1	322	.062
	3	.452	.205	.197	.64379555	.003	1.301	1	321	.255
편의성	1	.304	.093	.090	.68552138	.093	32.925	1	323	.000
	2	.315	.099	.093	.68411491	.007	2.329	1	322	.128
	3	.315	.099	.091	.68509992	.000	0.075	1	321	.785

NOTE

43 F변화량과 유의확률 F변화량의 의미

우리는 Part 01의 유의수준을 학습하면서 회귀분석에서 유의수준을 확인하는 지표로 F, t, p가 있다고 배웠다. [그림 11-14~16]에서 표시되는 'F 변화량'은 변수투입에 따른 F값의 변화량을 의미하며, '유의확률 F 변화량'은 변수투입에 따른 분산들의 변화차이를 F값 대신 p값으로 나타낸다. 이 p값의 변화량이 변수투입에 따른 유의확률의 변화량을 나타낸다. 변수투입에 따른 모형별 분산의 변화량은 p값으로 표시한 [계수] 표를 보고 확인해야 한다.

11.2 매개 회귀분석

매개 회귀분석은 독립변수와 종속변수 사이에 매개변수 하나가 위치한 모델을 분석하는 방법이다. 이 경우에는 ❶ 독립변수가 직접 종속변수에 미치는 영향과 ❷ 독립변수가 매개변수를 거쳐서 종속변수에 미치는 영향을 모두 확인해야 한다.

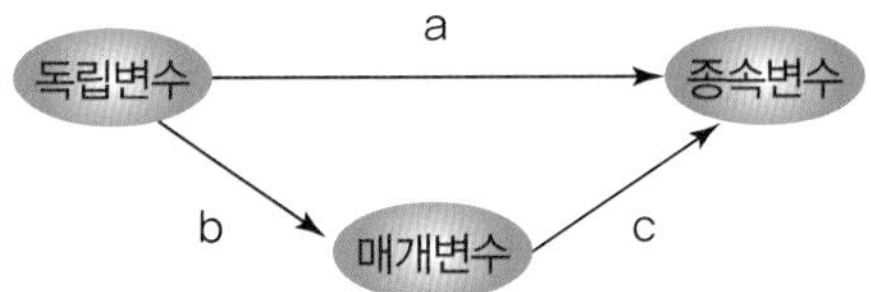

[그림 11-17] **매개 회귀분석 모델**

[그림 11-17]과 같이 독립변수가 종속변수에 직접 영향을 미치는 효과(a)를 **직접효과**라 하고, 독립변수가 매개변수를 거쳐 종속변수에 영향을 미치는 효과(b와 c)를 **간접효과**라 한다.

매개효과를 검정하는 방법은 Part 03의 구조방정식모델(AMOS)에서도 자세히 다루겠지만, AMOS에서 하게 될 경로분석과 SPSS Statistics에서의 회귀분석의 두 가지 방법이 있다. 이 두 방법은 사용하는 프로그램뿐만 아니라 표현되는 결과도 미세하게 다르다. 따라서 이 장에서는 SPSS Statistics를 이용하여 분석할 수 있는 Baron과 Kenny가 제시한 방법론[29]을 기준으로 설명하도록 한다.

Baron과 Kenny의 매개 회귀분석 방법을 간단히 정리하면 다음과 같다. SPSS Statistics를 이용하여 매개회귀분석을 실시하려면 ❶~❹의 순서를 반드시 암기하고 있어야 한다.

❶ '독립변수 → 매개변수' 간의 유의성 검정 (유의미한 영향관계여야 한다.)

❷ '독립변수 → 종속변수' 간의 유의성 검정 (유의미한 영향관계여야 한다.)

❸ '독립변수, 매개변수 → 종속변수' 간의 유의성 검정 (유의미한 영향관계여야 한다.)

❹ '❷, ❸'의 β 값 비교 ('❷>❸'가 되어야 매개효과가 인정된다.)

NOTE

44 **측정오차가 포함될 가능성이 높다면?**

SPSS Statistics에서 매개회귀분석을 실시할 때는 오차항을 고려하지 않고 분석을 진행한다. 만약 연구자가 측정한 데이터에 측정오차가 포함됐을 가능성이 높다면 결과값 역시 정확하다고 할 수 없다. 만약 좀 더 정밀한 분석 결과를 얻고자 한다면 Part 03에서 소개하는 구조방정식모델을 시용하기를 권한다. 구조방정식모델에서는 연구모델 자체에 오차(측정오차, 구조오차)를 포함하여 분석을 진행한다.

29) Baron, R. M., and Kenny, D. A. 1986. "The Moderator–Mediator Variable Distinction in Social Psychological Research: Conceptual, Strategic, and Statistical Considerations," *Journal of personality and social psychology* (51:6), p. 1173.

연구문제

스마트폰의 '외관, 유용성, 편의성'이 사용자의 '만족감'에 영향을 미치는 데 있어, '브랜드'가 매개역할을 하는지 확인해 보자.

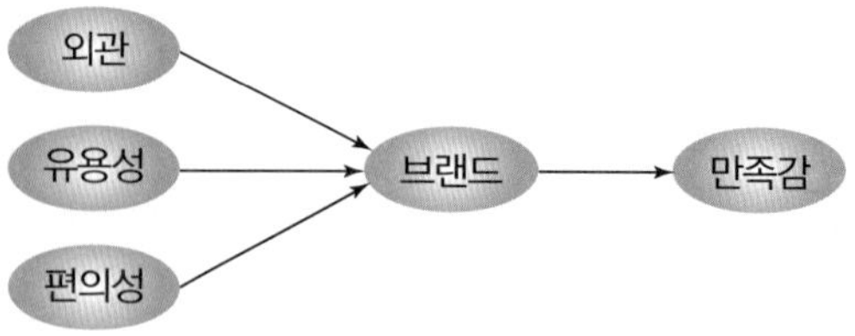

외관
유용성
편의성
브랜드
만족감

[그림 11-18] 매개 회귀분석 모델

[표 11-1] 매개 회귀분석의 절차

단계 / 독립변수	1단계 : 회귀분석 및 결과 분석	2단계 : 위계적 회귀분석 및 결과 분석
	❶ 독립변수 → 매개변수	❷ 독립변수 → 종속변수 ❸ 독립변수, 매개변수 → 종속변수 ❹ β 값 비교
외관	외관 → 브랜드	외관 → 만족도 외관, 브랜드 → 만족도 β 값 비교
유용성	유용성 → 브랜드	유용성 → 만족도 유용성, 브랜드 → 만족도 β 값 비교
편의성	편의성 → 브랜드	편의성 → 만족도 편의성, 브랜드 → 만족도 β 값 비교

Step 1 따라하기 매개 회귀분석

준비파일 : 매개 회귀분석.xls

■ '외관 → 브랜드 → 만족도' 분석

먼저 '외관'이 '브랜드'와 유의미한 관계인지 확인해 보자.

(1) 과정 ❶

❶ '독립변수 → 매개변수' 간의 유의성 검정

01 SPSS Statistics에서 '매개 회귀분석.xls' 파일을 불러온다.

02 분석 ▶ 회귀분석 ▶ 선형을 클릭한다.

[그림 11-19] **매개 회귀분석 메뉴 선택**

03 선형 회귀 창에서 ❶ 종속변수 란에 'FAC브랜드'를 옮기고 ❷ 독립변수 란에 'FAC외관'을 옮긴 후 ❸ 방법을 '입력'으로 선택한다. ❹ 확인을 클릭하면 ① 과정의 분석이 시작된다.

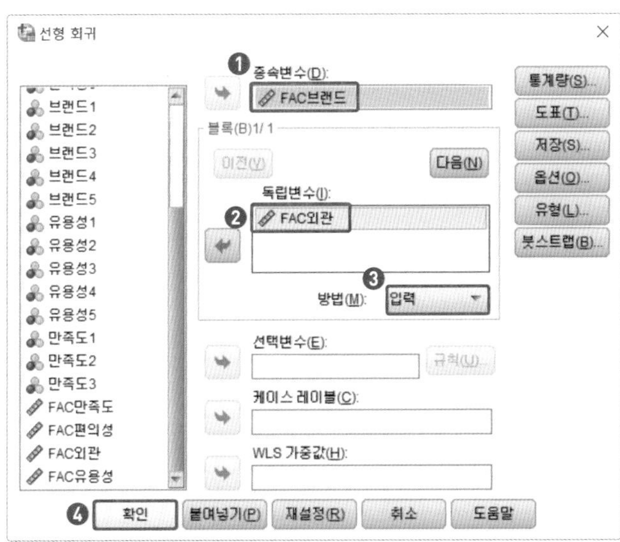

[그림 11-20] **매개변수의 유의성 검정 ①**

TIP 독립 및 종속변수는 요인분석을 실시하여 '변수로 저장'된 값인 'FAC외관, FAC유용성, FAC편의성, FAC브랜드, FAC만족도'를 사용한다.

04 매개 회귀분석에서는 각 단계별로 유의함을 확인해야 한다. 만약 해당 단계의 분석 결과가 유의하지 않으면 이후 단계를 진행하는 것은 의미가 없다. 먼저 ❶ 과정의 분석 결과를 살펴보자.

모형 요약

모형	R	R 제곱	수정된 R 제곱	추정값의 표준오차
1	.204[a]	.042	.039	.90914431

a. 예측자: (상수), FAC외관

ANOVA[a]

모형		제곱합	자유도	평균제곱	F	유의확률
1	회귀	11.595	1	11.595	14.029	.000[b]
	잔차	266.974	323	.827		
	전체	278.569	324			

a. 종속변수: FAC브랜드
b. 예측자: (상수), FAC외관

계수[a]

모형		비표준화 계수		표준화 계수	t	유의확률
		B	표준화 오류	베타		
1	(상수)	3.373E-07	.050		.000	1.000
	FAC외관	.192	.051	.204	3.745	.000

a. 종속변수: FAC브랜드

[그림 11-21] **'독립변수 → 매개변수' 간의 유의성 검정 ①**

매개변수인 'FAC브랜드'에 독립변수들이 유의미한 관계인지를 확인하는 분석이므로 유의확률을 확인하면서 회귀식의 유의성과 계수의 유의성을 확인한다.

- **[모형 요약]** : 모형의 설명력을 확인한다.
- [ANOVA] : 회귀식의 유의성을 판단한다.
- **[계수]** : 회귀식의 계수를 확인한다. 또한 회귀식의 유의성(p=.000)도 확인할 수 있으며, 계수도 유의한 것(p=.000)으로 나타났다.

(2) 과정 ❷, ❸, ❹

이제는 다음의 순서대로 분석을 진행한다. ❷와 ❸ 과정은 위계적 회귀분석을 이용해 동시에 분석해야 한다.

❷ '독립변수 → 종속변수' 간의 유의성 검정
❸ '독립변수, 매개변수 → 종속변수' 간의 유의성 검정
❹ ❷~❸ 간의 독립변수의 β 값 비교

05 SPSS Statistics 화면에서 분석 ▶ 회귀분석 ▶ 선형을 클릭한다.

06 선형 회귀 창에서 ❶ 종속변수 란에 'FAC만족도'를 옮기고 ❷ 블록(B)1/1의 독립변수 란에 'FAC외관'을 옮긴 후 ❸ 다음을 클릭한다.

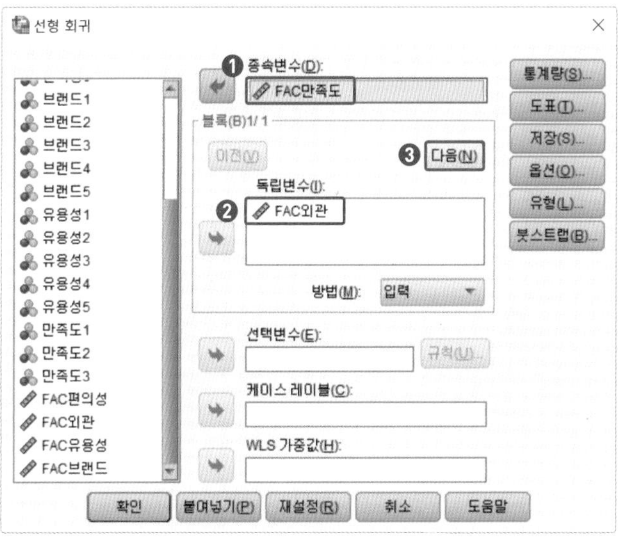

[그림 11-22] **매개 회귀분석의 변수 선택 ①**

07 ❹ 블록(B)2/2의 독립변수 란에 매개변수인 'FAC브랜드'를 옮긴 후 ❺ 확인을 클릭하면 ❷~❸ 과정의 분석이 시작된다.

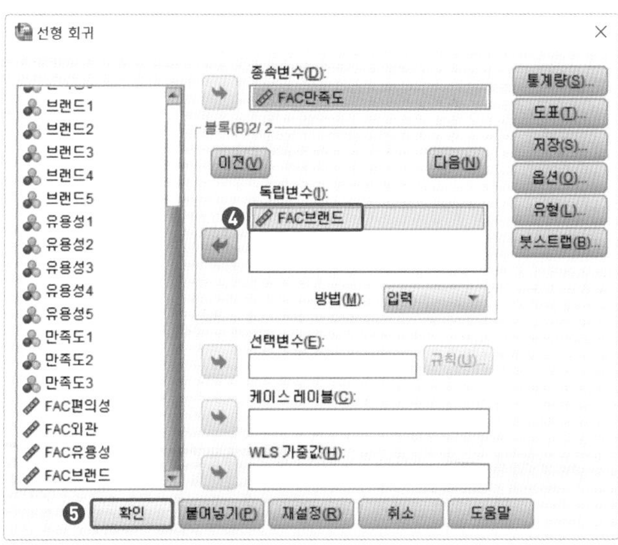

[그림 11-23] **매개 회귀분석의 분석 실행 ①**

08 이제 ❷~❸ 과정의 분석 결과를 살펴보자. 각 단계의 결과가 유의한지 살펴보고, β 값을 비교하여 매개변수 효과가 있는지 확인해 본다.

모형 요약

모형	R	R 제곱	수정된 R 제곱	추정값의 표준오차
1 ❶	.331[a]	.110	.107	.94451815
2 ❷	.443[b]	.197	.192	.89859537

a. 예측자: (상수), FAC외관
b. 예측자: (상수), FAC외관, FAC브랜드

ANOVA[a]

모형		제곱합	자유도	평균제곱	F	유의확률 ❸
1	회귀	35.487	1	35.487	39.779	.000[b]
	잔차	288.153	323	.892		
	전체	323.640	324			
2	회귀	63.634	2	31.817	39.403	.000[c]
	잔차	260.007	322	.807		
	전체	323.640	324			

a. 종속변수: FAC만족도
b. 예측자: (상수), FAC외관
c. 예측자: (상수), FAC외관, FAC브랜드

계수[a]

모형		비표준화 계수		표준화 계수	t	유의확률
		B	표준화 오류	베타 ❹		
1	(상수)	-1.636E-07	.052		.000	1.000
	FAC외관	.336	.053	.331	6.307	.000
2	(상수)	-2.731E-07	.050		.000	1.000
	FAC외관	.274	.052	.270	5.285	.000
	FAC브랜드	.325	.055	.301	5.904	.000

a. 종속변수: FAC만족도

[그림 11-24] **매개 회귀분석 내의 위계적 회귀분석 결과 ①**

- **[모형 요약]** : 모형 1은 ❷의 분석 결과이고(❶), 모형 2는 ❸의 분석 결과이다(❷).
- **[ANOVA]** : 모형 1과 모형 2의 유의확률 결과를 확인해 보면, 두 가지 분석 결과 모두 유의미한 영향관계(❸)로 판단된다.
- **[계수]** : 두 모형에서 사용한 독립변수의 β 값을 비교해 보면, '(❷=.331) > (❸=.270)'임을 확인할 수 있다(❹).

따라서 'FAC브랜드' 매개변수는 매개효과가 있다고 판단할 수 있다.

■ '유용성 → 브랜드 → 만족도' 분석

이번에는 유용성 변수를 기준으로 분석해 보자. 분석 과정은 앞서 진행한 것과 동일하다.

(1) 과정 ❶

❶ '독립변수 → 매개변수' 간의 유의성 검정

01 SPSS Statistics 화면에서 **분석 ▶ 회귀분석 ▶ 선형**을 클릭한다.

02 선형 회귀 창에서 ❶ **종속변수** 란에 'FAC브랜드'를 옮기고 ❷ **독립변수** 란에 'FAC유용성'을 옮긴 후 ❸ **방법**을 '입력'으로 선택한다. ❹ **확인**을 클릭하면 ❶ 과정의 분석이 시작된다.

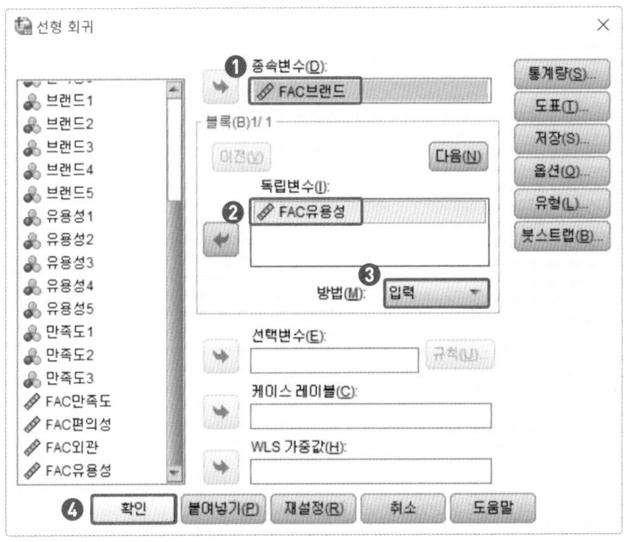

[그림 11-25] 매개변수의 유의성 검정 ②

03 먼저 ❶ 과정의 분석 결과를 살펴보자.

모형 요약

모형	R	R 제곱	수정된 R 제곱	추정값의 표준오차
1	.165[a]	.027	.024	.91591515

a. 예측자: (상수), FAC유용성

ANOVA[a]

모형		제곱합	자유도	평균제곱	F	유의확률
1	회귀	7.604	1	7.604	9.064	.003[b]
	잔차	270.965	323	.839		
	전체	278.569	324			

a. 종속변수: FAC브랜드
b. 예측자: (상수), FAC유용성

계수[a]

모형		비표준화 계수		표준화 계수	t	유의확률
		B	표준화 오류	베타		
1	(상수)	2.781E-07	.051		.000	1.000
	FAC유용성	.160	.053	.165	3.011	.003

a. 종속변수: FAC브랜드

[그림 11-26] '독립변수 → 매개변수' 간의 유의성 검정 ②

매개변수인 'FAC브랜드'에 대하여 독립변수들이 유의미한 관계인지를 확인하는 분석이므로, 유의확률을 확인하면서 회귀식의 유의성과 계수의 유의성을 확인한다.

- **[모형 요약]** : 모형의 설명력을 확인한다.
- [ANOVA] : 회귀식의 유의성을 판단한다.
- **[계수]** : 회귀식의 계수를 확인한다. 또한 회귀식의 유의성(p=.003)도 확인할 수 있으며, 계수도 유의한 것(p=.003)으로 나타났다.

(2) 과정 ❷, ❸, ❹

이제는 다음의 순서대로 분석을 진행한다. ❷와 ❸ 과정은 위계적 회귀분석을 이용해 동시에 분석해야 한다.

> ❷ '독립변수 → 종속변수' 간의 유의성 검정
> ❸ '독립변수, 매개변수 → 종속변수' 간의 유의성 검정
> ❹ ❷~❸ 간의 독립변수의 β 값 비교

04 SPSS Statistics 화면에서 분석▶회귀분석▶선형을 클릭한다.

05 선형 회귀 창에서 ❶ 종속변수 란에 'FAC만족도'를 옮기고 ❷ 블록(B)1/1의 독립변수 란에 'FAC유용성'을 옮긴 후 ❸ 다음을 클릭한다.

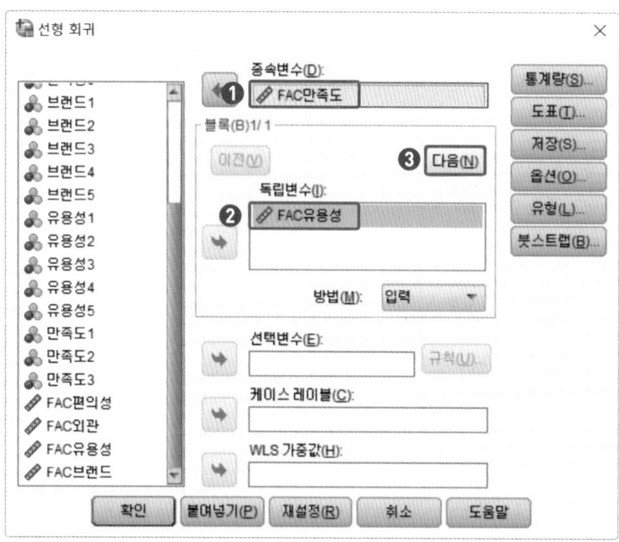

[그림 11-27] 매개 회귀분석의 변수 선택 ②

06 ❹ 블록(B)2/2의 독립변수 란에 매개변수인 'FAC브랜드'를 옮긴 후 ❺ 확인을 클릭하면 ❷~❸ 과정의 분석이 시작된다.

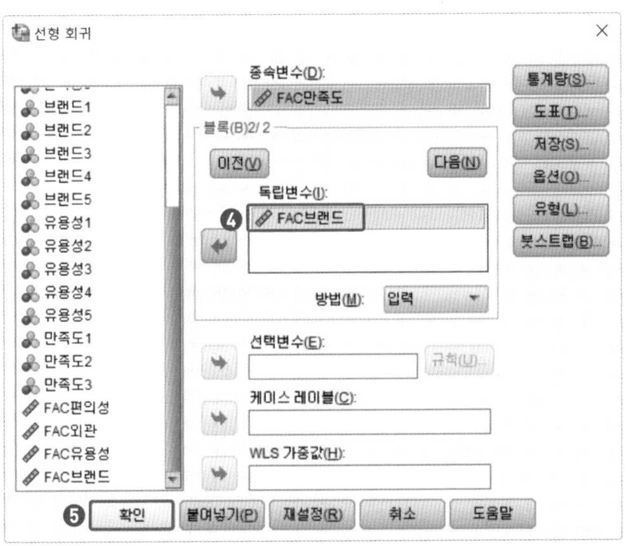

[그림 11-28] 매개 회귀분석의 분석 실행 ②

07 이제 ❷~❸ 과정의 분석 결과를 살펴보자. 각 단계의 결과가 유의한지 살펴보고, β 값을 비교하여 매개변수 효과가 있는지 확인해 본다.

모형 요약

모형	R	R 제곱	수정된 R 제곱	추정값의 표준오차
1 ❶	.248[a]	.061	.058	.96984500
2 ❷	.404[b]	.164	.158	.91692548

a. 예측자: (상수), FAC유용성
b. 예측자: (상수), FAC유용성, FAC브랜드

ANOVA[a]

모형		제곱합	자유도	평균제곱	F	유의확률 ❸
1	회귀	19.827	1	19.827	21.079	.000[b]
	잔차	303.814	323	.941		
	전체	323.640	324			
2	회귀	52.918	2	26.459	31.471	.000[c]
	잔차	270.722	322	.841		
	전체	323.640	324			

a. 종속변수: FAC만족도
b. 예측자: (상수), FAC유용성
c. 예측자: (상수), FAC유용성, FAC브랜드

계수[a]

모형		비표준화 계수 B	비표준화 계수 표준화 오류	표준화 계수 베타 ❹	t	유의확률
1	(상수)	-2.631E-07	.054		.000	1.000
	FAC유용성	.259	.056	.248	4.591	.000
2	(상수)	-3.603E-07	.051		.000	1.000
	FAC유용성	.203	.054	.194	3.753	.000
	FAC브랜드	.349	.056	.324	6.274	.000

a. 종속변수: FAC만족도

[그림 11-29] 매개 회귀분석 내의 위계적 회귀분석 결과 ②

- **[모형 요약]** : 모형 1은 ❷의 분석 결과이고(❶), 모형 2는 ❸의 분석 결과이다(❷).
- **[ANOVA]** : 모형 1과 모형 2의 유의확률 결과를 확인해 보면, 두 가지 분석 결과 모두 유의미한 영향관계(❸)로 판단된다.

• **[계수]** : 두 모형에서 사용한 독립변수의 β 값을 비교해 보면, '(❷=.248) > (❸=.194)'임을 확인할 수 있다(❹).

따라서 'FAC브랜드' 매개변수는 매개효과가 있다고 판단할 수 있다.

■ '편의성 → 브랜드 → 만족도' 분석

이번에는 편의성 변수를 기준으로 분석해 보자. 분석과정은 앞서 진행한 것과 동일하다.

(1) 과정 ❶

❶ '독립변수 → 매개변수' 간의 유의성 검정

01 SPSS Statistics 화면에서 **분석 ▶ 회귀분석 ▶ 선형**을 클릭한다.

02 선형 회귀 창에서 ❶ 종속변수 란에 'FAC브랜드'를 옮기고 ❷ 독립변수 란에 'FAC편의성'을 옮긴 후 ❸ 방법을 '입력'으로 선택한다. ❹ 확인을 클릭하면 ❶ 과정의 분석이 시작된다.

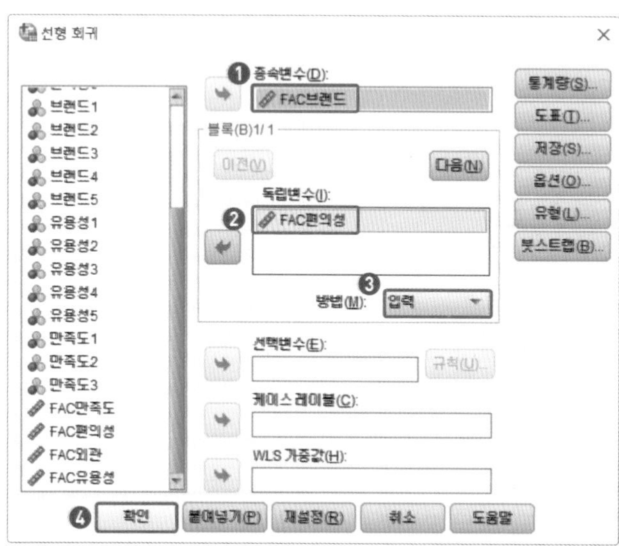

[그림 11-30] **매개변수의 유의성 검정 ③**

03 먼저 ❶ 과정의 분석 결과를 살펴보자.

모형 요약

모형	R	R 제곱	수정된 R 제곱	추정값의 표준오차
1	.141[a]	.020	.017	.91937246

a. 예측자: (상수), FAC편의성

ANOVA[a]

모형		제곱합	자유도	평균제곱	F	유의확률
1	회귀	5.554	1	5.554	6.571	.011[b]
	잔차	273.014	323	.845		
	전체	278.569	324			

a. 종속변수: FAC브랜드
b. 예측자: (상수), FAC편의성

계수[a]

모형		비표준화 계수		표준화 계수	t	유의확률
		B	표준화 오류	베타		
1	(상수)	2.916E-07	.051		.000	1.000
	FAC편의성	-.131	.051	-.141	-2.563	.011

a. 종속변수: FAC브랜드

[그림 11-31] **'독립변수 → 매개변수' 간의 유의성 검정 ③**

매개변수인 'FAC브랜드'에 대한 독립변수들이 유의미한 관계인지를 확인하는 분석이므로, 유의확률을 확인하면서 회귀식의 유의성과 계수의 유의성을 확인한다.

- **[모형 요약]** : 모형의 설명력을 확인한다.
- [ANOVA] : 회귀식의 유의성을 판단한다.
- **[계수]** : 회귀식의 계수를 확인한다. 회귀식의 유의성(p=.011)도 확인할 수 있으며, 계수도 유의한 것(p=.011)으로 나타났다.

(2) 과정 ❷, ❸, ❹

이제는 다음의 순서대로 분석을 진행한다. ❷와 ❸ 과정은 위계적 회귀분석을 이용해 동시에 분석해야 한다.

❷ '독립변수 → 종속변수' 간의 유의성 검정
❸ '독립변수, 매개변수 → 종속변수' 간의 유의성 검정
❹ ❷~❸ 간의 독립변수의 β 값 비교

04 SPSS Statistics 화면에서 분석 ▶ 회귀분석 ▶ 선형을 클릭한다.

05 선형 회귀 창에서 ❶ 종속변수 란에 'FAC만족도'를 옮기고 ❷ 블록(B)1/1의 독립변수 란에는 'FAC편의성'을 옮긴 후 ❸ 다음을 클릭한다.

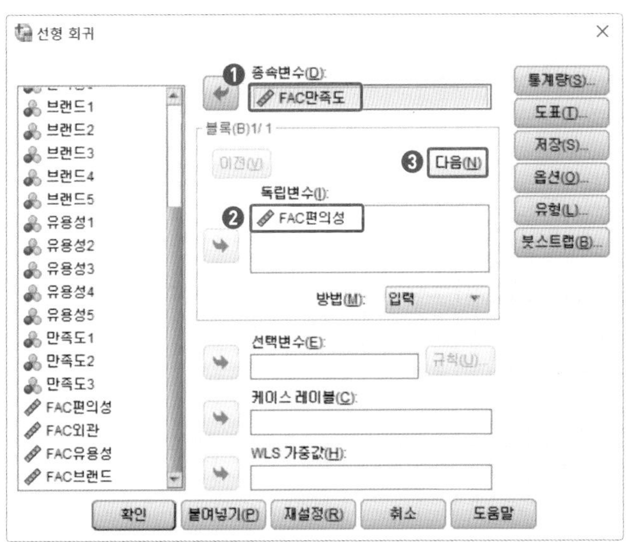

[그림 11-32] **매개 회귀분석의 변수 선택 ③**

06 ❹ 블록(B)2/2의 독립변수 란에 매개변수인 'FAC브랜드'를 옮긴 후 ❺ 확인을 클릭하면 ❷~❸ 과정의 분석이 시작된다.

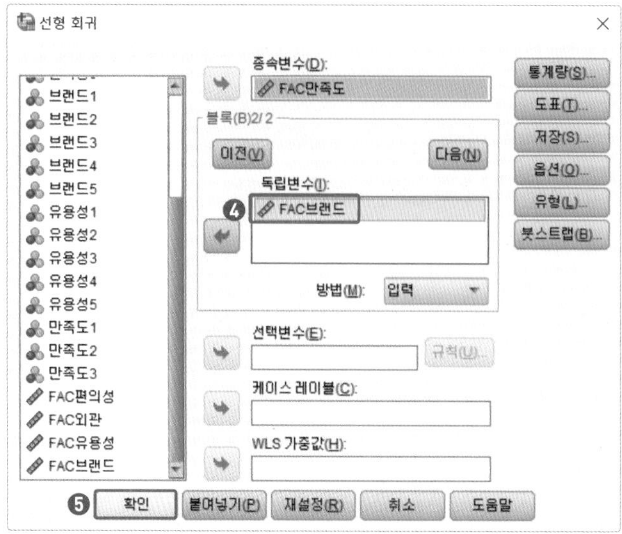

[그림 11-33] **매개 회귀분석의 분석 실행 ③**

07 이제 ❷~❸ 과정의 분석 결과를 살펴보자. 각 단계의 결과가 유의한지 살펴보고, β 값을 비교하여 매개변수 효과가 있는지 확인해 본다.

모형 요약

모형	R	R 제곱	수정된 R 제곱	추정값의 표준오차
1 ❶	.461[a]	.212	.210	.88853912
2 ❷	.546[b]	.299	.294	.83962473

a. 예측자: (상수), FAC편의성
b. 예측자: (상수), FAC편의성, FAC브랜드

ANOVA[a]

모형		제곱합	자유도	평균제곱	F	유의확률 ❸
1	회귀	68.631	1	68.631	86.930	.000[b]
	잔차	255.009	323	.790		
	전체	323.640	324			
2	회귀	96.640	2	48.320	68.542	.000[c]
	잔차	227.000	322	.705		
	전체	323.640	324			

a. 종속변수: FAC만족도
b. 예측자: (상수), FAC편의성
c. 예측자: (상수), FAC편의성, FAC브랜드

계수[a]

모형		비표준화 계수		표준화 계수	t	유의확률
		B	표준화 오류	베타 ❹		
1	(상수)	-2.721E-07	.049		.000	1.000
	FAC편의성	.481	.049	- .461	-9.324	.000
2	(상수)	-3.655E-07	.047		.000	1.000
	FAC편의성	- .419	.047	- .419	-8.878	.000
	FAC브랜드	.320	.051	.297	6.303	.000

a. 종속변수: FAC만족도

[그림 11-34] **매개 회귀분석 내의 위계적 회귀분석 결과 ③**

- [모형 요약] : 모형 1은 ❷의 분석 결과이고(❶), 모형 2는 ❸의 분석 결과이다(❷).
- [ANOVA] : 모형 1과 모형 2의 유의확률 결과를 확인해 보면, 두 가지 분석 결과 모두 유의미한 영향관계(❸)로 판단된다.
- [계수] : 두 모형에서 사용한 독립변수의 β 값을 비교해 보면, ❷=−.461이고, ❸=−.419임을 확인할 수 있다(❹). 실제 값의 크기로 보면 −.461이 −.419보다 작지만, 여기에서는 방향성을 확인하는 크기를 보기 때문에 '❷>❸'가 된다.

따라서 'FAC브랜드' 매개변수는 매개효과가 있다고 판단할 수 있다.

Step 3 논문에 표현하기 매개 회귀분석

매개변수를 포함하는 회귀분석은 다음과 같이 표현할 수 있다. 일반 회귀분석의 표현법을 기억하고 있다면 어렵게 느껴지지는 않을 것이다. 아래 내용을 잘 숙지하고 실전에서는 연구내용의 특성에 따라 효율적으로 표현할 수 있으면 된다.

예 매개변수의 유의성 검정

[표 A] 분산분석

독립변수	모형	제곱합	자유도	평균제곱	F	유의확률
외관	회귀 모형	11.595	1	11.595	14.029	.000
	잔차	266.974	323	.827		
	합계	278.569	324			
유용성	회귀 모형	7.604	1	7.604	9.064	.003
	잔차	270.965	323	.839		
	합계	278.569	324			
편의성	회귀 모형	5.554	1	5.554	6.571	.011
	잔차	273.014	323	.845		
	합계	278.569	324			

종속변수 : 브랜드

[표 B] 계수

모형	비표준화 계수		표준화 계수	t	유의확률
	B	표준오차	베타		
(상수)	3.373E-07	.050		.000	1.000
외관	.192	.051	.204	3.745	.000
(상수)	2.781E-07	.051		.000	1.000
유용성	.160	.053	.165	3.011	.003
(상수)	2.916E-07	.051		.000	1.000
편의성	−.131	.051	−.141	−2.563	.011

종속변수 : 브랜드

독립변수를 '외관, 유용성, 편의성'으로 하고, '브랜드'를 종속변수로 한 회귀식과 회귀식의 계수의 유의성을 판단하면 각각 .000, .003, .011로 모두 $p<.05$의 유의수준 내에 있으므로 유의한 것으로 판단할 수 있다.

[표 C] 매개 회귀분석

외관 분산분석[a]

모형		제곱합	자유도	평균 제곱	F	유의확률
1	회귀 모형	35.487	1	35.487	39.779	.000[b]
	잔차	288.153	323	.892		
	합계	323.640	324			
2	회귀 모형	63.634	2	31.817	39.403	.000[c]
	잔차	260.007	322	.807		
	합계	323.640	324			

a. 종속변수 : 만족도, b. 예측값 : (상수), 외관, c. 예측값 : (상수), 외관, 브랜드

'외관'과 '브랜드'를 독립변수로 한 모형 1과 모형 2의 유의확률 결과를 확인하면 두 가지 분석결과 모두 유의미한 영향관계로 판단할 수 있다.

유용성 분산분석[a]

모형		제곱합	자유도	평균 제곱	F	유의확률
1	회귀 모형	19.827	1	19.827	21.079	.000[b]
	잔차	303.814	323	.941		
	합계	323.640	324			
2	회귀 모형	52.918	2	26.459	31.471	.000[c]
	잔차	270.722	322	.841		
	합계	323.640	324			

a. 종속변수: 만족도, b. 예측값 : (상수), 유용성, c. 예측값 : (상수), 유용성, 브랜드

'유용성'과 '브랜드'를 독립변수로 한 모형 1과 모형 2의 유의확률 결과를 확인하면 두 가지 분석 결과 모두 유의미한 영향관계로 판단할 수 있다.

편의성 분산분석[a]

모형		제곱합	자유도	평균 제곱	F	유의확률
1	회귀 모형	68.631	1	68.631	86.930	.000[b]
	잔차	255.009	323	.790		
	합계	323.640	324			
2	회귀 모형	96.640	2	48.320	68.542	.000[c]
	잔차	227.000	322	.705		
	합계	323.640	324			

a. 종속변수 : 만족도, b. 예측값 : (상수), 편의성, c. 예측값 : (상수), 편의성, 브랜드

'편의성'과 '브랜드'를 독립변수로 한 모형 1과 모형 2의 유의확률 결과를 확인하면 두 가지 분석 결과 모두 유의미한 영향관계로 판단할 수 있다.

[표 D] 계수

외관

모형		비표준화 계수		표준화 계수	t	유의확률
		B	표준오차	베타		
1	(상수)	−1.636E−07	.052		.000	1.000
	외관	.336	.053	.331	6.307	.000
2	(상수)	−2.731E−07	.050		.000	1.000
	외관	.274	.052	.270	5.285	.000
	브랜드	.325	.055	.301	5.904	.000

종속변수 : 만족도

'외관'을 독립변수로 하고 '브랜드'를 매개변수로 하여 종속변수를 만족도로 한 매개 회귀분석에서 두 모형에서 사용한 독립변수의 β 값을 비교하면 '모형 1=.331>모형 2=.270' 임을 확인할 수 있다. 따라서 '브랜드' 매개변수는 매개효과가 있다고 판단할 수 있다.

유용성

모형		비표준화 계수		표준화 계수	t	유의확률
		B	표준오차	베타		
1	(상수)	−2.631E−07	.054		.000	1.000
	유용성	.259	.056	.248	4.591	.000
2	(상수)	−3.603E−07	.051		.000	1.000
	유용성	.203	.054	.194	3.753	.000
	브랜드	.349	.056	.324	6.274	.000

종속변수 : 만족도

'유용성'을 독립변수로 하고 '브랜드'를 매개변수로 하여 종속변수를 만족도로 한 매개 회귀분석에서 두 모형에서 사용한 독립변수의 β 값을 비교하면 '모형 1=.248>모형 2=.194' 임을 확인할 수 있다. 따라서 '브랜드' 매개변수는 매개효과가 있다고 판단할 수 있다.

편의성

모형		비표준화 계수		표준화 계수	t	유의확률
		B	표준오차	베타		
1	(상수)	−2.721E−07	.049		.000	1.000
	편의성	−.461	.049	−.461	−9.324	.000
2	(상수)	−3.655E−07	.047		.000	1.000
	편의성	−.419	.047	−.419	−8.878	.000
	브랜드	.320	.051	.297	6.303	.000

종속변수 : 만족도

'편의성'을 독립변수로 하고 '브랜드'를 매개변수로 하여 종속변수를 만족도로 한 매개 회귀분석에서 두 모형에서 사용한 독립변수의 β 값을 비교하면 '모형 1=−.461>모형 2=−.419' 임을 확인할 수 있다. 따라서 '브랜드' 매개변수는 매개효과가 있다고 판단할 수 있다.

11.3 로지스틱 회귀분석

로지스틱 회귀분석(logistic regression analysis)은 독립변수가 명목척도, 서열척도, 등간척도, 비율척도로 구성되어 있고, 종속변수가 명목척도 혹은 서열척도로 구성된 경우에 사용하는 분석 방법이다.

로지스틱 회귀분석은 독립변수가 선형임을 이용하여 사건의 발생 가능성을 예측하는 분석 방법으로, 일반 회귀분석과 유사하지만 종속변수에 쓰이는 척도가 다르다는 차이가 있다.

독립변수에 사용되는 척도는 [표 11-2]와 같이 크게 네 가지로 구분되는데, 이 중 명목척도와 서열척도는 '범주형 변수(categorical variable)'라 하고, 등간척도와 비율척도는 '연속형 변수(continuous variable)'라 한다.

[표 11-2] 로지스틱 회귀분석의 변수에 사용되는 척도

독립변수	종속변수	분석 방법
명목척도 서열척도 등간척도 비율척도	명목척도(2개)	이분형 로지스틱
	명목척도(3개 이상)	다항 로지스틱
	서열척도(3개 이상)	다항 로지스틱

로지스틱 회귀분석은 종속변수가 명목척도와 서열척도로 이루어진 범주형 데이터 모델링(CATMOD : categorical data modeling)의 한 종류로, 종속변수의 변수값이 이항계수인 0과 1인 경우에 사용된다. 로지스틱 회귀분석에서 사용하는 분석 방법은 크게 이분형 로지스틱과 다항 로지스틱의 두 가지이다.

11.3.1 이분형(이항) 로지스틱 회귀분석

이분형 로지스틱 회귀분석은 명목척도로 구성된 2개의 종속변수가 사용된 경우에 적용할 수 있는 로지스틱 회귀분석이다. 독립변수는 연속형 변수로서 그 값이 $-\infty \sim +\infty$ 범위에 해당된다. 반면 종속변수는 결과값이 0과 1뿐이다. 이때 원인이 되는 변수의 연속형($-\infty \sim +\infty$)을 종속변수(0과 1)로 구분해야 하는 분석이므로 수학적으로 변형하여 인과관계를 파악한다. 이때 사건이 발생하지 않거나 발생하는 0이나 1로 구분되어야 하는 구분점을 확인해야 한다. 사건이 발생할 확률과 발생하지 않을 확률의 비율을 오즈(odds)라고 하며, 두 사건의 정중앙인 0.5가 기준이 된다.

$$오즈 = \frac{사건이\,일어날\,확률(p)}{사건이\,일어나지\,않을\,확률(1-p)}$$

로지스틱 회귀분석은 종속변수 0~1을 $-\infty \sim +\infty$로 변환하여 회귀분석을 적용하여 확률로 표시한 것이므로, 기준점인 오즈가 0.5보다 크면 1, 작다면 0으로 판단하여 결과를 도출한다.

다음 연구문제를 통해 이분형 로지스틱 회귀분석을 확인해보자.

연구문제

강남과 강북의 지역과 초대졸, 대졸, 대학원졸의 학력에 따른 스마트폰 구매의사의 차이 여부에 대해 확인하고자 한다. 설문지에서 명목척도를 사용했으므로 이분형 로지스틱 회귀분석을 이용하여 확인해 보자.

Step 1 따라하기 이분형 로지스틱 회귀분석

준비파일 : 이분형 로지스틱 회귀분석.xls

01 SPSS Statistics에서 '이분형 로지스틱 회귀분석.xls' 파일을 불러온다.

02 변수 보기 탭에서 변수 이름의 값의 [...] 버튼을 클릭하여 각각 다음과 같이 입력한다.

① 지역 : '1=강남, 2=강북'
② 학력 : '1=초대졸, 2=대졸, 3=대학원졸'
③ 구매의사 : '1=구매, 2=구매안함'

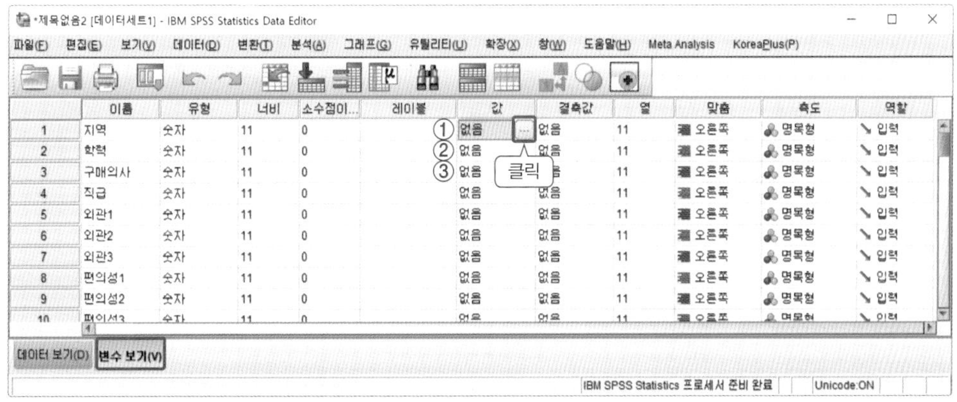

[그림 11-35] 이분형 로지스틱 회귀분석의 시작

[그림 11-36] **이분형 로지스틱 회귀분석의 변수 설정**

03 분석 ▶ 회귀분석 ▶ 이분형 로지스틱을 클릭한다.

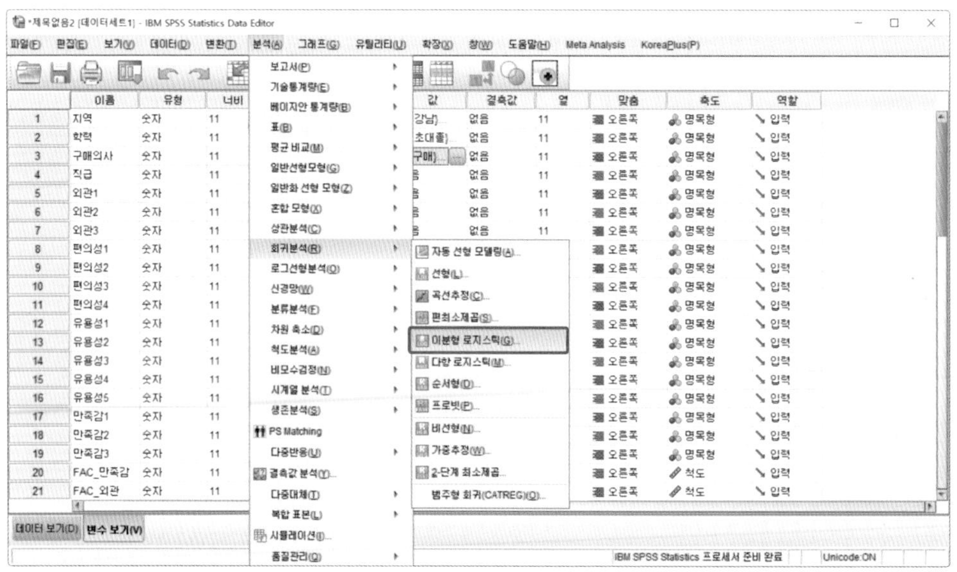
[그림 11-37] **이분형 로지스틱 회귀분석 실행**

04 지역에 따른 구매의사를 확인해야 하므로, ❶ 이분형 로지스틱 창의 종속변수 란에 '구매의사'를 옮긴다. ❷ 또 공변량 란으로 독립변수인 '지역'과 '학력'을 옮긴 후 ❸ 범주형을 클릭하여 로지스틱 회귀: 범주형 변수 정의 창을 연다.

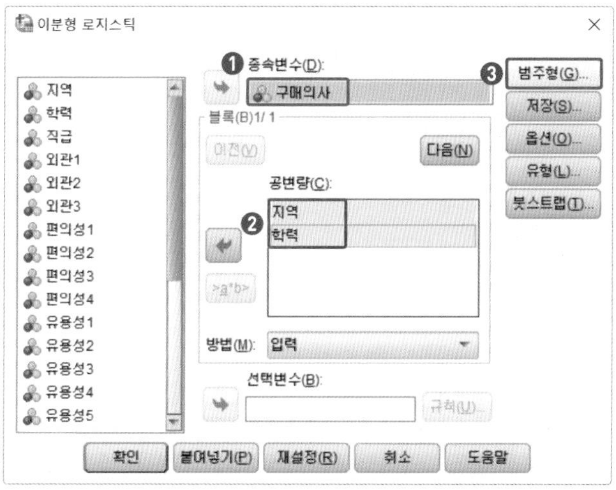

[그림 11-38] **이분형 로지스틱 회귀분석의 변수 입력**

TIP **범주형** 버튼을 클릭하여 '로지스틱 회귀: 범주형 변수 정의'를 하는 이유는 '학력' 변수의 범주가 3개 이상이므로 이 범주형 변수를 더미변수화해야 하기 때문이다.

05 로지스틱 회귀: 범주형 변수 정의 창의 ❹ 공변량의 항목인 '학력', '지역' 변수를 범주형 공변량 란으로 옮기고 ❺ 계속을 클릭한다.

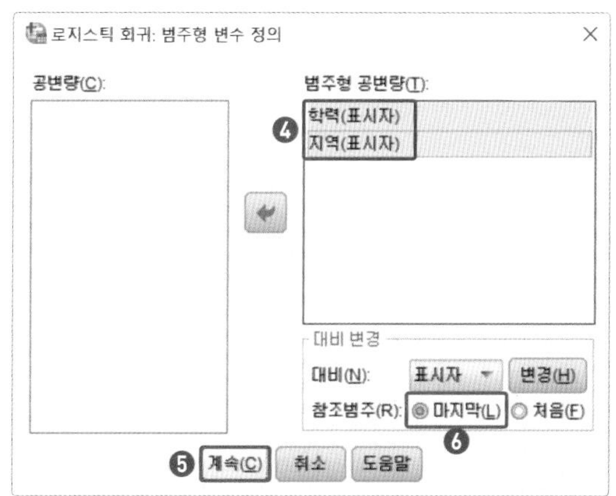

[그림 11-39] **이분형 로지스틱 회귀분석의 범주형 변수 설정**

TIP **대비 변경** 항목의 **참조범주**의 '마지막(❻)'은 변수를 더미화했을 때 어떤 것을 기준변수로 할 것인지를 표시한 것이다. 이 부분은 출력결과를 보면 확실하게 이해될 것이므로 일단은 넘어가자.

06 ❶ '지역' 변수가 '지역(Cat)', '학력' 변수가 '학력(Cat)'으로 변경되었으면 ❷ 방법을 '뒤로: LR'로 선택하고 ❸ 옵션을 클릭한다.

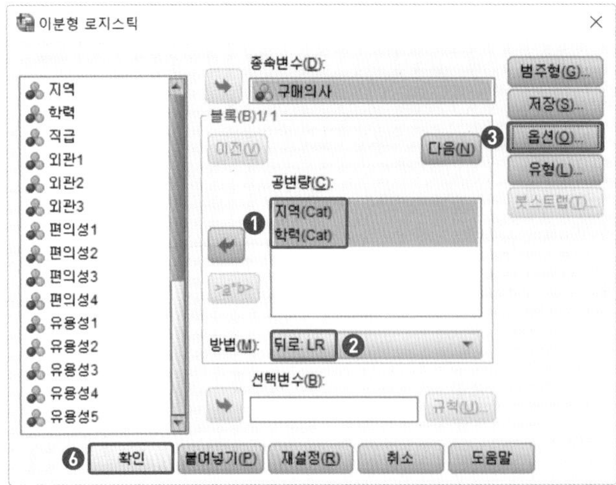

[그림 11-40] **이분형 로지스틱 회귀분석의 변수 투입 방법**

TIP 방법을 '뒤로'로 설정하는 이유는 10장의 단계적 회귀분석과 위계적 회귀분석에서 설명하였다. (여기서의 '뒤로'는 단계적/위계적 회귀분석 방법의 '후진'과 같은 말이다.) '뒤로'에는 다시 변수의 수와 표본의 개수에 따라 '조건, LR, Wald'로 나뉘며, 이 중 가장 보편적인 LR(likelihood ratio)을 선택한다.

07 로지스틱 회귀: 옵션 창에서 ❹ '분류도표', 'Hosmer–Lemeshow 적합도', 'exp(B)에 대한 신뢰구간'에 ☑ 표시를 하고 ❺ 계속을 클릭한다. 이분형 로지스틱 창에서 ❻ 확인을 클릭하면 분석이 시작된다.

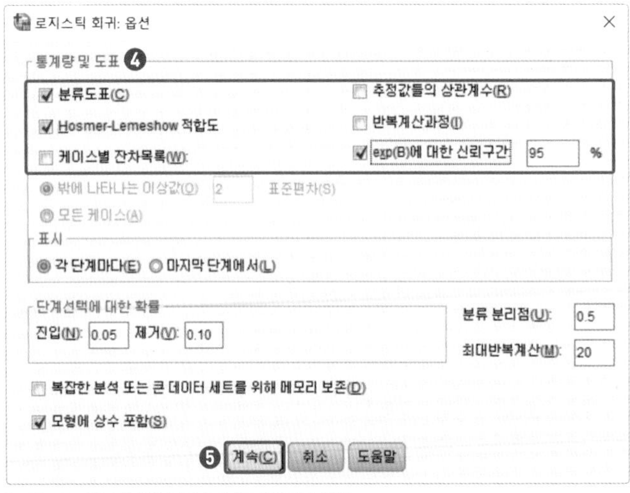

[그림 11-41] **이분형 로지스틱 회귀분석의 옵션**

TIP 옵션 설정 배경

- **분류도표** : '구매와 구매안함'과 같이 두 집단이 완전히 구분될 때, 0.5를 기준으로 좌/우로 나뉘어 분포하는 도표를 나타낸다.
- **Hosmer–Lemeshow 적합도** : 로지스틱 회귀모형의 전체적인 적합도를 판단하는 검정으로, 유의확률이 유의수준보다 크면 좋은 모형이다. 이때의 귀무가설이 '모형이 적합하다'이기 때문이다.

NOTE

45 로지스틱 회귀분석 결과를 확인하기 위한 사전 지식

로지스틱 회귀분석은 회귀분석의 일종이지만, 출력결과에서 확인해야 할 기준이 조금 다르다.

구분	일반 회귀분석	로지스틱 회귀분석
회귀모형 검정	F	χ^2(chi-square test)
회귀계수 검정	T	Wald 통계량
회귀식의 설명력	R^2	Cox와 Snell의 R^2 Negelkerke의 R^2

또한 기존의 회귀분석에서 사용되지 않는 용어가 나온다.

용어	내용
오즈(odds)	어떤 사건이 일어날 확률과 일어나지 않을 확률 간의 비율 $오즈 = \frac{어떤\ 사건이\ 일어날\ 확률}{어떤\ 사건이\ 일어나지\ 않을\ 확률}$
오즈비(OR : Odds Ratio)	관측치가 발생할 확률과 발생하지 않을 오즈 간의 비율
상대적 위험도(RR : Relative Risk)	관측치와 예측치 간의 연관성

구분		예측		합계 (오즈)	발생률
		o	×		
관측	o	a	b	$\frac{a}{b}$	$\frac{a}{(a+b)}$
	×	c	d	$\frac{c}{d}$	$\frac{c}{(c+d)}$
합계		a+c	b+d	a+b+c+d	

관측치와 예측치를 비교하여 관측치가 o일 때 예측치가 o일 확률이 a, 관측치가 o이지만, 예측치가 x일 확률이 b이다. 여기서 사건이 일어날 확률인 a를 일어나지 않을 확률인 b로 나눈 값을 관측치 o의 '오즈(odds)'라 한다. 또한, 관측치가 x인데 예측치가 o일 확률이 c, 예측치가 x이고 일어나지 않을 확률이 d이므로, 관측치 x의 오즈는 c를 d로 나눈 값으로 나타낼 수 있다.

여기서 구한 각 오즈 간의 비율을 '오즈비(odds ratio)'라 한다. 즉 관측치 o에 대한 오즈를 관측치 x로 나눈 값으로 구성비를 가늠할 수 있다. 즉 오즈비는 $\frac{ad}{bc}$로 나타낼 수 있다. 이때 분자에는 관측치 o를 o로 예측하고 관측치 x를 x로 정확하게 예측한 값이 포함되어 있고, 분모에는 관측치 o를 x로 예측하고 관측치 x를 o로 예측한, 정확하지 못한 값들이 포함되어 있다.

$$오즈비(OR) = \frac{관측치의\ 발생\ 오즈}{예측치의\ 불발\ 오즈} = \frac{\frac{a}{b}}{\frac{c}{d}} = \frac{ad}{bc}$$

상대적 위험도(relative risk)는 관측치 o에서 예측치가 o일 확률인 $\frac{a}{(a+b)}$를 관측치가 x에서 예측치가 o일 확률인 $\frac{c}{(c+d)}$로 나누어 구한다.

$$상대적\ 위험도(RR) = \frac{관측치의\ 발생률}{예측치의\ 발생률} = \frac{\frac{a}{(a+b)}}{\frac{c}{(c+d)}}$$

이상의 개념으로 보면 상대적 위험도가 전체의 수치를 모두 이용하므로 유용하게 사용할 수 있다고 판단할 수 있다. 그러나 오즈비를 사용하는 이유는 연구를 진행하면서 전체 모수를 이용하는 경우가 매우 드물기 때문이다. 즉 표본을 이용해 전체를 대변하는 수치를 나타내므로 연구에서는 오즈비를 이용하여 판단해야 한다.

이분형 로지스틱 회귀분석

케이스 처리 요약

가중되지 않은 케이스[a]		N	퍼센트
선택 케이스	분석에 포함	325	100.0
	결측 케이스	0	.0
	전체	325	100.0
비선택 케이스		0	.0
전체		325	100.0

a. 가중값을 사용하는 경우에는 전체 케이스 수의 분류표를 참조하십시오.

종속변수 인코딩

원래 값	내부 값
구매	0
구매안함	1

범주형 변수 코딩

		빈도	모수 코딩	
			(1)	(2)
학력	초대졸	231	1.000	.000
	대졸	82	.000	1.000
	대학원졸	12	.000	.000
지역	강남	206	1.000	
	강북	119	.000	

[그림 11-42] 이분형 로지스틱 회귀분석 결과 ①

- **[케이스 처리 요약]** : 표본의 개수와 그에 대한 비율, 결측치에 대한 상황이 표시되어 있다.
- **[종속변수 인코딩]** : 여기서는 분석 결과가 1(구매안함)이 될 확률이기 때문에 '내부 값=1'을 찾아야 한다.
- **[범주형 변수 코딩]** : Step 1-05에서 '학력'과 '지역'은 변수의 범주를 설정해야 하므로 더미변수화했다. 여기서 **대비 변경** 항목의 **참조범주**를 '마지막'으로 설정했는데, 이때 설정한 '마지막'이 [범주형 변수 코딩] 표에서 학력과 지역의 마지막 행인 '대학원졸'과 '강북'이며, '대학원졸'과 '강북'의 변수가 더미변수 '0, 0'(기준값)과 '0'으로 설정된 것이다. 이때 기준값인 학력 '(1), (2)'와 지역 '(1)'은 뒤에 나오게 될 [방정식의 변수] 표에서 활용된다.

■ 블록 0: 시작 블록

독립변수들을 포함하지 않고 상수항만을 포함한 단계의 결과를 표시한다.

분류표[a,b]

관측됨			예측 구매의사 구매	예측 구매의사 구매안함	분류정확 %
0 단계	구매의사	구매	0	161	.0
		구매안함	0	164	100.0
	전체 퍼센트				50.5

a. 모형에 상수항이 있습니다.
b. 절단값은 .500입니다.

방정식의 변수

		B	S.E.	Wald	자유도	유의확률	Exp(B)
0 단계	상수항	.018	.111	.028	1	.868	1.019

방정식에 없는 변수

			점수	자유도	유의확률
0 단계	변수	지역(1)	143.136	1	.000
		학력	1.125	2	.570
		학력(1)	.394	1	.530
		학력(2)	.856	1	.355
	전체 통계량		145.889	3	.000

[그림 11-43] **이분형 로지스틱 회귀분석 결과 ②**

- **[분류표]** : 관측치(표본) 325개에 대해 '구매, 구매안함'에 대한 예측을 구분한다.
- **[방정식의 변수]** : 상수항만으로 설명한다.
- **[방정식에 없는 변수]** : [방정식의 변수] 표가 상수항만으로 설명되어 있으므로 어떤 변수들이 독립변수로 들어가는지 확인할 수 있다.

■ 블록 1: 방법 = 후진 단계선택(우도비)

로지스틱 회귀 창에서 방법을 '뒤로: LR'로 선택했으므로, '블록 1: 방법 = 후진 단계선택(우도비)'으로 설정되어 있다.

모형 계수의 총괄 검정

		카이제곱	자유도	유의확률
1 단계	단계	169.165	3	.000
	블록	169.165	3	.000
	모형	169.165	3	.000

모형 요약

단계	-2 로그 우도	Cox와 Snell의 R-제곱	Nagelkerke R-제곱
1	281.353[a]	.406	.541

a. 모수 추정값이 .001보다 작게 변경되어 계산반복수 5에서 추정을 종료하였습니다.

= Hosmer와 Lemeshow 검정 =

단계	카이제곱	자유도	유의확률
1	2.211	4	.697

Hosmer와 Lemeshow 검정에 대한 분할표

		구매의사 = 구매		구매의사 = 구매안함		전체
		관측됨	예측됨	관측됨	예측됨	
1 단계	1	7	6.653	1	1.347	8
	2	112	111.224	30	30.776	142
	3	35	36.123	21	19.877	56
	4	0	.347	4	3.653	4
	5	5	5.776	84	83.224	89
	6	2	.877	24	25.123	26

분류표[a]

관측됨			예측: 구매의사 구매	구매안함	분류정확 %
1 단계	구매의사	구매	154	7	95.7
		구매안함	52	112	68.3
	전체 퍼센트				81.8

a. 절단값은 .500입니다.

방정식의 변수

		B	S.E.	Wald	자유도	유의확률	Exp(B)	EXP(B)에 대한 95% 신뢰구간	
								하한	상한
1 단계[a]	지역(1)	-3.953	.428	85.211	1	.000	.019	.008	.044
	학력			4.681	2	.096			
	학력(1)	.313	.855	.134	1	.714	1.367	.256	7.298
	학력(2)	1.000	.880	1.293	1	.256	2.719	.485	15.245
	상수항	2.355	.899	6.868	1	.009	10.539		

a. 변수가 1: 지역, 학력 단계에 입력되었습니다.

항이 제거된 경우의 모형

변수		로그-우도 모형	-2 로그 우도에서 변경	자유도	변화량의 유의확률
1 단계	지역	-224.695	168.037	1	.000
	학력	-143.010	4.666	2	.097

분류 도표

Step number: 1

Observed Groups and Predicted Probabilities

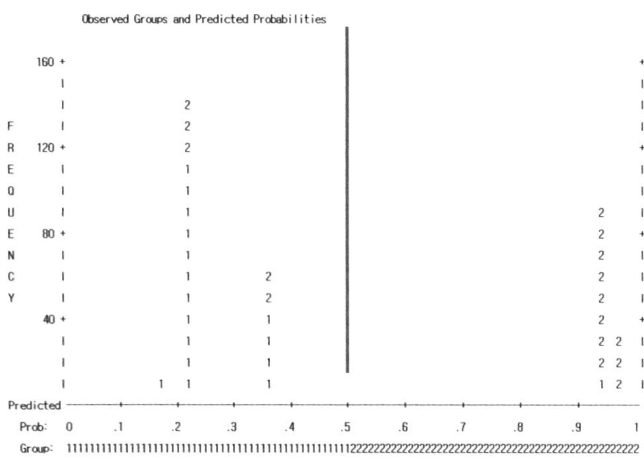

Predicted Probability is of Membership for 구매안함
The Cut Value is .50
Symbols: 1 - 구매
2 - 구매안함
Each Symbol Represents 10 Cases.

[그림 11-44] 이분형 로지스틱 회귀분석 결과 ③

- **[모형 계수의 총괄 검정]** : 카이제곱 값을 보고 모형을 검정할 수 있다.
- **[모형 요약]** : Cox와 Snell의 R^2과 Nagelkerke R^2에 의해 모형의 설명력을 확인할 수 있다.
- **[Hosmer와 Lemeshow 검정]** : 로지스틱 회귀모형의 전체적인 적합도를 판단하는 검정으로, 유의확률이 유의수준($p<.05$)보다 커야 한다. 유의확률이 유의수준보다 크다면 좋

NOTE

46 로지스틱 회귀분석의 각종 지표

- Cox와 Snell의 R^2, Nagelkerke R^2 : 모형의 설명력을 말한다.
- **Hosmer와 Lemeshow 검정** : 로지스틱 회귀모형의 전체적인 적합도를 판단한다(유의확률이 유의수준($p<.05$)보다 커야 함).
- **회귀식에 추정된 계수(B), 표준오차(S.E. : standard error), Wald(혹은 Wals), 자유도, 유의확률, Exp(B)** : 추정된 회귀계수와 유의성에 대한 결과를 확인한다.

은 모형이다. 유의수준의 범위를 넘는다는 것은 귀무가설을 채택한다는 뜻으로 '모형이 적합하다.'를 의미하기 때문이다.

- **[분류표]** : 관측치와 예측치를 비교하여 어느 정도 예측이 가능한지의 정확도를 보여준다. 표에서는 81.8%의 예측정확도를 확인할 수 있다.
- **[방정식의 변수]** : 회귀식에 추정된 계수(B), 표준오차(S.E : standard error), Wald(혹은 Wals), 자유도, 유의확률, Exp(B)를 통해 추정된 회귀계수와 유의성에 대한 결과를 확인할 수 있다. 유의수준을 확인해 보면 '학력, 학력(1), 학력(2)'의 경우가 $p<.05$의 수준을 벗어나므로 유의하지 않다고 할 수 있다. 학력과 관련하여 유의미하다고 가정하면 로지스틱 회귀식은 다음과 같이 표현할 수 있다.

  log(구매의도)= 2.355−3.953(지역(1)) + 0.313(학력(1)) + 1.000(학력(2))

- **[분류 도표]** : '구매'와 '구매안함'의 두 집단을 0.5를 기준으로 좌/우로 나뉘어 분포하는 도표로, 집단을 완전히 구분하는 모델이라 볼 수 있다.

위의 결과를 종합하면, 스마트폰의 구매 의사는 '지역'에 대해서는 유의한 차이가 있으며, 강남에서 −3.953으로 음의 상관관계가 나타나는 것으로 확인되었다. 한편 '학력'과 관련해서는 유의미한 차이를 발견할 수 없는 것으로 판단할 수 있다.

Step 3 논문에 표현하기 이분형 로지스틱 회귀분석

논문이나 보고서에서 표를 많이 넣어주면서 설명을 해도 좋으나, 다음과 같이 간단하게 요약하여 표현해도 좋다.

예

변수		B	S.E.	Wald	Exp(B)	95% CI		유의확률
						하한	상한	
지역	강북	–	–	–	1.000	–	–	–
	강남	−3.953	.428	85.211	.019	.008	.044	.000
학력	초대졸	.313	.855	.134	1.367	.256	7.298	.714
	대졸	1.000	.880	1.293	2.719	.485	15.245	.256
	대학원졸	–	–	4.681	1.000	–	–	.096
상수항		2.355	.899	6.868	10.539	–	–	.009
모형의 카이제곱(자유도), 유의확률						169.165 (3), .000		
Hosmer-Lemeshow 검정의 카이제곱(자유도), 유의확률						2.211 (4), .697		

위의 표에서 '지역'에 대해서는 유의한 것으로 확인할 수 있다. 즉 '강남'에 대해 −3.953의 음의 상관관계가 있음을 확인할 수 있다. '학력'에 대해서는 유의하지 않으므로 구매의사에 학력이 영향을 끼친다고 결론지을 수 없다.

11.3.2. 다항 로지스틱 회귀분석

다항 로지스틱 회귀분석은 이분형(이항) 로지스틱 회귀분석과 개념은 동일하며, 종속변수의 개수만 확장한 것이다. 즉 종속변수가 범주형 척도이면서 3개 이상인 경우에 적용하는 회귀분석이다. 차이점이 있다면, 이분형 로지스틱의 경우에는 하나의 예상되는 결과에 대해 0과 1의 단 두 가지로 구분을 했기에 기준점을 0.5로 삼아 오즈$\left(\frac{p}{1-p}\right)$를 확인하였으나, 다항 로지스틱 회귀분석의 경우에는 종속변수가 3개 이상이므로 기준점을 정하기가 어렵다. 이런 경우는 종속변수에 해당하는 결과의 합을 100%인 1로 판단하면 된다. 즉 3개 이상의 종속변수 중 하나의 결과를 기준으로 삼아 이에 대한 다른 결과의 비율을 측정하는 것이다.

연구문제 지역(강남, 강북), 학력(초대졸, 대졸, 대학원졸), 스마트폰의 효용(만족감, 외관, 유용성, 편의성)에 대해 구매의사(구매, 구매안함, 관심없음)의 차이여부에 대해 확인하고자 한다.

Step 1 따라하기 다항 로지스틱 회귀분석

준비파일 : 다항 로지스틱 회귀분석.xls

01 SPSS Statistics를 실행해 '다항 로지스틱 회귀분석.xls' 파일을 불러온다.

02 변수 보기 탭에서 변수 이름의 값의 ... 버튼을 클릭하여 각각 다음과 같이 입력한다.

① 지역 : '1=강남, 2=강북'
② 학력 : '1=초대졸, 2=대졸, 3=대학원졸'
③ 구매의사 : '1=구매, 2=구매안함, 3=관심없음'

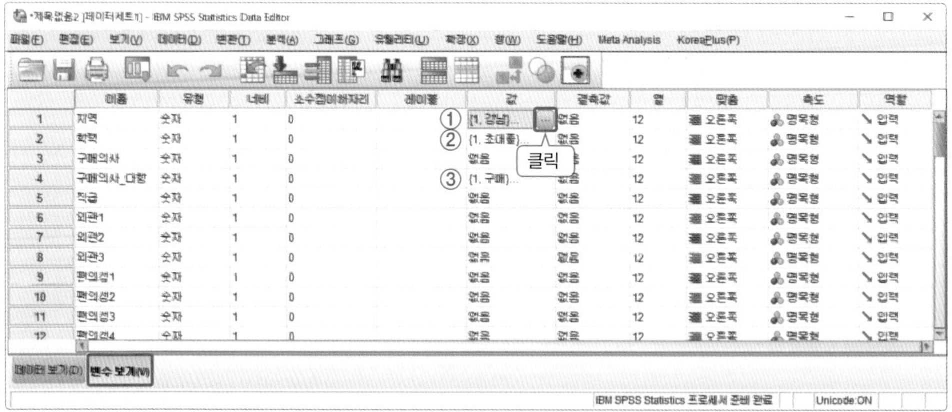

[그림 11-45] 다항 로지스틱 회귀분석의 시작

03 분석▶회귀분석▶다항 로지스틱을 클릭한다.

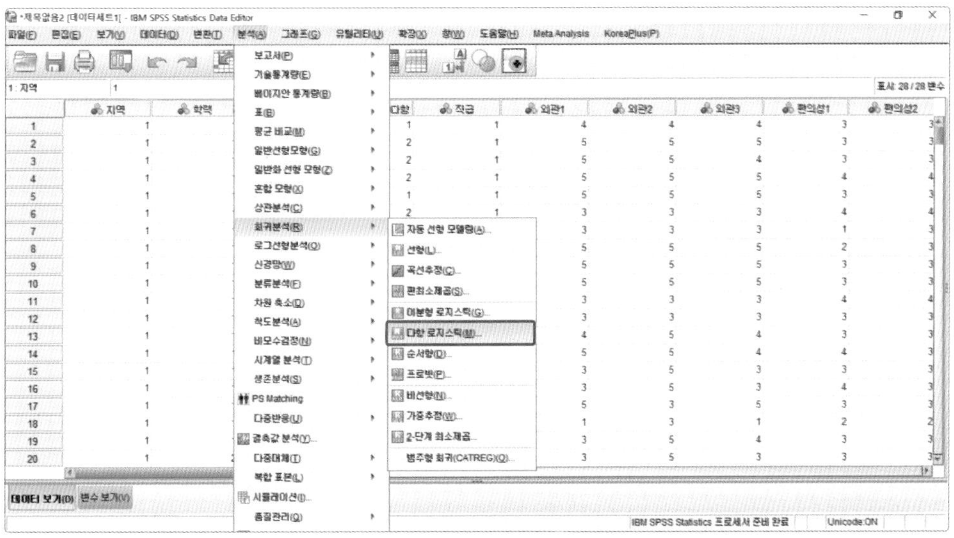

[그림 11-46] **다항 로지스틱 회귀분석의 실행**

04 ❶ 다항 로지스틱 회귀 창에서 종속변수로 활용할 '구매의사_다항'을 선택한 후 ❷ [➔]을 클릭하여 종속변수 란으로 옮긴다.

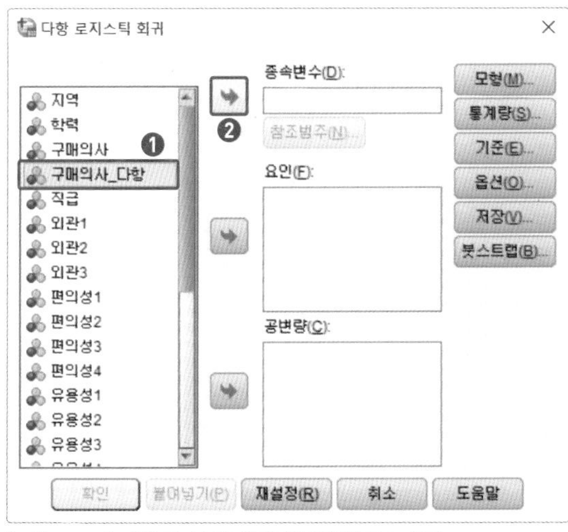

[그림 11-47] **다항 로지스틱 회귀분석의 종속변수 설정**

05 ❶ 참조범주를 클릭하여 기본값이 '마지막 범주'로 되어 있는지 확인하고 ❷ 계속을 클릭한다.[30)]

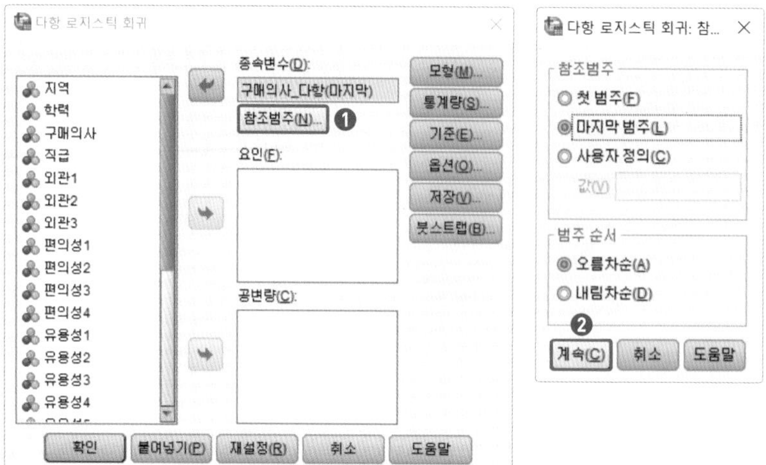

[그림 11-48] **다항 로지스틱 회귀분석의 참조범주 확인**

06 독립변수를 설정할 때는 ❶ 요인 란에 범주형 변수로 구성하고 ❷ 공변량 란에는 연속형 변수로 구성한다.

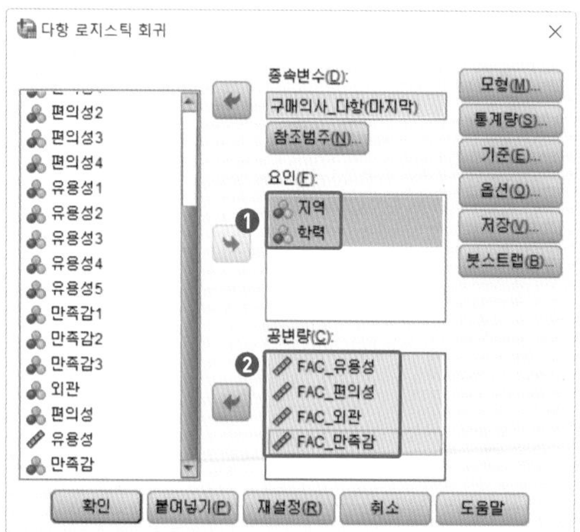

[그림 11-49] **다항 로지스틱 회귀분석의 독립변수 설정**

30) 이분형(이항) 로지스틱 회귀분석에서는 오즈(odds)의 정중앙인 0.5를 기준으로 판단했지만, 종속변수가 다수의 항목으로 구성된 경우에는 중간점을 설정하기가 힘들다. 이때는 그 중 하나의 종속변수를 선택하여 다른 종속변수의 값을 비교하여 결정한다. 본 과정에서는 가장 마지막 값을 기준으로 비교한다.

07 ❶ 모형을 클릭하여 독립변수의 주효과를 검정하는 것에 설정된 것을 확인하고 ❷ 계속을 클릭한다.

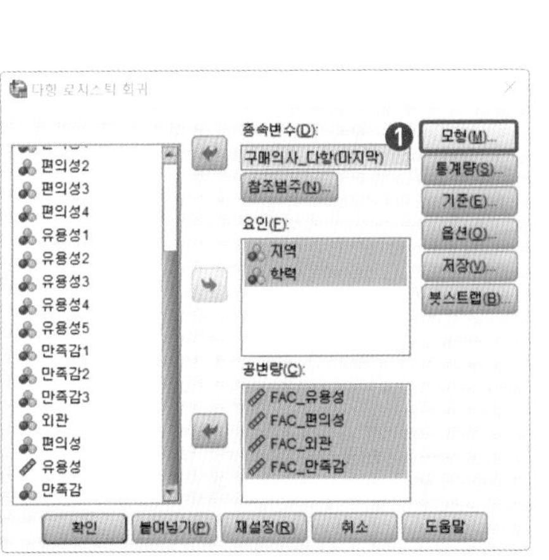

[그림 11-50] 다항 로지스틱 회귀분석의 모형 설정

TIP 상호작용의 설정

다항 로지스틱 회귀 : 모형 창의 '사용자 정의/단계선택'을 선택하면 더욱 세밀하게 모형을 설정할 수 있다. 독립변수는 6개이지만 하나의 독립변수를 기준으로 삼아 독립변수 간의 상호작용을 나타내므로 '모든 5원 효과'까지 설정할 수 있다. 상호작용을 확인하는 과정에서 강제적으로 변수를 설정하는 항목과 연구자가 선택적으로 선택하는 항목을 설정할 수 있다.

▲ 상호작용 설정

08 ❶ 통계량을 클릭하여 다항 로지스틱 회귀분석에서 확인해야 할 사항들을 선택하고 ❷ 계속을 클릭한다.

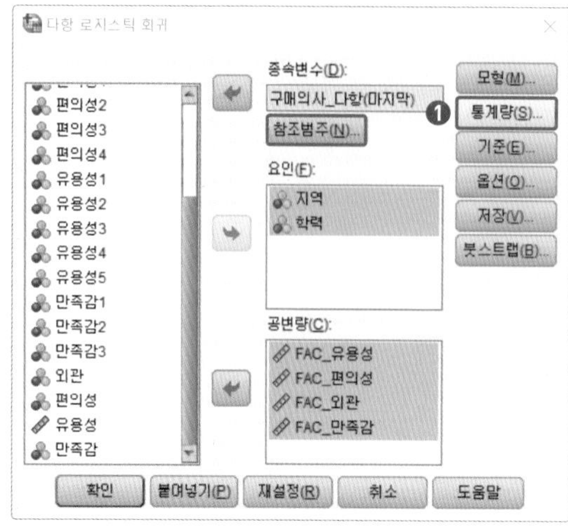

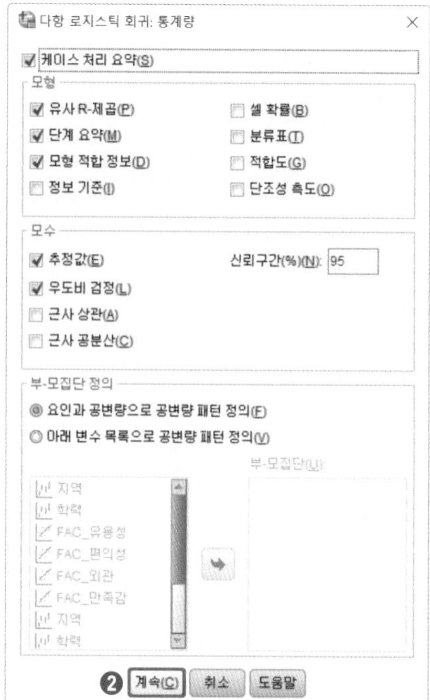

[그림 11-51] **다항 로지스틱 회귀분석의 통계량 설정**

NOTE

47 다항 로지스틱 회귀 : 통계량

❶ **케이스 처리 요약** : 이 표에는 지정한 범주형 변수에 대한 정보를 포함한다.

❷ **모형** : 전체 모형에 대한 통계

- 유사 R-제곱 : Cox 및 Snell, Nagelkerke, McFadden R2 통계를 출력한다.
- 단계 요약 : 단계적 방법의 각 단계에서 입력되거나 제거된 효과를 요약한다. (모형 대화상자에 단계선택 모형을 지정해야 표시된다.)
- 모형 적합 정보 : 적합 모형과 절편만 있는 모형 또는 널 모형을 비교한다.
- 정보 기준 : Akaike 정보기준(AIC)과 Schwartz 베이지안 정보기준(BIC)을 인쇄한다.
- 셀 확률 : 공분산 패턴과 반응 범주에 의한 관측빈도, 기대빈도(잔차 포함) 및 비율 표를 출력한다.
- 분류표 : 관측반응 대 예측반응 값 표를 출력한다.
- 적합도 : Pearson 및 우도비 카이제곱 통계를 출력한다. 모든 요인과 공분산 또는 사용자가 정의한 요인 및 공분산의 서브세트에서 지정한 공분산 패턴에 대한 통계를 계산한다.
- 단조성 측도 : 일치되는 대응, 비일치되는 대응, 그리고 동률한 대응의 수에 대한 정보를 나타내는 표를 표시한다. (Somer의 D, Goodman과 Kruskal의 감마, Kendall의 타우-a와 일치지수 C 또한 표에 표시된다.)

❸ **모수** : 모형 모수와 관련된 통계

- 추정값 : 사용자가 지정한 신뢰수준으로 모형 모수의 추정값을 출력한다.
- 우도비 검정 : 모형의 부분 효과에 대한 우도비 검정을 출력한다. 전체 모형 검정은 자동으로 출력한다.
- 근사 상관 : 모수 추정값 상관 행렬을 출력한다.
- 근사 공분산 : 모수 추정값 공분산 행렬을 출력한다.

❹ **부-모집단 정의**

요인 및 공분산의 서브세트를 선택하여 셀 확률 및 적합도 검정에서 사용한 공분산 패턴을 정의할 수 있다.

09 ❶ 기준을 클릭하여 다항 로지스틱 회귀:수렴기준 창을 열고 선택된 옵션을 확인한다. ❷ 계속을 클릭하여 창을 닫는다.

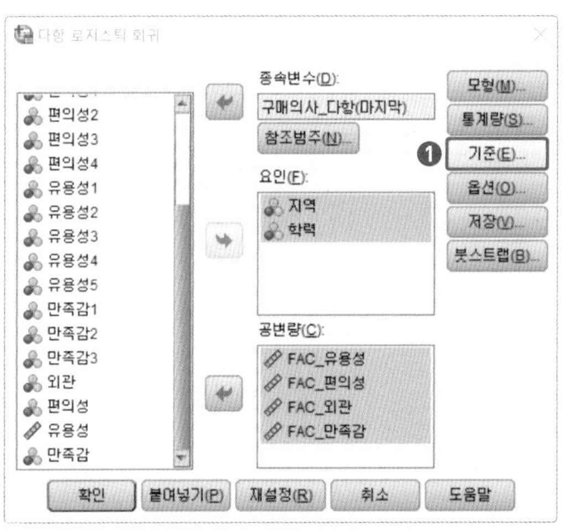

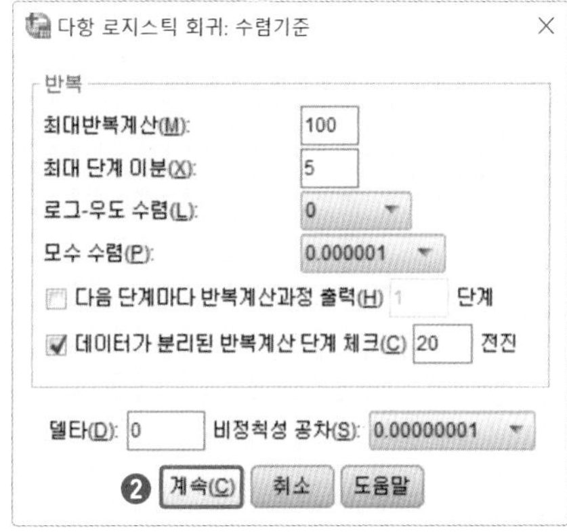

[그림 11-52] **다항 로지스틱 회귀분석의 수렴기준 설정**

10 ❶ 옵션을 클릭하여 다항 로지스틱 회귀:옵션 창을 열고 선택된 옵션을 확인한다. ❷ 계속을 클릭하여 창을 닫는다.

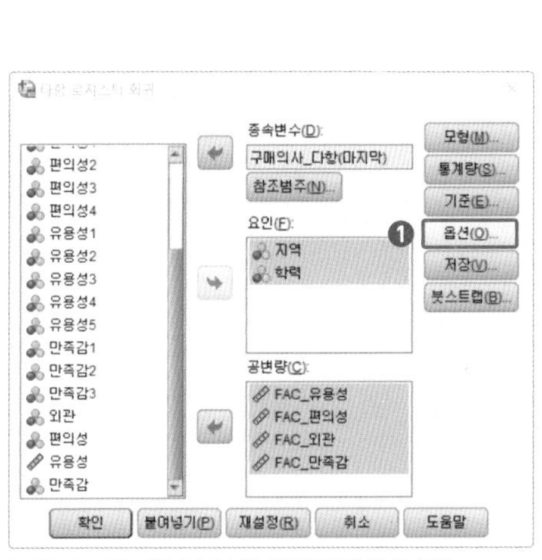

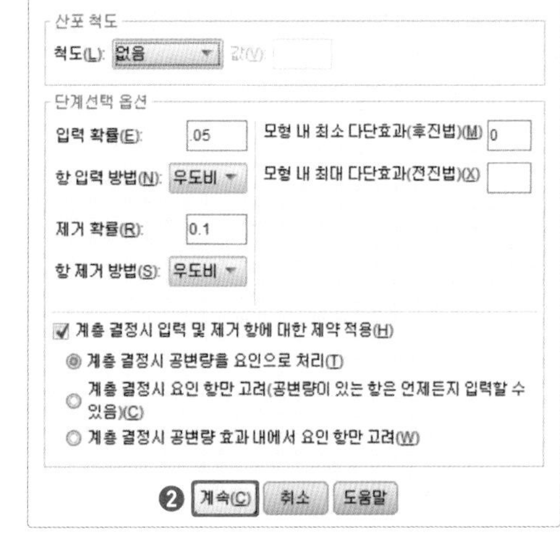

[그림 11-53] **다항 로지스틱 회귀분석의 옵션 설정**

11 ❶ 저장을 클릭하여 다항 로지스틱 회귀:저장 창을 열고 선택된 옵션을 확인한다. ❷ 계속을 클릭하여 창을 닫는다.

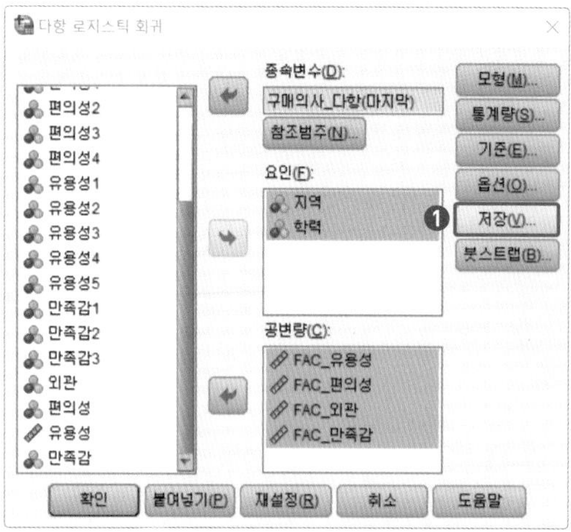
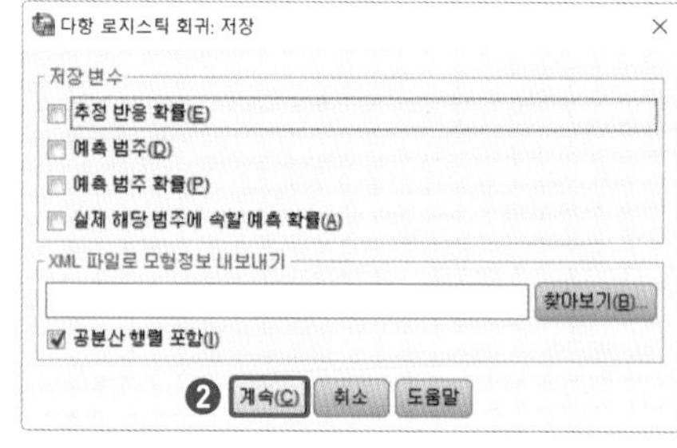

[그림 11-54] 다항 로지스틱 회귀분석의 저장 설정

12 확인을 클릭하여 분석을 진행한다.

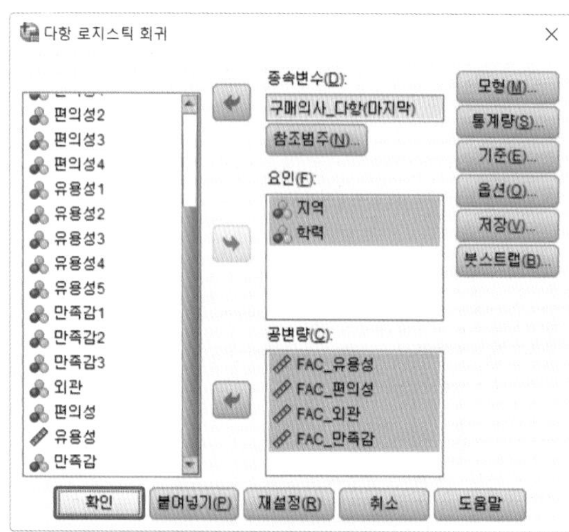

[그림 11-55] 다항 로지스틱 회귀분석의 분석 실행

NOTE

48 **다항 로지스틱 회귀 : 수렴기준**

❶ **반복** : 알고리즘 순환의 최대 횟수, 단계 반분에서 최대 단계 수, 로그-우도 및 모수 값 변경에 대한 수렴 허용 오차, 반복적 알고리즘 과정의 출력 빈도 및 반복에서 완전한 데이터 분리 또는 완전에 가까운 데이터 분리를 확인해야 하는 프로시저를 지정한다.

- 로그-우도 수렴 : 수렴은 로그 우도 함수의 절대 변화량이 지정된 값보다 작다고 가정한다. 값이 0인 경우 이 기준은 적용되지 않으며, 음수가 아닌 값을 지정한다.
- 모수 수렴 : 수렴은 모수 추정값의 절대 변화량이 지정된 값보다 작다고 가정한다. 값이 0인 경우 이 기준은 적용되지 않는다.

❷ **델타** : 안정적인 알고리즘을 만들고 추정값이 편향되지 않도록 한다. 0 이상 1 미만의 값을 지정할 수 있고, 이 값은 공분산 패턴에 따라 반응 범주 교차 분석표의 빈 셀에 추가된다.

❸ **비정칙성 공차** : 비정칙성 검사에 사용되는 허용 오차 범위를 지정할 수 있다.

NOTE

49 다항 로지스틱 회귀 : 옵션

❶ **산포 척도** : 모수 공분산 행렬의 추정값을 수정할 때 사용하는 산포 척도값을 지정한다.
- 편차 : 편차 함수(우도비 카이제곱) 통계를 사용하여 척도값을 추정한다.
- Pearson : Pearson 카이제곱 통계를 사용하여 척도값을 추정한다.
- 사용자 정의 : 사용자가 임의의 척도값을 지정한다. (단, 값은 양수로 지정한다.)

❷ **단계선택 옵션** : 단계적 방법을 사용하여 모형을 작성하는 경우에 이러한 옵션을 사용하여 통계 기준을 제어한다. 모형 대화상자에서 단계선택 모형을 지정하지 않으면 이 옵션은 무시된다.
- 입력 확률 : 변수 입력에 필요한 우도비 통계 확률(지정한 확률이 클수록 변수를 모형에 입력하기 쉬움)
  ⇒ 전진 입력, 단계적 전진 또는 단계적 후진을 선택하지 않으면 이 기준은 무시된다.
- 입력 검정 : 단계적 방법으로 항을 입력하는 방법(우도비 검정과 스코어 검정 중 하나를 선택)
  ⇒ 전진 입력, 단계적 전진 또는 단계적 후진을 선택하지 않으면 이 기준은 무시된다.
- 제거 확률 : 변수 제거에 필요한 우도비 통계 확률(지정한 확률이 클수록 변수가 모형에 남아 있기 쉬움)
  ⇒ 후진 제거법, 단계적 전진 또는 단계적 후진을 선택하지 않으면 이 기준은 무시된다.
- 제거 검정 : 단계적 방법으로 항을 제거하는 방법(우도비 검정과 Wald 검정 중 하나를 선택)
  ⇒ 후진 제거법, 단계적 전진 또는 단계적 후진을 선택하지 않으면 이 기준은 무시된다.
- 모형 내 최소 다단효과 : 후진 제거법 또는 단계적 후진을 사용하는 경우로, 모형에 포함할 최소 항의 개수를 지정한다. 절편은 모형 항으로 계산되지 않는다.
- 모형 내 최대 다단효과 : 전진 입력 또는 단계적 전진을 사용하는 경우로, 모형에 포함할 최대 항의 개수를 지정한다. 절편은 모형 항으로 계산되지 않는다.

❸ **계층별로 항의 입력 및 제거 제한** : 모형 항의 포함에 제한을 둘지 것인지 여부를 선택한다. 포함할 항에 계층을 사용하려면 먼저 포함할 항의 일부인 모든 저차항이 모형에 있어야 한다.

50 다항 로지스틱 회귀 : 저장

저장을 클릭하면 작업 파일에 변수를 저장하고 모형정보를 외부 파일로 내보낼 수 있다.

❶ **저장된 변수**
- 반응확률 추정 : 요인/공분산 패턴을 반응 범주로 분류하는 확률(반응변수 범주민큼의 확률 추정이 있으며 25개까지 저장)
- 예측 범주 : 요인/공분산 패턴에 대한 기대확률이 가장 큰 반응 범주
- 예측 범주 확률 : 반응확률 추정의 최대값
- 실제 범주 확률 : 요인/공분산 패턴을 관측 범주로 분류하는 확률

❷ **XML 파일에 모형정보 내보내기** : 모수 추정값과 필요에 따라 해당 공분산을 XML(PMML) 형식의 지정된 파일로 내보낼 수 있다. 스코어링 목적으로 이 모형 파일을 사용하여 모형정보를 다른 데이터 파일에 적용할 수 있다.

Step 2 결과 해석하기

케이스 처리 요약

		N	주변 퍼센트
구매의사_다항	구매	113	34.8%
	구매안함	154	47.4%
	관심없음	58	17.8%
지역	강남	194	59.7%
	강북	131	40.3%
학력	초대졸	215	66.2%
	대졸	82	25.2%
	대학원졸	28	8.6%
유효		325	100.0%
결측		0	
전체		325	
부-모집단		304[a]	

a. 종속변수에는 294 (96.7%) 부-모집단에 관측된 값이 하나만 있습니다.

모형 적합 정보

모형	모형 적합 기준	우도비 검정		
	-2 로그 우도	카이제곱	자유도	유의확률
절편 만	642.622			
최종	611.253	31.369	14	.005

유사 R-제곱

Cox 및 Snell	.092
Nagelkerke	.105
McFadden	.047

우도비 검정

효과	모형 적합 기준	우도비 검정		
	축소모형의 -2 로그 우도	카이제곱	자유도	유의확률
절편	611.253[a]	.000	0	
FAC_유용성	617.815	6.561	2	.038
FAC_편의성	620.290	9.037	2	.011
FAC_외관	621.364	10.111	2	.006
FAC_만족감	611.270	.017	2	.992
지역	613.173	1.919	2	.383
학력	615.172	3.918	4	.417

카이제곱 통계량은 최종모형과 축소모형 사이의 -2 로그-우도 차입니다. 축소모형은 최종모형에서 효과 하나를 생략하여 만든 모형입니다. 영가설은 효과의 모든 모수가 0입니다.
a. 이 축소모형은 효과를 생략해도 자유도가 증가되지 않으므로 최종모형과 동일합니다.

[그림 11-56] **다항 로지스틱 회귀분석 결과 ①**

- **[케이스 처리 요약]** : 연구자가 지정한 범주형 변수에 대한 정보를 포함하고 있으므로, 범주형 독립변수와 종속변수에 대한 응답의 빈도와 유효치/결측치를 확인할 수 있다.
- **[모형 적합 정보]** : 전체 모형에 대한 사항을 나타낸다. '절편 만'은 변수 투입 전의 모델에서 산출되는 값을 나타내고, '최종'은 모델에서 변수들이 투입되고 난 후의 값과 그에 대한 유의확률을 나타낸다. 최종의 '−2로그 우도' 값이 절편보다 작아야 적합한 모형이 되는데, 현재 결과표에서는 유의확률이 유의수준 이내인 것을 확인할 수 있다.
- **[유사 R-제곱]** : 로지스틱 회귀분석에서는 선형 회귀분석의 R^2값이 의미하는 설명력에 정확하게 상응하는 항목이 없기 때문에 R^2값의 특성을 유사하게 재현하는 여러 측도를 제시하고 있다. 그러므로 선형 회귀분석의 값이 의미하는 설명력을 로지스틱 회귀분석

에서는 유사 R-제곱으로 표현한다. 설명력은 4.7%~10.5%인 것을 확인할 수 있다.

- **[우도비 검정]** : 각 독립변수가 종속변수에 미치는 영향력을 나타낸다. 각 독립변수가 투입되면서 기존의 값(절편) 611.253을 카이제곱(χ^2) 변화량만큼 변화시켰으며, 그에 대한 유의확률을 제시한다.

모수 추정값

구매의사_다항[a]		B	표준화 오류	Wald	자유도	유의확률	Exp(B)	Exp(B)에 대한 95% 신뢰구간	
								하한	상한
구매	절편	.576	.523	1.212	1	.271			
	FAC_유용성	-.154	.172	.806	1	.369	.857	.612	1.200
	FAC_편의성	-.502	.177	8.064	1	.005	.605	.428	.856
	FAC_외관	.451	.173	6.766	1	.009	1.569	1.118	2.204
	FAC_만족감	.019	.175	.012	1	.913	1.019	.723	1.436
	[지역=1]	-.310	.366	.715	1	.398	.734	.358	1.503
	[지역=2]	0[b]			0				
	[학력=1]	.222	.547	.165	1	.685	1.249	.428	3.646
	[학력=2]	.738	.627	1.386	1	.239	2.092	.612	7.149
	[학력=3]	0[b]			0				
구매안함	절편	.616	.512	1.448	1	.229			
	FAC_유용성	-.375	.161	5.401	1	.020	.687	.501	.943
	FAC_편의성	-.233	.163	2.052	1	.152	.792	.576	1.090
	FAC_외관	.092	.161	.329	1	.566	1.097	.800	1.503
	FAC_만족감	.005	.166	.001	1	.975	1.005	.726	1.392
	[지역=1]	-.469	.345	1.848	1	.174	.626	.318	1.230
	[지역=2]	0[b]			0				
	[학력=1]	.694	.529	1.717	1	.190	2.001	.709	5.649
	[학력=2]	1.093	.609	3.215	1	.073	2.982	.903	9.846
	[학력=3]	0[b]			0				

a. 참조 범주는\ 3입니다.
b. 이 모수는 중복되었으므로 0으로 설정됩니다.

[그림 11-57] **다항 로지스틱 회귀분석 결과 ②**

- **[모수 추정값]** : 회귀식에 추정된 계수(B), 표준오차(S.E : standard error), Wald(혹은 Wals), 자유도, 유의확률, Exp(B)를 통해 추정된 회귀계수와 유의성에 대한 결과를 확인할 수 있다. 종속변수는 '구매, 구매안함, 관심없음'의 3가지이지만, 모수 추정값 표에 '구매'와 '구매안함'의 2가지만 나타나는 이유는 '관심없음' 항목을 '참조범주'의 기준값으로 활용했기 때문이다. 이 표를 기준으로 해석해 보면, '관심없음' 항목에 비해 '구매'에서는 '외관'과 '편의성' 변수가 유의미한 것으로 나타났다. 반면, '관심없음' 항목에 비해 '구매안함'에서는 '유용성' 변수가 유의미한 것으로 나타났다.

예

적합도와 우도비 검정

효과	모형 적합 기준	우도비 검정			R^2		
	축소모형의 -2 로그 우도	카이제곱	자유도	유의확률	Cox 및 Snell	Nagelkerke	McFadden
절편	611.253	.000	0		.092	.105	.047
FAC_유용성	614.815	6.561	2	.038			
FAC_편의성	620.290	9.037	2	.011			
FAC_외관	621.364	10.111	2	.006			
FAC_만족감	611.270	.017	2	.992			
지역	613.173	1.919	2	.383			
학력	615.172	3.918	4	.417			
최종	611.253	31.369	14	.005			

최종의 '-2로그 우도' 값이 절편보다 작으므로 모형이 적합한 것을 확인할 수 있으며, 이에 대한 유의확률이 .005임을 확인할 수 있다. 또한 회귀식의 설명력이 4.7%에서 10.5%로 확인되었다.

모수 추정값

구매의사_다항[a]		B	표준화 오류	Wald	자유도	유의확률	Exp(B)	Exp(B)에 대한 95% 신뢰구간	
								하한	상한
구매	절편	.576	.523	1.212	1	.271			
	FAC_유용성	-.154	.172	.806	1	.369	.857	.612	1.200
	FAC_편의성	-.502	.177	8.064	1	.005	.605	.428	.856
	FAC_외관	.451	.173	6.766	1	.009	1.569	1.118	2.204
	FAC_만족감	.019	.175	.012	1	.913	1.019	.723	1.436
	[지역=1]	-.310	.366	.715	1	.398	.734	.358	1.503
	[지역=2]	0[b]			0				
	[학력=1]	.222	.547	.165	1	.685	1.249	.428	3.646
	[학력=2]	.738	.627	1.386	1	.239	2.092	.612	7.149
	[학력=3]	0[b]			0				
구매 안함	절편	.616	.512	1.448	1	.229			
	FAC_유용성	-.375	.161	5.401	1	.020	.687	.501	.943
	FAC_편의성	-.233	.163	2.052	1	.152	.792	.576	1.090
	FAC_외관	.092	.161	.329	1	.566	1.097	.800	1.503
	FAC_만족감	.005	.166	.001	1	.975	1.005	.726	1.392
	[지역=1]	-.469	.345	1.848	1	.174	.626	.318	1.230
	[지역=2]	0[b]			0				
	[학력=1]	.694	.529	1.717	1	.190	2.001	.709	5.649
	[학력=2]	1.093	.609	3.215	1	.073	2.982	.903	9.846
	[학력=3]	0[b]			0				

a. 참조범주: 관심없음 b. 중복된 모수이므로 0으로 설정

종속변수인 구매의도를 '1=구매, 2=구매안함, 3=관심없음'으로 구성하였으며, 이 중 '3=관심없음'을 참조범주로 정하여 분석을 실시하였다. 위의 표에서 확인되는 것과 같이 '관심없음' 항목에 비해 '구매'에서는 '외관'과 '편의성' 변수가 유의미한 것으로 나타났다. 반면, '관심없음' 항목에 비해 '구매안함'에서는 '유용성' 변수가 유의미한 것으로 나타났다.

Chapter 12

군집분석

학습목표

1) 군집분석의 개념을 이해하고 설명한다.
2) 군집분석과 혼동할 수 있는 요인분석, 판별분석과의 차이점을 설명한다.
3) 군집분석의 종류를 이해하고, 각 분석에 대한 특성을 설명한다.
4) SPSS Statistics를 사용해 군집분석을 실시한다.
5) 군집분석을 통해 도출된 결과를 해석하고 논문에 표현한다.

다루는 내용

- 군집분석의 종류와 개념
- 군집분석의 실행과 해석
- 계층적 군집분석과 비계층적 군집분석
- 군집분석 결과의 표현

우리는 Part 02의 6장에서 요인분석의 개념을 살펴보고, 분석을 진행하는 방법과 이를 해석하는 과정을 살펴보았다. 군집분석 역시 변수들을 내부 동질적이며 외부 이질적인 집단으로 구분한다는 점에서는 요인분석과 같지만, 두 방법 간에는 명확한 차이가 있다.

요인분석은 R-type 요인분석과 Q-type 요인분석으로 나뉜다. 6장에서 학습한 R-type 요인분석은 평가항목을 동질적인 몇 개(요인의 수)의 집단으로 만드는 반면, 군집분석과 유사한 Q-type 요인분석은 대상(응답자)들을 몇 개의 동질적인 집단으로 만든다. Q-type 요인분석은 케이스별로 상이한 특성을 가지는 개별 응답자들을 상호 동질적인 몇 개의 집단으로 구분하는 것이어서 계산하기가 복잡하다. 그래서 군집분석을 대안으로 활용한다.

다수의 대상에 대해 그들이 가지는 특성을 토대로 대상별 그룹을 나누고, 각 그룹을 '군집'이라 부르는 통계기법을 **군집분석**(cluster analysis)이라 한다. 군집분석은 변수에 대해 대상들의 점수를 측정하고 두 점의 직선거리를 뜻하는 유클리드 거리(euclidean distance)를 기준으로 유사성을 측정한다.

NOTE

51 **군집분석, 요인분석, 판별분석의 비교**

- **요인분석** : 변인(평가항목)들을 요인에 따라 구분한다.
- **군집분석** : 대상의 유사한 특성을 토대로 그룹으로 구분한다.
- **판별분석** : 집단이 이미 나뉘어 있을 때, 집단들 간의 차이점을 분석한다.

군집분석에서 가장 중요한 사항은 각 대상을 몇 개의 군집으로 분류하느냐이다. 이때 연구자가 군집의 수를 어떻게 정하느냐에 따라 결과가 달라질 수 있다. 따라서 군집의 수를 결정하는 일은 매우 중요하다. 군집의 수는 특정 군집에 분포가 밀집되지 않도록, 분포 정도가 일정하도록 결정해야 한다.

군집분석은 대상의 중복 여부나 자료의 크기에 따라 다음과 같이 나뉜다.

[표 12-1] 군집분석의 종류

종류	대상의 중복성	자료의 크기	설명
계층적 군집분석	없음	작음	대상 간 거리에 의해 군집을 형성한다.
비계층적 군집분석		제한 없음	군집의 수를 정하고, 군집의 중심으로부터 가까운 객체를 포함하면서 군집을 형성한다.
중복 군집분석	있음		대상 간 상이한 군집 규칙을 적용하여 하나의 대상이 여러 군집에 포함될 수 있으나, 자료의 양이 많아지면 복잡해질 수 있다.

연구문제

사람마다 취향이 있듯이, 스마트폰 이용자마다(군집) 스마트폰을 구매할 때 고려하는 특성에 차이가 있다고 가정해 볼 수 있다. 이 가정을 확인하기 위해 스마트폰 이용자들을 대상으로 설문을 실시하고, 그 결과를 바탕으로 군집분석을 실시해 보자.

일반적으로 연구보고서나 논문에 쓰이는 자료(표본)의 크기는 보통 100개를 상회하는 경우가 많다. 군집분석을 실시하는데, 군집의 개수를 알지 못할 때는 먼저 '계층적 군집분석'을 통해 군집의 수를 미리 추출해 본다. 그 다음으로 연구자가 적절한 군집의 수를 선택한 후, 다시 '비계층적 군집분석'을 실시하여 군집의 수를 지정하면 된다. 이 책에서는 두 가지 분석 방법을 실행해 볼 수 있도록 표본의 개수를 325개로 설정하여 군집분석을 실시했다.

12.1 계층적 군집분석

Step 1 따라하기 계층적 군집분석

준비파일 : 군집분석.xls

01 SPSS Statistics에서 '군집분석.xls' 파일을 불러온다.

02 분석 ▶ 기술통계량 ▶ 기술통계를 클릭한다.

[그림 12-1] **자료의 표준화를 위한 기술통계**

TIP 군집분석에서 기술통계량을 확인하는 이유

기술통계량을 먼저 살펴보는 이유는 군집을 확인할 자료들을 표준화된 값으로 만든 후, 표준화된 자료를 기준으로 분석을 해야 하기 때문이다.

03 기술통계 창에서 ❶ 측정된 자료들을 변수 란으로 옮긴 후 ❷ '표준화 값을 변수로 저장'에 ☑ 표시를 한다. ❸ 옵션을 클릭한다.

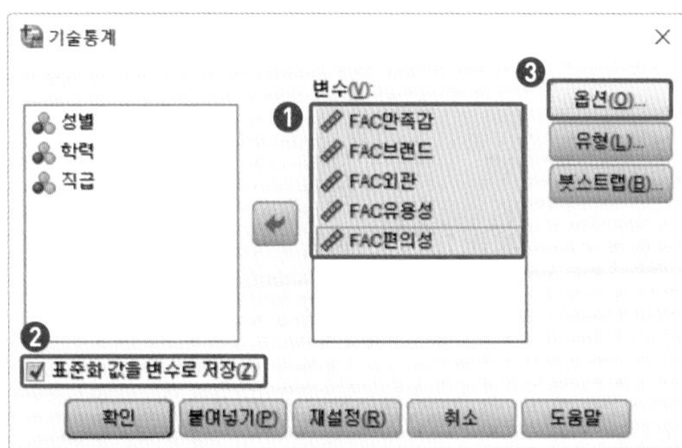

[그림 12-2] **기술통계 : 표준화 값을 변수로 저장**

TIP 'FAC외관, FAC유용성, FAC편의성, FAC브랜드, FAC만족도'는 요인분석을 통해 요인 간 내재적인 관계를 기준으로 '변수로 저장'된 수치이다.

04 기술통계: 옵션 창에서 ❹ '평균', '표준화 편차', '최소값', '최대값'에 ☑ 표시 및 '변수목록'에 ⊙ 표시를 확인한 후 ❺ 계속을 클릭한다. 다시 기술통계 창에서 ❻ 확인을 클릭하면 분석이 시작된다.

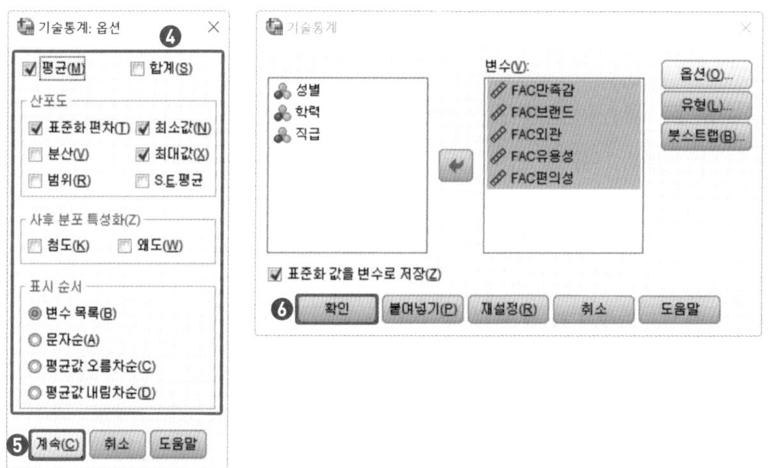

[그림 12-3] **기술통계 : 옵션 설정**

05 분석이 끝나면 ❶ 데이터 보기 탭을 클릭하여 [그림 12-4]와 같이 새로 변수로 저장된 표준화 값을 확인할 수 있다. 일단 이 표준화 값을 기준으로 '계층적 군집분석'을 실시한다. ❷ 분석▶ 분류분석▶ 계층적 군집을 클릭한다.

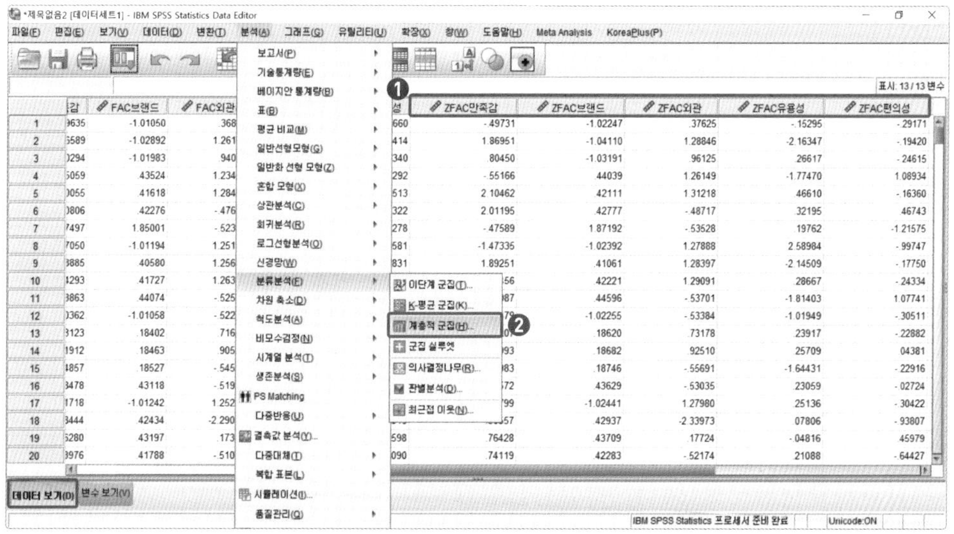

[그림 12-4] **계층적 군집분석의 실행**

TIP 계층적 군집분석(**분석▶분류분석▶계층적 군집**)을 실시하는 이유는 우선 표본의 수가 많고(325개), 이 표본이 몇 개의 군집으로 구성되어 있는지 모르기 때문이다.

06 계층적 군집분석 창에서 ❶ 표준화 값으로 저장된 변수들을 변수 란으로 옮기고 ❷ 통계량을 클릭한다.

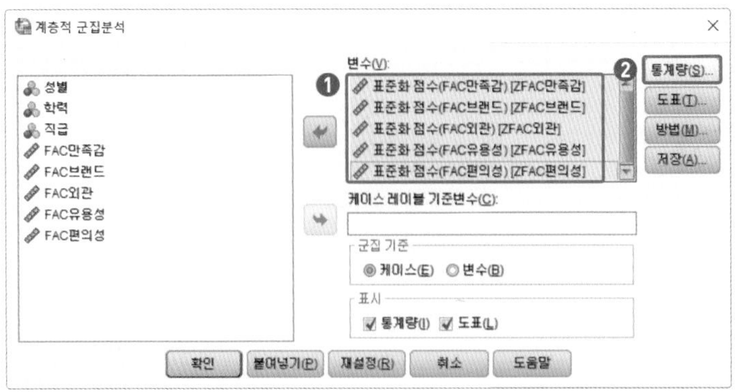

[그림 12-5] **표준화 값의 변수 활용**

07 이제는 계층적 군집분석: 통계량 창에서 ❸ '군집화 일정표'에 ☑ 표시를 하고 ❹ 소속군집의 해법범위에서 '최소 군집 수'를 '2'로, '최대 군집 수'를 '10'으로 설정한 후 ❺ 계속을 클릭한다. 다시 계층적 군집분석 창에서 ❻ 도표를 클릭한다.

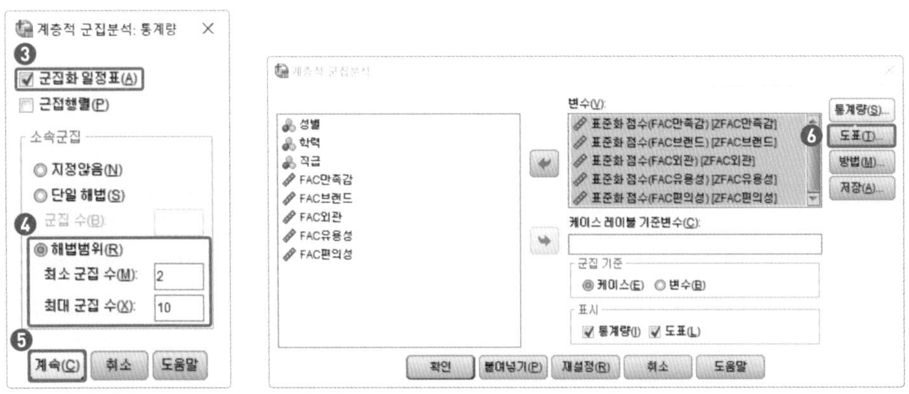

[그림 12-6] **계층적 군집분석 : 통계량 설정**

TIP 보통 '최소 군집 수'를 2~4 정도로 작게 설정하는 경우도 있으나, 현재는 표본의 수가 많기 때문에 2~10으로 설정한다. (표본의 개수를 보고 연구자의 재량으로 설정한다.)

08 계층적 군집분석: 도표 창에서 ❼ '덴드로그램'에 ☑ 표시를 하고, 고드름 항목에서 '전체 군집' 및 방향 항목의 '수직' 체크를 확인한 후 ❽ 계속을 클릭한다. 다시 계층적 군집분석 창에서 ❾ 방법을 클릭한다.

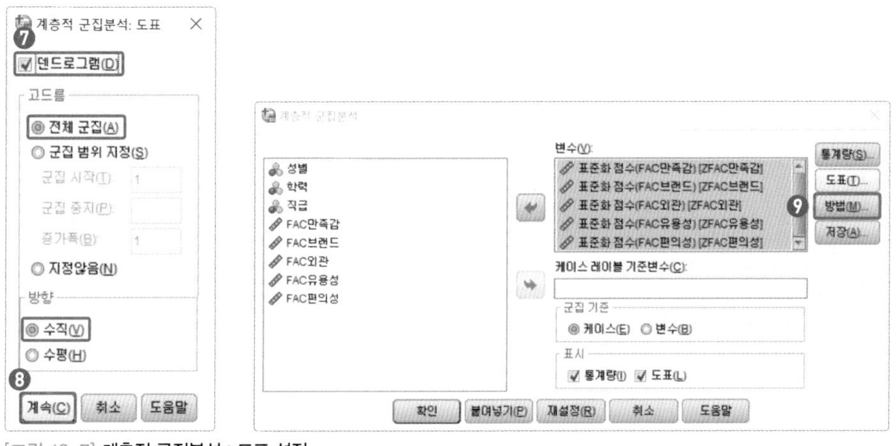

[그림 12-7] **계층적 군집분석 : 도표 설정**

TIP 덴드로그램은 연구자가 군집의 구조를 직관적으로 확인할 수 있도록 대상의 군집을 트리 형태로 나타낸 그림이다. (분석 결과를 보면 확인할 수 있다.)

09 계층적 군집분석: 방법 창에서 ⑩ 군집방법을 'Ward의 방법'으로, 측도 항목의 '구간'을 '제곱 유클리디안 거리'로, 값 변환 항목의 '표준화'를 '없음'으로 선택하고 ⑪ 계속을 클릭한다. 다시 계층적 군집분석 창으로 돌아와 ⑫ 저장을 클릭한다.

[그림 12-8] **계층적 군집분석 : 방법 설정**

TIP Ward의 방법

구성 가능한 군집들 모두에 대해, 그 군집을 구성하는 대상들의 측정치 분산을 기준으로 사용하는 방법이다.

10 이제는 계층적 군집분석: 저장 창의 ⑬ 해법범위 항목에서 '최소 군집 수'를 '2'로, '최대 군집 수'를 '10'으로 설정한 후 ⑭ 계속을 클릭한다. 다시 계층적 군집분석 창으로 이동하여 ⑮ 확인을 클릭하면 분석이 시작된다.

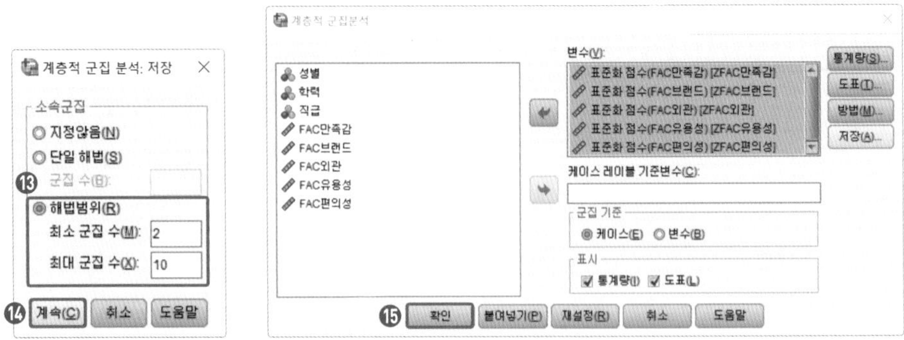

[그림 12-9] **계층적 군집분석 : 저장 설정**

Step 2 결과 분석하기 계층적 군집분석

케이스 처리 요약[a,b]

케이스					
유효		결측		전체	
N	퍼센트	N	퍼센트	N	퍼센트
325	100.0	0	.0	325	100.0

a. 제곱 유클리디안 거리 사용됨
b. Ward 연결법

Ward 연결법

군집화 일정표

단계	결합 군집		계수	처음 나타나는 군집의 단계		다음 단계
	군집 1	군집 2		군집 1	군집 2	
1	116	324	.000	0	0	128
2	61	321	.000	0	0	208
3	5	318	.000	0	0	38
4	261	280	.000	0	0	123
5	170	274	.000	0	0	18
6	182	267	.000	0	0	14
7	239	258	.000	0	0	9
8	101	248	.000	0	0	73
9	177	239	.000	0	7	16

소속군집

케이스	10 군집	9 군집	8 군집	7 군집	6 군집	5 군집	4 군집	3 군집	2 군집
1	1	1	1	1	1	1	1	1	1
2	2	2	2	2	2	2	2	2	1
3	1	1	1	1	1	1	1	1	1
4	2	2	2	2	2	2	2	2	1
5	3	3	3	3	3	3	3	3	2
6	4	4	3	3	3	3	3	3	2
7	5	5	4	4	4	4	2	2	1
8	1	1	1	1	1	1	1	1	1
9	2	2	2	2	2	2	2	2	1
10	6	6	5	5	5	4	2	2	1

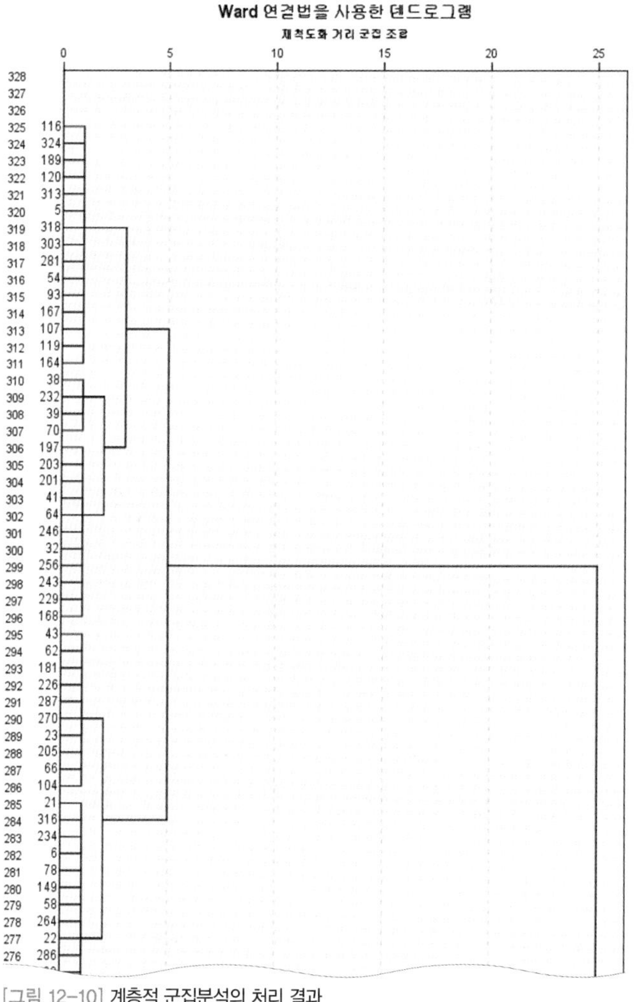

[그림 12-10] 계층적 군집분석의 처리 결과

- **[케이스 처리 요약]** : 표본에 대한 유효, 결측, 표본 수(N)를 나타낸다.
- **[군집화 일정표]** : 계수를 기준으로 군집을 구분하는 수치로, 실제로 계수를 보며 확인하기에는 표본의 수와 계수가 너무 많으므로 덴드로그램으로 확인한다.
- **[소속군집]** : Step 1-10 에서 최소 2, 최대 10의 군집을 설정하였으므로, 이 중 각 케이스가 어느 군집에 해당되는지를 나타내고 있다.
- **[덴드로그램]** : 대상들이 군집을 형성하는 구조를 트리 형태로 보여준다. 연구자는 덴드로그램을 보고 적절한 군집의 수를 판단할 수 있다.

설정한 2~10의 군집으로 어떻게 나누어지는지 표와 그림으로 확인했다. 여기서 연구자는 이 결과를 토대로 판단하여 적절한 군집을 설정하면 된다.

12.2 비계층적 군집분석

계층적 군집분석을 마치고 데이터 보기 탭을 클릭하면 앞서 계층적 군집분석의 [소속군집] 표에서 보았던 값들이 추가되었음을 알 수 있다.

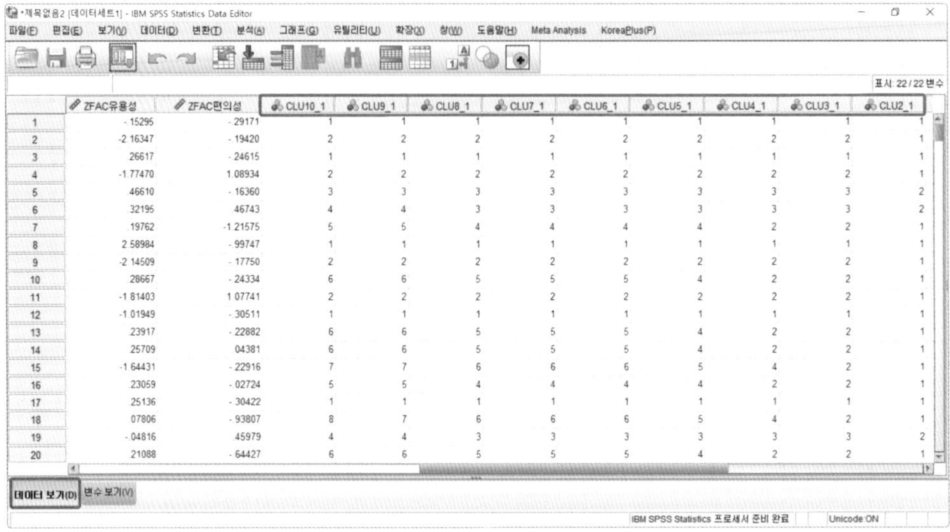

[그림 12-11] **계층적 군집분석의 결과**

이와 같이 1차적으로 계층적 군집분석을 진행하여 연구자가 군집의 수를 5개로 정했다고 가정하고, 이렇게 정한 5개의 군집을 기준으로 '비계층적 군집분석'을 다시 실시한다.

Step 1 따라하기 비계층적 군집분석

준비파일 : 군집분석.xls

01 분석 ▶ 분류분석 ▶ K-평균 군집을 클릭한다.

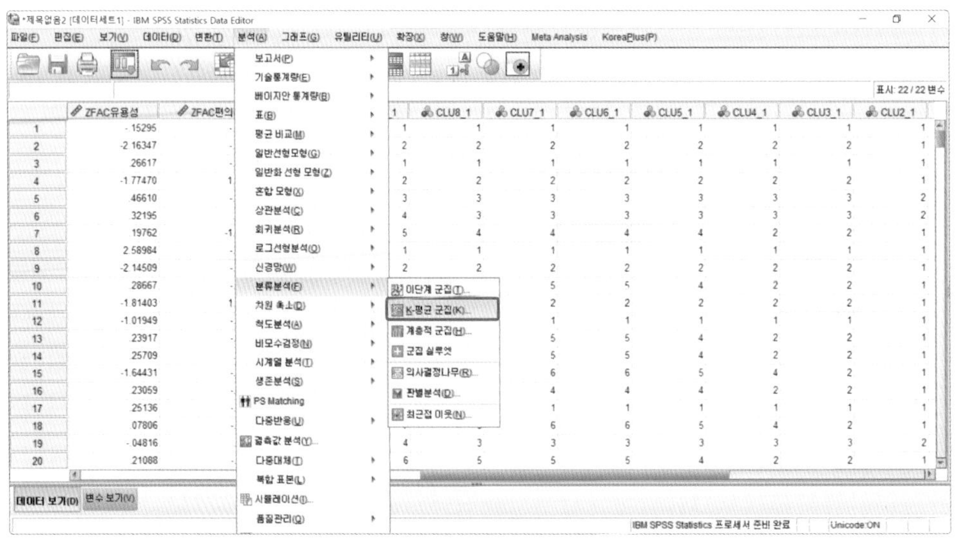

[그림 12-12] **K-평균 군집분석의 실행**

02 K-평균 군집분석 창에서 ❶ 표준화로 저장한 변수들을 변수 란으로 옮기고 ❷ '군집 수'를 계층적 군집분석에서 확인하여 연구자가 선택한 5개로 맞춘 후 ❸ 반복계산을 클릭한다.

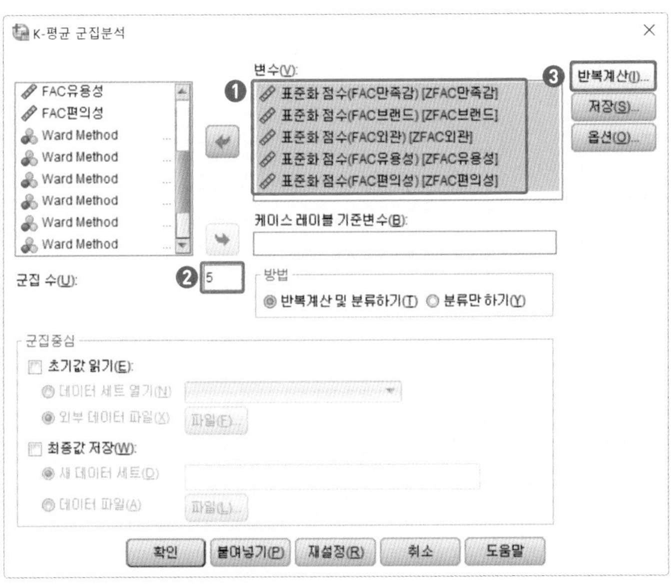

[그림 12-13] **군집 수의 결정**

03 K-평균 군집분석: 반복계산 창에서 ❹ '최대반복계산'이 '10', '수렴 기준'이 '0'으로 설정되어 있는지 확인한 후 ❺ 계속을 클릭한다. 다시 K-평균 군집분석 창으로 돌아와 ❻ 저장을 클릭한다.

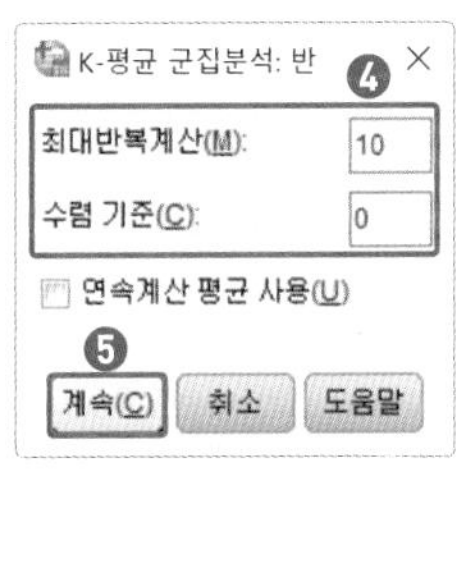

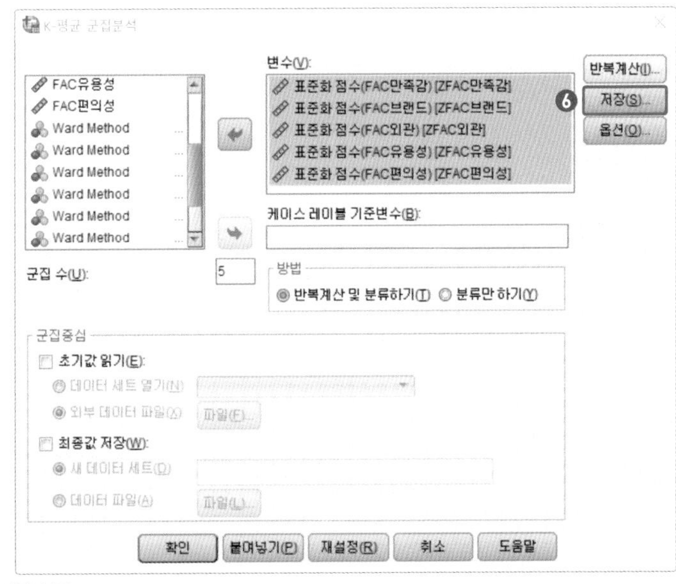

[그림 12-14] **K-평균 군집분석 : 반복 설정**

04 ❼ K-평균 군집분석: 새 변수 저장 창에서 '소속군집'에 ☑ 표시를 한 후 ❽ 계속을 클릭한다. 다시 K-평균 군집분석 창으로 돌아와 ❾ 옵션을 클릭한다.

[그림 12-15] K-평균 군집분석 : 새 변수 저장 설정

05 K-평균 군집분석: 옵션 창에서 ❿ '군집중심초기값'과 '분산분석표'에 ☑ 표시를 한 후 ⓫ 계속을 클릭한다. K-평균 군집분석 창의 ⓬ 확인을 클릭하면 분석이 시작된다.

[그림 12-16] K-평균 군집분석 : 옵션 설정

Step 2 결과 분석하기 비계층적 군집분석

군집중심초기값

	군집				
	1	2	3	4	5
표준화 점수(FAC만족감)	-.55473	-.62004	-3.31079	.74836	2.25335
표준화 점수(FAC브랜드)	-3.91886	.61307	-1.02698	.66541	-1.00154
표준화 점수(FAC외관)	-.51685	.16540	-2.38565	-2.30650	1.32140
표준화 점수(FAC유용성)	.17546	-2.13667	-2.45489	1.31516	2.35681
표준화 점수(FAC편의성)	-.07735	2.49646	-2.53105	-1.33956	2.23770

반복계산과정[a]

반복	군집중심의 변화량				
	1	2	3	4	5
1	2.374	2.667	1.745	2.496	2.271
2	.129	.251	.504	.236	.236
3	.090	.157	.381	.167	.120
4	.031	.110	.252	.077	.056
5	.027	.071	.087	.058	.017
6	.041	.000	.000	.000	.040
7	.038	.000	.000	.000	.038
8	.000	.000	.000	.000	.000

a. 군집 중심값의 변화가 없거나 작아 수렴이 일어났습니다. 모든 중심에 대한 최대 절대 좌표 변경은 .000입니다. 현재 반복계산은 8입니다. 초기 중심 간의 최소 거리는 5.367입니다.

최종 군집중심

	군집				
	1	2	3	4	5
표준화 점수(FAC만족감)	-.30987	-.04332	-1.49379	-.39581	1.39330
표준화 점수(FAC브랜드)	-1.46090	.29162	-.05847	.64597	.13349
표준화 점수(FAC외관)	.01198	.84848	-1.65182	-.78542	.42205
표준화 점수(FAC유용성)	.02282	-.43334	-1.73571	.10872	.95579
표준화 점수(FAC편의성)	-.33902	.02633	-.91994	-.18462	.84594

ANOVA

	군집		오차		F	유의확률
	평균제곱	자유도	평균제곱	자유도		
표준화 점수(FAC만족감)	46.292	4	.434	320	106.703	.000
표준화 점수(FAC브랜드)	45.296	4	.446	320	101.493	.000
표준화 점수(FAC외관)	45.821	4	.440	320	104.198	.000
표준화 점수(FAC유용성)	33.154	4	.598	320	55.433	.000
표준화 점수(FAC편의성)	17.892	4	.789	320	22.681	.000

다른 군집의 여러 케이스 간 차이를 최대화하기 위해 군집을 선택했으므로 F 검정은 기술통계를 목적으로만 사용되어야 합니다. 이 경우 관측유의수준은 수정되지 않으므로 군집평균이 동일하다는 가설을 검정하는 것으로 해석될 수 없습니다.

각 군집의 케이스 수

군집	1	63.000
	2	89.000
	3	19.000
	4	91.000
	5	63.000
유효		325.000
결측		.000

[그림 12-17] K-평균 군집분석 출력결과

- **[군집중심초기값]** : 정해진 수(5개)를 기준으로 군집을 나눌 때 군집을 형성하는 중심값을 나타낸다.
- **[반복계산과정]** : 'K-평균 군집분석'을 반복 계산하라는 설정으로 나온 표이다. 8번째 반복계산 변화량을 보면 .000으로 더 이상 반복계산을 할 필요가 없으므로, 8회만 반복계

산했음을 알 수 있다.

- **[최종 군집중심]** : 해당 군집에서 수치가 높은 부분을 확인해 보면 그 군집의 성격을 확인할 수 있다. 즉 해당 군집의 선호도를 알 수 있다.
- **[ANOVA]** : 여러 케이스로 구성된 군집의 차이를 극대화하기 위한 군집을 선택한 것으로, F 값과 유의확률을 확인하여 유의수준에 들어가면 군집분석의 결과는 양호하다 할 수 있다.
- **[각 군집의 케이스 수]** : 해당 군집의 표본 수와 유효 수/결측 수를 나타낸다.

이와 같이 군집분석을 통하여 내부적으로는 동질적이고 외부적으로는 이질적인 각각의 군집으로 구분이 되는 과정을 확인하였다. 군집이 확인이 되었다면, 연구자는 해당 군집의 특성을 확인하고, 이를 표시하여 분석 결과를 보다 쉽게 기술할 수 있으며, 이를 기반으로 하여 논문이나 연구보고서를 기술하면 된다.

Step 3 논문에 표현하기 군집분석

계층적 군집분석과 비계층적 군집분석을 차례로 수행한 후, 논문에는 다음과 같이 군집분석 결과를 표시한다. 아래에서는 편의상 군집의 수를 5개로 설정하여 결과를 정리하였으나 연구의 목적이나 성격에 따라 군집의 수는 달라질 수 있다. 또한 앞서 요인분석에서 요인들을 묶어서 해당 요인의 명칭을 연구자가 정했던 바와 같이, 아래의 논문 예에서 나타나는 군집의 특성 또한 표에서 나타나는 큰 수치를 확인해 보면서, 해당하는 군집의 특성을 연구자가 직접 명명해야 한다.

예

군집요인	군집					F	유의확률
	1 (n=63)	2 (n=89)	3 (n=19)	4 (n=91)	5 (n=63)		
만족감	-.310	-.043	-1.494	-.396	1.393	106.703	.000
브랜드	-1.461	.291	-.058	.646	.133	101.493	.000
외관	.012	.848	-1.652	-.785	.422	104.198	.000
유용성	.023	-.433	-1.736	.109	.956	55.433	.000
편의성	-.339	.026	-.920	-.185	.846	22.681	.000
군집 특성	유용성을 중요시하는 군집	외관을 중요시하는 군집	무관한 군집	브랜드를 중요시하는 군집	만족감을 중요시하는 군집		

m.e.m.o

PART

03

AMOS를 활용한 통계분석

AMOS를 이용한 구조방정식모델은 SPSS Statistics를 이용한 통계와 큰 맥락에서는 같지만, 세부적인 면에서는 형태와 구조, 분석 방법 및 결과가 다르게 나타난다. 이러한 이유로 SPSS Statistics를 잘 다루는 사용자도 구조방정식모델을 처음 접하면, 새로운 방법이라는 생각에 초반에는 낯설고 어려움을 느끼게 된다.

Part 03에서는 실무에서 접할 수 있는 연구문제를 예제로 설정하여 AMOS의 기초부터 고급 사용법까지 단계적으로 설명해 나간다. 차근차근 따라하다 보면 이 책을 마칠 때쯤에는 구조방정식모델에 대한 자신감이 생길 것이다.

Contents

Chapter 01

구조방정식모델의 이해

학습목표

1) 구조방정식모델의 개념 및 SPSS Statistics와의 차이점을 이해한다.
2) 구조방정식모델 분석의 장점을 이해하고, 설명할 수 있다.
3) 그림으로 표현되는 변수의 형태와 개념을 이해한다.
4) 변수와 오차에 대한 종류와 개념을 이해한다.

다루는 내용

- 구조방정식모델의 개념과 특징
- 구조방정식모델의 장단점
- 구조방정식모델의 변수 및 기호

1.1 구조방정식모델의 개요

지금까지 우리는 통계분석의 기본이라 할 수 있는 SPSS Statistics를 학습하며 논문을 작성할 때 필요한 다양한 통계분석 방법과 각종 개념들에 대해 살펴보았다. 이제부터는 AMOS를 이용하여 구조방식모델을 통한 통계분석 방법에 대해 알아볼 것이다.

그렇다면 SPSS Statistics만 마스터하면 충분할 것 같은데, 왜 AMOS라는 새로운 프로그램을 사용해 구조방정식모델을 더 공부해야 하는 걸까? 사실 기존에는 SPSS Statistics만으로 논문 작성을 많이 해왔으나, 최근의 논문들이나 연구보고서를 보면 구조방정식모델을 빈번하게 사용하는 추세이다. 그 결과, 논문에 좀 더 세련되고 정확한 분석 결과를 제시할 수 있게 되었다. 이런 추세를 형성하게 된 데에는 구조방정식모델만의 장점이 있기 때문인데, 이에 대해서는 잠시 후에 자세히 설명하기로 한다.

구조방정식모델은 종속변수에 영향을 주는 여러 변수들 간에 상호 인과관계를 찾고 그에 대해 설명하는 모델로, 변수의 증가 및 감소를 통하여 다양한 사례를 설명할 수 있다. 구조방정식모델 분석은 크게 '확인적 요인분석'과 '경로분석'으로 요약할 수 있다. 앞으로 수행할 분석에서도 이 두 가지를 모두 수행할 것이다. '확인적 요인분석'은 그 이름 때문에 확인적 연구만 가능하다고 생각할 수 있으나, 사실은 그렇지 않다. 구조방정식모델을 이용해서 자료가 내포한 의미를 찾아 결과를 기술할 수 있다면 탐색적 연구도 가능하다.

1.2 구조방정식모델의 특징

지금까지 배운 SPSS Statistics와는 차별화되는 구조방정식모델만의 장단점은 다음과 같다.

■ 구조방정식모델의 장점

❶ 오차 추정을 할 수 있다.

설문지에 사용되는 문항은 일반적으로 선행연구에서 이미 사용되어 검증된 문항을 인용하거나, 연구자 본인이 자신의 연구 특성에 맞게 직접 개발하여 사용한다. 설문지법을 이용한 연구에서는 요인분석을 진행하여 묶인 변인들이 그에 해당하는 구성개념을 모두 설명하고 있다고 간주하고 분석이 진행된다.

하지만 이러한 문항들이 측정하고자 하는 개념을 100% 측정해낼 수 있는가에 대한 의구심이 생길 수 있다. 다시 말해 "A라는 변수를 측정하는 문항이 5개 있다고 할 때, 이 5개의 문항만으로 A라는 변수를 완벽하게 설명할 수 있겠는가?"의 문제를 말한다. 이때 그렇지 못한 부분(A라는 변수를 완벽하게 설명하지 못하는 부분)을 '오차(측정오차)'라고 하는데, 구조방정식모델에서는 이와 같은 오차를 고려하여 분석을 진행할 수 있다. 또한 문항으로 구성된 변수에 의해 영향을 받아 발생하는 '구조오차'도 고려하여 분석을 진행한다. 따라서 구조방정식모델을 이용하는 경우에는 AMOS 상에 연구모델을 입력할 때, 반드시 측정오차와 구조오차가 필요하다. (오차에 대해서는 뒤에서 다시 설명하니, 개념이 당장 이해되지 않더라도 일단 넘어가자.)

❷ 상호 종속관계를 추정에 동시할 수 있다.

[그림 1-1]과 같은 연구모델이 있다고 할 때, 이를 SPSS Statistics로는 어떻게 분석할 수 있을까?

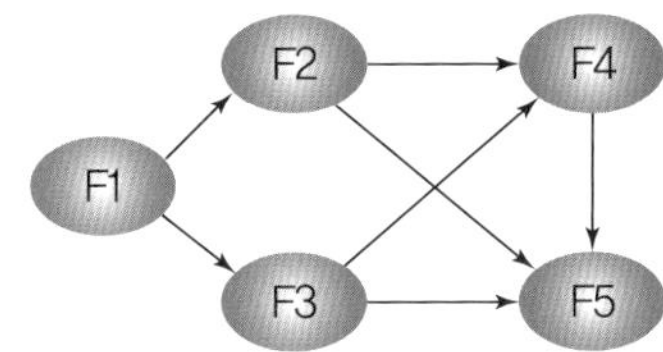

[그림 1-1] **연구모델의 예시**

F1이 독립변수라 하면, 종속변수가 F2, F3로 설정되어 있는 상태이다. 그러나 SPSS Statistics의 회귀분석에서 종속변수는 1개이다. 다중회귀분석을 실시하는 경우에도 독립변수의 개수는 늘어날 수 있으나, 종속변수의 개수는 늘어나지 않았다. 그렇다면 이 모델에서는 종속변수에 따라 분석 과정을 각각 나누어 'F1 → F2', 'F1 → F3'와 같이 몇 차례의 분석을 반복해야 한다. 그러나 실제로 위의 연구모델을 분석하려면 다중회귀분석만으로 끝나는 것이 아니라 위계적 회귀분석, 매개 회귀분석을 같이 생각해야 하는데, 이 모든 과정에서 종속변수별로 이루어져야 할 분석 횟수를 생각해 보면, 보통 일이 아님을 알 수 있다. 하지만 구조방정식은 상호 종속관계의 모델을 동시에 추정할 수 있다. 이것이 구조방정식의 강력한 장점이며, 구조방정식모델을 선호하는 이유 중 하나이다.

❸ (총효과, 직접효과 이외의) 간접효과를 추정할 수 있다.

[그림 1-1]에서 F3이 F5에 미치는 영향을 따질 때, F3가 F5에 직접 연결되어 효과를 발생시킬 수도 있지만, F4를 경유하여 F5에 효과(간접효과)를 줄 수도 있음을 고려해야 한다. 이처럼 복잡한 연구모델에서도 구조방정식모델 분석은 총효과, 직접효과, 간접효과를 동시에 확인할 수 있다.

❹ 포괄적인 통계 기법을 동시에 적용할 수 있다.

SPSS Statistics에서는 여러 가지 분석 방법에 대해 각각의 장과 절을 구분하여 일일이 SPSS Statistics의 분석창을 열고, 옵션을 설정하고, 분석을 실시한 후, 분석 결과를 확인하는 과정을 거쳤다. 하지만 구조방정식모델에서는 분석 시작 전 옵션 체크를 통해 통계 기법을 중첩하여 동시에 분석할 수 있다.

■ 구조방정식모델의 단점

위와 같은 장점으로 인해 구조방정식모델이 분석도구로 많이 사용되는 반면, 단점 역시 존재한다.

❶ 통계적 분석 방법에 대한 명확한 이해가 선행되어야 한다.

구조방정식모델을 사용하기 위해서는 회귀분석, 요인분석, 상관분석 등에 대해 명확하게 이해하고 있어야 한다. 분석 방법들을 제대로 숙지하지 못한 채, 단순히 장점만을 보고 구조방정식모델을 사용한다면 분석 결과가 잘못 나올 수 있고, 그로 인해 해석 자체가 틀려질 수 있다.

❷ 분석 결과가 다소 복잡하거나 어렵게 느껴질 수 있다.

SPSS Statistics에서 분석 결과를 볼 때와 달리, 구조방정식모델에서는 일정한 순서에 따라 분석 결과를 한 화면에 보여주지 않는다. 따라서 분석 결과에 대한 내용을 연구자가 직접 찾아가면서 비교해야 한다. 또한 구조방정식모델에서 쓰는 용어나 형식이 기존에 사용하던 것과는 약간 차이가 있고, 자료의 양이 많다고 느껴지기 때문에 어렵다는 선입견을 가질 수 있다.

NOTE

52 구조방정식모델을 적용하기 위한 표본 수

모든 서베이법에서 충분한 크기의 표본이 요구되듯이, 구조방정식모델 또한 충분한 크기의 표본을 필요로 한다. 하지만 표본 크기가 작더라도 분석이 아예 불가능한 것은 아니다. 다만 표본의 크기가 작다면, 표본이 가지는 전체 모수에 대해 대표성 문제가 제기될 수 있다. 그러므로 가능하다면 200개 이상의 표본을 기준으로 하는 것이 바람직하다. 이 책에서는 325개의 표본을 기준으로 구조방정식모델을 분석하고 있다.

표본이 충분히 준비되었다면, 이제 확인해야 할 사항은 "취합한 표본이 정규분포에 얼마나 가까운가?"이다. 표본이 정규분포에 가까울수록 충실한 분석이 가능하다. 그 배경에는 구조방정식모델 분석을 진행하면서 모수를 추정할 때 최대우도법(maximum likelihood method)을 이용하는데, 최대우도법을 적용할 때는 "표본은 정규분포를 이룬다."는 가정 하에 진행되기 때문이다. 만약 표본에 왜도나 첨도가 있으면, 분석이 정확하게 진행되었다고 하기 어렵다.

1.3 구조방정식모델의 모형

■ 구조방정식모델의 주요 용어

이제 구조방정식모델에서 미리 알고 있어야 할 용어들과 각각의 개념에 대해 살펴보자.

[그림 1-2]는 '잠재변수, 관측변수'와 '외생, 내생, 오차' 등을 이용하여 구조방정식모델을 그림으로 표현한 것이다.

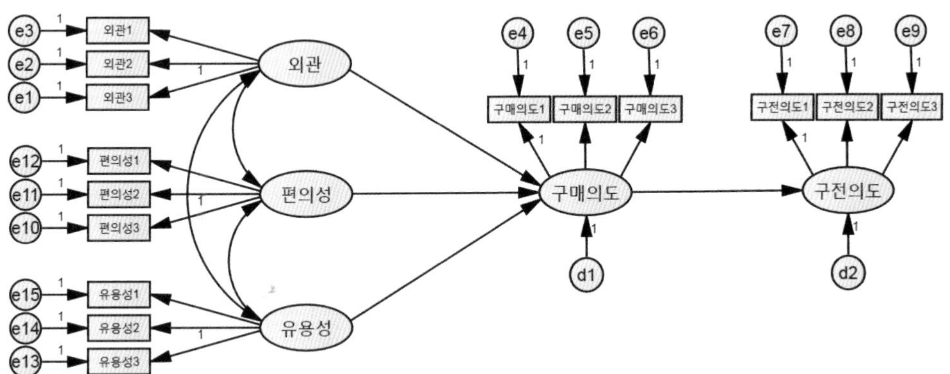

[그림 1-2] 구조방정식모델 예시

[표 1-1] 구조방정식모델에서사용하는 변수의 기호 및 용어 개념설명

종류	기호	용어	설명	
변수		관측변수 (observed variable)	설문지의 문항이며, 조사자가 직접 확인할 수 있는 변수이다. 관측변수는 직사각형으로 표시한다. 관측변수는 모두 화살표를 받으므로 '내생관측변수'라 할 수 있으나, 보통 '관측변수'로 표현한다.	
		잠재변수 (unobserved variable)	외생 잠재변수	타원으로 나타낸다. 측정되거나 발현(發現)되는 것이 아니라, 하나의 구성개념이다(SPSS에서 요인분석 후 명명했던 요인들의 명칭으로 이해하면 된다). [그림 1-2]에서 화살표가 밖으로 나가는 잠재변수들이 '외생잠재변수'이다.
			내생 잠재변수	타원으로 나타낸다. 측정되거나 발현(發現)되는 것이 아니라, 하나의 구성개념이다(SPSS에서 요인분석 후 명명했던 요인들의 명칭으로 이해하면 된다). [그림 1-2]에서 화살표를 받는(화살표가 들어오는) 잠재변수들이 '내생잠재변수'이다. 특히 화살표가 들어오기도, 나가기도 하는 잠재변수는 내생잠재변수에 포함된다. [그림 1-2]의 모델에서는 구매의도가 이에 해당된다.

경로	⟶	외생 (exogenous)	독자적으로는 아무런 의미가 없으며, 변수와 같이 사용된다. '외생'이라는 명칭도 변수명 앞에서 변수명을 수식한다. 변수에서 나가서 외부에 영향을 발생시키는 것을 나타내는 화살표이다.
	⟵	내생 (endogenous)	독자적으로는 아무런 의미가 없으며, 변수와 같이 사용된다. '내생'이라는 변수명 앞에서 변수명을 수식한다. 변수가 외부로부터 영향을 받아 결과를 발생시키는 것을 나타내는 화살표이다.
오차	○⟶	측정오차 (measurement error)	원으로 나타낸다. 잠재변수와 관측변수의 관계에서 관측변수에서 발생하는 오차이며, 'e'로 표시한다.
		구조오차 (structural error)	원으로 나타낸다. 내생잠재변수에 나타나는 오차이며, 'd'로 표시한다.

TIP 오차를 'e'나 'd' 어느 것으로 설정해도 분석 결과에는 영향을 미치지 않는다. 다만 오차를 모두 'e'로 표시하면, 분석 결과를 확인하는 과정에서 구조오차와 측정오차 간의 구분이 어려워지므로, 연구자의 수고를 줄이기 위해 'e'와 'd'로 오차를 구분한 것이다.

NOTE

53 모형 설계 개념 확인 문제

다음에 제시한 모형 설계 중 어느 것이 올바른 모델일까?

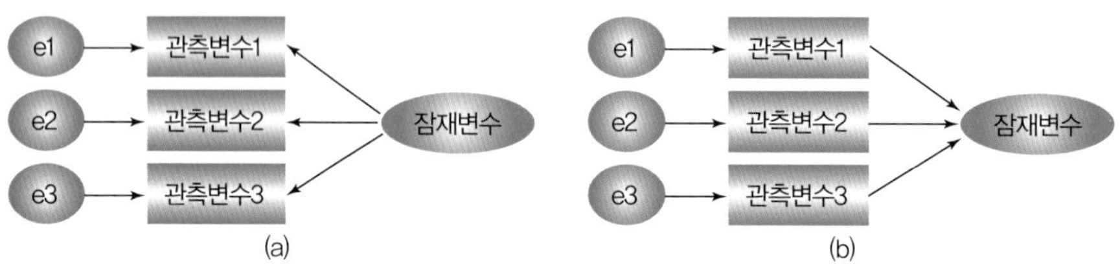

▲ 잠재변수의 모형 설계

앞에서 잠재변수는 측정되거나 조사되어 나타나는 것이 아니라, 연구자가 관측변수를 확인하여 하나의 구성개념으로 만든 것으로 정의했다. 그렇다면 잠재변수는 관측변수의 설명을 받아야 하므로, (b)와 같이 그려야 맞지 않을까? 이러한 문제는 처음 구조방정식모델을 접했을 때 자주 혼동하는 부분이다. 그림 (a)를 통해 개념을 다시 한 번 정리해 보자.

관측변수1, 관측변수2, 관측변수3이 모여서 하나의 구성개념을 설정한 것이 잠재변수이다. 여기에서 잠재변수는 관측변수1, 관측변수2, 관측변수3의 요소를 모두 포함하고 있다. 그런데 관측변수1이 잠재변수를 제대로 설명하고 있는지를 확인해 보니 관측변수2, 관측변수3이 설명하는 부분이 관측변수1에는 없으므로 여기서 측정오차가 발생한다. 이와 같이 구성개념을 기준으로 관측변수를 확인하여 오차를 설정하는 것이므로, 당연히 화살표 방향은 그림 (a)와 같이 잠재변수에서 관측변수로 향해야 한다.

54 구조방정식모델에서의 잠재변수의 설정과 기준점

앞으로 학습할 외생잠재변수들은 분석을 시작할 때 반드시 상관관계를 설정해야 하며, 내생잠재변수이면서 동시에 외생잠재변수인 경우에는 내생잠재변수로 통일하여 반드시 구조오차를 설정해야 한다. (이 내용을 처음 접하는 독자라면 이를 쉽게 이해하기 어려울 수 있으나, 본문을 읽어나가다 보면 차차 이해하게 될 것이다.)

구조방정식모델은 척도를 이용한 분석이 아니므로, 잠재변수와 관측변수 간의 관계를 파악하기 위한 기준점이 필요하다. 이러한 기준값으로 1을 사용하며, 잠재변수와 관측변수 간의 화살표 1개에 '1'의 기준을 부여하여 분석을 진행한다. 이 기준은 AMOS 프로그램에서 자동으로 붙여주기 때문에 크게 신경쓸 필요는 없으나, 기본적인 사항이므로 알아두기를 권한다.

■ 다양한 구조방정식모델

[그림 1–3]과 같이 다양한 구조방정식 연구모델을 설계할 수 있다. AMOS에서는 모델을 그림으로 나타내고 변경하면서 분석을 진행하므로 다양한 모델을 만들어 검증할 수 있다. 또 이론적 근거가 있다면 연구자가 자유롭게 모델을 적용할 수 있다는 장점이 있다. 이 책에서는 비교적 간단하면서도 구조방정식의 개념을 파악하기 쉬운 [그림 1–3(c)] 모델을 중심으로 설명하도록 한다.

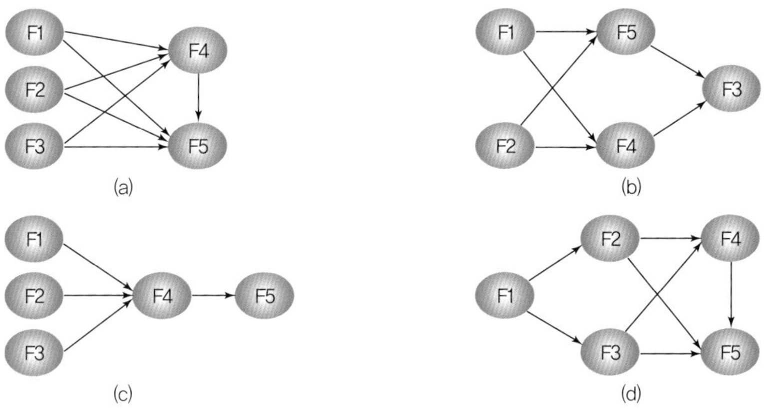

[그림 1–3] 다양한 연구모델

연구자가 처음 연구모델을 설정할 때는 [그림 1–3]과 같은 기본 형태를 만들고, 이 기본 연구모델을 기준으로 AMOS 상에서 세부적인 분석을 실시한다. [그림 1–4]가 [그림 1–3(c)]의 연구모델을 AMOS로 분석한 결과이다.

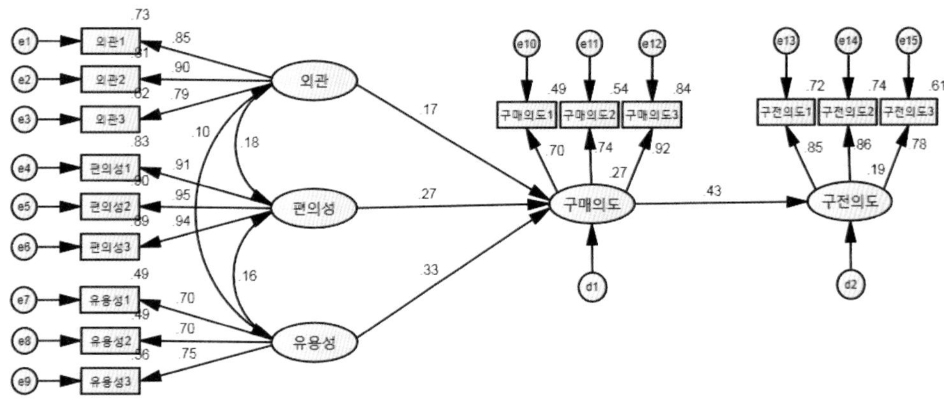

[그림 1–4] AMOS 분석 결과

Chapter 02

AMOS 시작하기

학습목표

1) AMOS의 화면 구분 및 메뉴의 구조를 이해한다.
2) AMOS의 바로가기 아이콘과 각 메뉴의 기능을 이해한다.

다루는 내용

- AMOS 화면 익히기
- AMOS 메뉴 익히기
- AMOS 바로가기 실행 아이콘 익히기

구조방정식모델을 지원하는 프로그램에는 여러 가지가 있으나, 이 책에서는 AMOS를 사용하여 구조방정식모델을 작성할 것이다. AMOS는 사용자 중심의 GUI 형태로 되어 있어 구조방정식모델을 처음 접하는 초보자도 손쉽게 사용할 수 있고, SPSS Statistics와도 연동된다는 장점이 있다. 이 책은 최신 버전인 AMOS 21을 기준으로 설명한다. 만약 버전이 다르다 해도 메뉴나 옵션 위치만 조금씩 바뀌었을 뿐 크게 달라지지 않았으니 이 책으로 학습하는 데 큰 어려움은 없을 것이다.

바로가기 아이콘(IBM SPSS Amos 25 Graphics)을 눌러서 AMOS 프로그램을 실행하면 기본 화면이 나온다. 지금부터 화면을 구성하는 요소들과 각각의 기능을 살펴보기로 하자.

2.1 AMOS 화면 구성

AMOS를 구동시키면 [그림 2-1]과 같은 화면이 나타난다.

NOTE

55 AMOS 평가판 다운로드 방법

AMOS는 '데이타솔루션' 사 홈페이지에서 평가판을 다운로드 받을 수 있다. URL이 종종 변하므로 https://youtu.be/gATjBoOhOVQ에서 다운로드 방법을 확인하면 된다. Predictive Analysis Software(SPSS AMOS, SPSS Statistics, SPSS Modeler, Sample Power)의 평가판을 제공한다. 데이타솔루션 사 홈페이지에 접속하여 회원가입을 한 후, IBM SPSS AMOS를 다운로드 받는다(단, 정회원 인증에는 하루가 소요된다).

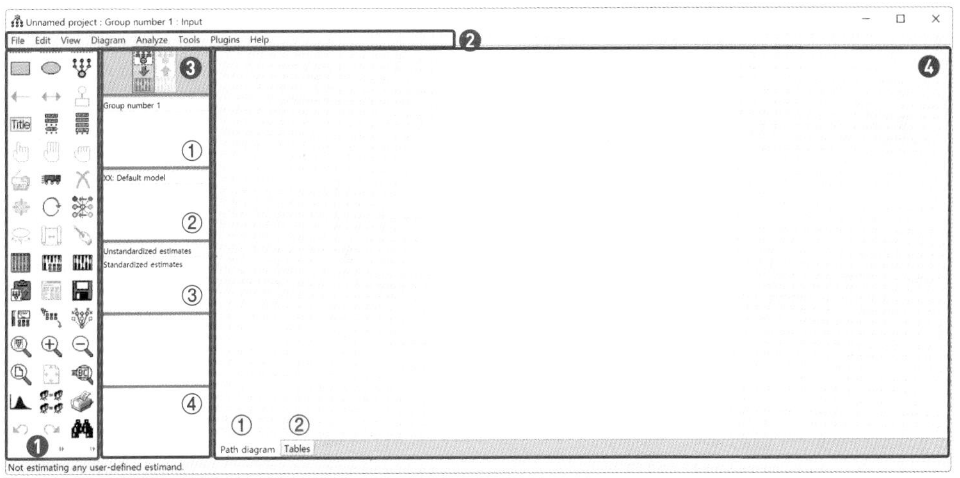

[그림 2-1] AMOS 시작 화면

❶ **바로가기 실행부** : AMOS를 이용한 분석에 자주 사용하는 메뉴를 모아 놓았다.

❷ **메뉴부** : AMOS의 모든 기능을 실행할 수 있는 메뉴들이 들어 있다.

❸ **분석 관리부** : AMOS 분석을 진행하면서 분석 전/후 단계에서 해야 하는 작업을 선택하거나, 분석 진행 후 필요한 데이터를 화면에서 확인할 수 있는 기능을 모아 놓았다.

① **그룹 지정창** : 입력된 자료를 몇 개의 그룹으로 나누었는지에 대한 정보창

② **분석 결과 상태창** : 현재 모델에 대한 정보창

③ **결과 옵션 지정창** : 분석 결과를 어떠한 형태(Unstandardized/Standardized estimates)로 확인할 것인지에 대한 옵션창

④ **실행 파일 기록/로그창** : 현재까지 분석한 모델을 저장한 파일에 대한 정보창

❹ **모델 설계부**

① Path diagram : 분석해야 할 모델을 그림으로 그리거나 수정할 수 있다.

② Tables : Path diagram에 그린 모델을 표 형태로 보여주며, 표를 통해 모델을 작성하거나 수정할 수 있다.

2.1.1 바로가기 실행 아이콘

이제 AMOS의 바로가기 실행부에 있는 바로가기 아이콘들을 살펴보자.

[표 2-1] 바로가기 아이콘 설명

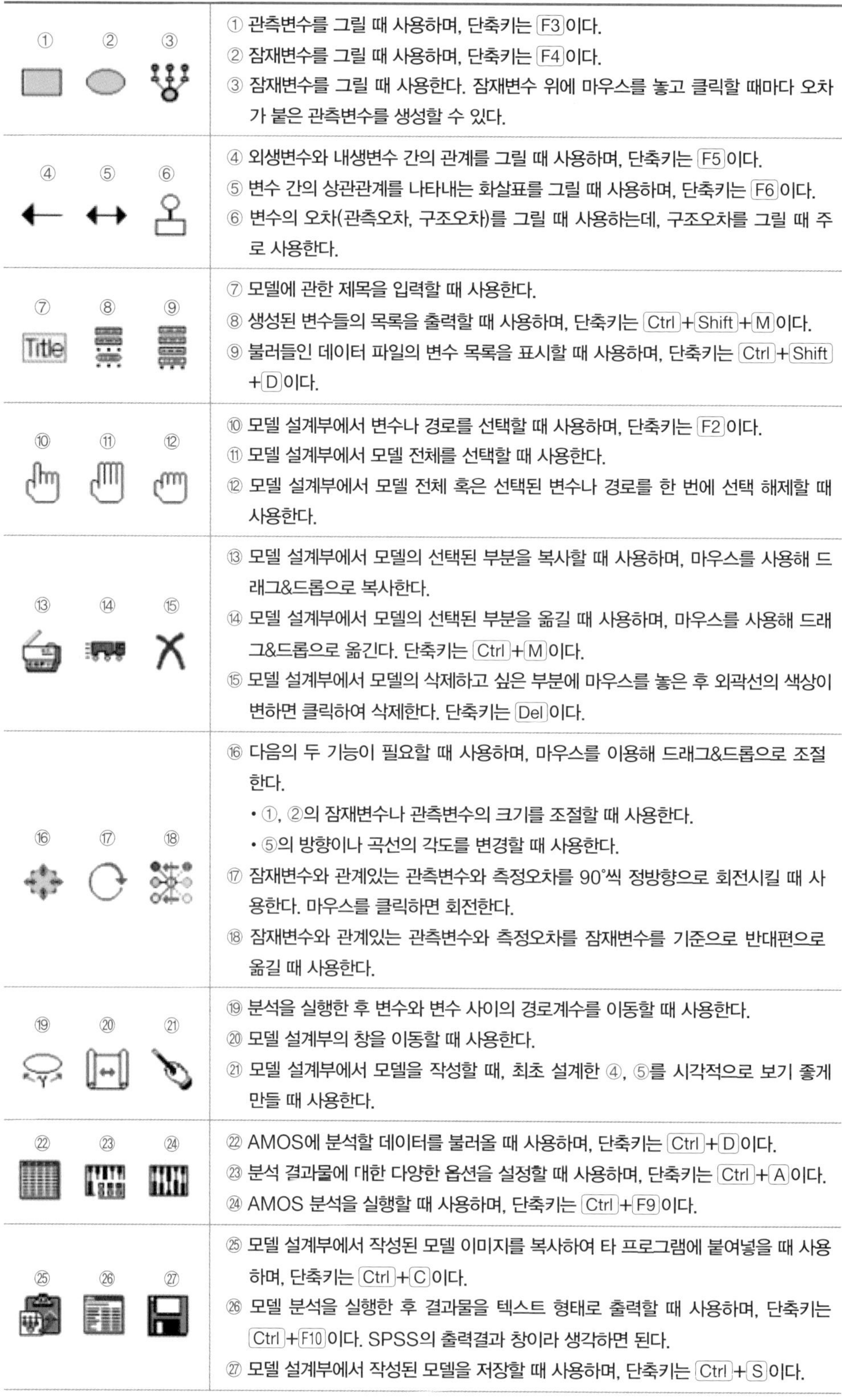

아이콘	설명
① ② ③	① 관측변수를 그릴 때 사용하며, 단축키는 F3 이다. ② 잠재변수를 그릴 때 사용하며, 단축키는 F4 이다. ③ 잠재변수를 그릴 때 사용한다. 잠재변수 위에 마우스를 놓고 클릭할 때마다 오차가 붙은 관측변수를 생성할 수 있다.
④ ⑤ ⑥	④ 외생변수와 내생변수 간의 관계를 그릴 때 사용하며, 단축키는 F5 이다. ⑤ 변수 간의 상관관계를 나타내는 화살표를 그릴 때 사용하며, 단축키는 F6 이다. ⑥ 변수의 오차(관측오차, 구조오차)를 그릴 때 사용하는데, 구조오차를 그릴 때 주로 사용한다.
⑦ ⑧ ⑨	⑦ 모델에 관한 제목을 입력할 때 사용한다. ⑧ 생성된 변수들의 목록을 출력할 때 사용하며, 단축키는 Ctrl + Shift + M 이다. ⑨ 불러들인 데이터 파일의 변수 목록을 표시할 때 사용하며, 단축키는 Ctrl + Shift + D 이다.
⑩ ⑪ ⑫	⑩ 모델 설계부에서 변수나 경로를 선택할 때 사용하며, 단축키는 F2 이다. ⑪ 모델 설계부에서 모델 전체를 선택할 때 사용한다. ⑫ 모델 설계부에서 모델 전체 혹은 선택된 변수나 경로를 한 번에 선택 해제할 때 사용한다.
⑬ ⑭ ⑮	⑬ 모델 설계부에서 모델의 선택된 부분을 복사할 때 사용하며, 마우스를 사용해 드래그&드롭으로 복사한다. ⑭ 모델 설계부에서 모델의 선택된 부분을 옮길 때 사용하며, 마우스를 사용해 드래그&드롭으로 옮긴다. 단축키는 Ctrl + M 이다. ⑮ 모델 설계부에서 모델의 삭제하고 싶은 부분에 마우스를 놓은 후 외곽선의 색상이 변하면 클릭하여 삭제한다. 단축키는 Del 이다.
⑯ ⑰ ⑱	⑯ 다음의 두 기능이 필요할 때 사용하며, 마우스를 이용해 드래그&드롭으로 조절한다. • ①, ②의 잠재변수나 관측변수의 크기를 조절할 때 사용한다. • ⑤의 방향이나 곡선의 각도를 변경할 때 사용한다. ⑰ 잠재변수와 관계있는 관측변수와 측정오차를 90°씩 정방향으로 회전시킬 때 사용한다. 마우스를 클릭하면 회전한다. ⑱ 잠재변수와 관계있는 관측변수와 측정오차를 잠재변수를 기준으로 반대편으로 옮길 때 사용한다.
⑲ ⑳ ㉑	⑲ 분석을 실행한 후 변수와 변수 사이의 경로계수를 이동할 때 사용한다. ⑳ 모델 설계부의 창을 이동할 때 사용한다. ㉑ 모델 설계부에서 모델을 작성할 때, 최초 설계한 ④, ⑤를 시각적으로 보기 좋게 만들 때 사용한다.
㉒ ㉓ ㉔	㉒ AMOS에 분석할 데이터를 불러올 때 사용하며, 단축키는 Ctrl + D 이다. ㉓ 분석 결과물에 대한 다양한 옵션을 설정할 때 사용하며, 단축키는 Ctrl + A 이다. ㉔ AMOS 분석을 실행할 때 사용하며, 단축키는 Ctrl + F9 이다.
㉕ ㉖ ㉗	㉕ 모델 설계부에서 작성된 모델 이미지를 복사하여 타 프로그램에 붙여넣을 때 사용하며, 단축키는 Ctrl + C 이다. ㉖ 모델 분석을 실행한 후 결과물을 텍스트 형태로 출력할 때 사용하며, 단축키는 Ctrl + F10 이다. SPSS의 출력결과 창이라 생각하면 된다. ㉗ 모델 설계부에서 작성된 모델을 저장할 때 사용하며, 단축키는 Ctrl + S 이다.

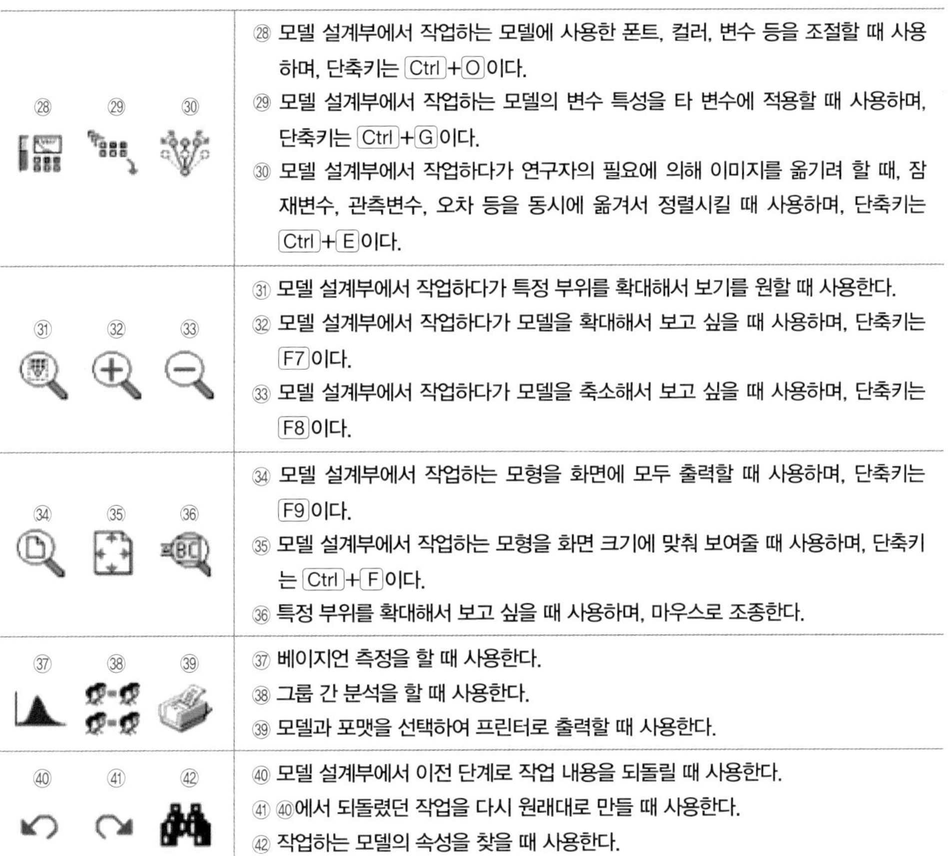

아이콘	설명
㉘ ㉙ ㉚	㉘ 모델 설계부에서 작업하는 모델에 사용한 폰트, 컬러, 변수 등을 조절할 때 사용하며, 단축키는 Ctrl+O이다. ㉙ 모델 설계부에서 작업하는 모델의 변수 특성을 타 변수에 적용할 때 사용하며, 단축키는 Ctrl+G이다. ㉚ 모델 설계부에서 작업하다가 연구자의 필요에 의해 이미지를 옮기려 할 때, 잠재변수, 관측변수, 오차 등을 동시에 옮겨서 정렬시킬 때 사용하며, 단축키는 Ctrl+E이다.
㉛ ㉜ ㉝	㉛ 모델 설계부에서 작업하다가 특정 부위를 확대해서 보기를 원할 때 사용한다. ㉜ 모델 설계부에서 작업하다가 모델을 확대해서 보고 싶을 때 사용하며, 단축키는 F7이다. ㉝ 모델 설계부에서 작업하다가 모델을 축소해서 보고 싶을 때 사용하며, 단축키는 F8이다.
㉞ ㉟ ㊱	㉞ 모델 설계부에서 작업하는 모형을 화면에 모두 출력할 때 사용하며, 단축키는 F9이다. ㉟ 모델 설계부에서 작업하는 모형을 화면 크기에 맞춰 보여줄 때 사용하며, 단축키는 Ctrl+F이다. ㊱ 특정 부위를 확대해서 보고 싶을 때 사용하며, 마우스로 조종한다.
㊲ ㊳ ㊴	㊲ 베이지언 측정을 할 때 사용한다. ㊳ 그룹 간 분석을 할 때 사용한다. ㊴ 모델과 포맷을 선택하여 프린터로 출력할 때 사용한다.
㊵ ㊶ ㊷	㊵ 모델 설계부에서 이전 단계로 작업 내용을 되돌릴 때 사용한다. ㊶ ㊵에서 되돌렸던 작업을 다시 원래대로 만들 때 사용한다. ㊷ 작업하는 모델의 속성을 찾을 때 사용한다.

2.1.2 메뉴부

이제 메뉴부에 있는 주요 실행 기능에 대해 알아보자.

■ File 메뉴

AMOS를 구동한 후, 새로운 모델을 그리거나 작업한 내용을 불러오는 등의 파일 생성 및 저장하는 기능을 모아놓은 메뉴이다.

File Edit View Diagram Analyze Too
❶ New
New with Template...
❷ Open...
Retrieve Backup...
❸ Save Ctrl+S
❹ Save As...
Save As Template...
❺ Data Files... Ctrl+D
❻ Print... Ctrl+P
Browse Path Diagran
File Manager...
File Explorer
❼ Exit

[그림 2-2] File 메뉴

❶ New : 새로운 작업을 시작한다.

❷ Open... : 작업한 파일을 불러온다.

❸ Save : 작업한 내용을 파일로 저장하며, 단축키는 Ctrl + S이다.

❹ Save As... : 현재 파일명을 다른 이름으로 변경하여 저장한다.

❺ Data Files... : 데이터 코딩이 되어 있는 파일을 불러오며, 단축키는 Ctrl + D이다. (처음에 가장 많이 사용한다.)

❻ Print... : 화면에 보이는 작업을 인쇄하며, 단축키는 Ctrl + P이다.

❼ Exit : AMOS를 종료한다.

■ Edit 메뉴

AMOS를 사용하면서 모델의 수정, 이동, 삭제 등과 같은 수정 작업을 할 수 있는 기능들을 모아놓은 메뉴이다.

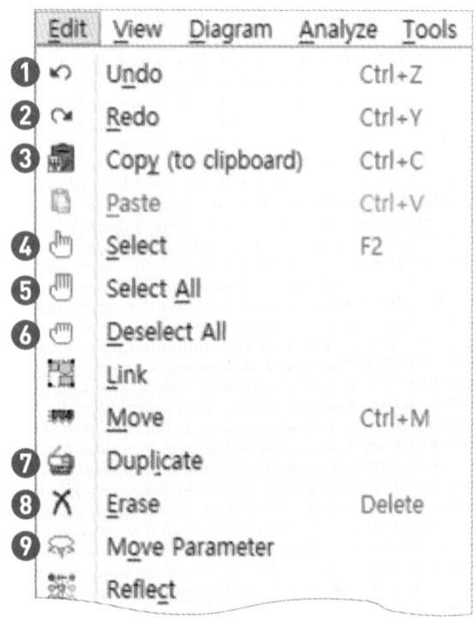

[그림 2-3] Edit 메뉴

❶ Undo : 실행한 작업을 뒤로 돌려 원상복구한다.

❷ Redo : Undo한 내용을 복구한다.

❸ Copy : 모델 설계부에서 작성된 모델 이미지를 복사하여 타 프로그램에 붙여넣을 때 사용하며, 단축키는 Ctrl + C이다.

❹ Select : 모델 설계부에서 변수나 경로를 선택할 때 사용하며, 단축키는 F2이다.

❺ Select All : 모델 설계부에서 모델 전체를 선택할 때 사용한다.

❻ Deselect All : 모델 설계부에서 모델 전체 혹은 선택된 변수나 경로를 한 번에 선택 해제할 때 사용한다.

❼ Duplicate : 모델 설계부에서 모델의 선택된 부분을 복사할 때 사용하며, 마우스를 사용해 드래그&드롭으로 복사한다.

❽ Erase : 모델 설계부에서 모델의 삭제하고 싶은 부분에 마우스를 댄 후 외곽선이 검은색

에서 파란색으로 변하면 클릭하여 삭제한다. 단축키는 Del이다.

❾ Move Parameter : 분석을 실행한 후, 변수와 변수 사이의 경로계수를 이동할 때 사용한다.

■ View 메뉴

AMOS를 사용할 때 사용자가 프로그램에서 출력되는 내용이나 데이터의 출력에 관한 내용 등 화면에 보이는 사항들을 설정할 수 있는 메뉴이다.

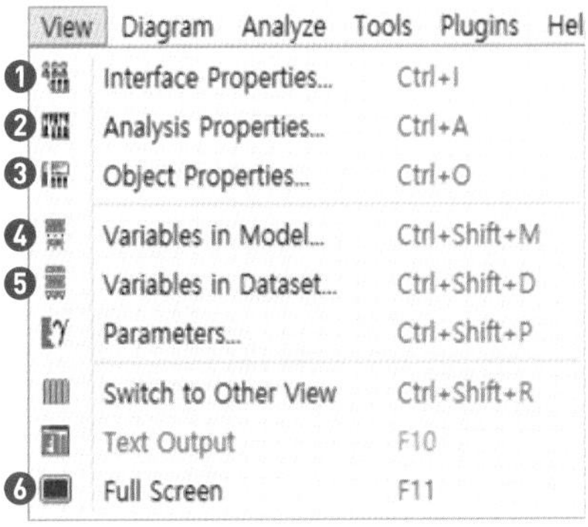

View Diagram Analyze Tools Plugins Hel

❶	Interface Properties...	Ctrl+I
❷	Analysis Properties...	Ctrl+A
❸	Object Properties...	Ctrl+O
❹	Variables in Model...	Ctrl+Shift+M
❺	Variables in Dataset...	Ctrl+Shift+D
	Parameters...	Ctrl+Shift+P
	Switch to Other View	Ctrl+Shift+R
	Text Output	F10
❻	Full Screen	F11

[그림 2-4] View 메뉴

❶ Interface Properties... : AMOS 환경을 설정한다.

❷ Analysis Properties... : 분석 대상의 환경을 설정한다.

❸ Object Properties... : 변수들의 환경을 설정한다.

❹ Variables in Model... : 설정된 모델에서 사용되는 변수의 목록을 나타낸다.

❺ Variables in Dataset... : 데이터에 저장된 변수들의 목록을 나타낸다.

❻ Full Screen : AMOS를 전체화면으로 볼 수 있다.

■ Diagram 메뉴

AMOS로 연구모델을 그릴 때 사용하는 메뉴이다.

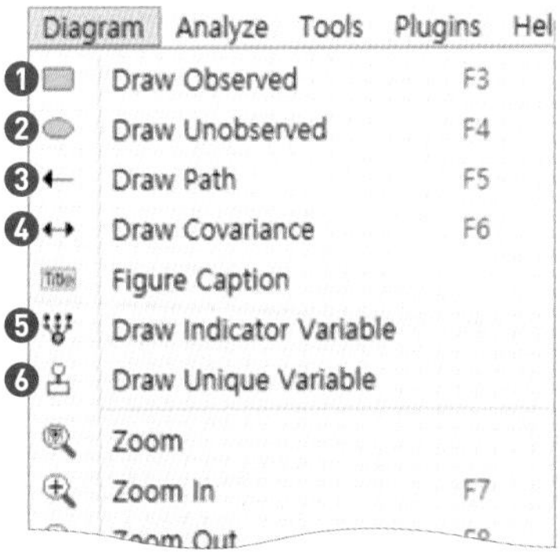

Diagram Analyze Tools Plugins Hel

❶	Draw Observed	F3
❷	Draw Unobserved	F4
❸	Draw Path	F5
❹	Draw Covariance	F6
	Figure Caption	
❺	Draw Indicator Variable	
❻	Draw Unique Variable	
	Zoom	
	Zoom In	F7
	Zoom Out	F8

[그림 2-5] Diagram 메뉴

❶ Draw Observed : 관측변수를 그릴 때 사용하며, 단축키는 F3이다.

❷ Draw Unobserved : 잠재변수를 그릴 때 사용하며, 단축키는 F4이다.

❸ Draw Path : 외생변수와 내생변수 간의 관계를 그릴 때 사용하며, 단축키는 F5이다.

❹ Draw Covariance : 변수 간의 상관관계를 나타내는 화살표를 그릴 때 사용하며, 단축키는 F6이다.

❺ Draw Indicator Variable : 잠재변수를 그릴 때 사용한다. 잠재변수 위에 마우스를 놓고 클릭할 때마다 오차가 붙은 관측변수를 생성할 수 있다.

❻ Draw Unique Variable : 변수의 오차(관측오차, 구조오차)를 그릴 때 사용하며, 구조오차를 그릴 때 주로 사용한다.

■ Analyze 메뉴

AMOS로 모델을 분석할 때 사용하는 메뉴이다.

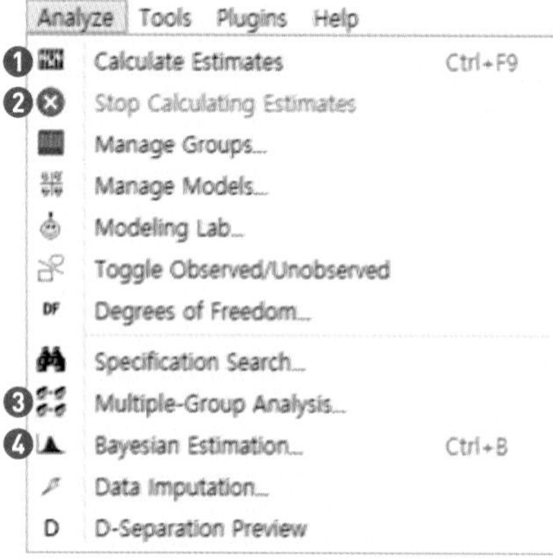

[그림 2-6] Analyze 메뉴

❶ Calculate Estimates : AMOS 분석을 실행할 때 사용하며, 단축키는 Ctrl + F9이다.

❷ Stop Calculating Estimates : AMOS 분석을 중지할 때 사용한다.

❸ Multiple-Group Analysis... : 그룹 간 분석을 할 때 사용한다.

❹ Bayesian Estimation... : 베이지언 측정을 할 때 사용하며, 단축키는 Ctrl + B이다.

■ Tools 메뉴

AMOS에서 지원하는 특수기능을 모아놓은 메뉴이다.

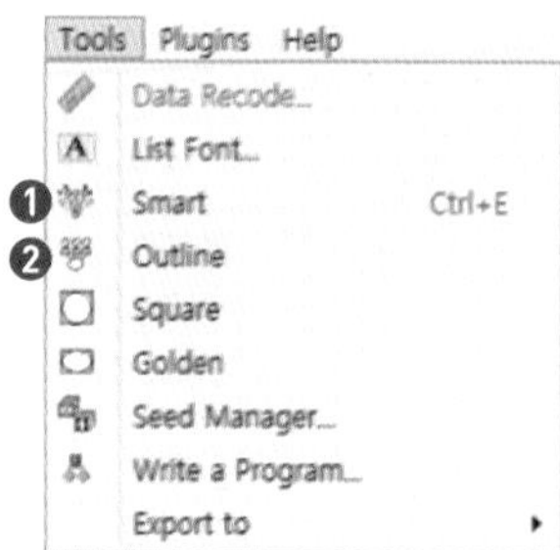

[그림 2-7] Tools 메뉴

❶ Smart : 모델 설계부에서 작업하는 모델의 변수 특성을 타 변수에 적용할 때 사용하며, 단축키는 Ctrl + E이다.

❷ Outline : AMOS에서 분석모델의 변수명과 파라미터를 보이지 않게 하거나 보이게 한다.

■ Plugins 메뉴

AMOS에서 제공하는 특정기능을 자동으로 실행하도록 하는 메뉴이다.

[그림 2-8] Plugins 메뉴

❶ Plugins... : Plugins에 있는 모든 메뉴를 확인하고 실행할 수 있다.

❷ Draw Covariances : 선택된 변수들 간의 상관관계를 자동으로 설정한다.

❸ Name Parameters : 파라미터 이름을 자동으로 생성한다.

❹ Name Unobserved Variables : 잠재변수 이름을 자동으로 생성한다.

❺ Standardized RMR : Standardized RMR을 계산해준다.

AMOS를 이용한 분석에서 주로 사용하는 메뉴는 모두 바로가기 아이콘으로 노출되어 있으므로 메뉴를 직접 선택해서 진행하는 경우는 거의 없다. 하지만 AMOS의 메뉴를 잘 활용하면 숨겨진 다양한 기능을 이용할 수 있으니 각 메뉴의 설명을 참고하여 학습하기 바란다. 특히 Plugins 잠재변수들 간의 상관관계 설정이나 변수명 입력 등의 단순 반복 작업을 프로그램에서 알아서 처리해주므로 알아두면 유용하다. 여기에서 다루지 않은 세부 내용들은 앞으로 AMOS를 운용하면서 그때그때 설명하기로 한다.

Chapter 03

구조방정식모델 그리기 및 분석하기

학습목표

1) AMOS를 구동하고 조작할 수 있다.
2) 연구문제를 설정하여 구조방정식 모델을 그리는 순서를 이해한다.
3) 어떤 결과를 어떻게 해석하는지 알 수 있다.

다루는 내용

- 문제의 인식과 연구모델의 완성
- AMOS로 구조방정식 모델 그리기
- 구조방정식모델 결과 분석하기

3.1 연구문제의 설정과 설문 작성

AMOS로 연구모델을 설정하여 직접 분석을 실시해 보면 구조방정식모델을 좀 더 빠르게 이해할 수 있다. 지금부터는 다음 연구문제를 바탕으로 구조방정식 모형분석을 진행하며 구조방정식모델 분석에 대해 설명하도록 하겠다.

스마트폰 사용자들이 스마트폰에 대하여 느끼는 '외관, 편의성, 유용성'이 사용자들의 '구매의도'에 어떠한 영향을 미치는지, 또한 '구매의도'와 '구전의도' 간에는 어떠한 인과관계가 있는지를 알아보기 위한 연구를 진행해 보자.

연구를 진행하기 위해 문헌이나 종래의 연구사례, 전문가의 표적 집단면접(FGI: focus group interview) 등을 통해 설문자료를 수집했다.

[표 3-1] 설문의 구성(총 325부)

설문 내용	문항 수
1. 스마트폰의 '외관'과 관련한 문항	3문항
2. 스마트폰의 '편의성'과 관련된 문항	3문항
3. 스마트폰의 '유용성'과 관련된 문항	3문항
4. 스마트폰의 '구매의도'와 관련된 문항	3문항
5. 스마트폰의 '구전의도'와 관련된 문항	3문항

수거한 설문에 대한 코딩을 마쳤다면, 지금부터 본격적인 구조방정식모델 분석 작업을 시작해보자. 구조방정식모델 분석의 본격적인 시작은 바로 '모델 그리기'라고 할 수 있다. AMOS 화면의 모델 설계부에 연구자의 분석 의도에 따라 정확하게 모델을 그리고 나면 작업이 거의 끝난 것이나 다름없다. 그러나 모델을 잘못 그리면 분석 결과가 엉뚱하게 나오므로, 처음부터 주의하여 모델을 그려야 한다.

지금부터 워밍업 차원으로 [그림 3-1]과 같은 구조방정식모델을 그려 볼 것이다. 이 과정은 눈으로만 따라하지 말고 직접 해 보기를 권한다.

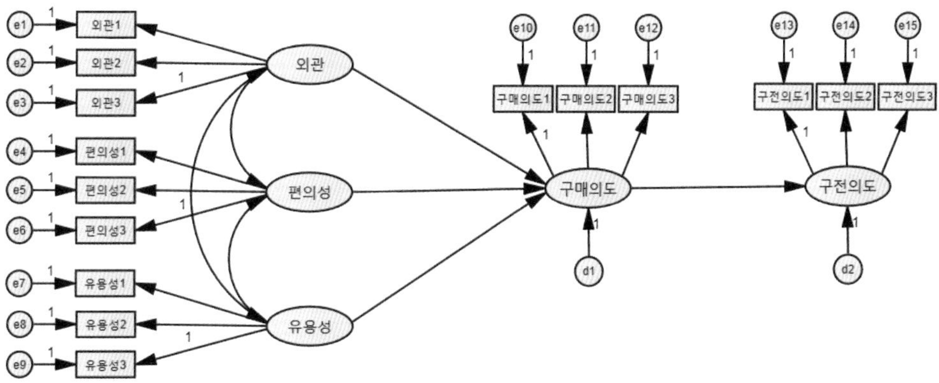

[그림 3-1] **구조방정식모델 그리기 예시**

3.2 구조방정식모델 그리기

구조방정식모델은 다음과 같은 순서로 그린다.

❶ AMOS를 구동한다.
❷ 작업창의 크기를 조정한다.
❸ 분석할 데이터를 불러온다.
❹ 잠재변수를 그린다.
❺ 변수별로 관측변수와 측정오차항을 그린다.
❻ 경로를 설정한다.
❼ 상관관계를 설정한다.
❽ 구조오차를 그린다.
❾ 변수와 오차항에 이름을 설정한다.
❿ 연구모델의 분석을 실시하고 결과를 저장한다.

이와 같은 순서를 염두에 두고 AMOS를 활용하여 구조방정식모델을 그려 보자.

따라하기

01 AMOS 구동하기

바로가기 아이콘(IBM SPSS Amos 25 Graphics)을 눌러 AMOS를 구동한다.

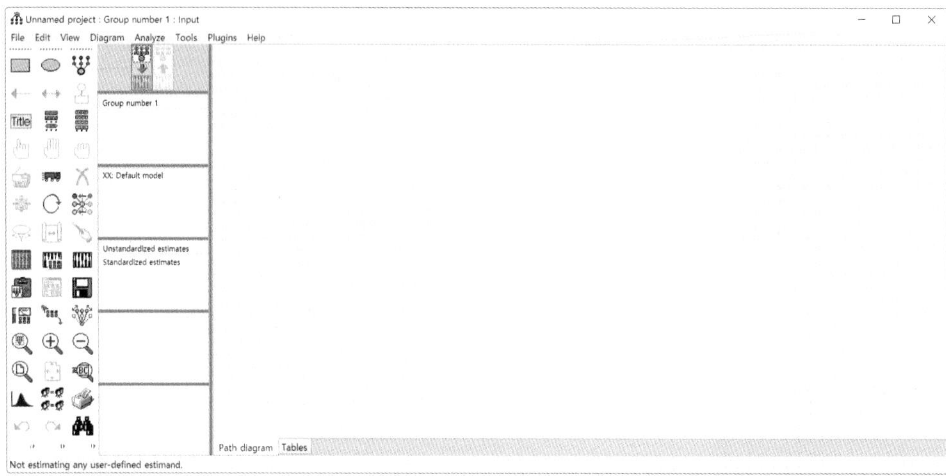

[그림 3-2] AMOS 실행하기

02 작업창 크기 조절하기

❶ Ctrl + I (View▶Interface Properties)를 눌러 Interface Properties 창을 연다. ❷ Paper Size 란의 'Portrait-Letter'를 'Landscape-Legal'로 바꾸고 ❸ × 를 클릭하여 창을 닫으면 모델 설계부의 화면이 넓어진다.

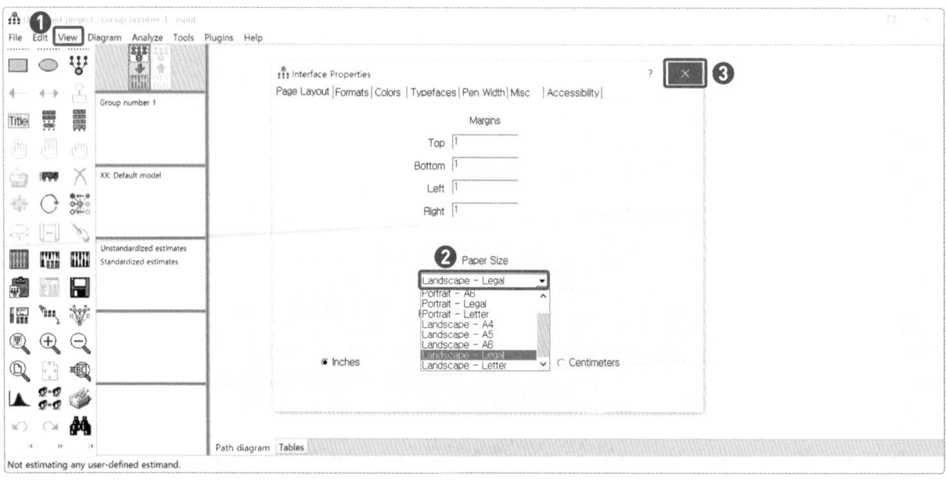

[그림 3-3] AMOS 작업창 환경설정

03 분석할 데이터 불러오기

❶ ㉒번 아이콘(▦)을 클릭한다. 분석에 사용할 데이터 파일을 선택하기 위해 ❷ Data Files 창에서 File Name을 클릭한다.

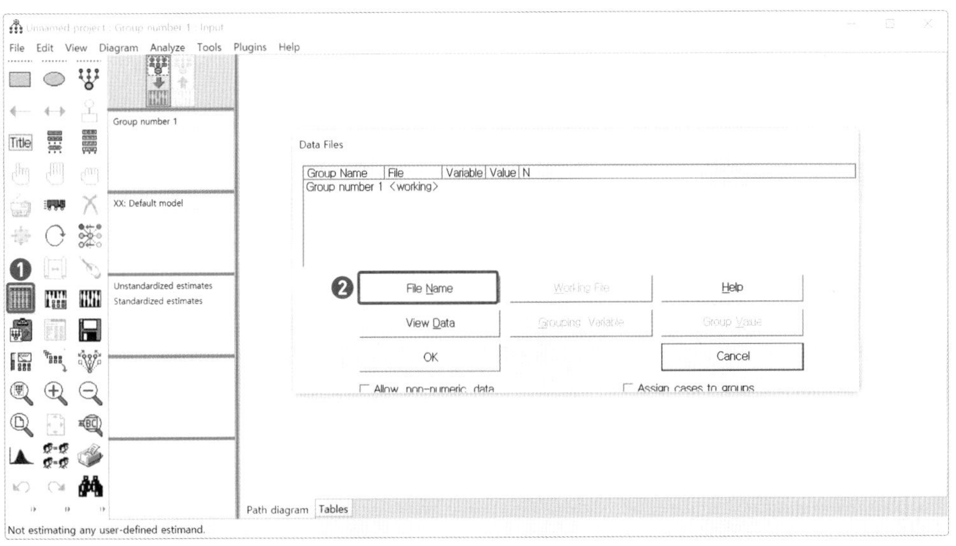

[그림 3-4] **데이터 불러오기 실행**

TIP 지금부터는 '바로가기 실행부'의 버튼(아이콘)을 [표 2-1]과 같이 ①~㊷까지의 번호를 부여하여 부르기로 한다.

04 창이 열리면 ❶ '구조방정식.xls' 파일을 클릭한 후 ❷ 열기를 누른다.

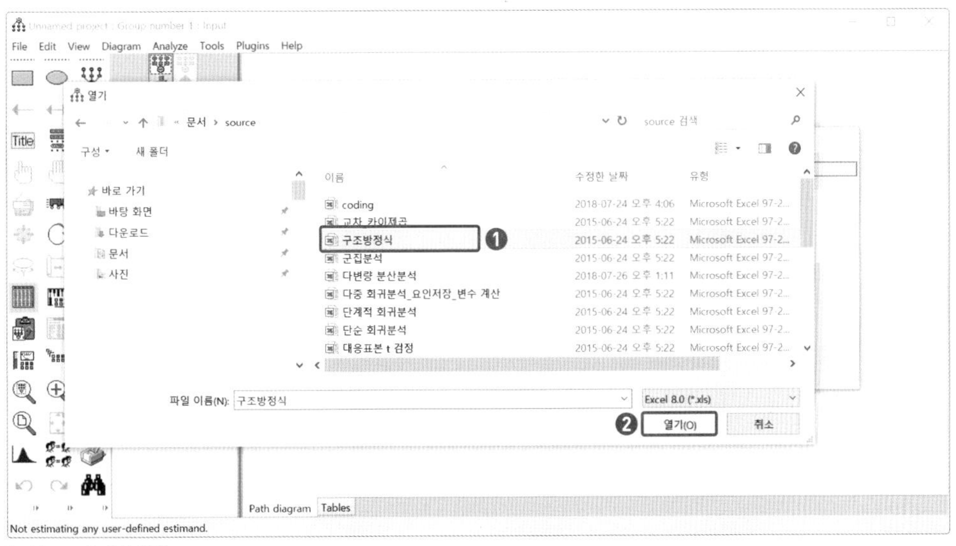

[그림 3-5] **파일 선택**

05 불러온 파일의 정보가 표시되면 OK를 클릭하여 AMOS 창에 분석하고자 하는 파일을 띄워 놓는다. (Data Files 창에 해당 파일 정보가 변경된 것이 보인다.)

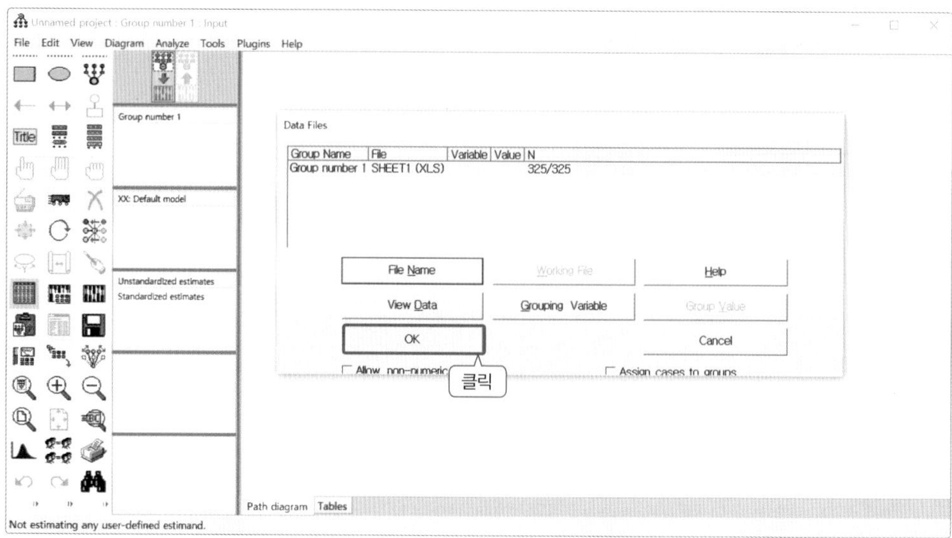

[그림 3-6] **데이터 불러오기**

06 **잠재변수 그리기**

❶ ③번 아이콘( )을 클릭한 후 ❷ 모델 설계부에 마우스를 놓고 드래그한다.

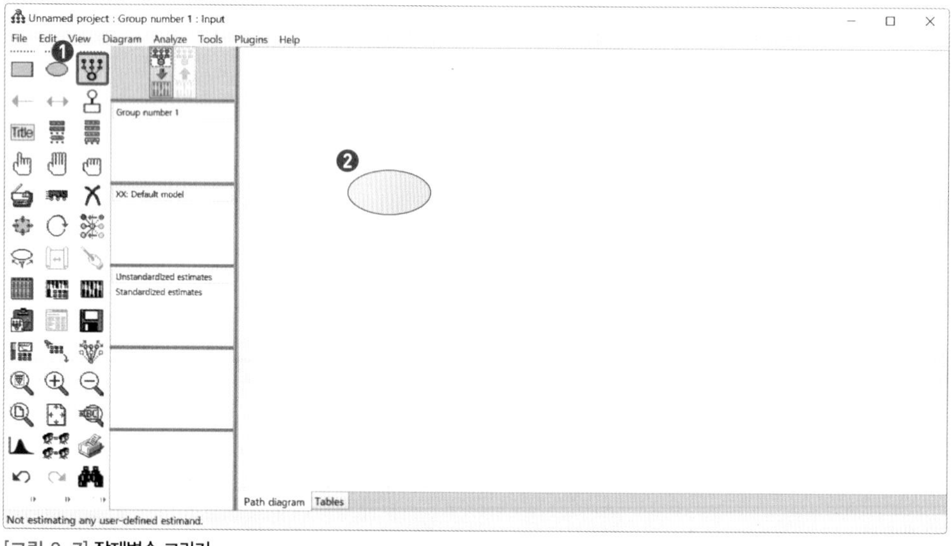

[그림 3-7] **잠재변수 그리기**

07 관측변수와 측정오차 그리기

모델 설계부에 그려진 잠재변수를 세 번 클릭하여 관측변수와 측정오차 세 개를 생성한다.

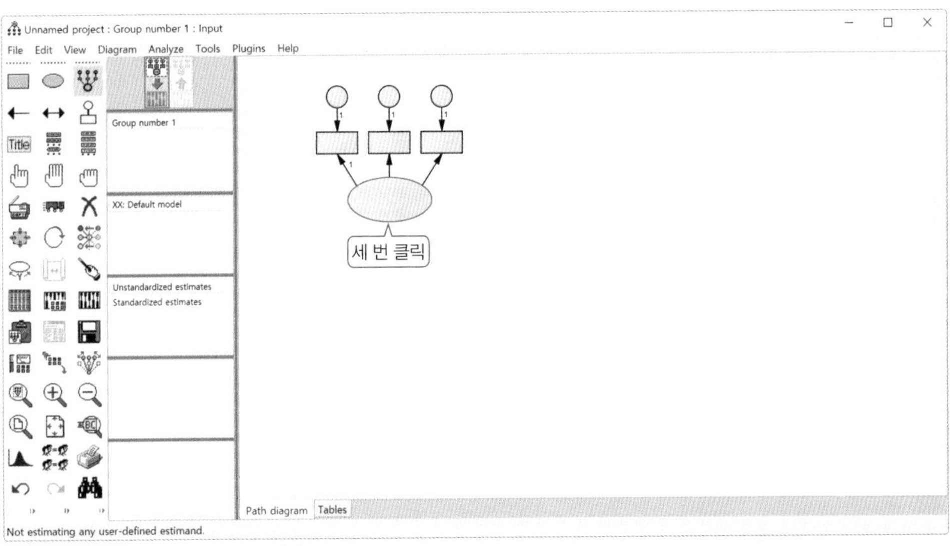

[그림 3-8] 관측변수와 측정오차 그리기

08 잠재변수, 관측변수, 측정오차가 하나의 묶음으로 생성되었으면 ❶ ⑰번 아이콘(⟳)을 클릭한 후 ❷ 잠재변수에 마우스를 올려놓고 클릭한다.

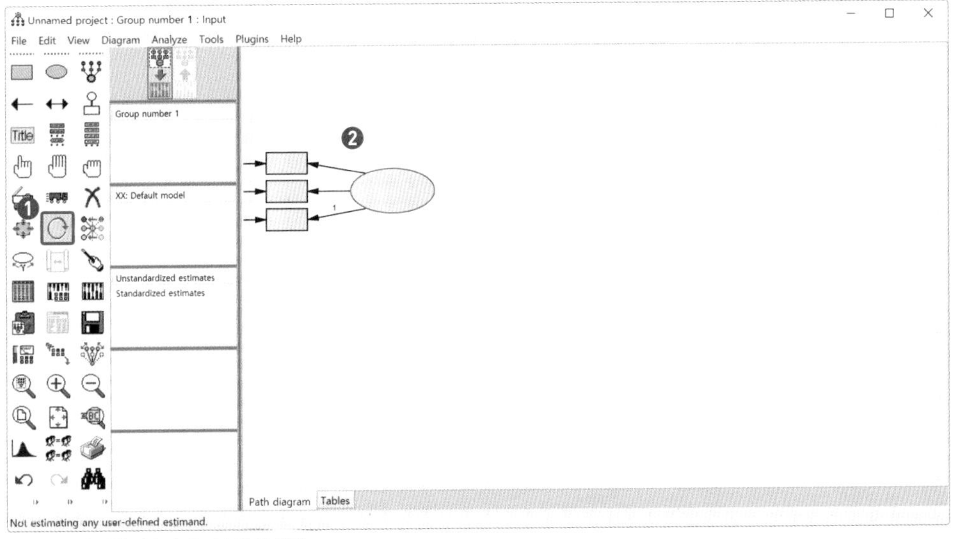

[그림 3-9] 관측변수와 측정오차의 회전

09 위치가 맞지 않으므로 ❶ ⑪번 아이콘(✋)을 클릭하여 모델의 외곽선이 파란색으로 변하면 ❷ ⑭번 아이콘(🚚)을 클릭해 ❸ 적당한 위치로 모델을 옮긴다.

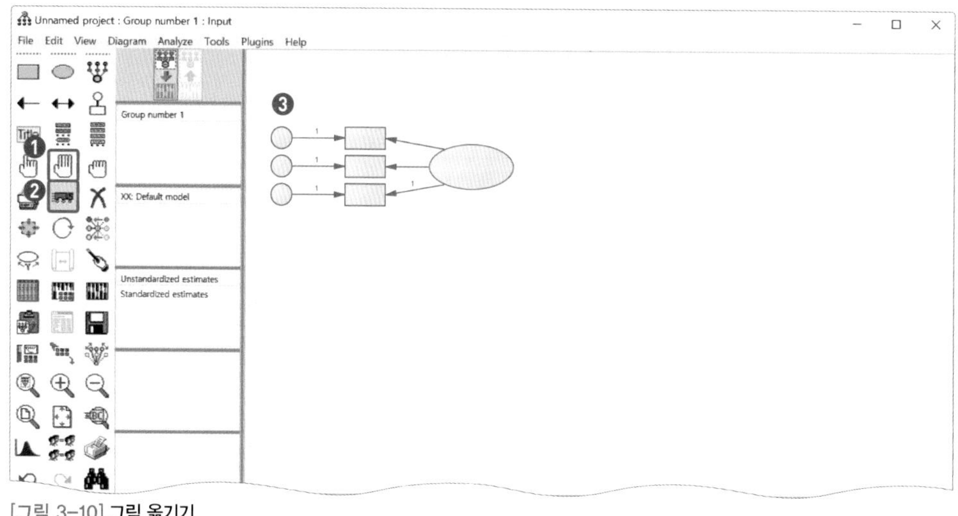

[그림 3-10] **그림 옮기기**

10 ❶ ⑬번 아이콘(🖨)을 클릭한 후 ❷ 잠재변수에 마우스를 올리고 적당한 위치로 드래그&드롭하면 그림이 계속 복사된다. 항목이 모두 5개이므로 잠재변수, 관측변수, 측정오차 세트를 총 5개 복사해서 만들어낸다. 실습하기 전에 제시한 모델과 같이 외관, 편의성, 유용성 묶음을 왼쪽에, 구매의도, 구전의도를 오른편에 순서대로 놓는다. 만약에 나중에 좁거나 너무 넓은 경우 다시 옮겨도 무방하다.

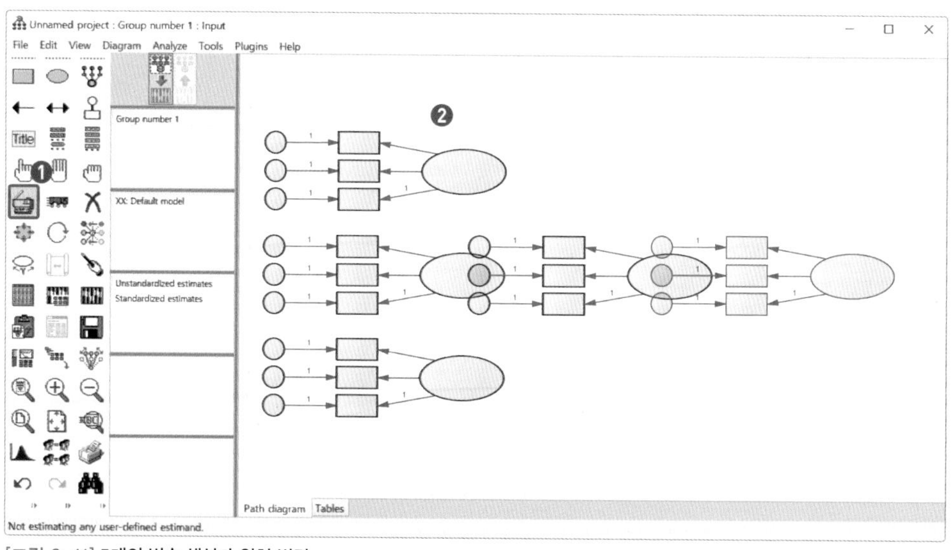

[그림 3-11] **5개의 변수 생성과 위치 변경**

TIP 설정이 다르면 색이 달라질 수 있다.

11 ❶ ⑩번 아이콘( )으로 맨 오른편에 있는 묶음 2개를 선택한 후 ❷ ⑭번( ), ❸ ⑰번( ) 아이콘을 활용하여 ❹ [그림 3-12]와 같이 그림을 완성한다.

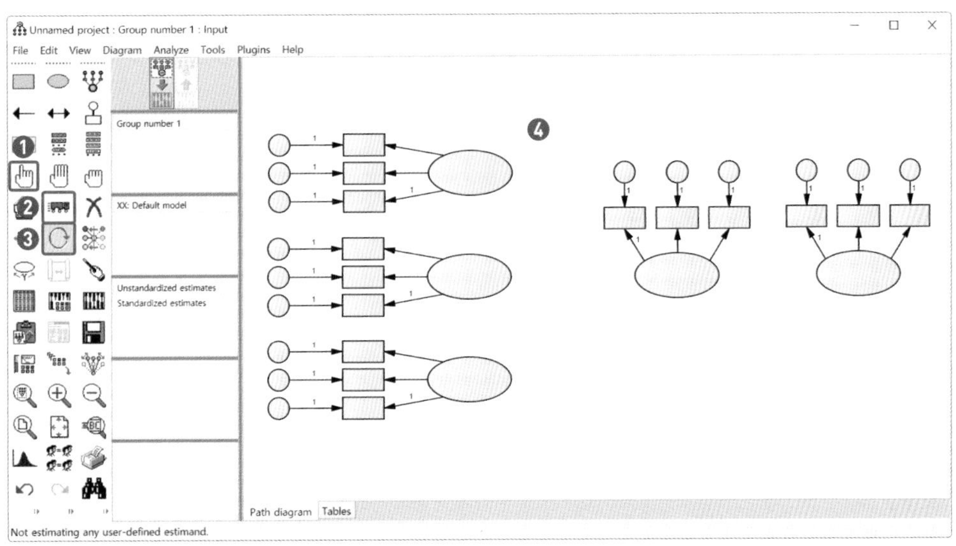

[그림 3-12] **모형 다듬기 ①**

12 모형을 더 보기 좋게 하기 위해 ❶ ⑫번 아이콘( )을 이용하여 선택을 해제하고 ❷ 다시 ⑩번 아이콘( )을 이용하여 이동할 도형을 선택한 후 ❸ ⑭번 아이콘( )을 이용해 ❹ 모형을 옮긴다.

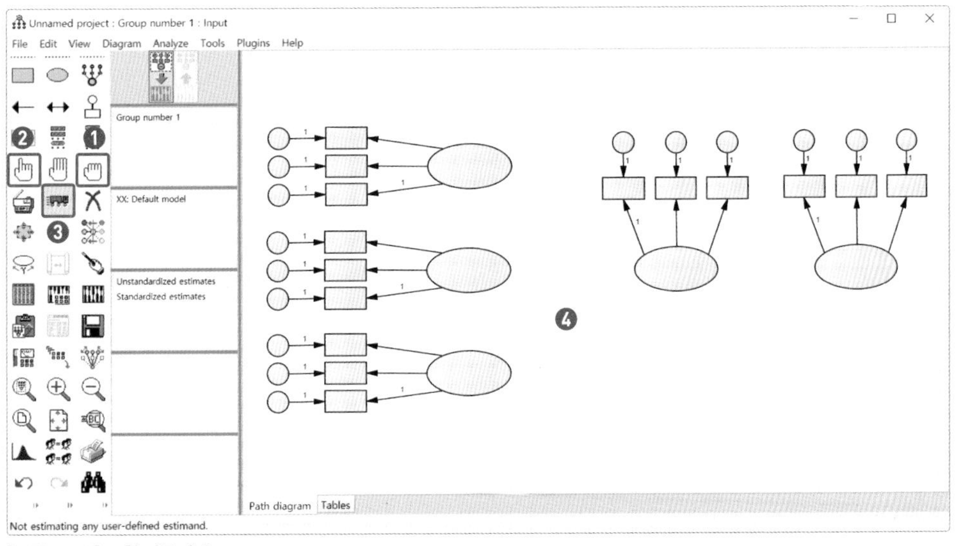

[그림 3-13] **모형 다듬기 ②**

13 경로 설정하기

이제 경로를 설정하기 위해 ❶ ④번 아이콘(←)을 클릭한다. 경로를 그릴 때는 ❷ 시작되는(영향을 주는) 변수에서 끝나는(영향을 받는) 변수로 마우스를 드래그&드롭하면 된다.

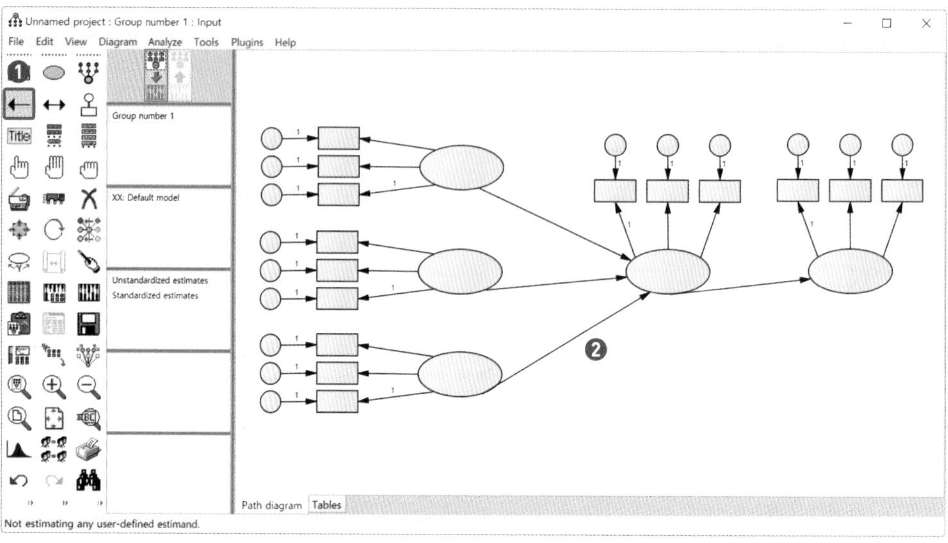

[그림 3-14] 경로 그리기

14 상관관계 설정하기

❶ ⑤번 아이콘(↔)을 클릭하여 ❷ 잠재변수(외생잠재변수) 간의 상관관계를 표시한다.

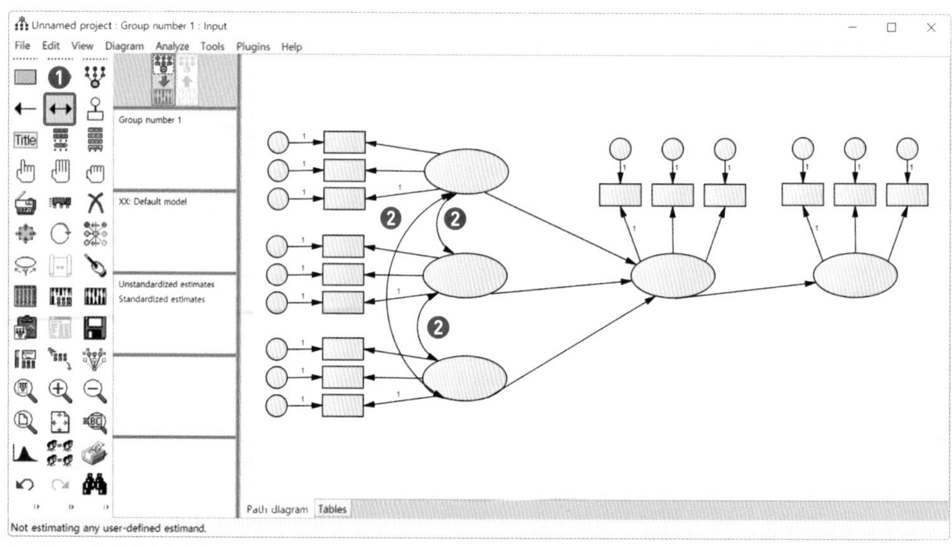

[그림 3-15] 상관관계 설정하기

TIP ㉑번 아이콘( )을 선택한 후 잠재변수를 각각 클릭해주면 연구모형을 좀 더 보기 좋게 정렬할 수 있다.

15 구조오차 그리기

❶ ⑥번 아이콘(옷)을 클릭한 후 ❷ 내생잠재변수를 찾아서 마우스로 클릭한다.

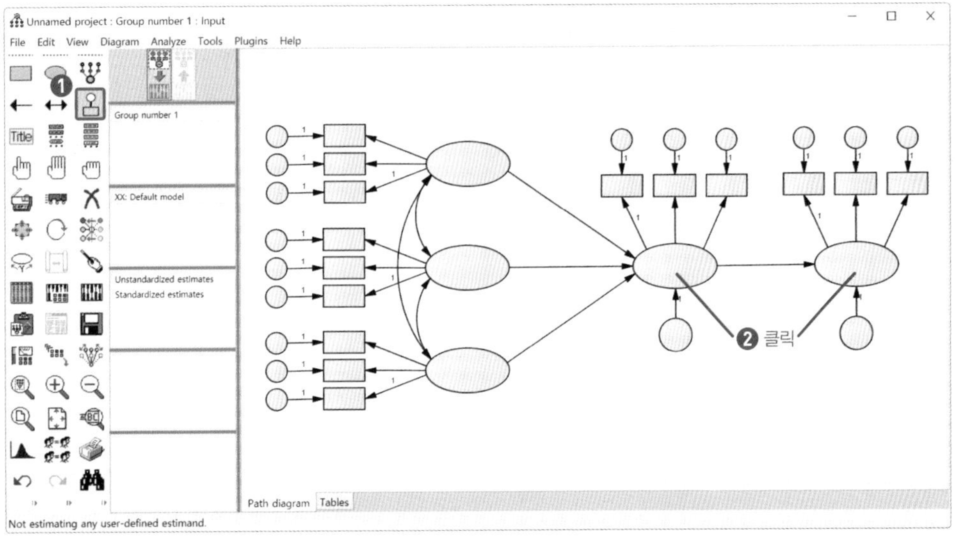

[그림 3-16] **구조오차 그리기**

TIP 구조오차가 생성되는 기본 방향은 12시 방향이다. 구조오차를 이동시키려면 잠재변수를 반복해서 클릭해주면 구조오차가 시계방향으로 45°씩 회전한다.

16 관측변수 명칭 입력하기

❶ ⑨번 아이콘(▦)을 클릭하면 데이터들의 변인들이 나열된다. ❷ 마우스를 이용해 나열된 각각의 변인을 관측변수로 드래그&드롭하여 넣는다.

Part 01 논문 통계를 위한 기본 지식

Part 02 SPSS를 활용한 통계분석

Part 03 AMOS를 활용한 통계분석

NOTE

56 경고창(Amos Warnings)

외생잠재변수들은 서로 상관관계를 표시해줘야 한다. 표시하는 방법은 ⑤번 아이콘(↔)을 이용해서 외생잠재변수들을 마우스로 연결해주면 된다. 만약 상관관계를 설정하지 않으면 분석을 실행할 때 오른쪽과 같은 경고창이 뜬다.

이때는 경고 내용을 참고하여 모델을 수정해야 한다. 만약 이 경고를 무시하고 'Proceed with the analysis'를 선택하면 앞서의 과정을 모두 올바르게 진행했음에도 엉뚱한 결과가 도출될 것이다.

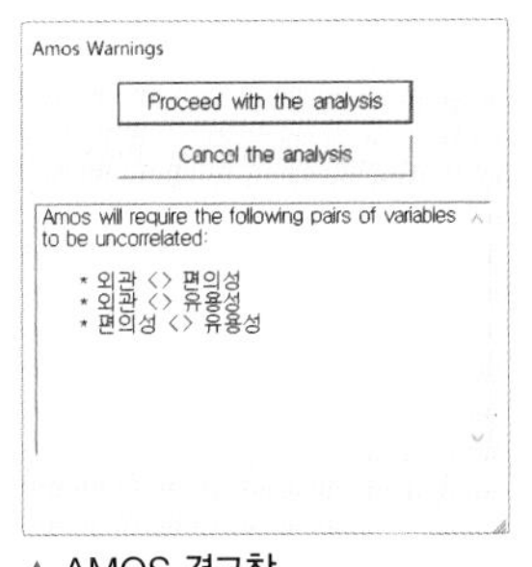

▲ AMOS 경고창

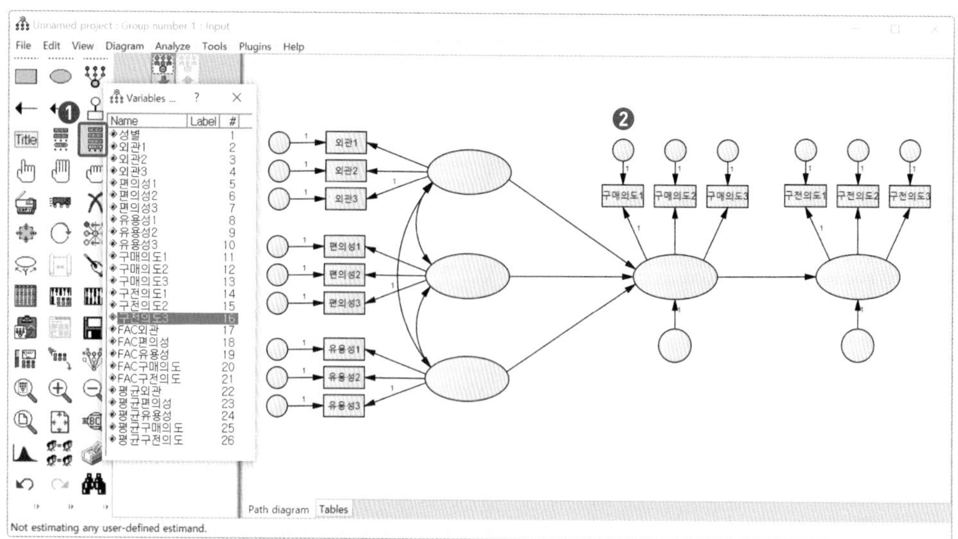

[그림 3-17] **관측변수 명칭 입력하기**

TIP 모양이 가지런하지 않거나 도형의 크기가 맞지 않는 관측변수는 ⑯번 아이콘( )을 이용해 크기를 조절할 수 있다. (㉘번 아이콘( )을 이용해 폰트 크기를 조절할 수도 있다.)

17 관측변수의 모양이 좋지 않다면 ⑩번 아이콘( )을 이용하여 관측변수를 선택한 후 ⑯번 아이콘( )으로 도형의 크기를 변경한다.

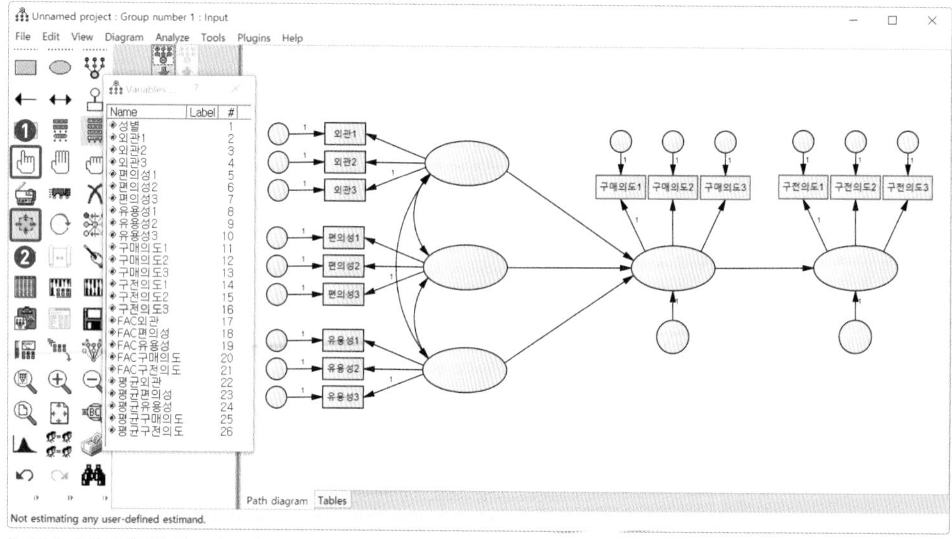

[그림 3-18] **관측변수의 크기 조성**

18 구조오차 명칭 입력하기

구조오차의 이름을 설정하기 위해 ❶ 구조오차를 더블클릭하고 ❷ d1, d2를 각각 입력한 후 ❸ × 를 클릭하여 창을 닫는다.

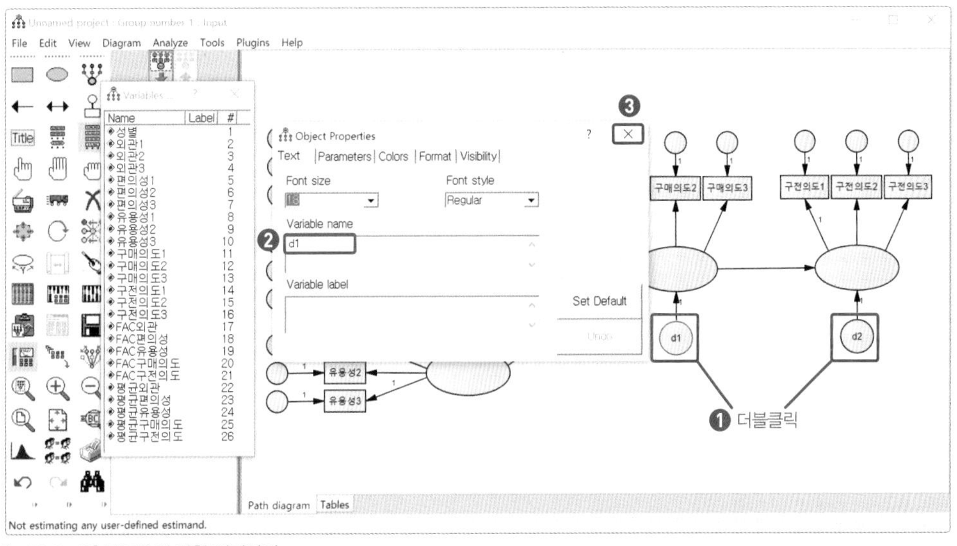

[그림 3-19] **구조오차 명칭 입력하기**

TIP ⑯번 아이콘(✣)이 클릭되어 있는 상태라면 구조오차의 도형 크기가 변하게 되므로 ⑯번 아이콘(✣)을 다시 한 번 클릭하여 선택을 해제한 후 더블클릭한다. 혹시 구조오차가 더블클릭이 되지 않는 경우에는 ㉘번 아이콘(▦)을 클릭하면 된다.

19 잠재변수 명칭 입력하기

❶ 잠재변수를 더블클릭하고 ❷ 각각에 대해 [그림 3-20]과 같이 입력한다. 단, 여기서 주의할 점은 ⑨번 아이콘(▦)을 클릭할 때 나타나는 '데이터 셋'에서 보이는 변수의 명칭과 같은 이름을 사용하면 안 된다는 것이다. ❸ 나머지 잠재변수 명칭까지 모두 입력했으면 [×]를 클릭하여 창을 닫는다.

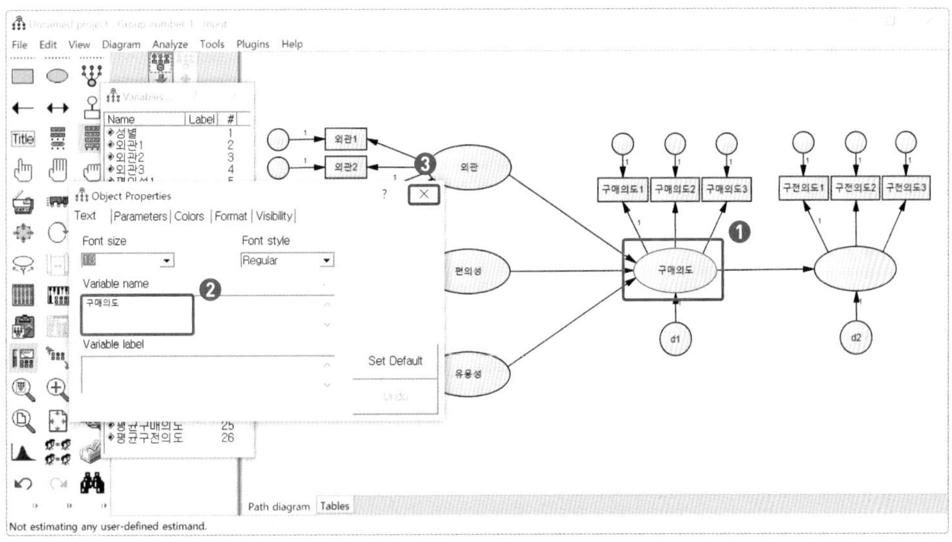

[그림 3-20] **잠재변수 명칭 입력하기**

20 잠재변수를 모두 입력하면 다음과 같이 된다.

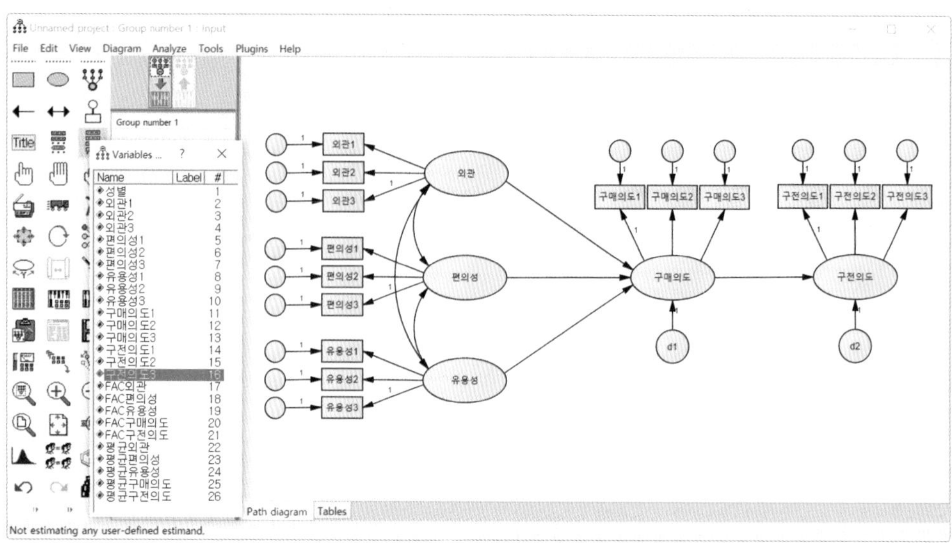

[그림 3-21] 잠재변수 명칭 입력 완료

21 측정오차 입력하기

측정오차는 지금처럼 일일이 입력해도 되지만, 시간을 절약하기 위해 AMOS의 기능을 이용하도록 하자. 즉 메뉴의 Plugins▶Name Unobserved Variables를 클릭하면 자동으로 입력된다. 이제 설계 모델에 대한 모든 데이터 매칭을 끝내고, 본격적으로 데이터 분석을 수행할 준비를 마쳤다.

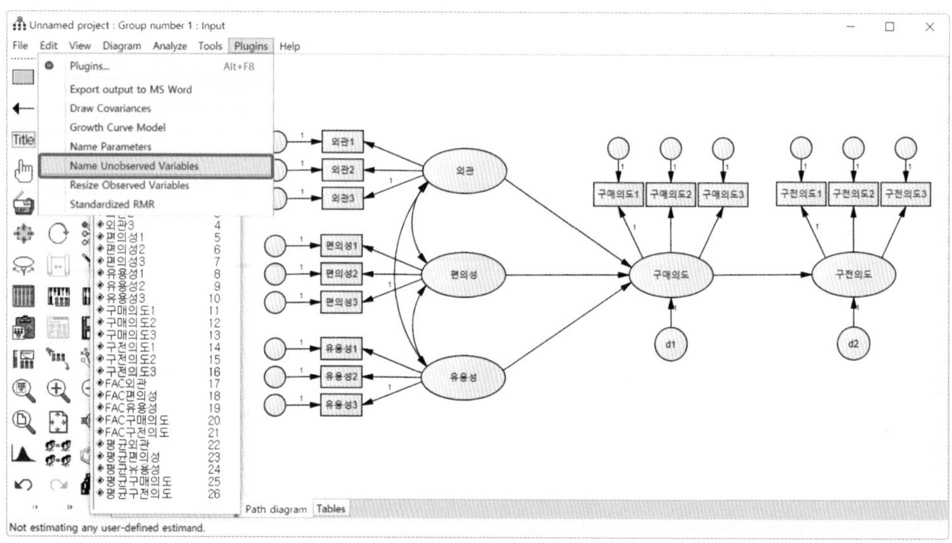

[그림 3-22] 측정오차 입력하기

22 분석 옵션설정 및 분석 실행

❶ 이제 ㉓번 아이콘(▦)을 클릭한 후 ❷ Output 탭을 클릭하고 ❸ 'Minimization history', 'Standardized estimates', 'Squared multiple correlations', 'Modification indices', 'Indirect, direct & total effects'에 각각 ☑ 표시를 한 후 ❹ [×]를 클릭하여 창을 닫는다.

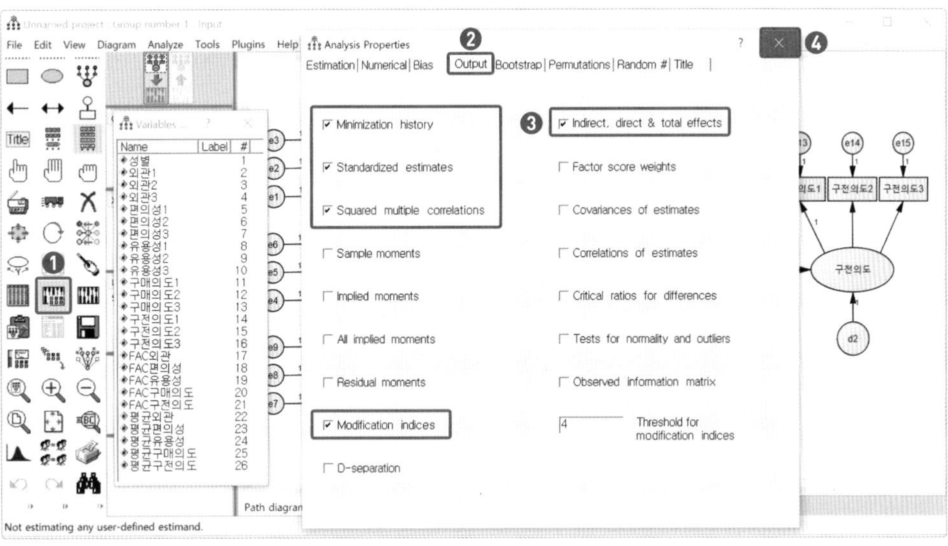

[그림 3-23] 분석 옵션 설정

23 ❶ ㉔번 아이콘(▦)을 클릭하면 현재의 분석모델을 저장하라는 창이 열린다. ❷ 이 창에서 파일을 저장할 경로와 파일명을 '구조방정식실습'으로 정하고 ❸ 저장을 클릭하면 AMOS에서 분석이 시작된다.

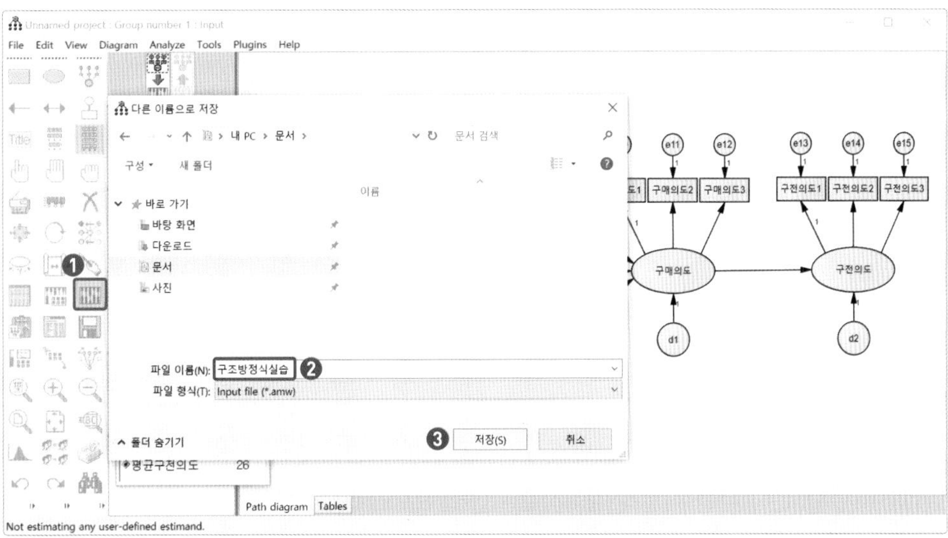

[그림 3-24] 파일 저장 및 분석 실행

24 분석이 완료되면 ❶ 분석 관리부의 첫 번째 창의 'View the output path diagram'에 빨간불이 들어온다. 버튼을 클릭하면 연구모델의 계수들을 확인할 수 있다. ❷에서는 'Unstandardized estimates(비표준화 계수)', 'Standardized estimates(표준화 계수)'의 두 가지 형태의 경로계수를 선택할 수 있다.

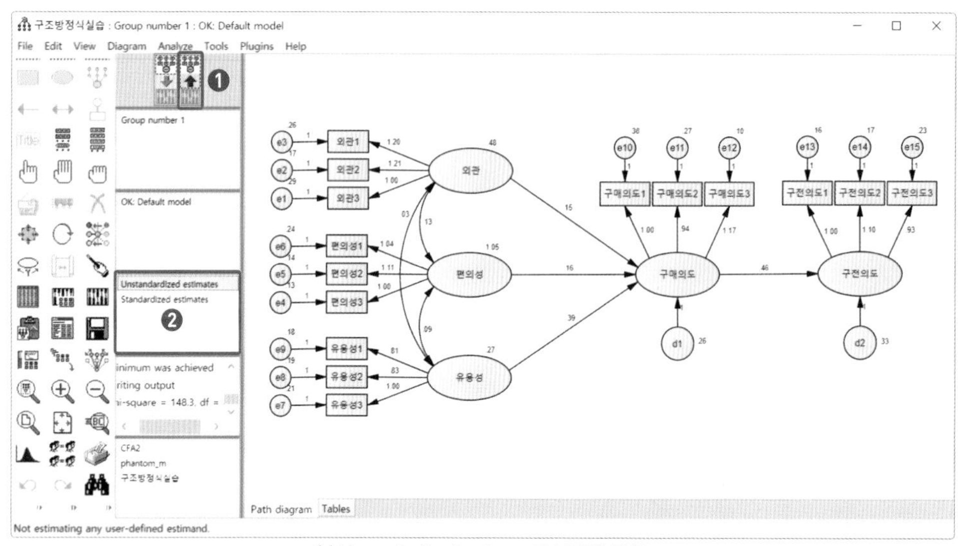

(a) Unstandardized estimates를 클릭한 경우

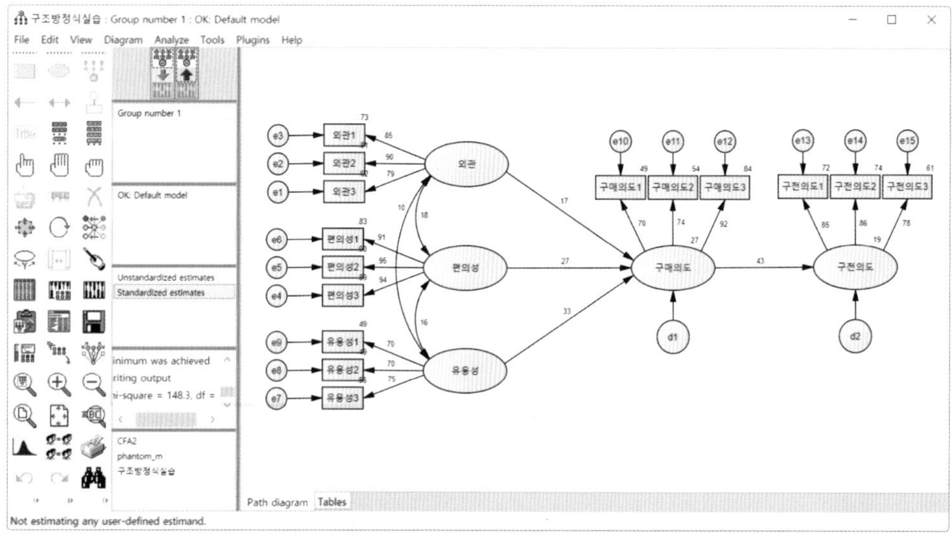

(b) Standardized estimates를 클릭한 경우

[그림 3-25] **분석 결과 확인**

지금까지 AMOS를 이용하여 구조방정식모델을 그리고 분석 결과를 얻는 과정을 실습해 보았다. 이제부터는 결과를 어떻게 해석하는지를 살펴보기로 하자.

3.3 결과 분석하기

[그림 3-25]를 보면 분석 결과가 두 가지임을 알 수 있다. 그러나 분석 결과를 기술할 때는 'Standardized estimates'를 기준으로 삼기 때문에 [그림 3-25(b)]를 살펴봐야 한다.

결과를 해석하는 과정은 다음과 같다.

❶ 잠재변수 '외관'을 기준으로 보았을 때, .85, .90, .79가 '외관 → 외관1, 외관2, 외관3'으로 차례대로 보여지고 있다. 이것은 '외관'이라는 잠재변수가 '외관1'에 대해 85%를 설명하고 있다는 의미이다. 반대로 보면 '외관'이라는 변수의 15%는 설명하지 못한다는 의미도 된다. 이 15%는 'e3'로 보충된다고 보는데, 이는 오차에 대한 설정을 처음부터 정하고 분석을 실행했기 때문이다.

❷ '외관'과 '편의성' 간에는 .18이라는 수치가 있다. 이는 두 변수 간의 상관계수를 의미한다. 즉 두 잠재변수 간에 18%만큼 연관이 있다는 의미이다. '외관'과 '유용성'도 이와 같이 해석을 하면 된다.

❸ '편의성' → '구매의도' 간에는 .27의 회귀계수를 확인할 수 있다. 즉 27%만큼의 영향을 미치고 있음을 의미한다.

❹ '구매의도'와 '구전의도'에서의 .27과 .19는 SMC(squared multiple correlations)를 의미한다. 즉 내생변수가 외생변수에 의해 어느 정도 설명이 되는가를 의미한다.

이로써 분석 결과의 대표적인 수치에 대해서는 해석을 마쳤다. 위의 결과에서 중요한 점은 타당성에 관한 기본적인 사항을 확인할 수 있다는 점이다. 위 예제에서는 잠재변수들과 각각의 잠재변수들의 관측변수에서 나타나는 수치가 모두 높았다. 당연히 해당하는 변수들 간의 수치이므로 높다고 판단할 수 있으나, 이는 '집중타당성'이 있다는 의미로 해석할 수 있다. 또한 외생잠재변수 간의 상관계수들을 보면 .18, .10, .16으로 낮게 나타나는데, 이로부터 변수들을 구분하는 '판별타당성'을 확인할 수 있다. 상세한 분석 결과에 대한 사항은 뒤에서 확인하기로 한다.

지금까지 AMOS의 기본 기능에서부터 기초적인 활용법에 대해 살펴보았다. 이후부터는 구조방정식모델 분석에 대한 구체적인 내용과 이론들을 학습할 것이다.

Chapter 04

확인적 요인분석

학습목표

1) 확인적 요인분석의 개념을 살펴보고, 확인적 요인분석과 탐색적 요인분석의 차이를 이해한다.
2) 확인적 요인분석을 실시하기 위한 모형을 만들 수 있다.
3) 타당성의 개념을 종류별로 이해한다.
4) 타당성 검증의 조건과 기준을 이해한다.
5) 평균분산추출(AVE)과 개념 신뢰도를 이해하고, 직접 계산할 수 있다.
6) 분석된 결과를 해석하고, 그 해석 결과를 요약할 수 있다.

다루는 내용

• 확인적 요인분석의 이해와 실행 방법
• 타당성의 개념과 검증 방법

4.1 확인적 요인분석의 개념

SPSS Statistics를 다루었던 Part 02에서는 '요인분석'을 다수의 변수들로부터 유사성이 짙은 소수의 요인으로 차원을 축소하는 방법으로 정의했다. 그러나 AMOS를 다루는 Part 03에서 실시하는 요인분석은 SPSS Statistics에서의 요인분석과는 확연한 차이가 있다.

SPSS Statistics에서 실시하는 요인분석을 탐색적 요인분석(EFA : exploratory factor analysis)이라 하고, AMOS에서 진행하는 요인분석을 확인적 요인분석(CFA : confirmatory factor analysis)이라 한다. 연구자는 이 둘의 개념을 확실하게 알고 분석을 진행해야 한다.

[표 4-1] 요인분석의 구분

구분	탐색적 요인분석(EFA)	확인적 요인분석(CFA)
활용 영역	SPSS Statistics	AMOS
이론과의 관계	이론을 만들 때 사용한다.	이론을 확인할 때 사용한다.
요인 개수	분석 완료 시 요인 개수를 확인한다.	분석 전부터 요인 개수를 알고 진행한다.
분석의 성격	선행연구가 없는 경우 각 문항에 대한 요인을 찾기 위한 것이다(탐색적).	선행연구가 있는 경우 각 요인에 해당하는 문항을 확인하기 위한 것이다(확인적).

[그림 4-1]을 통해 탐색적 요인분석과 확인적 요인분석의 차이점을 살펴보자.

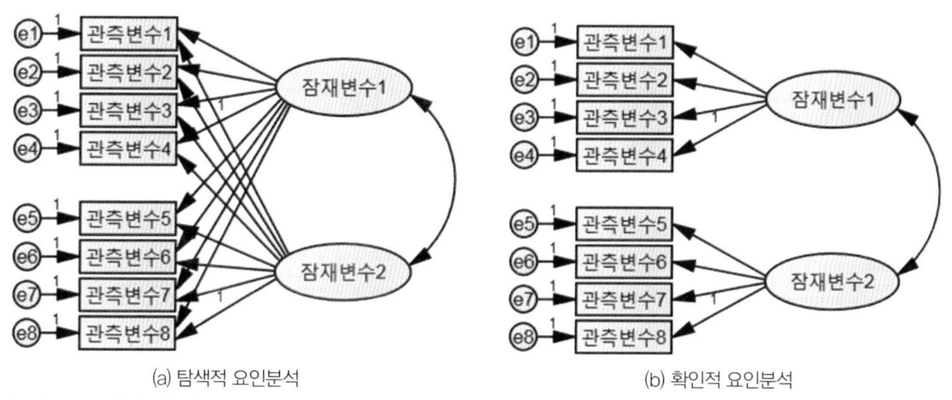

[그림 4-1] **요인분석별 차이**

[그림 4-1(a)]는 탐색적 요인분석을 나타낸 그림으로, 변인이 서로 어떻게 구성되어 있는지 모르는 상태에서 모든 관측변수를 확인하여 잠재변수라는 요인을 이끌어낸다. 그림에서는 좀 더 쉽게 비교할 수 있도록 잠재변수를 2개만 사용했으나, 정확한 요인의 개수는 실제 요인분석을 해 봐야만 알 수 있다. 반면 [그림 4-1(b)]는 확인적 요인분석을 나타낸 그림으로, 이론적 배경을 토대로 2개의 요인이 있음을 확인할 수 있다.

4.2 확인적 요인분석의 실행

앞서 3장에서 구조방정식모델을 만들 때 예로 들었던 연구문제를 가지고 확인적 요인분석을 실행해 보자.

> **연구문제**
>
> 최근 국내 스마트폰 사용자는 4,000만 시대에 육박하며 거의 모든 계층에서 스마트폰을 이용하고 있다. 여기서 연구자는 "스마트폰 사용자들이 스마트폰에 대하여 느끼는 '외관, 편의성, 유용성'은 사용자들의 '구매의도'에 어떠한 영향을 미치는가? 또한 '구매의도'와 '구전의도' 간에 어떠한 인과관계가 있을까?"에 대한 궁금증이 발생하였다. 이에 대한 연구를 진행하기 위해 문헌이나 종래의 연구사례, 전문가의 FGI(focus group interview) 이후 직접설문을 통해 설문자료를 수집하였다.

[표 4-2] **설문의 구성(총 325부)**

설문 내용	문항 수
1. 스마트폰의 '외관'과 관련된 문항	3문항
2. 스마트폰의 '편의성'과 관련된 문항	3문항
3. 스마트폰의 '유용성'과 관련된 문항	3문항
4. 스마트폰의 '구매의도'와 관련된 문항	3문항
5. 스마트폰의 '구전의도'와 관련된 문항	3문항

따라하기

준비파일 : 구조방정식.xls

01 구조방정식모델을 그리기 전에 '구조방정식.xls' 파일을 AMOS에서 불러온다. AMOS를 구동한 후 ❶ ㉒번 아이콘(▦)을 클릭한다. Data Files 창에서 ❷ File Name을 클릭한다. ❸ 열기 창에서 '구조방정식.xls' 파일을 선택한 후 ❹ 열기를 클릭하고 ❺ 다시 Data Files 창에서 OK를 클릭한다.

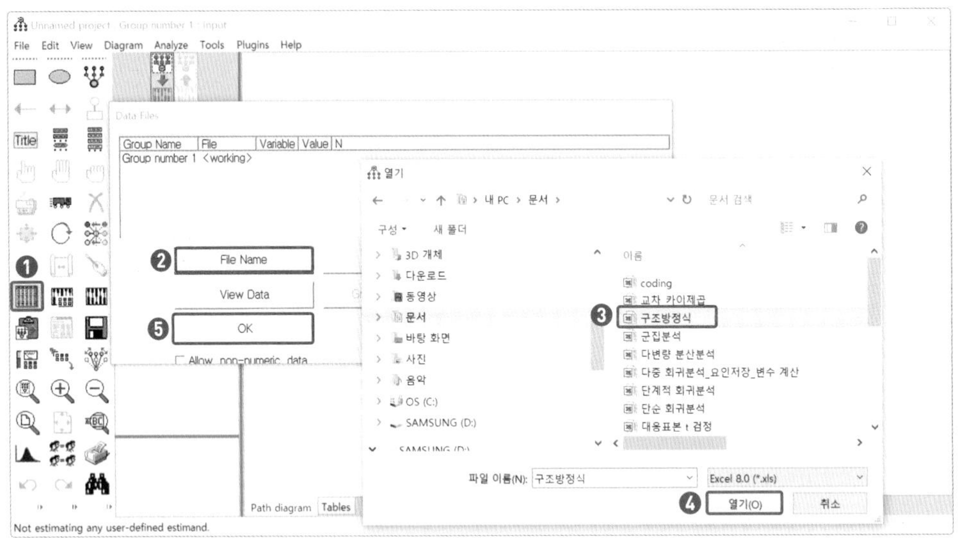

[그림 4-2] **파일 불러오기**

02 3.2절의 구조방정식모델 그리기를 참조하여 [그림 4-3]과 같은 구조방정식모델을 그리고, 각각의 변수명을 입력한다.

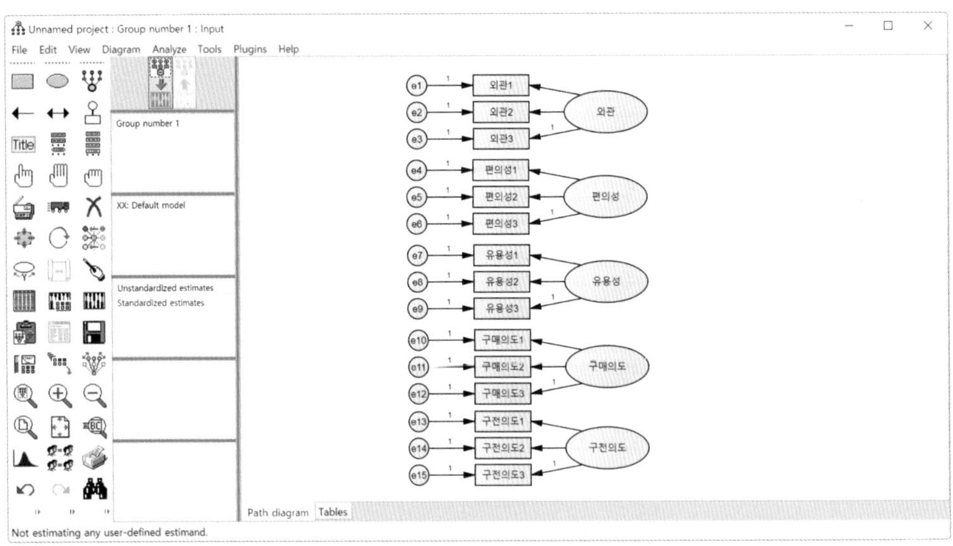

[그림 4-3] **확인적 요인분석 모델 그리기**

TIP 시간을 절약하고자 한다면 '구조방정식_확인적요인분석_실습.amw' 파일을 열어서 실습을 진행해도 된다.

03 ❶ ⑤번 아이콘(↔)을 이용하여 잠재변수 간 상관관계를 나타내는 양방향 화살표를 하나씩 그린 후 ❷ ㉑번 아이콘( )을 이용해 정리한다.

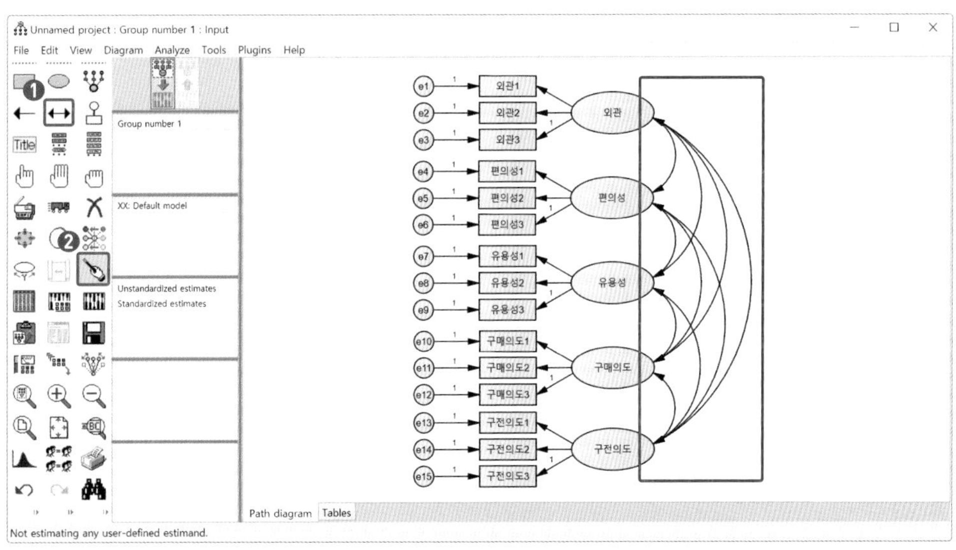

[그림 4-4] **요인분석에서의 변수의 연관성 설정**

TIP ⑩번 아이콘( )을 이용해 잠재변수 5개를 선택한 후 Plugins ▶ Draw Covariance를 클릭하면, 상관관계를 나타내는 화살표를 한번에 모두 그릴 수 있다.

04 그리기를 마쳤으면 ❶ ㉓번 아이콘( )을 클릭한다. ❷ Output 탭을 클릭하고 ❸ 'Minimization history', 'Standardized estimates', 'Squared multiple correlations', 'Modification indices'에 각각 ☑ 표시를 한다.

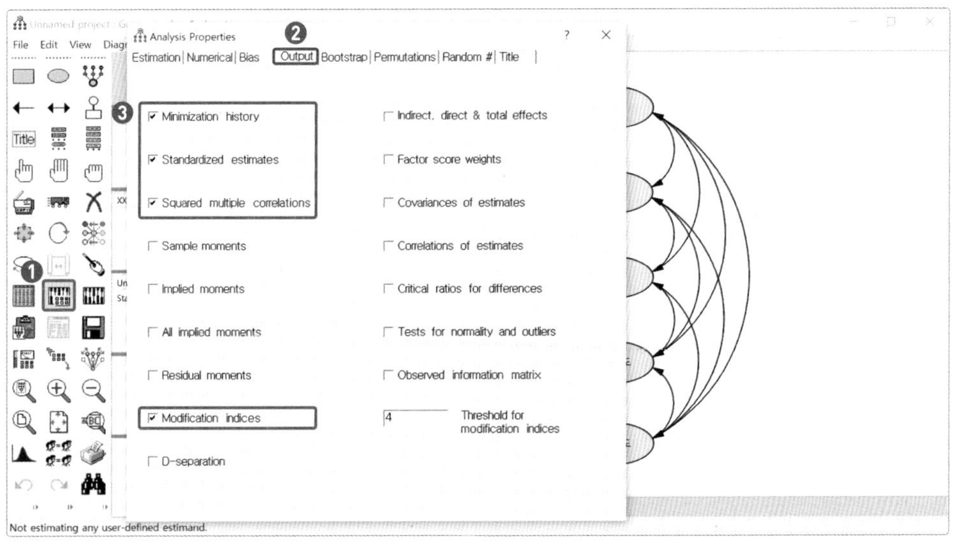

[그림 4-5] **AMOS의 분석 옵션 설정 ①**

05 이어서 ❶ Bootstrap 탭을 클릭하고 ❷ 'Perform bootstrap=2000, Percentile confidence intervals=95, Bias-corrected confidence intervals=95'로 설정하고, 'Bootstrap ML'에 ☑ 표시를 한 후 ❸ [×]를 클릭하여 창을 닫는다.

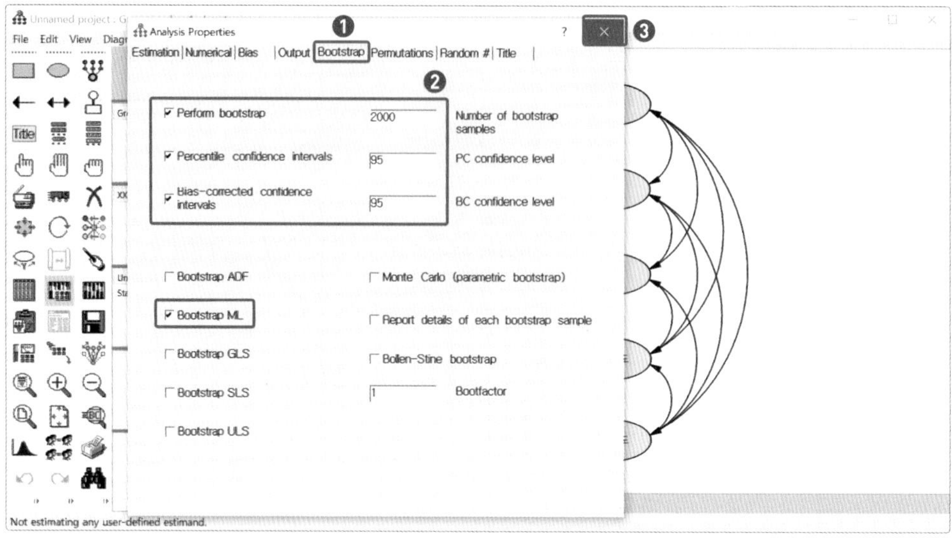

[그림 4-6] AMOS의 분석 옵션 설정 ②

06 ❶ ㉔번 아이콘( )을 클릭하면 다른 이름으로 저장 창이 열리는데, '구조방정식-확인적 요인분석_실습'으로 저장하면 분석이 시작된다. ❷ 분석이 끝난 후 'View the output path diagram' 버튼을 클릭하면 화면에 계수가 표시된다. ❸ 'Unstandardized Estimates'를 클릭하면 비표준화 계수가 출력되고 공분산을 확인할 수 있다.[31] ❹ 'Standardized Estimates'를 클릭하면 표준화 계수가 출력되고 상관계수를 확인할 수 있다.[32]

31) Unstandardized Estimates에서 공분산이 표시되는 이유 : 『제대로 시작하는 기초 통계학: Excel 활용』 260~261쪽 참조

32) Standardized Estimates에서 상관계수가 표시되는 이유 : 『제대로 시작하는 기초 통계학: Excel 활용』 264~265쪽 참조

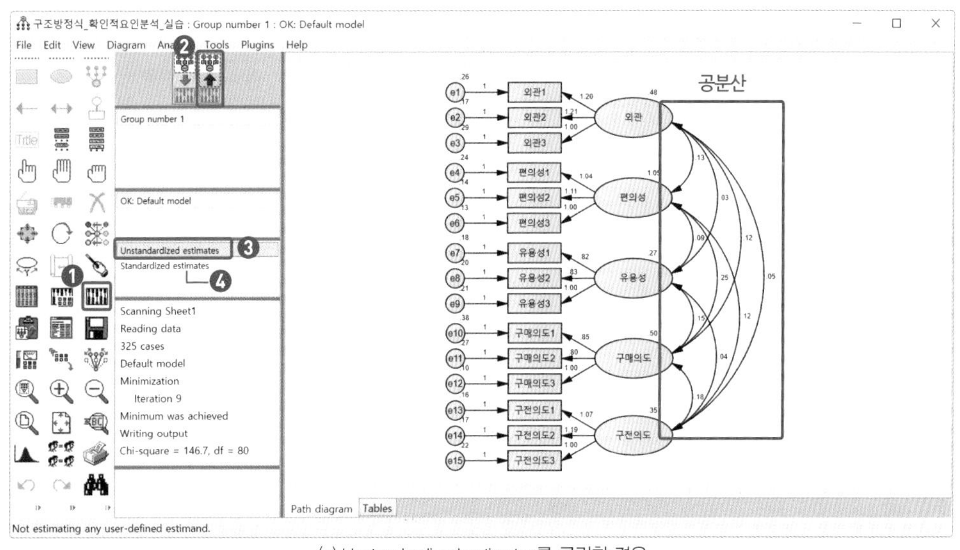

(a) Unstandardized estimates를 클릭한 경우

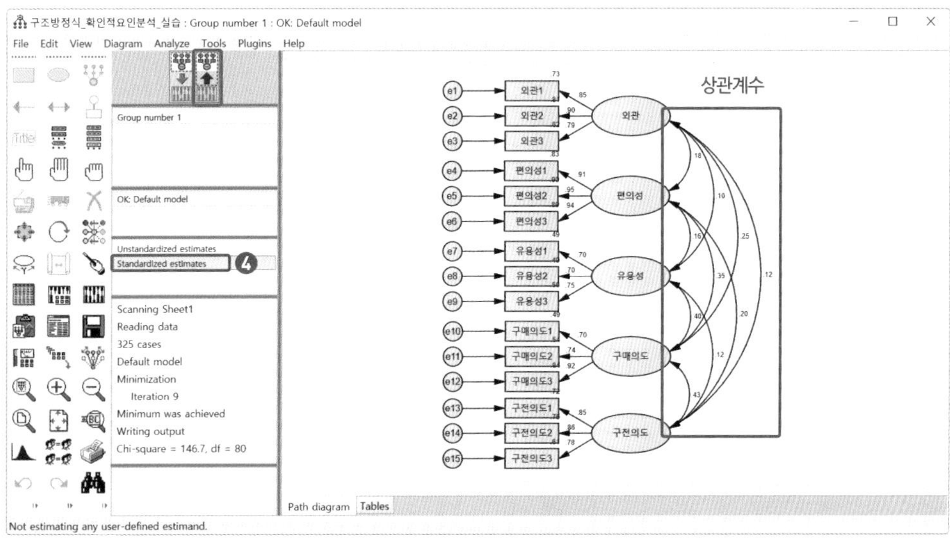

(b) Standardized estimates를 클릭한 경우

[그림 4-7] **출력결과 확인(공분산과 상관계수)**

NOTE

57 상관계수와 공분산

상관계수와 공분산 모두 두 확률변수 간의 선형적인 관련성의 크기를 확인할 때 쓰인다. **공분산**은 $-\infty \sim \infty$ 사이의 값을 가지며, 절대값의 크기가 클수록 두 확률변수 간에 관련성이 크다고 판단한다. 그러나 공분산의 절대값은 비교를 위한 절대적 의미의 수치가 아니므로 표준화해서 비교해야 한다. 이와 같이 표준화하여 나타낸 값이 상관계수이다. **상관계수**는 $-1 \sim 1$ 사이의 값을 가지며, 0으로부터 멀어질수록 상관성이 커진다고 할 수 있다.

4.3 타당성 분석

앞서 Part 02의 5장에서 타당성의 종류 및 개념에 대해 자세히 다뤘다. 타당성 분석은 연구과제의 측정 결과가 얼마나 정확하게 이루어졌는지를 확인하는 과정이므로 SPSS Statistics뿐만 아니라 AMOS에서도 매우 중요하다. 여기서는 타당성 분석 중에서도 연구에서 가장 빈번하게 다루어지는 개념타당성(집중, 판별, 법칙타당성)에 대해 설명하겠다.

[표 4-3] 개념타당성의 구분

종류		설명
개념타당성 (구성타당성) (construct validity)	집중타당성 (수렴타당성) (convergent validity)	어떤 하나의 구성개념을 측정하기 위하여 다양한 측정 방법을 사용했다면 측정값들 간에 상관관계가 높아야 한다는 것을 의미한다.
	판별타당성 (discriminant validity)	서로 다른 구성개념에 대한 측정을 실시하여 얻게 된 측정값들 간에 상관관계가 낮아야 한다는 것을 의미한다.
	법칙타당성 (이해타당성) (nomological validity)	서로 다른 구성개념들 사이에 이론적인 관계가 있을 경우 이를 측정한 값들간에도 이론적인 관계에 상당하는 관계가 확인되는 경우를 의미한다.

측정도구에 의하여 측정된 것, 혹은 조사자가 측정하고자 하는 추상적 개념이 실제로 측정도구에 의해서 적절하게 측정되었다면 개념타당성이 높다고 하므로 위의 개념타당성을 기준으로 구조방정식모델을 설명한다.

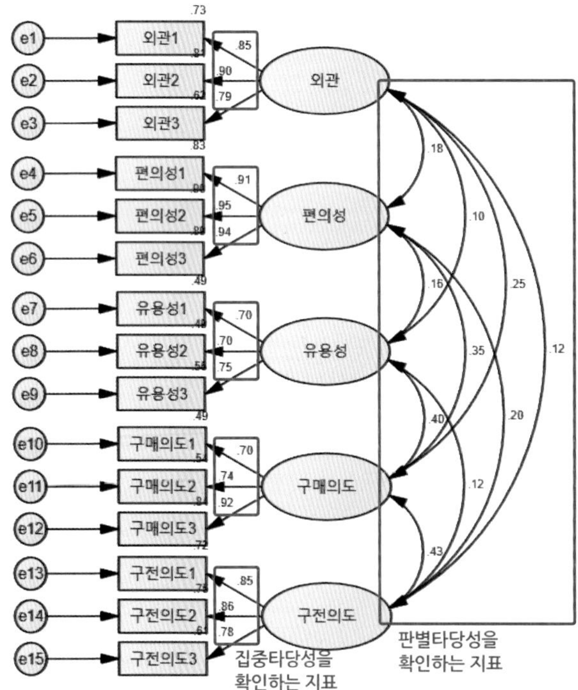

[그림 4-8] AMOS 출력결과에서 타당성을 확인하는 지표

■ 집중타당성

[표 4-3]의 집중타당성의 설명을 구조방정식모델로 재해석하면, 구성개념이라 할 수 있는 '잠재변수'를 측정하기 위한 '관측변수'들 간에 상관관계가 높아야 한다는 의미이다. 이 집중타당성은 [그림 4-8]과 같이 잠재변수와 관측변수 간의 계수로 확인할 수 있다. 각 구성개념에 대해 높은 수치로 관계가 있음을 확인할 수 있으므로 집중타당성이 확인되었다고 할 수 있다.

■ 판별타당성

[표 4-3]의 판별타당성의 설명을 구조방정식모델로 재해석하면, 잠재변수 간에는 상관관계가 낮아야 한다는 의미이다. [그림 4-8]에서 잠재변수 간의 상관계수의 수치가 낮게 나타나므로 이 예에서는 판별타당성이 확인되었다고 판단할 수 있다

■ 법칙타당성

[표 4-3]에서 법칙타당성에 대해 "A와 B의 상관관계가 높을 때, A와 B를 함께 측정하면 타당성이 높아진다."라고 설명했다. 즉 우선 측정대상이 2개 있어야 하고, 이들의 관계를 확인한 후에 타당성을 확인해야 하는 것이다. 참고로 지금까지 진행한 예제에서는 "구성개념인 잠재변수에 대해 어느 정도 설명력을 가지고 있는가?"와 "잠재변수들 간에 연관성은 어느 정도인가?"만을 확인하는 것이어서 법칙타당성을 판단할 수 없었다.

NOTE

58 상관계수를 기준으로 한 타당성의 판단 기준

계수가 어느 정도가 되어야만 집중타당성이 확보되는지에 대한 특별한 기준은 없다. 다만, 사회연구조사에서는 .5를 기준으로 집중타당성 확인 여부를 판단하기도 하며, 전문 분야의 경우는 .7이나 .8의 높은 상관관계를 요구하기도 한다.

판별타당성의 경우는 잠재변수 간의 중첩도이기 때문에 상관계수가 1에 가까울수록 연구모델상에서 다른 변수라고 생각할 수 없다. 또한, 상관계수가 거의 0에 가깝다면 엉뚱한 변수를 가져온 것으로 판단할 수 있기에 보통 .3 정도의 수준에서 계수들이 구성되면 좋다고 할 것이다. (경우에 따라서는 .1~.4 정도의 수치도 판별타당성이 있다고 할 수 있다.) 타당성을 판단하는 기준이 되는 상관계수는 집중타당성과 판별타당성을 주장할 수 있는 수준에서 연구자가 선택해야 한다.

4.4 타당성 검증

앞서 타당성을 판단하는 과정에서는 그림의 경로계수를 확인하는 직관적인 방식을 사용했다. 하지만 그와 같은 방법이 완벽하게 올바르다고는 할 수 없다. 연구자가 수치만 보고 자의적으로 해석할 수 있기 때문이다. 그러므로 출력결과의 수치를 확인하되 과학적인 방법으로 타당성을 검증해야 한다. 이 장에서는 타당성 검증을 위한 조건을 살펴보고, 집중타당성 및 판별타당성을 검증하는 방법을 살펴본다.

4.4.1 타당성 검증을 위한 조건 확인

본격적으로 신뢰성 및 타당성 검증을 시작하기에 앞서, 검증 대상이 검증에 필요한 조건을 충족하는지 확인해야 한다.

❶ ㉖번 아이콘(▦)을 클릭한 후 ❷ Amos Output 창 왼쪽의 Estimates를 클릭하면 비표준화 회귀계수를 확인할 수 있다. ❸ 창 오른쪽의 [Regression Weights: (Group number1–Default model)] 표를 살펴보자.

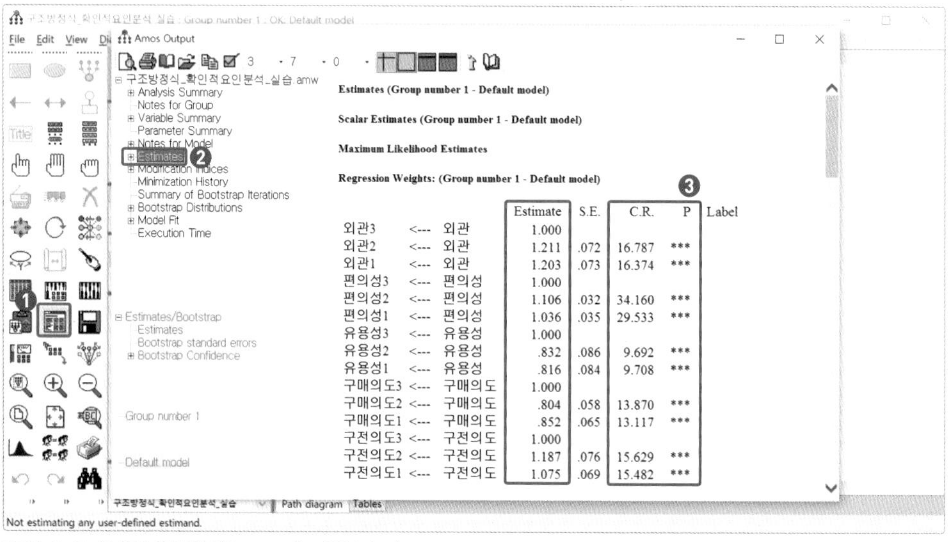

			Estimate	S.E.	C.R.	P	Label
외관3	<---	외관	1.000				
외관2	<---	외관	1.211	.072	16.787	***	
외관1	<---	외관	1.203	.073	16.374	***	
편의성3	<---	편의성	1.000				
편의성2	<---	편의성	1.106	.032	34.160	***	
편의성1	<---	편의성	1.036	.035	29.533	***	
유용성3	<---	유용성	1.000				
유용성2	<---	유용성	.832	.086	9.692	***	
유용성1	<---	유용성	.816	.084	9.708	***	
구매의도3	<---	구매의도	1.000				
구매의도2	<---	구매의도	.804	.058	13.870	***	
구매의도1	<---	구매의도	.852	.065	13.117	***	
구전의도3	<---	구전의도	1.000				
구전의도2	<---	구전의도	1.187	.076	15.629	***	
구전의도1	<---	구전의도	1.075	.069	15.482	***	

[그림 4-9] AMOS 출력결과(Regression Weights)

이때 'Estimate' 값을 '비표준화 λ(람다)'라고 한다. 이 비표준화 λ의 C.R.(critical ratio) 값 $\left(C.R=\frac{\text{비표준화 }\lambda}{S.E.(standard\ error)\}}\right)$은 $p<.05$ 기준에서 1.96 이상이어야 한다.

4.4.2 집중타당성의 검증

구조방정식모델의 집중타당성을 검증할 때는 다음 세 가지 값을 확인해야 한다. 이는 구조방정식모델을 학습할 때 중요하게 다뤄지는 내용이므로 반드시 암기해야 한다.

> ❶ 표준화 λ 값 : .5 이상(.7 이상이면 바람직함)
> ❷ 평균분산추출(AVE : Average Variance Extracted 값) : .5 이상
> ❸ 개념신뢰도(C.R. 값) : .7 이상

지금부터 각각의 검증 방법에 대해 자세히 살펴보자.

■ 표준화 λ

표준화 λ는 잠재변수가 관측변수에 미치는 영향을 나타낸다. 이 값은 .7 이상이 바람직하며, 반드시 .5 이상이어야 한다. Amos Output 창에서 왼쪽의 Estimates를 클릭하면 [그림 4-10]과 같이 [Standardized Regression Weights:] 표를 확인할 수 있다. 여기서는 'Estimate' 값이 모두 .5 이상이므로 문제가 없다.

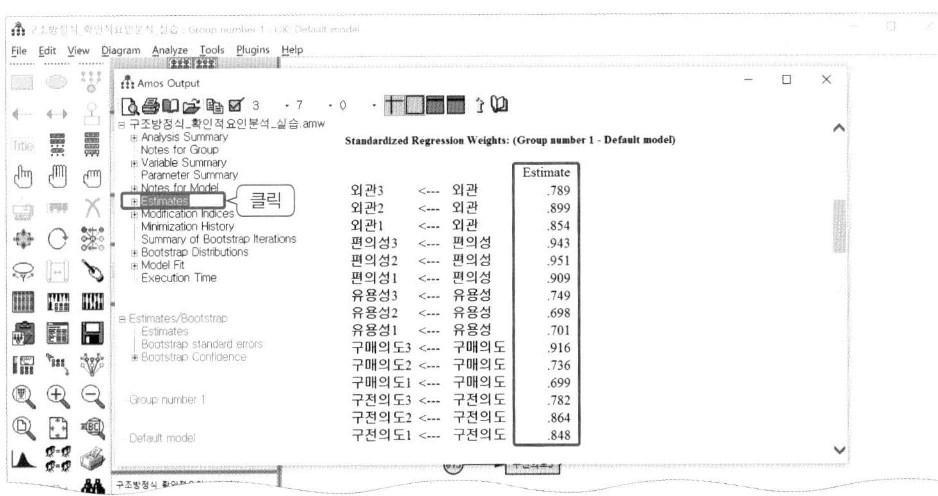

			Estimate
외관3	<---	외관	.789
외관2	<---	외관	.899
외관1	<---	외관	.854
편의성3	<---	편의성	.943
편의성2	<---	편의성	.951
편의성1	<---	편의성	.909
유용성3	<---	유용성	.749
유용성2	<---	유용성	.698
유용성1	<---	유용성	.701
구매의도3	<---	구매의도	.916
구매의도2	<---	구매의도	.736
구매의도1	<---	구매의도	.699
구전의도3	<---	구전의도	.782
구전의도2	<---	구전의도	.864
구전의도1	<---	구전의도	.848

[그림 4-10] AMOS 출력결과(Standardized Regression Weights)

> **NOTE**
>
> **59 C.R. 값의 의미**
>
> C.R. 값은 구조방정식 모델의 회귀계수에 관한 유의성을 검정할 수 있는 수치로, Part 01의 1장에서 언급한 t 값과 동일한 의미로 이해하면 된다.

t 값(C.R.)	p 값	표시 방법	해석
절대값 t ≥ 1.96	p<0.05	*	유의적
절대값 t ≥ 2.58	p<0.01	**	유의적
절대값 t ≥ 3.30	p<0.001	***	유의적

■ 평균분산추출(AVE) 값

평균분산추출(AVE : average variance extracted) 값은 [Standardized Regression Weights:] 표의 'Estimate' 값과 [Variances:] 표의 'Estimate' 값을 확인하여 잠재변수의 표준적재량(표준회귀계수)과 측정오차의 분산인 표준적재량(오차분산)을 이용하여 계산한다. 평균분산추출은 반드시 .5 이상이어야 한다. 평균분산추출(AVE) 값을 구하는 계산식은 다음과 같다.

$$\text{AVE} = \frac{\Sigma \text{표준화 } \lambda^2}{\Sigma \text{표준화 } \lambda^2 + \Sigma \text{오차계수}} \geq .5$$

이 식을 이해하기 쉽게 표현하면 다음과 같다.

$$\text{AVE} = \frac{\Sigma \text{표준화 계수의 설명력}^2}{\Sigma \text{표준화 계수의 설명력}^2 + \Sigma \text{표준화 계수가 설명하지 못하는 부분}} \geq .5$$

즉 평균분산추출 값은 50% 이상의 설명력을 가져야 한다는 것을 의미한다.

AMOS에서는 평균분산추출 값을 자동으로 계산해주지 않으므로 연구자가 직접 계산해야 한다. 우선 '외관'이라는 잠재변수에 대한 평균분산추출의 계산법을 살펴보자.

바로 앞에서 [Standardized Regression Weights:] 표의 'Estimate' 값으로 표준화 λ 값을 구했으므로 [Variances:] 표의 'Estimate' 값을 확인하여 오차계수를 찾아야 한다. Amos Output 창에서 왼쪽의 Estimates를 클릭하면 [그림 4-11]과 같이 [Variances:] 표를 확인할 수 있다.

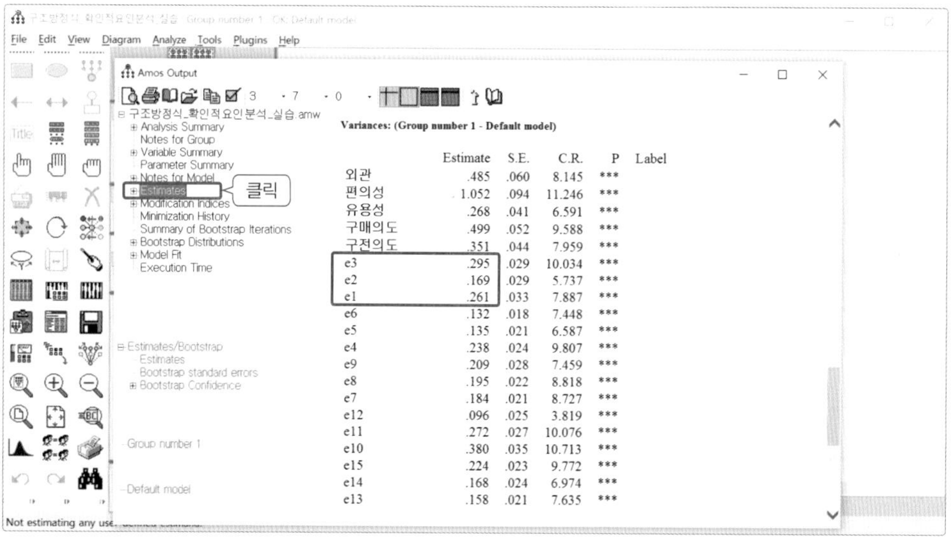

Variances: (Group number 1 - Default model)

	Estimate	S.E.	C.R.	P	Label
외관	.485	.060	8.145	***	
편의성	1.052	.094	11.246	***	
유용성	.268	.041	6.591	***	
구매의도	.499	.052	9.588	***	
구전의도	.351	.044	7.959	***	
e3	.295	.029	10.034	***	
e2	.169	.029	5.737	***	
e1	.261	.033	7.887	***	
e6	.132	.018	7.448	***	
e5	.135	.021	6.587	***	
e4	.238	.024	9.807	***	
e9	.209	.028	7.459	***	
e8	.195	.022	8.818	***	
e7	.184	.021	8.727	***	
e12	.096	.025	3.819	***	
e11	.272	.027	10.076	***	
e10	.380	.035	10.713	***	
e15	.224	.023	9.772	***	
e14	.168	.024	6.974	***	
e13	.158	.021	7.635	***	

[그림 4-11] AMOS 출력결과(Variances)

'외관'에 대한 측정오차(e1, e2, e3) 값을 식에 대입하여 계산해 보자.

$$\text{AVE} = \frac{(.854^2 + .899^2 + .789^2)}{(.854^2 + .899^2 + .789^2) + (.261 + .169 + .295)} = .74870348$$

계산 결과를 보면, 평균분산추출 값은 .74870348로 .5를 넘는 것으로 확인되었다.

■ 개념신뢰도(C.R.) 값

개념신뢰도(C.R. : construct reliability) 역시 AMOS에서 자동으로 계산해주지 않으므로 연구자가 직접 계산해야 하며, 이 값은 .7 이상이어야 한다. 계산식은 다음과 같다.

$$\text{C.R.} = \frac{(\Sigma\text{표준화 }\lambda)^2}{(\Sigma\text{표준화 }\lambda)^2 + \Sigma\text{오차계수}} \geq .7$$

앞서 구한 표준화 λ 값과 오차계수를 사용하여 외관에 대한 개념신뢰도를 계산해 보자.

$$\text{C.R.} = \frac{(.854 + .899 + .789)^2}{(.854 + .899 + .789)^2 + (.261 + .169 + .295)} = .8991201$$

계산 결과를 보면, 개념신뢰도 값이 .8991201로 .7을 넘는 것으로 확인되었다.

위와 같은 방법으로 '편의성, 유용성, 구매의도, 구전의도'에 대한 평균분산추출(AVE)과 개념신뢰도(C.R.)를 구해 보자.

NOTE

60 평균분산추출과 개념신뢰도를 자동으로 계산해주는 'AVE_개념신뢰도.xlsx' 파일 활용

변수명	외관				편의성				유용성			
구분	Estimates	오차계수	AVE	개념신뢰도	Estimates	오차계수	AVE	개념신뢰도	Estimates	오차계수	AVE	개념신뢰도
항목	0.854	0.261	0.74870348	0.8991201	0.909	0.238	0.83839643	0.93960637	0.701	0.184	0.72363304	0.88696447
	0.899	0.169			0.951	0.135			0.698	0.195		
	0.789	0.295			0.943	0.132			0.749	0.209		

변수명	구매의도				구전의도							
구분	Estimates	오차계수	AVE	개념신뢰도	Estimates	오차계수	AVE	개념신뢰도	Estimates	오차계수	AVE	개념신뢰도
항목	0.699	0.38	0.71421509	0.88080063	0.848	0.158	0.79064559	0.91875966			#DIV/0!	#DIV/0!
	0.736	0.272			0.864	0.168						
	0.916	0.096			0.782	0.224						

▲ 'AVE_개념신뢰도.xls' 파일

AMOS에서는 평균분산추출과 개념신뢰도 값을 연구자가 직접 계산해야 하기 때문에 다소 불편함을 느낄 수도 있다. 이 책에서는 이러한 불편을 줄이기 위해 표준화 λ와 오차계수만 입력하면 평균분산추출과 개념신뢰도를 자동으로 계산해주는 'AVE_개념신뢰도.xlsx' 파일을 제공한다.

[표 4-4] 변수별 AVE와 C.R.

구분	외관	편의성	유용성	구매의도	구전의도
평균분산추출(AVE)	.74870348	.83839643	.72363304	.71421509	.79064559
개념신뢰도(C.R.)	.8991201	.93960637	.88696447	.88080063	.91875966

이상의 과정을 통해 집중타당성에 대한 검증이 되었다고 할 수 있다. 검증 기준은 세 가지이지만, 최근에 작성되는 논문이나 보고서에는 이 중 한 가지 값만 계산하여 제시한다.

논문에 표현하기

지금까지 확인한 AMOS의 출력결과를 모아서 간단하게 하나의 표로 작성한다. 출력결과에 산재하고 있는 결과값들과 AMOS에서 제공하지 않는 AVE, C.R. 값을 계산하여 다음 예와 같이 보기 좋게 정리했다. 물론 반드시 이러한 방법으로 표현하라는 의미는 아니며, 연구자 스스로 더 좋은 방법을 생각하여 논문에 표현하기 바란다.

예 [표 A]

구분	비표준화 계수	S.E.	C.R.	표준화 계수	AVE	개념 신뢰도
외관 → 외관3	1	–	–	.789	.748703	.8991201
외관 → 외관2	1.211	.072	16.787	.899		
외관 → 외관1	1.203	.073	16.374	.854		
편의성 → 편의성3	1	–	–	.943	.838396	.93960637
편의성 → 편의성2	1.106	.032	34.16	.951		
편의성 → 편의성1	1.036	.035	29.533	.909		
유용성 → 유용성3	1	–	–	.749	.723633	.88696447
유용성 → 유용성2	.832	.086	9.692	.698		
유용성 → 유용성1	.816	.084	9.708	.701		
구매의도 → 구매의도3	1	–	–	.916	.714215	.88080063
구매의도 → 구매의도2	.804	.058	13.87	.736		
구매의도 → 구매의도1	.852	.065	13.117	.699		
구전의도 → 구전의도3	1	–	–	.782	.790646	.91875966
구전의도 → 구전의도2	1.187	.076	15.629	.864		
구전의도 → 구전의도1	1.075	.069	15.482	.848		

4.4.3 판별타당성의 검증

구조방정식모델의 판별타당성을 검증할 때는 다음 두 가지를 확인해야 한다. 이는 구조방정식모델의 학습에서 중요한 내용이므로 반드시 암기해야 한다.

> ❶ 평균분산추출(AVE) 값 > 상관계수^2
> ❷ (상관계수 ± 2 × 표준오차) ≠ 1

지금부터 각각의 검증 방법에 대해 자세히 살펴보자.

■ 평균분산추출(AVE) 값 > 상관계수^2

변수 간의 평균분산추출(AVE) 값이 상관계수(ρ)의 제곱값보다 반드시 커야 한다. 계산식은 다음과 같다.

$$\text{AVE} > \rho^2 \;\Rightarrow\; \frac{\Sigma \text{표준화 } \lambda^2}{\Sigma \text{표준화 } \lambda^2 + \Sigma \text{오차계수}} > \rho^2$$

Amos Output 창에서 왼쪽의 Estimates를 클릭하면 [Correlations:] 표에서 잠재변수들 간의 상관계수를 확인할 수 있다.

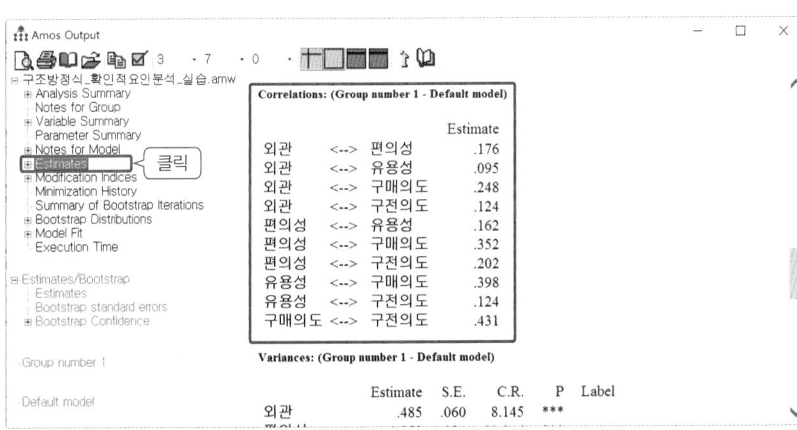

[그림 4-12] AMOS 출력결과(Correlations)

위에서 분석된 출력결과를 쉽게 계산하기 위해 엑셀로 옮겨서 나타내면 다음과 같다.

구분	외관	유용성	편의성	구매의도	구전의도
외관	1				
유용성	0.095	1			
편의성	0.176	0.162	1		
구매의도	0.248	0.398	0.352	1	
구전의도	0.124	0.124	0.202	0.431	1

구분	상관계수의 제곱				AVE
	외관	유용성	편의성	구매의도	
외관					0.7487035
유용성	0.009025				0.723633
편의성	0.030976	0.026244			0.8383964
구매의도	0.061504	0.158404	0.123904		0.7142151
구전의도	0.015376	0.015376	0.040804	0.185761	0.7906456

[그림 4-13] 잠재변수 간의 상관계수 및 AVE

상관계수가 가장 높은 것은 .398인 유용성과 구매의도의 관계이다. 이를 제곱하면 .158404가 되고, 유용성과 구매의도의 AVE 값은 .723633과 .7142151로 판별타당성의 기본 명제인 "평균분산추출(AVE) 값이 상관계수(ρ)의 제곱값보다 반드시 커야 한다."를 만족하므로 판별타당성이 있다고 할 수 있다.

■ (상관계수 ± 2 × 표준오차) ≠ 1

상관계수(ρ)와 표준오차(S.E. : Standard error)를 이용해서 확인한다. 표준오차에 2를 곱한 값을 상관계수에 더하거나 뺀 범위에 1이 포함되지 않아야 한다. 계산식은 다음과 같다.

$$(\rho \pm 2 \times S.E.) \neq 1$$

Output 창에서 왼쪽의 Estimates를 클릭하면 [Covariances:] 표에서 표준오차를 확인할 수 있다.

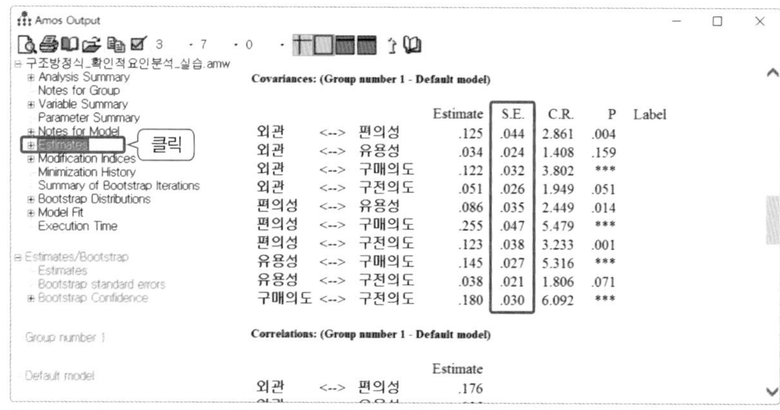

[그림 4-14] AMOS 출력결과(Covariances)

'외관↔편의성'을 기준으로 판별타당성을 확인해 보자. '외관↔편의성'의 상관계수는 .176이며 표준오차는 .044이다. 따라서 .176±2×.044=.088~.264이므로 이 범위 안에는 1이 포함되지 않는다. 그러므로 판별타당성을 확보했다고 할 수 있다.

엑셀을 이용하여 계산해 보면 다음과 같다. '상관계수±2×S.E.'는 Amos Output 창에서 출력해주는 것이 아니라 Excel을 이용하여 연구자가 직접 계산해야 한다.

Correlations: (Group number 1 - Default model)

					상관계수±2×S.E	
			Estimate	S.E.x2	-	+
외관	<-->	편의성	0.176	0.044	0.088	0.264
외관	<-->	유용성	0.095	0.024	0.047	0.143
외관	<-->	구매의도	0.248	0.032	0.184	0.312
외관	<-->	구전의도	0.124	0.026	0.072	0.176
편의성	<-->	유용성	0.162	0.035	0.092	0.232
편의성	<-->	구매의도	0.352	0.047	0.258	0.446
편의성	<-->	구전의도	0.202	0.038	0.126	0.278
유용성	<-->	구매의도	0.398	0.027	0.344	0.452
유용성	<-->	구전의도	0.124	0.021	0.082	0.166
구매의도	<-->	구전의도	0.431	0.03	0.371	0.491

[그림 4-15] (ρ±2×S.E.)≠1

[그림 4-13]에서 상관계수를 확인했다. SPSS Statistics에서는 하나의 표에 상관계수, 유의확률, N이 표현되는데, AMOS에서는 [그림 4-16]과 같이 별도로 확인하는 과정을 거쳐야 한다. 상관계수가 출력되기는 하지만, 이에 대한 값을 확인하여 분석 결과가 유의한지 아닌지를 판단해야 하기 때문이다.

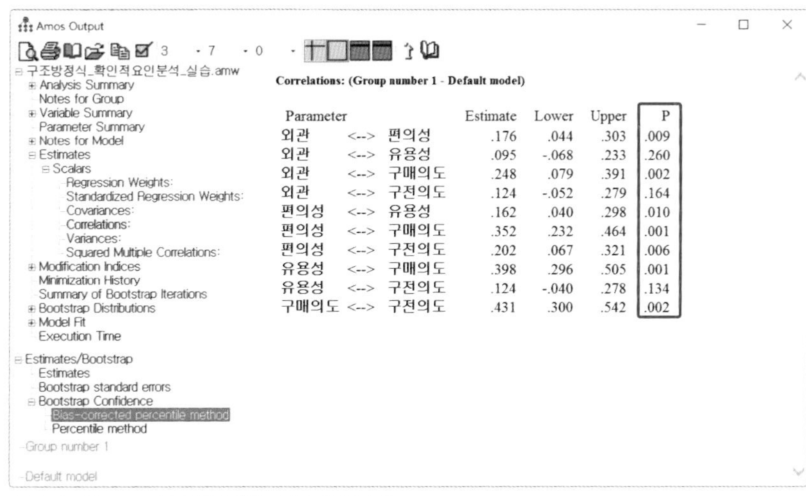

Correlations: (Group number 1 - Default model)

Parameter			Estimate	Lower	Upper	P
외관	<-->	편의성	.176	.044	.303	.009
외관	<-->	유용성	.095	-.068	.233	.260
외관	<-->	구매의도	.248	.079	.391	.002
외관	<-->	구전의도	.124	-.052	.279	.164
편의성	<-->	유용성	.162	.040	.298	.010
편의성	<-->	구매의도	.352	.232	.464	.001
편의성	<-->	구전의도	.202	.067	.321	.006
유용성	<-->	구매의도	.398	.296	.505	.001
유용성	<-->	구전의도	.124	-.040	.278	.134
구매의도	<-->	구전의도	.431	.300	.542	.002

[그림 4-16] Amos의 출력결과(상관계수의 유의성)

논문에 표현하기

지금까지의 결과를 기준으로 판별타당성을 확인한 후, 논문에 전체 결과를 나타내는 표를 작성한다.

예 [표 A]

구분	상관관계				AVE	개념신뢰도 (C.R.)
	1	2	3	4		
외관(ρ^2)	1				.71421509	.88080063
편의성(ρ^2)	.176(.031)*	1			.83839643	.93960637
유용성(ρ^2)	.095(.009)	.162(.026)*	1		.72363304	.88696447
구매의도(ρ^2)	.248(.062)**	.352(.124)**	.398(.158)**	1	.74870348	.89912010
구전의도(ρ^2)	.124(.015)	.202(.041)**	.124(.015)	.431(.186)**	.79064559	.91875966

TIP [표 A]에서는 '외관, 편의성, 유용성, 구매의도, 구전의도'의 5가지 변수에 대해 4가지 상관관계 항목만 정리했다. 그 이유는, 같은 항목 간의 상관계수는 1이 되므로 '5'의 상관관계 항목을 넣더라도 그 값은 '1'이 되어 특별한 의미가 없기 때문이다.

4.5 고차 요인분석

4.5.1 고차 요인분석의 개념

확인적 요인분석이 관측변수를 중심으로 잠재변수의 구성에 대해 설명하는 분석 방법이라면, 고차 요인분석은 확인적 요인분석으로 구성된 잠재변수보다 한 단계 더 상위의 개념으로 구성된 연구모형을 분석하는 측정모형이다. 이 때문에 확인적 요인분석을 1차 요인모델 혹은 1차 CFA라고 하고, 고차 요인분석(higher-order confirmatory factor analysis)을 고차 요인모델(higher-order factor model) 혹은 2차 CFA라 한다.

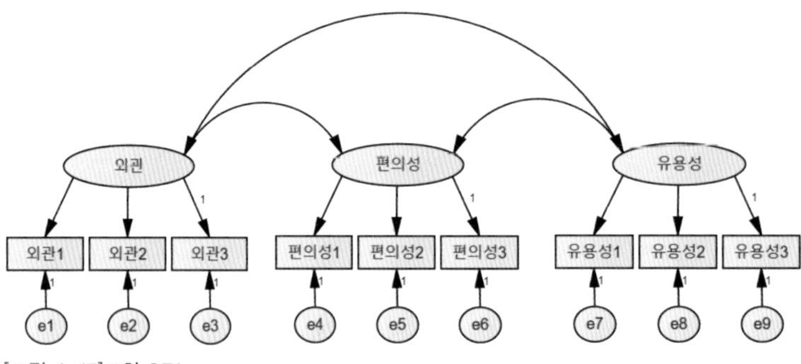

[그림 4-17] 1차 CFA

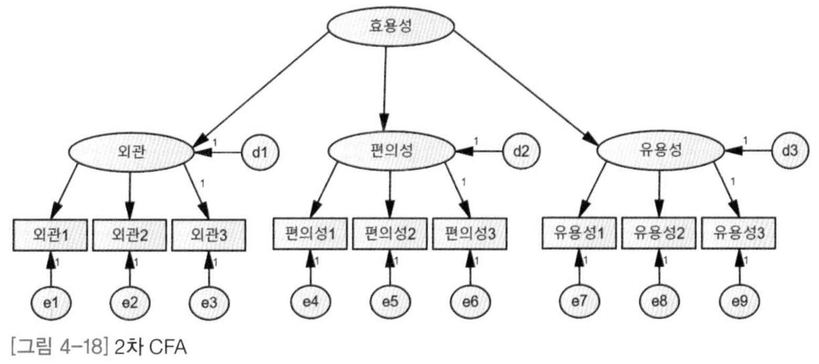

[그림 4-18] 2차 CFA

AMOS에서 고차 요인분석을 하기 위해서는 다음과 같이 2차 CFA 모형을 설정하고 분석을 실시한다.

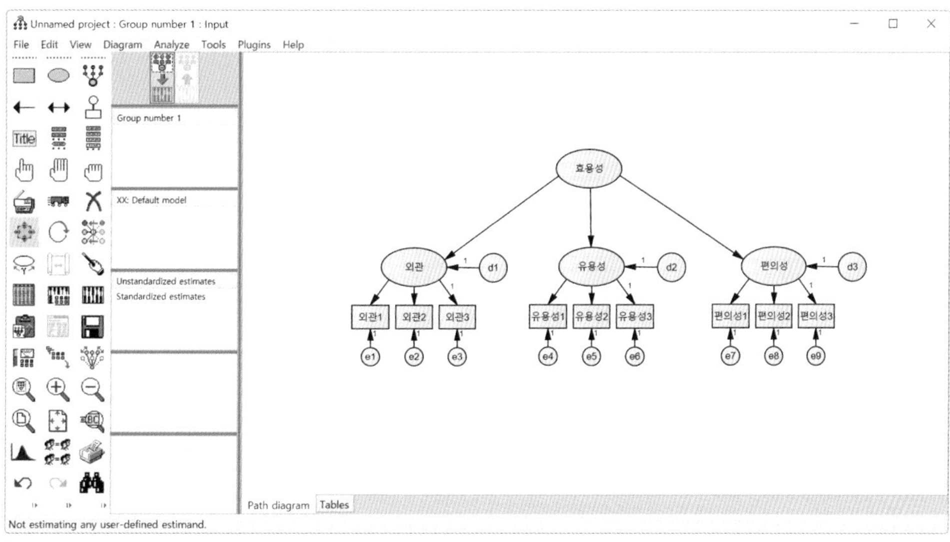

[그림 4-19] 2차 CFA 모형

이때 주의할 점이 있다. 잠재변수 '외관'을 구성하는 관측변수 '외관1, 외관2, 외관3' 중 '외관3'으로 가는 화살표에 1이라고 표시되어 있다. 이는 외관이라는 잠재변수 자체는 관찰값이 아니어서 명확하게 계량하여 측정하기가 어렵기 때문에 이를 기준점으로 삼고 다른 관측변수를 측정하도록 하는 것이다.

4.5.2 고차 요인분석에서의 기준 설정법

2차 CFA도 동일하게 '효용성'이라는 잠재변수로부터 '외관, 유용성, 편의성'으로 설명하는 각각의 회귀계수를 측정하는 데 동일한 문제가 발생한다. 때문에 측정기준을 설정해야 하는데, 잠재변수를 기준으로 설정하는 방법과 요인적재량을 기준으로 설정하는 방법이 있다.

■ 잠재변수 기준 설정법

잠재변수의 분산을 일정하게 고정시키는 방법이다. 직접 따라하며 살펴보자.

따라하기 준비파일 : 구조방정식.xls

01 AMOS를 구동한다. '구조방정식.xls' 파일을 불러온 후 [그림 4-19]와 같이 모델을 그린다.

02 ❶ 고차 요인에 해당하는 '효용성'을 더블클릭하여 Object Properties 창을 연다. ❷ Parameters 탭을 클릭하고 ❸ Variance 란에 '1'을 입력한 후 ❹ [×]를 클릭하여 창을 닫는다.

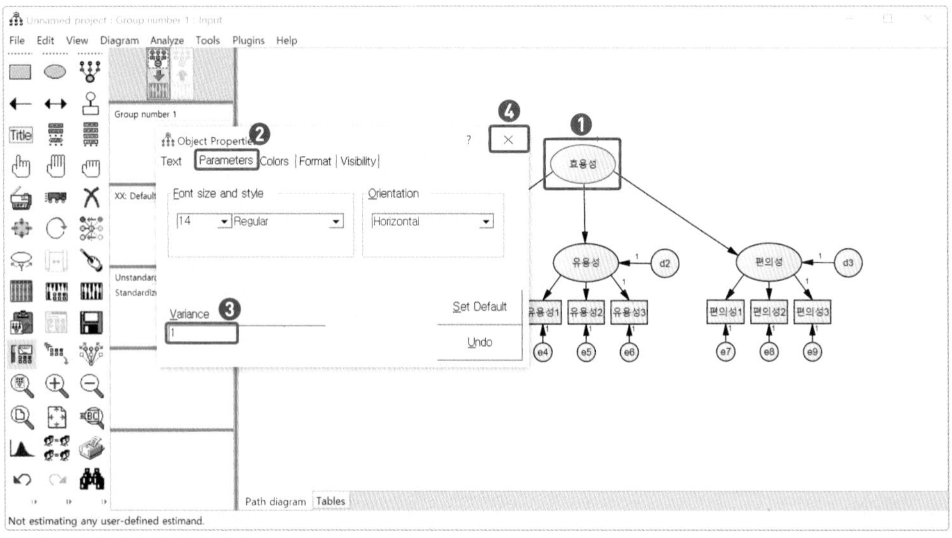

[그림 4-20] 잠재변수 분산 설정

03 ❶ ㉓번 아이콘( )을 클릭하여 Analysis Properties 창을 연다. ❷ Output 탭을 클릭하고 ❸ 'Standardized estimates'에 ☑ 표시를 한 후 ❹ [×]를 클릭하여 창을 닫는다.

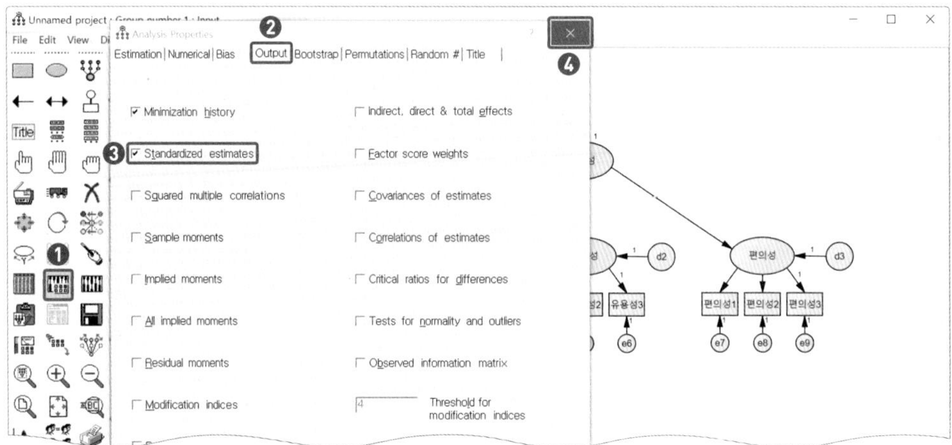

[그림 4-21] AMOS의 분석 옵션 설정

04 ❶ ㉔번 아이콘(image)을 클릭하면 현재의 분석모델을 저장하라는 창이 열린다. ❷ 이 창에서 파일명을 '2_cfa'로 정하고 ❸ 저장을 클릭하면 분석이 시작된다.

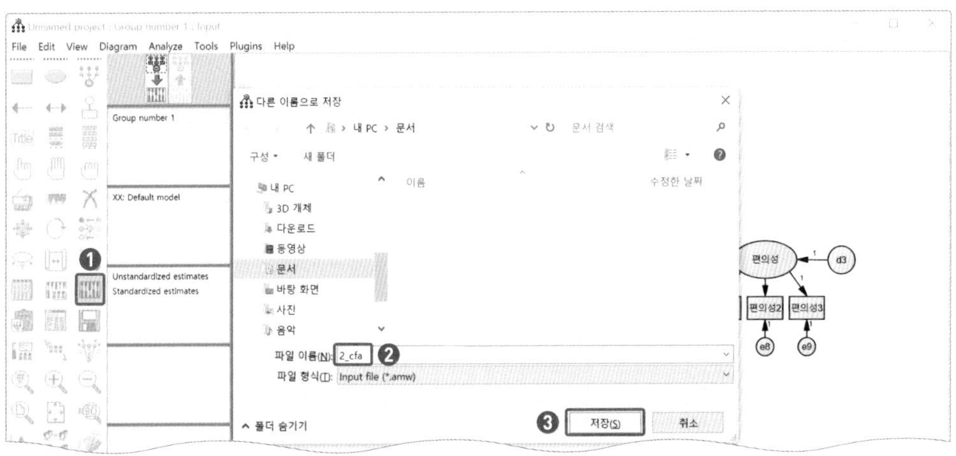

[그림 4-22] **분석모델 저장 및 분석 실행**

■ 요인적재량 기준 설정법

잠재변수 자체의 분산을 일정하게 고정하는 것이 아니라, 설명하는 잠재변수의 요인적재량 하나를 1로 고정하는 방법이다. 잠재변수와 요인적재량이 1로 고정되어 있으므로 다른 잠재변수에 대한 요인적재량을 설정하는 데 있어 기준을 만드는 방법이다. 직접 따라하며 살펴보자.

따라하기

준비파일 : 구조방정식.xls

01 ❶ 고차 요인에 해당하는 '효용성'에서 '외관'으로 가는 화살표를 임의로 선택하여 더블클릭하여 Object Properties 창을 연다. ❷ Parameters 탭을 클릭하고 ❸ Regression weight 란에 '1'을 입력한 후 ❹ [×]를 클릭하여 창을 닫는다.

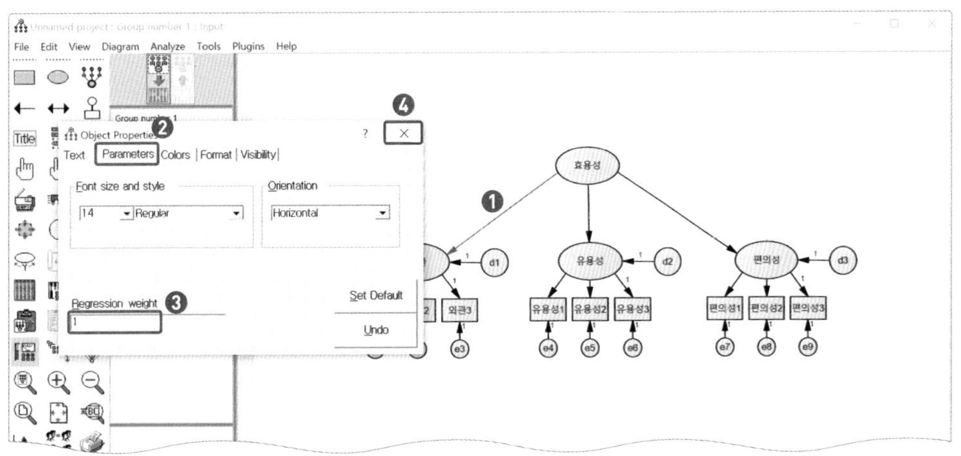

[그림 4-23] **잠재변수의 요인적재량 고정**

02 ❶ ㉓번 아이콘( )을 클릭하여 Analysis Properties 창을 연다. ❷ Output 탭을 클릭하고 ❸ 'Standardized estimates'에 ☑ 표시를 하고 ❹ [×]를 클릭하여 창을 닫는다.

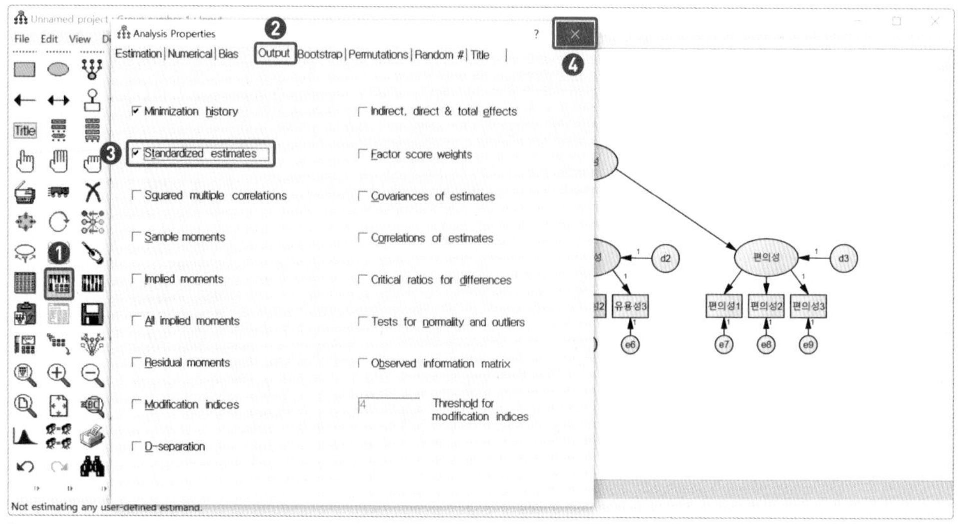

[그림 4-24] AMOS의 분석 옵션 설정

03 ㉔번 아이콘( )을 클릭하여 분석을 진행한다.

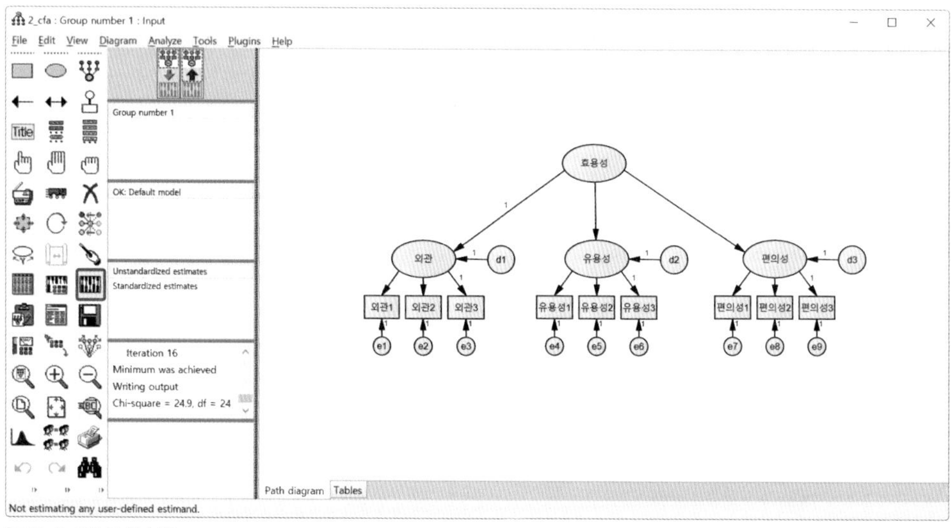

[그림 4-25] 분석 실행

4.5.3 잠재변수 기준 설정법과 요인적재량 기준 설정법의 비교

두 분석 방법은 기준점을 어느 것으로 하느냐에 따라 달리 측정되므로 Regression Weights는 서로 다르게 나타난다. 그러나 동일 모델 하에서 분석된 것이므로 표준화한 값인 Standardized Regression Weights는 서로 동일하게 나타나는 것을 확인할 수 있다.

Regression Weights: (Group number 1 - Default model)

			Estimate	S.E.	C.R.	P	Label
외관	<---	효용성	.224	.096	2.327	.020	
유용성	<---	효용성	.153	.068	2.244	.025	
편의성	<---	효용성	.559	.224	2.496	.013	
유용성3	<---	유용성	1.000				
유용성2	<---	유용성	.849	.090	9.421	***	
유용성1	<---	유용성	.818	.087	9.403	***	
외관3	<---	외관	1.000				
외관2	<---	외관	1.211	.072	16.735	***	
외관1	<---	외관	1.204	.074	16.355	***	
편의성3	<---	편의성	1.000				
편의성2	<---	편의성	1.109	.033	34.045	***	
편의성1	<---	편의성	1.038	.035	29.459	***	

Standardized Regression Weights: (Group number 1 - Default model)

			Estimate
외관	<---	효용성	.321
유용성	<---	효용성	.297
편의성	<---	효용성	.546
유용성3	<---	유용성	.744
유용성2	<---	유용성	.707
유용성1	<---	유용성	.698
외관3	<---	외관	.788
외관2	<---	외관	.899
외관1	<---	외관	.854
편의성3	<---	편의성	.941
편의성2	<---	편의성	.952
편의성1	<---	편의성	.909

(a) 잠재변수 기준 설정법

Regression Weights: (Group number 1 - Default model)

			Estimate	S.E.	C.R.	P	Label
외관	<---	효용성	1.000				
유용성	<---	효용성	.682	.349	1.956	.050	
편의성	<---	효용성	2.502	1.886	1.326	.185	
유용성3	<---	유용성	1.000				
유용성2	<---	유용성	.849	.090	9.421	***	
유용성1	<---	유용성	.818	.087	9.403	***	
외관3	<---	외관	1.000				
외관2	<---	외관	1.211	.072	16.735	***	
외관1	<---	외관	1.204	.074	16.355	***	
편의성3	<---	편의성	1.000				
편의성2	<---	편의성	1.109	.033	34.045	***	
편의성1	<---	편의성	1.038	.035	29.459	***	

Standardized Regression Weights: (Group number 1 - Default model)

			Estimate
외관	<---	효용성	.321
유용성	<---	효용성	.297
편의성	<---	효용성	.546
유용성3	<---	유용성	.744
유용성2	<---	유용성	.707
유용성1	<---	유용성	.698
외관3	<---	외관	.788
외관2	<---	외관	.899
외관1	<---	외관	.854
편의성3	<---	편의성	.941
편의성2	<---	편의성	.952
편의성1	<---	편의성	.909

(b) 요인적재량 기준 설정법

[그림 4-26] 분석 결과 비교

Chapter 05

경로분석

학습목표

1) 경로분석의 개념을 이해하고 경로분석을 하는 이유를 설명할 수 있다.
2) 경로분석에서 어떤 변수를 사용해야 하는지 이해하고 그 이유를 설명할 수 있다.
3) 상관계수의 유의성을 판단하는 방법을 이해하고 그 결과를 해석할 수 있다.
4) 총효과, 직접효과, 간접효과의 개념과 계산 방법을 이해한다.
5) 간접효과의 유의성을 판단하는 부트스트랩에 대해 이해하고, 부트스트랩을 실시하여 도출된 결과를 해석할 수 있다.

다루는 내용

- 경로분석의 개념
- 경로분석 방법
- 경로분석에서의 효과 확인
- 간접효과의 유의성 검증

5.1 경로분석

경로분석은 연구모델을 바탕으로 그 경로들이 나타내는 연구 가설들을 검증하는 방법이다. 경로분석은 회귀분석을 반복적으로 적용하여 다수의 외생변수와 내생변수 사이에서 인과관계를 가지는 변수의 총효과, 직접효과, 간접효과를 확인할 때 사용한다.

경로모델의 경로(화살표)는 원인이 되는 변수에서 시작해 영향을 받는 변수에서 끝나며, 이 변수 간 영향의 직접효과를 나타낸다. 이 직접효과는 표준화 계수(standardized estimates)를 기준으로 판단한다.

TIP 회귀방정식에서는 비표준화 계수를 사용하지만, 경로분석에서는 각 변수들 간에 미치는 영향력을 판단하기에 유리하기 때문에 표준화 계수를 사용한다.

Part 02의 요인분석과 상관분석에서 그랬듯이, 여기서도 다음의 두 가지 방법으로 나누어 경로분석을 설명한다.

❶ **경로분석 1** : 요인분석 후 측정항목에 대한 평균값을 사용하여 분석한다.
❷ **경로분석 2** : 요인분석 후 '변수로 저장' 값을 사용하여 분석한다.

❶은 서로 다른 문항으로 이루어진 측정치를 연구자가 임의로 산술평균을 내어 분석에 이용한다는 뜻으로, 분석할 때 오차가 발생하는 방법이다. 또한 산술평균값을 산출하는 근거가 명확하지 않다. 따라서 ❷와 같이 요인분석에서 '변수로 저장된 값'을 이용하여 경로분석을 진행해야만 정확한 결과를 얻을 수 있다. ❶과 ❷의 차이를 제대로 알지 못한다면 오차 유무를 확인하지 못한 채 결과만 보고 연구를 완료할 수도 있기 때문에 주의해야 한다.

5.1.1 경로분석 1 : 부정확하지만 많이 사용하는 방법

따라하기

준비파일 : 구조방정식.xls

01 AMOS를 구동한 후 ㉒번 아이콘(▦)을 클릭한다.

02 Data Files 창에서 ❶ File Name을 클릭한다. ❷ 열기 창에서 '구조방정식.xls' 파일을 선택한 후 ❸ 열기를 클릭하고 ❹ 다시 Data Files 창에서 OK를 클릭한다.

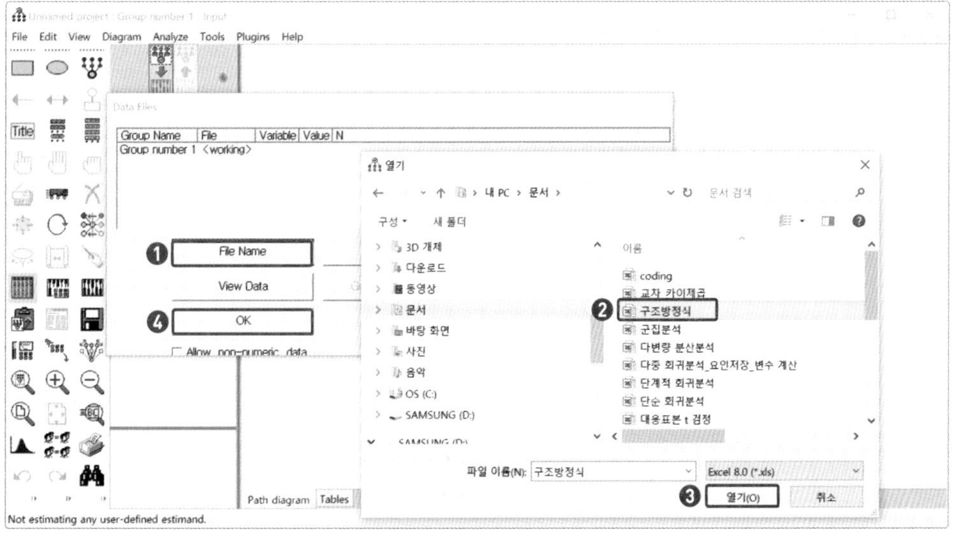

[그림 5-1] 파일 불러오기

03 ❶ ⑨번 아이콘(▦)을 클릭한 후, Variables in Dataset 창에서 ❷ '평균외관', '평균편의성', '평균유용성', '평균구매의도', '평균구전의도' 변수를 마우스로 드래그&드롭하여 AMOS의 모델설계부(사각형 박스)로 옮긴 후 ❸ 설정한 인과모델에 따라 경로를 설정한다.

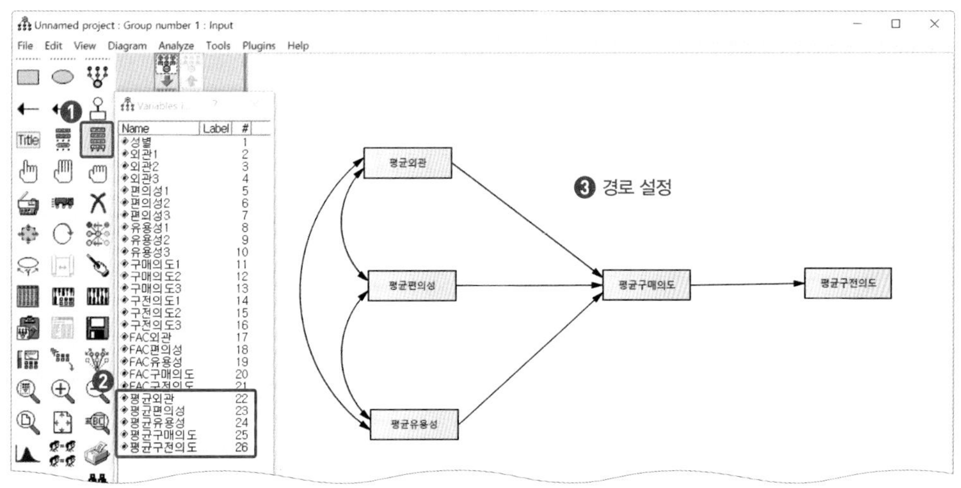

[그림 5-2] 변수 생성과 경로 설정

TIP 위의 5가지 변수들은 SPSS에서 '변환' 메뉴를 이용하여 각각의 관측변수들에 대한 평균값을 계산한 것이다.

04 분석을 진행할 옵션을 설정하기 위해 ❶ ㉓번 아이콘(▦)을 클릭한다. Analysis Properties 창의 ❷ Output 탭을 클릭하고 ❸ [그림 5-3]과 같이 'Minimization history', 'Standardized estimates', 'Squared multiple correlations', 'Modification indices', 'Indirect, direct & total effects'에 각각 ☑ 표시를 한 후 ❹ ✕ 를 클릭하여 창을 닫는다.

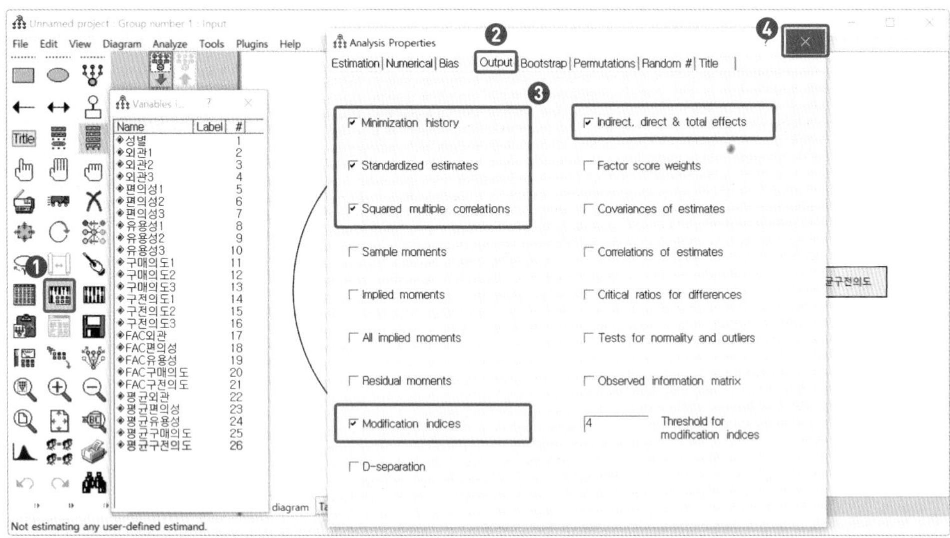

[그림 5-3] **분석 옵션 설정**

05 ❶ ⑥번 아이콘(옴)을 클릭한다. Variables in Dataset 창에서 확인되는 변수들 중에서 구조방정식모델에서는 내생잠재변수에 대하여 구조오차를 설정해야 하므로 ❷ '평균구매의도', '평균구전의도'를 클릭하여 구조오차를 만들고, 각각의 명칭을 ❸ d1, d2로 설정한다.

NOTE

61 경고창(Amos Warnings)

만약 구조오차를 설정하지 않고 ㉔번 아이콘(▦)을 눌러 분석을 실행하면 오른쪽과 같은 경고창이 나온다. 이는 '평균구매의도'와 '평균구전의도'가 내생변수인데도 오차항이 설정되시 않았다는 의미이다. 앞에서 내생변수에 대해서는 구조오차를 설정해야 한다고 설명했으므로, 이 두 변수에 구조오차를 설정한다. 즉 Cancel the analysis를 누른 후 오차항을 설정한 뒤에, 다시 분석을 실행한다. (AMOS에서는 연구모형이 잘못되었을 때 경고창으로 관련 내용을 알려준다.)

▲ 구조오차가 없을 때의 경고창

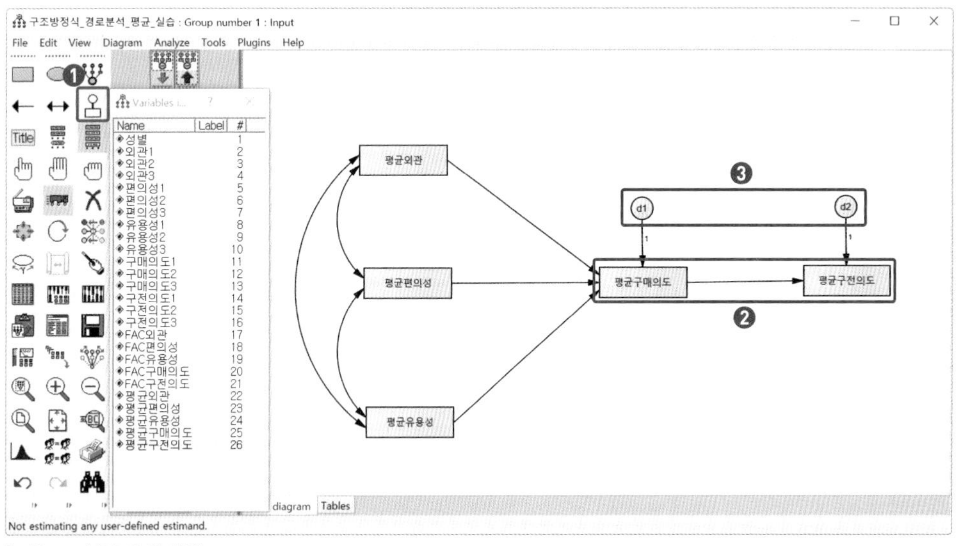

[그림 5-4] 구조오차 설정

06 ❶ ㉔번 아이콘(▦)을 클릭하면 현재까지 진행한 분석을 저장하는 창이 열린다. ❷ 파일 이름은 연구자가 임의로 설정한다. (이 책에서는 '구조방정식_경로분석_평균_실습'으로 저장한다.)

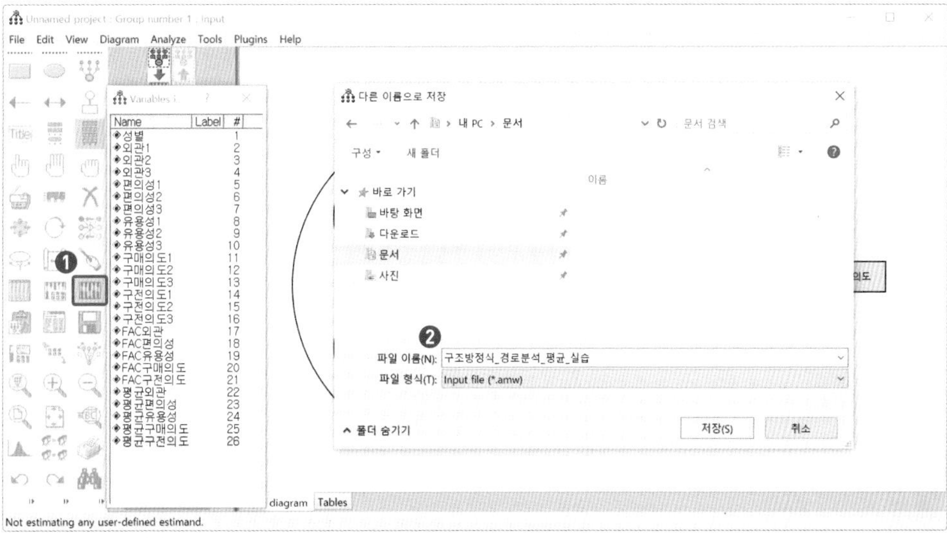

[그림 5-5] 분석 과정 저장하기

07 ❶ View the output path diagram을 클릭하고 ❷ 'Standardized estimates'를 보면 경로분석이 완료된 것을 알 수 있다.

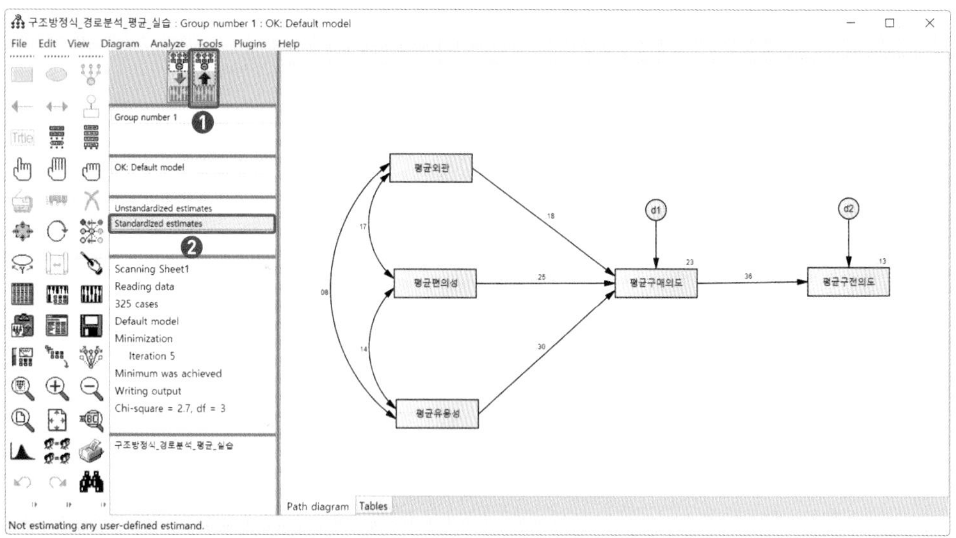

[그림 5-6] 분석 완료

TIP 경로계수를 통해 각 변수들 간의 영향을 확인할 수 있지만, 이 값만으로는 각 계수들의 유의성을 판단할 수 없다. 보통 p 값을 기준으로 통계적 유의성을 판단하는데, AMOS에서도 같은 유의수준을 제공하므로 이 값을 반드시 확인해야 한다.

08 ❶ ㉖번 아이콘(![icon])을 클릭하면 Amos Output 창이 열린다. 이 창 왼쪽의 ❷ Estimates를 클릭한 후, ❸ [Regression Weights:] 표에서 각 계수의 유의수준을 확인한다. 분석 결과를 보면, 모든 회귀계수가 유의수준 범위에 들어가고 t 값인 C.R.도 모두 1.96보다 큰 것을 알 수 있다.

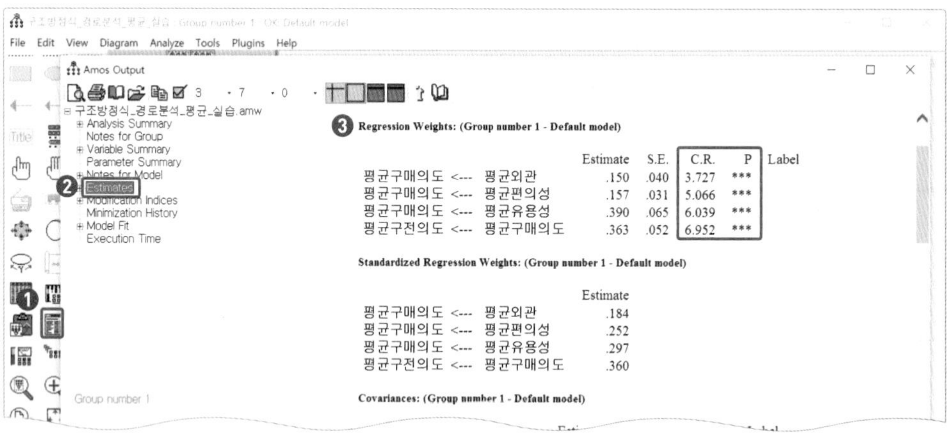

Regression Weights: (Group number 1 - Default model)

			Estimate	S.E.	C.R.	P	Label
평균구매의도	<---	평균외관	.150	.040	3.727	***	
평균구매의도	<---	평균편의성	.157	.031	5.066	***	
평균구매의도	<---	평균유용성	.390	.065	6.039	***	
평균구전의도	<---	평균구매의도	.363	.052	6.952	***	

Standardized Regression Weights: (Group number 1 - Default model)

			Estimate
평균구매의도	<---	평균외관	.184
평균구매의도	<---	평균편의성	.252
평균구매의도	<---	평균유용성	.297
평균구전의도	<---	평균구매의도	.360

Covariances: (Group number 1 - Default model)

[그림 5-7] AMOS 출력결과

5.1.2 경로분석 2 : 정확한 방법

경로분석 2에서는 경로분석 1과 달리 요인분석에서 변수로 저장된 값을 이용하여 경로분석을 진행한다.

따라하기

01 AMOS를 구동한 후 ㉒번 아이콘(▦)을 클릭한다.

02 Data Files 창에서 ❶ File Name을 클릭한다. ❷ 열기 창에서 '구조방정식.xls' 파일을 선택한 후 ❸ 열기를 클릭하고 ❹ 다시 Data Files 창에서 OK를 클릭한다.

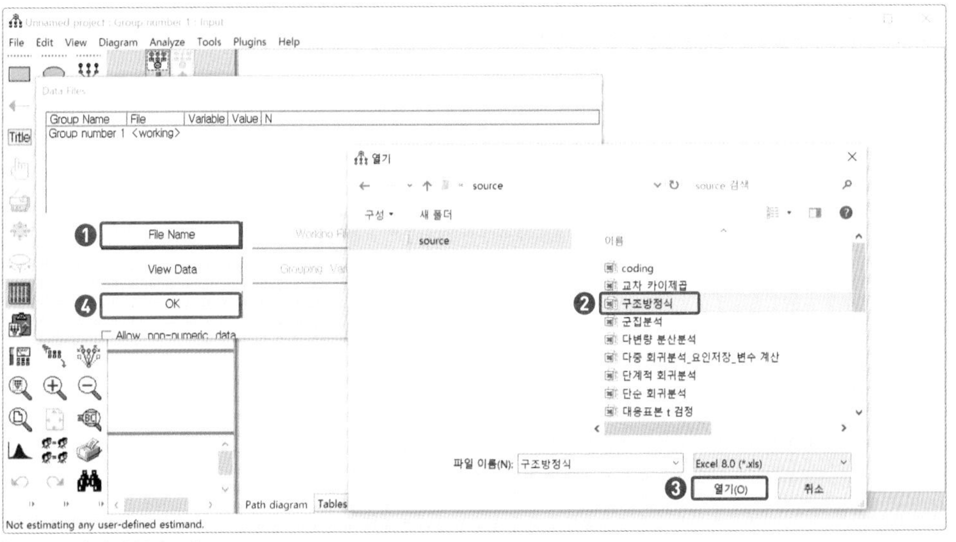

[그림 5-8] **파일 불러오기**

03 ❶ ⑨번 아이콘(▦)을 클릭한 후 Variables in Data set 창에서 ❷ 'FAC외관', 'FAC편의성', 'FAC유용성', 'FAC구매의도', 'FAC구전의도' 변수를 마우스로 드래그&드롭하여 AMOS의 모델설계부(사각형 박스)로 옮긴 후 ❸ 설정한 인과모델에 따라 경로를 설정한다.

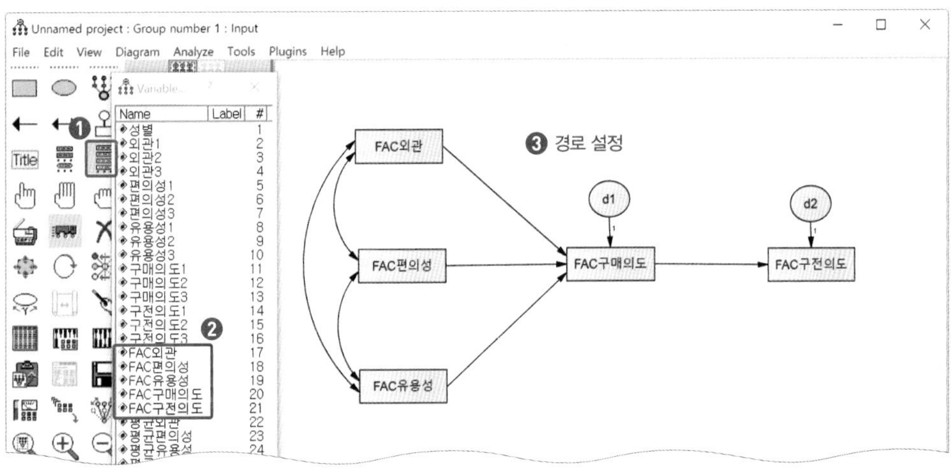

[그림 5-9] **변수 생성과 경로 설정**

TIP 위의 5가지 변수들은 SPSS에서 요인분석을 하여 변수로 저장된 것이다.

04 분석을 진행할 옵션을 설정하기 위해 ❶ ㉓번 아이콘(▦)을 클릭한다. Analysis Properties 창의 ❷ Output 탭을 클릭하고 ❸ [그림 5-10]과 같이 'Minimization history', 'Standardized estimates', 'Squared multiple correlations', 'Modification indices', 'Indirect, direct & total effects'에 각각 ☑ 표시를 한 후 ❹ [×]를 클릭하여 창을 닫는다.

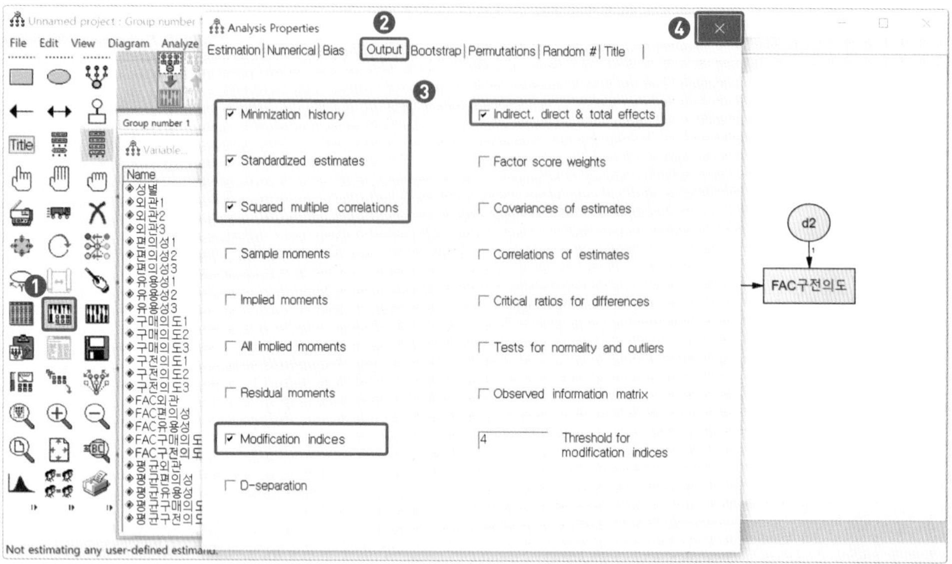

[그림 5-10] 분석 옵션 설정

05 ❶ ㉔번 아이콘(▦)을 클릭하면 현재까지 진행한 분석을 저장하는 창이 나온다. ❷ 파일 이름은 연구자가 임의로 설정한다. (이 책에서는 '구조방정식_경로분석_변수저장_실습'으로 저장한다.)

NOTE

62 경고창(Amos Warnings)

만약 구조오차를 설정하지 않고 ㉔번 아이콘(▦)을 눌러 분석을 실행하면 오른쪽과 같은 경고창이 나온다. 이는 '평균구매의도'와 '평균구전의도'가 내생변수인데도 오차항이 설정되지 않았다는 의미이다. 앞에서 내생변수에 대해서는 구조오차를 설정해야 한다고 설명했으므로 이 두 변수에 구조오차를 설정한다. 즉 Cancel the analysis를 누른 후 오차항을 설정한 뒤에, 다시 분석을 실행한다.
(AMOS에서는 연구모형이 잘못 되었을 때 경고창으로 관련 내용을 알려준다.)

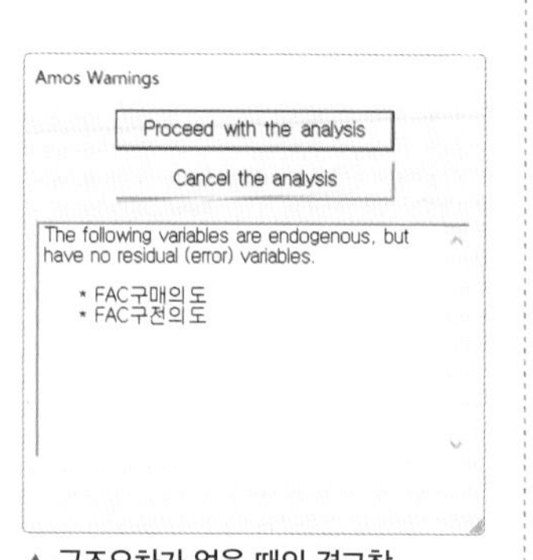

▲ 구조오차가 없을 때의 경고창

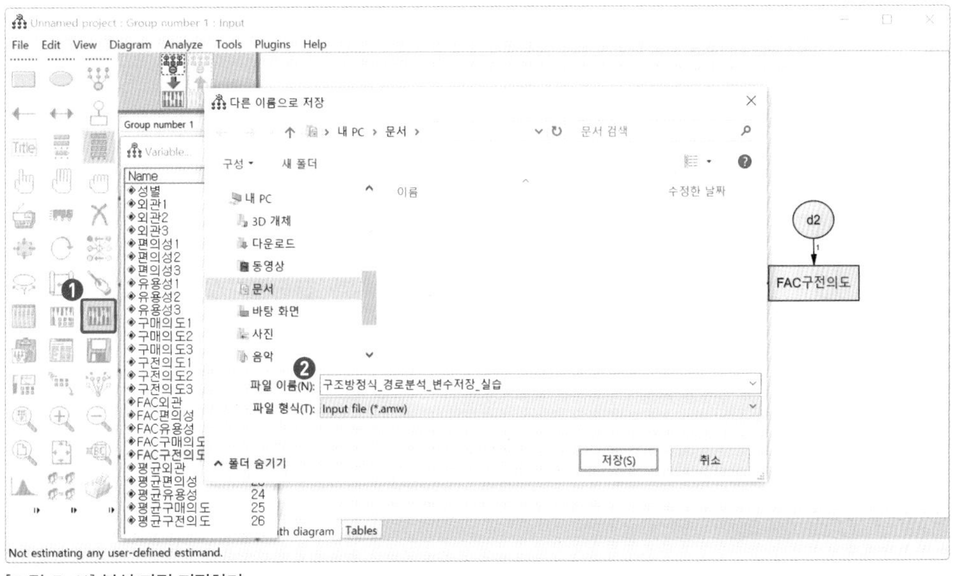

[그림 5-11] 분석 과정 저장하기

06 ❶ View the output path diagram을 클릭하고 ❷ 'Standardized estimates'를 보면 경로분석이 완료된 것을 알 수 있다.

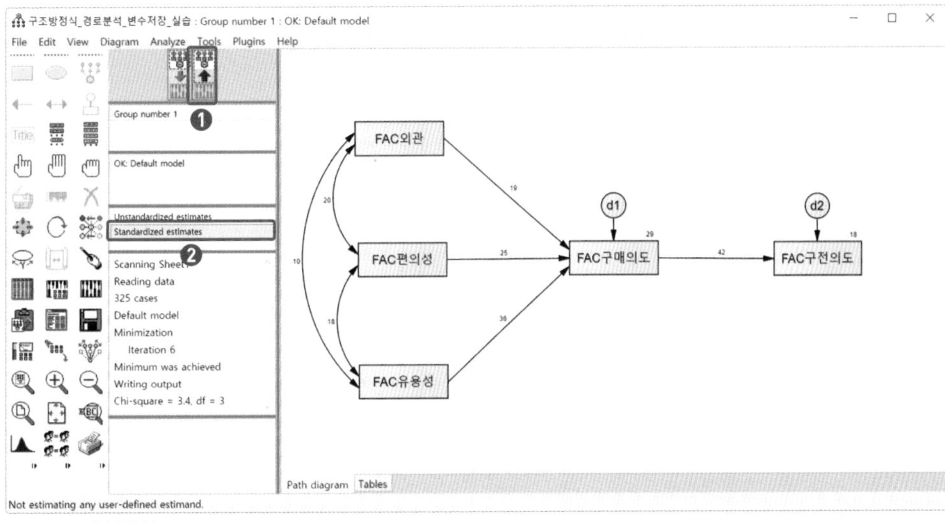

[그림 5-12] 분석 완료

TIP 경로계수를 통해 각 변수들 간의 영향을 확인할 수 있지만, 이 값만으로는 각 계수들의 유의성을 판단할 수 없다. 보통 p 값을 기준으로 통계적 유의성을 판단하는데, AMOS에서도 같은 유의수준을 제공하므로 이 값을 반드시 확인해야 한다.

07 ❶ ㉖번 아이콘(▦)을 클릭하면 Amos Output 창이 열린다. 창 왼쪽의 ❷ Estimates를 클릭한 후 ❸ [Regression Weights:] 표에서 각 계수의 유의수준을 확인한다. 분석 결과를 보면, 모든 회귀계수가 유의수준 범위에 들어가고 t 값인 C.R.도 모두 1.96보다 큰 것을 알 수 있다.

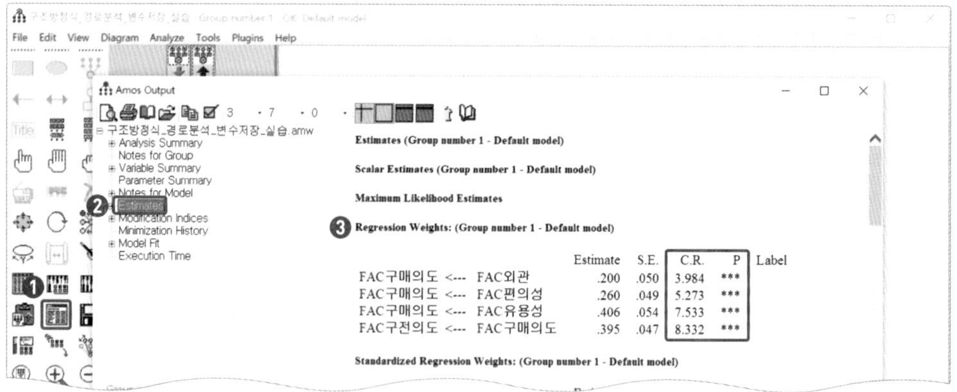

[그림 5-13] AMOS 출력결과

5.1.3 결과 분석

지금까지 경로분석 1(평균값을 기준으로 분석)과 경로분석 2(요인분석의 변수 저장값을 기준으로 분석) 방법을 각각 실습해 보았다. 각 분석 방법의 결과를 [그림 5-14]에 나타냈다.

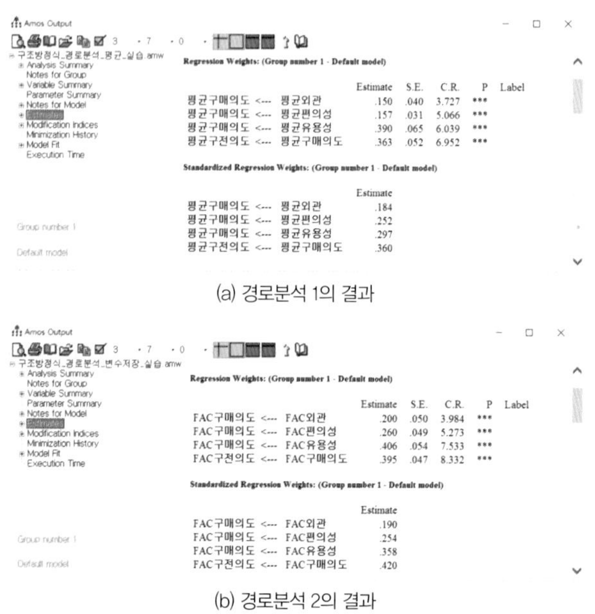

(a) 경로분석 1의 결과

(b) 경로분석 2의 결과

[그림 5-14] 경로분석 1과 2의 결과 비교

[그림 5-14]를 보면 Estimate 값들이 모두 유의확률 범위(p<.001) 내에 포함되어 있어 개별적인 구분은 할 수 없지만, 회귀계수가 달라지는 것을 볼 수 있다. 데이터의 종류에 따라 유의수준과 회귀계수가 달라지므로, 연구자는 데이터를 분석할 때 특히 주의해야 한다. 산술평균으로 저장하여 상관관계를 분석하는 것이 편할 수 있으나, Part 03의 4장에서 확인한 바와 같이 상관관계에 관한 유의성이 있음에도 불구하고 잘못된 결과를 제시하는 경우도 있으므로 주의해야 한다. 잘못된 결과를 제시하는 예를 [NOTE 57]에서 확인하기 바란다.

NOTE

63 평균값과 저장값은 어느 정도의 차이가 있는가?

두 분석 방법의 결과는 서로 다르다. 간단하게는 회귀계수가 달라짐에 따라 변수 간의 영향력에 해당하는 설명력이 달라진다. 또한, 경로분석에서의 변수 간 상관분석을 진행하면 더욱 뚜렷한 차이가 발생한다.

각각의 분석 방법으로 상관분석을 실시한 결과는 다음과 같다.

구분	산술평균값 기준	요인저장값 기준
산출 기준	요인분석 후 측정항목 간 산술평균	요인분석 변수저장 (최대우도, 직접 오블리민)
AMOS 출력 결과	(아래 표 참조)	(아래 표 참조)

산술평균값 기준 — Correlations: (Group number 1 - Default model)

Parameter			Estimate	Lower	Upper	P
평균편의성	<-->	평균외관	0.170	-0.001	0.264	0.052
평균외관	<-->	평균유용성	0.080	-0.055	0.18	0.319
평균외관	<-->	평균구매의도	0.251	0.148	0.405	**0.005**
평균외관	<-->	평균구전의도	0.117	-0.07	0.246	0.164
평균편의성	<-->	평균유용성	0.137	0.026	0.248	**0.016**
평균편의성	<-->	평균구매의도	0.325	0.205	0.436	**0.014**
평균편의성	<-->	평균구전의도	0.188	0.065	0.297	**0.012**
평균유용성	<-->	평균구매의도	0.347	0.261	0.423	**0.015**
평균유용성	<-->	평균구전의도	0.096	-0.081	0.204	0.329
평균구매의도	<-->	평균구전의도	0.360	0.227	0.455	**0.018**

요인저장값 기준 — Correlations: (Group number 1 - Default model)

Parameter			Estimate	Lower	Upper	P
FAC편의성	<-->	FAC외관	0.200	0.068	0.315	**0.005**
FAC외관	<-->	FAC유용성	0.102	-0.043	0.213	0.149
FAC외관	<-->	FAC구매의도	0.277	0.153	0.4	**0.003**
FAC외관	<-->	FAC구전의도	0.146	0.014	0.29	**0.035**
FAC편의성	<-->	FAC유용성	0.179	0.071	0.288	**0.006**
FAC편의성	<-->	FAC구매의도	0.356	0.239	0.451	**0.004**
FAC편의성	<-->	FAC구전의도	0.215	0.106	0.315	**0.005**
FAC유용성	<-->	FAC구매의도	0.423	0.346	0.498	**0.004**
FAC유용성	<-->	FAC구전의도	0.128	-0.018	0.242	0.094
FAC구매의도	<-->	FAC구전의도	0.420	0.304	0.5	**0.006**

64 AMOS에서 상관계수의 유의성 확인 방법

간혹 "요인분석의 변수 저장값을 이용하면 상관분석 결과에 대한 유의수준이 나오지 않기 때문에 이용할 수 없지 않는가?"라는 질문을 받는다. 상관계수는 Amos Output 창에 바로 나타나므로 초보자도 쉽게 확인할 수 있다. 상관계수의 유의성을 확인하려면 다음과 같은 몇 가지 추가 작업이 필요하다.

01 경로분석을 시작하기 전에 ㉓번 아이콘(▦)을 클릭한 후 Output 탭에서 'Correlations of estimates'에 ☑ 표시를 한다. 그런 다음 Bootstrap 탭에서 그림과 같이 옵션을 설정하고, ㉔번 아이콘(▦)을 클릭하면 분석이 시작된다.

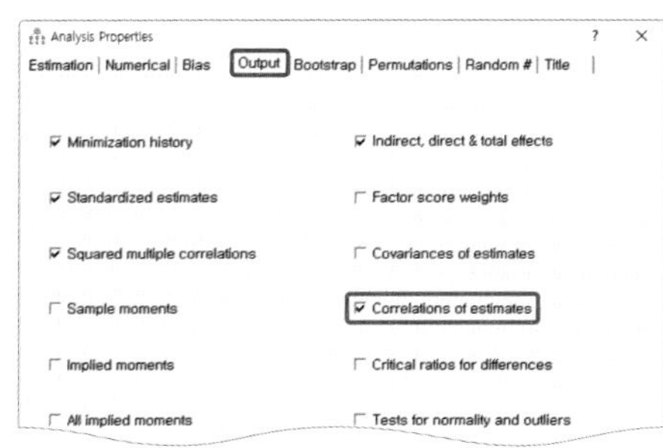

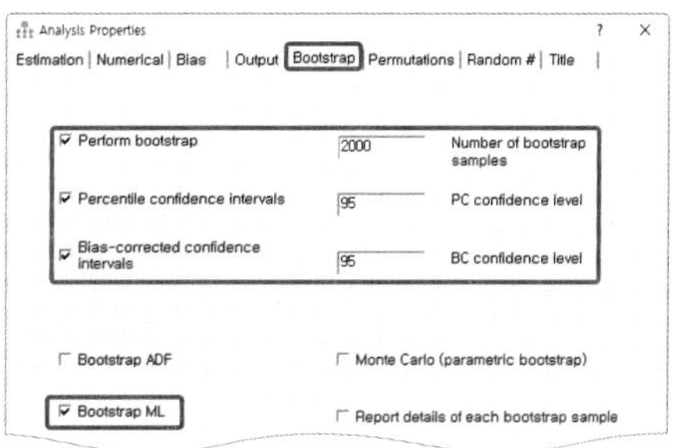

▲ 상관계수 유의성 옵션 설정

02 ㉖번 아이콘(▦)을 클릭하고 ❶ Amos Output 창 왼쪽 상단의 Estimates▶Scalars▶Correlations를 클릭한 후, ❷ 하단의 Bootstrap Confidence의 'Percentile method'를 클릭하면 유의수준(P)을 확인할 수 있다.

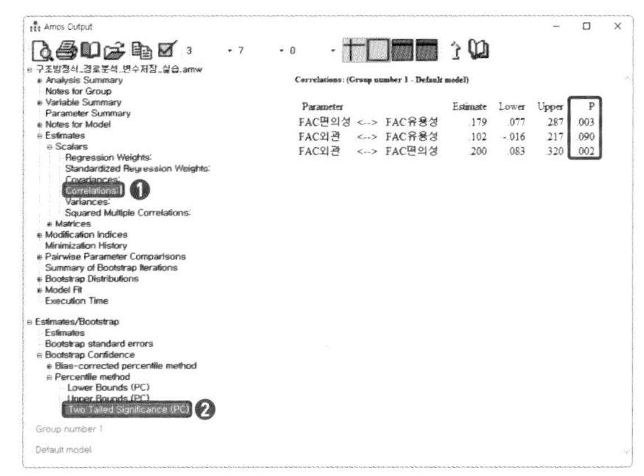

Parameter			Estimate	Lower	Upper	P
FAC편의성	<-->	FAC유용성	.179	.077	.287	.003
FAC외관	<-->	FAC유용성	.102	-.016	.217	.090
FAC외관	<-->	FAC편의성	.200	.083	.320	.002

TIP [그림 5-13] 과정에서는 이런 결과가 나오지 않는다. 이것은 상관계수의 유의성을 확인한 것이므로 상관분석의 진행과정에서 Analysis Properties의 옵션을 정해야 한다.

◀ 상관계수 유의성 확인

5.2 경로분석에서의 총효과, 직접효과, 간접효과

경로분석에서 어떤 변수가 다른 변수에 영향을 주는 정도를 '효과'라고 하며, 이는 크게 직접효과, 간접효과, 총효과로 나뉜다.

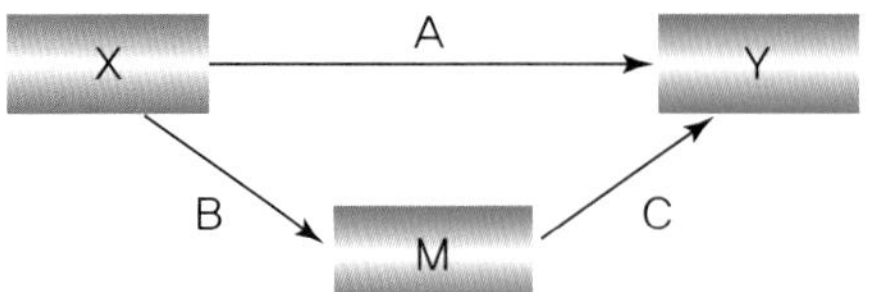

[그림 5-15] 변수 간의 관계

직접효과는 하나의 변수가 다른 변수에 직접적으로 영향을 미치는 효과를 의미하며, 간접효과는 하나의 변수가 다른 변수에 영향을 미치기는 하지만 직접적으로 미치는 것이 아닌, 중간에 다른 변수인 매개변수(M)로 우회하여 최종 변수에 영향을 미치는 효과를 의미한다. 총효과는 직접효과와 간접효과를 모두 더한 효과의 총합이다.

[그림 5-15]는 Part 02의 11장 매개회귀분석에서 제시한 모델로, 이 모델을 바탕으로 효과의 종류를 살펴보자.

- **직접효과(direct effect)** : X → Y로 영향이 미치는 직접적인 효과(A)
- **간접효과(indirect effect)** : X가 M을 경유하여 Y에 미치는 효과(B×C)
- **총효과(total effect)** : '직접효과+간접효과'(A+B×C)

직접효과 : A
간접효과 : B × C
총효과 : A + B × C

TIP 간접효과는 추가적으로 유의성 테스트를 해주어야 한다.

지금부터는 새로운 모델을 하나 설정하여 총효과, 직접효과, 간접효과를 확인해 보자. 원래 모델인 [그림 5-9]에서는 외생변수 간 상관관계가 설정되어 있어 간접효과에 대한 내용은 확인할 수 없다. 간접효과를 확인하기 위해 이 모델을 [그림 5-16]과 같은 모델로 수정했다. [그림 5-16]의 수정모델을 통해 총효과, 직접효과, 간접효과를 측정해 보자.

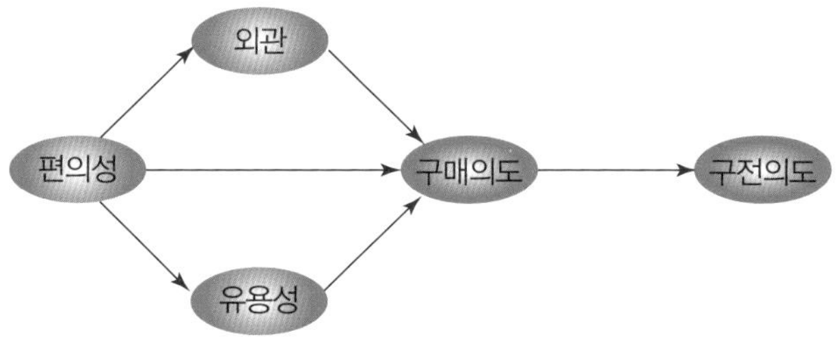

[그림 5-16] 효과를 측정하기 위해 수정한 모델

[그림 5-17]과 같이 구조방정식모델을 그린 후 경로분석을 진행한다(5.1.2절 따라하기 참조).

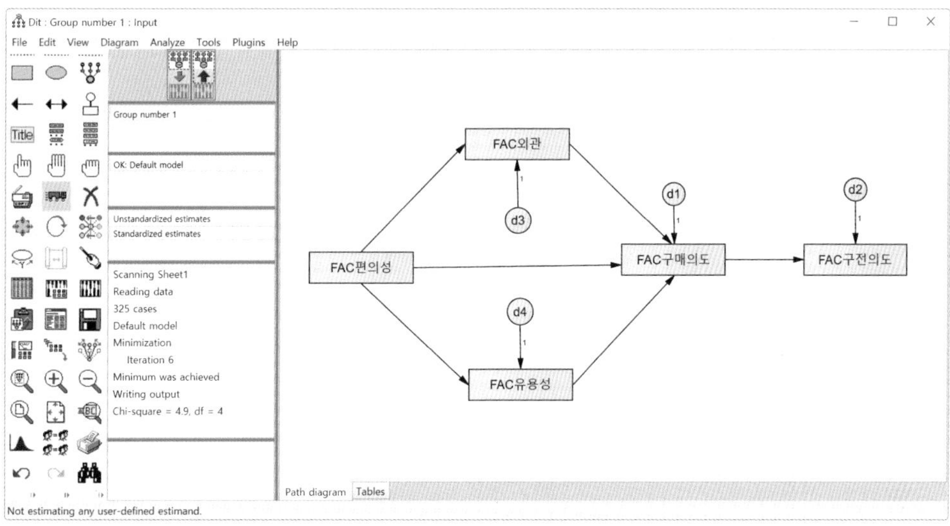

[그림 5-17] AMOS에 수정모델 작성

TIP 이때 내생잠재변수인 'FAC외관'과 'FAC유용성'에는 구조오차를 설정해야 한다.

경로분석 진행 후, 먼저 Amos Output 출력창에서 회귀계수에 대한 유의성을 확인한다.

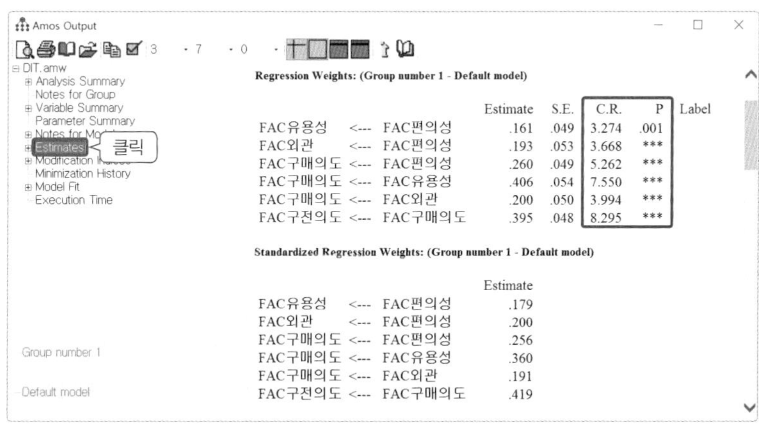

Regression Weights: (Group number 1 - Default model)

			Estimate	S.E.	C.R.	P	Label
FAC유용성	<---	FAC편의성	.161	.049	3.274	.001	
FAC외관	<---	FAC편의성	.193	.053	3.668	***	
FAC구매의도	<---	FAC편의성	.260	.049	5.262	***	
FAC구매의도	<---	FAC유용성	.406	.054	7.550	***	
FAC구매의도	<---	FAC외관	.200	.050	3.994	***	
FAC구전의도	<---	FAC구매의도	.395	.048	8.295	***	

Standardized Regression Weights: (Group number 1 - Default model)

			Estimate
FAC유용성	<---	FAC편의성	.179
FAC외관	<---	FAC편의성	.200
FAC구매의도	<---	FAC편의성	.256
FAC구매의도	<---	FAC유용성	.360
FAC구매의도	<---	FAC외관	.191
FAC구전의도	<---	FAC구매의도	.419

[그림 5-18] 회귀계수의 유의성 확인

‘FAC편의성, FAC외관, FAC구매의도’와 ‘FAC편의성, FAC유용성, FAC구매의도’ 간의 총효과, 직접효과, 간접효과를 살펴보자.

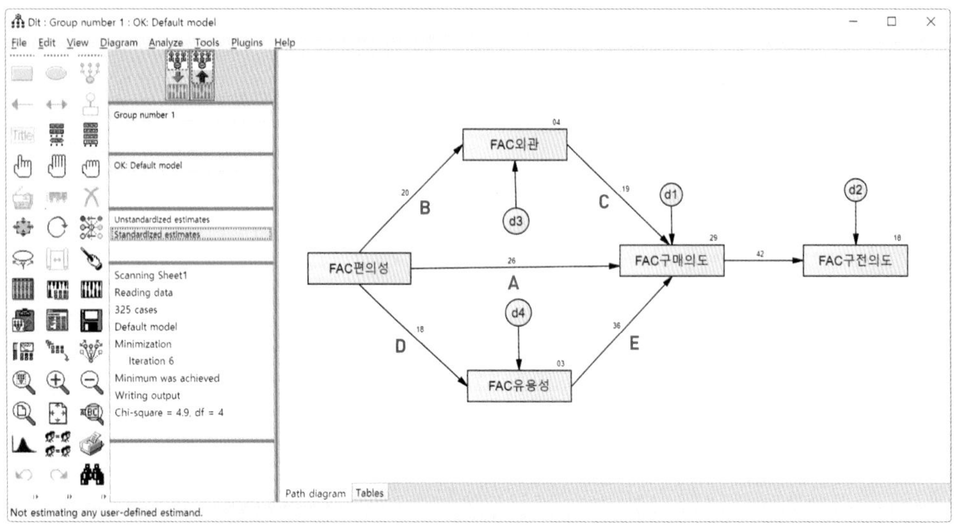

[그림 5-19] 경로계수로 효과 확인하기

‘FAC편의성’이 ‘FAC구매의도’에 미치는 직접효과는 A이며, 간접효과는 B와 C, 그리고 D와 E인 것을 확인할 수 있다. [그림 5-18]의 Amos Output 창에서는 소수점 이하 세 자리까지 보여주고 있으나, [그림 5-19]에서는 반올림하여 소수점 이하 둘째 자리까지 보여준다.

- ‘FAC편의성 → FAC구매의도’ 간 직접효과 : A= .256
- ‘FAC편의성 → FAC외관 → FAC구매의도’ 간 간접효과 : B=.200, C=.191
- ‘FAC편의성 → FAC유용성 → FAC구매의도’ 간 간접효과 : D=.179, E=.360

이 결과값을 바탕으로 직접효과, 간접효과, 총효과를 계산해 보자.

- **직접효과 A** = .256
- **간접효과 BC** = .200 × .191 = .0382
- **간접효과 DE** = .179 × .360 = .06444
- **총효과** = A+(BC+DE) = .35864

Amos Output 창에서 출력되는 수치를 통해서도 위의 계산 결과를 확인할 수 있다.

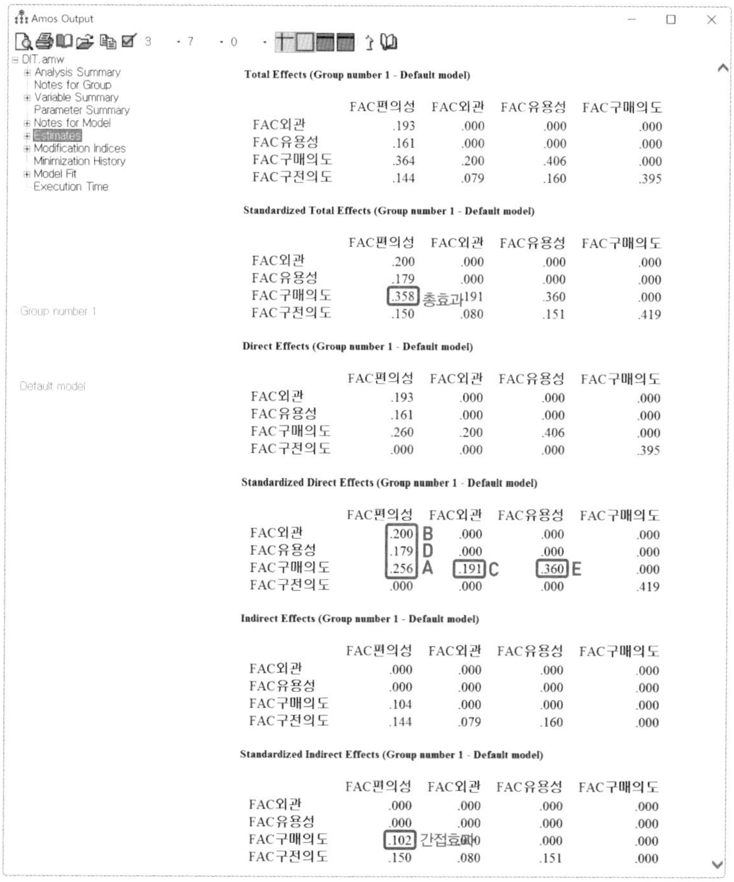

Amos Output

DIT.amw
- Analysis Summary
- Notes for Group
- Variable Summary
- Parameter Summary
- Notes for Model
- Estimates
- Modification Indices
- Minimization History
- Model Fit
- Execution Time

Group number 1

Default model

Total Effects (Group number 1 - Default model)

	FAC편의성	FAC외관	FAC유용성	FAC구매의도
FAC외관	.193	.000	.000	.000
FAC유용성	.161	.000	.000	.000
FAC구매의도	.364	.200	.406	.000
FAC구전의도	.144	.079	.160	.395

Standardized Total Effects (Group number 1 - Default model)

	FAC편의성	FAC외관	FAC유용성	FAC구매의도
FAC외관	.200	.000	.000	.000
FAC유용성	.179	.000	.000	.000
FAC구매의도	.358 총효과	.191	.360	.000
FAC구전의도	.150	.080	.151	.419

Direct Effects (Group number 1 - Default model)

	FAC편의성	FAC외관	FAC유용성	FAC구매의도
FAC외관	.193	.000	.000	.000
FAC유용성	.161	.000	.000	.000
FAC구매의도	.260	.200	.406	.000
FAC구전의도	.000	.000	.000	.395

Standardized Direct Effects (Group number 1 - Default model)

	FAC편의성	FAC외관	FAC유용성	FAC구매의도
FAC외관	.200 B	.000	.000	.000
FAC유용성	.179 D	.000	.000	.000
FAC구매의도	.256 A	.191 C	.360 E	.000
FAC구전의도	.000	.000	.000	.419

Indirect Effects (Group number 1 - Default model)

	FAC편의성	FAC외관	FAC유용성	FAC구매의도
FAC외관	.000	.000	.000	.000
FAC유용성	.000	.000	.000	.000
FAC구매의도	.104	.000	.000	.000
FAC구전의도	.144	.079	.160	.000

Standardized Indirect Effects (Group number 1 - Default model)

	FAC편의성	FAC외관	FAC유용성	FAC구매의도
FAC외관	.000	.000	.000	.000
FAC유용성	.000	.000	.000	.000
FAC구매의도	.102 간접효과	.000	.000	.000
FAC구전의도	.150	.080	.151	.000

[그림 5-20] Amos Output 창에서 효과 확인하기

5.3 간접효과(매개변수)의 유의성 검증 : 부트스트래핑

'간접효과의 유의성'이란 'X → M → Y'와 같이 X가 Y에 미치는 영향이 직접적이지 않고, M을 거쳐서 간접적으로 효과가 나타나는지를 판단하는 것을 말한다. 즉 SPSS에서 다루었던 매개효과의 유의성과 같은 뜻이다.

AMOS에서는 경로계수에 대한 유의수준을 Amos Output 창에서 제시해준다. 그러나 주의해야 할 것은 [그림 5-18]에서 보다시피 유의수준에서는 '직접효과'에 대한 것만 확인할 수 있다는 점이다. 그래서 간접효과를 계산하는 방법도 배웠고 출력결과도 확인할 수 있었으나, 간접효과에 대한 값이 유의한지 그렇지 않은지에 대해서는 판단할 수 없다는 문제가 있다. 이때 간접효과에 대한 유의성을 검증하기 위해 1982년 소벨(Sobel)은 소벨 테스트(Sobel Test)라 불리는 델타방법(Delta Method)을 제안하였으나, 비대칭적인 샘플링 분포를 대칭분포로 가정하는 정규 근사법(normal approximation)을 사용하기 때문에 대칭을 잘못 추정하게 되고, 보수적인 테스트(conservative test)를 하게 된다. 그 결과, 소벨 테스트보다는 부트스트래핑이 간접효과를 검증하는 방법으로 인기를 끌고 있다. (이 책에서는 소벨 테스트에 대한 설명은 생략하고 부트스트래핑과 팬텀변수 모델링에 대해서만 설명한다.)

부트스트래핑은 데이터를 여러 번(예 5,000번) 리샘플링하여 교체하는 방식이 기반이 되는 비모수적 방법이다. 이 샘플에서 각각 간접효과를 계산하고 샘플링 분포를 경험적으로 생성한다.

지금부터 부트스트랩을 사용하여 간접효과의 유의성을 확인해 보자.

따라하기

01 ❶ AMOS 화면에서 ㉓번 아이콘()을 클릭한다. Analysis Properties 창의 ❷ Bootstrap 탭을 선택하고 ❸ [그림 5-21]과 같이 옵션을 설정한 후 ❹ × 를 클릭하여 창을 닫는다.

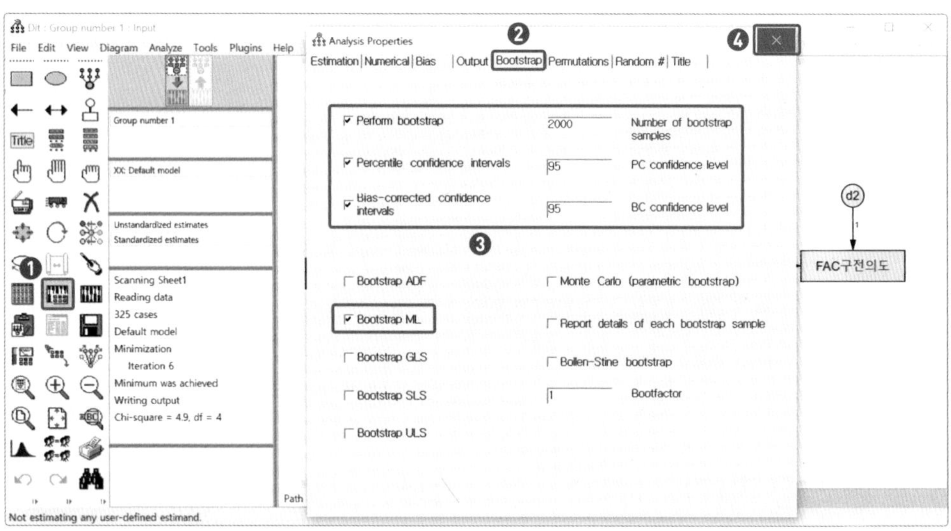

[그림 5-21] **분석 옵션 설정**

02 ❶ ㉔번 아이콘()을 클릭하면 분석이 시작된다. ❷ ㉖번 아이콘()을 클릭하면 Amos

NOTE

65 Bootstrap ML이란?

Bootstrap ML에서 'ML'이란 최대우도법(ML : Maximum Likelihood)을 말한다. 통계에서는 전체집합을 표본으로 삼기 어려우므로, 측정한 표본이 전체집합을 대변할 수 있는 대표성을 지닐수록 좋은 통계량이 확인된다. 우도함수는 표본의 집합에 해당하는 확률변수가 모집단의 모수에 가깝게 되는 확률함수를 의미하는데, 이 우도함수가 가장 크다면 모수추정에 유리할 것이다. 모수추정에 가장 유리한 방법이 바로 최대우도법이다.

66 부트스트랩 횟수

부트스트랩 횟수(Number of bootstrap samples)는 기본값이 200으로 설정되어 있다. 횟수가 많아지면 그만큼 결과가 안정적으로 된다. 최근의 논문에서는 2,000회 이상으로 설정해야 한다고 발표되고 있다.

Output 창이 열린다. 왼쪽 상단의 ❸ Estimates ▶ Matrices ▶ Standardized Indirect Effects를 클릭하면 하단에 Estimates/Bootstrap이 활성화된다. ❹ Bootstrap Confidence를 클릭한다.

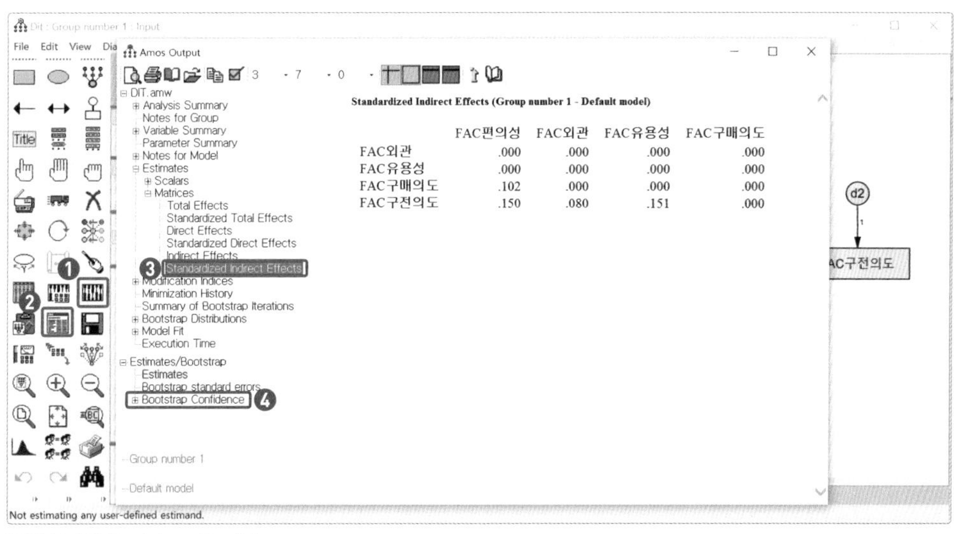

[그림 5-22] Bootstrap Confidence

03 Bootstrap Confidence를 클릭한 후 Percentile method ▶ Two Tailed Significance(PC)를 확인한다. 여기서 'Significance'는 유의확률을 의미한다.

[그림 5-23] **유의확률의 확인**

TIP Bootstrap Confidence를 클릭하면 Bias-corrected percentile method로 명칭이 바뀐다. ■

[Standardized Indirect Effects] 표를 보면, 'FAC편의성 → FAC구매의도', 'FAC편의성 → FAC구전의도', 'FAC유용성 → FAC구전의도', 'FAC외관 → FAC구전의도'의 유의확률이 .001, .003인 것을 확인할 수 있다. 이 값은 유의수준 p<.05의 범위 내에 들어가므로 간접효과가 유의하다고 판단할 수 있다.

논문에 표현하기

총효과, 직접효과, 간접효과를 정리하여 표 하나로 나타낸다. 물론 논문마다 표현하는 방식은 다를 수 있다.

예 [표 A] 총효과, 직접효과, 간접효과

구분	총효과 (직접효과, 간접효과)			
	편의성	유용성	외관	구매의도
유용성	.179*** (.179***, .000)			
외관	.200*** (.200***, .000)			
구매의도	.358 (.256***, .102**)	.360*** (.360***, .000)	.191*** (.191***, .000)	
구전의도	.150** (.000, .150**)	.151** (.000, .151**)	.080** (.000, .080**)	.419*** (.419***, .000)

(* : p< .05, ** : p< 0.1, *** : p< .001)

5.4 간접효과의 유의성 검증 : 팬텀변수 모델링

팬텀변수 모델링(phantom variable modeling)이란 팬텀변수(phantom variable, 유령변수라고도 함)를 사용하여 기존의 연구모델을 조금 수정해서 검증하는 방법이다. 이때 팬텀변수란 관찰된 지표가 없는 잠재변수(a latent variable with no observed indicators)를 의미하며, 연구모형을 변형하여 의미 있는 값을 계산하기 위한 변수를 의미한다.

구조방정식모델을 활용하여 분석하는 경우에는 다중 매개변수에 대한 유의성을 부트스트래핑 결과로써 종합적으로 나타낼 수 있지만, 개별 매개변수에 대한 유의성은 나타나지 않는다. 이때 팬텀 모델링을 사용한다.

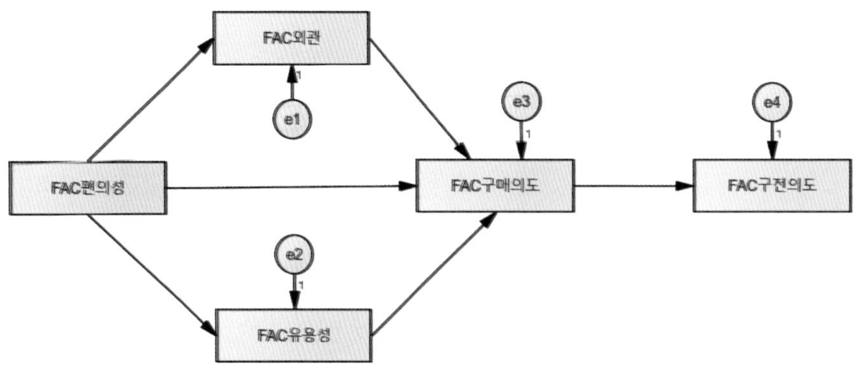

[그림 5-24] 단순한 매개변수가 있는 모델

부트스트래핑을 통해 유의성을 검증하면 'FAC편의성 → FAC구매의도', ' FAC편의성 → FAC구전의도', 'FAC외관 → FAC구전의도', 'FAC유용성 → FAC구전의도'는 표현되지만, 'FAC편의성 → FAC외관 → FAC구매의도', 'FAC편의성 → FAC유용성 → FAC구매의도'에 해당하는 각각의 유의성은 나타나지 않는다. 하지만 모델을 약간 변형하면 각각에 대한 간접효과의 유의성을 판단할 수 있다.

이때 각각의 매개효과를 확인하는 이유는 ① 부호가 서로 다른 반대매개(opposing mediation)가 있는 경우에는 전체 매개효과가 0으로 계산되기 때문에 매개효과가 없다고 오판할 수 있기 때문이다. 혹은 ② 부호가 반대이면서 효과가 다른 경우 서로 상쇄된 결과를 최종적으로 판단하는 근거가 되므로 보다 정확한 효과를 확인하는 것이 중요하기 때문이다.

5.4.1 팬텀변수 모델링 : 단순한 팬텀변수 모델링

매개변수가 설정된 모델은 [그림 5-25]와 같지만 이를 [그림 5-26]과 같이 변형한다. 즉 독립변수와 종속변수 사이에 팬텀변수라는 구성개념을 하나 넣고, 팬텀변수로부터의 요인적재량을 1로 고정한 후, 팬텀변수가 매개변수를 설명하는 것으로 모델을 설정하면 독립변수와 팬텀변수 간의 회귀식이 간접효과를 확인할 수 있는 모형으로 구성된다. 주의할 점은 일반적인 구조모형에서는 [그림 5-26]과 같이 내생인 경우 구조오차를 설정해야 하지만, 이처럼 팬텀변수를 이용하는 경우는 매개변수에 구조오차를 넣지 말아야 한다.

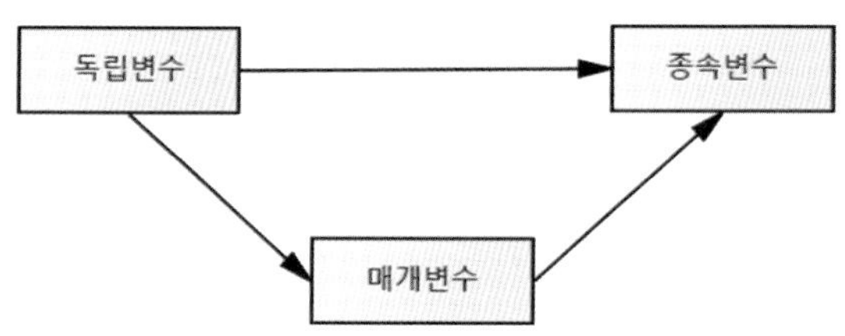

[그림 5-25] 매개변수가 있는 모델

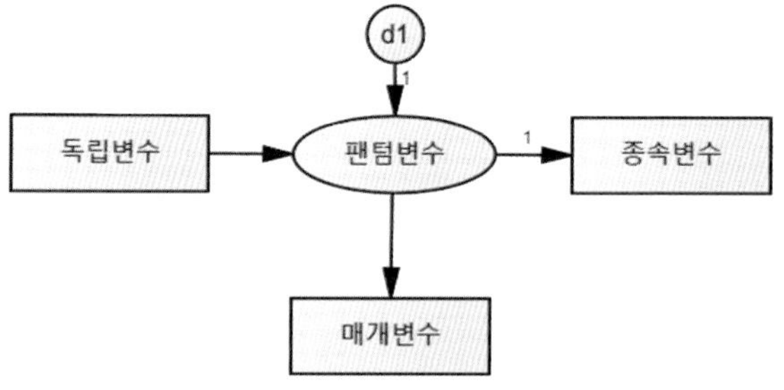

[그림 5-26] 팬텀변수가 설정된 모형

지금부터 [그림 5-24]의 연구모델에 팬텀변수를 활용하여 'FAC외관'과 'FAC유용성' 각각의 매개효과의 유의성을 확인해 보자.

01 AMOS 화면에 [그림 5-19]의 모형에서 매개변수를 팬텀변수로 변형한 모형을 그린다.

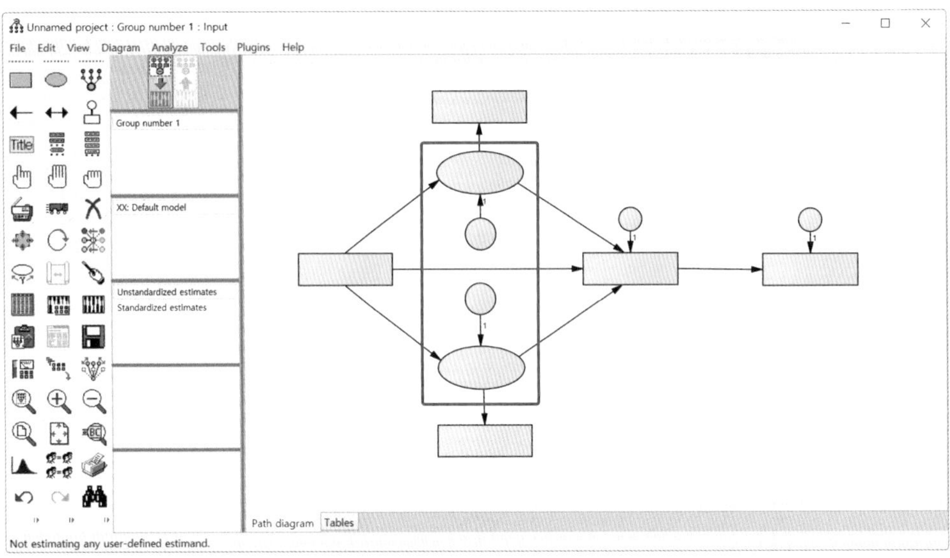

[그림 5-27] AMOS에 **팬텀변수를 삽입하여 모델 작성**

02 AMOS 화면에서 ❶ ㉒번 아이콘(▦)을 클릭하여 Data Files 창을 연다. ❷ File Name 을 클릭하고 열기 창에서 ❸ '구조방정식.xls' 파일을 선택한 후 ❹ 열기를 클릭한다. ❺ 다시 Data Files 창에서 OK를 클릭한다.

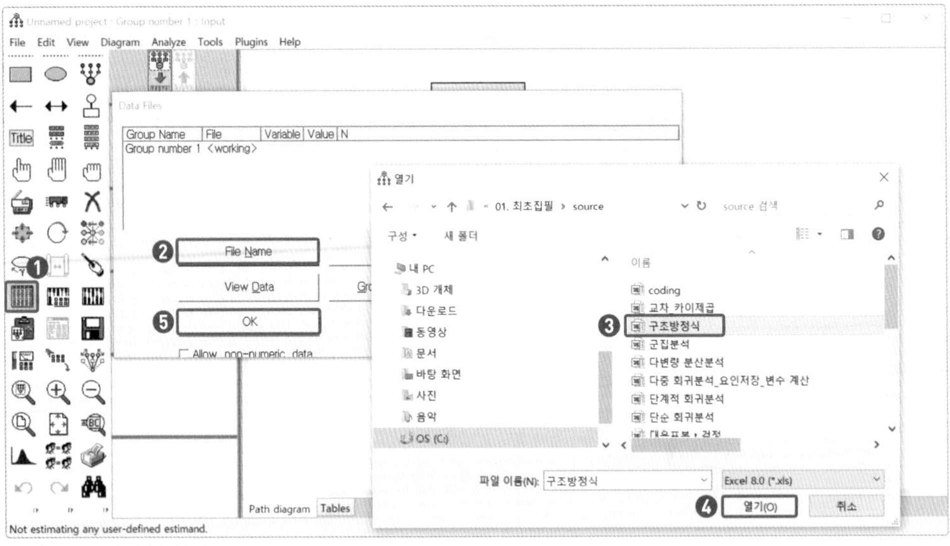

[그림 5-28] **파일 불러오기**

03 ❶ ⑨번 아이콘(▦)을 클릭한 후, Variables in Dataset 창에서 ❷ 'FAC외관, FAC편의성, FAC유용성, FAC구매의도, FAC구전의도' 변수를 마우스로 드래그&드롭하여 모형의 관측변수에 명명한다.

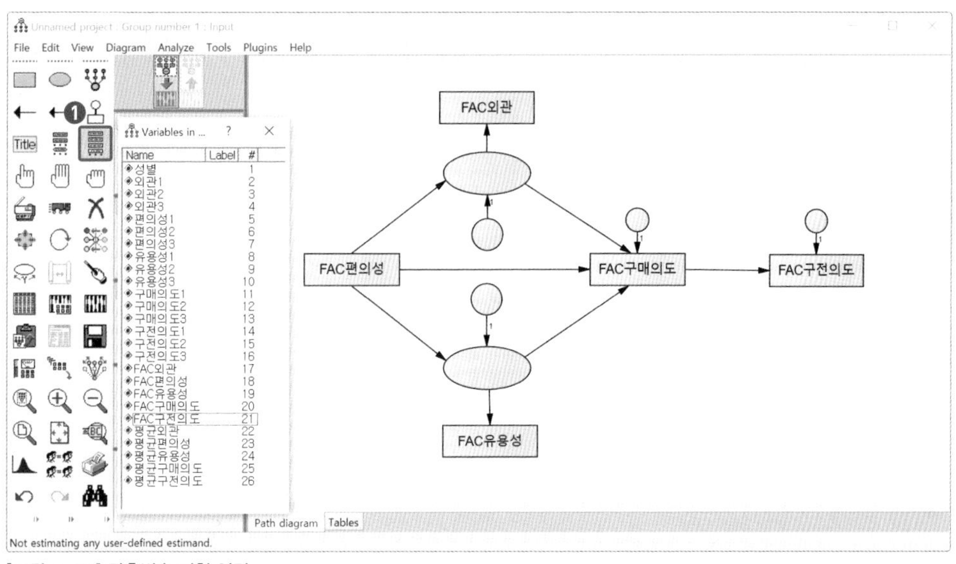

[그림 5-29] **관측변수 명칭 입력**

04 ❶ 아직 이름을 명명하지 않은 잠재변수나 오차가 있으면 더블클릭하여 Object Properties 창을 열어 Variable Name 란에 이름을 입력한다. ❷ 잠재변수는 첫 번째 팬텀변수를 의미하는 'P1', 두 번째 팬텀변수를 의미하는 'P2'를 입력하고, 오차는 구조오차를 나타내므로 각각 'd1, d2, d3, d4'를 순서대로 입력한다.

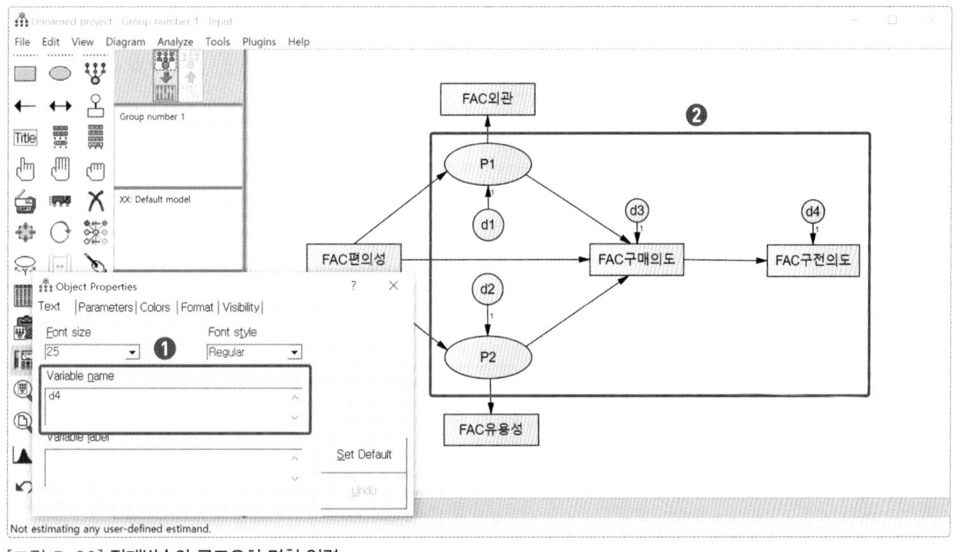

[그림 5-30] **잠재변수와 구조오차 명칭 입력**

05 ❶ 팬텀변수 'P1'에서 'FAC구매의도'로 향하는 화살표 '→'를 클릭한 후 ❷ Object Properties 창의 Parameters 탭을 클릭하여 ❸ Regression weight 란을 1로 설정한다. ❹ 'P2'에서 'FAC구매의도'로 향하는 화살표 '→' 에도 동일하게 설정한 뒤 ❺ [×]을 클릭하여 창을 닫는다.

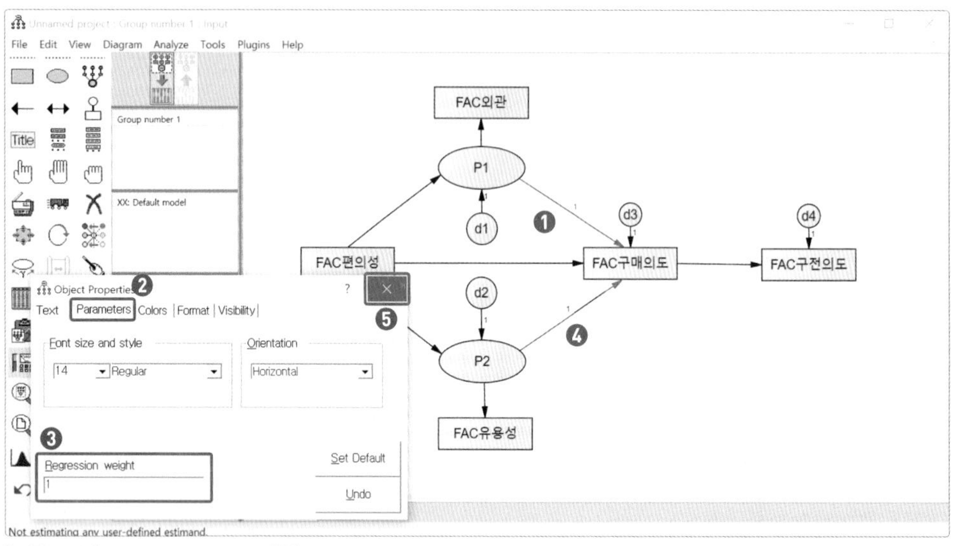

[그림 5-31] Regression weight 설정

06 ❶ ㉓번 아이콘(▦)을 클릭하여 Analysis Properties 창을 연다. ❷ Output 탭을 클릭하고 ❸ 'Minimization history', 'Standardized estimates', 'Squared multiple correlations', 'Indirect, direct & total effects', 'Covariances of estimates', 'Correlations of estimates'에 ☑ 표시를 한다.

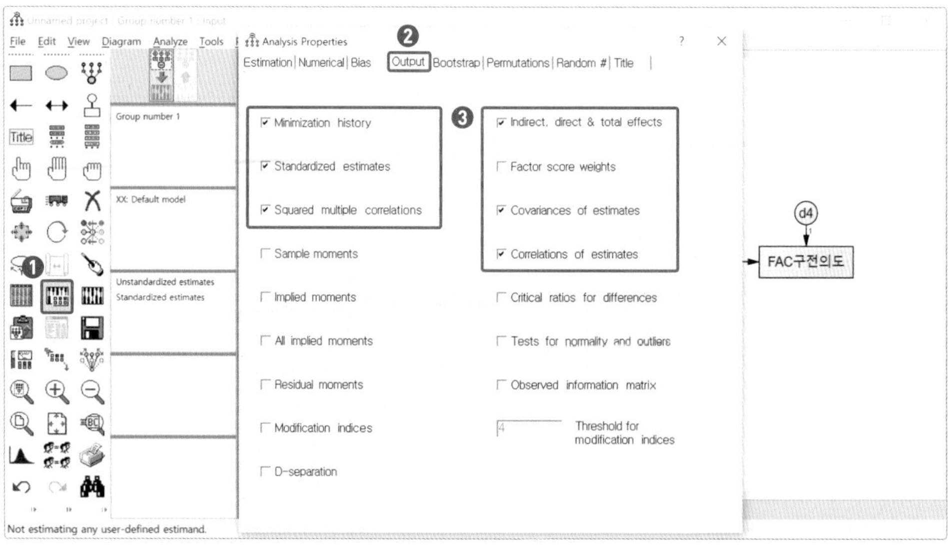

[그림 5-32] 분석 옵션 설정 ①

07 ❹ Bootstrap 탭을 클릭하여 ❺ 'Perform bootstrap'에 ☑ 표시를 하고 2000을 입력한다. 'Percentile confidence intervals'에 ☑ 표시를 하고 95를 입력한다. 'Bias-corrected confidence intervals'에 ☑ 표시를 하고 95를 입력한다. ❻ [×]을 클릭하여 창을 닫는다.

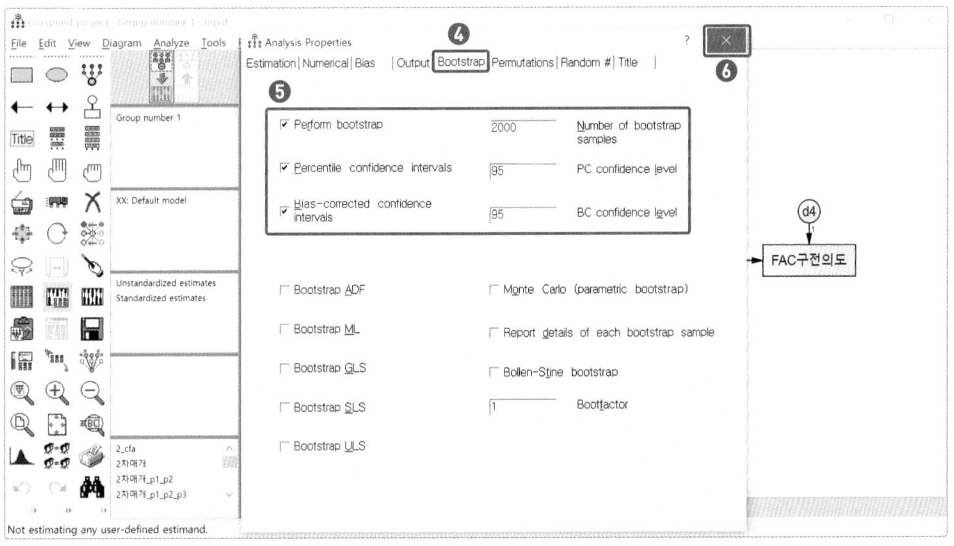

[그림 5-33] **분석 옵션 설정 ②**

08 분석을 실행하기 위해 ❶ ㉔번 아이콘(▦)을 클릭한다. Amos Warnings 창이 열리지만 무시하고 ❷ Proceed with the analysis를 클릭하여 분석을 진행한다.

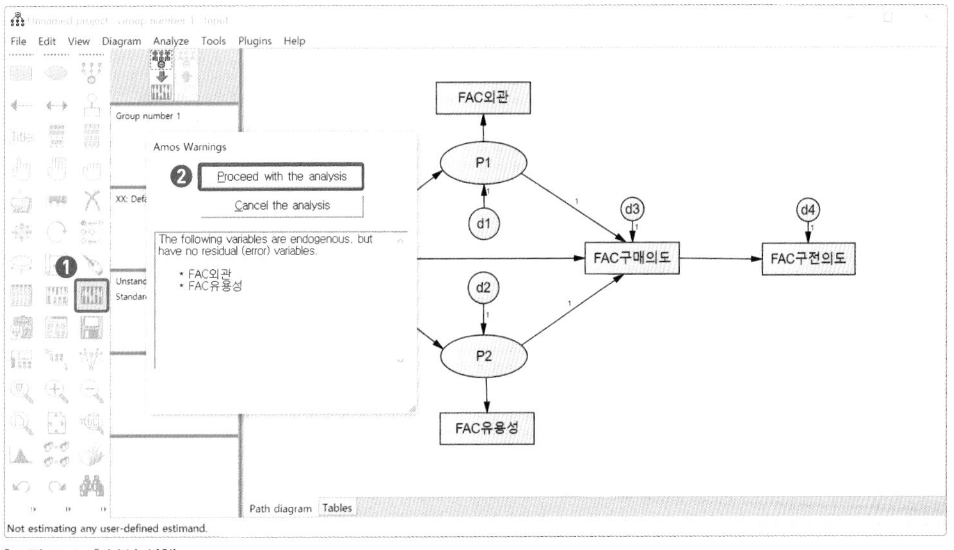

[그림 5-34] **분석 실행**

TIP AMOS Warning 창의 내용은 모델의 내생변수인 'FAC외관'과 'FAC유용성'에도 오차변수를 생성하라는 내용이다. 그러나 팬텀변수로 변형된 모델을 분석하는 경우에는 구조오차를 넣지 않고 분석을 진행한다.

09 ❶ 다른 이름으로 저장 창이 열리면 저장할 폴더를 선택하고 원하는 파일명을 입력한 후 ❷ 저장을 클릭한다. (여기서는 'Phantom_m'으로 설정했다.)

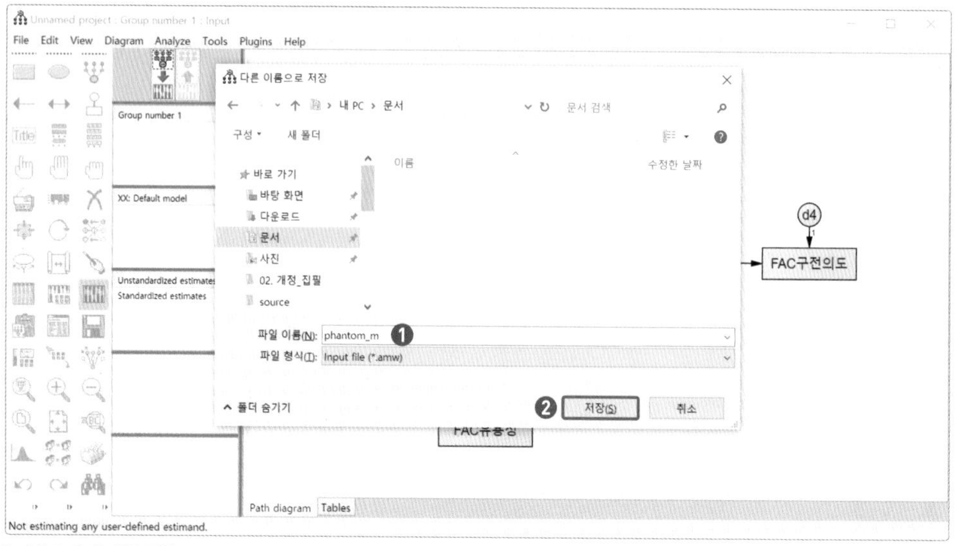

[그림 5-35] 파일 저장

10 View the output path diagram을 클릭하여 모형을 분석한다.

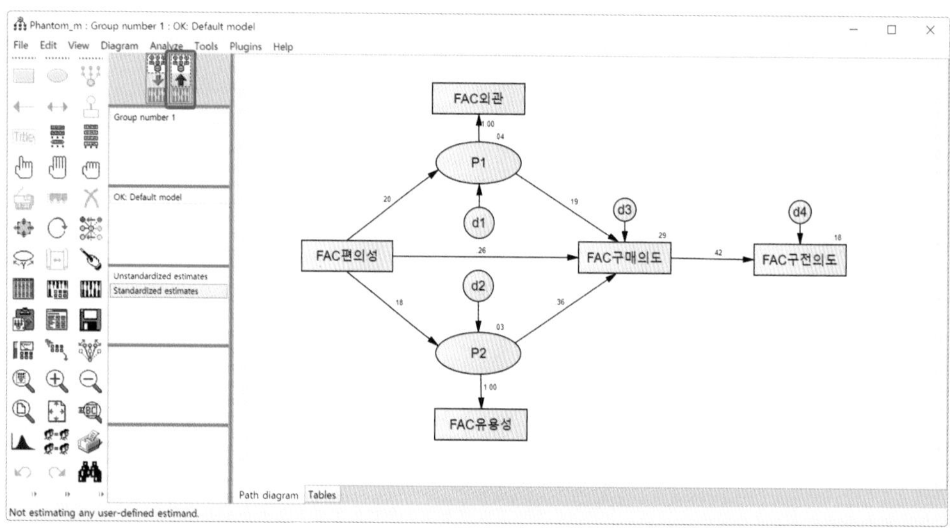

[그림 5-36] 모형 분석 완료

11 앞서 [그림 5-20]에서 확인한 'FAC편의성→FAC구매의도'에 해당하는 간접효과(Indirect Effects (Group number 1 - Default model)는 .102였다. 지금 출력결과를 보면 새롭게 생성한 팬텀변수 P1과 P2의 적재값은 각각 .039와 .065로 나타나는 것을 확인할 수 있다. 두 값의 합이 .104이며 이들의 p값이 각각 .007과 .003인 것을 확인할 수 있으므로, 이 두 개의 간접효과는 모두 유의한 것으로 판단할 수 있다.

Amos Output

phantom_m.amw
Analysis Summary
Notes for Group
Variable Summary
Parameter Summary
Notes for Model
Estimates
Minimization History
Pairwise Parameter Comparisons
Summary of Bootstrap Iterations
Bootstrap Distributions
Model Fit
Execution Time

Estimates/Bootstrap
Estimates
Bootstrap standard errors
Bootstrap Confidence

Group number 1

Default model

Regression Weights: (Group number 1 - Default model)

			Estimate	S.E.	C.R.	P	Label
P1	<---	FAC편의성	.039	.014	2.701	.007	par_1
P2	<---	FAC편의성	.065	.022	3.004	.003	par_2
FAC구매의도	<---	FAC편의성	.260	.049	5.262	***	par_6
FAC구매의도	<---	P1	1.000				
FAC구매의도	<---	P2	1.000				
FAC구전의도	<---	FAC구매의도	.395	.048	8.295	***	par_3
FAC외관	<---	P1	4.994	1.250	3.994	***	par_4
FAC유용성	<---	P2	2.464	.326	7.550	***	par_5

Standardized Regression Weights: (Group number 1 - Default model)

			Estimate
P1	<---	FAC편의성	.200
P2	<---	FAC편의성	.179
FAC구매의도	<---	FAC편의성	.256
FAC구매의도	<---	P1	.191
FAC구매의도	<---	P2	.360
FAC구전의도	<---	FAC구매의도	.419
FAC외관	<---	P1	1.000
FAC유용성	<---	P2	1.000

[그림 5-37] AMOS 출력결과

TIP [그림 5-20]에서 계산한 간접효과는 BC=.0382, DE=.06444이므로 BC+DE=.102가 맞으나, 팬텀변수를 구성한 후의 결과는 소수점 넷째자리에서 올림으로 처리되어 BC=.039, DE=.065로 계산되었다.

5.4.2 팬텀변수 모델링 : 다중 팬텀변수 모델링

연구모델의 매개변수가 중첩되지 않고 별도로 구성되어 있는 경우에는 지금까지 학습한 팬텀변수를 활용하면 된다. 그러나 연구자의 연구모델은 다양하며, 복잡한 모형으로 구성되는 경우가 많다.

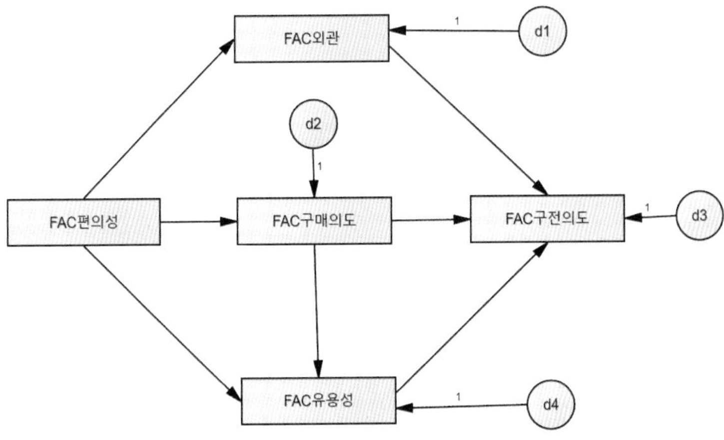

[그림 5-38] 다중적 매개변수가 있는 모델

[그림 5-38]의 'FAC편의성 → FAC구전의도' 간에는 직접 영향을 미치는 경로는 없지만, 'FAC외관', 'FAC구매의도', 'FAC유용성'을 매개로 하여 총 4개의 경로가 존재한다. 앞서 팬텀변수를 그리는 방법으로는 각각의 경로별로 간접효과의 유의성을 판단하는 데 상당한 어려움이 있다. 이번에는 경로별로 명칭을 부여하고 명명된 경로에 대해 팬텀변수를 이용하여 각각에 대한 간접효과의 유의성을 판단해 보자.

따라하기

준비파일 : 구조방정식.xls

01 '구조방정식.xls' 파일을 이용하여 [그림 5-39]와 같이 AMOS 화면에 모델을 그린다.

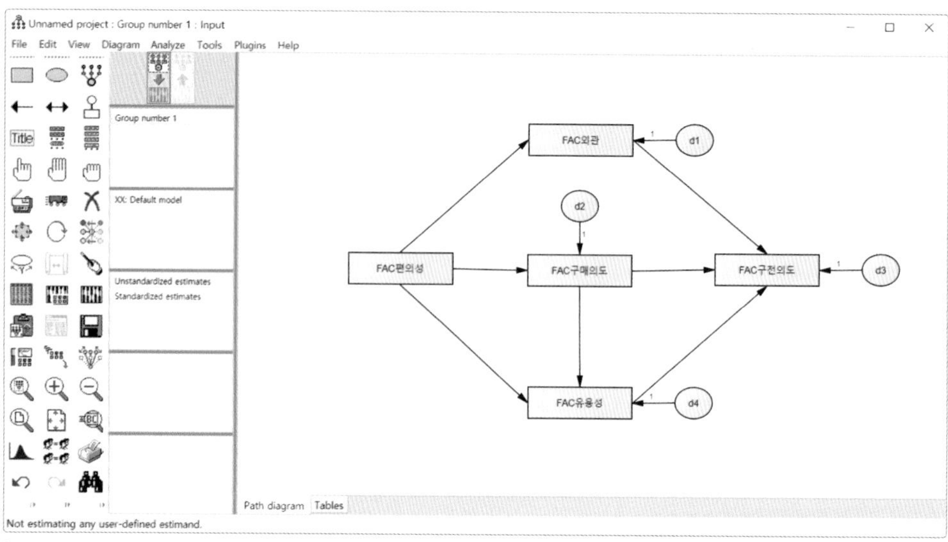

[그림 5-39] AMOS에 모델 작성

02 ❶ 각각의 경로에 이름을 붙여야 하므로 경로를 더블클릭하여 Object Properties 창을 연다. ❷ Parameters 탭을 클릭하고 ❸ Regression weight에 a부터 g까지 경로의 이름을 붙인다.

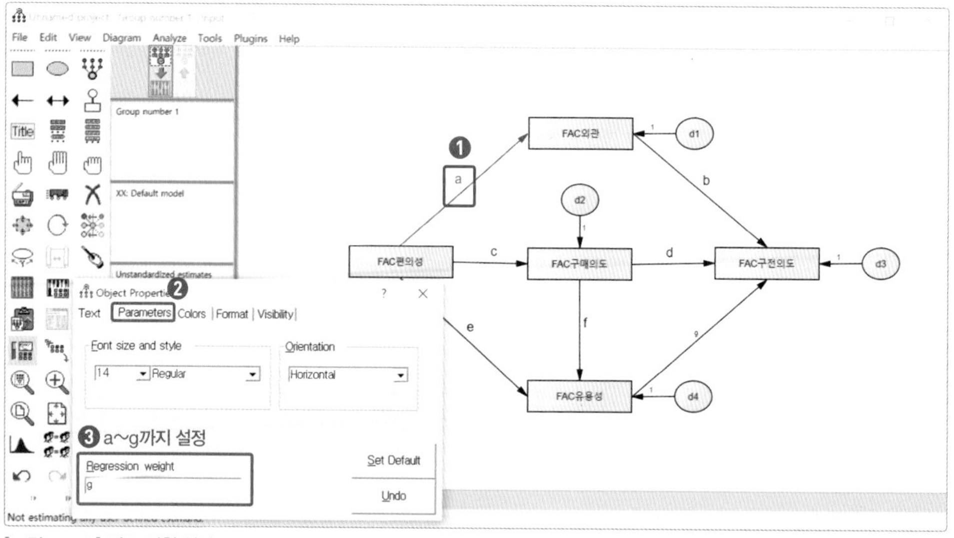

[그림 5-40] 경로 명칭 입력

03 그려진 모델에서 'FAC편의성 → FAC구전의도'까지의 경로는 'a → b, c → d, c → f → g, e → g'의 총 4가지임을 알 수 있다. 'FAC편의성'에서 모든 경로가 시작하므로 이로부터 팬텀변수를 이용하여 새로운 경로를 만들어준다.

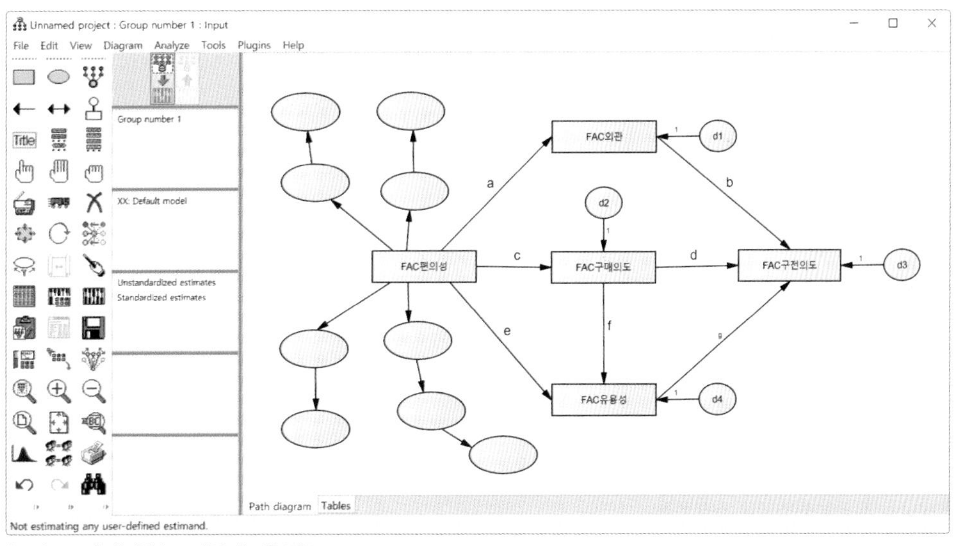

[그림 5-41] **팬텀변수로 만든 새로운 경로**

04 총 4가지에 해당하는 경로와 동일하게 팬텀변수 간에 연결된 경로에 동일한 명칭을 정해준다.

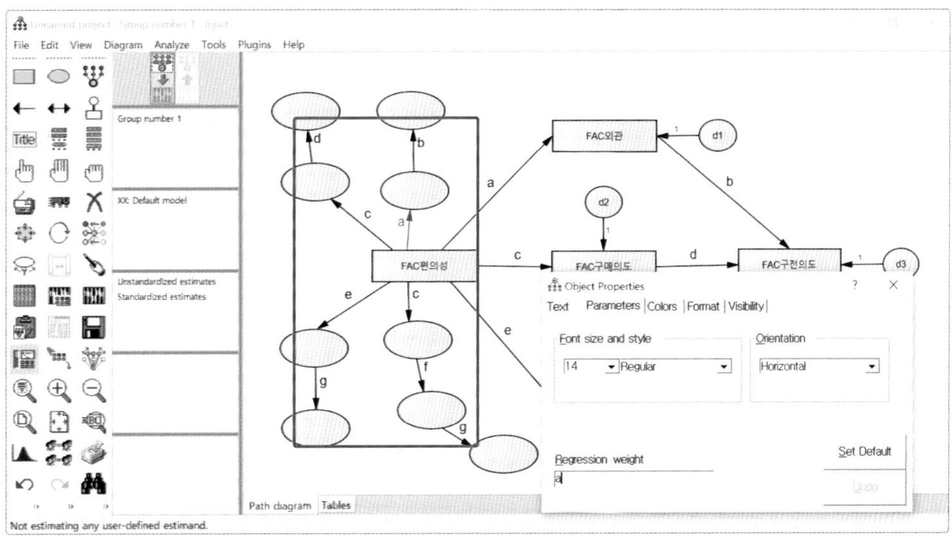

[그림 5-42] **팬텀변수의 경로 명칭 입력 ①**

05 ❶ 생성한 팬텀변수에 이름을 'P1~P9'까지 입력한 후 ❷ [×]를 클릭하여 Object Properties 창을 닫는다.

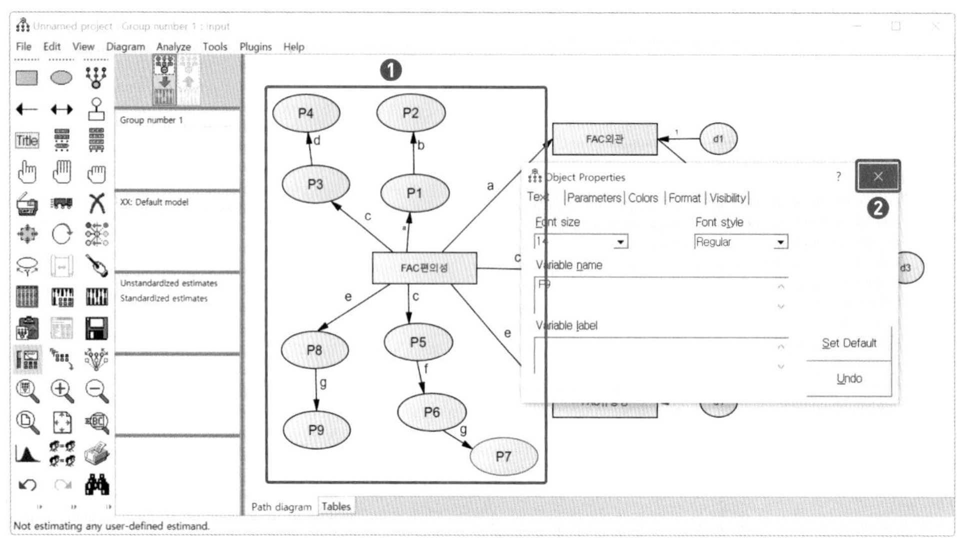

[그림 5-43] **팬텀변수의 경로 명칭 입력 ②**

06 ❶ ㉓번 아이콘(▦)을 클릭하여 Analysis Properties 창을 연다. ❷ Output 탭을 클릭하고 ❸ 'Minimization history', 'Standardized estimates', 'Squared multiple correlations', 'Indirect, direct & total effects', 'Covariances of estimates', 'Correlations of estimates'에 ☑ 표시를 한다.

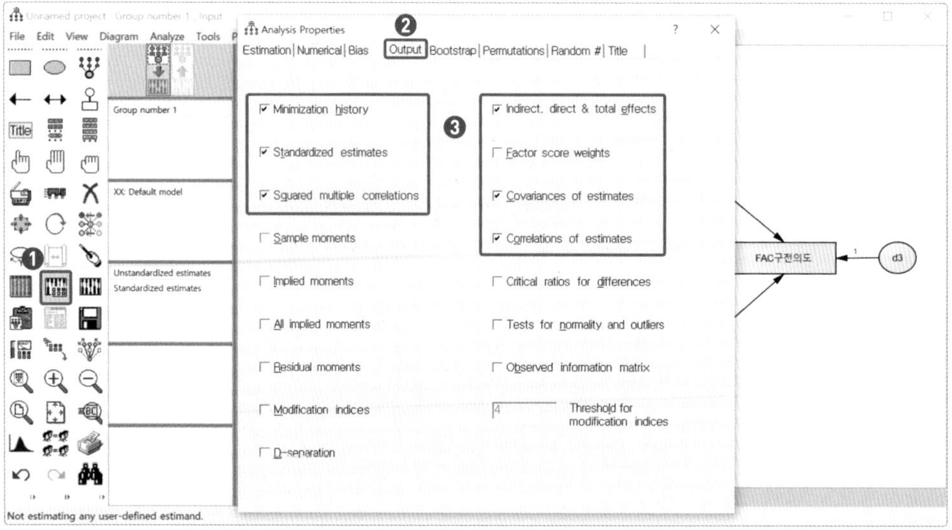

[그림 5-44] **분석 옵션 설정 ①**

07 ❹ Bootstrap 탭을 클릭하여 ❺ 'Perform bootstrap'에 ☑ 표시를 하고 '2000'을 입력한다. 'Percentile confidence intervals'에 ☑ 표시를 하고 '95'를 입력한다. 'Bias-corrected confidence intervals'에 ☑ 표시를 하고 '95'를 입력한다. ❻ [×]을 클릭하여 창을 닫는다.

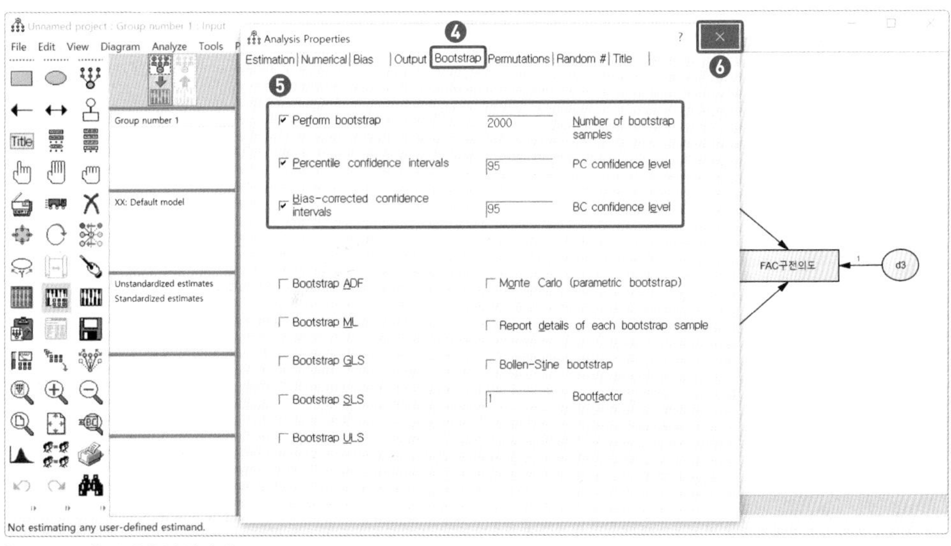

[그림 5-45] **분석 옵션 설정 ②**

08 분석을 실행하기 위해 ❶ ㉔번 아이콘( )을 클릭하면 Amos Warnings 창이 열리지만 무시하고 ❷ Proceed with the analysis를 클릭하여 분석을 진행한다.

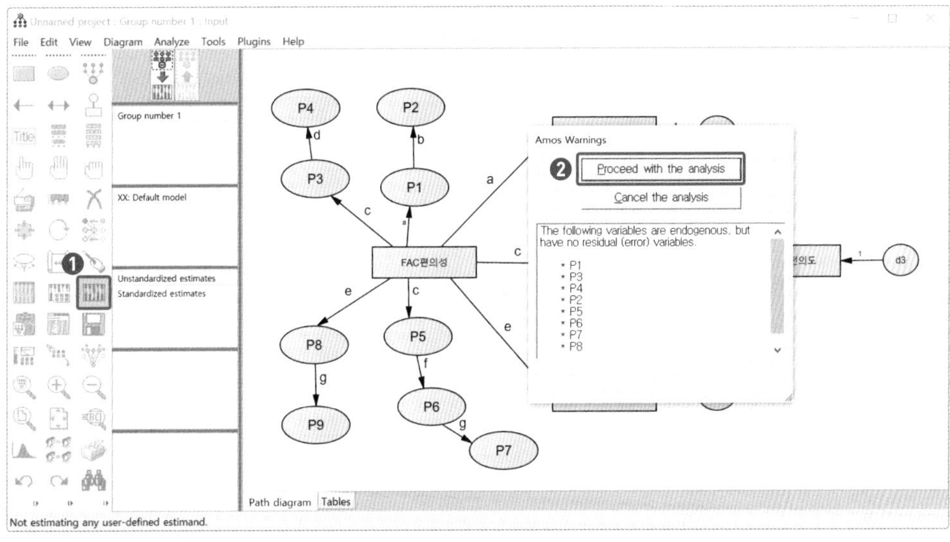

[그림 5-46] **분석 실행**

09 다른 이름으로 저장 창이 열리면 ❶ 저장할 폴더를 선택하고 원하는 파일명 'Multi_Phantom'을 입력한 후 ❷ 저장을 클릭한다.

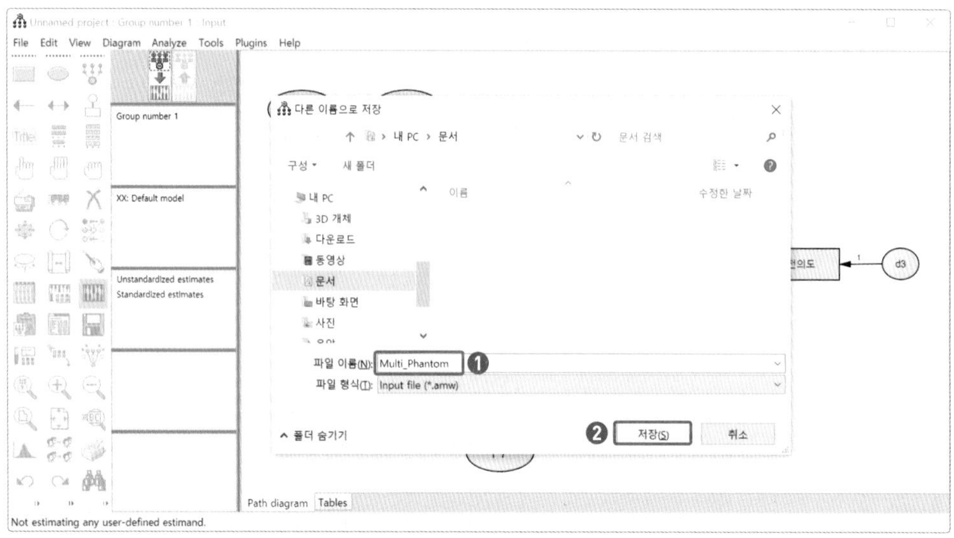

[그림 5-47] **파일 저장**

10 View the output path diagram을 클릭하여 모형을 분석한다. 'FAC편의성 → FAC구전의도'까지의 경로는 'a → b, c → d, c → f → g, e → g'의 총 4가지이다. 각각의 간접효과는 독립변수와 함께 구성한 제일 마지막에 있는 팬텀변수의 간접효과인 'FAC편의성 → P2, 'FAC편의성 → P4', 'FAC편의성 → P7', 'FAC편의성 → P9'를 확인하면 된다.

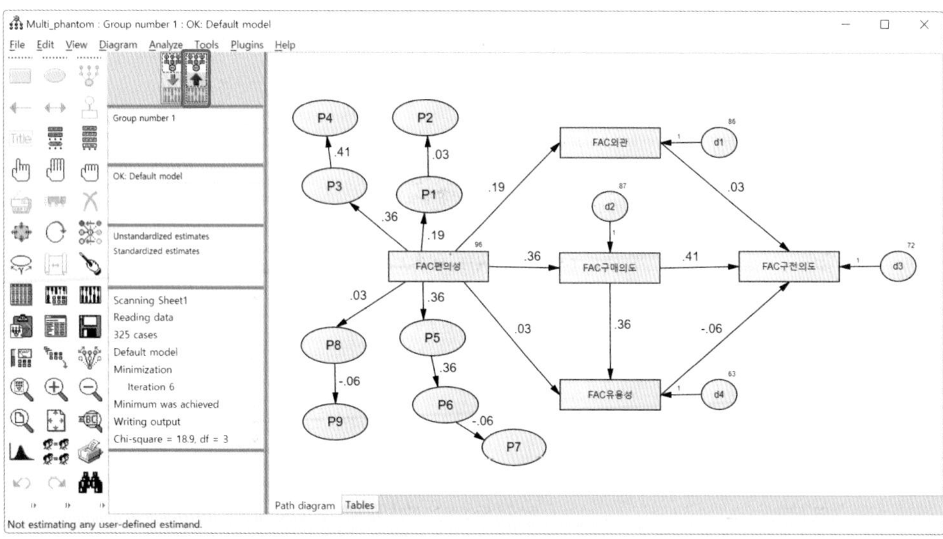

[그림 5-48] **모형 분석 완료**

11 확인된 간접효과에 대한 유의성을 확인해 보자. [그림 5-49]와 같이 Amos Output 창의 저장한 파일명 'Multi_Phantom.amw'에서 Estimates ▶ Matrices ▶ Indirect Effects를 클릭한다.

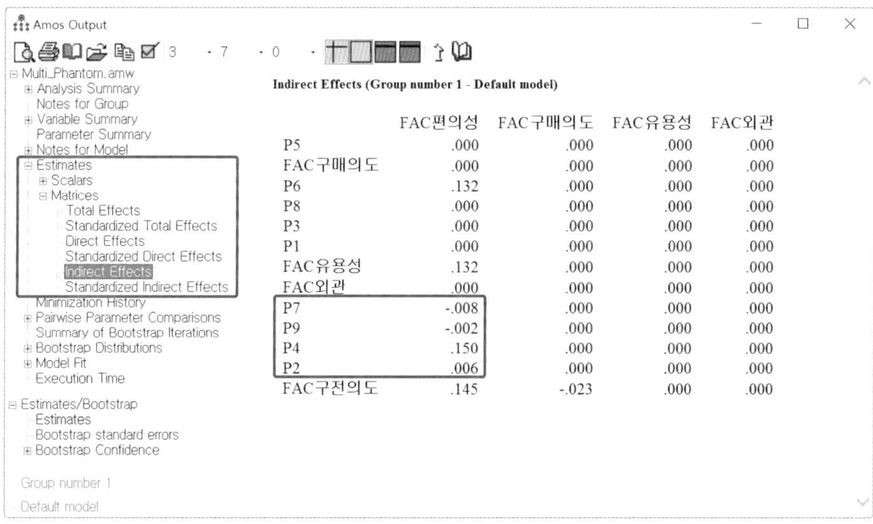

Indirect Effects (Group number 1 - Default model)

	FAC편의성	FAC구매의도	FAC유용성	FAC외관
P5	.000	.000	.000	.000
FAC구매의도	.000	.000	.000	.000
P6	.132	.000	.000	.000
P8	.000	.000	.000	.000
P3	.000	.000	.000	.000
P1	.000	.000	.000	.000
FAC유용성	.132	.000	.000	.000
FAC외관	.000	.000	.000	.000
P7	-.008	.000	.000	.000
P9	-.002	.000	.000	.000
P4	.150	.000	.000	.000
P2	.006	.000	.000	.000
FAC구전의도	.145	-.023	.000	.000

[그림 5-49] AMOS 출력결과(간접효과에 대한 유의성 확인)

12 이어서 Estimates/Bootstrap ▶ Bootstrap Confidence ▶ Bias-corrected percentile method ▶ Two Tailed Significance(BC)를 클릭한다. [그림 5-50]에서는 c → d 경로를 의미하는 'FAC편의성 → FAC구매의도 → FAC구전의도'만 95% 신뢰구간에서 p값이 .001로 유의한 간접효과를 나타내는 것을 확인할 수 있다.

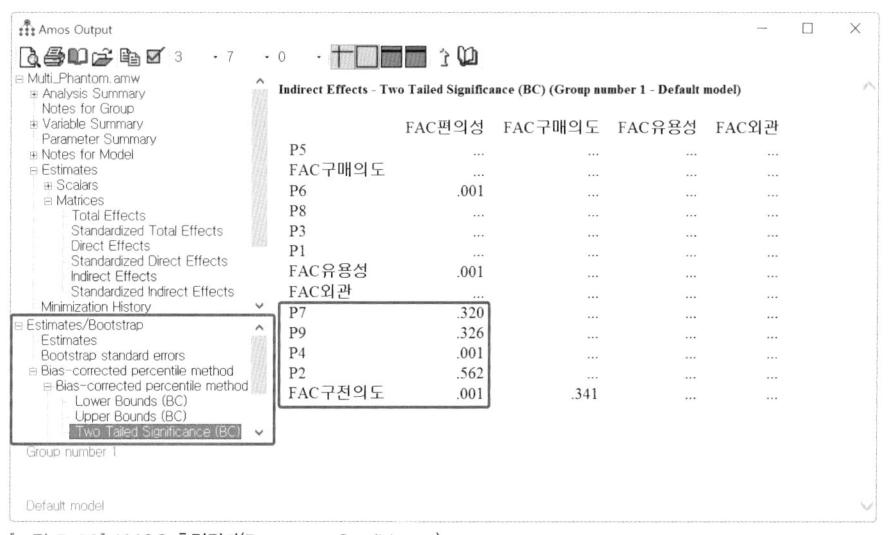

Indirect Effects - Two Tailed Significance (BC) (Group number 1 - Default model)

	FAC편의성	FAC구매의도	FAC유용성	FAC외관
P5	...	...	...	...
FAC구매의도	...	...	...	...
P6	.001	...	...	...
P8	...	...	...	...
P3	...	...	...	...
P1	...	...	...	...
FAC유용성	.001	...	...	...
FAC외관	...	...	...	...
P7	.320	...	...	...
P9	.326	...	...	...
P4	.001	...	...	...
P2	.562	...	...	...
FAC구전의도	.001	.341	...	...

[그림 5-50] AMOS 출력결과(Bootstrap Confidence)

Chapter
06 구조방정식모델 분석

학습목표

1) 구조방정식 모델의 분석 결과를 해석할 수 있다.
2) 출력된 결과표를 확인하여 비교, 분석할 수 있다.
3) 모델 적합도를 나타내는 지수의 의미를 이해한다.

다루는 내용

- Amos Output 창 확인하기
- 모델적합도의 개념과 활용

6.1 분석 결과 확인

지금까지 구조방정식모델 분석을 진행하는 과정에서 확인적 요인분석과 경로분석을 수행해야 하는 이유와 방법을 살펴보았다. 이제부터는 구조방정식모델 분석 후 출력되는 결과에서 반드시 확인해야 할 항목과 이를 해석하는 방법에 대해 설명할 것이다.

TIP 만약 분석 후에 도출된 모델보다 더 좋은 모델로 조정할 수 있다면, '수정모델'이라는 이름으로 모델을 수정하여 최종 모델로 확정할 수 있다. 이는 7장에서 자세히 살펴볼 것이다.

6.1.1 분석 수행하기

지금까지 만든 구조방정식모델을 기반으로 분석 옵션을 설정하여 분석을 진행하고자 한다. 구조방정식모델을 분석하는 과정은 이미 3장(23 ~ 25)에서 다루었으나, 중요한 과정이니 여기서 다시 한 번 익혀보도록 하자.

따라하기

준비파일 : 구조방정식실습.amw

01 AMOS에서 '구조방정식실습.amw' 파일을 불러온 후 ❶ ㉔번 아이콘(▦)을 클릭하여 분석을 실행한다. ❷ View the output path diagram을 클릭하여 ❸ 'Standardized Estimates'의 값과 유의수준을 살펴본다.

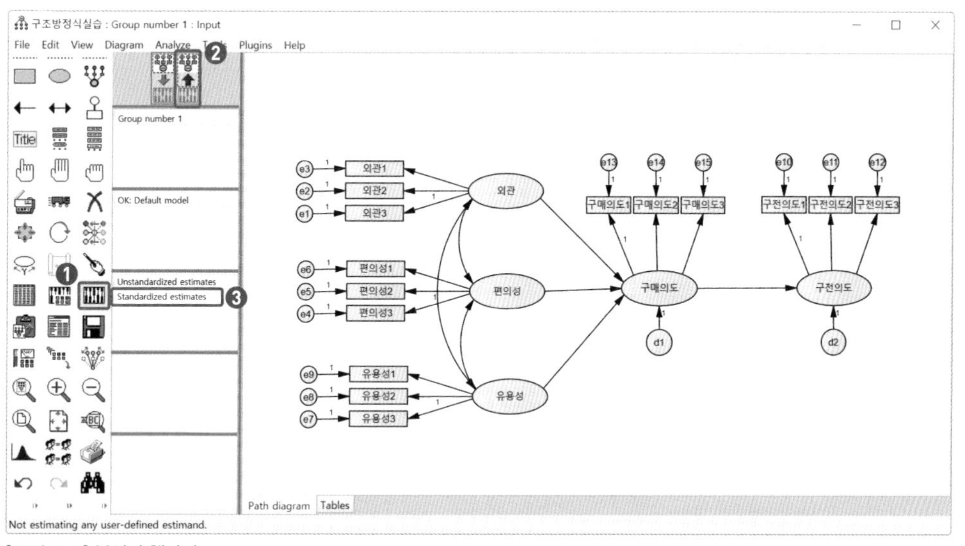

[그림 6-1] 분석 수행하기

N O T E

67 '구조방정식실습.amw' 파일을 연 후 ㉔번 아이콘(▥)으로 분석 실행이 안 되는 경우

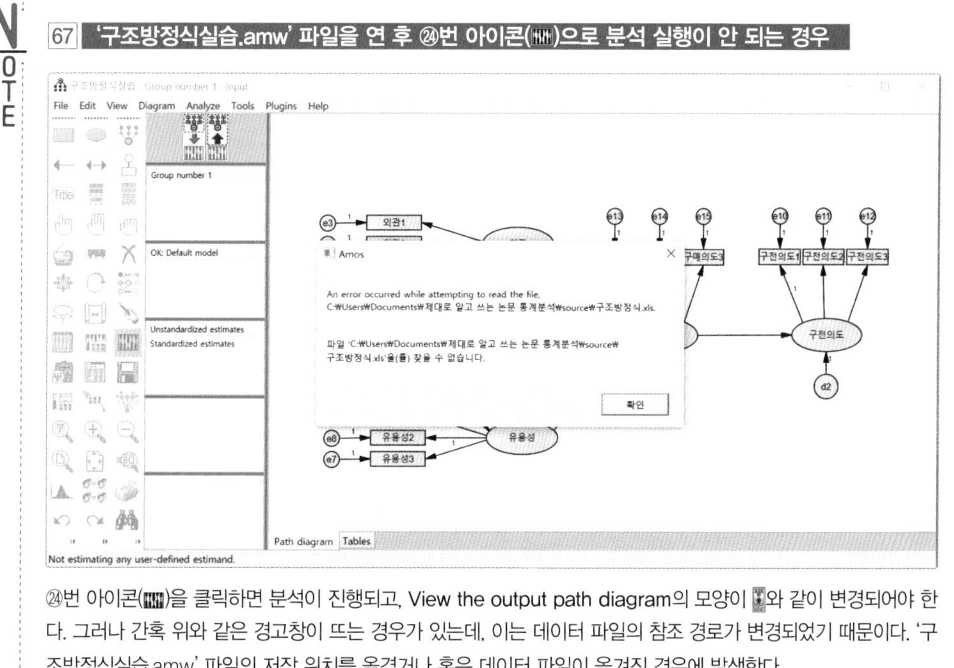

㉔번 아이콘(▥)을 클릭하면 분석이 진행되고, View the output path diagram의 모양이 ▥와 같이 변경되어야 한다. 그러나 간혹 위와 같은 경고창이 뜨는 경우가 있는데, 이는 데이터 파일의 참조 경로가 변경되었기 때문이다. '구조방정식실습.amw' 파일의 저장 위치를 옮겼거나 혹은 데이터 파일이 옮겨진 경우에 발생한다.

01 경고창을 닫고 ❶ ㉒번 아이콘(▥)을 클릭하여 Data Files 창을 연 후 ❷ File Name을 클릭하여 데이터 파일인 '구조방정식.xls'를 불러온다.

▶

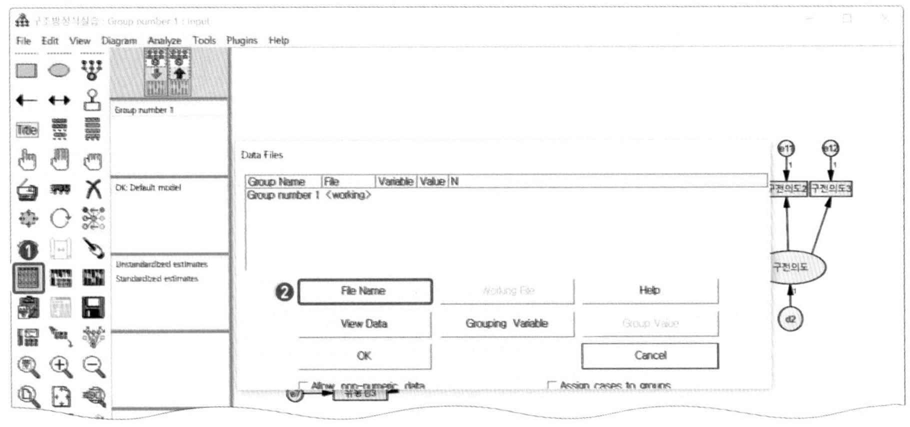

02 ❸ **열기** 창에서 '구조방정식.xls' 파일을 선택한 후 ❹ **열기**를 클릭한다.

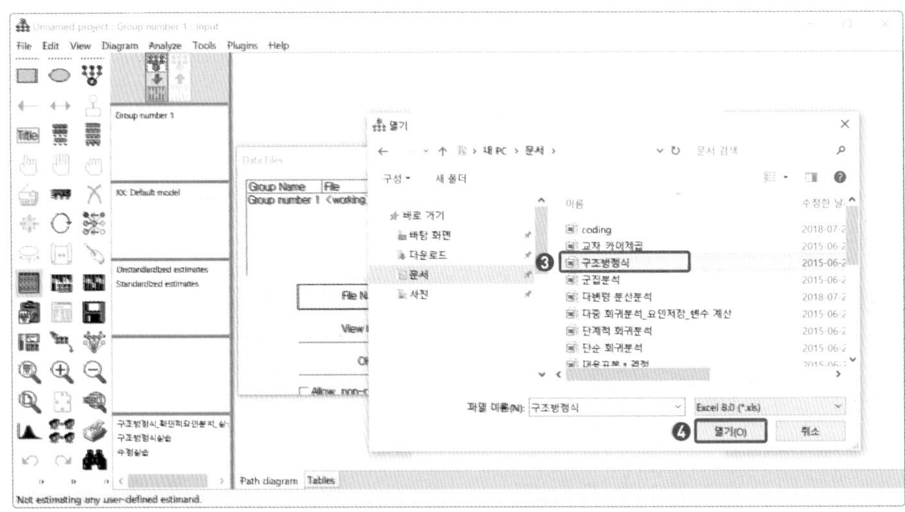

03 '구조방정식.xls' 파일을 불러오면 ❺ 325개의 표본을 가진 파일이 보인다. ❻ OK를 클릭하여 창을 닫은 후에 ❼ ㉔번 아이콘( )을 클릭하면 분석이 진행되는 것을 확인할 수 있다.

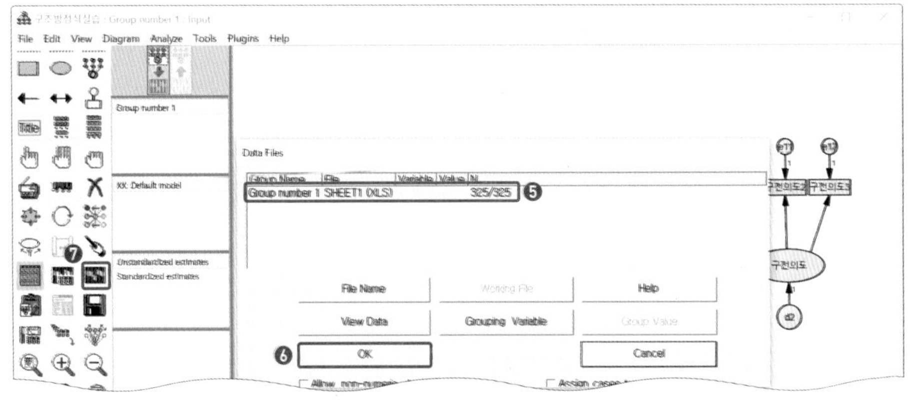

02 ❶ ㉓번 아이콘(▦)을 클릭하여 Analysis Properties 창을 연다. ❷ Output 탭을 클릭하고 ❸ [그림 6-2]와 같이 분석 옵션을 설정한 후 ❹ [×]를 클릭하여 창을 닫는다.

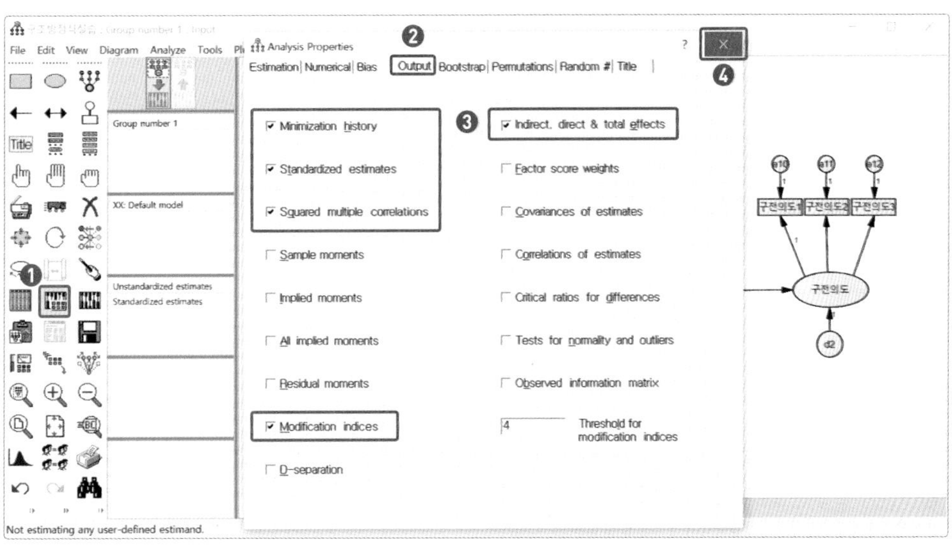

[그림 6-2] **분석 옵션 설정**

03 ㉔번 아이콘(▦)을 클릭하면 분석이 시작된다.

TIP 만약 '구조방정식실습.amw' 파일을 불러오지 않고 처음부터 모델을 그려서 ㉔번 아이콘(▦)을 클릭하면 파일을 저장하라는 창이 열린다. 이때는 당황하지 말고 본인이 원하는 이름으로 파일을 저장한 후 진행하면 된다.

6.1.2 가장 많이 사용되는 'Estimates' 항목

분석 결과 중에서 연구자가 가장 먼저 확인하는 메뉴 항목이 Estimates이다. 만약 Estimates에서 좋지 않은 수치가 나오거나, 유의확률에 문제가 있거나, 혹은 타당성에 문제가 있다면 심한 경우에는 모델을 변경해야 할 수도 있다.

■ Estimates 메뉴

㉖번 아이콘(▦)을 클릭하여 Amos Output 창에서 Estimates의 표를 확인한다.

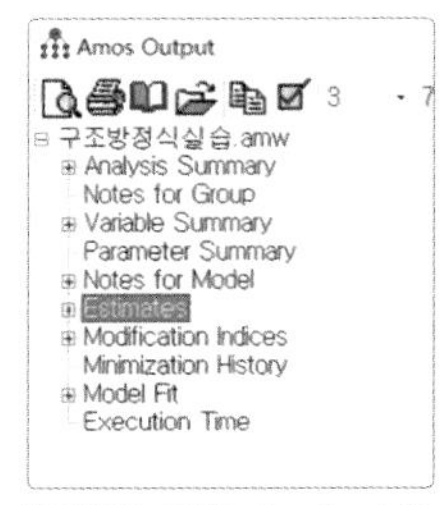

[그림 6-3] Estimates **메뉴**

• [Regression Weights] : 비표준화 계수를 출력하여 그에 대한 유의수준을 나타낸다. 모든 경우에 대해 $p<.05$를 만족함을 확인할 수 있다.

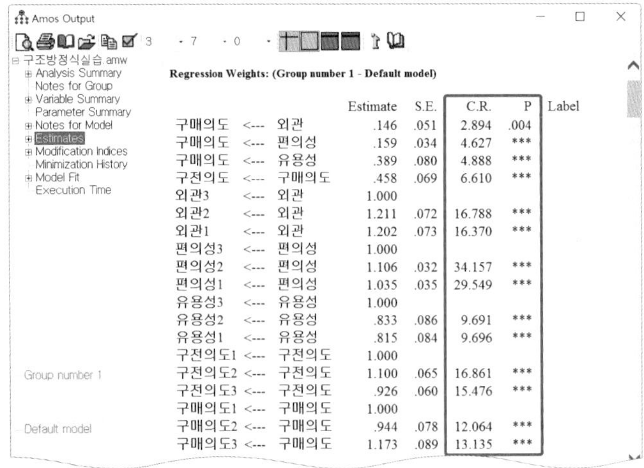

Regression Weights: (Group number 1 - Default model)

			Estimate	S.E.	C.R.	P	Label
구매의도	<---	외관	.146	.051	2.894	.004	
구매의도	<---	편의성	.159	.034	4.627	***	
구매의도	<---	유용성	.389	.080	4.888	***	
구전의도	<---	구매의도	.458	.069	6.610	***	
외관3	<---	외관	1.000				
외관2	<---	외관	1.211	.072	16.788	***	
외관1	<---	외관	1.202	.073	16.370	***	
편의성3	<---	편의성	1.000				
편의성2	<---	편의성	1.106	.032	34.157	***	
편의성1	<---	편의성	1.035	.035	29.549	***	
유용성3	<---	유용성	1.000				
유용성2	<---	유용성	.833	.086	9.691	***	
유용성1	<---	유용성	.815	.084	9.696	***	
구전의도1	<---	구전의도	1.000				
구전의도2	<---	구전의도	1.100	.065	16.861	***	
구전의도3	<---	구전의도	.926	.060	15.476	***	
구매의도1	<---	구매의도	1.000				
구매의도2	<---	구매의도	.944	.078	12.064	***	
구매의도3	<---	구매의도	1.173	.089	13.135	***	

[그림 6-4] Regression Weights

- [Standardized Regression Weights] : 표준화된 'Regression Weights' 값을 확인할 수 있다.

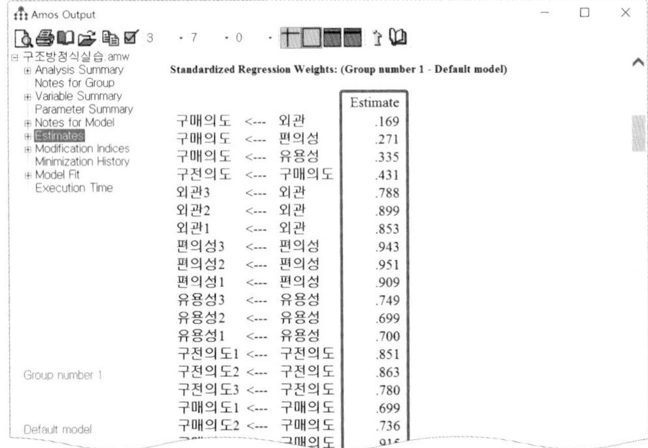

Standardized Regression Weights: (Group number 1 - Default model)

			Estimate
구매의도	<---	외관	.169
구매의도	<---	편의성	.271
구매의도	<---	유용성	.335
구전의도	<---	구매의도	.431
외관3	<---	외관	.788
외관2	<---	외관	.899
외관1	<---	외관	.853
편의성3	<---	편의성	.943
편의성2	<---	편의성	.951
편의성1	<---	편의성	.909
유용성3	<---	유용성	.749
유용성2	<---	유용성	.699
유용성1	<---	유용성	.700
구전의도1	<---	구전의도	.851
구전의도2	<---	구전의도	.863
구전의도3	<---	구전의도	.780
구매의도1	<---	구매의도	.699
구매의도2	<---	구매의도	.736

[그림 6-5] Standardized Regression Weights

- [Covariances] : 공분산 값을 나타내며, 상관계수의 유의수준을 포함한다.
- [Correlations] : 외생잠재변수 간의 상관계수를 나타낸다.

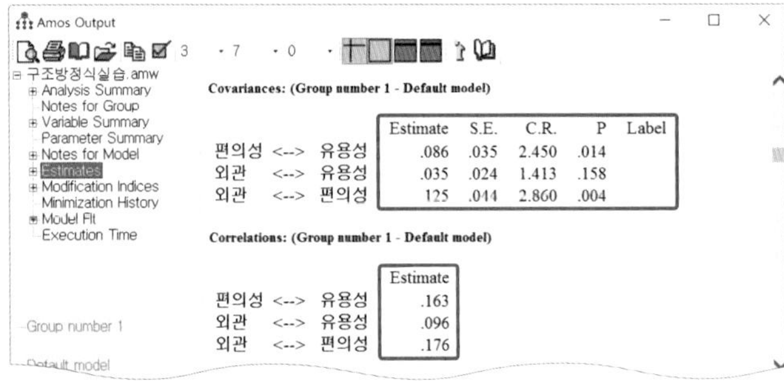

Covariances: (Group number 1 - Default model)

			Estimate	S.E.	C.R.	P	Label
편의성	<-->	유용성	.086	.035	2.450	.014	
외관	<-->	유용성	.035	.024	1.413	.158	
외관	<-->	편의성	.125	.044	2.860	.004	

Correlations: (Group number 1 - Default model)

			Estimate
편의성	<-->	유용성	.163
외관	<-->	유용성	.096
외관	<-->	편의성	.176

[그림 6-6] Covariances와 Correlations

- [Variances] : 분산값과 그에 대한 유의수준을 나타낸다.

Variances: (Group number 1 - Default model)

	Estimate	S.E.	C.R.	P	Label
외관	.485	.060	8.144	***	
편의성	1.052	.094	11.250	***	
유용성	.268	.041	6.588	***	
d1	.264	.040	6.578	***	
d2	.332	.039	8.598	***	
e1	.295	.029	10.035	***	
e2	.168	.029	5.721	***	
e3	.261	.033	7.900	***	
e4	.131	.018	7.429	***	
e5	.136	.021	6.607	***	
e6	.238	.024	9.806	***	
e7	.209	.028	7.453	***	
e8	.195	.022	8.783	***	
e9	.185	.021	8.751	***	
e10	.156	.021	7.531	***	

[그림 6-7] Variances

- [Squared Multiple Correlations] : 외생변수들에 의해 내생변수가 설명되는 설명량을 나타내며, SPSS Statistics의 R^2 값으로 이해하면 된다. 즉 구매의도는 외생변수들로 인해 약 27%의 설명량, 구전의도는 약 19%의 설명량을 가진다.

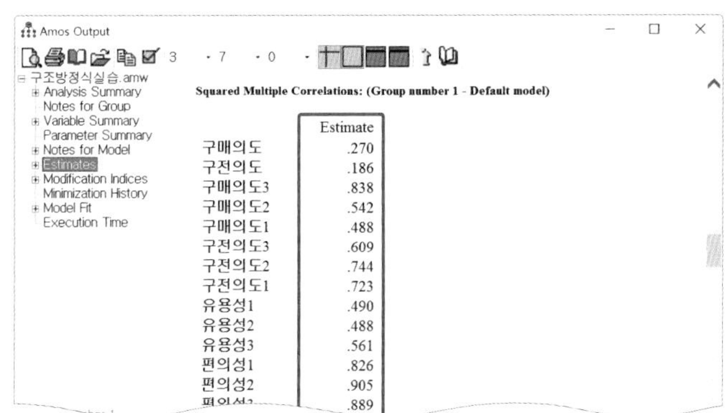

Squared Multiple Correlations: (Group number 1 - Default model)

	Estimate
구매의도	.270
구전의도	.186
구매의도3	.838
구매의도2	.542
구매의도1	.488
구전의도3	.609
구전의도2	.744
구전의도1	.723
유용성1	.490
유용성2	.488
유용성3	.561
편의성1	.826
편의성2	.905
편의성3	.889

[그림 6-8] Squared Multiple Correlations

■ Estimates ▶ Scalars 메뉴

Estimates의 하위 메뉴인 Scalars에서는 Estimates에서 출력되는 값들 중에서 연구자가 원하는 표만 선택할 수 있다.

[그림 6-9] Estimates ▶ Scalars

■ Estimates ▶ Matrices 메뉴

Matrices를 클릭하면 [그림 6-10]과 같이 총효과, 직접효과, 간접효과에 대한 값들이 표로 출력된다. ⊞을 클릭하면 ⊟로 모양이 변경되면서 하위 항목이 나타난다. 이 하위 항목 중에서 연구자가 원하는 표만을 선택할 수 있다.

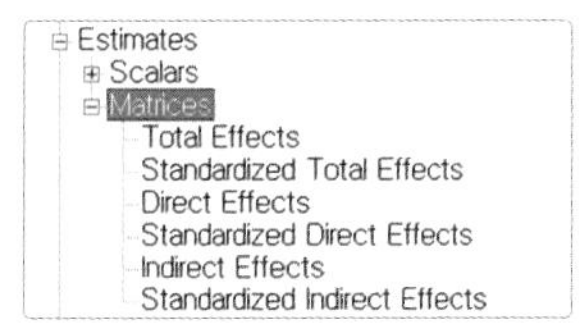

[그림 6-10] Estimates ▶ Matrices

Matrices 메뉴의 하위 메뉴들을 클릭해보면 아래와 같은 데이터를 확인할 수 있다.

Total Effects (Group number 1 - Default model)

	유용성	편의성	외관	구매의도	구전의도
구매의도	.389	.159	.146	.000	.000
구전의도	.178	.073	.067	.458	.000
구매의도3	.457	.186	.172	1.173	.000
구매의도2	.367	.150	.138	.944	.000
구매의도1	.389	.159	.146	1.000	.000
구전의도3	.165	.067	.062	.424	.926
구전의도2	.196	.080	.074	.504	1.100
구전의도1	.178	.073	.067	.458	1.000
유용성1	.815	.000	.000	.000	.000
유용성2	.833	.000	.000	.000	.000
유용성3	1.000	.000	.000	.000	.000
편의성1	.000	1.035	.000	.000	.000
편의성2	.000	1.106	.000	.000	.000
편의성3	.000	1.000	.000	.000	.000
외관1	.000	.000	1.202	.000	.000
외관2	.000	.000	1.211	.000	.000
외관3	.000	.000	1.000	.000	.000

Standardized Total Effects (Group number 1 - Default model)

	유용성	편의성	외관	구매의도	구전의도
구매의도	.335	.271	.169	.000	.000
구전의도	.144	.117	.073	.431	.000
구매의도3	.306	.248	.155	.915	.000
구매의도2	.246	.199	.125	.736	.000
구매의도1	.234	.189	.118	.699	.000
구전의도3	.113	.091	.057	.337	.780
구전의도2	.125	.101	.063	.372	.863
구전의도1	.123	.099	.062	.367	.851
유용성1	.700	.000	.000	.000	.000
유용성2	.699	.000	.000	.000	.000
유용성3	.749	.000	.000	.000	.000
편의성1	.000	.909	.000	.000	.000
편의성2	.000	.951	.000	.000	.000
편의성3	.000	.943	.000	.000	.000
외관1	.000	.000	.853	.000	.000
외관2	.000	.000	.899	.000	.000
외관3	.000	.000	.788	.000	.000

Direct Effects (Group number 1 - Default model)

	유용성	편의성	외관	구매의도	구전의도
구매의도	.389	.159	.146	.000	.000
구전의도	.000	.000	.000	.458	.000
구매의도3	.000	.000	.000	1.173	.000
구매의도2	.000	.000	.000	.944	.000
구매의도1	.000	.000	.000	1.000	.000
구전의도3	.000	.000	.000	.000	.926
구전의도2	.000	.000	.000	.000	1.100
구전의도1	.000	.000	.000	.000	1.000
유용성1	.815	.000	.000	.000	.000
유용성2	.833	.000	.000	.000	.000
유용성3	1.000	.000	.000	.000	.000
편의성1	.000	1.035	.000	.000	.000
편의성2	.000	1.106	.000	.000	.000
편의성3	.000	1.000	.000	.000	.000
외관1	.000	.000	1.202	.000	.000
외관2	.000	.000	1.211	.000	.000
외관3	.000	.000	1.000	.000	.000

Standardized Direct Effects (Group number 1 - Default model)

	유용성	편의성	외관	구매의도	구전의도
구매의도	.335	.271	.169	.000	.000
구전의도	.000	.000	.000	.431	.000
구매의도3	.000	.000	.000	.915	.000
구매의도2	.000	.000	.000	.736	.000
구매의도1	.000	.000	.000	.699	.000
구전의도3	.000	.000	.000	.000	.780
구전의도2	.000	.000	.000	.000	.863
구전의도1	.000	.000	.000	.000	.851
유용성1	.700	.000	.000	.000	.000
유용성2	.699	.000	.000	.000	.000
유용성3	.749	.000	.000	.000	.000
편의성1	.000	.909	.000	.000	.000
편의성2	.000	.951	.000	.000	.000
편의성3	.000	.943	.000	.000	.000
외관1	.000	.000	.853	.000	.000
외관2	.000	.000	.899	.000	.000
외관3	.000	.000	.788	.000	.000

Indirect Effects (Group number 1 - Default model)

	유용성	편의성	외관	구매의도	구전의도
구매의도	.000	.000	.000	.000	.000
구전의도	.178	.073	.067	.000	.000
구매의도3	.457	.186	.172	.000	.000
구매의도2	.367	.150	.138	.000	.000
구매의도1	.389	.159	.146	.000	.000
구전의도3	.165	.067	.062	.424	.000
구전의도2	.196	.080	.074	.504	.000
구전의도1	.178	.073	.067	.458	.000
유용성1	.000	.000	.000	.000	.000
유용성2	.000	.000	.000	.000	.000
유용성3	.000	.000	.000	.000	.000
편의성1	.000	.000	.000	.000	.000
편의성2	.000	.000	.000	.000	.000
편의성3	.000	.000	.000	.000	.000
외관1	.000	.000	.000	.000	.000
외관2	.000	.000	.000	.000	.000
외관3	.000	.000	.000	.000	.000

Standardized Indirect Effects (Group number 1 - Default model)

	유용성	편의성	외관	구매의도	구전의도
구매의도	.000	.000	.000	.000	.000
구전의도	.144	.117	.073	.000	.000
구매의도3	.306	.248	.155	.000	.000
구매의도2	.246	.199	.125	.000	.000
구매의도1	.234	.189	.118	.000	.000
구전의도3	.113	.091	.057	.337	.000
구전의도2	.125	.101	.063	.372	.000
구전의도1	.123	.099	.062	.367	.000
유용성1	.000	.000	.000	.000	.000
유용성2	.000	.000	.000	.000	.000
유용성3	.000	.000	.000	.000	.000
편의성1	.000	.000	.000	.000	.000
편의성2	.000	.000	.000	.000	.000
편의성3	.000	.000	.000	.000	.000
외관1	.000	.000	.000	.000	.000
외관2	.000	.000	.000	.000	.000
외관3	.000	.000	.000	.000	.000

[그림 6-11] Matrices의 하위 메뉴 데이터

6.1.3 'Estimates' 외에 확인할 항목

■ Analysis Summary 메뉴

분석이 진행된 날짜와 시간을 표시해주며, 분석을 진행하여 저장된 파일명을 보여준다.

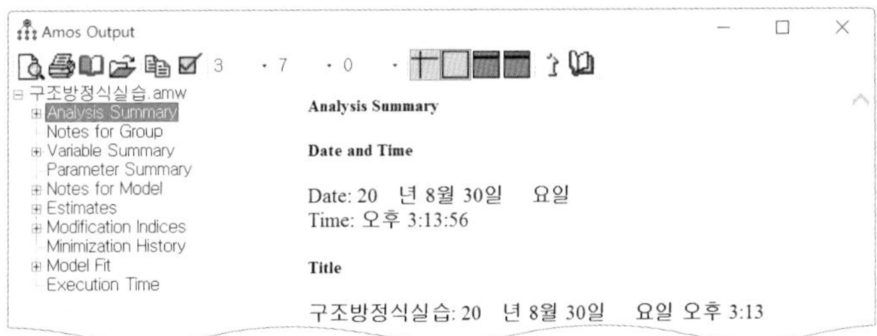

[그림 6-12] Analysis Summary 메뉴

■ Notes for Group 메뉴

분석된 구조방정식모델이 재귀모델(recursive model)인지 비재귀모델(non-recursive model)인지를 알려준다. [그림 6-13]에서는 표본의 개수가 325개임을 보여주고 있다.

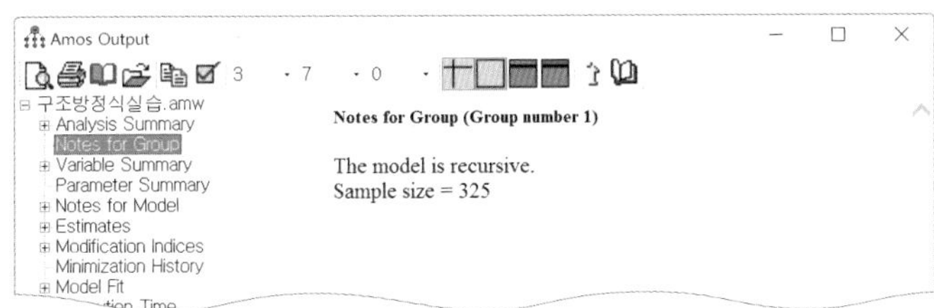

[그림 6-13] Notes for Group 메뉴

NOTE

68 재귀모델 및 비재귀모델

일반적으로 재귀모델과 비재귀모델의 구분은 AMOS를 이용한 연구에서 그다지 중요하게 다뤄지지는 않는다. 아주 특이한 경우를 제외하고는 구조방정식모델을 이용하면서 비재귀모델을 사용하는 경우가 드물기 때문이다. 여기서는 재귀모델과 비재귀모델의 개념 정도만 소개한다.

❶ **재귀모델** : 재귀모델(recursive model)이란 변수의 영향관계가 한 방향으로 순차적으로 흘러가듯이 설정된 모델을 의미한다. 즉 독립변수에서 시작해 종속변수에 이르기까지 한 방향으로 설정된 모델이다. 변수(내생변수) 간의 상호인과성(Reciprocal causation)이나 순환관계(Feedback loops)가 존재하지 않는다.

▲ 재귀모델

❷ **비재귀모델** : 비재귀모델(non-recursive model)이란 변수 간의 영향관계가 한 방향으로 흐르지 않고, 변수(내생변수) 간에 영향을 미치거나 순환관계가 존재하는 모델이다.

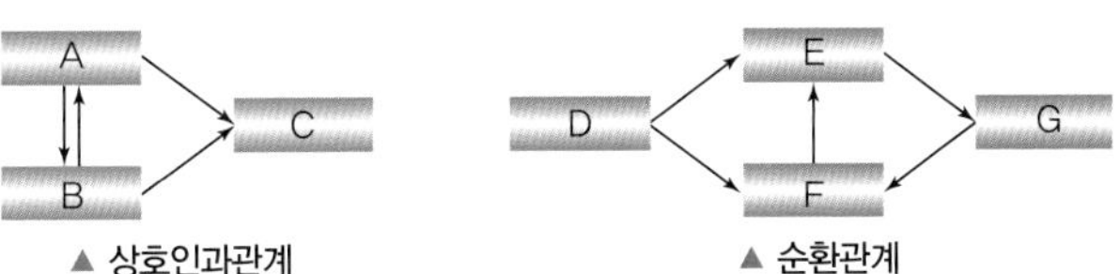

▲ 상호인과관계 ▲ 순환관계

■ Variable Summary 메뉴

하위 메뉴인 Variable list는 변수의 목록을 보여주고, Variable counts는 변수들에 대한 개수 정보를 알려준다.

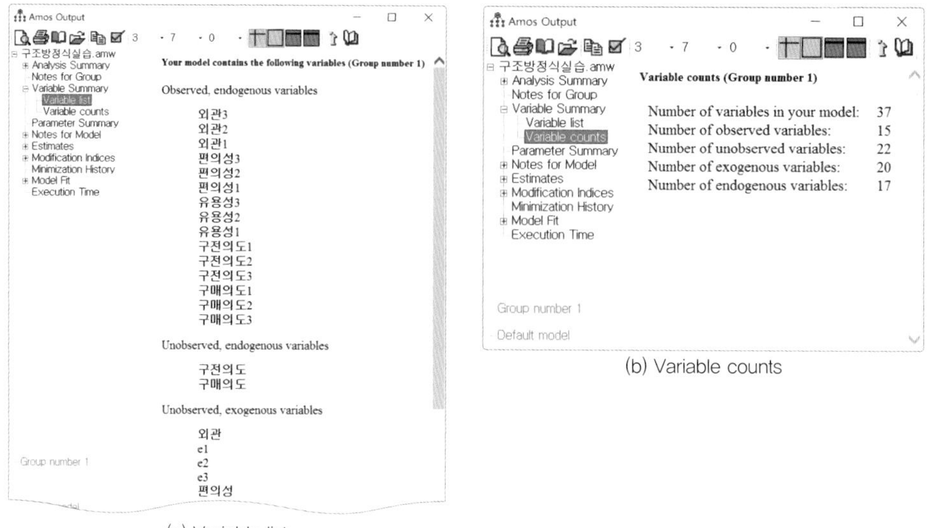

(a) Variable list

(b) Variable counts

[그림 6-14] Variable Summary의 하위 메뉴

■ Parameter Summary 메뉴

모수에 대한 정보를 제공한다. 여기서 'Fixed'는 고정모수를 의미한다. 구조방정식모델에서 1로 고정되어 있는 것이 바로 고정모수이며, [그림 6-15]의 표에서는 22개의 고정모수가 존재한다는 의미이다. 'Unlabeled'는 변수 이름 외에 추가로 설정된 레이블이 있는지에 대한 정보를 보여준다.

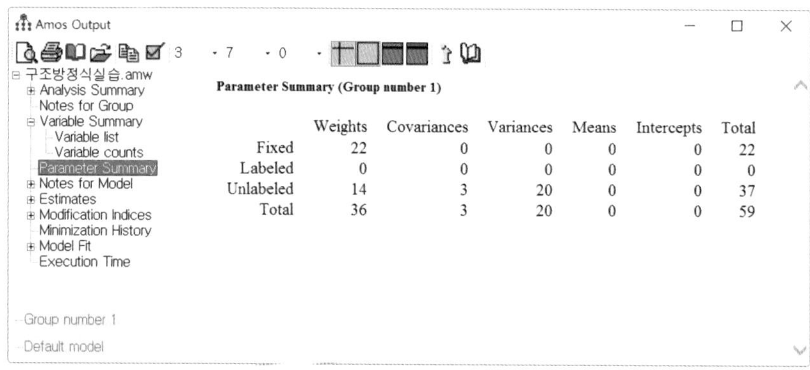

Parameter Summary (Group number 1)

	Weights	Covariances	Variances	Means	Intercepts	Total
Fixed	22	0	0	0	0	22
Labeled	0	0	0	0	0	0
Unlabeled	14	3	20	0	0	37
Total	36	3	20	0	0	59

[그림 6-15] Parameter Summary 메뉴

■ Notes for Model 메뉴

'Computation of degrees of freedom'에서는 자유도에 관한 내용을 보여주고, 'Result'에서는 χ^2 값과 자유도 및 유의확률을 보여준다.

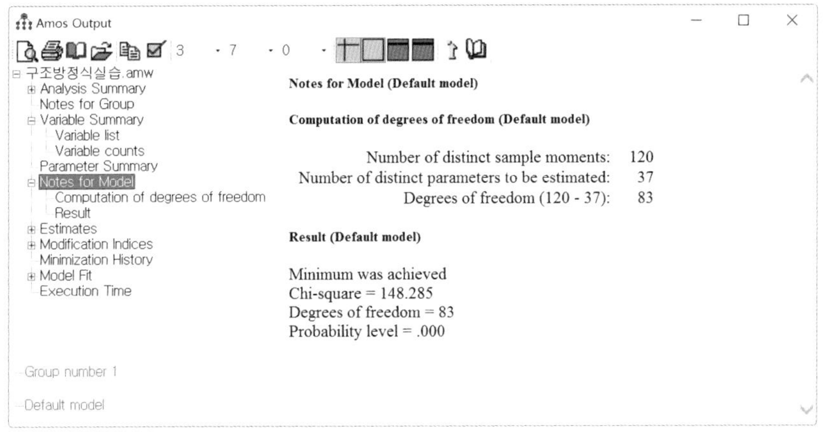

[그림 6-16] Notes for Model 메뉴

■ Estimates 메뉴

이 메뉴는 6.1.2절에서 이미 설명했으므로 별도로 설명하지는 않겠다.

■ Modification Indices 메뉴

하위 메뉴인 Covariances에서는 공분산을, Variances에서는 변수를 보여주며, Regression Weights에서는 변수 간의 수정지수(M.I.)와 모수의 변화(Par Change)를 보여준다.

[그림 6-17] Modification Indices 메뉴

㉓번 아이콘( )에서 'Threshold for modification indices'의 기본값이 4이므로, M.I.는 4를 넘는 것만 나타난다.

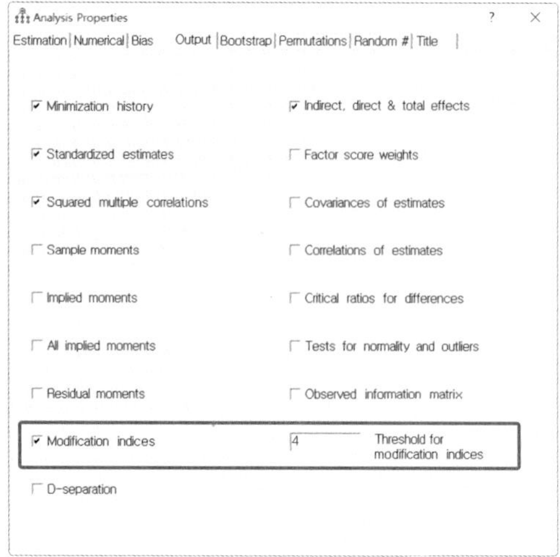

[그림 6-18] Analysis Properties 창

■ Minimization History 메뉴

여기에서는 'Iteration'을 거쳐 최소화된 F 값을 보여준다. [그림 6-19]를 보면, 0~10번까지 반복하여 F 값이 3024.896에서 148.285로 줄어든 것을 확인할 수 있다.

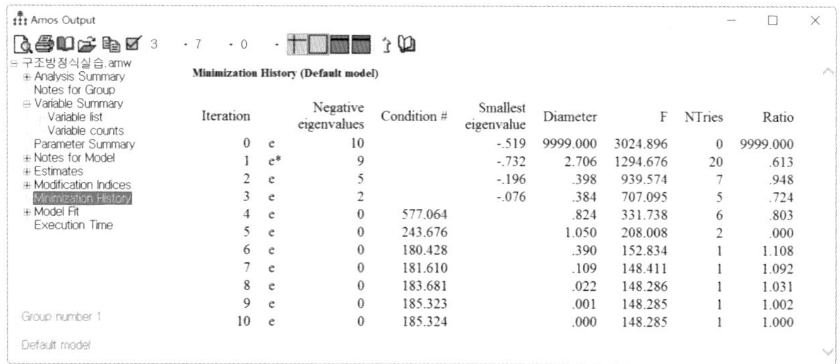

Minimization History (Default model)

Iteration		Negative eigenvalues	Condition #	Smallest eigenvalue	Diameter	F	NTries	Ratio
0	e	10		-.519	9999.000	3024.896	0	9999.000
1	e*	9		-.732	2.706	1294.676	20	.613
2	e	5		-.196	.398	939.574	7	.948
3	e	2		-.076	.384	707.095	5	.724
4	e	0	577.064		.824	331.738	6	.803
5	e	0	243.676		1.050	208.008	2	.000
6	e	0	180.428		.390	152.834	1	1.108
7	e	0	181.610		.109	148.411	1	1.092
8	e	0	183.681		.022	148.286	1	1.031
9	e	0	185.323		.001	148.285	1	1.002
10	e	0	185.324		.000	148.285	1	1.000

[그림 6-19] Minimization History 메뉴

TIP Iteration이란?

AMOS는 입력된 자료를 바탕으로 F 값이 최소가 되도록 모형의 공분산행렬을 반복하여 추정하는데, 이러한 과정을 Iteration이라 한다.

■ Model Fit 메뉴

Amos Output 창에서 확인되는 Model Fit은 다음과 같이 여러 가지 표로 나타난다. 각 표들은 Default model(분석모델), Saturated model(모든 변수 관계가 설정된 포화모델), Independence model(모든 변수관계가 설정되지 않은 모델) 등의 다양한 기준으로 모델 적합도를 나타낸다. 연구자는 이 중에서 필요한 모델 적합도 지수를 찾아서 기술해야 한다.

Amos Output

구조방정식실습.amw
- Analysis Summary
- Notes for Group
- Variable Summary
  - Variable list
  - Variable counts
- Parameter Summary
- Notes for Model
- Estimates
- Modification Indices
- Minimization History
- Model Fit
  - CMIN
  - RMR, GFI
  - Baseline Comparisons
  - Parsimony-Adjusted Measures
  - NCP
  - FMIN
  - RMSEA
  - AIC
  - ECVI
  - HOELTER
- Execution Time

Group number 1

Default model

Model Fit Summary

CMIN

Model	NPAR	CMIN	DF	P	CMIN/DF
Default model	37	148.285	83	.000	1.787
Saturated model	120	.000	0		
Independence model	15	2949.665	105	.000	28.092

RMR, GFI

Model	RMR	GFI	AGFI	PGFI
Default model	.029	.942	.916	.651
Saturated model	.000	1.000		
Independence model	.258	.424	.342	.371

Baseline Comparisons

Model	NFI Delta1	RFI rho1	IFI Delta2	TLI rho2	CFI
Default model	.950	.936	.977	.971	.977
Saturated model	1.000		1.000		1.000
Independence model	.000	.000	.000	.000	.000

Parsimony-Adjusted Measures

Model	PRATIO	PNFI	PCFI
Default model	.790	.751	.772
Saturated model	.000	.000	.000
Independence model	1.000	.000	.000

[그림 6-20] Model Fit

모델 적합도 지수는 다음과 같이 구분할 수 있다.

1) 절대 적합도 지수(absolute fit index)

수집된 자료와 연구모델이 부합되는 정도를 절대적으로 평가하는 지수로, CMIN(χ^2), GFI, RMR, SRMR, RMSEA가 있다.

① CMIN(χ^2)

구조방정식이 개발된 초기부터 가장 많이 쓰이던 방법이며, 출력결과의 수치가 낮을수록 좋다고 해석한다.

NOTE

69 CMIN(χ^2)과 Normed χ^2

구조방정식모델에서의 모델 적합도는 데이터를 다시 구현해내는 모델의 능력을 의미한다. 연구모델은 데이터에 적합하다'는 귀무가설과 '연구모델과 데이터는 적합하지 않다'는 대립가설 하에, 일반적으로 CMIN 값(χ^2)을 먼저 확인하여 모델이 적합한지 여부를 판단한다.

CMIN 값(χ^2)이 낮을수록 좋다(0이면 최상을 의미)는 것은 p값이 .05보다 커진다는 것을 의미하는데, 일반적으로 데이터가 약 75~200건이라면 적합한 측정이라는 값이 계산된다. 하지만 데이터가 더 많다면(400건 이상) 카이제곱 값은 통계적으로 유의하게 나타나게 되므로 '연구모델과 데이터가 적합하다'는 귀무가설을 기각한다. 이러한 문제 때문에 수많은 연구자들이 데이터의 수가 많은 경우에는 다른 적합도지수를 계산하게 되었다. 그러므로 논문을 준비하는 연구자들은 CMIN값의 유의확률이 .05보다 낮게 나오더라도 실망하지 말고, 다른 적합도지수를 확인하길 바란다.

데이터의 크기에 따라 CMIN(χ^2) 값이 민감하게 반응하는 문제를 가지고 학자들 사이에 많은 논의가 있었다. CMIN(χ^2)과 관련한 문제를 해결하는 방법을 논의한 결과, CMIN(χ^2)을 자유도로 나눈 값인 CMIN/DF(Normed χ^2)를 계산한 값이 2 미만(또는 최대 3 미만)이라면 모델의 적합도가 양호하다고 판단한다.

② GFI(goodness-of-fit-index)

분석된 데이터와 원래의 데이터 간의 차이를 나타낸 비율이다.

③ RMR(root mean square residual)

구조방정식모델로 설명되지 않는 원래의 데이터에 관련된 지수(.05 이하)이다.

④ SRMR(standardized root mean square residual)

RMR의 표준화 값으로, 모델 간 비교에서 활용된다.

⑤ RMSEA(root mean square error of approximation)

연구모델을 표본이 아닌 모집단으로부터 추정할 경우의 적합도(.05 이하)이다.

2) 증분 적합도 지수(incremental fit index)

연구자의 구조방정식모델과 변수 간 상관을 설정하지 않은 모델(영모델)을 비교하여 얼마나 정확하게 측정되었는지를 나타내는 지수이다. 증분 적합도 지수가 .9 이상이라는 의미는 영모델에 비해 구조방정식모델이 90% 더 정확하게 측정되었다는 것을 의미한다. 증분 적합도 지수에는 NFI, RFI, IFI, CFI, TLI(NNFI)가 있다.

① NFI(normed fit index)

연구모델이 영모델과 비교한 지수(.9 이상)를 말한다.

② RFI(relative fit index)

상대적합지수라 하며, 영모델에 대한 연구모델의 적합도를 평가하는 지수(.9 이상)이다.

③ IFI(incremental fit index)

연구모델과 영모델을 비교한 개선 정도를 나타낸다(.9 이상).

④ CFI(comparative fit index)

모집단의 모수와 분포를 감안하여 NFI의 단점을 보완하기 위해 개발되었다(.9 이상).

⑤ TLI(Turker-Lewis index=NNFI)

Tucker와 Lewis가 탐색적 요인분석을 위해 발전시킨 것으로, 지수가 0~1 사이지만 1을 넘어가는 경우도 있기 때문에 NNFI(non-normed fit index)라 한다(.9 이상).

3) 간명 적합도 지수(parsimonious fit index)

변수가 많아질수록 연구모델이 복잡해지면서 적합도 지수가 올라가는 경우가 있는데, 이를 방지하기 위한 적합도 지수가 간명 적합도 지수이다. 간명 적합도 지수에는 AGFI, PNFI, PGFI, AIC가 있다.

① AGFI(adjusted goodness-of-fit-index)

모델의 복잡도가 올라가면 적합도도 같이 올라가는 비정상적인 결과에 대하여, 복잡도에 따라 GFI 값을 조정한 적합지수이다(.9 이상).

② PNFI(parsimony normed fit index), PGFI(parsimony goodness of fit index)

NFI, GFI에 Amos에서 보이는 PRATIO를 곱하여 나타내는 지수이며, 주로 2개 이상의 모델의 비교에서 사용된다. 0~1의 수치를 가지며, 이 값이 클수록 양호하다고 판단한다.

③ AIC(Akaike information criterion)

주로 다른 모델과 비교할 때 많이 사용되며, 값이 작을수록 양호하다고 판단한다.

Model Fit 메뉴에서 확인할 수 있는 지수와 범위, 적합도를 [표 6-1]에 정리했으니 참고하기 바란다.

[표 6-1] 모델 적합도 지수표

구분	설명	범위	적합도
CMIN(χ^2)	구조방정식모델이 개발된 초기에 가장 많이 쓰였던 방법		수치가 낮을수록 좋음
GFI		0~1	.9 이상
RMR / SRMR		0~1	.05 이하
RMSEA	χ^2의 보완	0~1	.05 이하 (.05~.1 적절)
NFI		0~1	.9 이상
RFI		0~1	.9 이상
IFI		0~1	.9 이상
CFI		0~1	.9 이상
TLI (NNFI)		0~1	.9 이상
AGFI		0~1	.9 이상
PNFI	두 모델 간의 비교에 사용	0~1	수치가 높을수록 좋음
PCFI	두 모델 간의 비교에 사용	0~1	수치가 높을수록 좋음
PGFI	두 모델 간의 비교에 사용	0~1	수치가 높을수록 좋음
AIC	두 모델 간의 비교에 사용		수치가 낮을수록 좋음
Hoelter	AMOS에서는 보이나 현재 거의 쓰이지 않는 지수임		

NOTE

70 SRMR 확인하기

[표 6-1]에는 RMR과 SRMR이 표현되어 있으나, 모델 적합도를 보여주는 결과창에는 SRMR이 보이지 않는다. SRMR은 최근에 많이 등장하는 적합도 지수이지만, AMOS에서는 별도로 계산하여 확인해야 한다.

01 Plugins ▶ Standardized RMR을 클릭하면 Standardized RMR 창이 열린다.

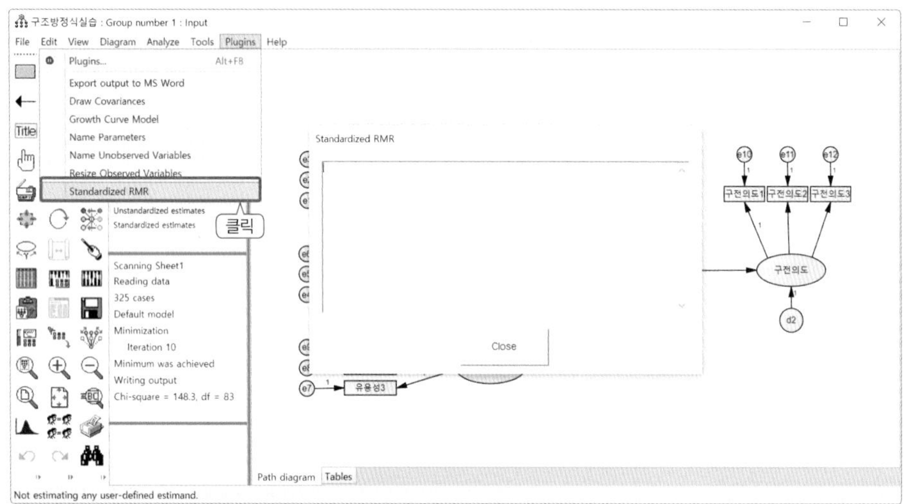

▲ Standardized RMR 실행

02 ㉔번 아이콘( )을 클릭하면 Standardized RMR이 계산된다. 수치(.0422)를 확인한 후 이를 기술해주면 된다.

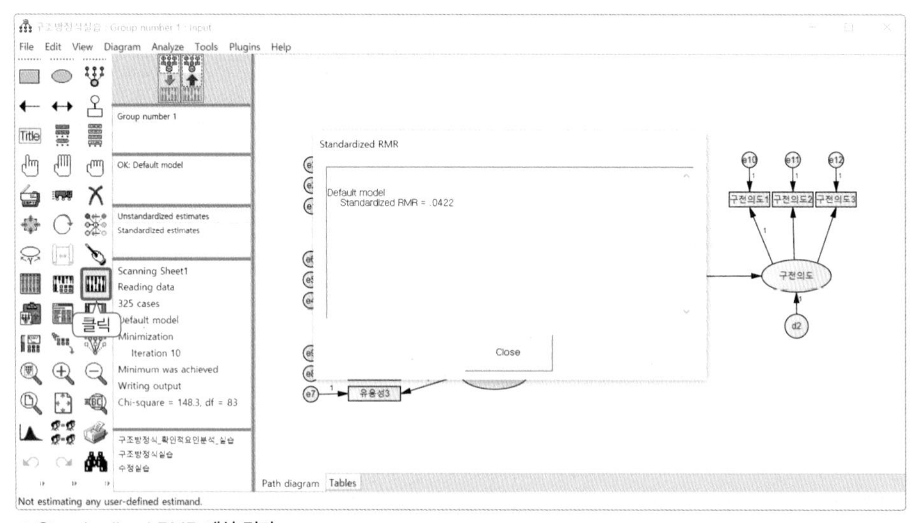

▲ Standardized RMR 계산 결과

논문에 표현하기

AMOS를 이용하여 분석된 결과를 논문이나 연구보고서에 기술할 때, 많은 표들과 수치들을 일목요연하게 기술하는 방법은 다양하다. 아래 예는 그 중 하나로, 해당하는 수치를 찾아서 표로 정리하고, 연구모델에 대한 모델 적합도를 확인할 수 있도록 제시한 것이다.

모델 적합도를 논문에 표현할 때는 별도의 표로 구성할 수도 있겠지만, [표 A]와 같이 타당성을 제시하는 표 아래에 각주처럼 적어주면 된다.

예 [표 A]

구분			비표준화 계수	S.E.	C.R.	P	표준화 계수	AVE	개념 신뢰도
외관	→	외관3	1	-	-	-	.788	.74870348	.8991201
외관	→	외관2	1.211	.072	16.788	.000	.899		
외관	→	외관1	1.202	.073	16.370	.000	.853		
편의성	→	편의성3	1	-	-	-	.943	.83839643	.93960637
편의성	→	편의성2	1.106	.032	34.157	.000	.951		
편의성	→	편의성1	1.035	0.35	29.549	.000	.909		
유용성	→	유용성3	1	-	-	-	.749	.72363304	.88696447
유용성	→	유용성2	.833	.086	9.691	.000	.699		
유용성	→	유용성1	.815	.084	9.696	.000	.700		
구매의도	→	구매의도1	1	-	-	-	.699	.71421509	.88080063
구매의도	→	구매의도2	1.1	.065	16.861	.000	.736		
구매의도	→	구매의도3	.926	.060	15.476	.000	.915		
구전의도	→	구전의도1	1	-	-	-	.851	.79064559	.91875966
구전의도	→	구전의도2	.944	.078	12.064	.000	.863		
구전의도	→	구전의도3	1.173	.089	13.135	.000	.780		

[모델 적합도] GFI : .942, RMR : .029, RMSEA : .049
NFI : .950, RFI : .936, IFI : .977, CFI : .977, TLI : .971
AGFI : .916

AMOS Output 창의 결과를 확인해 보면, CMIN, GFI, RMR, RMSEA, NFI, RFI, IFI, CFI, TLI(NNFI), AGFI, PNFI, PGFI, AIC 등의 다양한 적합도가 표시되지만, 모델 적합도를 표시하는 부분은 논문마다 다르게 표현되고 있다. 뿐만 아니라 어떠한 적합도를 왜 표시해야 하는지에 대한 가이드도 없다. 그렇다고 수많은 적합도 지수를 모두 보고할 수도 없다. 각각의 지수마다 장단점들이 존재하고, 이러한 장단점으로 인해 때로는 부적절한 수치들이 포함될 가능성도 높기 때문이다. 그러므로 정답이라고는 할 수 없겠으나 좋은 방법을 하나 제시하면 다음과 같다.

절대 적합도 지수, 증분 적합도 지수, 간명 적합도 지수의 3종의 지수들은 성격이 모두 다른 적합도 지수이다. 이들을 적절히 포함하여 제시한다면 타당성을 확보할 수 있을 것이다. 하지만 이보다 중요한 것은 연구자는 본인이 도출해낸 분석 결과에서 자신의 연구와 상응할 수 있는 지수들을 포함시키고, 논문에 보고한 지수들이 포함된 이유를 설명할 수 있어야 한다. ■

Chapter 07

구조방정식모델 수정

학습목표

1) 구조방정식모델을 수정하는 이유를 이해한다.
2) 구조방정식모델의 수정 규칙을 이해하고, 적용할 수 있다.

다루는 내용

- 대안모델 설정
- 모델수정의 규칙
- Modification Indices를 통한 수정

기본적으로 연구자가 설정한 연구모델은 기존에 수립된 이론들을 기초로 구성된다. 그러나 동일한 모델을 가지고 분석을 수행해도 간혹 그 결과가 연구자가 의도한 바와 다르거나 기존의 이론과 다르게 나올 수 있다. 따라서 기존의 이론을 검증만 하는 확인적 연구가 아니라면 또 다른 의미를 갖는 모델로 수정해야 한다. 이 장에서는 구조방정식모델을 수정하는 방법에 대해 알아보고, 실제로 모델을 수정하는 과정을 살펴본다.

7.1 구조방정식모델의 수정 방법

7.1.1 대안모델 설정을 통한 비교 수정

충분한 이론적 배경을 가지고 모델을 설정하여 검증을 하더라도 연구의 성격이나 연구의 목적에 따라 확인하는 내용이 다를 수 있다. 또한 연구자가 기존의 연구모델을 수정한 후 비교, 분석을 실시하여 적합한 모델을 찾기도 한다. 단, 연구자는 모델을 수정할 때 모델을 작위적으로 수정할 수 없다. 즉 수정할 모델의 이론적 근거를 마련해야 하므로 문헌이나 이론들을 재검토해야 하는 부담이 생긴다. 학문을 하는 사람이라면 익히 알고 있겠지만, 무턱대고 모델을 먼저 만들어 놓고 뒤늦게 그에 맞는 이론을 찾는 실수는 범하지 않도록 하자.

[그림 7-1(a)]의 연구모델과 비교하여, 그림 (b)~(d)에서 제시하는 각각의 대안모델이 올바른 대안모델이 되려면 내포하는 변수들의 인과관계를 설명하는 이론적 기반이 존재하고, 기존의 연구모델과 비교, 분석할 수 있으며, 높은 설명력과 적합도를 얻어야 한다.

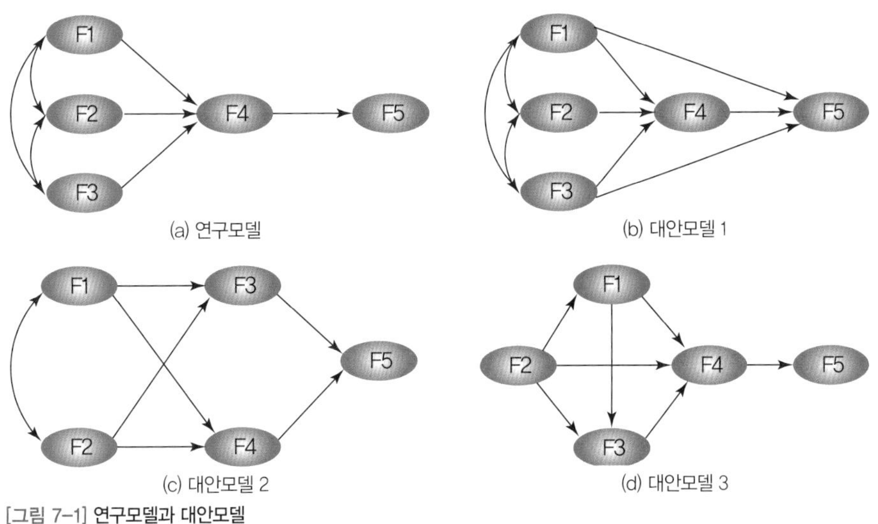

[그림 7-1] **연구모델과 대안모델**

7.1.2 Modification Indices를 기준으로 한 수정

연구를 진행하다 보면 연구모델의 적합도나 경로계수 등이 제대로 산출되지 않는 경우가 생한다. AMOS는 모델 적합도를 높이기 위해 Modification Indices를 제공하는데, Modification Indices는 상관관계를 추가적으로 설정하거나 변수 간의 영향을 설정함으로써 적합도가 높아지는 정도를 보여준다. 연구자는 Modification Indices를 기준으로 모델을 수정해야 한다. 수정 규칙을 준수하며 Modification Indices의 내용을 적용하면 모델 적합도는 당연히 향상된다. 반면 정확하게 수정 규칙을 지키지 않는다면 실제로 유의한 경로 값이 유의하지 않게 되는 경우도 있고, 기존의 모델과 유사해 보여도 연구자의 의도와 전혀 다른 대안모델이 결정되기도 한다. 왜냐하면 Modification Indices를 통한 모델 수정은 이론을 기반으로 한 것이 아니라, 연구자가 수집하여 분석한 자료를 기준으로 진행되기 때문이다. 주의할 점은 Modification Indices에서 제시하는 모든 관계를 설정한다고 해서 반드시 최적의 결과를 얻는 것은 아니라는 점이다.

TIP **Amos Output** 창의 **Modification Indices**에서는 'Covariances', 'Variances', 'Regression Weights'의 값을 기준으로 변수 간 수정지수(M.I.)와 모수의 변화(Par Change)를 출력하는데, 이를 잘 확인하여 모델 적합도를 높여야 한다.

[그림 7-2]는 Modification Indices에서 제공하는 모든 경로에 대한 관계를 재설정한 것이다.

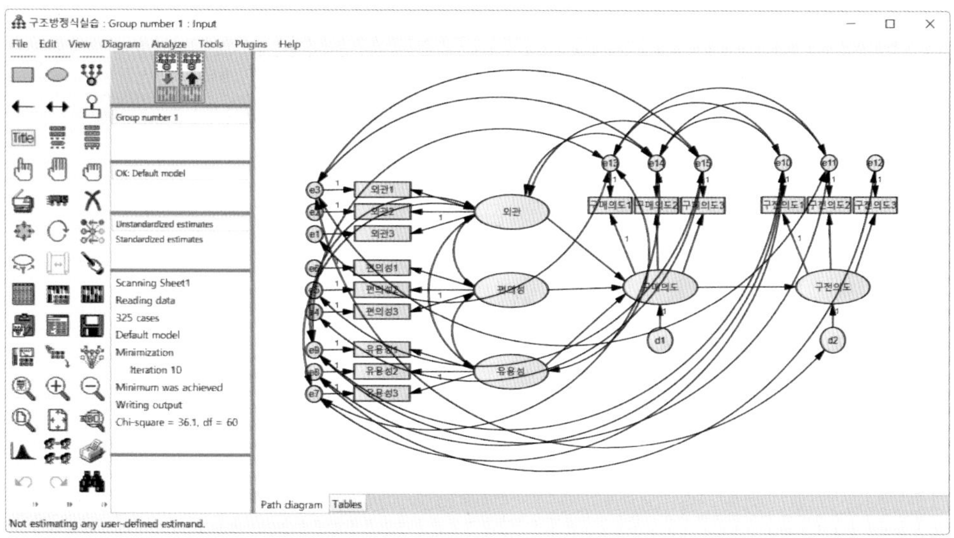

[그림 7-2] Modification Indices를 따른 수정모델

TIP [그림 7-2]의 수정모델은 한눈에 파악하기 힘들 정도로 모델 자체가 복잡하고, 수정 기준이 명확하지 않은 잘못된 수정 예라고 할 수 있다.

(a) 수정 전

Model Fit Summary

CMIN

Model	NPAR	CMIN	DF	P	CMIN/DF
Default model	37	148.285	83	.000	1.787
Saturated model	120	.000	0		
Independence model	15	2949.665	105	.000	28.092

RMR, GFI

Model	RMR	GFI	AGFI	PGFI
Default model	.029	.942	.916	.651
Saturated model	.000	1.000		
Independence model	.258	.424	.342	.371

Baseline Comparisons

Model	NFI Delta1	RFI rho1	IFI Delta2	TLI rho2	CFI
Default model	.950	.936	.977	.971	.977
Saturated model	1.000		1.000		1.000
Independence model	.000	.000	.000	.000	.000

Parsimony-Adjusted Measures

Model	PRATIO	PNFI	PCFI
Default model	.790	.751	.772
Saturated model	.000	.000	.000
Independence model	1.000	.000	.000

NCP

Model	NCP	LO 90	HI 90
Default model	65.285	35.151	103.266
Saturated model	.000	.000	.000
Independence model	2844.665	2671.192	3025.458

FMIN

Model	FMIN	F0	LO 90	HI 90
Default model	.458	.201	.108	.319
Saturated model	.000	.000	.000	.000
Independence model	9.104	8.780	8.244	9.338

(a) 수정 전

(b) 수정 후

Model Fit Summary

CMIN

Model	NPAR	CMIN	DF	P	CMIN/DF
Default model	60	36.068	60	.994	.601
Saturated model	120	.000	0		
Independence model	15	2949.665	105	.000	28.092

RMR, GFI

Model	RMR	GFI	AGFI	PGFI
Default model	.021	.986	.971	.493
Saturated model	.000	1.000		
Independence model	.258	.424	.342	.371

Baseline Comparisons

Model	NFI Delta1	RFI rho1	IFI Delta2	TLI rho2	CFI
Default model	.988	.979	1.008	1.015	1.000
Saturated model	1.000		1.000		1.000
Independence model	.000	.000	.000	.000	.000

Parsimony-Adjusted Measures

Model	PRATIO	PNFI	PCFI
Default model	.571	.564	.571
Saturated model	.000	.000	.000
Independence model	1.000	.000	.000

NCP

Model	NCP	LO 90	HI 90
Default model	.000	.000	.000
Saturated model	.000	.000	.000
Independence model	2844.665	2671.192	3025.458

FMIN

Model	FMIN	F0	LO 90	HI 90
Default model	.111	.000	.000	.000
Saturated model	.000	.000	.000	.000
Independence model	9.104	8.780	8.244	9.338

(b) 수정 후

[그림 7-3] 수정 전과 후의 모델 적합도

[그림 7-2]와 같이 Modification Indices를 적용하여 수정한 뒤에 [그림 7-3(b)]의 모델 적합도를 확인해 보면, 모델 적합도가 거의 완벽한 값들로 채워진 것을 알 수 있다. 그러나 Modification Indices에서 제시한 대로 수정한 모델은 [그림 7-2]와 같이 너무 복잡하기 때문에, 이는 연구모델이라고 할 수가 없다.

따라서 모델 적합도를 높이는 것만 생각해 무조건적으로 Modification Indices를 따라 수정하기보다는 다음 절에서 소개하는 규칙을 지켜가면서 모델을 수정해야 한다.

7.1.3 구조방정식모델의 수정 규칙

구조방정식모델을 수정할 때는 7.1.2절에서 설명한 Modification Indices를 참조하되 다음 규칙을 지켜가면서 수정해야 한다.

■ 외생잠재변수의 측정오차 ↔ 외생잠재변수의 측정오차(동일요인)

동일 잠재변수(동일 요인) 내에 속하는 측정오차 간에 상관관계를 만든다. 즉 Modification Indices에 출력된 표의 값을 모두 입력하는 것이 아니라 외생잠재변수와 연결된 측정오차들 간에 상관관계를 만들어주면 된다.

■ 내생잠재변수의 측정오차 ↔ 내생잠재변수의 측정오차(동일요인)

동일 잠재변수(동일 요인) 내에 속하는 측정오차 간에 상관관계를 만든다. 즉 Modification Indices에 출력된 표의 값을 모두 입력하는 것이 아니라 내생잠재변수와 연결된 측정오차들 간에 상관관계를 만들어주면 된다.

■ 내생변수의 구조오차 ↔ 내생변수의 구조오차(인과관계 없는 구조오차)

Modification Indices에 출력된 표 값 중에 내생잠재변수 간에 인과관계가 없는 구조오차 간에 상관관계를 만들어주면 된다.

7.2 구조방정식모델의 수정 실습

[그림 7-4]는 현재 설계되어 있는 연구모델이다. 이 모델은 Amos Output 창의 Modification Indices 값을 기준으로 했을 때, 수정 규칙에 해당하는 것이 없으므로 실제로는 수정할 필요가 없다. 또한 앞에서 마련한 다양한 대안모델([그림 7-1])을 설정해도 회귀계수의 유의성이 충족되지 않거나 오히려 더 좋지 않게 되는 경우여서 최종모델로 설정해도 무방할 것으로 판단된다.

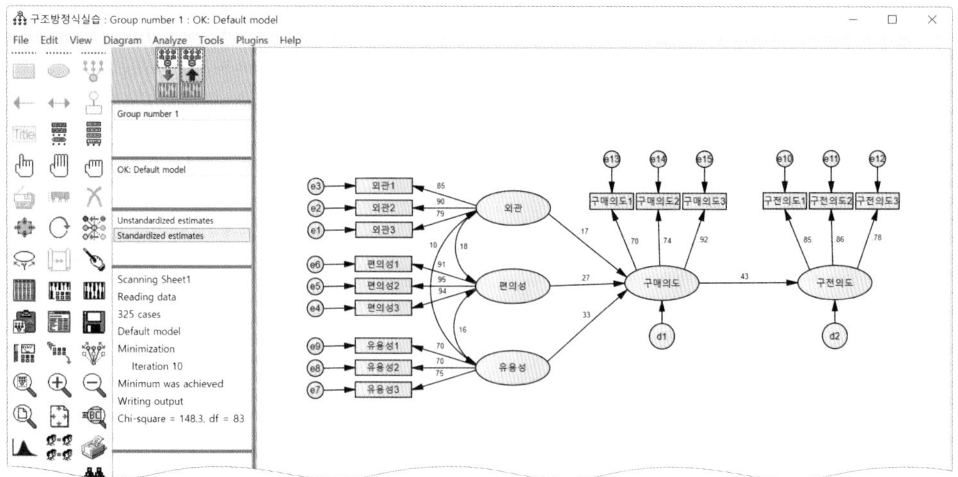

[그림 7-4] 최종 모델

그러나 지금부터는 [그림 7-4]의 연구모델의 분석 결과가 연구자의 의도와 다르게 나왔다고 가정하고, 7.1절에서 배웠던 내용을 바탕으로 기존 모델을 수정하여 최종 모델을 설정하는 실습을 해 볼 것이다.

구조방정식모델의 수정 실습을 위해 [그림 7-4]의 모델을 변형하여 [그림 7-5]와 같은 수정 가능한 모델을 새로 구성하였다.

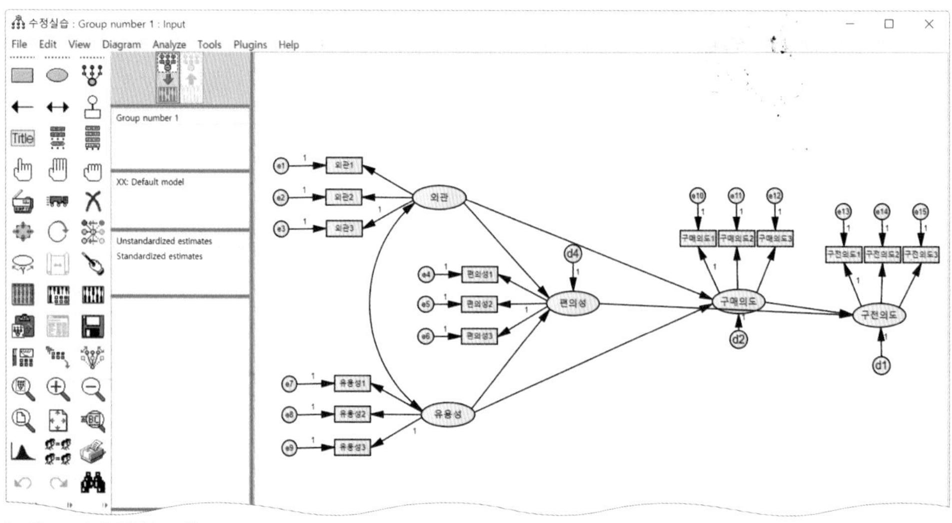

[그림 7-5] 수정실습 모델

7.2.1. 수정규칙에 따라 모델 수정하기

먼저 [그림 7-5]의 모델을 분석한 결과를 확인한 후 기존 모델을 유지한 채 적합도를 조정하는 과정을 살펴보고, 모델을 직접 수정하여 적합도를 향상시키는 과정을 실습해 보기로 한다.

(1) 기존 모델의 분석 결과 확인하기

01 ❶ '수정실습.amw' 파일을 열고 ❷ ㉔번 아이콘(▦)을 클릭하면 분석이 시작된다. ❸ 그런 다음 ㉖번 아이콘(▦)을 클릭한다.

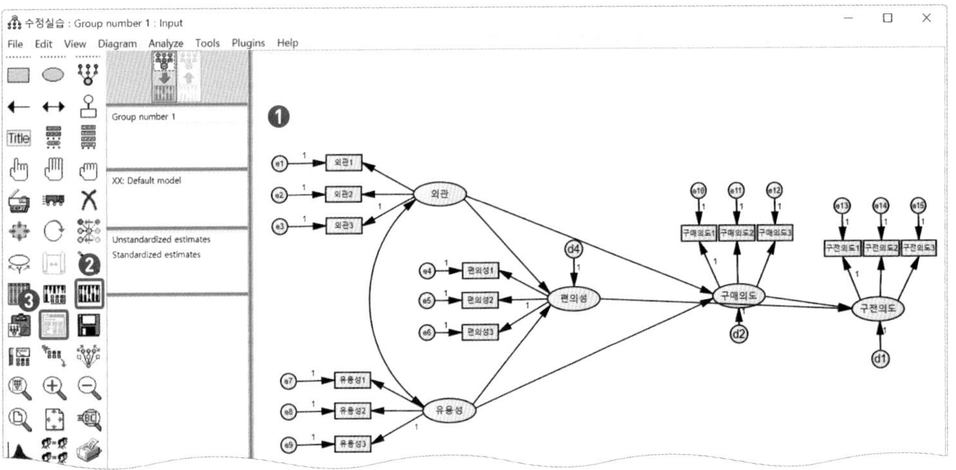

[그림 7-6] Amos Output 창 열기

TIP ㉔번 아이콘(▦)을 클릭해도 분석이 되지 않는다면?
데이터 파일의 경로가 변경되어 발생하는 문제이다. 해결 방법은 [NOTE 61]을 참고하기 바란다.

02 Amos Output 창에서 '편의성 → 구전의도'를 제외한 모든 경로에서 회귀계수의 유의성을 확인할 수 있다.

Amos Output

수정실습.amw
- Analysis Summary
- Notes for Group
- Variable Summary
- Parameter Summary
- Notes for Model
- Estimates
- Modification Indices
- Minimization History
- Model Fit
- Execution Time

Group number 1

Default model

Regression Weights: (Group number 1 - Default model)

			Estimate	S.E.	C.R.	P	Label
편의성	<---	유용성	.353	.128	2.763	.006	
편의성	<---	외관	.243	.087	2.780	.005	
구매의도	<---	외관	.184	.052	3.535	***	
구매의도	<---	유용성	.448	.083	5.381	***	
구전의도	<---	구매의도	.430	.069	6.222	***	
구전의도	<---	편의성	.046	.035	1.309	.191	
외관3	<---	외관	1.000				
외관2	<---	외관	1.209	.072	16.807	***	
외관1	<---	외관	1.201	.073	16.383	***	
구매의도1	<---	구매의도	1.000				
구매의도2	<---	구매의도	.947	.079	12.012	***	
구매의도3	<---	구매의도	1.185	.092	12.864	***	
편의성3	<---	편의성	1.000				
편의성2	<---	편의성	1.109	.033	34.062	***	
편의성1	<---	편의성	1.038	.035	29.447	***	
유용성3	<---	유용성	1.000				
유용성2	<---	유용성	.831	.086	9.701	***	
유용성1	<---	유용성	.812	.084	9.706	***	
구전의도1	<---	구전의도	1.000				
구전의도2	<---	구전의도	1.101	.066	16.709	***	
구전의도3	<---	구전의도	.928	.060	15.362	***	

[그림 7-7] 회귀계수의 유의성

03 Amos Output 창에서 확인할 수 있는 모델 적합도들의 수치는 대체로 양호하지만, RMR이 .056으로, 또 RMSEA가 .057로 .05를 초과하고 있다.

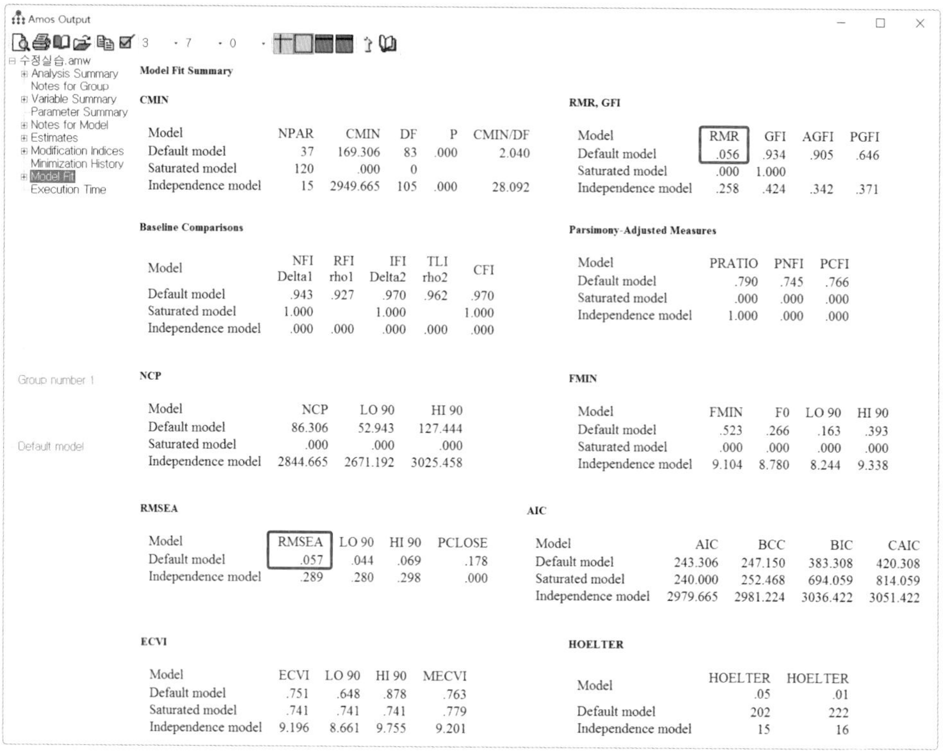

Amos Output

수정실습.amw
Analysis Summary
Notes for Group
Variable Summary
Parameter Summary
Notes for Model
Estimates
Modification Indices
Minimization History
Model Fit
Execution Time

Group number 1

Default model

Model Fit Summary

CMIN

Model	NPAR	CMIN	DF	P	CMIN/DF
Default model	37	169.306	83	.000	2.040
Saturated model	120	.000	0		
Independence model	15	2949.665	105	.000	28.092

RMR, GFI

Model	RMR	GFI	AGFI	PGFI
Default model	.056	.934	.905	.646
Saturated model	.000	1.000		
Independence model	.258	.424	.342	.371

Baseline Comparisons

Model	NFI Delta1	RFI rho1	IFI Delta2	TLI rho2	CFI
Default model	.943	.927	.970	.962	.970
Saturated model	1.000		1.000		1.000
Independence model	.000	.000	.000	.000	.000

Parsimony-Adjusted Measures

Model	PRATIO	PNFI	PCFI
Default model	.790	.745	.766
Saturated model	.000	.000	.000
Independence model	1.000	.000	.000

NCP

Model	NCP	LO 90	HI 90
Default model	86.306	52.943	127.444
Saturated model	.000	.000	.000
Independence model	2844.665	2671.192	3025.458

FMIN

Model	FMIN	F0	LO 90	HI 90
Default model	.523	.266	.163	.393
Saturated model	.000	.000	.000	.000
Independence model	9.104	8.780	8.244	9.338

RMSEA

Model	RMSEA	LO 90	HI 90	PCLOSE
Default model	.057	.044	.069	.178
Independence model	.289	.280	.298	.000

AIC

Model	AIC	BCC	BIC	CAIC
Default model	243.306	247.150	383.308	420.308
Saturated model	240.000	252.468	694.059	814.059
Independence model	2979.665	2981.224	3036.422	3051.422

ECVI

Model	ECVI	LO 90	HI 90	MECVI
Default model	.751	.648	.878	.763
Saturated model	.741	.741	.741	.779
Independence model	9.196	8.661	9.755	9.201

HOELTER

Model	HOELTER .05	HOELTER .01
Default model	202	222
Independence model	15	16

[그림 7-8] Model Fit

(2) 상관관계를 설정하여 적합도 조정하기(기존 모델 유지)

[그림 7-9]의 [Covariances]에서는 '↔'으로 상관관계를 표시하는 수정지수(M.I.)가 나타나는데, 이 중 'd2 ↔ d4'에서 이 수치가 21.007로 아주 높게 나타난 것을 볼 수 있다. 즉 구조오차에 해당하는 내생잠재변수 간에 어떠한 인과관계도 없고, 이들 잠재변수 간에는 어떠한 영향도 미치지 않는다는 의미이다. 이러한 구조오차 간의 관계를 '인과관계가 없는 구조오차'라 한다. 이때 수정 규칙에 따라 'd2 ↔ d4' 간의 상관관계를 다시 설정해주어야 한다.

상관관계를 설정한다는 것은 기존 모델을 유지한 채 적합도를 올려주는 것이다. [Regression Weights]에서 연구모델의 경로를 설정함으로써 모델을 변화시킬 수 있다. 이론적 기반이 있다면 당연히 모델을 수정하는 것이 좋지만, 우선 기존 모델을 유지한 채 적합도가 향상되는지 확인해 봐야 한다.

Amos Output

Modification Indices (Group number 1 - Default model)

Covariances: (Group number 1 - Default model)

			M.I.	Par Change
d2	<-->	d4	21.007	.152
e7	<-->	외관	8.387	-.058
e7	<-->	e14	6.855	-.036
e7	<-->	e13	5.909	.031
e8	<-->	e15	7.264	-.039
e8	<-->	e13	7.053	.035
e9	<-->	외관	4.722	.048
e9	<-->	e13	5.037	-.032
e6	<-->	d2	6.824	.038
e12	<-->	외관	4.597	-.042
e12	<-->	d4	4.506	.058
e12	<-->	e6	6.887	.032
e11	<-->	외관	6.752	.059
e11	<-->	e14	4.693	.034
e11	<-->	e13	8.130	-.042
e11	<-->	e9	4.862	.037
e10	<-->	유용성	6.648	.055
e10	<-->	e14	16.321	-.075
e10	<-->	e13	4.221	.036
e10	<-->	e7	5.169	.040
e1	<-->	d1	5.047	.047
e1	<-->	e14	7.020	.045
e1	<-->	e12	10.486	-.053
e1	<-->	e11	10.948	.062
e3	<-->	e10	9.567	.067

Variances: (Group number 1 - Default model)

	M.I.	Par Change

Regression Weights: (Group number 1 - Default model)

			M.I.	Par Change
편의성	<---	구매의도	15.360	.393
구매의도	<---	편의성	19.394	.143
구전의도3	<---	유용성2	6.389	-.120
구전의도2	<---	유용성1	4.830	-.104
구전의도2	<---	구매의도1	6.711	-.085
구전의도2	<---	외관1	4.163	.059
구전의도1	<---	유용성1	6.020	.108
구전의도1	<---	유용성2	6.752	.112
구전의도1	<---	구매의도2	6.053	-.085
유용성1	<---	외관	8.287	-.118
유용성1	<---	구전의도2	4.921	-.074
유용성1	<---	외관1	6.205	-.069
유용성1	<---	외관2	9.347	-.088
유용성3	<---	외관	4.667	.099
유용성3	<---	외관2	5.577	.076
유용성3	<---	외관3	4.450	.072
편의성3	<---	구매의도	5.827	.107
편의성3	<---	구매의도3	7.475	.089
구매의도3	<---	외관	5.112	-.092
구매의도3	<---	편의성3	4.212	.051
구매의도3	<---	외관1	10.627	-.090
구매의도2	<---	외관	6.683	.122
구매의도2	<---	외관1	12.620	.113
구매의도2	<---	외관2	4.480	.070
구매의도1	<---	유용성	6.916	.211
구매의도1	<---	구전의도2	6.301	-.113
구매의도1	<---	유용성1	9.319	.184
구매의도1	<---	외관3	4.958	.092
외관1	<---	구전의도2	5.501	.097
외관3	<---	구매의도1	7.855	.108

[그림 7-9] 수정 전 Modification Indices

TIP 상관관계 설정

[그림 7-9]에서는 수정 규칙에 의해 'd2 ↔ d4'에서만 수정 사항이 있는 것으로 확인되었는데, 'd1 ↔ d3'에서도 수정 사항이 있다고 가정해보자. 그러면 'd2 ↔ d4'와 'd1 ↔ d3'의 두 가지 상관관계를 설정하면 된다. 하지만 기억해야 할 것은, 상관관계를 하나라도 설정한다면 모델의 적합도가 달라지기 때문에 수정지수가 높은 변수에 대해 먼저 상관을 설정한 후 분석을 실행하고, 다시 Amos Output 창을 확인하여 재설정해 주어야 한다는 것이다. 다시 말하면, 상관을 한 번에 다 설정하는 것이 아니라, 한 번 설정하고 분석, 또 다시 상관을 설정하고 분석하는 과정을 반복해 나가면서 적합도가 향상되는지 확인해야 한다.

04 수정 규칙에 의해 'd2 ↔ d4' 간의 상관관계를 설정한다.

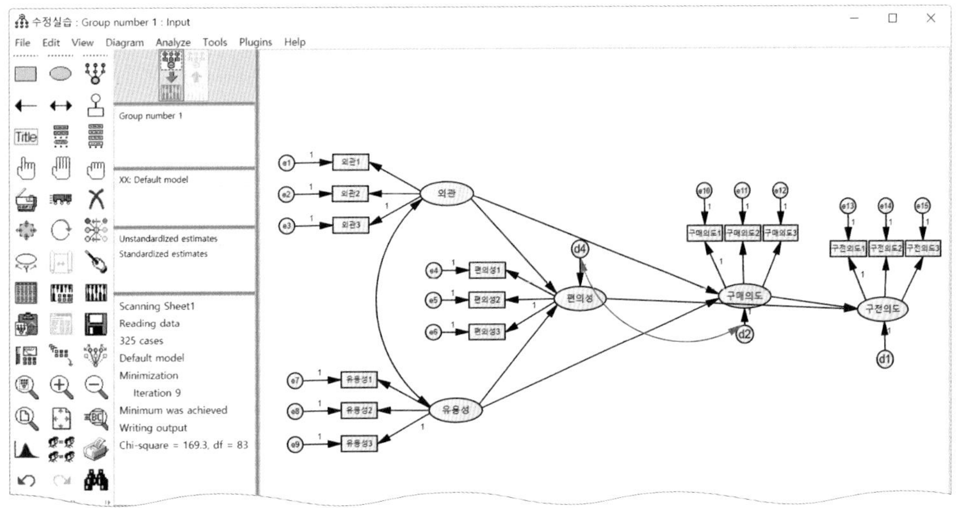

[그림 7-10] d2 ↔ d4 설정

05 Model Fit을 클릭하여 모델을 수정하기 전과 후의 모델 적합도를 비교해 보자.

Model Fit Summary

CMIN

Model	NPAR	CMIN	DF	P	CMIN/DF
Default model	37	169.306	83	.000	2.040
Saturated model	120	.000	0		
Independence model	15	2949.665	105	.000	28.092

RMR, GFI

Model	RMR	GFI	AGFI	PGFI
Default model	.056	.934	.905	.646
Saturated model	.000	1.000		
Independence model	.258	.424	.342	.371

Baseline Comparisons

Model	NFI Delta1	RFI rho1	IFI Delta2	TLI rho2	CFI
Default model	.943	.927	.970	.962	.970
Saturated model	1.000		1.000		1.000
Independence model	.000	.000	.000	.000	.000

Parsimony-Adjusted Measures

Model	PRATIO	PNFI	PCFI
Default model	.790	.745	.766
Saturated model	.000	.000	.000
Independence model	1.000	.000	.000

NCP

Model	NCP	LO 90	HI 90
Default model	86.306	52.943	127.444
Saturated model	.000	.000	.000
Independence model	2844.665	2671.192	3025.458

FMIN

Model	FMIN	F0	LO 90	HI 90
Default model	.523	.266	.163	.393
Saturated model	.000	.000	.000	.000
Independence model	9.104	8.780	8.244	9.338

RMSEA

Model	RMSEA	LO 90	HI 90	PCLOSE
Default model	.057	.044	.069	.178
Independence model	.289	.280	.298	.000

(a) 'd2 ↔ d4'의 설정 전

Model Fit Summary

CMIN

Model	NPAR	CMIN	DF	P	CMIN/DF
Default model	38	147.376	82	.000	1.797
Saturated model	120	.000	0		
Independence model	15	2949.665	105	.000	28.092

RMR, GFI

Model	RMR	GFI	AGFI	PGFI
Default model	.027	.942	.915	.644
Saturated model	.000	1.000		
Independence model	.258	.424	.342	.371

Baseline Comparisons

Model	NFI Delta1	RFI rho1	IFI Delta2	TLI rho2	CFI
Default model	.950	.936	.977	.971	.977
Saturated model	1.000		1.000		1.000
Independence model	.000	.000	.000	.000	.000

Parsimony-Adjusted Measures

Model	PRATIO	PNFI	PCFI
Default model	.781	.742	.763
Saturated model	.000	.000	.000
Independence model	1.000	.000	.000

NCP

Model	NCP	LO 90	HI 90
Default model	65.376	35.305	103.290
Saturated model	.000	.000	.000
Independence model	2844.665	2671.192	3025.458

FMIN

Model	FMIN	F0	LO 90	HI 90
Default model	.455	.202	.109	.319
Saturated model	.000	.000	.000	.000
Independence model	9.104	8.780	8.244	9.338

RMSEA

Model	RMSEA	LO 90	HI 90	PCLOSE
Default model	.050	.036	.062	.503
Independence model	.289	.280	.298	.000

(b) 'd2 ↔ d4'의 설정 후

[그림 7-11] 'd2 ↔ d4'의 설정 전과 후

모델 적합도가 크게 변화하지는 않았으나, RMR과 RMSEA의 경우는 .05를 기준으로 보았을 때 채택과 탈락의 중요한 기준이 달라졌음을 확인할 수 있다.

이제는 모델의 수정이 이루어지면서 모델 적합도가 올라가는 경우를 살펴보기로 하자.

(3) 모델을 수정하여 모델 적합도 올리기

앞서 [그림 7-5]의 '수정실습.amw' 파일을 기준으로 분석을 하였을 때, [그림 7-7]과 같이 '편의성 → 구전의도'를 제외하고 회귀계수에 대한 유의성을 확인할 수 있었다.

[그림 7-12]에서 보듯이, [Regression Weights]에서는 '편의성 → 구매의도'의 수정지수(M.I.)가 19.394로 가상 높다.

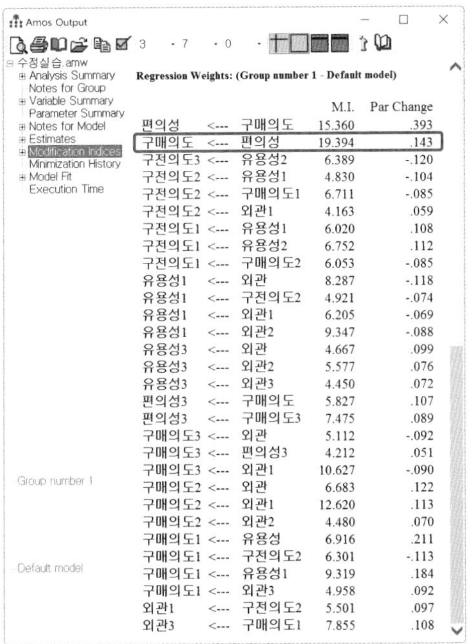

Regression Weights: (Group number 1 - Default model)

			M.I.	Par Change
편의성	<---	구매의도	15.360	.393
구매의도	<---	편의성	19.394	.143
구전의도3	<---	유용성2	6.389	-.120
구전의도2	<---	유용성1	4.830	-.104
구전의도2	<---	구매의도1	6.711	-.085
구전의도2	<---	외관1	4.163	.059
구전의도1	<---	유용성1	6.020	.108
구전의도1	<---	유용성2	6.752	.112
구전의도1	<---	구매의도2	6.053	-.085
유용성1	<---	외관	8.287	-.118
유용성1	<---	구전의도2	4.921	-.074
유용성1	<---	외관1	6.205	-.069
유용성1	<---	외관2	9.347	-.088
유용성3	<---	외관	4.667	.099
유용성3	<---	외관2	5.577	.076
유용성3	<---	외관3	4.450	.072
편의성3	<---	구매의도	5.827	.107
편의성3	<---	구매의도3	7.475	.089
구매의도3	<---	외관	5.112	-.092
구매의도3	<---	편의성3	4.212	.051
구매의도3	<---	외관1	10.627	-.090
구매의도2	<---	외관	6.683	.122
구매의도2	<---	외관1	12.620	.113
구매의도2	<---	외관2	4.480	.070
구매의도1	<---	유용성	6.916	.211
구매의도1	<---	구전의도2	6.301	-.113
구매의도1	<---	유용성1	9.319	.184
구매의도1	<---	외관3	4.958	.092
외관1	<---	구전의도2	5.501	.097
외관3	<---	구매의도1	7.855	.108

[그림 7-12] Regression Weights

06 Modification Indices에서 확인되는 가장 높은 수치가 있는 '편의성 → 구매의도' 간에 경로를 설정한다.

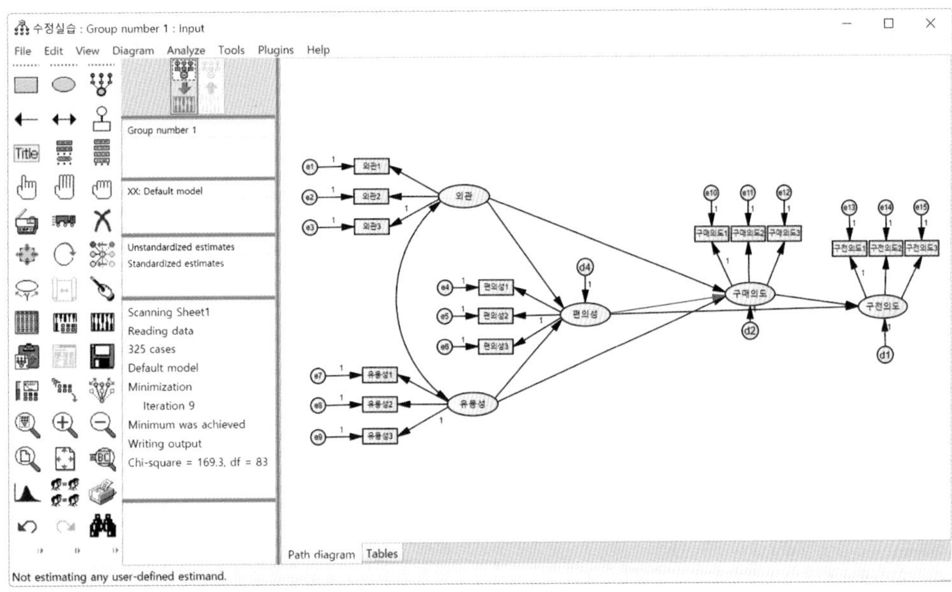

[그림 7-13] '편의성 → 구매의도' 경로 설정

07 ㉔번 아이콘(▦)을 클릭하여 분석을 실행한 후, ㉖번 아이콘(▦)을 클릭하여 Amos Output 창의 분석 결과를 확인한다.

08 경로를 설정한 후의 회귀계수의 유의성은 [그림 7-14]와 같이 나타난다. '편의성 → 구전의도'는 여전히 유의하지 않는 것으로 확인되지만, '편의성 → 구매의도'의 새로 설정한 경로에서는 유의한 결과가 확인되었다.

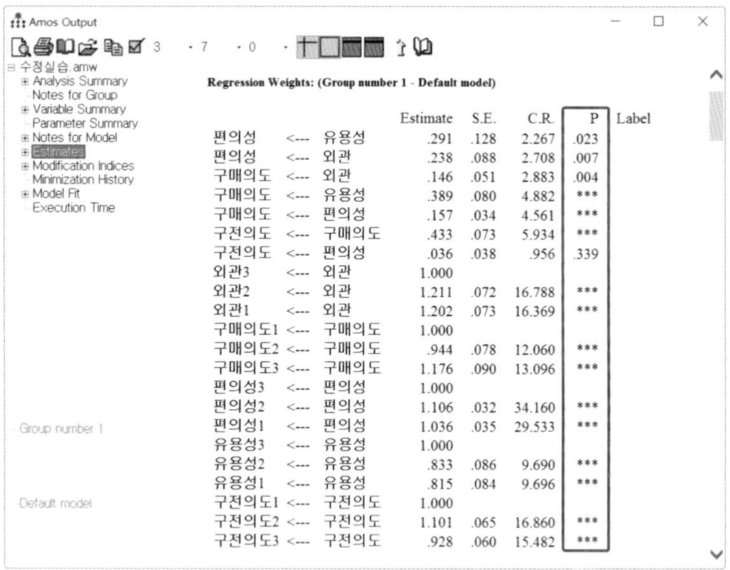

Regression Weights: (Group number 1 - Default model)

			Estimate	S.E.	C.R.	P	Label
편의성	<---	유용성	.291	.128	2.267	.023	
편의성	<---	외관	.238	.088	2.708	.007	
구매의도	<---	외관	.146	.051	2.883	.004	
구매의도	<---	유용성	.389	.080	4.882	***	
구매의도	<---	편의성	.157	.034	4.561	***	
구전의도	<---	구매의도	.433	.073	5.934	***	
구전의도	<---	편의성	.036	.038	.956	.339	
외관3	<---	외관	1.000				
외관2	<---	외관	1.211	.072	16.788	***	
외관1	<---	외관	1.202	.073	16.369	***	
구매의도1	<---	구매의도	1.000				
구매의도2	<---	구매의도	.944	.078	12.060	***	
구매의도3	<---	구매의도	1.176	.090	13.096	***	
편의성3	<---	편의성	1.000				
편의성2	<---	편의성	1.106	.032	34.160	***	
편의성1	<---	편의성	1.036	.035	29.533	***	
유용성3	<---	유용성	1.000				
유용성2	<---	유용성	.833	.086	9.690	***	
유용성1	<---	유용성	.815	.084	9.696	***	
구전의도1	<---	구전의도	1.000				
구전의도2	<---	구전의도	1.101	.065	16.860	***	
구전의도3	<---	구전의도	.928	.060	15.482	***	

[그림 7-14] **모델 변경 후의 회귀계수 유의성**

09 Model Fit을 클릭하여 모델을 수정하기 전과 후의 모델 적합도를 비교해 보자.

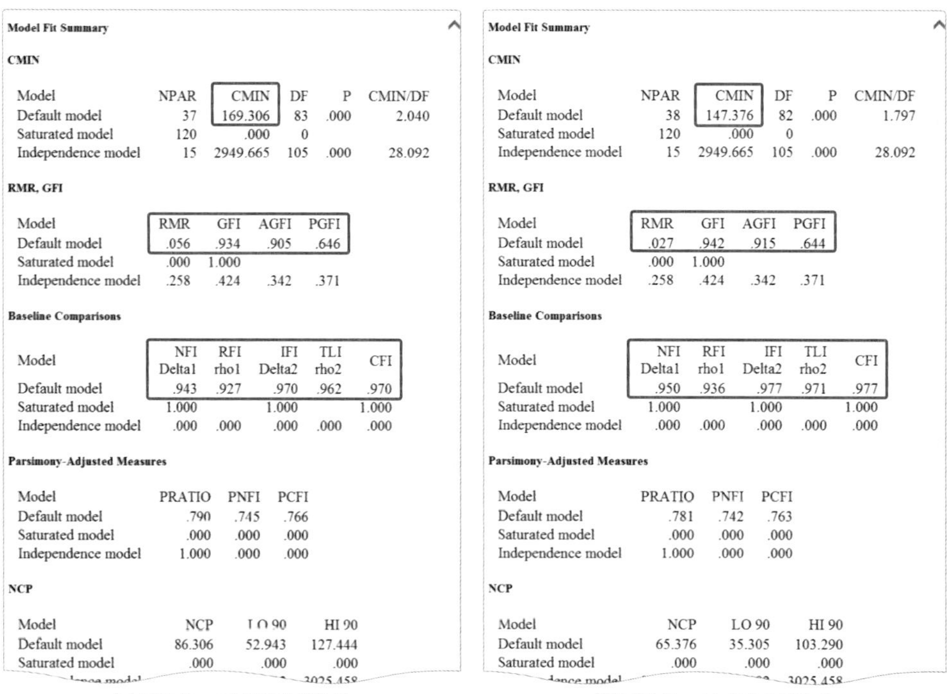

(a) '편의성 → 구매의도' 설정 전

Model Fit Summary

CMIN

Model	NPAR	CMIN	DF	P	CMIN/DF
Default model	37	169.306	83	.000	2.040
Saturated model	120	.000	0		
Independence model	15	2949.665	105	.000	28.092

RMR, GFI

Model	RMR	GFI	AGFI	PGFI
Default model	.056	.934	.905	.646
Saturated model	.000	1.000		
Independence model	.258	.424	.342	.371

Baseline Comparisons

Model	NFI Delta1	RFI rho1	IFI Delta2	TLI rho2	CFI
Default model	.943	.927	.970	.962	.970
Saturated model	1.000		1.000		1.000
Independence model	.000	.000	.000	.000	.000

Parsimony-Adjusted Measures

Model	PRATIO	PNFI	PCFI
Default model	.790	.745	.766
Saturated model	.000	.000	.000
Independence model	1.000	.000	.000

NCP

Model	NCP	LO 90	HI 90
Default model	86.306	52.943	127.444
Saturated model	.000	.000	.000

(b) '편의성 → 구매의도' 설정 후

Model Fit Summary

CMIN

Model	NPAR	CMIN	DF	P	CMIN/DF
Default model	38	147.376	82	.000	1.797
Saturated model	120	.000	0		
Independence model	15	2949.665	105	.000	28.092

RMR, GFI

Model	RMR	GFI	AGFI	PGFI
Default model	.027	.942	.915	.644
Saturated model	.000	1.000		
Independence model	.258	.424	.342	.371

Baseline Comparisons

Model	NFI Delta1	RFI rho1	IFI Delta2	TLI rho2	CFI
Default model	.950	.936	.977	.971	.977
Saturated model	1.000		1.000		1.000
Independence model	.000	.000	.000	.000	.000

Parsimony-Adjusted Measures

Model	PRATIO	PNFI	PCFI
Default model	.781	.742	.763
Saturated model	.000	.000	.000
Independence model	1.000	.000	.000

NCP

Model	NCP	LO 90	HI 90
Default model	65.376	35.305	103.290
Saturated model	.000	.000	.000

[그림 7-15] **'편의성 → 구매의도' 설정 전과 후**

모델을 수정하기 전과 비교하여 모델 적합도가 확실히 향상된 것을 확인할 수 있다. 상관관계를 설정한 경우의 모델 적합도와 비교해도 그 결과가 더 향상되었음을 확인할 수 있다.

처음 구조방정식모델을 이용한 분석을 할 때, 이러한 수정모델을 찾아내는 것이 쉽지는 않다. 하지만 반복적인 작업이므로 연구자가 Model Fit과 Modification Indices를 기준으로 모델을 변경해 보기도 하고, 대안모델을 작성하여 그에 따른 분석을 실시하는 등의 기준을 세운 후 분석 및 비교하면서 최적의 모델을 찾아내는 것이다.

7.2.2. 대안모델

지금까지 우리는 모델의 수정 규칙에 따라 모델을 수정하는 방법에 대해 알아보았다. 연구자가 자료를 수집하고 분석을 진행할 때, Modification Indices를 통해 모델을 수정했을 경우 결과값이 좋게 나온다면 그 결과를 최종모델로 결정하면 된다. 하지만 실제로는 좋은 결과로 귀결되지 않을 때가 많다. 심지어 연구가 거의 끝나가는 시점에 결과가 나오지 않아 포기하는 순간을 맞기도 한다.

이럴 때 연구자는 이론을 기반으로 한 대안모델을 찾아야 한다. [그림 7-1]에서 확인할 수 있듯이, 대안모델은 어떤 정형화된 모델이 있는 것이 아니다. 초기 연구단계에서 연구자가 진행하면서 구상할 수 있는 모델 및 그에 대한 수정모델 등 여러 가지가 될 수 있다.

이제 [그림 7-16(a)]의 모델을 기준으로 최적화된 대안모델을 구성해 보자.

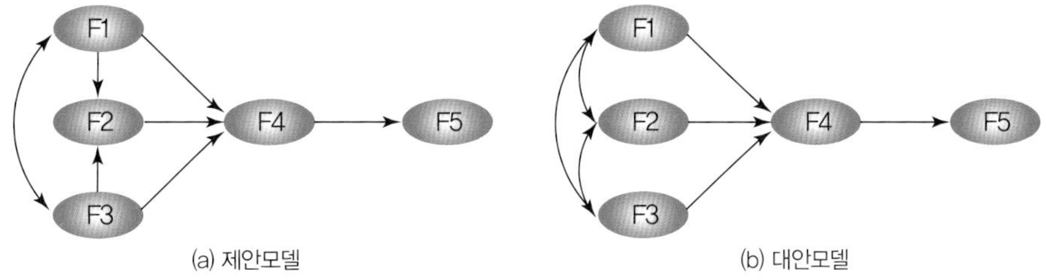

[그림 7-16] 제안모델과 대안모델

따라하기

01 [그림 7-17]과 같이 AMOS에 대안모델을 작성한다.

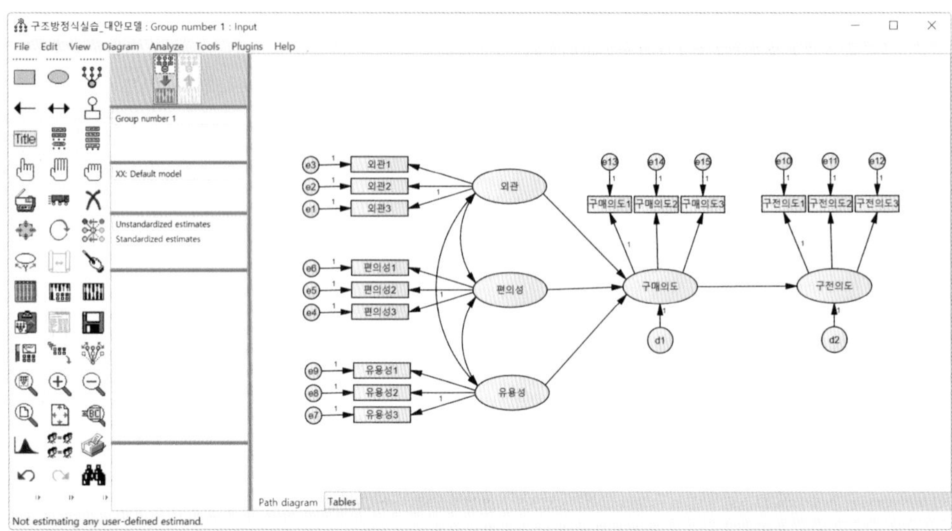

[그림 7-17] **대안모델**

02 분석 옵션을 설정하기 위해 ❶ ㉓번 아이콘(▦)을 클릭한다. 더욱 섬세한 수정이 필요한지 확인하기 위해 ❷ Analysis Properties 창의 Output 탭을 클릭하고 ❸ 'Modification Indices'에 ☑ 표시를 한 후 ❹ [×]를 클릭하여 창을 닫는다.

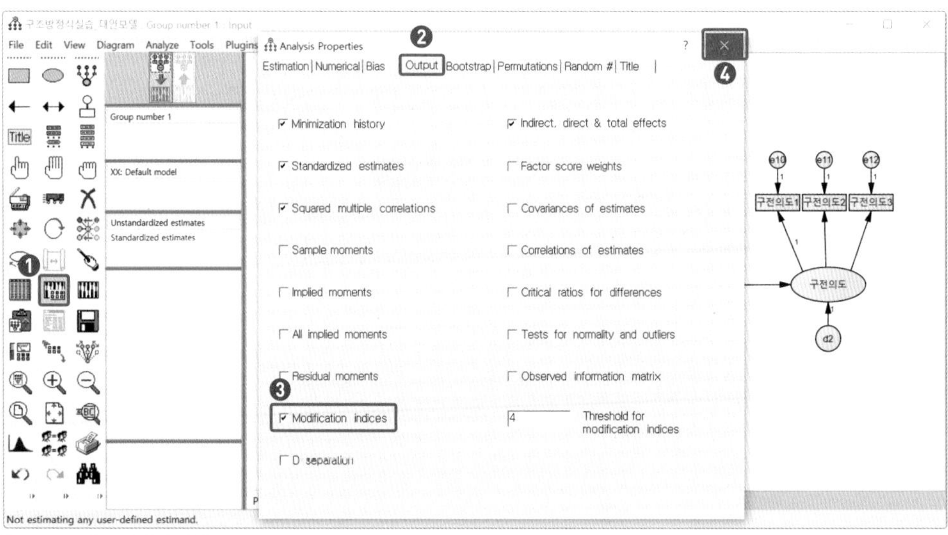

[그림 7-18] **분석 옵션 설정**

03 ㉔번 아이콘(▦)을 클릭하면 분석이 시작된다.

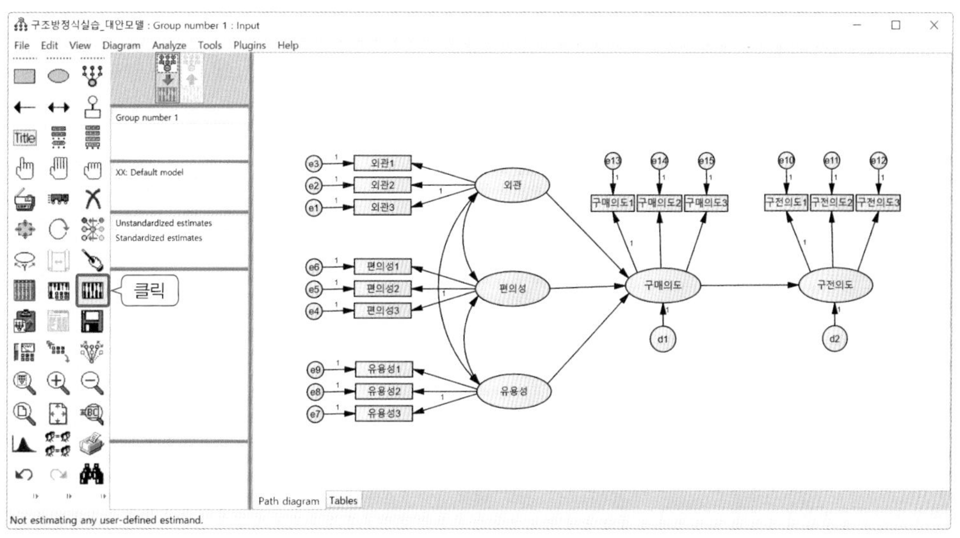

[그림 7-19] **분석 실행**

04 ㉖번 아이콘(▦)을 클릭하면 AMOS Output 창에서 [그림 7-20]과 같은 결과를 볼 수 있다. 이 결과를 보면, Estimates에서의 수치들이 양호하게 분석되는 것을 확인할 수 있다.

Amos Output

구조방정식실습_대안모델.amw
- Analysis Summary
- Notes for Group
- Variable Summary
- Parameter Summary
- Notes for Model
- Estimates
- Modification Indices
- Minimization History
- Model Fit
- Execution Time

Group number 1

Default model

Regression Weights: (Group number 1 - Default model)

			Estimate	S.E.	C.R.	P	Label
구매의도	<---	외관	.146	.051	2.894	.004	
구매의도	<---	편의성	.159	.034	4.627	***	
구매의도	<---	유용성	.389	.080	4.888	***	
구전의도	<---	구매의도	.458	.069	6.610	***	
외관3	<---	외관	1.000				
외관2	<---	외관	1.211	.072	16.788	***	
외관1	<---	외관	1.202	.073	16.370	***	
편의성3	<---	편의성	1.000				
편의성2	<---	편의성	1.106	.032	34.157	***	
편의성1	<---	편의성	1.035	.035	29.549	***	
유용성3	<---	유용성	1.000				
유용성2	<---	유용성	.833	.086	9.691	***	
유용성1	<---	유용성	.815	.084	9.696	***	
구전의도1	<---	구전의도	1.000				
구전의도2	<---	구전의도	1.100	.065	16.861	***	
구전의도3	<---	구전의도	.926	.060	15.476	***	
구매의도1	<---	구매의도	1.000				
구매의도2	<---	구매의도	.944	.078	12.064	***	
구매의도3	<---	구매의도	1.173	.089	13.135	***	

Standardized Regression Weights: (Group number 1 - Default model)

			Estimate
구매의도	<---	외관	.169
구매의도	<---	편의성	.271
구매의도	<---	유용성	.335
구전의도	<---	구매의도	.431
외관3	<---	외관	.788
외관2	<---	외관	.899
외관1	<---	외관	.853
편의성3	<---	편의성	.943
편의성2	<---	편의성	.951
편의성1	<---	편의성	.909
유용성3	<---	유용성	.749
유용성2	<---	유용성	.699
유용성1	<---	유용성	.700
구전의도1	<---	구전의도	.851
구전의도2	<---	구전의도	.863
구전의도3	<---	구전의도	.780
구매의도1	<---	구매의도	.699
구매의도2	<---	구매의도	.736
구매의도3	<---	구매의도	.915

Covariances: (Group number 1 - Default model)

			Estimate	S.E.	C.R.	P	Label
편의성	<-->	유용성	.086	.035	2.450	.014	
외관	<-->	유용성	.035	.024	1.413	.158	
외관	<-->	편의성	.125	.044	2.860	.004	

Correlations: (Group number 1 - Default model)

			Estimate
편의성	<-->	유용성	.163
외관	<-->	유용성	.096
외관	<-->	편의성	.176

Variances: (Group number 1 - Default model)

	Estimate	S.E.	C.R.	P	Label
외관	.485	.060	8.144	***	
편의성	1.052	.094	11.250	***	
유용성	.268	.041	6.588	***	
d1	.264	.040	6.578	***	
d2	.332	.039	8.598	***	
e1	.295	.029	10.035	***	
e2	.168	.029	5.721	***	
e3	.261	.033	7.900	***	
e4	.131	.018	7.429	***	
e5	.136	.021	6.607	***	
e6	.238	.024	9.806	***	
e7	.209	.028	7.453	***	
e8	.195	.022	8.783	***	
e9	.185	.021	8.751	***	
e10	.156	.021	7.531	***	
e11	.169	.024	7.016	***	
e12	.225	.023	9.801	***	
e13	.380	.035	10.720	***	
e14	.272	.027	10.081	***	
e15	.096	.025	3.855	***	

Squared Multiple Correlations: (Group number 1 - Default model)

	Estimate
구매의도	.270
구전의도	.186
구매의도3	.838
구매의도2	.542
구매의도1	.488
구전의도3	.609
구전의도2	.744
구전의도1	.723
유용성1	.490
유용성2	.488
유용성3	.561
편의성1	.826
편의성2	.905
편의성3	.889
외관1	.728
외관2	.809
외관3	.622

[그림 7-20] Amos Output : Estimates

05 양호한 분석 결과값이 나왔으나 더 적절한 수정모델이 존재하는지 확인하기 위해 Modification Indices에서 M.I.를 살펴보자. 수정규칙을 기준으로 했을 때, 수정할 사항이 더 이상 없다. 즉 최적의 연구모형을 찾았다는 의미이다.

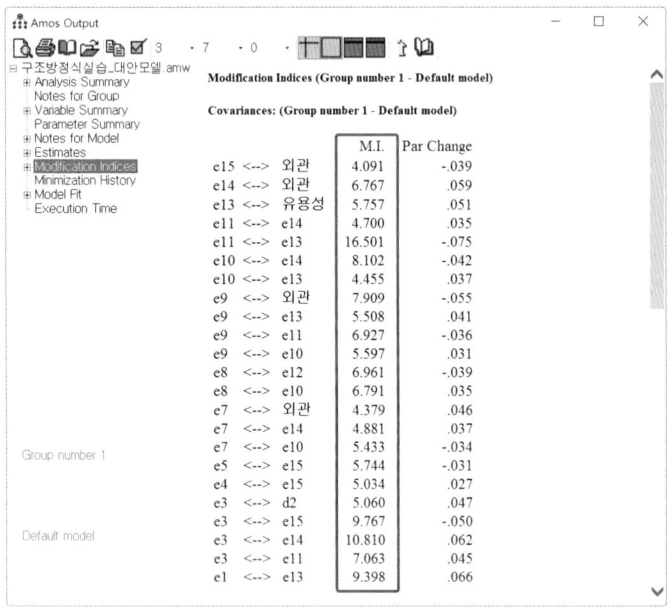

Modification Indices (Group number 1 - Default model)

Covariances: (Group number 1 - Default model)

			M.I.	Par Change
e15	<-->	외관	4.091	-.039
e14	<-->	외관	6.767	.059
e13	<-->	유용성	5.757	.051
e11	<-->	e14	4.700	.035
e11	<-->	e13	16.501	-.075
e10	<-->	e14	8.102	-.042
e10	<-->	e13	4.455	.037
e9	<-->	외관	7.909	-.055
e9	<-->	e13	5.508	.041
e9	<-->	e11	6.927	-.036
e9	<-->	e10	5.597	.031
e8	<-->	e12	6.961	-.039
e8	<-->	e10	6.791	.035
e7	<-->	외관	4.379	.046
e7	<-->	e14	4.881	.037
e7	<-->	e10	5.433	-.034
e5	<-->	e15	5.744	-.031
e4	<-->	e15	5.034	.027
e3	<-->	d2	5.060	.047
e3	<-->	e15	9.767	-.050
e3	<-->	e14	10.810	.062
e3	<-->	e11	7.063	.045
e1	<-->	e13	9.398	.066

[그림 7-21] Modification Indices

06 [그림 7-22]의 모델이 최적의 연구모형으로 설정된 대안모델(최종 수정모형)이다.

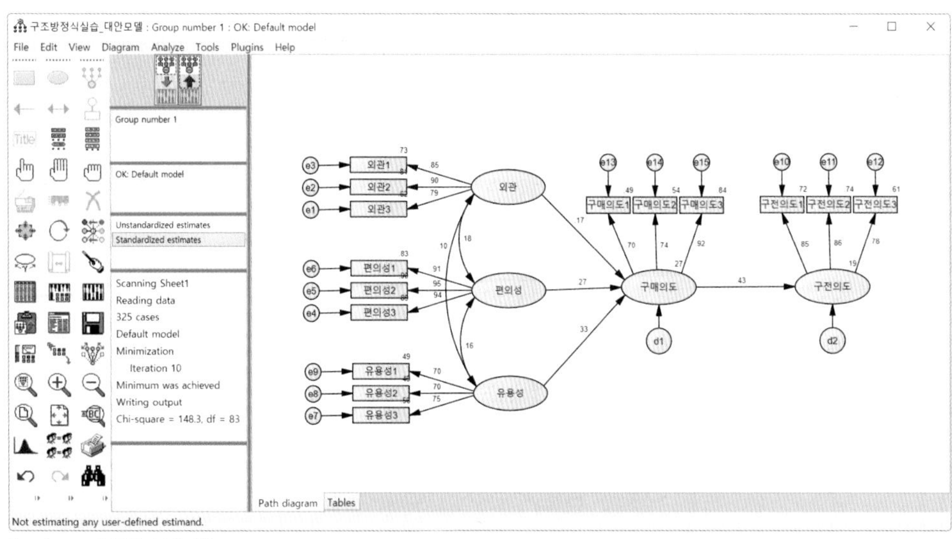

[그림 7-22] **최종 수정모형**

Chapter

08

구조방정식모델의 조절효과 분석

학습목표

1) 구조방정식모델에서 조절효과의 개념을 이해한다.
2) 조절효과 분석 방법의 절차를 이해하고, AMOS를 활용하여 분석을 진행할 수 있다.

다루는 내용

- 조절효과 분석의 개념
- AMOS에서의 조절효과 분석 절차

8.1 조절효과 분석이란?

최근의 연구는 직접적인 효과보다는 주로 조절효과나 매개효과와 같이 다른 변수가 미치는 영향에 집중하는 추세이다. 이런 배경에는 조절효과나 매개효과가 단순한 직접적 인과관계의 분석보다는 문제의 해석에 더 많은 정보를 제공하기 때문이다. 앞에서는 간접효과를 설명하면서 매개효과에 대해서 다루었으나, 조절효과에 대해서는 자세히 다루지 않았다. 그 이유는 구조방정식모델의 특성상 별도의 작업이 필요하기 때문이다.

AMOS에서 조절효과를 분석하는 과정은 지금까지 진행한 분석 방법과는 약간 다르다. 변수 간의 관계를 나타내는 변수(도형) 및 모형 간의 경로(화살표)를 설정할 수가 없기 때문이다. 따라서 연구문제에서 제시하는 내용('남/여'의 차이)을 확인하기 위해 연구모델 상에서 남자와 여자를 따로 분리하여 분석할 것이다. 또한 이 두 모델 간의 경로가 같다고 제약하는 '제약모델'과 모델 자체로 차이가 있다고 설정한 '자유모델'을 함께 분석해야 한다.

8.2 조절효과 분석 실습

조절효과 분석 절차에 따라 분석을 진행해 보자.

연구문제

지금까지 연구자는 "스마트폰 사용자들이 스마트폰에 대해 느끼는 '외관, 편의성, 유용성'이 소비자들의 '구매의도'에 어떠한 영향을 미칠까?, 또한 '구매의도'와 '구전의도'와는 어떠한 인과관계가 있을까?"에 대한 분석을 수행했다. 이 과정에서 연구자는 또 다시 "소비자의 성별이 이러한 인과관계에 어떤 영향을 주는가?"에 대해 알아보고자 한다.

앞서 제시한 조절효과 분석 절차를 토대로 단계별 계획을 세워 보자. 조절효과 분석 방법은 다음과 같은 절차로 진행하면 된다.

(1) **1단계** : 연구문제를 기반으로 연구모형을 그린다.
(2) **2단계** : 모델 간의 차이를 비교하기 위해 모델을 '남/여'의 두 집단으로 구분한다.
(3) **3단계** : 경로를 서로 비교하면서 조절효과를 확인하기 위해 경로에 이름을 붙인다.
(4) **4단계** : 자유모델과 제약모델로 연구모델을 구분한다.
(5) **5단계** : '남자' 그룹에 '남자'로 응답한 응답값을 매치시킨다.
(6) **6단계** : '여자' 그룹에 '여자'로 응답한 응답값을 매치시킨다.
(7) **7단계** : ㉓번 아이콘( )을 클릭하여 옵션을 설정한다.
(8) **8단계** : ㉔번 아이콘( )을 클릭하여 분석을 시작한다.
(9) **9단계** : ㉖번 아이콘( )을 클릭하여 분석 결과를 해석한다.

먼저 주어진 연구문제를 기반으로 연구모델을 설계한다.

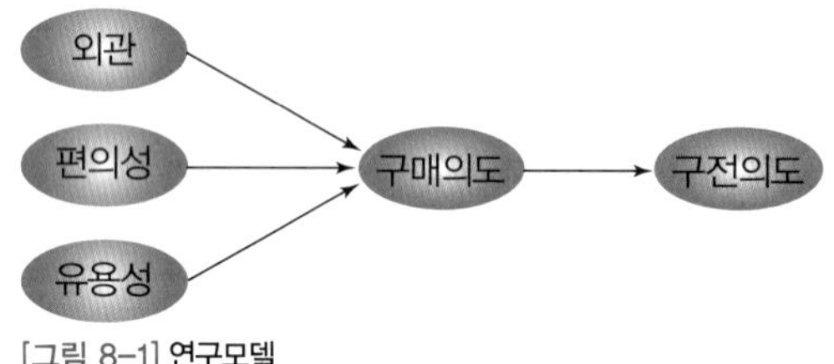

[그림 8-1] **연구모델**

따라하기

(1) 1단계 : 연구모형을 그린다.

AMOS를 활용하여 분석모델을 작성한다.

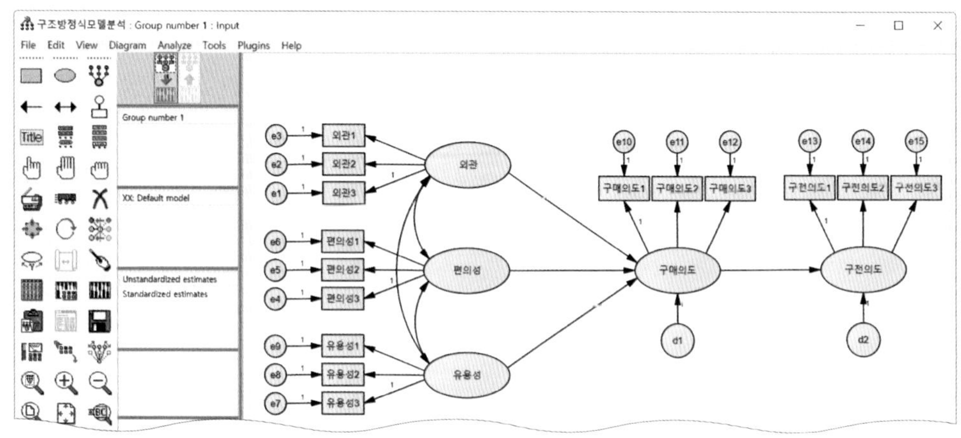

[그림 8-2] **구조방정식모델 완성**

TIP 위 모델에서는 '구조방정식.xls' 파일이 사용되었다. 데이터 파일을 기준으로 모델을 완성하여 분석한 후에 저장한 파일은 '구조방정식실습.amw' 및 '구조방정식모델분석.amw'이다. 이 두 파일의 분석 결과가 같으므로, 만약 [그림 8-2]의 모델을 그리기 힘들다면 두 파일 중 하나를 이용하여 실습을 진행하면 된다.

(2) 2단계 : '남/여'의 차이를 보기 위해 모델을 두 집단으로 구분한다.

01 '남자' 그룹을 만들기 위해 ❶ Group number 1을 더블클릭한 후 ❷ Manage Groups의 'Group Name'을 '남자'로 변경한다.

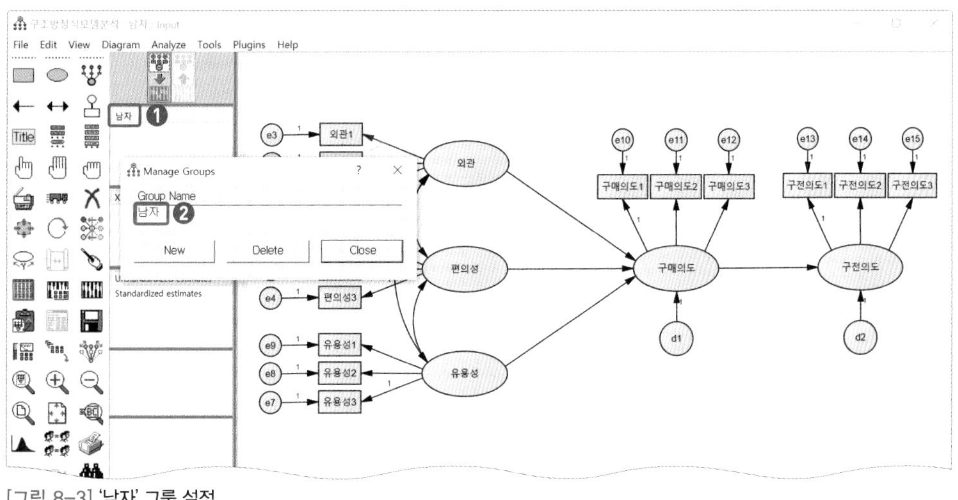

[그림 8-3] **'남자' 그룹 설정**

02 '여자' 그룹을 만들기 위해 New를 클릭한다.

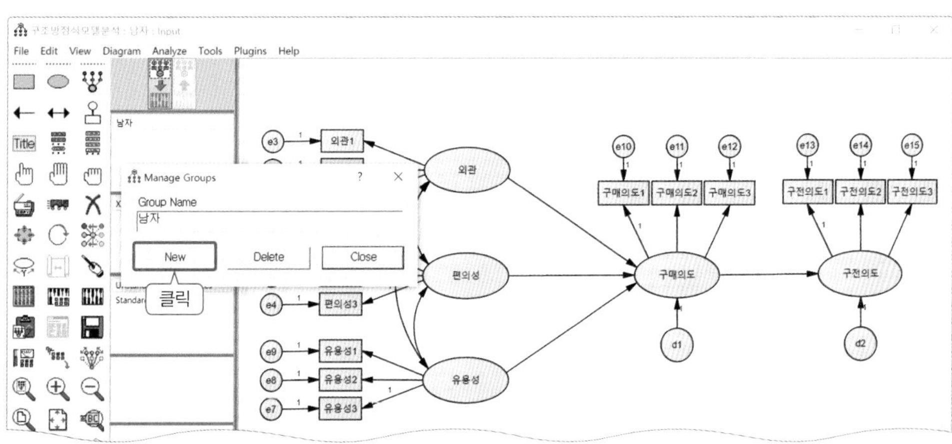

[그림 8-4] **새로운 그룹 생성**

03 'Group number 2'가 생기면 ❶ 'Group number 2'를 '여자'로 변경한 후 ❷ Close를 클릭하여 창을 닫는다. Manage Groups 창을 닫으면 [그림 8-5]와 같이 그룹이 '남자', '여자'로 변경되어 있음을 확인할 수 있다.

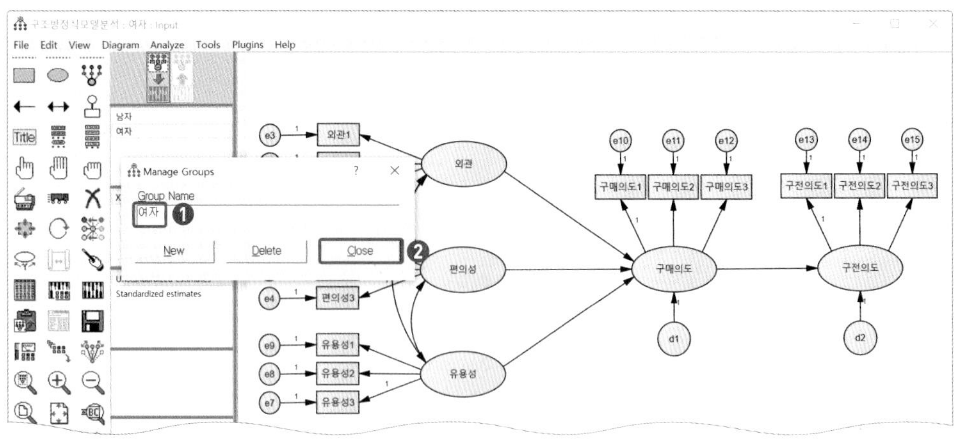

[그림 8-5] **'여자' 그룹 설정**

(3) 3단계 : 경로 비교를 위해 경로에 이름을 붙인다.

연구모형에 설정되어 있는 경로는 '외관→구매의도', '편의성→구매의도', '유용성→구매의도', '구매의도→구전의도'로 총 4개이다. 경로에 이름을 붙이는 이유는 '남자'와 '여자'라는 특성에 따라 연구모형에 나타나는 조절효과를 확인하기 위해서이다. 또한 이렇게 이름을 붙여줌으로써 '자유모델'과 '제약모델'로 구분할 수 있다. 응답값이 '남자=1, 여자=2'로 되어 있으므로 '남자' 그룹의 경로는 'a1, b1, c1, d1'으로, '여자' 그룹의 경로는 'a2, b2, c2, d2'로 서로 다르게 설정해주면 구분하기가 쉽다.

01 경로 위에 마우스를 가져가면 화살표가 빨갛게 변하는데, 이 경로를 더블클릭하여 이름을 붙여야 한다.

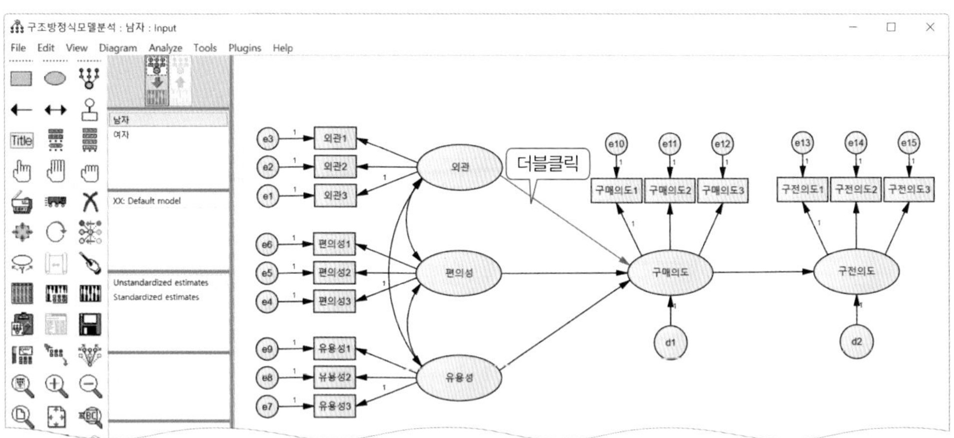

[그림 8-6] **'남자' 그룹의 경로 선택**

02 ❶ Object Properties 창의 Parameters 탭을 선택하고 ❷ 'All groups'의 ☑ 표시를 해제한다. '남자' 그룹의 각각의 경로를 클릭해가며 ❸ 'Regression weight'에 경로명인 'a1, b1, c1, d1'을 각각 설정한 후 ❹ × 를 눌러서 창을 닫는다.

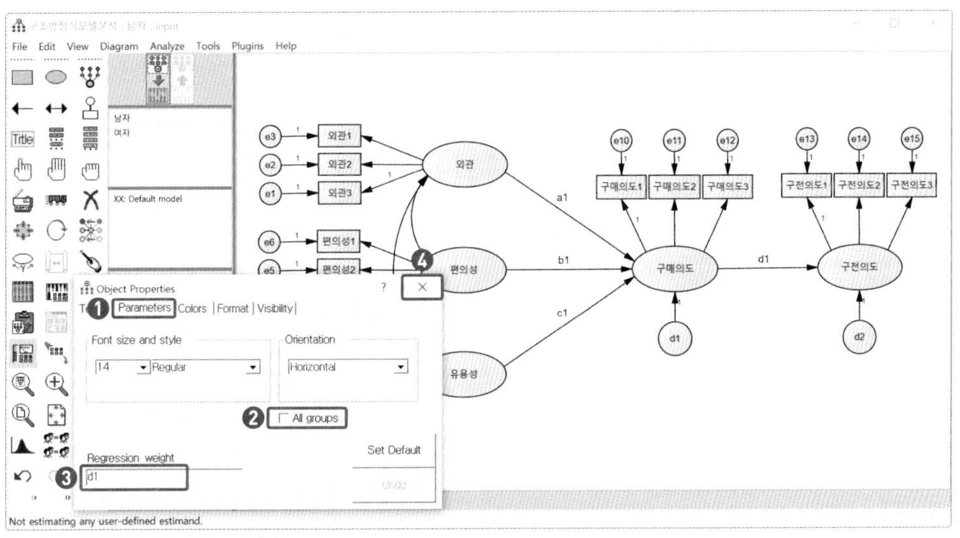

[그림 8-7] **'남자' 그룹의 경로명 설정**

TIP 'All groups'의 체크를 해제하는 이유

'All groups' 옵션은 프로그램 기본값으로 ☑ 표시가 되어 있다. 이 옵션을 해제하지 않으면 '남자' 그룹의 경로명뿐만 아니라 '여자' 그룹의 경로명도 동일한 이름으로 설정되므로 나중에 제약모델을 만들 수 없다.

03 이제 '여자' 그룹의 경로명을 설정해 보자. ❶ '여자' 그룹을 클릭하면 기존에 설정한 '남자' 그룹의 경로명이 지워진다. ❷ 경로 위에 마우스를 가져가면 화살표가 빨갛게 변하는데, 이 경로를 더블클릭하여 이름을 붙여야 한다.

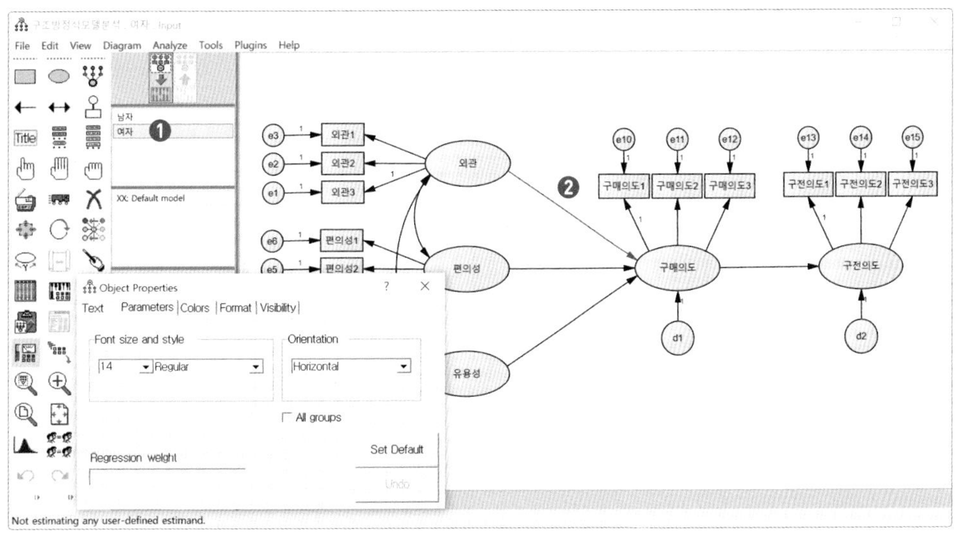

[그림 8-8] **'여자' 그룹의 경로 선택**

04 ❶ Object Properties 창의 Parameters 탭을 선택하고 ❷ 'All groups'의 ☑ 표시를 해제한다. '여자' 그룹의 각각의 경로를 클릭해가며 ❸ 'Regression weight'에 경로명인 'a2, b2, c2, d2'를 각각 설정한 후 ❹ [×]를 눌러서 창을 닫는다.

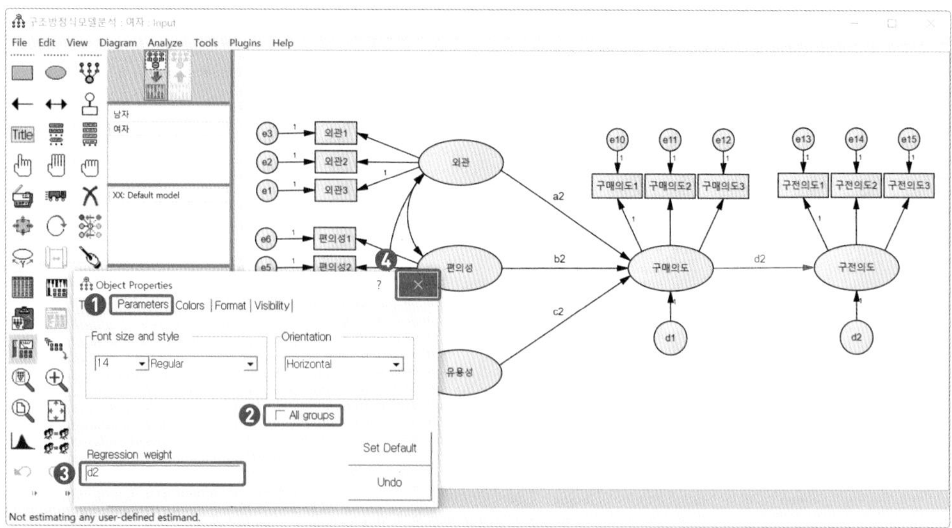

[그림 8-9] **'여자' 그룹의 경로명 설정**

05 '남자'와 '여자' 그룹을 각각 클릭하여 경로명이 'a1, b1, c1, d1' 및 'a2, b2, c2, d2'로 설정된 것을 확인했다면 경로명을 변경하는 단계는 완료된 것이다.

(4) 4단계 : 자유모델과 제약모델로 연구모델을 구분한다.

자유모델은 원래의 데이터를 가지고 남자/여자의 경로를 다르게 설정한 것이고, 제약모델은 남자/여자의 경로를 동일하게 설정한 것이다. 이렇게 자유모델과 제약모델을 구분하여 분석하는 이유는 남자/여자의 경로를 달리 했을 때 어떠한 효과가 있는지를 비교해 보기 위함이다.

01 'Default model'을 더블클릭하면 Manage Models 창이 열린다.

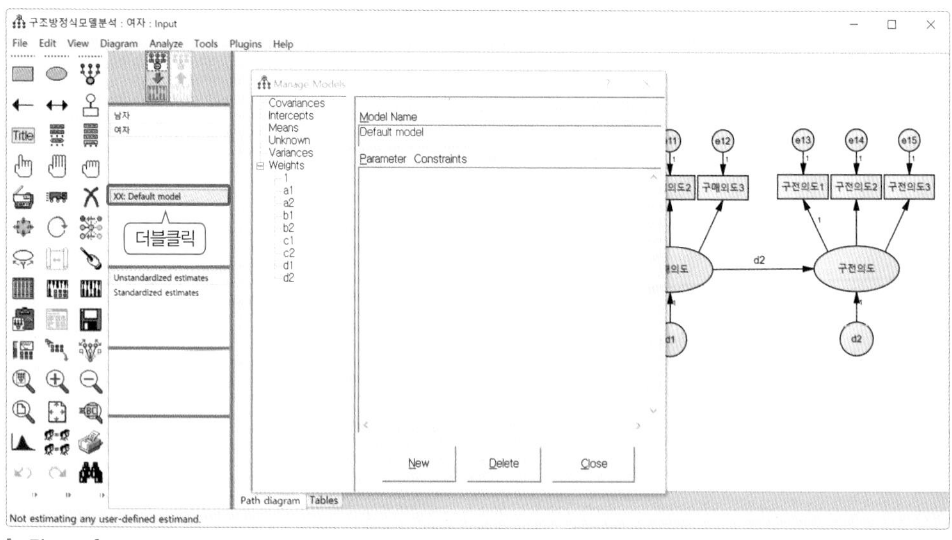

[그림 8-10] Manage Models

02 ❶ Manage Models 창의 'Model Name'에 설정된 'Default model'을 '자유모델'로 변경한다. ❷ '제약모델'을 만들기 위해 New를 클릭한다.

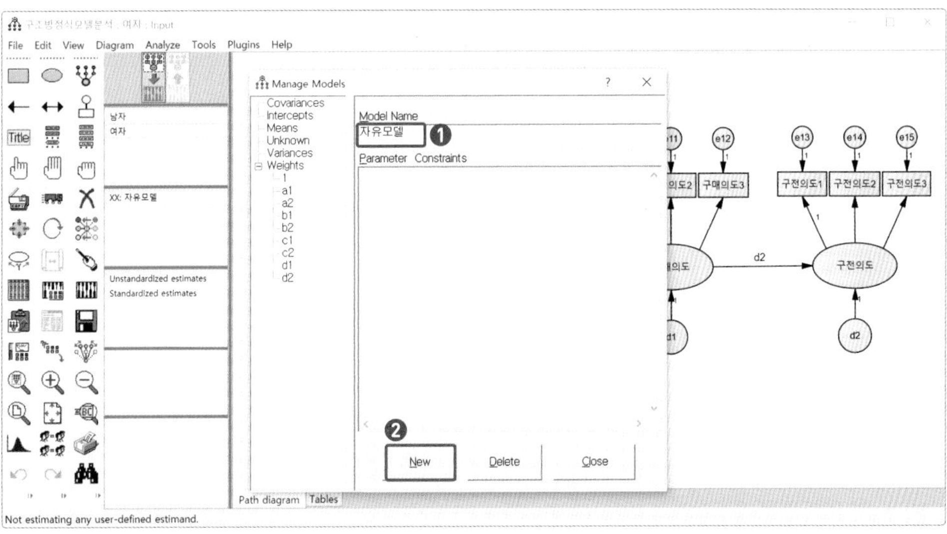

[그림 8-11] **모델 명칭 설정(자유모델)**

03 ❶ 'Model Number 2'의 이름을 '제약모델'로 변경한다. ❷ '남자'와 '여자'의 경로값이 같다는 제약모델을 만들어야 하므로 'a1=a2, b1=b2, c1=c2, d1=d2'를 입력한다. ❸ 입력을 마치면 Close를 클릭하여 창을 닫는다.

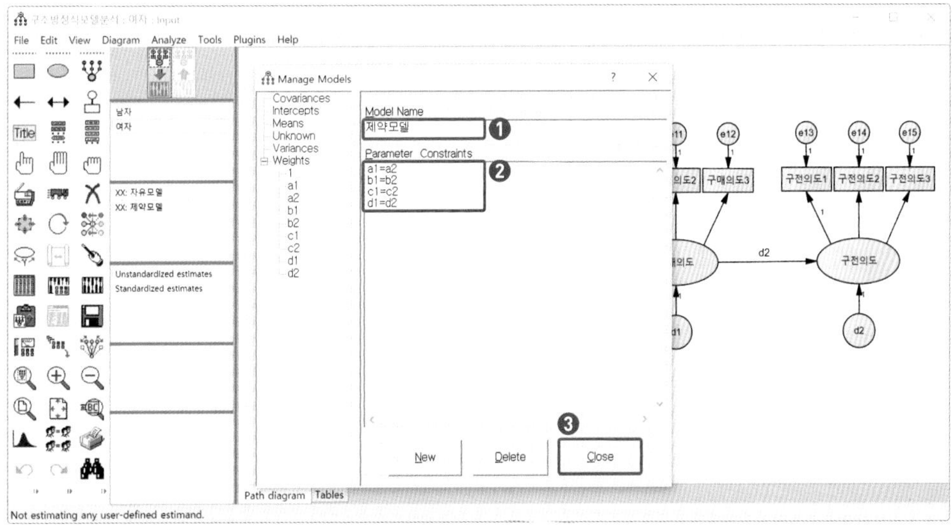

[그림 8-12] **제약모델 설정**

TIP 각 경로명은 Enter로 행을 분리하여 입력해야 한다.

04 4단계까지 진행을 마친 화면은 다음과 같다.

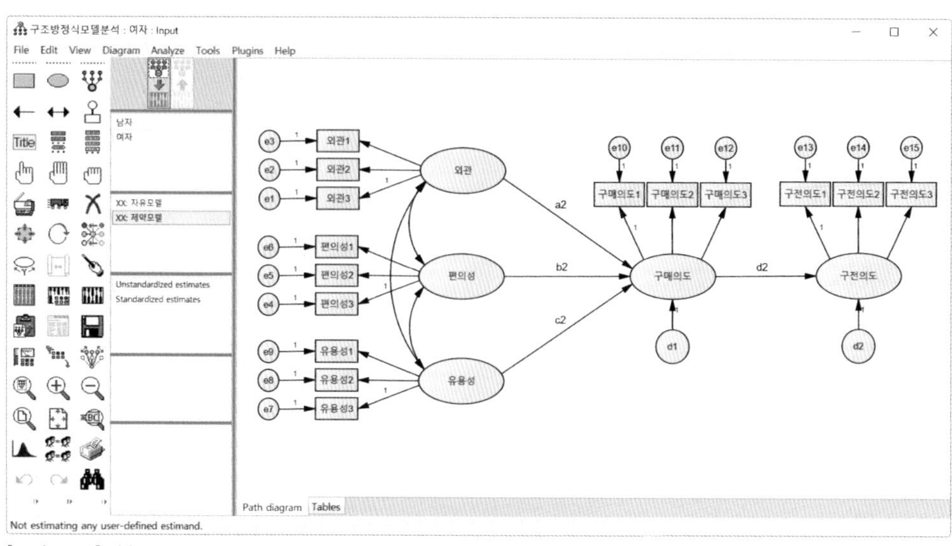

[그림 8-13] **자유모델 및 제약모델 설정 완료**

(5) 5단계 : '남자' 그룹에 '남자'로 응답한 응답값을 매치시킨다.

이제 '남자'의 데이터와 '여자'의 데이터를 구분해 보자. 먼저 '남자' 그룹에 '남자'로 응답한 값을 매치시킨다.

01 ❶ ㉒번 아이콘( )을 클릭한다. ❷ Data Files 창에서 Grouping Variable을 클릭한다.

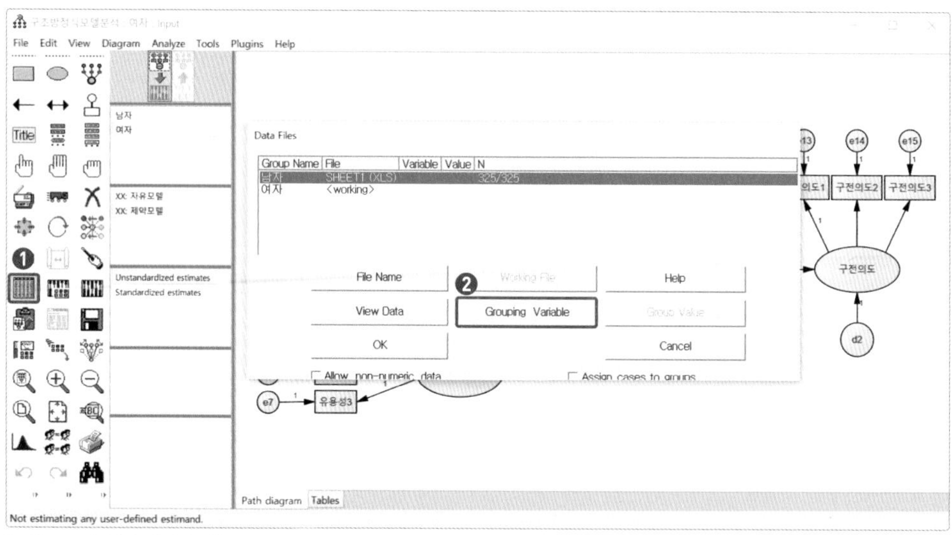

[그림 8-14] **남자 데이터 매칭**

02 'Group Name'에 성별에 해당하는 값을 기준으로 데이터를 매칭해야 하므로 ❶ Choose a Grouping Variable 창에서 '성별'을 클릭한 후 ❷ OK를 클릭한다.

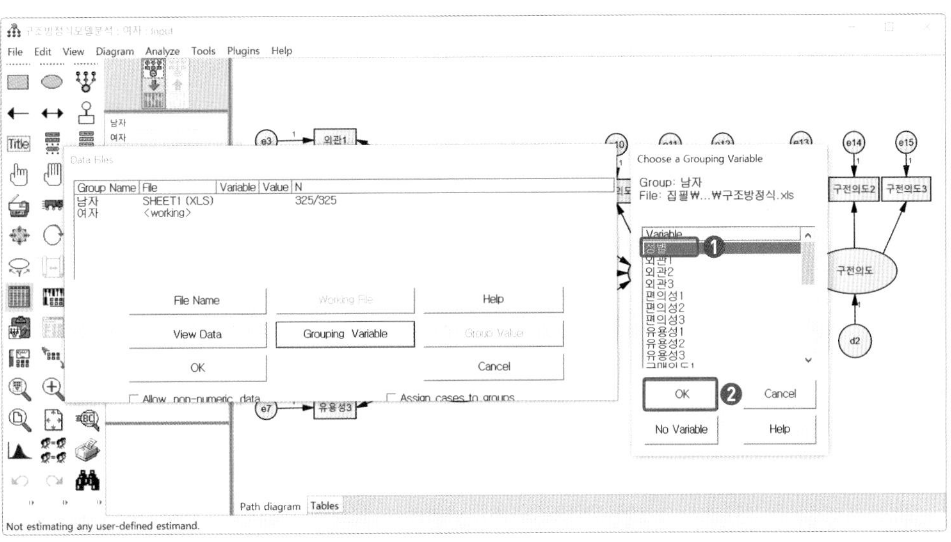

[그림 8-15] Choose a Grouping Variable

03 ❶ Data Files 창의 Variable 값이 '성별'로 바뀐 것을 확인하고 ❷ Group Value를 클릭한다. ❸ Choose Value for Group 창에서 '남자'의 코딩값인 '1'을 클릭하고 ❹ OK를 클릭하여 창을 닫는다.

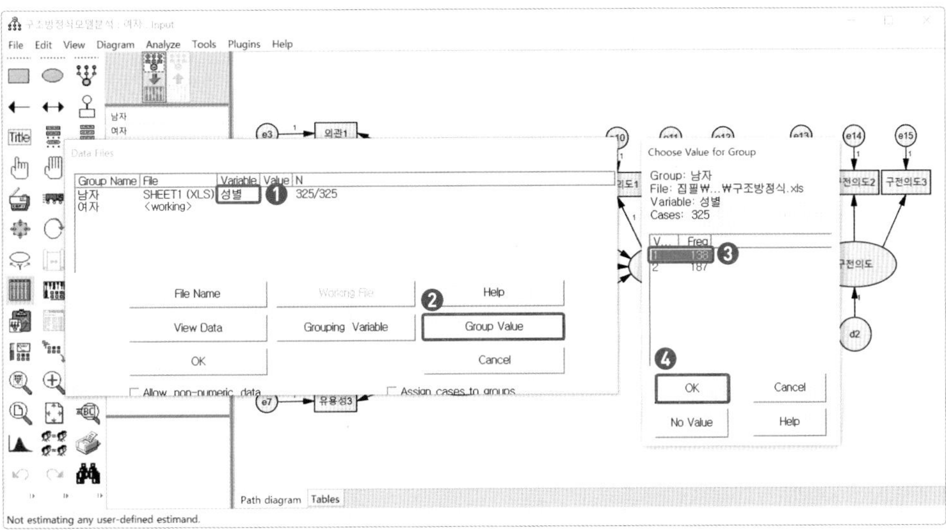

[그림 8-16] Choose Value for Group

04 Data Files 창에서 '남자' 그룹에 대한 Value 값이 '1'이고, N(표본개수) 값이 '138/325'로, '남자'의 표본 수가 전체표본 325개 중에 138개인 것을 확인할 수 있다.

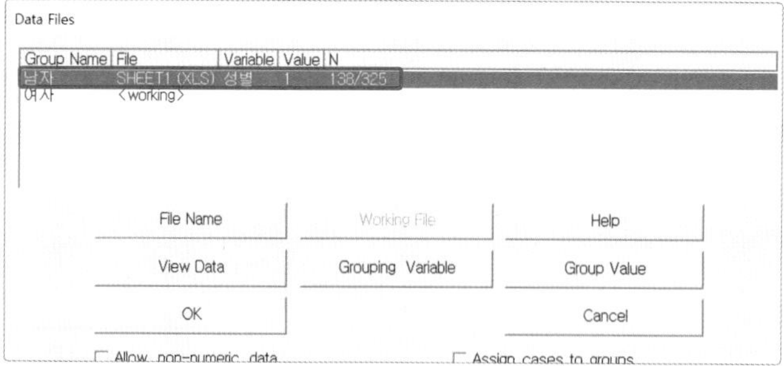

[그림 8-17] Data Files의 '남자' 그룹 설정 완료

NOTE

71 '여자' 그룹을 클릭해도 Grouping Variable이 비활성화 상태라면?

5단계까지 마쳤다면 이제 '여자' 그룹에 대해서도 해당하는 성별의 데이터 '2'를 매칭시켜야 한다. 그러나 다음 그림의 Data Files 창에서 보듯이 '남자'의 File명은 'SHEET(XLS)'인 반면, '여자'의 경우는 File명은 '〈working〉'으로 되어 있고 Grouping Variable은 비활성화 상태이다. 이는 '여자'에 대한 데이터 파일이 설정되지 않았다는 의미이다. 이런 경우에는 다음의 작업을 수행하면 된다.

❶ '여자'를 더블클릭하면 **열기** 창이 열린다. ❷ **열기** 창에서 '구조방정식.xls' 파일을 선택한 후 ❸ **열기** 버튼을 클릭하면 '여자' 그룹에 대해서도 데이터 파일이 지정된다.

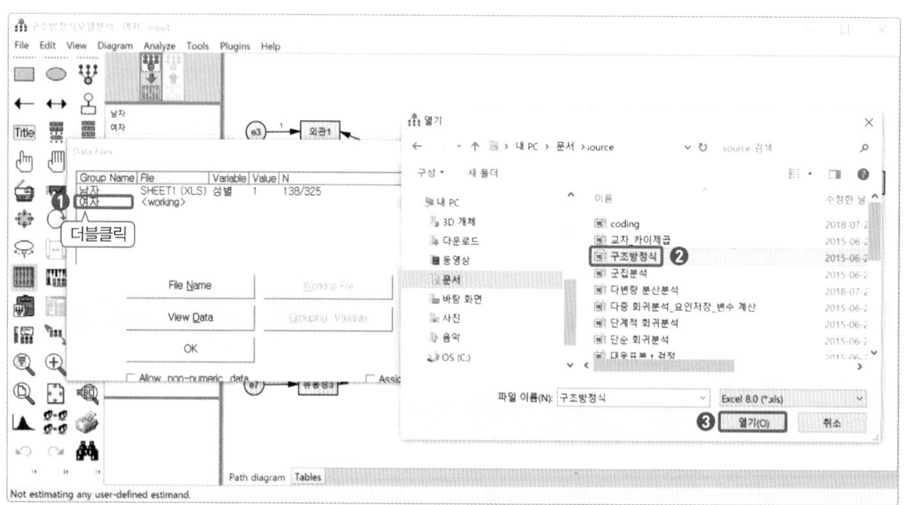

▲ 'Data Files–여자' 간의 데이터 매칭

참고로, AMOS 21 버전에서는 방금 설명한 것처럼 Grouping Variable이 활성화되지 않지만, 이전 버전에서는 오른쪽과 같은 경고창이 열린다. 이때는 당황하지 말고 위의 작업을 수행하면 된다.

▲ AMOS 21 이전 버전의 경고창

(6) 6단계 : '여자' 그룹에 '여자'로 응답한 응답값을 매치시킨다.

앞서 5단계와 동일한 과정으로 '여자' 그룹에 대해 Variable 값을 '성별', Value 값을 '2'로 변경해 보자.

❶ '남자/여자' 그룹으로 나누어 성별(남=1, 여=2)이 제시되어 있는지 확인한다. 여기서 N(표본개수) 값을 보면 남자가 전체 표본 325 중 138, 여자가 325 중 187임을 알 수 있다. 확인을 마쳤으면 ❷ OK를 클릭하여 창을 닫는다.

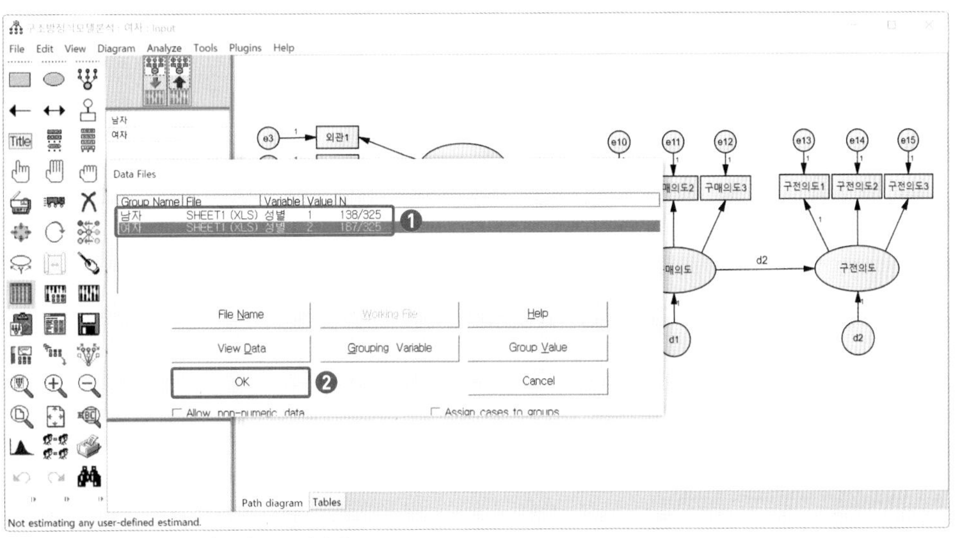

[그림 8-18] Data Files의 '여자' 그룹 설정 완료

(7) 7단계 : ㉓번 아이콘(아이콘)을 클릭하여 옵션을 설정한다.

01 분석 옵션을 설정하기 위해 ㉓번 아이콘(아이콘)을 클릭한다.

02 Analysis Properties 창이 열리면 ❶ Estimation 탭을 클릭하고 ❷ 'Estimate means and intercepts'에 ☑ 표시를 한다. ❸ Output 탭을 클릭하고 ❹ 'Minimization history', 'Standardized estimates', 'Squared multiple correlations'에 ☑ 표시를 한다. 이외에 연구자의 필요에 따라 추가로 ☑ 표시를 할 수 있으나, 지금은 두 모델 간의 차이를 확인하는 데 집중하여 이 세 가지만 ☑ 표시를 한다.

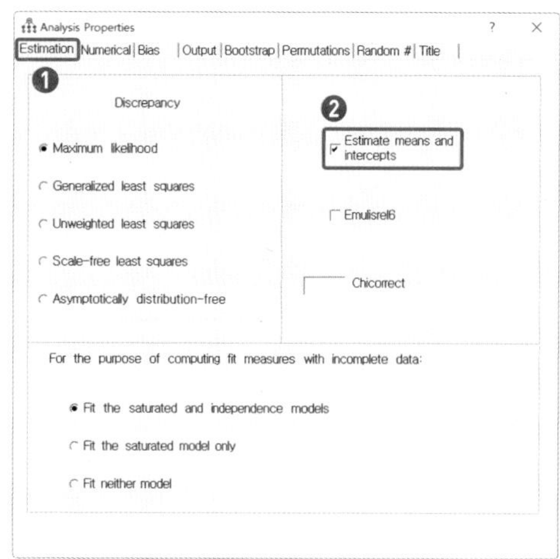

(a) Estimation 탭의 설정

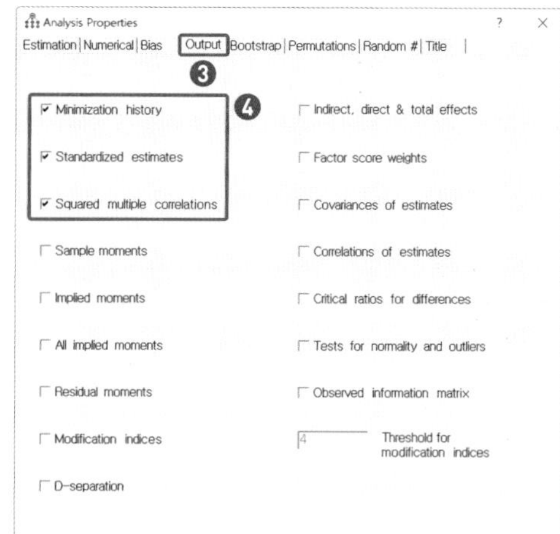

(b) Output 탭의 설정

[그림 8-19] Analysis Properties 설정

(8) 8단계 : ㉔번 아이콘()을 클릭하여 분석을 시작한다.

7단계까지 설정을 모두 완료했으면 ㉔번 아이콘()을 클릭하여 분석을 시작한다.

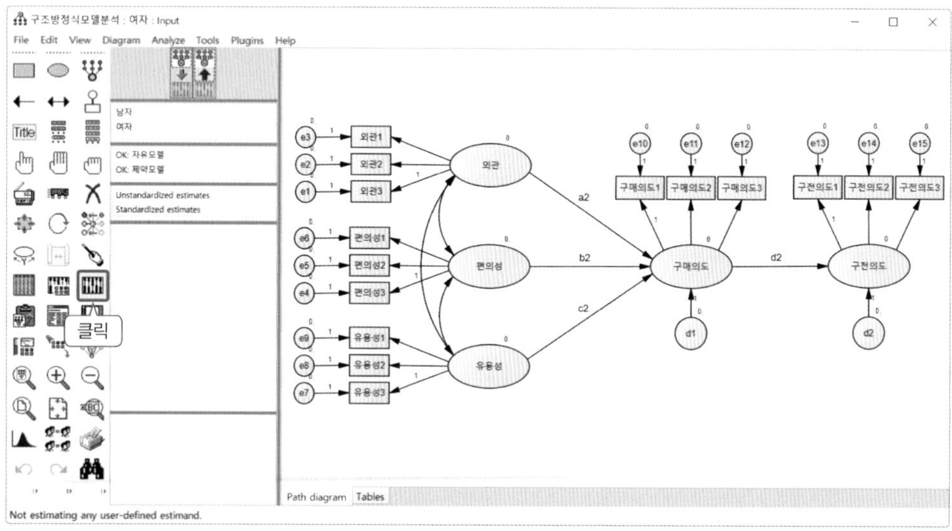

[그림 8-20] 분석 실행

(9) 9단계 : ㉖번 아이콘()을 클릭하여 분석 결과를 해석한다.

㉖번 아이콘()을 클릭한 후, Amos Output 창이 열리면 분석 결과를 해석한다.

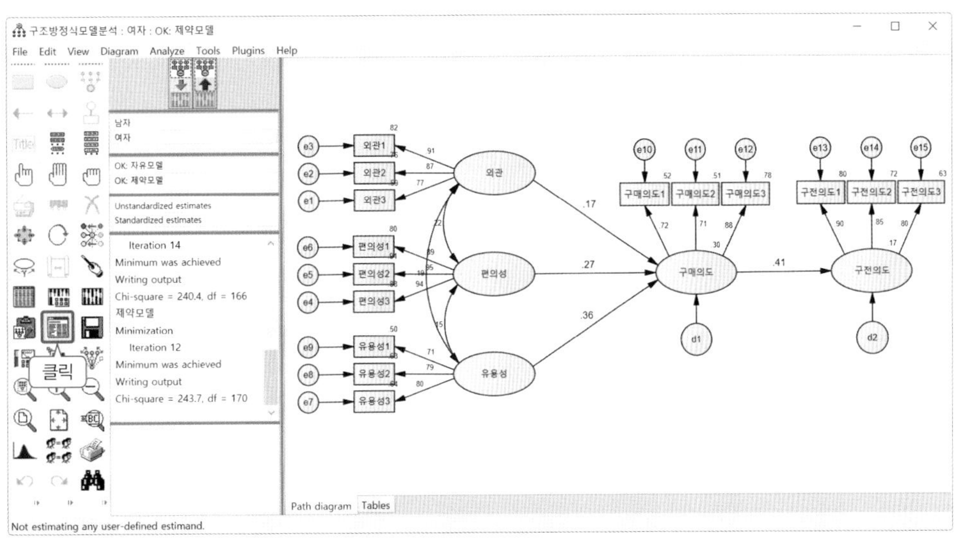

[그림 8-21] Amos Output 분석 결과

Notes for Model을 클릭하면 모델에 관한 기본적인 사항이 출력되는데, 여기에 '자유모델'에 관한 카이제곱(Chi-square) 값과 자유도(Degrees of freedom) 등이 나타난다.

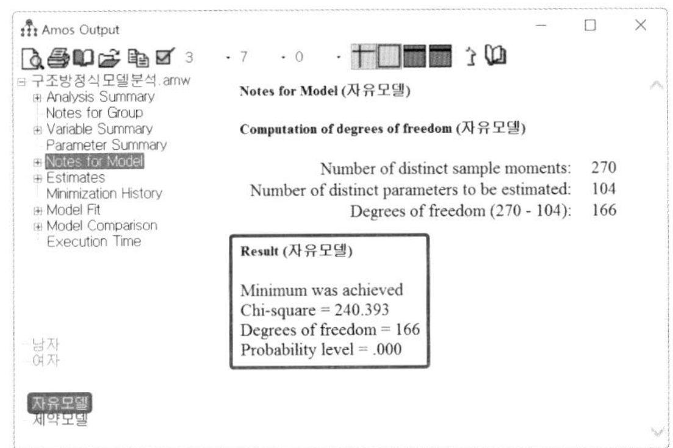

[그림 8-22] 자유모델의 분석 결과

또한 왼쪽 하단의 제약모델을 클릭하면 'Notes for Model'에서의 '제약모델'에 관한 카이제곱(Chi-square) 값과 자유도(Degrees of freedom) 등이 나타난다.

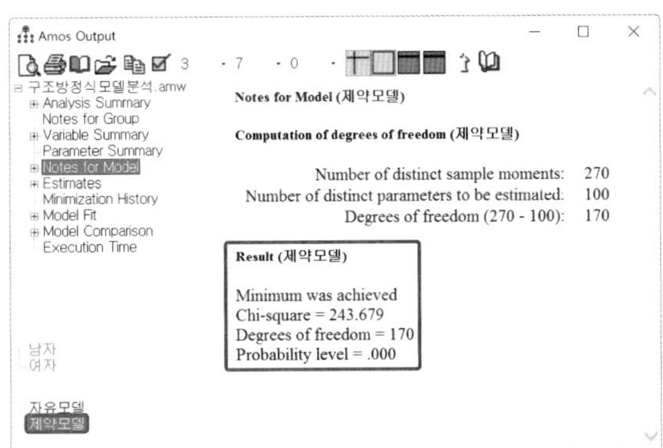

[그림 8-23] 제약모델의 분석 결과

카이제곱(Chi-square) 및 자유도(Degrees of freedom)의 값을 비교해 보면 다음과 같다.

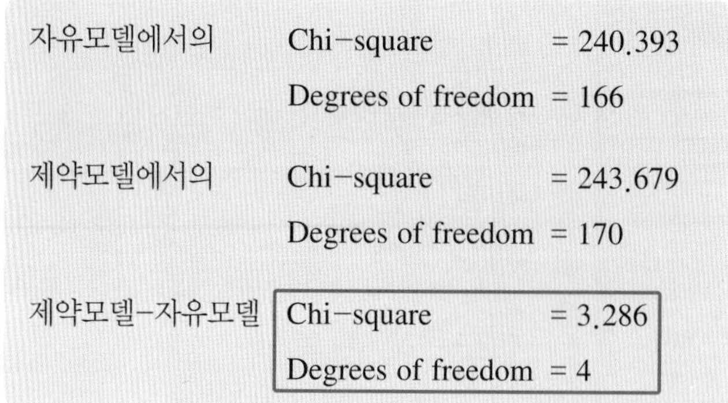

자유모델에서의	Chi-square	= 240.393
	Degrees of freedom	= 166
제약모델에서의	Chi-square	= 243.679
	Degrees of freedom	= 170
제약모델-자유모델	Chi-square	= 3.286
	Degrees of freedom	= 4

자유모델과 제약모델 간의 차이값은 Amos Output 창에서도 확인할 수 있다.

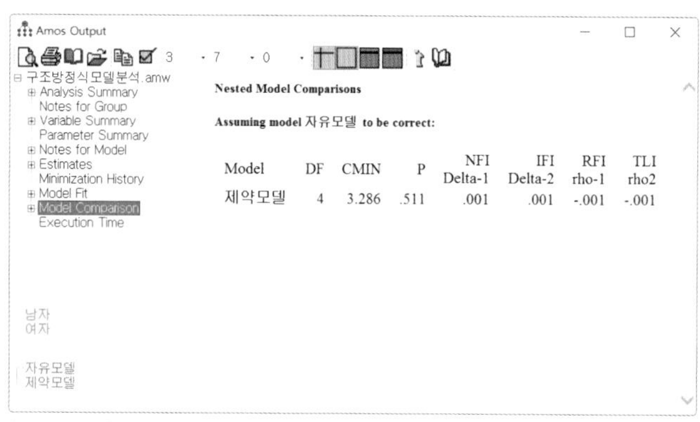

[그림 8-24] 모델 비교

Model Comparison을 클릭하면 자유모델과 제약모델 간의 차이를 비교할 수 있다.

- DF : 자유모델과 제약모델 간의 자유도 차이
- CMIN : 자유모델과 제약모델 간의 카이제곱 값의 차이
- P : CMIN 및 DF 간 관계에 대한 유의수준

[그림 8-24]를 보면, 유의확률이 .511로 유의수준($p < .05$)의 범위에 들지 못하였으므로 귀무가설을 기각할 수 없다. 여기서는 남-녀의 차이에 대한 것이 유의한지 아닌지에 대해 확인을 하는 것이므로, 귀무가설은 '남-녀 간의 영향의 차이가 없다.'이며, 대립가설은 '남-녀 간의 영향의 차이가 있다.'이다. 그러므로 연구모형에서 '남-녀 간의 차이가 유의하지 않은 것'으로 판단할 수 있다.

만약 분석결과가 남-여 간의 차이가 유의한 것으로 확인되었다면, 이제부터는 성별 간 'Estimates' 값들을 확인하고, 자유모델과 제약모델, 남-여 간의 경로값의 차이를 비교해야 한다. 자유모델에서는 성별 간 계수가 다르고, 제약모델에서는 계수가 같다고 설정했다. 계수가 다르다는 것은 성별의 조절효과가 있어서 그로 인해 계수가 달라졌다고 해석할 수 있

다. 반대로 계수가 같다는 것은 이러한 조절효과가 없어서 계수에 영향을 미치지 못한다고 판단할 수 있다. 그런 뒤에는 'Estimates'의 값들을 서로 비교하면 된다. 남자의 경우는 [그림 8-25]에서 확인되는 바와 같이 모든 경로에서의 효과가 유의수준의 범위 내에서 효과를 미치는 것으로 판단할 수 있다.

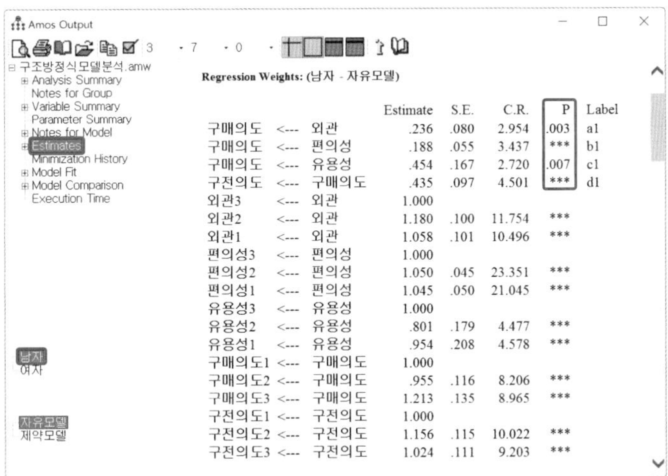

			Estimate	S.E.	C.R.	P	Label
구매의도	<---	외관	.236	.080	2.954	.003	a1
구매의도	<---	편의성	.188	.055	3.437	***	b1
구매의도	<---	유용성	.454	.167	2.720	.007	c1
구전의도	<---	구매의도	.435	.097	4.501	***	d1
외관3	<---	외관	1.000				
외관2	<---	외관	1.180	.100	11.754	***	
외관1	<---	외관	1.058	.101	10.496	***	
편의성3	<---	편의성	1.000				
편의성2	<---	편의성	1.050	.045	23.351	***	
편의성1	<---	편의성	1.045	.050	21.045	***	
유용성3	<---	유용성	1.000				
유용성2	<---	유용성	.801	.179	4.477	***	
유용성1	<---	유용성	.954	.208	4.578	***	
구매의도1	<---	구매의도	1.000				
구매의도2	<---	구매의도	.955	.116	8.206	***	
구매의도3	<---	구매의도	1.213	.135	8.965	***	
구전의도1	<---	구전의도	1.000				
구전의도2	<---	구전의도	1.156	.115	10.022	***	
구전의도3	<---	구전의도	1.024	.111	9.203	***	

[그림 8-25] **조절효과-남자**

여자의 경우는 [그림 8-26]에서 확인되는 것과 같이 '외관→구매의도'의 경우에는 p=.226으로 유의하지 않는 것으로 확인되며, 나머지 경로에서의 효과는 유의수준 범위 내에서 효과를 미치는 것으로 판단할 수 있다.

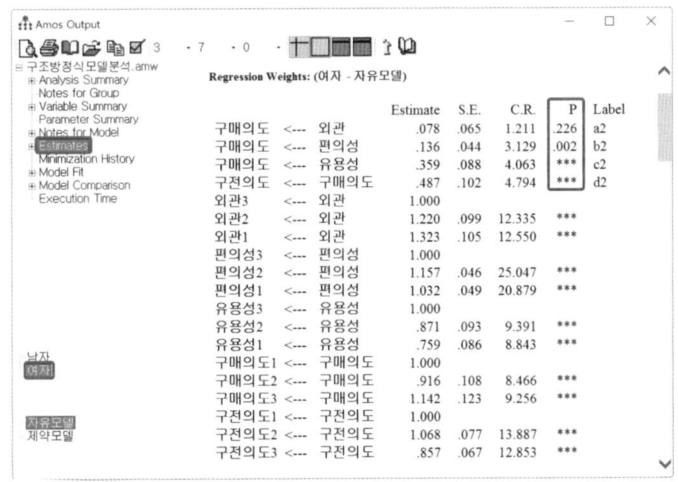

			Estimate	S.E.	C.R.	P	Label
구매의도	<---	외관	.078	.065	1.211	.226	a2
구매의도	<---	편의성	.136	.044	3.129	.002	b2
구매의도	<---	유용성	.359	.088	4.063	***	c2
구전의도	<---	구매의도	.487	.102	4.794	***	d2
외관3	<---	외관	1.000				
외관2	<---	외관	1.220	.099	12.335	***	
외관1	<---	외관	1.323	.105	12.550	***	
편의성3	<---	편의성	1.000				
편의성2	<---	편의성	1.157	.046	25.047	***	
편의성1	<---	편의성	1.032	.049	20.879	***	
유용성3	<---	유용성	1.000				
유용성2	<---	유용성	.871	.093	9.391	***	
유용성1	<---	유용성	.759	.086	8.843	***	
구매의도1	<---	구매의도	1.000				
구매의도2	<---	구매의도	.916	.108	8.466	***	
구매의도3	<---	구매의도	1.142	.123	9.256	***	
구전의도1	<---	구전의도	1.000				
구전의도2	<---	구전의도	1.068	.077	13.887	***	
구전의도3	<---	구전의도	.857	.067	12.853	***	

[그림 8-26] **조절효과-여자**

지금까지 진행한 조절효과 분석은 구조방정식모델 분석에서도 고급 과정에 속한다. 그렇기 때문에 무조건 1~9단계만을 외우고 그대로 진행한다면 전체적인 흐름을 이해하지 못할 가능성이 높다. 하지만 어떻게 분석을 진행하고 왜 옵션을 설정하는지, 또한 어떻게 해야 하는지를 스스로 생각해 보고 이해할 수 있다면 고급 과정에 속하는 조절효과 분석을 할 수 있는 파워유저가 된 것이다.

논문에 표현하기

지금까지 외관, 편의성, 유용성이 구매의도에 미치는 영향 및 구매의도가 구전의도에 영향을 미치는지를 검증하였다. 표본을 성별로 구분하여 이러한 영향력의 변화와 차이를 조절효과 분석을 통해 확인하였다.

예

모델 비교

Model	DF	CMIN	P	NFI Delta-1	IFI Delta-2	RFI rho-1	TLI rho2
제약모델	4	3.286	.511	.001	.001	-.001	-.001

제약모델에 대한 유의수준이 .511로 $p<.05$를 만족하지 못하므로 귀무가설을 기각할 수 없다. 즉, 남녀 간의 영향의 차이가 있다고 판단할 수 없다.

효과분석(남자)

구분	Estimates	S.E.	C.R.	P
외관 → 구매의도	.236	.080	2.954	.003
편의성 → 구매의도	.188	.055	3.437	***
유용성 → 구매의도	.454	.167	2.720	.007
구매의도 → 구전의도	.435	.097	4.501	***

효과분석(여자)

구분	Estimates	S.E.	C.R.	P
외관 → 구매의도	.078	.065	1.211	.226
편의성 → 구매의도	.136	.044	3.129	.002
유용성 → 구매의도	.359	.088	4.063	***
구매의도 → 구전의도	.487	.102	4.794	***

Chapter 09

다중집단모델 분석

학습목표

1) 다중집단모델 분석의 개념을 이해한다.
2) 다중집단 간 분석 방법의 절차를 이해하고, AMOS를 활용하여 분석을 진행할 수 있다.

다루는 내용

• 다중집단모델
• AMOS에서의 다중집단모델 분석 절차

9.1 다중집단모델 분석이란?

보통 '남/여'와 같은 두 집단을 대상으로 분석을 하는 경우가 대부분이지만, 경우에 따라서는 셋 이상의 집단에 대해 분석을 해야 할 때도 있다. 셋 이상의 집단 간 비교는 8.2절에서 다루었던 '남/여' 간의 비교와 진행 순서는 거의 동일하지만, 좀 더 세밀한 부분까지 확인할 수 있다는 점에서 차이가 있다. 이 책에서는 편의상 3개의 집단에 대해서 다루고 있지만, 연구자는 자신의 연구문제에 따라 집단을 더 세분화하여 진행할 수 있다.

9.2 다중집단모델 분석 실습

연구문제

스마트폰의 구매를 고려하는 고객을 '즉시 구매하겠다.', '구매를 하고 싶으나 고려해서 결정하겠다.', '아직은 구매의사가 없다.'의 세 집단으로 구분하여 "스마트폰 사용자들이 스마트폰에 대해 느끼는 '외관, 편의성'이 소비자들의 '구매의도'에 어떠한 영향을 미칠까?"를 확인해 보도록 하자. (설문에서 구매성향을 '1 : 즉시구매, 2 : 구매고려, 3 : 구매안함'으로 설정하였다.)

집단 간 분석은 다음의 절차로 진행하면 된다.

(1) 1단계 : 연구문제를 기반으로 연구모형을 그린다.
(2) 2단계 : 모델을 구분하기 위해 '즉시구매/구매고려/구매안함'의 세 집단으로 구분한다.
(3) 3단계 : 각 집단에 대해 데이터를 매칭한다.
(4) 4단계 : 다중집단분석에 대한 설정을 한다.
(5) 5단계 : ㉓번 아이콘(▦)을 클릭하여 옵션을 설정한다.
(6) 6단계 : ㉔번 아이콘(▦)을 클릭하여 분석을 시작한다.
(7) 7단계 : ㉖번 아이콘(▦)을 클릭하여 분석 결과를 해석한다.

먼저 주어진 연구문제를 기반으로 연구모델을 설계한다.

따라하기

준비파일 : multiple_group.xls

(1) 1단계 : 연구문제를 기반으로 연구모형을 그린다.

AMOS를 활용하여 분석모델을 작성한다.

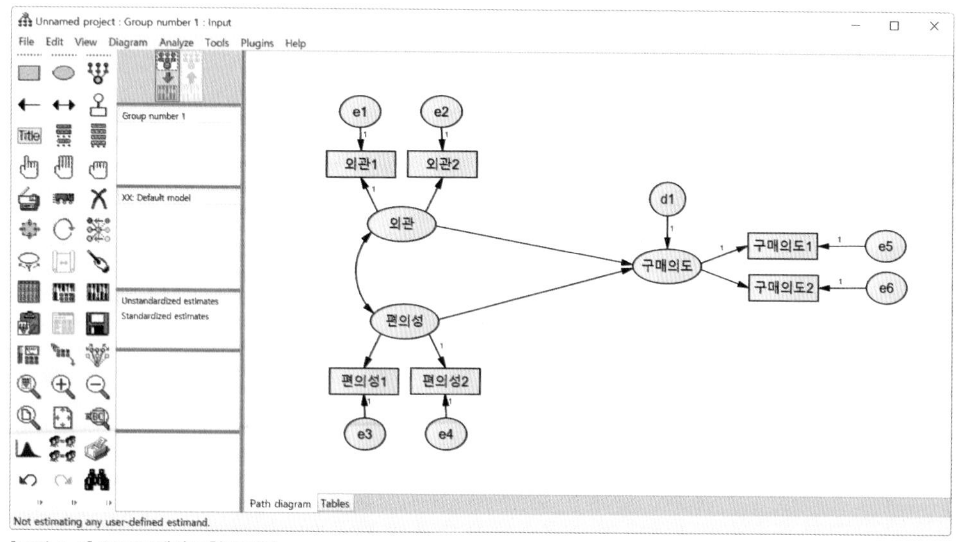

[그림 9-1] AMOS에서 모형 그리기

(2) 2단계 : 모델을 구분하기 위해 '즉시구매/구매고려/구매안함'의 세 집단으로 구분한다.

01 먼저 '즉시구매' 그룹을 만들어보자. ❶ Group number 1을 더블클릭한 후 ❷ Manage Groups 창의 Group Name 란에 있는 'Group number 1'을 '즉시구매'로 변경한다.

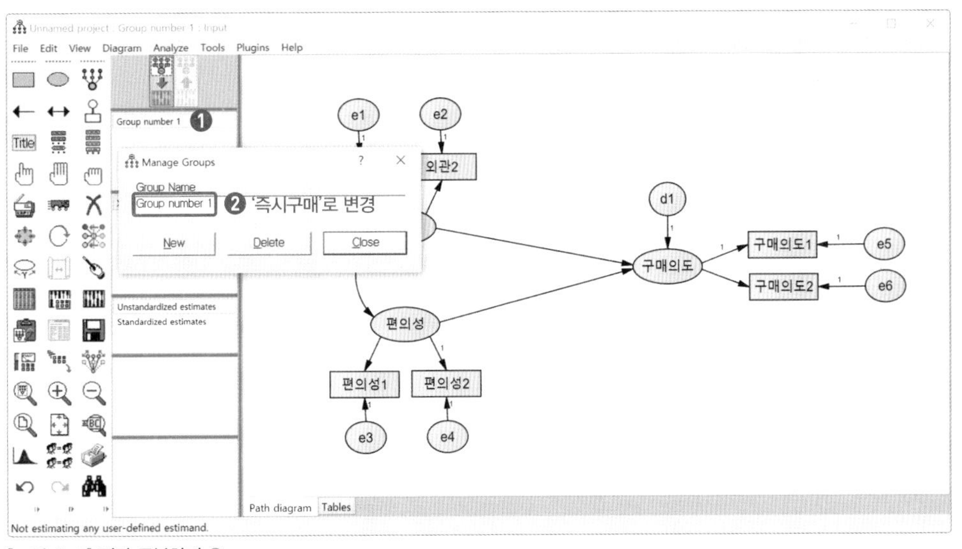

[그림 9-2] **집단 구분하기 ①**

02 ❸ '구매고려' 그룹을 만들기 위해 New를 클릭하고 ❹ 생성된 'Group number 2'를 '구매고려'로 변경한다.

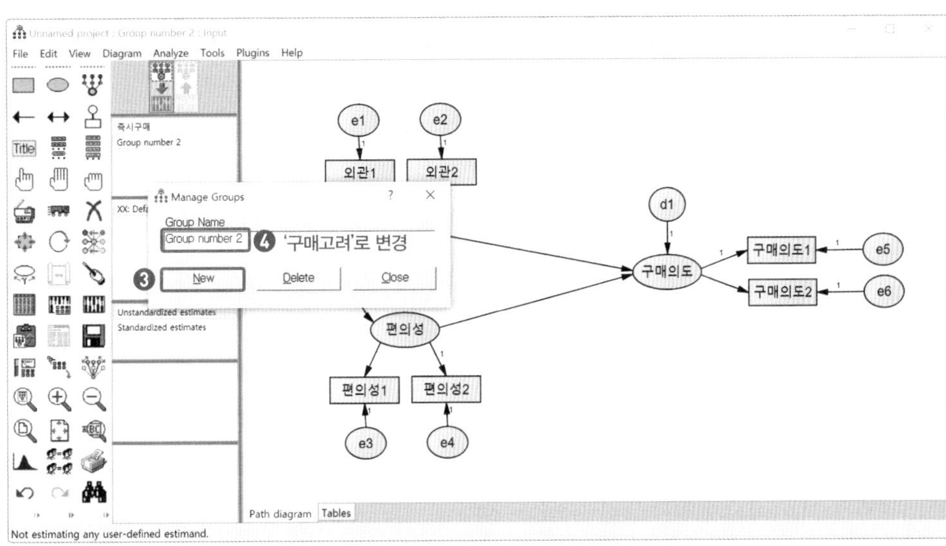

[그림 9-3] **집단 구분하기 ②**

03 ❺ '구매안함' 그룹을 만들기 위해 New를 클릭하고 ❻ 생성된 'Group number 3'를 '구매안함'으로 변경하고 ❼ Close를 클릭한다.

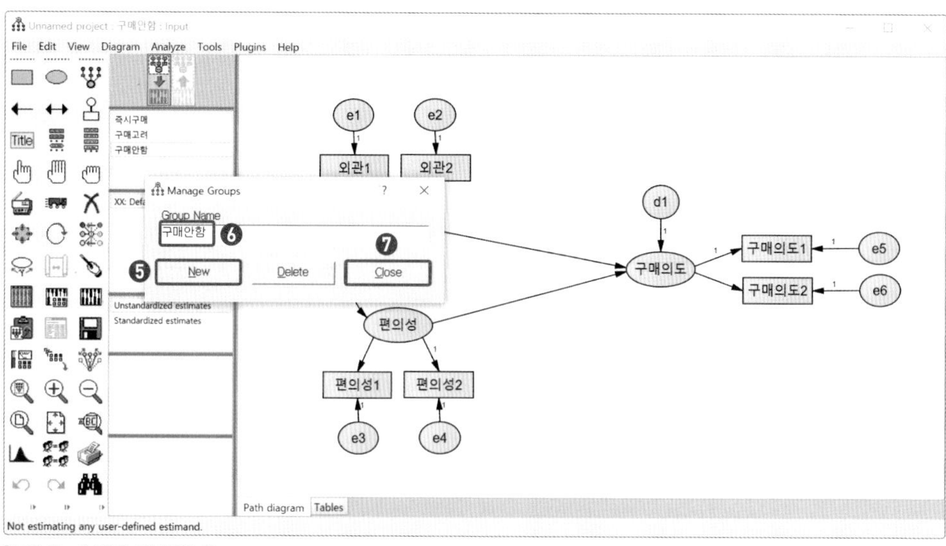

[그림 9-4] **집단 구분하기 ③**

(3) 3단계 : 각 집단에 대해 데이터를 매칭한다.

01 그룹이 구분되었으면 각 그룹에 맞는 데이터를 매칭시켜주어야 한다. ❶ ㉒번 아이콘(▦)을 클릭한 후 ❷ Data Files 창에서 '즉시구매'에 해당하는 Grouping Variable을 클릭한다. ❸ Choose a Grouping Variable 창에서 '구매성향'을 선택하고 ❹ OK를 클릭하여 창을 닫는다.

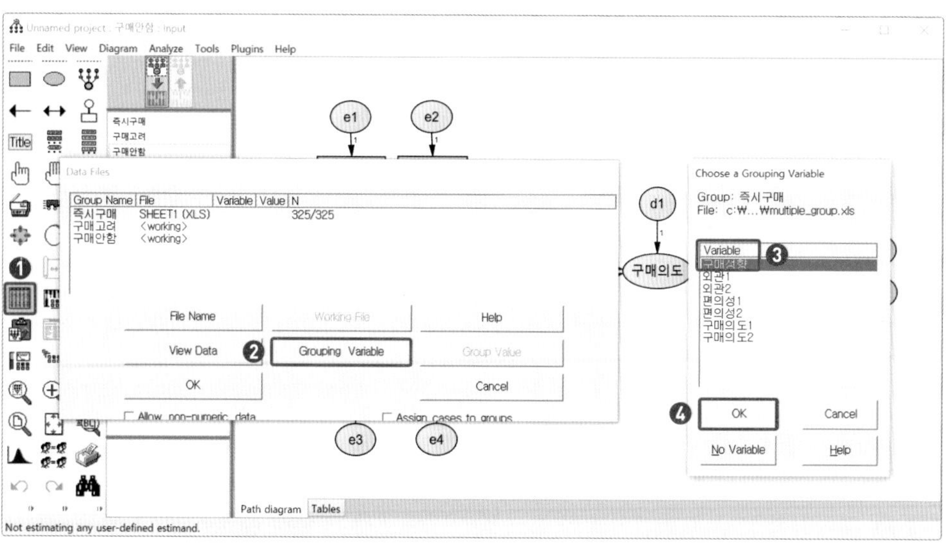

[그림 9-5] **집단별 데이터 설정 ①**

02 '즉시구매'에 해당하는 데이터는 '1'로 표기한 데이터이므로 이에 대한 데이터를 설정한다. ❺ Group Value를 클릭한 후 ❻ Choose Value for Group 창에서 '1'을 선택하고 ❼ OK를 클릭하여 창을 닫는다.

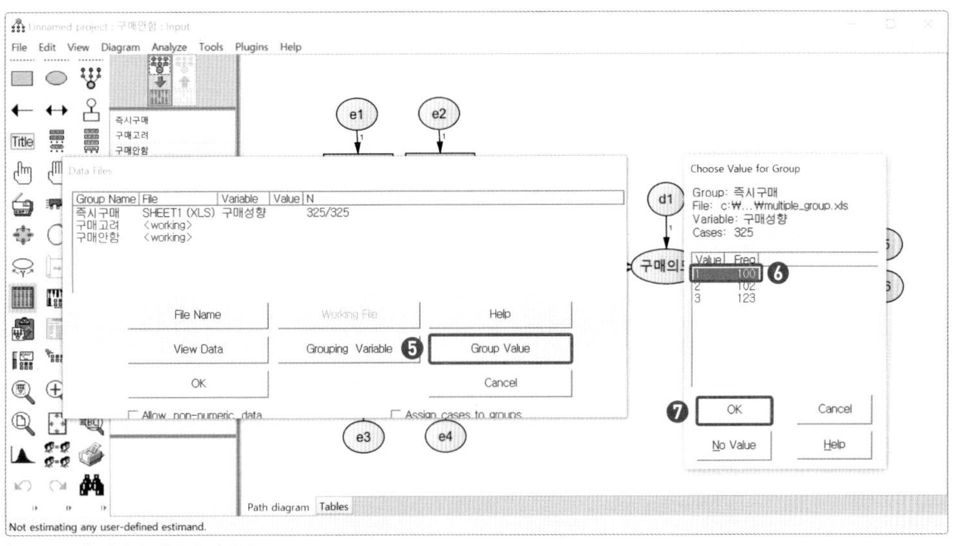

[그림 9-6] **집단별 데이터 설정 ②**

03 '구매고려' 그룹에 데이터를 매칭시키기 위해 ❶ Data Files 창에서 '구매고려'를 선택하고 ❷ File Name을 클릭하면 열기 창이 열린다. ❸ 해당 데이터 파일인 'multiple_group.xls'를 선택한 후 ❹ 열기를 클릭하여 데이터를 매칭한다.

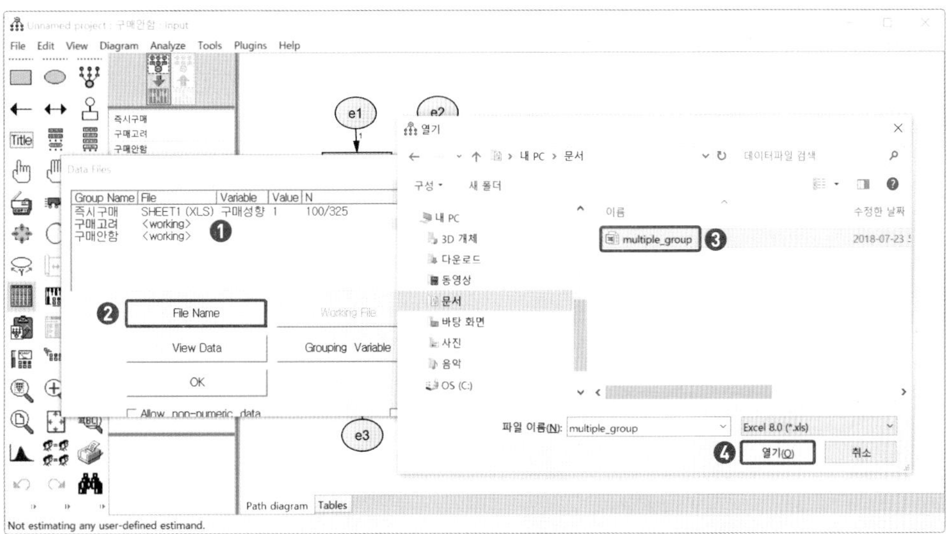

[그림 9-7] **집단별 데이터 설정 ③**

04 ❺ Grouping Variable을 클릭한 후 ❻ Choose a Grouping Variable 창에서 '구매성향'을 선택하고 ❼ OK를 클릭하여 창을 닫는다.

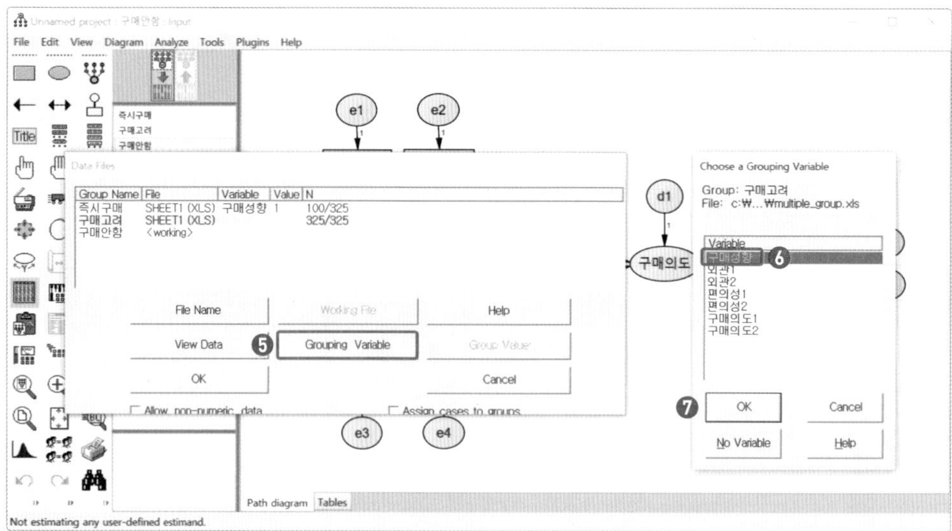

[그림 9-8] 집단별 데이터 설정 ④

05 '구매고려'에 해당하는 데이터는 '2'로 표기한 데이터이므로 이에 대한 데이터를 설정한다. ❽ Group Value를 클릭한 후 ❾ Choose Value for Group 창에서 '2'를 선택하고 ❿ OK를 클릭하여 창을 닫는다.

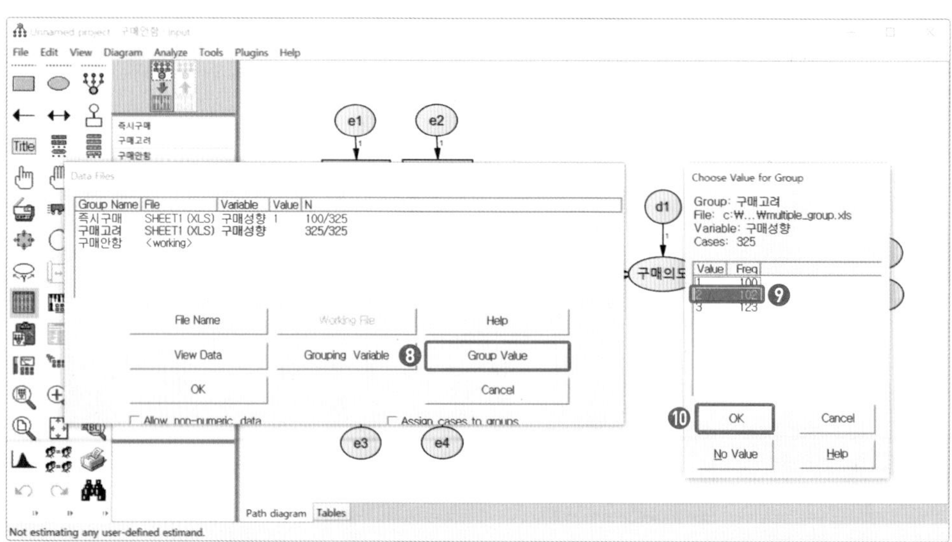

[그림 9-9] 집단별 데이터 설정 ⑤

06 ❶ '구매안함'에 대해서도 '구배고려'와 같은 과정을 실행하여 알맞은 데이터를 매칭시킨 후 ❷ OK를 클릭하여 창을 닫는다.

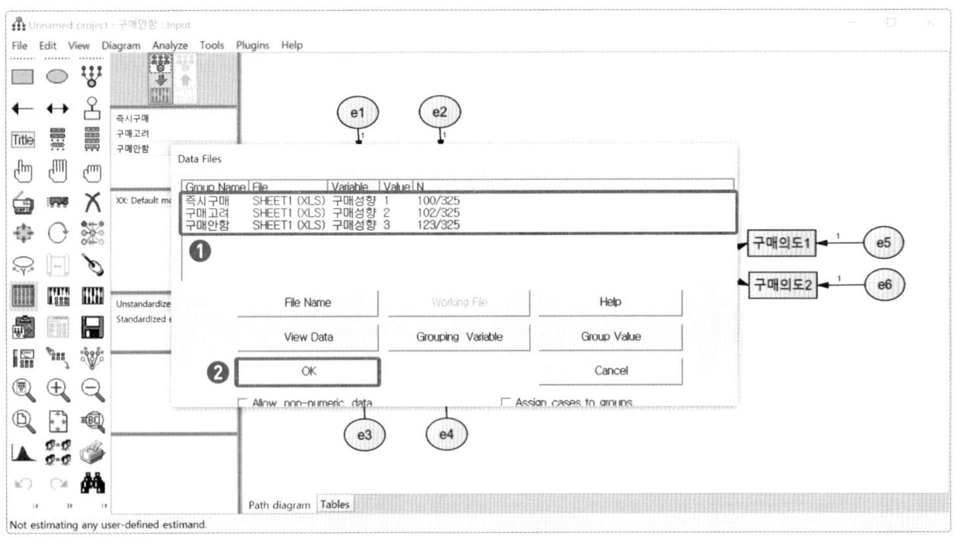

[그림 9-10] 집단별 데이터 설정 완료

(4) 4단계 : 다중집단분석에 대한 설정을 한다.

01 다중집단분석(Multiple-Group Analysis)을 실행하기 위해 ❶ ㊳번 아이콘( )을 클릭하면 Amos 팝업창이 하나 열린다. 다중집단분석을 위해 Amos에서 기본적으로 설정된 제약들을 확인하면서 ☑ 표시를 해제하면 기본설정을 제거할 수 있으니, 연구자가 알맞게 수정할 수 있다는 내용이다. ❷ 확인을 클릭하여 창을 닫는다.

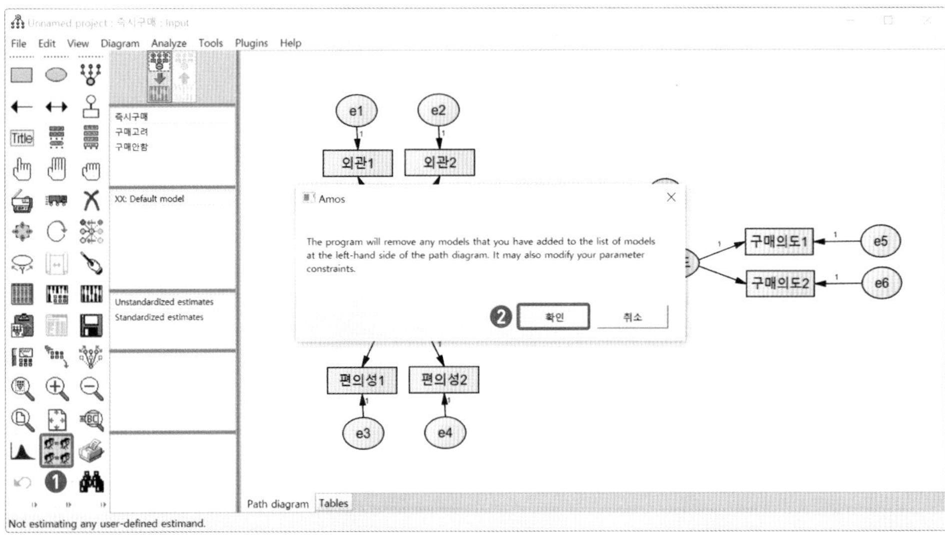

[그림 9-11] 다중집단분석의 알림창

02 Multiple–Group Analysis 창이 열리면 Amos에서 다중집단분석을 하기 위한 기본적인 모델설정목록 5가지가 설정된 것을 볼 수 있다. 모델의 설정을 확인하고 OK를 클릭하여 창을 닫는다.

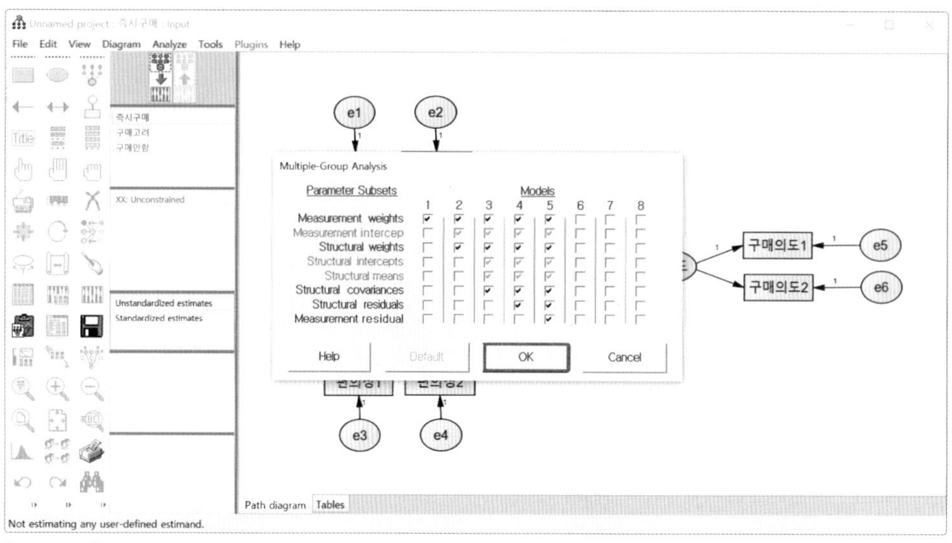

[그림 9–12] **다중집단분석의 설정**

TIP Measurement weights, Structural weights, Structural covariances, Structural residuals, Measurement residual에 대해 설정되어 있다.

NOTE

72 Multiple–Group Analysis의 Parameter Subsets

- Measurement weights(측정가중치) : 측정가중치는 모델의 측정모형에서 회귀가중치이며, 요인분석의 경우 요인적재값을 의미한다. 측정가중치가 그룹 간에 동등하게 제한되는 것을 의미한다.
- Measurement intercepts(측정절편) : 측정절편은 측정된 변수를 예측하기 위한 방정식의 절편이며, 그룹 간에 동등하게 제한되는 것을 의미한다.
- Structural weights(구조가중치) : 구조가중치는 모델의 구조 부분에서 회귀가중치이며, 이 회귀가중치가 그룹 간에 동등하게 제한되는 것을 의미한다.
- Structural intercepts(구조절편) : 구조적 절편은 모델의 구조 부분에서 변수를 예측하기 위한 방정식의 절편이며, 그룹 간에 동등하게 제한되는 것을 의미한다.
- Structural means(구조평균) : 구조평균은 모델의 구조적 부분에서 외생변수의 평균이며, 그룹 간에 동등하게 제한되는 것을 의미한다.
- Structural covariances(구조공분산) : 구조공분산은 모델의 구조 부분에서 분산과 공분산이며, 그룹 간에 동등하게 제한되는 것을 의미한다.
- Structural residuals(구조잔차) : 구조오차는 모델의 구조 부분에서 오차(잔차)변수의 분산 및 공분산이며, 그룹 간에 동등하게 제한되는 것을 의미한다.
- Measurement residuals(측정잔차) : 측정오차는 모델의 측정 부분에서 오차(잔차)변수의 분산 및 공분산이며, 그룹 간에 동등하게 제한되는 것을 의미한다.

03 Group의 리스트를 나타내는 창에 '즉시구매', '구매고려', '구매안함'을 각각 클릭해보면 우측의 모델을 표시한 영역(Path diagram)에서 경로를 표시하는 '→'의 경로명이 각각 다르게 설정되어 있는 것을 확인할 수 있다.

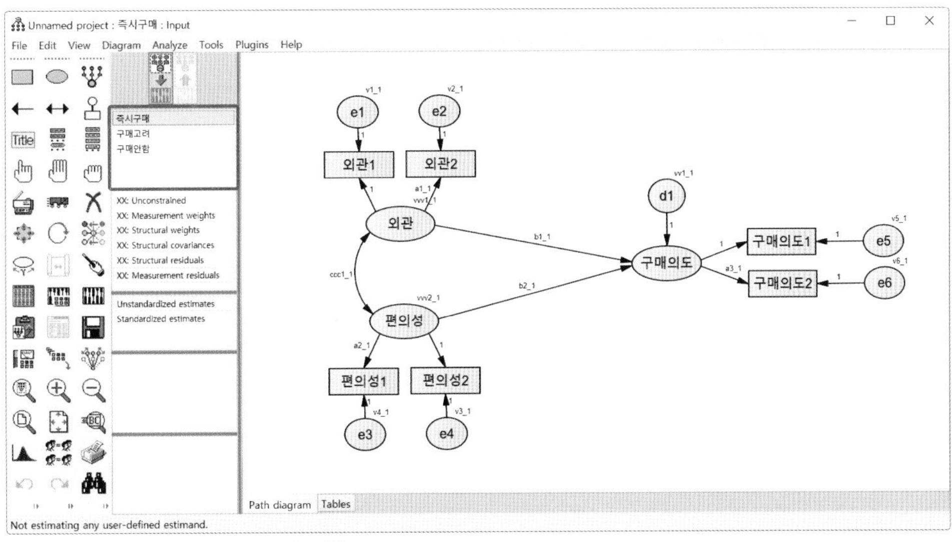

[그림 9-13] **설정된 다중집단분석의 경로명칭**

04 ❶ Amos의 Models의 리스트를 나타내는 창에 제약하지 않은 모델(Unconstrained)을 포함하여 총 6가지의 설정된 모델목록이 표시된다. ❷ 목록 중 측정치를 의미하는 Measurement weights를 더블클릭하면 Manage Models 창이 열린다. ❸ 모수제약을 의미하는 Parameter Constraints에 잠재변수에서 관측변수로 향하는 '→'에 대해 '즉시구매', '구매고려', '구매안함' 그룹에 대해 모두 같다(=)는 제약이 된 것을 확인할 수 있다. ❹ Close를 클릭하여 Manage Models 창을 닫는다.

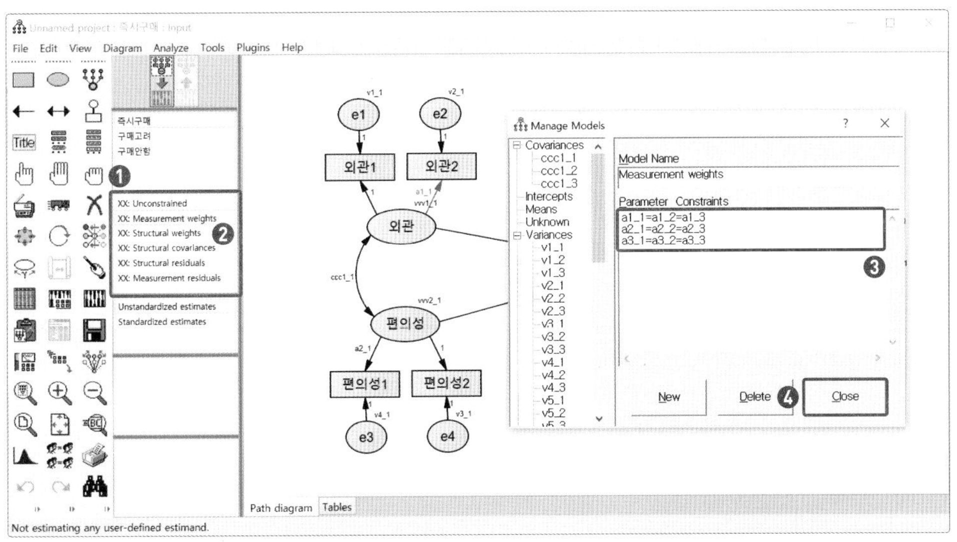

[그림 9-14] **Measurement weights 제약 확인**

Part 01 논문 통계를 위한 기본 지식

Part 02 SPSS를 활용한 통계분석

Part 03 AMOS를 활용한 통계분석

NOTE

73 다중집단분석의 모델 확인

제약된 모델 중 두 번째의 모형구조에서의 영향치를 나타내는 Structural weights 모델을 더블클릭하면 잠재변수에서 잠재변수로의 영향을 의미하는 '→'가 모두 동일한 것으로 제약되어 있다.

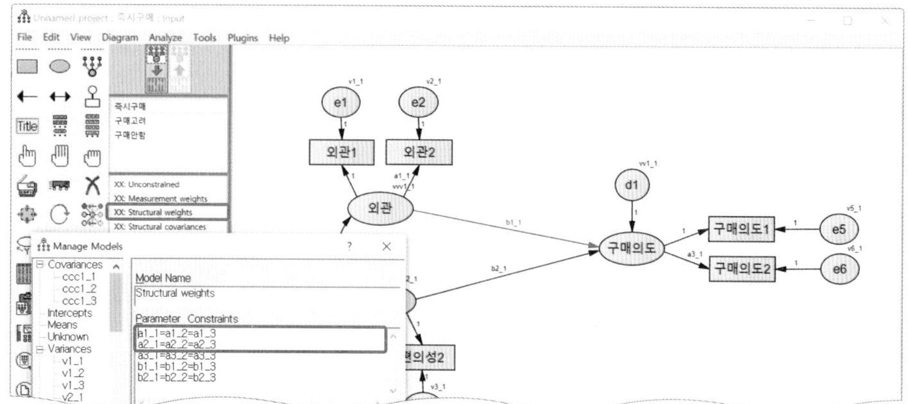

▲ Structural weights 제약 확인

다중집단분석을 설정하면서 두 번째 모델에서 Measurement weights와 Structural weights가 ☑ 표시되어 제약되어 있으므로, Management Models 창의 Parameter Constraints에 Measurement weights의 제약과 Structural weights 제약이 같이 표시된다.

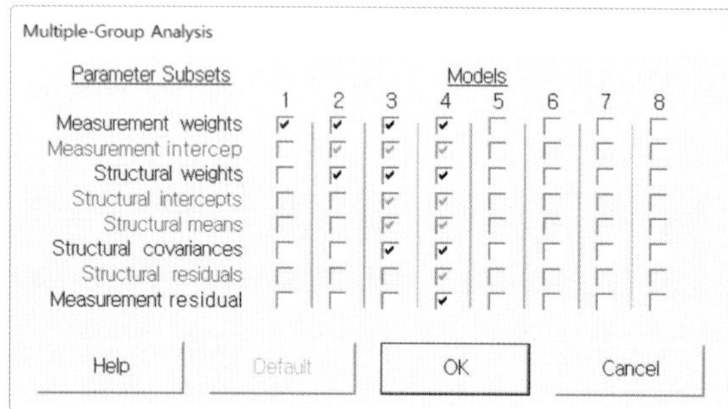

▲ 다중집단분석의 설정창

세 그룹 간 외생잠재변수의 각각의 분산과 상호간의 공분산 간의 제약을 의미하는 세 번째 모델 Structural covariances를 더블클릭하면 Model 1, Model 2의 제약 아래에 Models 3의 제약이 설정되어 있다.

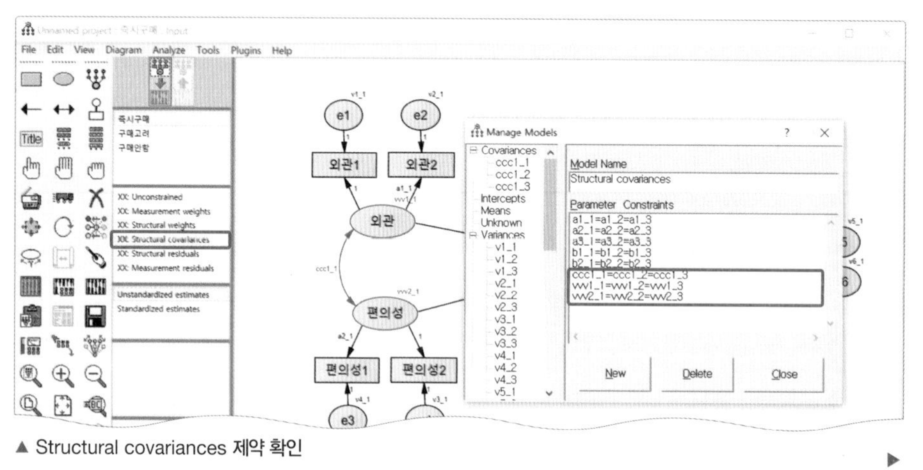

▲ Structural covariances 제약 확인

▶

NOTE

세 그룹 간 구조오차 간의 제약을 의미하는 네 번째 모델 Structural residuals를 더블클릭하면 Model 1, Model 2, Models 3의 제약 아래에 Models 4의 제약이 설정되어 있다.

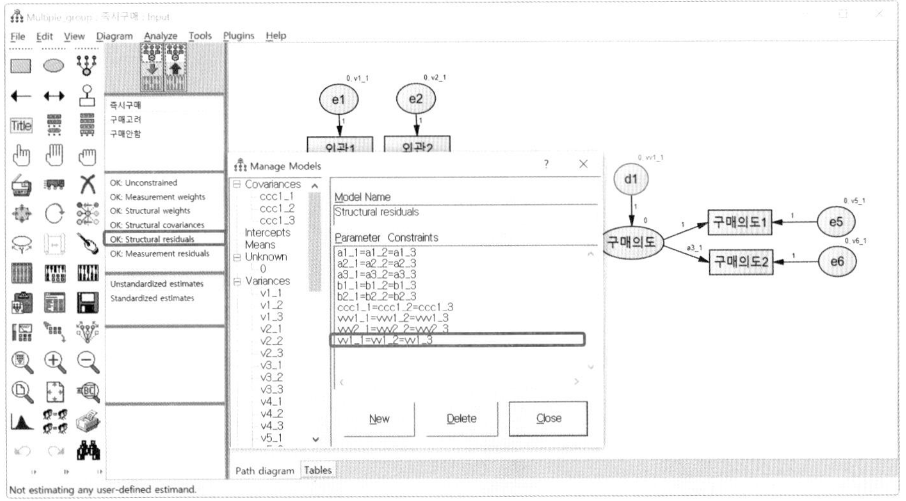

▲ Structural residuals 제약 확인

세 그룹 간 측정오차 간의 제약을 의미하는 다섯 번째 모델 Measurement residuals를 더블클릭하면 Model 1, Model 2, Models 3, Models 4의 제약 아래에 Models 5의 제약이 설정되어 있다.

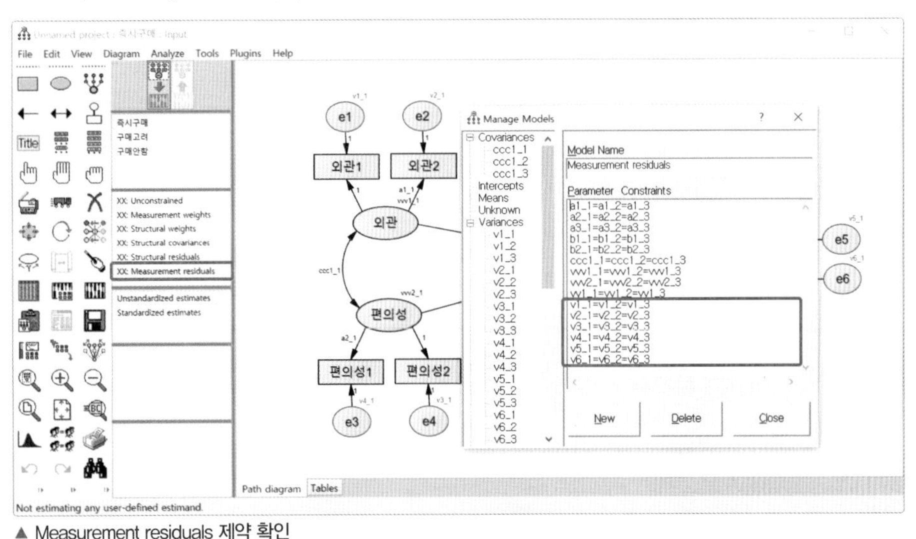

▲ Measurement residuals 제약 확인

(5) 5단계 : ㉓번 아이콘( )을 클릭하여 옵션을 설정한다.

01 분석에 대한 설정을 위해 ❶ ㉓번 아이콘( )을 클릭하여 Analysis Properties 창을 연다. ❷ Estimation 탭을 클릭하고 ❸ Estimate means and intercepts에 ☑ 표시를 한다.

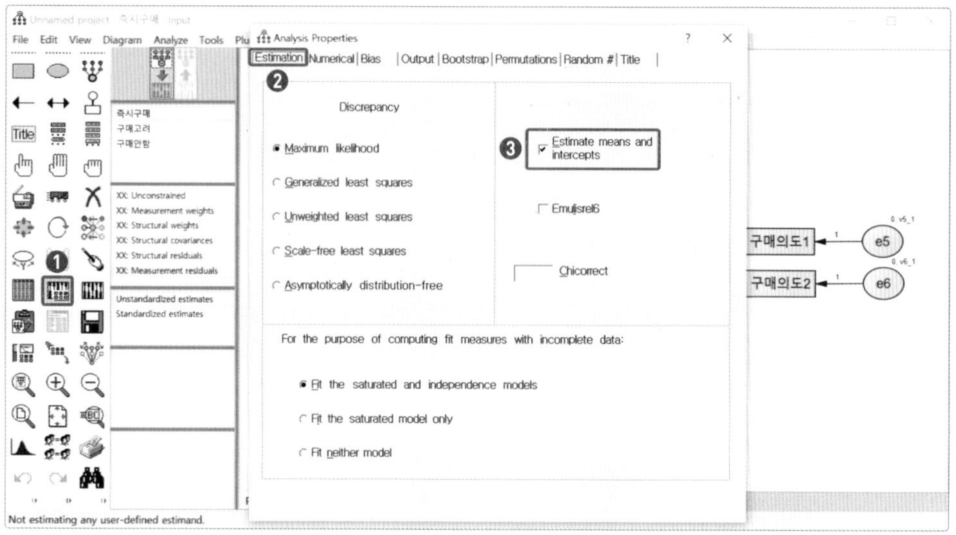

[그림 9-15] 분석 설정 ①

02 ❹ Output 탭을 클릭하여 ❺ 그림과 같이 분석 옵션에 ☑ 표시한 후 ❻ [×]를 클릭하여 Analysis Properties 창을 닫는다.

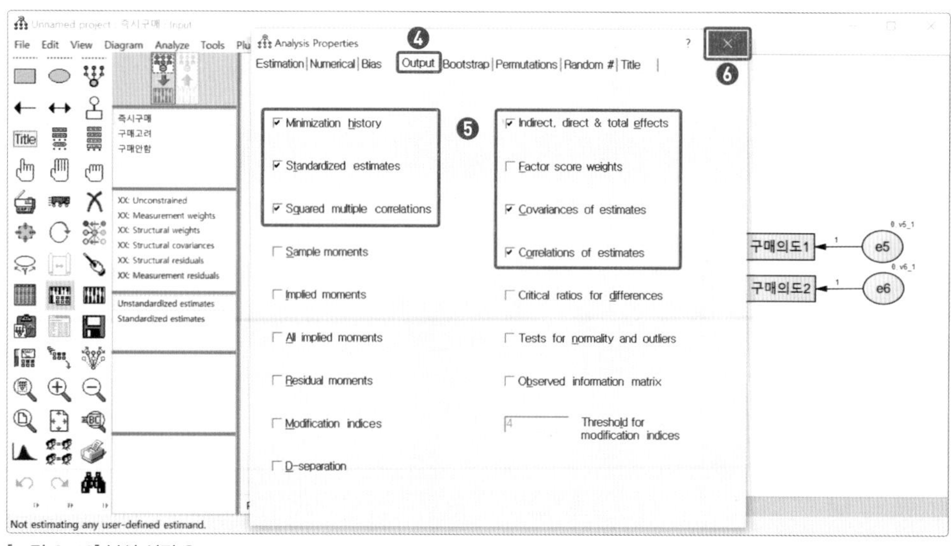

[그림 9-16] 분석 설정 ②

(6) 6단계 : ㉔번 아이콘( )을 클릭하여 분석을 시작한다.

분석을 실행하기 위해 ❶ ㉔번 아이콘( )을 클릭하면 파일을 저장하라는 창이 열린다. ❷ 적절한 경로를 선택하고 파일명을 'multiple_group'으로 입력한 후 ❸ 저장을 클릭하면 분석이 진행된다.

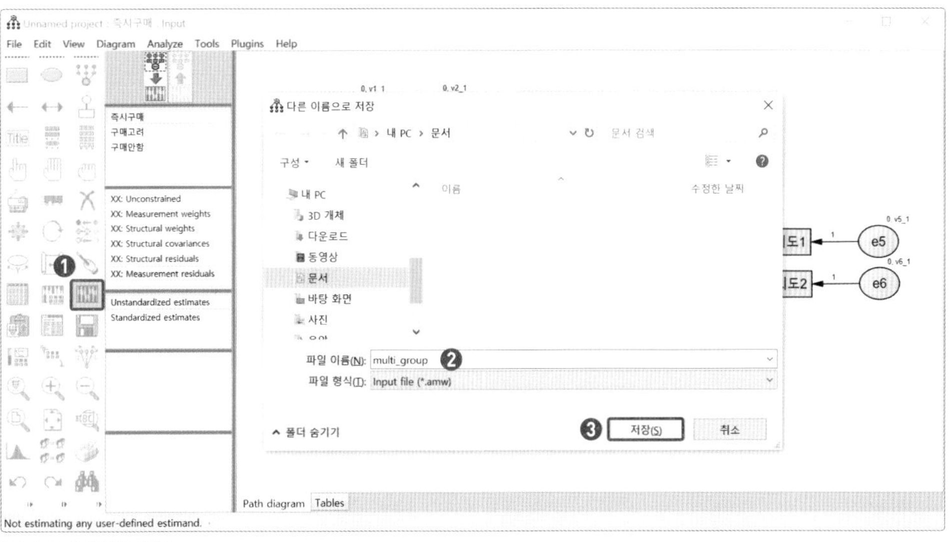

[그림 9-17] **분석 실행**

(7) 7단계 : ㉖번 아이콘()을 클릭하여 분석 결과를 해석한다.

01 ❶ ㉖번 아이콘()을 클릭하면 Amos Output 창이 열린다. ❷ Model Fit을 클릭하면 ㊳번 아이콘()에서 제약을 설정한 모델 5가지(Measurement weights, Structural weights, Structural covariances, Structural residuals, Measurement residuals)와 제약이 설정되지 않은 모델(Unconstrained), 측정변수들 간의 연관성이 없다고 가정한 모델(Independence model), 포화모델(Saturated model)의 CMIN 값과 자유도, 유의확률, CMIN/DF이 제시되고 있다. Independence model과 Saturated model의 경우를 제외하고 모두 p값이 .05이상이고, 가장 큰 CMIN/DF의 값이 1.585이므로 모델이 적합하다고 할 수 있다.

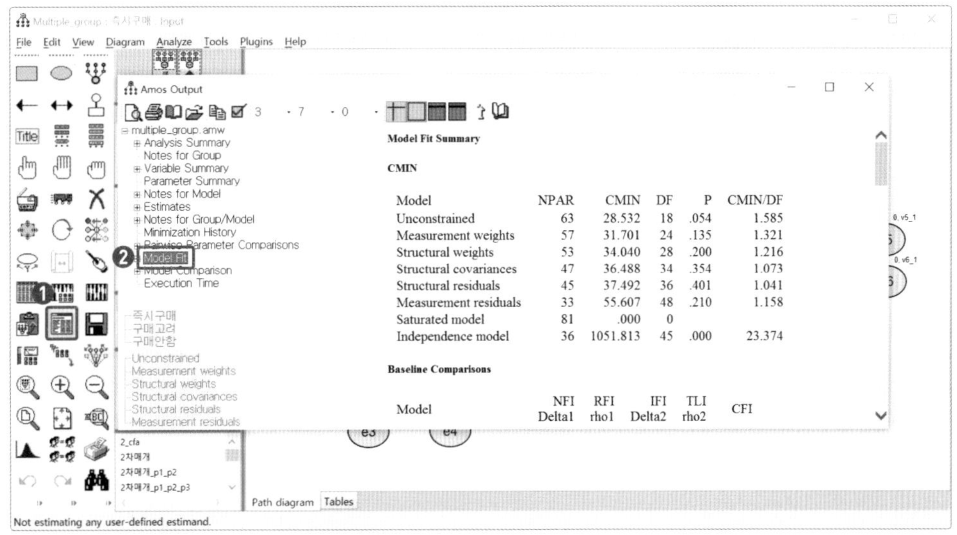
Model Fit Summary

CMIN

Model	NPAR	CMIN	DF	P	CMIN/DF
Unconstrained	63	28.532	18	.054	1.585
Measurement weights	57	31.701	24	.135	1.321
Structural weights	53	34.040	28	.200	1.216
Structural covariances	47	36.488	34	.354	1.073
Structural residuals	45	37.492	36	.401	1.041
Measurement residuals	33	55.607	48	.210	1.158
Saturated model	81	.000	0		
Independence model	36	1051.813	45	.000	23.374

Baseline Comparisons

Model	NFI Delta1	RFI rho1	IFI Delta2	TLI rho2	CFI

[그림 9-18] **다중집단분석의 결과–모형적합도**

02 각각의 집단에 대해 확인하기 위해 ❶ Estimates를 클릭하고 ❷ '즉시구매' 집단을 클릭하면 제약하지 않은(Unconstrained) 집단별 측정치가 확인된다. ❸ '외관 → 구매의도'의 영향은 유의확률 .022에서 .255의 유의한 영향이 있으며, '편의성 → 구매의도'의 영향은 유의확률 .015에서 .169의 유의한 영향이 확인되었다.

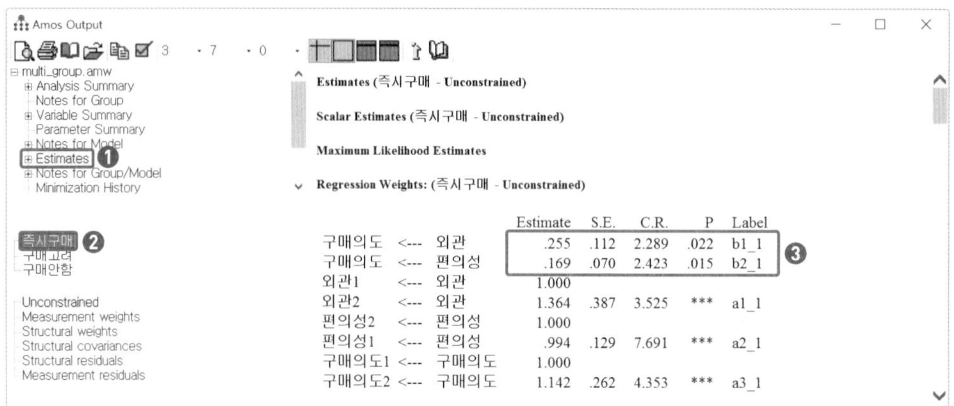

			Estimate	S.E.	C.R.	P	Label
구매의도	<---	외관	.255	.112	2.289	.022	b1_1
구매의도	<---	편의성	.169	.070	2.423	.015	b2_1
외관1	<---	외관	1.000				
외관2	<---	외관	1.364	.387	3.525	***	a1_1
편의성2	<---	편의성	1.000				
편의성1	<---	편의성	.994	.129	7.691	***	a2_1
구매의도1	<---	구매의도	1.000				
구매의도2	<---	구매의도	1.142	.262	4.353	***	a3_1

[그림 9-19] 다중집단분석의 결과-'즉시구매'의 회귀계수와 유의확률

03 ❹ '구매고려' 집단을 클릭하면 ❺ '외관 → 구매의도'의 영향은 유의확률이 .210이므로 유의하지 않은 것으로 확인되었으며, '편의성 → 구매의도'의 영향은 유의확률 .015에서 .163의 유의한 영향이 확인되었다.

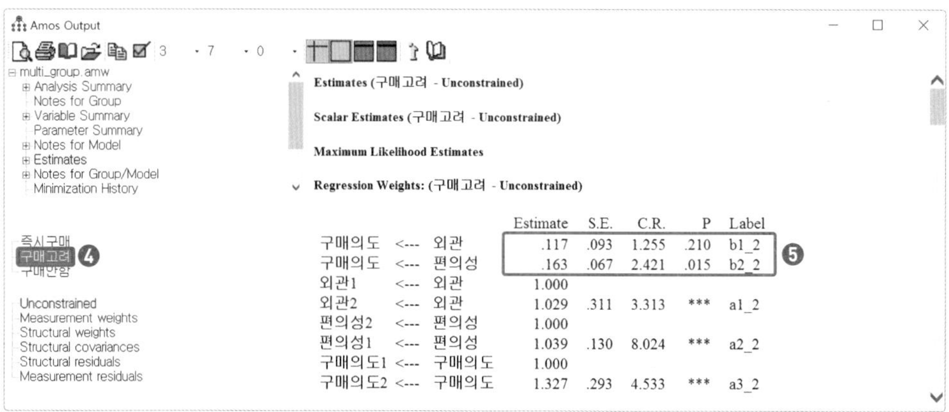

			Estimate	S.E.	C.R.	P	Label
구매의도	<---	외관	.117	.093	1.255	.210	b1_2
구매의도	<---	편의성	.163	.067	2.421	.015	b2_2
외관1	<---	외관	1.000				
외관2	<---	외관	1.029	.311	3.313	***	a1_2
편의성2	<---	편의성	1.000				
편의성1	<---	편의성	1.039	.130	8.024	***	a2_2
구매의도1	<---	구매의도	1.000				
구매의도2	<---	구매의도	1.327	.293	4.533	***	a3_2

[그림 9-20] 다중집단분석의 결과-'구매고려'의 회귀계수와 유의확률

04 ❻ '구매안함' 집단을 클릭하면 ❼ '외관 → 구매의도'의 영향은 유의확률이 .082이므로 유의하지 않은 것으로 확인되었으며, '편의성 → 구매의도'의 영향은 유의확률 .006에서 .177의 유의한 영향이 확인되었다.

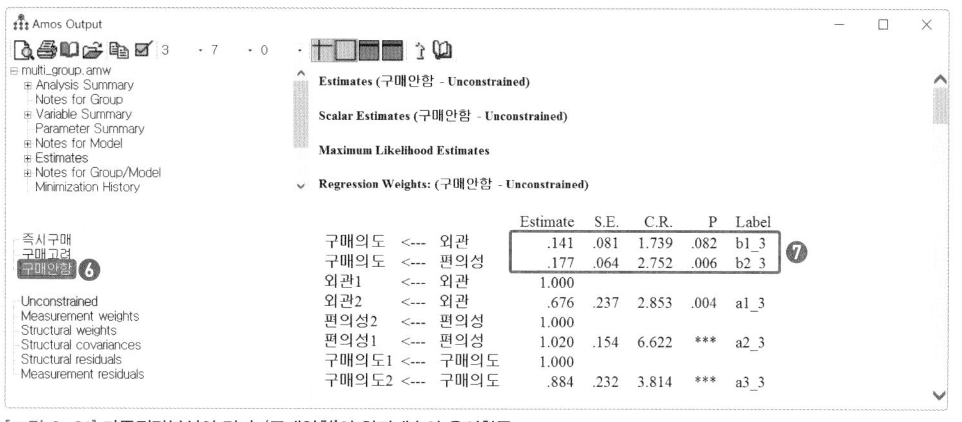

[그림 9-21] 다중집단분석의 결과-'구매안함'의 회귀계수와 유의확률

05 ❽ 측정모형에서 회귀가중치를 동일하다고 제약한 Measurement weights 모델은 ❾ '즉시구매' 집단의 경우 ❿ '외관 → 구매의도'의 영향은 유의확률 .006에서 .270의 유의한 영향이 있으며, '편의성 → 구매의도'의 영향은 유의확률 .006에서 .173의 유의한 영향이 확인되었다.

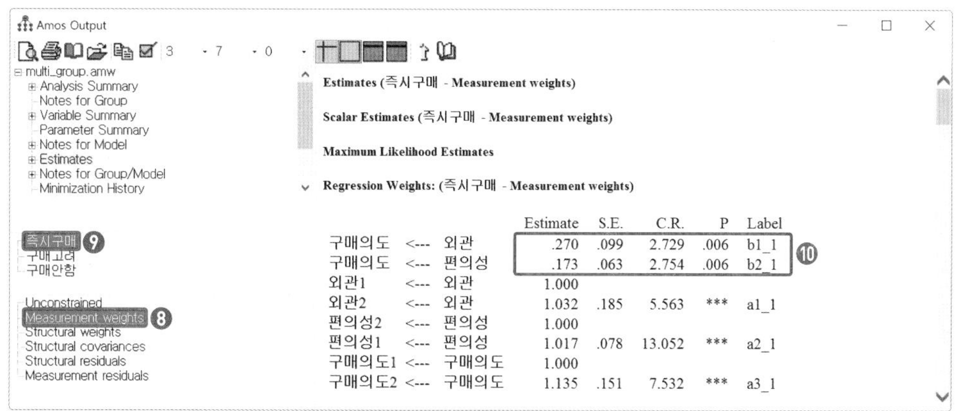

[그림 9-22] Measurement weights 모델-'즉시구매'의 회귀계수와 유의확률

06 ⓫ '구매고려' 집단을 클릭하면 ⓬ '외관 → 구매의도'의 영향은 유의확률이 .312이므로 유의하지 않은 것으로 확인되었으며, '편의성 → 구매의도'의 영향은 유의확률 .004에서 .191의 유의한 영향이 확인되었다.

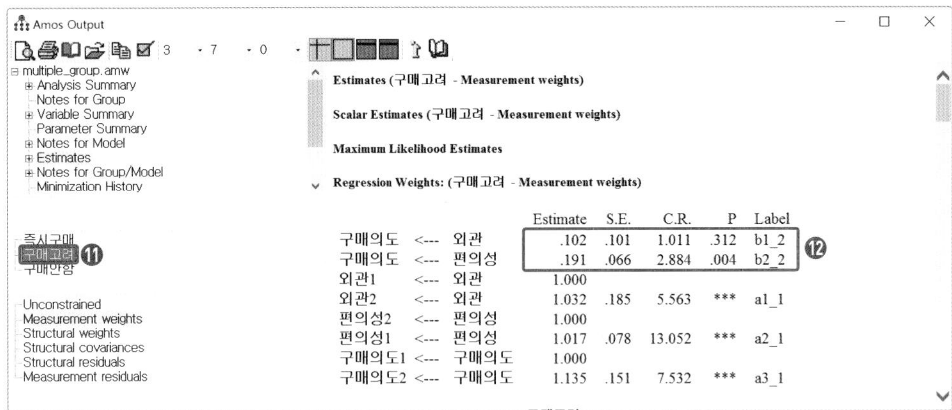

[그림 9-23] Measurement weights 모델-'구매고려'의 회귀계수와 유의확률

06 ⓭ '구매안함' 집단을 클릭하면 ⓮ '외관 → 구매의도'의 영향은 유의확률이 .172이므로 유의하지 않은 것으로 확인되었으며, '편의성 → 구매의도'의 영향은 유의확률 .002에서 .169의 유의한 영향이 확인되었다.

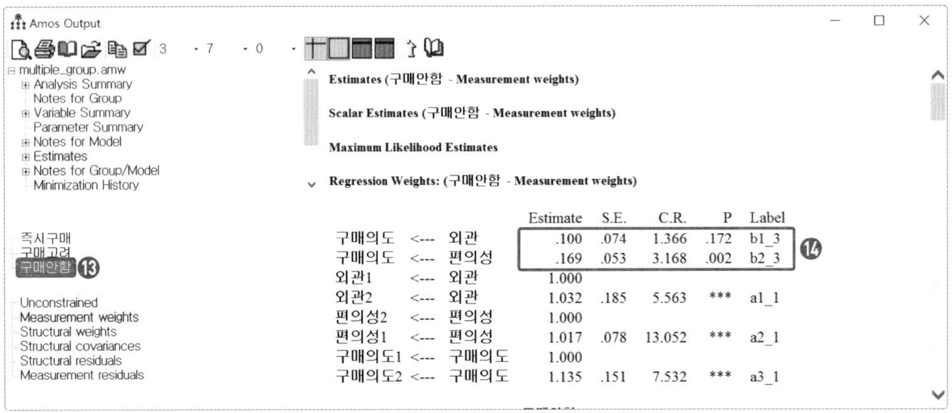

[그림 9-24] Measurement weights 모델-'구매안함'의 회귀계수와 유의확률

다른 모델(Structural weights, Structural covariances, Structural residuals, Measurement residuals)에 대해서도 각각의 유의확률과 적재값(Estimates)을 확인하며 차이를 판단하면 된다.

[1] Aiken, Leona S, Stephen G West, and Raymond R Reno. *Multiple Regression: Testing and Interpreting Interactions*. Sage, 1991.

[2] Anderson, Theodore Wilbur, Theodore Wilbur Anderson, Theodore Wilbur Anderson, Theodore Wilbur Anderson, and Etats-Unis Mathématicien. *An Introduction to Multivariate Statistical Analysis*. Vol. 2: Wiley New York, 1958.

[3] Anderson, Theodore Wilbur, Theodore Wilbur Anderson, Theodore Wilbur Anderson, Theodore Wilbur Anderson, and Etats-Unis Mathématicien. *An Introduction to Multivariate Statistical Analysis, 3rd Ed*. Vol. 2: Wiley-Interscience, 2003.

[4] Baron, Reuben M and David A Kenny. "The Moderator–Mediator Variable Distinction in Social Psychological Research: Conceptual, Strategic, and Statistical Considerations." *Journal of personality and social psychology* 51, no. 6 (1986): 1173.

[5] Barrett, Paul. "Structural Equation Modelling: Adjudging Model Fit." *Personality and Individual differences* 42, no. 5 (2007): 815-24.

[6 Bentler, Peter M and Douglas G Bonett. "Significance Tests and Goodness of Fit in the Analysis of Covariance Structures." *Psychological bulletin* 88, no. 3 (1980): 588.

[7] Bickel, Peter J and Kjell A Doksum. *Mathematical Statistics: Basic Ideas and Selected Topics, Volume I*. Vol. 117: CRC Press, 2015.

[8] Bollen, Kenneth A and Robert Stine. "Direct and Indirect Effects: Classical and Bootstrap Estimates of Variability." *Sociological methodology* (1990): 115-40.

[9] Chan, Wai. "Comparing Indirect Effects in Sem: A Sequential Model Fitting Method Using Covariance-Equivalent Specifications." *Structural Equation Modeling: A Multidisciplinary Journal* 14, no. 2 (2007): 326-46.

[10] Chatterjee, Samprit and Ali S Hadi. *Regression Analysis by Example*. John Wiley & Sons, 2015.

[11] Efron, Bradley, Elizabeth Halloran, and Susan Holmes. "Bootstrap Confidence Levels for Phylogenetic Trees." *Proceedings of the National Academy of Sciences* 93, no. 23 (1996): 13429-29.

[12] Field, Andy. *Discovering Statistics Using Spss*. Sage publications, 2009.

[13] Fox, John. "Effect Analysis in Structural Equation Models: Extensions and Simplified Methods of Computation." *Sociological Methods & Research* 9, no. 1 (1980): 3-28.

[14] Frazier, Patricia A, Andrew P Tix, and Kenneth E Barron. "Testing Moderator and Mediator Effects in Counseling Psychology Research." *Journal of counseling psychology* 51, no. 1 (2004): 115.

[15] Fritz, Matthew S, Aaron B Taylor, and David P MacKinnon. "Explanation of Two Anomalous Results in Statistical Mediation Analysis." *Multivariate behavioral research* 47, no. 1 (2012): 61-87.

[16] Hayes, Andrew F and Michael Scharkow. "The Relative Trustworthiness of Inferential Tests of the Indirect Effect in Statistical Mediation Analysis: Does Method Really Matter?" *Psychological science* 24, no. 10 (2013): 1918-27.

[17] Hogg, Robert V, Joseph W McKean, and Allen T Craig. *Introduction to Mathematical Statistics.(6"" Edition)*. Upper Saddle River, New Jersey: Prentice Hall, 2005.

[18] James, Gareth, Daniela Witten, Trevor Hastie, and Robert Tibshirani. *An Introduction to Statistical Learning*. Vol. 112: Springer, 2013.

[19] James, Lawrence R and Jeanne M Brett. "Mediators, Moderators, and Tests for Mediation." *Journal of Applied Psychology* 69, no. 2 (1984): 307.

[20] Jolliffe, Ian. "Principal Component Analysis." In *International Encyclopedia of Statistical Science*, 1094-96: Springer, 2011.

[21] Kenny, David A, Burcu Kaniskan, and D Betsy McCoach. "The Performance of Rmsea in Models with Small Degrees of Freedom." *Sociological Methods & Research* 44, no. 3 (2015): 486-507.

[22] Kenny, David A, Josephine D Korchmaros, and Niall Bolger. "Lower Level Mediation in Multilevel Models." *Psychological methods* 8, no. 2 (2003): 115.

[23] Kenny, David A and D Betsy McCoach. "Effect of the Number of Variables on Measures of Fit in Structural Equation Modeling." *Structural equation modeling* 10, no. 3 (2003): 333-51.

[24] Kraemer, Helena Chmura, G Terence Wilson, Christopher G Fairburn, and W Stewart Agras. "Mediators and Moderators of Treatment Effects in Randomized Clinical Trials." *Archives of general psychiatry* 59, no. 10 (2002): 877-83.

[25] Ledermann, Thomas and Siegfried Macho. "Mediation in Dyadic Data at the Level of the Dyads: A Structural Equation Modeling Approach." *Journal of Family Psychology* 23, no. 5 (2009): 661.

[26] Long, Scott J, J Scott Long, and Jeremy Freese. *Regression Models for Categorical Dependent Variables Using Stata*. Stata press, 2006.

[27] Lupton, Robert. *Statistics in Theory and Practice*. Princeton University Press, 1993.

[28] Macho, Siegfried and Thomas Ledermann. "Estimating, Testing, and Comparing Specific Effects in Structural Equation Models: The Phantom Model Approach." *Psychological methods* 16, no. 1 (2011): 34.

[29] MacKinnon, David P, Chondra M Lockwood, Jeanne M Hoffman, Stephen G West, and Virgil Sheets. "A Comparison of Methods to Test Mediation and Other Intervening Variable Effects." *Psychological methods* 7, no. 1 (2002): 83.

[30] MacKinnon, David P, Chondra M Lockwood, and Jason Williams. "Confidence Limits for the Indirect Effect: Distribution of the Product and Resampling Methods." *Multivariate behavioral research* 39, no. 1 (2004): 99-128.

[31] MacKinnon, David P, Ghulam Warsi, and James H Dwyer. "A Simulation Study of Mediated Effect Measures." *Multivariate behavioral research* 30, no. 1 (1995): 41-62.

[32] McLachlan, Geoffrey. *Discriminant Analysis and Statistical Pattern Recognition*. Vol. 544: John Wiley & Sons, 2004.

[33] Mittelhammer, Ron C and Ron C Mittelhammer. *Mathematical Statistics for Economics and Business*. Vol. 78: Springer, 1996.

[34] Muller, Dominique, Charles M Judd, and Vincent Y Yzerbyt. "When Moderation Is Mediated and Mediation Is Moderated." *Journal of personality and social psychology* 89, no. 6 (2005): 852.

[35] Pedhazur, Elazar J and Fred N Kerlinger. *Multiple Regression in Behavioral Research*. Holt, Rinehart and Winston New York, 1973.

[36] Pestman, Wiebe R and Ivo B Alberink. *Mathematical Statistics: Problems and Detailed Solutions*. Walter de Gruyter, 1998.

[37] Raykov, Tenko. "Estimation of Composite Reliability for Congeneric Measures." *Applied Psychological Measurement* 21, no. 2 (1997): 173-84.

[38] Raykov, Tenko and Patrick E Shrout. "Reliability of Scales with General Structure: Point and Interval Estimation Using a Structural Equation Modeling Approach." *Structural equation modeling* 9, no. 2 (2002): 195-212.

[39] Rindskopf, David. "Using Phantom and Imaginary Latent Variables to Parameterize Constraints in Linear Structural Models." *Psychometrika* 49, no. 1 (1984): 37-47.

[40] Salkind, Neil J. *Statistics for People Who (Think They) Hate Statistics*. Sage Publications, 2016.

[41] Scott, David W. *Multivariate Density Estimation: Theory, Practice, and Visualization*. John Wiley & Sons, 2015.

[42] Sharma, Subhash, Soumen Mukherjee, Ajith Kumar, and William R Dillon. "A Simulation Study to Investigate the Use of Cutoff Values for Assessing Model Fit in Covariance Structure Models." *Journal of Business Research* 58, no. 7 (2005): 935-43.

[43] Shrout, Patrick E and Niall Bolger. "Mediation in Experimental and Nonexperimental Studies: New Procedures and Recommendations." *Psychological methods* 7, no. 4 (2002): 422.

[44] Sobel, Michael E. "Asymptotic Confidence Intervals for Indirect Effects in Structural Equation Models." *Sociological methodology* 13 (1982): 290-312.

[45] Tanaka, Jeffrey S. "How Big Is Big Enough?": Sample Size and Goodness of Fit in Structural Equation Models with Latent Variables." *Child development* (1987): 134-46.

[46] Wackerly, Dennis D, Wiliam Mendenhall, and Richard L Scheaffer. *Mathematical Statistics with Applications*. 7th ed.: Brooks/Cole, Cengage Learning, 2008.

[47] Wackerly, Dennis, William Mendenhall, and Richard L Scheaffer. *Mathematical Statistics with Applications*. Cengage Learning, 2014.

[48] 김계수. "구조방정식 모형분석." 한나래아카데미. 2010.

[49] 배병렬. "Amos 21 구조방정식모델링." 청람. 2014.

[50] 신건권. "석 · 박사학위 및 학술논문 작성 중심의 Amos 20 통계분석 따라하기." 청람. 2013.

[51] 우종필. "구조방정식모델 개념과 이해." 한나래아카데미. 2012.

[52] 이현섭, 강현민. "Inside 통계분석 & SPSS." 이담북스. 2009.

Part 01

Part 02

ㅅ-ㅇ

ㅈ ㅊ ㅋ ㅌ

ㅍ ㅎ

A B C D

E F H I K

L M N O P

Q R S T

V W X Z

기타

Part 03

ㄱ ㄴ

ㄷ ㄹ ㅁ ㅂ ㅅ

ㅇ ㅈ ㅊ ㅌ ㅍ ㅎ

A-B-C-D

E-F-G-I-M-N

O P R S

T U V